La productivité des pâturages sahéliens - Une étude des sols, des vegetations et de l'exploitation de cette ressource naturelle

Agricultural Research Reports 918

La productivité des pâturages sahéliens

Une étude des sols, des végétations et de l'exploitation de cette ressource naturelle

Editeurs: F. W. T. Penning de Vries et M. A. Djitèye

pudoc

Centre for Agricultural Publishing and Documentation
Wageningen – 1982

CIP

ISBN 90 220 0806 1

Resumé & Abstract

Penning de Vries, F.W.T. et M.A. Djitèye (éds.) (1982). La productivité des pâturages sahéliens, une étude des sols, des végétations et de l'exploitation de cette resource naturelle. (The productivity of Sahelian rangelands, a study of soils, vegetations, and exploitation of this natural resource.) Agric. Res. Rep. (Versl. Landbouwk. Onderz.) 918, ISBN 90 220 0806 1 (xxiii) + 525 p., 145 fig., 94 tab., 235 réf., Sommaire anglais 35 p., Index des sujets.

Le bilan d'eau, les cycles d'azote et de phosphore, la production actuelle et potentielle et l'écologie des pâturages sahéliens ont été examinés systématiquement afin de comprendre et de quantifier le potentiel de cette ressource. L'étude a été analytique plutôt que descriptive, et de ce fait ses résultats seront souvent valables pour l'ensemble de la zone. La simulation avec des modèles dynamiques a été employée dans plusieurs cas.

La pauvreté du sol, notamment le déficit d'azote et de phosphore, est souvent un facteur plus limitatif que la pluviosité faible et irrégulière. C'est pour cela que le bilan d'azote des pâturages à long terme est considéré pour faire comprendre le niveau de la production actuelle des pâturages et pour estimer l'efficacité des mesures et des interventions éventuelles d'aménagement et de gestion.

La disponibilité d'azote et de phosphore du sol pour les plantes reste au même niveau en traversant le Sahel du Nord au Sud, tandis que la disponibilité d'eau augmente. Ceci fait que la productivité des pâturages augmente en général dans ce sens, mais la qualité du fourrage - son taux d'azote et de phosphore - diminue fortement. C'est ainsi que la carence de fourrage d'une qualité acceptable est le problème clef de l'élevage. L'élevage traditionnel est une adaptation rationnelle et efficace à cette situation. Mais la croissance démographique exige une telle intensité d'exploitation des pâturages, que leur fertilité et productivité diminue progressivement, ce qui provoque leur dégradation.

Des options techniques existent pour augmenter la disponibilité de fourrage et sa qualité. Pourtant, elles ne sont pas rentables, peut-être à l'exception de l'intégration croissante de l'élevage et de l'agriculture en intensifiant cette dernière simultanément.

Mots clefs: précipitation, bilan d'eau, fertilité de sol, azote, phosphore, productivité (potentielle), qualité de fourrage, systèmes d'élevage, transhumance, dégradation, feux de brousse, légumineuses, gestion, aménagement.

The balance of water, nitrogen and phosphate, the actual and potential production and the ecology of Sahelian rangelands were systematically investigated to understand and to quantify possibilities of utilizing this natural resource. This study is more analytical than descriptive, so that the results are often applicable throughout the zone. Simulation by dynamic models has been used in several cases.

The low fertility of the soils, especially in nitrogen and phosphate, is often much more a limiting factor than the low and irregular rainfall. Therefore it was necessary to consider the long-term nitrogen balance to explain the actual production level and to estimate the effects of possible management options and extension programmes.

The availability of nitrogen and phosphate from the soil for plants is about constant going from North to South, whereas the availability of water increases. This leads to a higher primary productivity in the South, but the quality of the forage - its nitrogen and phosphate concentration - is much lower in the South than in the North. It is for this reason that the availability of forage of good quality is the central problem of the animal husbandry. The traditional system of exploitation is a rational and efficient adaptation to the situation. However, increasing population pressure exerts such an exploitation pressure on the rangelands that their fertility and productivity decrease at an increasing rate. This leads to their degradation.

Technical options to improve the availability and quality of the forage exist. However, they are not economic, except maybe for the integration of animal husbandry systems with crop-husbandry systems when the latter are intensified simultaneously.

Keywords: precipitation, water balance, soil fertility, nitrogen, phosphorus, (potential) productivity, forage quality, animal husbandry systems, transhumance, degradation, bushfire, legumes, extension, management.

Table des matières

Liste des auteurs

Nom	Adresse
Breman, H.	Centre de Recherches Agrobiologiques (C.A.B.O.) Postbus 14, 6700 AA Wageningen, Pays Bas
Cissé, A.M.	Ecole Normale Supérieure (E.N.Sup.) B.P. 241, Bamako, République du Mali
Cissé, I.B.	Société Nationale d'Etude pour le Développement (S.N.E.D.) B.P. 1846, Bamako, République du Mali
Diallo, A.	Centre International pour l'Elevage en Afrique (C.I.P.E.A.) B.P. 60, Bamako, République du Mali
Djitèye, M.A.	Institut d'Economie Rurale (I.E.R.) B.P. 258, Bamako, République du Mali
Elberse, W.Th.	Centre de Recherches Agrobiologiques (C.A.B.O.) Postbus 14, 6700 AA Wageningen, Pays Bas
Heemst, H.D.J. van	Centre de Recherches Agrobiologiques (C.A.B.O.) Postbus 14, 6700 AA Wageningen, Pays Bas
Keulen, H. van	Centre de Recherches Agrobiologiques (C.A.B.O.) Postbus 14, 6700 AA Wageningen, Pays Bas
Koné, D.	Institut d'Economie Rurale (I.E.R.) B.P. 258, Bamako, République du Mali
Krul, J.M.	Algemeen Diakonaal Bureau (A.D.B.) Postbus 202, 3830 AE Leusden, Pays Bas
Penning de Vries, F.W.T.	Centre de Recherches Agrobiologiques (C.A.B.O.) Postbus 14, 6700 AA Wageningen, Pays Bas
Pol, F. van der	Institut Royal des Régions Tropicales (K.I.T.) Mauritskade 63, 1092 AD Amsterdam, Pays Bas
Ridder, N. de	Institut National Agronomique, département de Science du Sol et de l'Application des Engrais De Dreijen 3, 6703 BC Wageningen, Pays Bas
Spitters, C.J.T.	Institut National Agronomique, département d'Ecologie Théorique Postbus 430, 6700 AK Wageningen, Pays Bas
Stroosnijder, L.	Institut National Agronomique, département de Science du Sol et de l'Application des Engrais De Dreijen 3, 6703 BC Wageningen, Pays Bas
Traoré, G.	Projet d'Inventaire des Ressources Terrestres (P.I.R.T.) B.P. 2357, Bamako, République du Mali
Traoré, K.	Institut d'Economie Rurale (I.E.R.) B.P. 258, Bamako, République du Mali
Wit, C.T. de	Institut National Agronomique, département d'Ecologie Théorique Postbus 430, 6700 AK Wageningen, Pays Bas

Préface

Le rapport final du projet de recherche 'Production Primaire au Sahel' (P.P.S.) est devant vous. Le P.P.S. était un projet dans lequel les Pays Bas et le Mali ont coopéré, et qui a duré de 1976 à 1980. Les buts de la recherche sur la productivité végétale des pâturages sahéliens sont décrits dans la partie 1.3 de ce livre, et se résument comme suit: améliorer la connaissance du rendement végétal des pâturages sahéliens sous différentes intensités d'exploitation, et étudier les possibilités pour augmenter ce rendement avec des légumineuses, des engrais ou par changement de la pression animale.

Le projet a été exécuté par le département d'Ecologie Théorique de l'Institut National Agronomique et le Centre de Recherches Agrobiologiques de Wageningen (Pays Bas), et par l'Institut d'Economie Rurale (I.E.R.) du Ministère du Développement Rural de Bamako (République du Mali). Le projet a été financé par le Directoraat Generaal Internationale Samenwerking (D.G.I.S.) du Ministère de la Coopération des Pays Bas, mais des contributions financières, matérielles et en personnel ont été apportées par l'I.E.R. Le projet a été exécuté surtout au Mali, mais des appuis à la recherche ont été fournis également aux Pays Bas, où une grande partie de la rédaction s'est faite aussi.

Le groupe des chercheurs de ce projet était composé de 4 experts néerlandais et 4 homologues maliens dans les domaines de la pédologie, de la microbiologie, de la physiologie végétale et de l'écologie végétale. Chacun d'eux a exécuté une partie de la recherche et a contribué à ce compte rendu. Ceci est exprimé par les noms des auteurs des différentes parties, comme indiqué dans la table des matières. Quelques personnes qui ne sont pas du P.P.S. mais qui y ont contribué beaucoup, sont co-auteurs de certaines parties du rapport. D'autre part il faut souligner que, bienque les auteurs des différentes parties soient responsables du contenu de leurs textes, chacun des membres du groupe des chercheurs a contribué d'une façon importante à chaque partie écrite. Le travail des éditeurs a consisté surtout à harmoniser les contenus et la présentation des différentes parties et à faire des parties introductives. Nous n'avons pas essayé d'atteindre une harmonisation maximale, mais une harmonisation optimale. Le groupe des chercheurs était composé de dr. H. Breman, ing. I.B. Cissé, M.A. Djitèye, D. Koné, dr.ir. J.M. Krul, dr. F.W.T. Penning de Vries, dr.ir. L. Stroosnijder et K. Traore. Messieurs S. Diarra et S. Sanogho ont aussi fait partie du groupe pendant une période brève. Penning de Vries et Djitèye étaient chefs d'équipe pendant la première phase du projet, Djitèye et Stroosnijder l'étaient dans la deuxième phase. Le professeur dr.ir. C.T. de Wit, directeur scientifique du projet, a beaucoup contribué à l'orientation de la recherche.

Le groupe des chercheurs a reçu beaucoup d'assistance et de coopération d'autres personnes et organisations dans toutes les phases du projet. Pendant sa préparation, notamment messieurs ir. Th.A. de Boer, dr.ir. P. Buringh et ir. K. Soels du côté néerlandais et le dr. N'golo Traoré et M.M. Coulibaly du côté malien. Pendant l'exécution du projet, une centaine de maliens ont été employés par le P.P.S., et grâce à leur collaboration agréable et active, il a été possible d'exécuter les nombreux essais sur le terrain et d'effectuer les multiples voyages. En la personne de l'administrateur du projet au Mali, M. K. Dissa, nous remerçions tous ces collaborateurs de leurs contributions indispensables.

Plusieurs personnes et organisations nous ont aidés et assistés. Le dr. A.M. Cissé de l'Ecole Normale Supérieure (E.N.Sup.) a participé à une grande partie des recherches en écologie. Messieurs A. Diallo, G. Traoré et M. Sidibé ont participé aux travaux de terrain, en tant qu'étudiants du Centre Pédagogique Supérieure (C.P.S.), et B. Diallo en tant qu'étudiant de l'Institut Supérieure Polytechnique pour la Recherche Appliquée. Nous avons eu beaucoup de coopération et d'assistance du Centre National de Recherches Zootechniques (C.N.R.Z.) de Sotuba, dont le projet a emprunté des bureaux et des laboratoires, et de la Station de la Recherche des cultures Vivrières et Oléagineuses (S.R.C.V.O.), qui nous a également prêté des laboratoires et ensuite de la Station du Sahel à Niono, qui a mis à notre disposition l'espace nécessaire pour habiter, des laboratoires et, chose très importante, une partie protégée du Sahel. Dans ces centres de recherches, le P.P.S. a contribué au rééquipement et à la réorganisation des laboratoires, en coopération avec les laboratoires du département de Science du Sol et de l'Application des Engrais de l'Institut National Agronomique, du Centre de Recherches Agrobiologiques (C.A.B.O.) et de l'Institut Royal des Régions Tropicales (K.I.T.). La plupart des échantillons de plantes et de sol du projet ont été analysés à Sotuba sous la direction du dr. D. Diallo d'une part, et du dr. M.K. Keita et du M.I. Touré d'autre part. L'I.E.R., avec notamment le dr. N'golo Traoré et ensuite M. F. Traoré, a facilité les aspects administratifs du projet. Une assistance et une bonne coopération à Niono sont venues du Centre International pour l'Elevage en Afrique (C.I.P.E.A.). L'Office Malien du Bétail et de la Viande (O.M.B.E.V.I.) à Bamako a appuyé certaines de nos activités, particulièrement le dr. B. Sy et le dr. Rieusset, ainsi que l'Assistance pour la Sécurité de la Navigation Aérienne (A.S.E.C.N.A.) et l'E.N.Sup. L'étude de l'écologie de la transhumance n'aurait pas pu être réalisée sans la coopération aimable de M. Hamady Diâna Barry de Diafarabé et de ses bergers. Certaines expériences ont été réalisées en collaboration avec le projet Recherche de l'Utilisation Rationnelle du Gibier au Sahel (R.U.R.G.S.) au Parc du Baoulé.

Au cours de nos travaux au Mali, nous avons reçu des conseils, des suggestions et l'assistance de consultants et collaborateurs temporaires qui sont: dr.ir. P. Buringh, dr. J. Cutler, dr.ir. H.C.D. de Wit, W.Th. Elberse, ir. W.B. Hoogmoed, dr.ir. B.H. Janssen, ir. J. Ketelaars, ir. G.J.L. Muller, drs. N. de Ridder, ing. L. Sibma, drs. L. Scholten, ing. P.W.J. Uithol, ing. H.D.J. van Heemst, dr.ir. H. van Keulen, dr. F. van der Pol, dr. J.M. van der Meer, T. Voelkel, et ir. H. Wösten. Messieurs dr. G.S. Innis et dr. I. Noy Meir, des collaborateurs étrangers et temporaires, nous ont assistés avec quelques problèmes spéciaux.

Une mention particulière parmi les collaborateurs aux Pays-Bas mérite ing. P.W.J. Uithol, qui a organisé le support matériel et la transmission des informations pour les activités au Mali d'une manière très efficace et rapide. Son soutien à l'édition de ce rapport a été considérable également. De cette façon il a contribué beaucoup au succès du projet.

Les départements de l'Institut National Agronomique de Science du Sol et de l'Application des Engrais, de Microbiologie et de Taxonomie ont contribué à des recherches spécifiques, tandis que le département financier a supporté l'administration du projet. D'autres organisations néerlandaises, telles que l'Institut de Recherche d'Alimentation du Betail 'Hoorn' (I.V.V.O.) et Institut International de Levés Aériens et Sciences de la Terre (I.T.C.) ont participé également à certaines recherches. Ces études ont été faites pour la plupart sous la forme de recherche par des étudiants néerlandais. Les étudiants suivants y ont participé: S. Andela, R. Beck, R. Bink, L. Bouman, E. Croy, A. de Bruyn, N. de Ridder, Ch. Hanegraaf, D. Jansen, H. Janssen, A. Kooman, S. Lievense, W. O'Herne, L.P.A. van Oyen, J.J. Rietveld, M. Spittel, M. van Blokland, P. van der Laan, A. van Loon, L. van Loon, D. van der Sar, G. Voskuilen, J. Wolters, H. Wösten. MM. W.Th. Elberse et dr.ir. J.P. van de Bergh ainsi que Mme. L.R. Baan Hofman se sont chargés d'une grande partie de la supervision de presque tous les étudiants.

Pendant la phase de rédaction, Mmes. H.F. Helder, H.L.M de Kat et C.G. Uithol ont aidé longtemps à taper et à corriger à plusieurs reprises tous les textes. M. Beekhof a fait tous les dessins des figures dans ce rapport. Mmes. L. Blaauw et E. Peters ont traduit plusieurs textes en français et Mme. Peters a corrigé tous les textes. Mmes. J. Burrough Boenisch et F. Loeb-Diehl ont traduit ou corrigé les textes en anglais.

Post-scriptum

Une assistance considérable est cause que ce rapport final du projet, bien qu'il soit grand, n'est qu'un des résultats concrets du projet P.P.S. Il y a plusieurs articles dans des journaux scientifiques comme indiqué parmi les références à la fin de ce livre. Le dr. Breman a fait un film intitulé 'La Transhumance'. Une série de diapositives sonorisée est en préparation pour montrer les points clefs et les conclusions de la recherche P.P.S.

Etant lecteur critique et sans doute intéressé à l'aide aux pays en voie de développement, vous pouvez vous demander, et pour cause, de quelle manière la connaissance résumée dans ce rapport final volumineux est ou sera transmise au cadre des pays sahéliens de façon qu'elle puisse contribuer aux efforts de résoudre un des nombreux problèmes du Sahel. Puisqu'une meilleure connaissance de cause concernant les processus servant de base à la production végétale permet aux sahéliens de développer mieux que jusqu'ici une bonne idée de leurs propres possibilités (et impossibilités) quant à l'élevage et à l'agriculture. Cette idée à eux devrait être la directive pour leurs projets de développement et devrait leur permettre de demander l'aide de façon effective (et de le suivre d'un esprit critique) pour résoudre leurs problèmes structuraux.

Nous avons reconnu déjà tôt que transmettre la connaissance uniquement moyennant ce rapport final ne suffirait pas. C'est pourquoi nous avons choisi aussi 2 formes de transmission de connaissance, à savoir:

- Un cours de 4 semaines pour le cadre moyen des différents pays sahéliens travaillant dans le domaine de l'agriculture et de l'élevage. Un texte spécial pour le cours a comme base ce rapport final du projet P.P.S., mais les processus déterminant la production végétale y sont décrits avec plus de concision et plus correctement du point de vue didactique (De Ridder et al., 1980). Outre la partie théorique, où sont insérés aussi quelques exemples de calcul (2 semaines), le cours comprend une excursion à une vraie région sahélienne (1 semaine) et un traitement par groupe de 'case-studies' (1 semaine). La préparation de ce cours a pris un an. Le premier cours fut donné en février 1981 au Mali en collaboration avec la Direction de Recherches Zootechniques pour 20 participants enthousiastes. Les cours suivants seront donnés en collaboration avec l'Institut du Sahel en 1982. Ces cours auront lieu également au Mali mais ils seront ouverts à des participants des 7 autres pays sahéliens;
- Etant donné que notre recherche de la production végétale visait surtout l'élevage aux pays sahéliens, nous avons organisé en collaboration avec le C.I.P.E.A. et l'Institut du Sahel un colloque international de 3 jours en janvier 1981 à Bamako, Mali pour des cadres supérieurs. Moyennant de courts résumés on y avait décrit les conclusions principales de la recherche P.P.S. pour 11 représentants officiels des différents pays sahéliens ainsi que pour une dizaine d'observateurs de ces pays et une vingtaine d'observateurs des organisations internationales, des organisations bilatérales et des projets. Quatre experts

internationaux en examens de pâturages et en planning d'examen, notamment messieurs dr. G. Boudet, dr. A.K. Diallo, dr. L.J. Lambourne et dr. Th.M. Wormer, ont participé à un panel.

Le P.P.S. a présenté également quelques thèses comme supplément du rapport final provisoire, distribué à l'usage du colloque. Ces thèses servaient à susciter une discussion et aussi à permettre les gens de prendre connaissance de la façon la plus simple de la nature de l'examen et des conclusions principales. Après quelques amendements suggérés par des participants ces thèses furent qualifiées d'être significatives et elles sont présentées à l'Institut du Sahel comme document final du colloque avec 6 recommendations. Leur formulation est comme suite:

Thèses:

"1. La productivité de l'élevage sahélien, exprimée en protéīnes animales par unité de surface, est au moins égale ou même supérieure à celle du "ranching" des zones comparables aux Etats-Unis et en Australie.

2. Ce n'est pas la sécheresse qui est le problème n° 1 au Sahel, pour la production primaire, mais la pauvreté du sol. Par suite d'une augmentation de l'exploitation causée par des besoins croissants de développement de l'explosion démographique, la zone est soumise à une productivité décroissante.

3. L'eau de pluie au Sahel n'est pas utilisée de façon optimale pour la production végétale, les sols étant carencés en azote et en phosphore. C'est ainsi qu'au sud du Sahel seulement 10% de la pluviosité annuelle est utilisée par les plantes alors que la production végétale sous les mêmes conditions pluviométriques pourrait y être quintuplée par apport d'engrais.

4. La transformation de l'engrais azoté en protéīnes végétales est très efficace sous les conditions sahéliennes. Mais l'utilisation d'engrais dans l'élevage sahélien est d'un coût trop élevé par rapport au cours actuel de la viande, d'autant plus que le rendement de la transformation des protéīnes végétales en protéīnes animales est relativement bas.

5. Il en est de même pour l'utilisation des engrais phosphatés pour les pâturages sahéliens. Plusieurs pays sahéliens possèdent cependant de grandes réserves de phosphates naturels, mais l'utilisation par les plantes de ce phosphore est 10 à 20 fois moins rapide que celui des phosphates traités.

6. Il y a au Sahel beaucoup de légumineuses locales à bonne capacité de fixation d'azote mais leur faible pouvoir de concurrence vis-à-vis des graminées, leur mode de germination, la pauvreté des sols en phosphate et la pluviosité basse limitent leur intérêt pour la productivité et la qualité des pâturages. L'introduction immédiate de nouvelles espèces légumineuses risque d'échouer pour les mêmes raisons et une expérimentation préalable est nécessaire.

7. En moyenne seulement 75% de la pluviosité pénètre dans le sol, le reste ruisselle. Le ruissellement est une source importante d'eau d'abreuvement de surface. Mais l'exploitation des pâturages aggrave le ruissellement et la surexploitation peut causer un ruissellement excessif, qui entraîne une dégradation de l'environnement.

8. En général il n'est pas question d'une avancée du Sahara vers le Sud: un manque d'eau d'abreuvement protège le flanc du désert contre la surexploitation. Par contre la

surexploitation cause une dégradation croissante de l'environnement au sud du Sahel et au nord de la savane.

9. En plus des cultures de rente développées avant l'Indépendance des Etats sahéliens, la satisfaction des besoins entraînés par l'accroissement de la démographie humaine a provoqué un accroissement des superficies cultivées aussi que des charges en bétail. Il en résulte un appauvrissement graduel des sols et une productivité déclinante. Seul l'apport de nouveaux moyens de production peut inverser ce processus de dégradation.

10. Des projets de développement de l'élevage sahélien doivent choisir entre les stratégies suivantes (ou des combinaisons):
- augmentation de la production sans apport de moyens de production (ceci implique un épuisement plus rapide des ressources naturelles de la zone);
- augmentation de la production par unité de production du nombre des éleveurs (ceci risque d'augmenter le pauperisme d'une partie de la population);
- augmentation de la productivité par l'apport de moyens de production (ceci rend la production moins dépendante de l'environnement).

11. Des options techniques existent pour augmenter la productivité du Sahel. Mais les bénéfices que en découlent ne pourront pas financer les investissements pourtant indispensables. Cela signifie le maintien ou l'augmentation de la production sous forme de dons. Ces dons et prêts n'étant pas actuellement suffisants.

12. L'agriculture du sud du Sahel et du nord de la savane profite actuellement plus de l'élevage, que l'élevage de l'agriculture. Des efforts pour renverser cette situation, donc faire profiter l'élevage de l'agriculture par leur intégration, suppose que la quantité et la qualité des sous-produits agricoles devront être améliorées par la fumure.

13. Par leur influence favorable sur l'offre de fourrage en qualité, le feu et le broutage assurent dans le système traditionnel le bon fonctionnement de l'élevage sahélien. La lutte contre les feux de brousse et la surexploitation pour combattre la dégradation et la diminution de la productivité suppose qu'au préalable le déficit de protéînes du fourrage de saison sèche soit comblé.

14. En moyenne le recouvrement naturel des arbres varie au Sahel entre 0 et 5% en équilibre avec les ressources en eau. La plantation d'arbre n'a de chance de réussir qu'aux endroits où le bilan hydrique est augmenté par l'écoulement, c'est-à-dire sur moins d'un dizaine de la région."

Recommandations:

"A la suite des conclusions positives du programme de recherche P.P.S., les délégués réunis au colloque Institut du Sahel (C.I.L.S.S.) Gouvernement Royal néerlandais et C.I.P.E.A., du 29 au 31 janvier 1981, recommandent,

1. La poursuite de l'étude du mécanisme du démarrage de la végétation et de la diversification floristique (ruissellement et bilan hydrique par décade en particulier) afin de préconiser une méthode d'évaluation rapide des productions fourragères année par année, praticable par des utilisateurs (service de production animale, pastoralisme, planification) en vu d'améliorer l'équilibre entre les ressources et leur degré d'exploitation.

2. La poursuite de l'étude de la dégradation et de la régénération des sols fragiles dont l'emprise est de plus en plus importante au Sahel, en particulier preciser les seuils de rupture à partir desquels des mises hors pature devraient être appliquées.
3. Des études comparatives dans plusieurs systèmes d'élevage de l'ingestion volontaire et du profit que le bétail tire des pâturages sahéliens.
4. Des études sur les effets à long terme sur la fertilité du sol la production et l'équilibre floristique des couverts herbacés et ligneux à la suite d'intervention modifiant l'équilibre évaporation - transpiration - stock d'eau (travail du sol, irrigation de complément ...) et bien le bilan d'azote des pâturages, aussi que l'effet de divers charges en bétail et rythme de broutage.
5. Des études complémentaires mais prioritaires sur l'aspect socio-économique de l'utilisation de la production primaire au Sahel (stratégies traditionnelles et possibilités d'adaption aux conditions du monde d'aujourd'hui: gestions diversifiées des ressources en fourrage, définition des terroirs pastoraux).
6. Une amélioration de la formation des cadres agronomiques des états sahéliens pour ajouter un accent fort sur la pédologie, notamment sur le bilan hydrique et la fertilité des sols."

La presse néerlandaise a utilisé ces thèses aussi pour présenter au public la recherche du projet P.P.S. Malheureusement, quelques-unes de ces thèses ont mené à des malentendus. Le plus grand malentendu concernait l'emploi soit l'introduction de l'engrais chimique, comme si l'examen P.P.S. le propagerait. Ce que nous annonçons c'est que le sol s'est appauvri fortement en éléments nutritifs nécessaires à la croissance des plantes et que la croissance peut être stimulée énormément en supprimant ce facteur limitatif (même en cas d'une pluviosité qui est loin d'être idéale). Mais nous disons en même temps que les frais de l'emploi de l'engrais chimique au Sahel ne seront provisoirement pas couverts par le rendement d'une plus grande production. Le susdit n'implique pas que nous propageons l'emploi d'engrais chimique. Pourtant ceci ne doit pas être la raison pour sous-estimer la pauvreté du sol et pour suggérer que l'on pourrait s'attendre à une augmentation de la production par suite d'autres mesures agronomiques. Ceci est le sujet des considérations détaillées dans les chapitres 8 et 9.

Au risque de donner de nouveau lieu à des malentendus par les thèses citées cidessus, nous les avons voulues insérer quand même et cela pour 2 raisons:
- Premièrement elles sont à leur place, à côté du rapport complet de la recherche du projet P.P.S. auquel elles servent de supplément. Attacher trop d'importance à ses thèses sans être au courant du contenu de ce rapport serait dangereux. Ayant ce rapport devant vous, vous ne courrez pas de risques.
- Ces thèses sont de grande valeur comme points de discussion et comme points de départ pour des études ultérieures et pour dessiler les yeux de certains. Elles sont tellement plus facilement accessibles à beaucoup de personnes que nous acceptons des malentendus possibles à quelques-unes.

Notes des éditeurs

Ce rapport final du projet 'Production Primaire au Sahel' (P.P.S.) se compose de neuf chapitres, chacun comprend de plusieurs parties. Chaque partie a été écrite par un seul auteur ou par quelques auteurs ensemble: leurs noms figurent dans la Table des Matières. Presque tous les résultats obtenus dans le projet P.P.S. ont été présentés dans ce rapport. Quelques articles, élaborant des aspects individuels, mais relatifs à la recherche du projet, sont publiés ailleurs. Ils sont indiqués par '*' dans la liste des Références. Le contenu du rapport est accessible aux Anglophones par un résumé détaillé en anglais.

Le numérotage des figures et des tableaux recommence dans chaque partie, où chaque numéro d'ordre est précédé d'un code digital, qui correspond au chapitre et à la partie concernée. Les légendes des figures et des tableaux sont données en français et en anglais.

Les noms scientifiques des plantes rapportées ont été pris autant que possible de la deuxième édition de la Flore du Sénégal (Berhaut, 1967, Editions Clairafrique, Dakar).

L'Index des Sujets court se compose des mots et des notions clefs et des noms des plantes. Avec l'Index, on pourra retrouver des sujets traités à plusieurs endroits et ceux qu'on ne retrouvera que difficilement si l'on ne se sert que de la Table des Matières.

1 L'élevage et l'exploitation des pâturages au Sahel

1.1 LES PROBLEMES ACTUELS DE L'ELEVAGE SAHELIEN

1.1.1 L'élevage au Sahel

Sur presque tous les continents, il y a des zones semi-arides très étendues. Quelques unes se trouvent dans des zones froides et tempérées, mais la plupart se trouvent dans le monde tropical. Comme ensemble, elles occupent presque un quart de la superficie du monde entier: environ le double de la superficie cultivée. De grandes parties de telles zones ne sont pas exploitées par l'homme. La pluviosité y est trop faible pour l'agriculture, mais le bétail peut convertir la végétation de ces zones, inapte à la consommation humaine, en lait, en viande et en peaux. Quelques régions privilégiées possèdent des activités industrielles ou minières, mais dans la plupart des zones semi-arides, l'élevage est la seule manière d'utiliser ces vastes superficies et par conséquent, le seul moyen d'existence de millions de ses habitants.

Le Sahel est une des zones semi-arides très extensives, et ses pâturages occupent environ 1,5 million km^2 de l'Afrique entre le Sahara et l'équateur. Environ un quart des superficies des états sahéliens, le Tchad, la Haute-Volta, le Mali, la Mauritanie, le Niger et le Sénégal, se trouve dans la zone semi-aride qui est caractérisée comme Sahel. Environ un tiers de leurs populations, estimées à 28 millions en 1978 (F.A.O., 1979), y vit. La densité de la population au Sahel (1970) n'était que 6 personnes km^{-2}, contre 2 dans les zones plus arides, et 13 dans les savanes. En ce qui concerne le bétail, il y avait environ 22 millions de bovins dans les états sahéliens nommés, 36 millions de chèvres plus moutons, et 1,7 million de chameaux. Presque tous les chameaux et 60-70% du bétail se trouvaient au Sahel. Ceci correspond à une densité moyenne de 27 Unités Bovines Tropicales (UBT) km^{-2} au Sahel, 3 dans les zones plus arides, et seulement 6 dans la savane. Par la sécheresse des années 1969-1973. environ 30% du bétail, 12% des petits ruminants et 8% des chameaux ont été perdus (F.A.O., 1976), ce qui a eu pour conséquence une diminution de la densité jusqu'à 18, 1 et 4 UBT km^{-2} respectivement. Ces chiffres montrent que les zones arides ont été frappées encore plus que les autres.

La densité de la végétation des pâturages des zones semi-arides et arides est faible. Les variations sont énormes dans l'offre de nourriture et dans sa qualité d'une année à l'autre et d'un endroit à l'autre. Ces grandes fluctuations et un manque périodique d'eau d'abreuvement à cause de la pluviosité faible, forcent les bergers à se déplacer avec leurs troupeaux de zébus, chèvres, moutons et chameaux. Avec ces différentes espèces d'animaux, les éleveurs exploitent au maximum les végétations maigres. Très important également est la diversité des animaux qui diminue les risques, toujours présents, de dévastations des troupeaux par des facteurs imprévus. La diversité des espèces animales donne les éleveurs une variété de produits animaux: de la nourriture, des vêtements, des outils. Certains de ces animaux (chameaux, boeufs) servent aussi de moyen de transport. Pour la population non-éleveur, l'élevage est une source de protéine sous forme de viande et de lait et il contribue d'une façon essentielle à l'alimentation nationale. Un quart de la ration des protéines consommées par la population sahélienne, qui est environ 60 g personne^{-1} jour^{-1}, est d'origine animale, dont la plupart provient du bétail sahélien. Seulement dans des zones des lacs et des fleuves, les poissons forment une source de protéines encore plus importante (Dansoko et al., 1976). Par suite de l'exportation du bétail, l'élevage est aussi une source importante de devises pour quelques états, en particulier ou le Mali et le Niger, où 40% ou plus de la valeur des exportations provient du bétail (basé sur: F.A.O., 1976). L'élevage des zones semi-arides est donc une ressource naturelle importante pour les éleveurs, pour la population entière et pour les états.

Au Sahel, il y a 3 formes principales de l'élevage: l'élevage nomade, l'élevage transhumant et l'élevage sédentaire. Ces formes sont présentées brièvement ci-dessous, des descriptions plus approfondies se trouvent dans la partie 8.1 et dans des études de l'élevage au Sahel (par exemple: F.A.O., 1977). Il est utile de souligner que toutes les formes de mélange entre les 3 formes principales de l'élevage existent, aussi bien que plusieurs degrés de développement des formes de l'élevage traditionnel vers l'élevage moderne. Cette pluriformité est la conséquence des possibilités et des contraintes de l'environnement et des situations socio-économiques locales.

La première forme principale de l'élevage au Sahel est l'élevage nomade: les bergers et leurs troupeaux de zébus, moutons, chèvres et chameaux restent toute l'année dans des zones du nord du Sahel et dans le Sahara. Les nomades se déplacent constamment d'un endroit à l'autre pour chercher de la nourriture et de l'eau d'abreuvement pour leurs animaux. Le nomade vit avec son bétail et en vit aussi. Les vaches et les chèvres sont de première importance à cause du lait qu'elles donnent: ce lait est la base de tous les repas. Les chèvres et les moutons à poil court sont abattus pour leur viande, tandis que les moutons à poil long sont élevés aussi pour la laine, servant à faire des vêtements, des couvertures et des tentes. Les ânes, les chameaux et les boeufs servent de moyen de transport, ce qui est indispensable pour les familles nomades. Ils achètent peu en dehors de leur groupe, et ils vendent peu de lait ou des animaux. Ainsi il est possible de vivre dans les régions arides et semi-arides, et cela presque sans input du dehors. D'autre part, la vie difficile et dure des nomades dépend complètement de leur bétail. Afin que les nomades puissent faire face aux temps difficiles le mieux possible, il est important que les troupeaux comptent le plus grand nombre de têtes possible. Dans ces conditions, il n'est pas surprenant que le bétail fonctionne comme de l'argent et comme placement, et le bétail ne perdra pas facilement cette fonction. Les éleveurs nomades et leurs troupeaux sont 5-10x moins nombreux que ceux des 2 autres formes de l'élevage et leur contribution aux productions nationales de viande commercialisée est donc faible.

La deuxième forme de l'élevage sahélien est l'élevage transhumant. Les bergers conduisent leur troupeaux de zébus et de petits ruminants aux pâturages dans le nord du Sahel pendant la saison pluvieuse et retournent avec eux vers les pâturages dans le sud du Sahel et aux savanes pendant la saison sèche. Ce système d'élevage est très important au Sahel. Au début de la saison des pluies, les bergers se déplacent avec leurs troupeaux vers les pâturages frais, couverts de graminées et d'herbes annuelles dans le nord du Sahel. C'est la meilleure période pour les animaux, qui se nourrissent bien pendant 2-3 mois sur de bons pâturages. Il n'est pas possible d'y rester plus longtemps, parce que l'eau d'abreuvement s'évapore très vite après l'arrêt des pluies. La nourriture disponible n'y est que partiellement consommée et c'est ainsi que le manque d'eau d'abreuvement protège le nord du Sahel contre le surpâturage. Après les pluies les bergers et leurs bêtes transhumantes sont forcés de chercher des régions où la pluviosité est plus forte, ou bien ils se déplacent vers les fleuves où il y a de l'eau pendant toute la période sèche. Mais dans ces régions, leurs domaines sont souvent restreints pour divers raisons: par exemple à cause de la maladie du sommeil aux savanes et aux forêts, et par l'occupation de la terre par les agriculteurs. Des sous-produits agricoles sont utilisés dans certaines zones, mais rarement en grande quantité. C'est pourquoi le bétail doit brouter dans la longue période sèche sur un espace réduit par rapport au terrain qu'il a à sa disposition pendant la saison des pluies. En plus, les graminées arrivées à maturation y sont, en général, d'une qualité faible; les repousses des graminées pérennes qui viennent après les feux, ne constituent que des quantités très basses de nourriture, bien qu'elles soient de bonne qualité. Une production animale négligeable, la perte de poids ou même la mort d'animaux en sont les conséquences pendant la saison sèche. Tout cela conduit à une productivité animale médiocre qui est estimée par S.E.D.E.S. (1972, 1975) à environ 12% an^{-1}, ou bien 13 kg de viande $animal^{-1}$ an^{-1}. (L'échange des animaux entre les éleveurs eux-mêmes n'est que de l'ordre de 2% du troupeau an^{-1}: seulement 10-15% des animaux commercialisés d'un troupeau de zébus sont achetés ou reçus en cadeau (Graafland, pers. comm.). Le commerce de bétail donne donc une bonne impression du taux d'exploitation du cheptel.) La productivité des bovins est médiocre, mais comparable avec ce qu'on trouve dans d'autres zones de l'Afrique (Ketelaars, 1978). Dans la partie 9.3, on explique que la productivité de l'élevage transhumant, exprimée par superficie exploitée, est égale ou même supérieure à ce qu'on trouve dans de pareilles conditions sur d'autres continents.

Les petits ruminants produisent 3-4 kg de viande $animal^{-1}$ an^{-1}, le taux d'exploitation de leurs troupeaux est environ 25% an^{-1}; ainsi leur productivité moyenne aux états sahéliens est de l'ordre de 20% de celle des bovins. Les porcs, les chameaux et la volaille sont beaucoup moins importants à l'échelle nationale. Les chiffres cités ici concernent le Mali, mais ils ne sont pas atypiques pour le Sahel.

L'élevage sédentaire, la troisième forme principale de l'élevage au Sahel, est pratiqué par des agriculteurs. Plus on s'approche de la savane en quittant le Sahel vers le sud, plus on rencontre des agriculteurs. En gros, le mil est cultivé au milieu du Sahel (c'est-à-dire à des pluviométries annuelles qui excèdent 400 mm); l'arachide, le niébé et le sorgho viennent dans le sud du Sahel (>500 mm), et le coton dans la savane (>800 mm). Avec l'agriculture, l'élevage sédentaire s'installe. Dans le nord du Sahel près de l'eau permanente des lacs et des fleuves, on trouve souvent l'agriculture accompagnée de l'élevage. Là l'irrégularité des pluies est plus grande qu'au sud, et l'incertitude de la vie y est donc encore plus pénible.

Les animaux des villageois, des zébus, des moutons et des chèvres, paissent dans les zones autour des champs cultivés pendant toute l'année, et font parfois une petite transhumance de quelques jours. La matière végétale qui reste sur les champs cultivés après la récolte est laissée pour les animaux. Dans les zones proches des terrains irrigués, les chaumes de riz aussi sont broutés. Les agriculteurs possèdent des zébus pour le lait et comme placement, et des boeufs pour le labour des terrains cultivés. Il y a aussi beaucoup de moutons et de chèvres, dont une partie considérable est utilisée en famille pendant les jours de fête. L'importance de cette forme de l'élevage pour l'approvisionnement en protéines des familles de leurs propriétaires est assez grande, mais peu de viande et de lait est encore commercialisé. Le surpâturage est fréquent dans un rayon de 1-2 km autour des villages, et les terrains complètement dégradés de quelques km^2 sont toujours près des villages et des puits permanents. Là où les animaux ont leurs camps de nuit, il y a un grand apport de fumier qui fertilise les sols, mais ce sont des superficies assez limitées.

Pour mieux reconnaître les problèmes actuels de l'élevage au Sahel, nous allons voir brièvement ses développements récents.

1.1.2 Développement récent de l'élevage

Pendant plusieurs décennies, les troupeaux nationaux des pays sahéliens s'agrandissaient, comme montre la fig. 1.1.1 pour les bovins et la fig. 1.1.2 pour les petits ruminants. La poussée démographique de la population humaine d'environ 2,5% an^{-1} et des mesures vétérinaires étaient à la base de cette évolution. Bien que la productivité par

Fig. 1.1.1. Le développement du nombre de bovins dans les pays sahéliens depuis leur indépendance: ·········· la Haute-Volta, ------ le Mali, --------- la Mauritanie, -·-·-· le Niger, —··— le Sénégal, ——— le Tchad. Source: Annuaires F.A.O. de la Production 1975-1980.

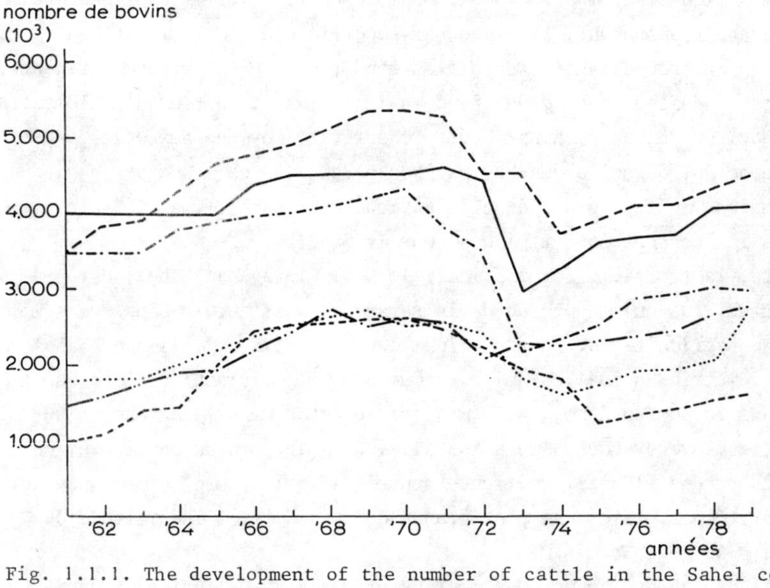

Fig. 1.1.1. The development of the number of cattle in the Sahel countries since independence: ·········· Upper Volta, ------ Mali, --------- Mauritania, -·-·- Niger, —··— Senegal, ——— Chad. Source: F.A.O. Production Year Books 1975-1980.

Fig. 1.1.2. Le développement du nombre des petits ruminants (moutons et chèvres) dans les pays sahéliens depuis leur indépendance: ··········la Haute-Volta, ------ le Mali,----------la Mauritanie, -·-·-· le Niger, —··— le Sénégal, ——— le Tchad. Source: Annuaires F.A.O. de la Production 1975-1980.

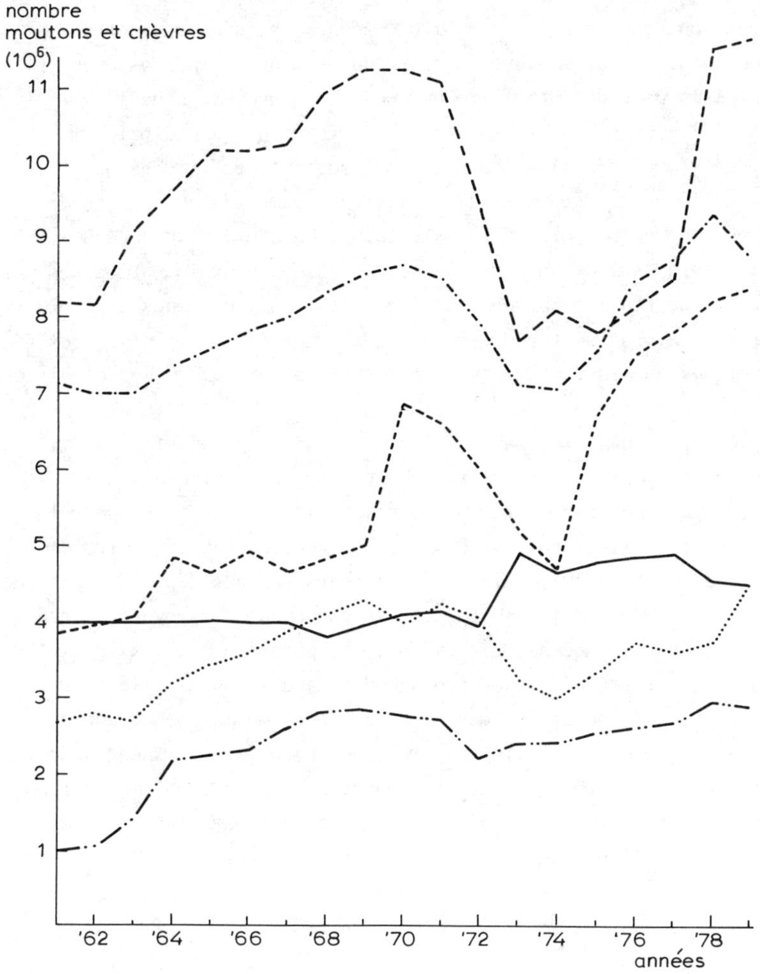

Fig. 1.1.2. The development of the number of small ruminants (sheep and goats) in the Sahel countries since independence: ·········· Upper Volta, ------ Mali,--------Mauritania, -·-·-· Niger, —··— Senegal, ——— Chad. Source: F.A.O. Production Year Books 1975-1980.

animal soit médiocre, elle est restée presque constante, tout comme la productivité des troupeaux qui a pu augmenter, en moyenne, de 2-4% an^{-1} pendant cette période. Cette augmentation considérable a été observée surtout dans l'élevage transhumant, et peu ou pas du tout dans les autres formes d'élevage. Entre 1970 et 1972, la croissance s'arrêta brusquement: l'effet d'une sécheresse désastreuse de plusieurs années. Il y eut des pertes énormes (fig. 1.1.1) partout. Pendant ces années, un manque d'eau d'abreuvement concentrait les animaux sur des superficies plus petites qu'avant et la productivité de ces zones était réduite. Des pertes de 10-50% des troupeaux étaient inévitables. Apparemment, la charge maximale des pâturages était déjà atteinte ou même excédée. Il va sans dire qu'il y avait des différences entre les pays, et même plus entre les régions, à cause de leurs situations géographiques et climatiques différentes. Après 1974 et 1975, les troupeaux de gros bétail recommençèrent à croître, et les troupeaux de moutons et de chèvres même plus vite (fig. 1.1.2).

Tous les développements ont peu changé les habitudes des bergers nomades et des bergers de la transhumance quant à leur manière de vivre ou de manger. Naturellement, les bergers essaient de plus en plus de satisfaire aux besoins nouveaux: nouvelles sortes de nourriture, des médicaments, des transistors, des vêtements en textiles modernes, et cette tendance ne s'arrêtera plus. Mais ils ont surtout profité des nouvelles possibilités en agrandissant leurs troupeaux et ainsi ils ont augmenté leur chance de pouvoir faire face à une période de sécheresse dans le futur. Une telle tendance à l'augmentation du cheptel mènera sans aucun doute à nouveau à une surexploitation des ressources naturelles si l'on ne réalise pas de nouvelles méthodes techniques de production et de gestion. C'est pourquoi on peut s'attendre à une répétition de la situation des années 1969-1973 après quelques années d'accroissement des troupeaux, quand les conditions climatiques défavorables reviendront.

Cette situation est accentuée dans les pays où les gouvernements sont forcés de prendre surtout intérêt au profit direct, et qui renoncent donc aux améliorations de l'infrastructure (chemins, moyens de transport, abattoirs etc.). Ils n'ont pas non plus les possibilités de contrôler l'utilisation des pâturages et de l'eau. Les dangers d'un tel développement sont généralement connus, mais il est à regretter que cette connaissance mène seulement à des efforts de prévenir les suites désastreuses par des moyens d'attaque des aspects isolés des symptômes; on empêche, par exemple, le pâturage à certains lieux pendant un certain temps, on interdit le feu, on propage des bandes vertes et d'autres choses encore. De telles mesures diminuent les moyens d'existence de la population qui sont déjà limités. Il va sans dire que de telles mesures sont sabotées sur une grande échelle. Au lieu de combattre les symptômes, il vaut mieux traiter les problèmes à fond, vu le grand nombre de gens qui ont directement affaire à l'élevage pour l'approvisionnement national en protéines et vu l'importance du bétail en tant que produit d'exportation.

1.1.3 Problèmes actuels de l'élevage au Sahel

Les problèmes de l'élevage au Sahel sont multiples, et ils ne sont pas encore bien déterminés, analysés et classifiés. Des organismes nationaux et internationaux, portent beaucoup d'attention sur leur identification. Quelques problèmes sont sérieux partout au Sahel, d'autres sont spécifiques pour certaines zones. Nous n'avons pas étudié à fond la pratique de l'élevage. Donc, il est difficile, de donner ici une liste complète des problèmes actuels de l'élevage au Sahel; ce n'est pas non plus notre intention de présenter une liste des problèmes par ordre d'importance. Pourtant, quelques problèmes sont spécifiés afin de pouvoir placer l'importance et la pertinence de ce livre. Nous le faisons pour la situation actuelle en vue de son développement positif ou négatif dans le futur.

Un groupe de problèmes se trouve au niveau de la productivité des troupeaux: le taux d'exploitation n'est que 10% an^{-1} environ pour les bovins, et environ 25% pour les petits ruminants. La productivité est restreinte par une productivité médiocre de la part de l'animal, une mortalité élevée, une fécondité faible, ainsi que par des parasites et des calamités naturelles:

- Le problème de la mortalité élevée se pose surtout chez les jeunes animaux: dans le rapport de S.E.D.E.S. (1975) on a estimé que 30 sur 100 veaux, agneaux et chèvres meurent dans la première année dans la zone sahélienne. Insuffisance de nourriture, concurrence avec les bergers mêmes pour le lait, et des parasites sont parmi les causes principales de cette mortalité.
- L'âge tardif auquel les vaches vêlent, environ 4 ans, est lié à la nourriture insuffisante et pauvre; leur fécondité de 65% est presque normale. La fécondité des petits ruminants est d'environ 100% an^{-1}, et l'âge de leur première mise-bas est 1-1,5 an. Cette différence explique l'agrandissement plus rapide des troupeaux des petits ruminants par rapport aux bovins après la sécheresse ce qui est montré aux figs. 1.1.1 et 1.1.2.
- De chaque troupeau transhumant, quelques vaches ne font pas la transhumance, mais restent chez les familles sédentaires pour l'approvisionnement en lait. Ces animaux restent donc dans des zones plus humides et ils souffrent souvent beaucoup des tiques.
- Des sécheresses, mais des maladies contagieuses aussi, peuvent causer des dévastations énormes. La situation des maladies est changeante: au début de ce siècle, la peste bovine a causé des mortalités très élevées partout au Sahel. Mais par suite d'un programme intensif de prophylaxie, cette maladie était presque éliminée dans les années 50 et 60. Malheureusement, le taux d'inoculation a diminué depuis quelques années, et la maladie commence à revenir localement. Un pareil développement fut signalé pour la phtisie pulmonaire infectieuse (S.E.D.E.S., 1972).

Le deuxième groupe de problèmes se situe au niveau de la production des animaux individuels. Elle est faible à cause de la disponibilité limitée et de la qualité insuffisante de nourriture et de l'eau d'abreuvement; à cette insuffissance s'ajoute l'irrégularité de la disponibilité. La conséquence en est que les zébus ont souvent 7-9 ans avant qu'ils soient réformés. Leur poids vif à ce moment est en moyenne 320-350 kg chez les femelles et 420-450 kg chez les mâles (F.A.O., 1977), et moins encore chez les animaux en mauvaise condition. Ces problèmes de nutrition sont des problèmes de base, et communs dans toutes les zones sahéliennes.

- La cause de la disponibilité limitée de fourrage est la productivité végétale basse des pâturages et leur accessibilité limitée. La productivité végétale faible de la zone sahélienne est un facteur clef de la productivité des animaux et ainsi de la productivité de l'élevage tout entier. Elle est le sujet principal de ce livre.
- L'accès limité aux pâturages restreint l'offre de la nourriture. Ce problème se pose surtout dans le sud, où l'espace pastoral est restreint à cause de la présence de l'agriculture. Il ne s'agit pas seulement de la surface cultivée réellement et des jachères, mais aussi des surfaces surpâturées où les graminées pérennes, la nourriture par excellence dans la saison sèche, disparaissent. En plus, les animaux transhumants y utilisent les pâturages avec les animaux sédentaires. L'accès aux pâturages au nord du Sahel est des fois limité par l'absence de l'eau d'abreuvement, mais il y a des programmes pour y installer des puits et forages pour lever cette restriction. Il faut noter que ces tendances soient contraires: plus on augmente le nombre d'animaux nourris au nord, plus il faut de l'espace pour les nourrir dans la saison sèche au sud. Il se développe donc un

conflit de plus en plus grand entre bergers et agriculteurs, sauf aux nouvelles zones qu'on pourra ouvrir par élimination de la maladie de sommeil, par exemple. Nous revenons sur cet aspect important dans la partie 1.1.4.

- Beaucoup des troupeaux nomades et transhumants passent à des zones avec des sols riches en sels pour une cure salée, probablement pour compléter leur besoin en oligo-éléments. Il est probable qu'il ne s'agit pas d'un grand problème et la cure est de plus en plus délaissée (S.E.D.E.S., 1976).

Vu ces productivités médiocres, on pourrait se demander si l'amélioration des races ne donnerait pas de nouvelles perspectives. En effet, il y avait de tels programmes dans les pays sahéliens, initiés dans la période de la colonisation française. Les résultats de ces programmes n'ont pas été encourageants et ils n'ont pas aidé l'élevage au Sahel. Le chapitre 9 en parle plus amplement. Ce manque de progrès n'est pas incompréhensible: à côté des contraintes sérieuses déjà décrites, le climat au Sahel est des fois très dur. Surtout dans les mois avant l'hivernage, quand presque toute l'herbe est broutée, la température dépasse 40 °C pendant plusieurs heures par jour, et souvent il n'y a aucun endroit ombragé. Toutes les contraintes, combinées avec les raisons multiples des éleveurs pour avoir du bétail, et avec l'avantage d'une certaine hétérogénéité parmi les animaux d'un troupeau, font qu'il est très difficile de trouver des solutions vraiment satisfaisantes par un programme d'amélioration des races. En plus, le bétail d'aujourd'hui est déjà le résultat d'une sélection par les éleveurs et par la nature depuis longtemps, et les races actuelles sont probablement déjà bien adaptées aux conditions de l'élevage sahélien. Si la nutrition des animaux ou le mode d'exploitation change d'une façon considérable, il est pourtant probable que de nouvelles races produiront mieux que les races existantes. Un tel développement a eu lieu déjà chez les moutons en Australie (Brown et Hutchinson, 1973).

Un troisième groupe de problèmes de l'élevage est lié au surpâturage et à ce qu'on appelle la désertification. L'élevage peut causer un surpâturage, qui se manifeste par un changement défavorable de la composition floristique de la végétation et par une réduction du recouvrement et de la productivité végétale. Un exemple frappant d'un tel changement est la réduction importante des surfaces couvertes des herbes pérennes qui sont remplacées par des herbes annuelles. (Surtout dans la partie nord du Sahel, les pérennes aussi ont souffert beaucoup de la grande sécheresse récente.) Le surpâturage est un phénomène courant aux alentours de beaucoup de villages, qui ont une productivité très basse ou qui sont même dénudés. Pourtant, il s'agit des superficies limitées. Mais sur des superficies plus grandes entre les villages, la productivité des herbes a diminué à cause de l'exploitation. Le C.I.P.E.A., par exemple, a constaté par comparaison des photos aériennes de 1952 et 1975 d'une zone du Mali central, une augmentation considérable de la superficie des sols où la productivité a diminué (I.L.C.A., 1980). Il est évident que le surpâturage agrandit considérablement les problèmes de la première et souvent de la deuxième catégorie. Souvent aussi il était question de 'désertification' et on parlait de l'expansion du désert dans la littérature et dans la presse populaire. Nous y revenons dans la partie 6.6 de ce livre.

Un quatrième groupe de problèmes de l'élevage se trouve au niveau économique, l'état financière des Etats en général, et de leur infrastructures. Bremaud (1977) note que:

'L'action de l'Etat est loin d'avoir l'efficacité voulue par suite d'un manque de moyens financiers des services de l'élevage, ... le personnel technique est insuffisant, en particulier les 'cadres de terrain', ... la pression fiscale exercée sur les éleveurs est une source des tensions qui ne facilite pas les actions de développement. On peut noter que l'éleveur est défavorisé par rapport à l'agriculteur puisqu'on taxe son bétail, c'est-à-dire un moyen de production et en même temps le produit du travail alors que le matériel agricole et la récolte ne sont pas imposables. ... l'infrastructure des postes de vaccination semble suffisante dans le Sahel; par contre le nombre de parcs de vaccination est insuffisant ... et leur équipement est en général très médiocre ... La formation et la recherche restent fréquemment théoriques et inadaptées.'

En effet, les Etats sahéliens figurent parmi les 25 pays les plus pauvres du monde entier. Les prix de la viande et du lait ont augmenté grosso modo comme les autres prix: le prix des petits ruminants légèrement plus que celui des bovins. Mais, exprimé en quantité de céréales, il y avait de grandes fluctuations selon l'étude du F.A.O. de 1977: pour l'achat du mil pour la nutrition de leur famille de 10-12 personnes pour un an, l'éleveur devait vendre 3 bovins avant la sécheresse, en 1973 même 6 bovins, et 2 en 1975. Ces variations sont les résultats des interactions complexes entre offre et demande de beaucoup de produits, sur lesquelles est superposé le fait que les éleveurs achètent souvent loin des marchés principaux, ce qui rend les produits encore plus chers. Les frais de vaccination et de déparasitage sont souvent relativement chers pour les bovins et la vaccination est peu développée pour les petits ruminants (F.A.O., 1977). Mais d'autre part, la demande de viande des Etats sud du Sahel augmente: la F.A.O. (1976) a estimé qu'elle augmentera à 7% an^{-1} jusqu'à l'an 1990 (si son prix reste constant en proportion avec d'autres produits), un facteur qui peut stimuler considérablement l'élevage sahélien.

L'infrastructure, c'est-à-dire des routes, des moyens de transport, des abattoirs, des marchés, des moyens de communication, elle est généralement très peu développée dans ces pays sahéliens. La distance entre la zone de production, le Sahel, et les marchés importants, les grandes villes près de l'océan, est de l'ordre de 1.000 km, ce qui pose aussi de grandes difficultés.

1.1.4 L'agriculture, un concurrent?

Il est nécessaire de considérer brièvement les développements de l'agriculture afin d'obtenir une bonne perspective des possiblités et des contraintes de l'élevage, parce que les 2 utilisent la même ressource: le sol. Dans l'ensemble des 6 états sahéliens, les superficies des cultures et des jachères n'est qu'une dizaine de la superficie exploitée par l'élevage, selon les chiffres de la F.A.O. (1979). Mais presque toutes les cultures se trouvent dans la savane et le sud du Sahel, où elles occupent une fraction beaucoup plus importante des terrains disponibles. En plus, ce sont les agriculteurs, sans doute, qui se trouvent sur les meilleurs sols. L'agriculture est donc nettement un concurrent de l'élevage.

Cette situation existe déjà plus ou moins depuis longtemps, et ne se développe pas ou peu. En prenant la culture du petit mil (*Pennisetum typhoides*) comme une culture importante et typique du sud du Sahel, on constate que la superficie récoltée a augmenté en moyenne d'environ 1% an^{-1} entre 1963 et 1976. Les différences entre les pays individuels sont grandes: par exemple le Niger 2,7% dans cette période, le Mali 0,0%, le Tchad -0,6% an^{-1}, et de telles différences existeront aussi entre les différentes régions d'un même pays. L'augmentation des superficies de culture a été lente, mais la pression pour l'agrandissement devient probablement plus grande vu le fait que les pays ont commencé depuis quelques années à importer de grandes quantités de céréales (F.A.O., 1976). La F.A.O. estimait que pour pouvoir produire la nourriture de base de la population en 1990, le Tchad, le Mali et la Mauritanie doivent augmenter considérablement leur production de mil et de sorgho par l'extension de la superficie cultivée, et que le Niger, la Haute-Volta et surtout le Sénégal doivent mettre l'accent sur l'intensification des cultures.

Ces augmentations proposées de la superficie à cultiver concernent surtout les parties sud des pays. Pourtant, il est évident que dans beaucoup des zones au sud du Sahel la pression démographique stimulera l'utilisation des terres par l'agriculture, et que les contraintes pour l'élevage deviendront plus évidentes. Ceci concernera l'élevage et les éleveurs transhumants plutôt que l'élevage sédentaire.

Mais l'agriculture n'est pas seulement un concurrent de l'élevage: ils peuvent se renforcer mutuellement. Les agriculteurs donnent déjà des sous-produits de leur cultures à leurs animaux. On trouve aussi déjà des éleveurs ou commerçants qui achètent des sous-produits, comme le grain de coton et le son du riz, pour leurs animaux. Ces animaux viennent surtout des troupeaux transhumants. En effet, plusieurs études indiquent la possibilité théorique que le Sahel pourrait devenir une zone de naissance des animaux qui devraient être engraissés dans le sud à l'aide des sous-produits agricoles ou des cultures fourragères. On discute cette possibilité dans les chapitres 8 et 9. Dans les zones semi-arides de l'Australie et des Etats Unis, où l'élevage a été bien développé, les problèmes les plus sérieux d'eau et de nourriture ont été résolus par une telle association avec l'agriculture et par une gestion stricte des troupeaux et des pâturages. Un tel développement n'a commencé qu'à quelques endroits isolés au Sahel. Une intensification de l'agriculture, dont résulte une productivité plus élevée, est indispensable à un tel développement sur une grande échelle.

Il y a aussi un autre point à signaler: la diminution de la fertilité des sols. Plusieurs états sahéliens importent des céréales parce que leur production ne monte pas suffisamment. Cet effet est souligné par la sécheresse des années 1969-1973, mais elle n'est pas la seule cause: la productivité moyenne des champs de mil a tendance à diminuer depuis 1960, comme montre la fig. 1.1.3. La contribution des nouveaux champs à la superficie totale cultivée est relativement petite, avec l'exception du Niger, ainsi qu'elle ne confond guère cette tendance. (Le remplacement par d'autres cultures est faible ou négligeable: le mil et le sorgho, qui ont couvert 77% de la superficie cultivée, le riz non compris, au Mali en 1960, avaient 72% en 1977, un changement léger dû à l'extension de la superficie de coton au sud du pays.) Malgré le fait que cette diminution de la productivité des champs soit le résultat d'un ensemble de facteurs, il est probable qu'une diminution de la fertilité des sols y joue un rôle important. Ce phénomème d'une

Fig. 1.1.3. La productivité des champs de mil et de sorgho depuis l'indépendance des pays sahéliens: ·········· la Haute-Volta, — — — le Mali, --------- la Mauritanie, -·-·-· le Niger, —·-— le Sénégal, ——— le Tchad. Les valeurs indiquées sont les moyennes par pays. La ligne épaisse représente la moyenne pondérée de l'ensemble des pays sahéliens. La cause principale des variations interannuelles est la pluviosité irrégulière. La raison principale des différences entre les pays est que des fractions différentes de ces pays ont un climat sahélien. Source: Annuaires F.A.O. de la Production 1975-1980.

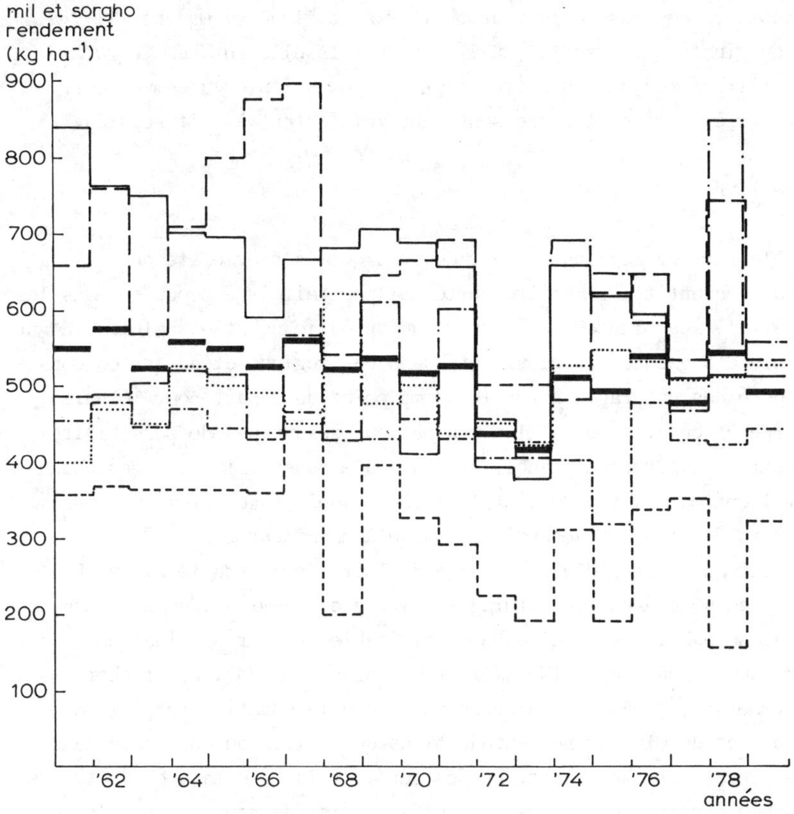

Fig. 1.1.3. The productivity of fields of millet and sorghum since the independence of the Sahel countries: ·········· Upper Volta, — — — — Mali, --------- Mauritania, -·-·-· Niger, —·-— Senegal, ——— Chad. The values shown are the average by country. The fat line represents the weighed average of the total of the Sahel countries. The main reason for annual variations is the irregular rainfall. The principal reason for differences between the countries is that different fractions of these countries have a Sahel climate. Source: F.A.O. Production Year Books 1975-1980.

diminution de la fertilité se présente aussi dans des zones pastorales surpâturées. Cette dégradation n'est pas spécifique au Sahel, mais elle est générale pour toute l'agriculture où ni engrais ni beaucoup de légumineuses sont utilisés. Par conséquent, la productivité des champs de culture et aussi celle des pâturages diminue très lentement. Cette diminution de la fertilité, qui est analysée dans ce livre, est souvent cachée par les grandes fluctuations de la productivité des cultures. La diminution peut être très lente, mais on doit la reconnaître dans l'analyse des problèmes de l'élevage dans le futur. Cependant aussi ce développement négatif n'est pas non plus inévitable en théorie: par l'utilisation des engrais les cultures peuvent donner de meilleures récoltes et les sols peuvent devenir plus productifs. Il est important dans ce context de noter que la fumure apportée par les animaux aux cultures contribue considérablement à maintenir la productivité des sols autour des villages. C'est l'élevage qui supporte l'agriculture de cette façon.

Bienque la plupart des activités agricoles se déroulent dans la savane et le sud du Sahel, il faut qu'on constate que presque partout où il y a de l'eau permanent, il y a des agriculteurs qui s'ont installé. Aussi là où il y a du ruissellement des terrains accidentés. Ces points attirent toujours des troupeaux, ce qui stimule la commerce et l'échange des produits. Agriculture et élevage sont donc jamais tout à fait séparés.

1.1.5 Introduction à ce livre

L'idée traditionnelle sur les régions semi-arides est que la pluviosité annuelle faible pose une limite à la quantité de matière verte qui pourrait être produite dans les pâturages naturels. En effet, les plantes ne poussent qu'après le début des pluies. Etant donné qu'il est impossible d'augmenter la pluviosité dans des régions étendues, on considère la production médiocre des pâturages naturels comme point de départ pour le calcul de leur capacité de charge et on affirme qu'il n'y a pas ou presque pas de possibilités d'augmenter la productivité des pâturages sahéliens. La seule possibilité qui reste dans cette façon de voir est l'optimalisation de l'utilisation des pâturages et l'ouverture des nouveaux pâturages dans des zones inaccessibles jusqu'à ce moment.

Ce n'est que récemment que cette idée commence à évoluer. En Australie et aux Etats-Unis, la production des graminées dans les pâturages des régions semi-arides avec une pluviosité plus élevée qu'au Sahel a été stimulée considérablement par application d'engrais et par l'amélioration des pâturages (Wheeler et Hutchinson, 1973). Des recherches en Israël (Van Keulen et De Wit, 1975) ont demontré aussi que la quantité de pluie qui tombe dans ces régions permet de plus grandes productions que celles qu'on trouve dans les régions semi-arides dans le Proche Orient. Basées sur de tels résultats et de telles expériences, les recherches décrites ci-dessous visent à étudier de nouveau la relation entre la production des graminées, la pluviosité et la fertilité du sol, afin de pouvoir donner des suggestions pour un développement plus équilibre des régions.

Nous nous occupons dans ce livre de la question: une augmentation de la productivité des pâturages sera-t-elle possible du point de vue agronomique? Sans surpâturage sur une grande échelle? Quelle sorte de solution est réaliste, quels types ne sont pas réalistes? On arrivera à la conclusion que des possibilités existent d'augmenter la production animale par une exploitation plus intense des pâturages, une tendance déjà existante, mais que cette augmentation causera une destruction plus forte du milieu sahélien. En même temps, il n'est pas du tout sûr que les éleveurs transhumants seront d'avis que leur vie s'améliore: les conditions au sud du Sahel et dans la savane sont probablement plus rentables pour y faire des investissements, et il est probable que les améliorations se feront d'abord et surtout dans la zone au sud du Sahel. Nous ne pouvons discuter ces problèmes que du point de vue agronomique, et n'apportons que quelques aspects économiques ou sociaux.

La partie 1.2 présente au lecteur la productivité végétale variable des pâturages.

Ces informations et les données des recherches faites ailleurs nous amènent aux formulations des buts des recherches rapportées dans ce livre (partie 1.3).

Notre méthode de recherche n'est pas tout à fait commune; les aspects nouveaux sont expliqués dans le chapitre 2. Il s'agit surtout de l'analyse des systèmes et des aspects statistiques.

Le chapitre 3 traite des éléments climatiques, pédologiques et phytoécologiques nécessaires pour comprendre ce qui suit dans le livre. La localisation de nos études y est décrite et expliquée.

Le chapitre 4 décrit les potentialités de la production végétale des pâturages. A cet effet on décrit le développement et la croissance des espèces et des végétations et le bilan d'eau des pâturages riches en éléments nutritifs. Il est nécessaire de connaître ces potentialités pour mieux définir les limites entre lesquelles se trouve la productivité des pâturages naturels.

Au chapitre 5 il s'agit des processus de la croissance des plantes en cas d'un approvisionnement limité en éléments nutritifs, la situation normale au Sahel. Ces informations sont complétées avec des bilans des éléments clefs: l'azote et le phosphore. Les considérations du bilan d'azote des pâturages en équilibre (partie 5.6) donnent la base des calculs de la capacité de charge et des possibilités d'amélioration des zones pastoraux. L'ensemble des résultats et données présentés dans les chapitres 4 et 5 apportent une meilleure compréhension de la valeur absolue de la productivité des pâturages sahéliens et aussi de sa variabilité et hétérogénéité. Une grande partie de ces données est aussi bien applicable aux cultures agricoles qu'aux pâturages naturels.

Le chapitre 6 présente l'application des informations des chapitres 4 et 5 pour la compréhension de la réalité de la production actuelle des pâturages dans des situations différentes de celles qu'on trouve au Sahel.

Le chapitre 7 utilise les chapitres précédents et présente des observations clefs à faire pour inventorier les pâturages et pour indiquer leur potentialités en vue d'une meilleure planification du développement de l'élevage.

Dans le chapitre 8 les options techniques sont présentées, options basées sur les résultats obtenus dans des chapitres précédents et qui pourront être intéressantes pour l'élevage dans certaines situations ou dans certains stades de développement.

Dans le chapitre 9, les résultats obtenus dans les chapitres précédents sont appliqués et extrapolés à des situations diverses de l'élevage au Sahel. La plupart des conclusions de ce livre concernant l'élevage sahélien y sont tirées et discutées.

1.2 LA PRODUCTION DES PATURAGES

L'élevage sahélien se base encore pour une très grande partie sur les pâturages naturels. Le fourrage est ce que la nature donne, presque sans aucune gestion humaine. Mais le caractère du fourrage change, en rapport avec le bétail, d'un endroit à l'autre et au cours des saisons. Les boeufs ont un menu surtout basé sur des graminées, les moutons montrent une préférence pour les herbes, les chèvres aiment aussi des feuilles de ligneux, et ce 'pâturage aérien' est intensivement exploité par les chameaux aussi. Au nord du Sahel ce sont les graminées et les herbes annuelles qui dominent les pâturages et ainsi les menus du bétail. Dans le sud et dans les plaines d'inondation du Sahel les graminées pérennes sont plus importantes. Dans ces dernières zones la paille de riz et de mil peut être aussi d'une certaine importance après les récoltes. Les ligneux prennent le pas aux endroits relativement humides (aux endroits qui reçoivent l'eau de ruissellement) et aux alentours des villages et des campements fixes avec un grand cheptel.

Plus de précision ne sera pas nécessaire pour faire comprendre que la base de l'élevage sahélien, la production primaire, est loin d'être uniforme. Ce n'est pas cette diversité cependant qui forme le problème des éleveurs - elle casse seulement les têtes des chercheurs - mais plutôt la fluctuation de l'offre et de la qualité du fourrage. Cette fluctuation peut être forte d'un endroit à l'autre, et ceci pas seulement en allant du sud au nord du Sahel, où les pluies se rarifient de plus en plus. Même sur un seul et même endroit la disponibilité et la qualité de nourriture varient au cours de l'année et d'une année à l'autre. Quand-même, l'éleveur essaie de nourrir un nombre d'animaux suffisamment grand pour l'entretien de sa famille. Pour l'éleveur ce n'est donc pas la valeur moyenne annuelle qui l'intéresse - une donnée qui convient bien au chercheur - ce qui lui faut c'est au moins une quantité et une qualité minimale fixe à chaque endroit où il se trouve chaque jour de l'année, de chaque année! Ce n'est non sans cause que la quantité et la qualité ont été nommées séparément, car les 2 valeurs ne fluctuent pas proportionnellement, souvent c'est plutôt le contraire, comme sera montré plus loin. Jusqu'aujourd'hui la réplique de l'éleveur au Sahel à ces fluctuations annuelles et interannuelles a été la mobilité (ce n'est que chez la population sédentaire ou semi-sédentaire qu'on ramasse et même qu'on stocke pour un cheval ou pour quelques moutons dans le cour des fanes de niébé, de la bourgou, des branches feuillées de *Pterocarpus lucens* ou des plantes entières d'*Alysicarpus spp.*, d'*Echinochloa colona*, etc.). Mais malgré la mobilité, l'éleveur sahélien doit faire face à des variations considérables de la disponibilité et de la qualité du fourrage, comme est montré par Traoré (1978). La fig. 1.2.1 en est une illustration. Le taux moyen de protéines a fluctué entre 4 et 20% pour la biomasse des pâturages exploités par le troupeau transhumant, suivi par Traoré. La qualité était maximale au début de la saison des pluies. La biomasse était à ce moment là pas plus que 100 kg ha^{-1}, tandis qu'elle était plus de 6.000 kg ha^{-1} au début de la saison sèche. La figure illustre aussi la variation interannuelle: en novembre 1977 les animaux ne trouvaient que 2.500 kg ha^{-1} tandis que l'année précédente offrait plus que la double.

La variation de la production des pâturages sahéliens a été étudiée déjà souvent. Les travaux de l'I.E.M.V.T. (Maisons - Alfort, la France) en sont de bons exemples. Les publications en question traitent la quantité de fourrage comme très sensible aux facteurs du milieu. La qualité est vue plutôt comme un caractère spécifique des espèces et la principale influence du milieu sur la qualité est celle de la disponibilité d'eau en déterminant la répartition des espèces. Les autres influences sur la qualité des pâturages sont regardées comme indirectes, là où elles déterminent la présence des espèces (annuelles ou pérennes, herbacées ou ligneuses, monocotylédones ou dicotylédones, légumineuses ou herbes diverses). La quantité de fourrage produite varie sous l'influence de plusieurs facteurs écologiques, du caractère édaphique aussi-bien que climatique. La meilleure vue d'ensemble est donnée par Boudet (1975), dans son 'Manuel sur les pâturages

Fig. 1.2.1. La disponibilité de fourrage et la fluctuation de son taux de protéines (en pourcentage de la matière sèche) au cours de 14 mois de transhumance pour un troupeau de Diafarabé (Rép. du Mali).

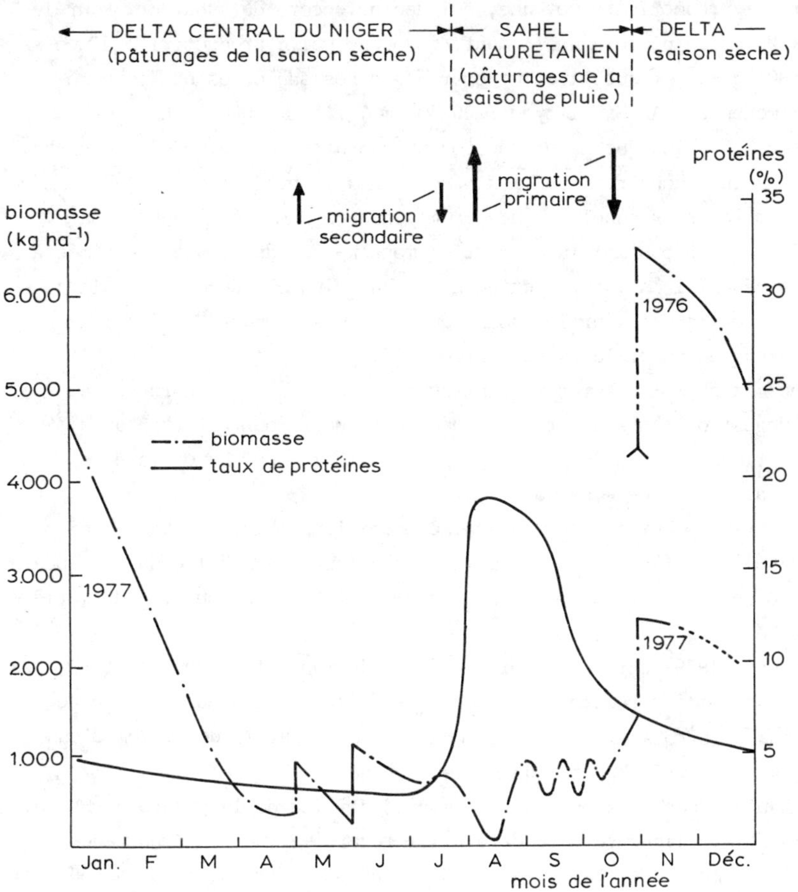

Fig. 1.2.1. The availability of forage and the fluctuation of its protein content (as a percentage of dry matter) during 14 months of transhumance for a Diafarabé herd (Rep. of Mali).

tropicaux et les cultures fourragères'. Il signale la pluviosité, la topographie et le substrat comme facteurs de base et il note à côté les facteurs anthropiques: exploitation et feu. Et il n'oublie pas des cas spéciaux comme l'inondation temporaire (mares temporaires de l'hivernage, plaines d'inondation, etc.). C'est Gillet (1967) qui signale aussi spécifiquement l'espèce et le type de végétation comme facteurs déterminant la biomasse en zone sahélienne. Prépondérant est cependant pour des multiples auteurs le facteur eau, la pluviosité.

Pluviosité et production C'est une 'communis opinio' - et à quoi on pourrait s'attendre autrement - que la pluviosité, plus que tous les autres facteurs, détermine la production végétale des zones (semi-)arides.

Pour le Sahel il y a déjà plusieurs qui ont essayé de déterminer le rapport entre pluviosité et productivité comme outil pour l'estimation de la disponibilité de fourrage. Boudet (1975) partage le Sahel en 3 zones, suivant leur pluviosité annuelle moyenne, chaque zone avec sa propre productivité moyenne, qui dépend encore du substrat. Pour le Sahel subdésertique (<200 mm de pluie annuellement) il donne comme productivité d'une année moyenne 400 et 500 kg ha^{-1} respectivement pour des dunes sableuses et des pénéplaines sableuses et limoneuses. Au Sahel type (200-400 mm) c'est 1.000 kg ha^{-1} de matière sèche pour les dunes, bien que la production puisse atteindre 2.000-3.000 kg ha^{-1} localement dans les creux interdunaires. Sur les pénéplaines la production moyenne est un peu plus élevée, mais sur les sols squelettiques la moyenne est estimée à 800 kg ha^{-1}. En bordure sahélo-soudanienne (400-600 mm) la production moyenne des dunes a été estimée à 1.500 kg ha^{-1}. Pour les pénéplaines la production n'est pas plus élevée que pour la zone précédente comme c'est le cas aussi pour les sols squelettiques (Boudet, 1975).

Pour plusieurs régions du Sahel le rapport productivité-pluviosité a été établi. Quoique les publications en question s'intéressent surtout aux transects nord-sud à travers du Sahel, la suggestion est souvent faite que le rapport pourrait être aussi valable pour les fluctuations interannuelles de la pluviosité sur un endroit précis et pour la production végétale des années en question.

Le Houérou et Hoste (1977) ont publié une synthèse de l'ensemble des données disponibles pour les pays sahéliens. Ils tirent la conclusion qu'en zone sahélienne et soudanienne chaque millimètre de pluie produit 2,5 kg de biomasse aérienne, ou 1 kg de matière sèche consommable, par ha.

Bille (1977) et Sicot (1979) ont encore bien précisé le rapport en se basant sur les pluies efficaces, la disponibilité réelle d'eau au cours de la croissance, au lieu de prendre la pluviosité annuelle totale. Le dernier constate qu'à partir de 173 mm d'eau infiltrée, 1 mm du stock produit 10 kg ha^{-1} de matière sèche.

Ce qui est dit jusqu'ici concerne en général la productivité de la strate herbacée. Mais, comme signalé, la strate ligneuse doit être aussi regardée, vue son importance comme 'pâturage aérien'. Et même sans ça, l'eau de pluie ne peut être utilisée qu'une seule fois au cours de la saison de croissance, de sorte que la strate ligneuse et la strate herbacée sont des concurrentes.

Poupon et Bille (1974) trouvent des différences d'un facteur 1,5-4 pour la productivité de 7 espèces ligneuses sahéliennes pour 2 années, à respectivement 33 et 202 mm de pluie. Pour une seule espèce (*Commiphora africana*) Poupon (1977) a suivi la productivité même sur 5 années successives, et dans ce cas aussi il trouve que la productivité des feuilles aussi bien que des fruits fluctue avec la pluviosité.

Il y a donc des nombreuses indications qu'aussi au Sahel la productivité primaire moyenne des pâturages est plus ou moins propertionnelle à la pluviosité annuelle. Est-ce qu'il faut conclure maintenant que la pluviosité est le facteur limitatif pour la production de l'écosystème sahélien? Si cela serais vrai ce n'est qu'une augmentation de l'eau disponible pour les plantes qui devrait faire augmenter cette production, jusqu'au niveau qu'un autre facteur devient limitatif. Théoriquement, vu le besoin en eau du processus de la photosynthèse, on peut s'attendre déjà à une utilisation beaucoup plus efficace de l'eau par la végétation que celle suggérée par les rapports productivité-pluviosité mentionnés ci-dessus. En prenant le rapport de Sicot (1979), à partir de 173 mm, 1 kg de matière sèche est formé avec 1.000 l d'eau, tandis qu'en théorie on n'aurait besoin que de 200-400 l. Des recherches ailleurs (voir partie 1.3) ont démontré qu'une telle efficacité de l'utilisation d'eau est bien possible, aussi dans les zones semi-arides, s'il n'y a pas des facteurs limitatifs autre que l'eau, comme par exemple des minéraux ou l'azote. Hélas, la plupart des sols de telles zones sont très pauvres. Aussi peut-on augmenter considérablement leur productivité par apport d'azote et d'éléments minéraux (voir partie 1.1.3), et on ne peut donc pas regarder l'eau comme facteur limitatif principal pour la productivité. Parce qu'il y a quand même une relation nette entre la pluviosité et la productivité, il faut conclure que cette relation est indirecte: apparemment l'humidité détermine la disponibilité d'autres facteurs limitatifs.

1.3 LES BUTS DE LA RECHERCHE

Beaucoup d'études sur la production primaire des pâturages et leur mise en valeur ont été faites pour de grandes zones des pays sahéliens. La liste de tels rapports comme celle de l'I.E.M.V.T. (1978) par exemple, est impressionnante. Ces études décrivent, souvent en détail, la végétation, le climat et le sol. En plus, elles donnent souvent la quantité de la biomasse par hectare à la fin de l'hivernage pour calculer la capacité de charge, et elles discutent de la qualité du fourrage. Elles mettent l'accent sur la description de la végétation en supposant que sa productivité et sa qualité sont plus ou moins caractéristiques. Malgré le fait que l'on a sacrifié beaucoup de travail aux déterminations sur le terrain, ces vastes études ne se prêtent pas tellement à être généralisées (Diallo, 1975). L'étude de Gaston et Dulieu (1975) par exemple le démontre pour les pâturages autour du Lac Tchad dans les années 1964, 1966 et 1973. Ils ont observé des changements importants dans la composition floristique et dans la productivité entre ces dates. Pour généraliser les résultats de la productivité, ils proposent d'employer une régression de la productivité sur la pluviométrie, ayant rendu compte de sa répartition, mais sans prendre en considération le type du sol et la végétation. En ce qui concerne les changements dans la composition floristique, il n'y avait pas encore une base scientifique pour pouvoir les comprendre. D'une manière qualitative, les changements dans la composition floristique et aussi dans la production peuvent être décrits par analogie avec des situations similaires. Mais faire le calcul d'une manière quantitative de l'impact des conditions changées sur la productivité et la composition des pâturages naturels était en dehors des perspectives. Comment une certaine situation se développera sous ou sans l'influence de l'homme, ne peut souvent pas être prévu parce que des situations analogues ne sont pas dans la documentation.

L'étude écologique de Bille (1977) à Fété Olé, un terrain non exploité au Sahel sénégalais, qui porte sur les années 1969 jusqu'à 1975, est plus fondamentale. Il décrit la variation spatiale et surtout la variation interannuelle de la composition floristique de la végétation et la variation dans la biomasse des végétations. Par l'analyse de ces observations et par l'expérimentation, il essaie de comprendre les modes de germination, et la dynamique des végétations. Il essaie d'expliquer les variations observées dans la productivité en prenant comme point de départ le nombre de jours de pluies efficaces. L'étude ne considère pas la fertilité des sols et n'analyse pas le bilan d'eau du sol.

Une prochaine phase dans les études est un essai de compréhension des phénomènes observés sur le terrain sur la base de ce qui est connu de l'écologie, de la physiologie des plantes et de la pédologie. Cet essai exige beaucoup d'informations sur ces niveaux fondamentaux, et aussi des modèles dans lesquels ces processus de la plante et du sol sont intégrés dans la réalité. Bien sûr, cette grande quantité d'informations est loin d'être complète, mais des débuts prometteurs sont déjà faits pour des situations de production relativement simples. L'intégration des connaissances fondamentales pour comprendre la productivité primaire des pâturages et l'effet de l'exploitation sur cette productivité est un but du projet P.P.S. Pour cette intégration, on a utilisé entre autres des modèles à simuler. (La méthode de recherche est expliquée au chapitre 2). L'avantage d'avoir des modèles qui peuvent simuler la productivité des pâturages dans des cas spécifiques est clair: la productivité des pâturages, ailleurs dans des zones arides, pourra être déterminée plus rapidement que par de nouvelles investigations intensives sur le terrain, et aussi on pourra indiquer sans nouvelle expérimentation intensive, des effets des modifications du climat ou du mode d'exploitation sur la productivité. Malgré le fait que les résultats de telles simulations ne sont souvent pas très précis, ils donnent cependant une meilleure compréhension des processus clés de la croissance des plantes.

Des expériences dans d'autres zones semi-arides ont démontré que la productivité des pâturages est souvent limitée par la fertilité faible des sols (Australia (Date, 1973; Wheeler et Hutchinson, 1973), Etats Unis (Sauer, 1978), Israël (Van Keulen, 1975)). A l'exception des cas où la pluviosité est très faible, c'est-à-dire à proximité des déserts, on constate que la fertilité est plus importante pour la production végétale que la pluviosité (Harpaz, 1975). Pourtant, dans la littérature écrite en langue française qui traite des zones pastorales des pays tropicaux, on a négligé la fertilité des sols. Ce sujet est pourtant essentiel si l'on veut comprendre les processus qui conduisent à une certaine productivité primaire des pâturages et si l'on veut comprendre à long terme la dynamique de la productivité sous différentes formes d'exploitation. Par ailleurs, contrairement à la pluviosité, la fertilité du sol est modifiée par l'homme d'une façon directe ou indirecte. Etant donné l'importance de la fertilité du sol ailleurs dans les zones semi-arides et la nécessité de comprendre ses aspects clés, le P.P.S. a étudié de façon approfondie les bilans de l'azote et du phosphore et les réactions des plantes vis à vis de ces éléments.

Il nous semble que le résultat principal de la recherche présentée dans ce livre est que l'on a développé un instrument scientifique, avec lequel on peut analyser les études descriptives déjà prêtes, et évaluer la production primaire des pâturages plus facilement et plus précisément qu'autrefois. En plus, avec cet instrument on a une manière propre à l'extrapolation des informations aux nouvelles zones, et on a une base scientifique pour prévoir les modifications de la productivité sous des régimes d'exploitation différents. Quelques hypothèses ont été confirmées déjà, d'autres hypothèses doivent être vérifiées à long terme. Application de cet instrument à d'autres zones semi-arides n'aura pas immédiatement la même précision comme sur l'endroit où on l'a développé; cependant, il peut être une aide efficace pour la planification des projets de développement et des programmes de recherche. Tout le chapitre 7 est consacré à l'emploi de cet instrument, et sert de premier manuel; une deuxième version est déjà en préparation (Breman et al., 1983). Une limite inévitable mais fondamentale est que cet instrument ne représente qu'un aspect de l'agronomie, et il est important pour le développement des zones, que l'on prenne en considération également les aspects zootechniques, économiques, sociologiques et politiques.

Les buts directs de la recherche du P.P.S. étaient formulés en 1975 en termes généraux, mais aussi très concrets:

- améliorer la connaissance du rendement végétal des pâturages sahéliens sous différentes intensités d'exploitation;
- étudier les possibilités pour augmenter ce rendement, par exemple par l'utilisation des légumineuses, de l'azote et des minéraux, et par un changement de la pression animale;
- étudier la production potentielle de quelques cultures fourragères importantes sous régime d'irrigation;
- traiter cette connaissance en vue de son exploitation selon des situations diverses d'exploitation avec l'aide des modèles à simuler.

A la fin de ce projet, on peut constater que les travaux effectués ont été bien couverts par ces buts. La déviation la plus importante a été causée par le fait qu'une station du Centre International pour l'Elevage en Afrique était installée à côté de notre base à Niono, et dont l'une des tâches est l'étude de l'effet de la pression animale sur la productivité des pâturages. Par cela, le P.P.S. a pu donner plus d'attention que prévue à la dynamique de la composition floristique des pâturages et à l'étude de la nourriture d'un troupeau pendant sa transhumance.

2 De la méthode de recherche

2.1 INTRODUCTION

Des techniques agronomiques, écologiques, microbiologiques et pédologiques usuelles ont été appliquées pour la recherche du P.P.S. sur le terrain au Sahel, au laboratoire à Bamako et à Wageningen, et dans des chambres climatiques à Wageningen. Elles seront expliquées dans les différents chapitres quand la nécessité s'en fait sentir. Il y a cependant 2 raisons qui nous ont amenés à porter une attention particulière à la méthode de recherche et ce, dans un chapitre spécial.

La première raison concerne l'utilisation des modèles à simuler pour formuler la problématique et pour l'interprétation des résultats. Ceci est fait ici plus qu'on ne le fait en général et c'est pourquoi il est nécessaire d'éclairer cette approche des modèles. Les parties 2.2 et 2.3 servent à ce but. Mais on a pris soin pour que les chapitres individuels et le livre dans son ensemble puissent être compris sans qu'il soit nécessaire de se pencher sur les aspects techniques de la simulation et de la construction des modèles. Le développement des modèles à simuler a eu lieu à Wageningen.

La deuxième raison concerne les circonstances difficiles dans lesquelles le travail expérimental et la recherche écologique devaient être exécutés. Ceci ne concerne pas seulement l'hétérogénéité du terrain et de la végétation naturelle, mais aussi la disponibilité des ressources techniques, la grande étendue de la zone et les difficultés de transport sur des routes 'impraticables', particulièrement en hivernage, et sur des grandes distances. Pour pouvoir rassembler autant que possible des informations utiles dans de telles conditions et dans un délai relativement court, il a été nécessaire d'appliquer des techniques expérimentales et statistiques qui, dans des circonstances plus normales, peut-être, ne seraient pas entièrement satisfaisantes vu les demandes méthodiques. Ces méthodes sont discutées et justifiées dans les parties 2.4 et 2.5 de ce chapitre.

2.2 L'ANALYSE DES SYSTEMES DE PRODUCTION PRIMAIRE

En faisant de la recherche appliquée sur la culture des plantes, on essaie souvent d'établir une fonction de production qui est statique et descriptive. Une telle fonction quantifie la production d'une culture en se basant sur les valeurs des facteurs de production, valeurs qui peuvent varier d'une année à l'autre, d'un lieu à un autre, d'une culture à une autre, ou bien elles varient parce que celui qui fait les recherches peut choisir ces valeurs. Le terme 'facteur' peut représenter des choses bien différentes, telles que: le rayonnement, la température, la quantité disponible d'éléments nutritifs et d'eau, les caractéristiques physiques et chimiques du sol, mais aussi le travail effectué, les capitaux investis et d'autres choses encore.

A l'exception de cas où les circonstances sont très simplifiées, on n'a pas réussi à développer des fonctions de production de ce type utilisables en pratique, basées sur les données statistiques et sur les résultats des recherches pratiques. Ceci n'est pas étonnant: la croissance des plantes est un complexe des processus qui s'accomplissent dans l'espace et dans le temps. La vitesse de croissance ne change pas proportionnellement à des changements des facteurs de production et souvent même avec un retard. En plus, les facteurs de production changent sans cesse et le résultat de chaque combinaison de traitements dépend fortement du 'timing', c'est-à-dire: du moment où les conditions sont réalisées et aussi du stade de la végétation et de l'état du sol à ce moment. Ainsi les carences en éléments nutritifs se manifestent seulement au cours de la saison. L'effet d'engrais azotés par exemple peut être différent selon qu'ils sont ajoutés au sol avant ou après une période de pluies, et le début de la floraison dépend d'une variation minime dans la longueur du jour. Quelle que soit la manière dont on compose des fonctions de production, le résultat est qu'une seule combinaison de facteurs de production qui, selon la formule, devrait toujours mener à une seule production, peut mener en pratique à des productions très différentes. Un exemple est donné dans la partie 3.2.4 où il est montré que la même pluviométrie dans 2 années différentes peut causer des biomasses végétales différentes.

Il y a un autre inconvénient à de telles fonctions de productions, à savoir que les processus qui déterminent la croissance des plantes ne sont pas reconnaissables dans ces types de fonction de production, de sorte qu'il devient très difficile d'employer rationnellement les connaissances fondamentales qui s'y rapportent. Il en résulte que les fonctions de production ne sont guère applicables aux autres régions, aux autres années ou aux autres cultures. On devrait s'occuper donc continuellement de l'expérimentation, du groupement des données et de leur adaptation statistique.

En principe, ces problèmes ne se posent pas quand on utilise des modèles des processus dynamiques, dont on parlera en détail dans la partie 2.3. Dans ces modèles on considère qu'à chaque moment la vitesse de croissance dépend des conditions de croissance du moment même, et qu'on trouve la croissance totale en simulant ces vitesses pendant toute la saison de croissance. Donc il est nécessaire de connaître les conditions de croissance à chaque moment par mesure directe, par déduction à l'aide d'autres observations ou par estimation.

La recherche fondamentale progresse pour récolter la connaissance des processus biologiques, physiques et chimiques qui se rapportent à la croissance des plantes mais elle est encore loin d'être complète. Vu la durée brève du projet (4 ans) le P.P.S. aussi n'a pu résoudre que quelques questions et ajouter leurs réponses à la connaissance déjà disponible.

Une vue totale des problèmes scientifiques sur la production primaire nous fait constater d'une part que la connaissance des végétations est trop compliquée pour faire une analyse statistique des observations faites qui nous amène à une fonction de production statique et descriptive et qui est utilisable dans tous les cas. D'autre part, bien des processus qui déterminent la croissance des plantes sont encore trop peu connus pour construire des modèles dynamiques des processus pour tous les cas. Donc en pratique il ne nous reste que l'approche opportuniste du problème, dans laquelle les 2 méthodes jouent un rôle et se soutiennent mutuellement. En plus on ne craint pas le renversement de la position du problème. C'est-à-dire qu'au lieu de répondre à la question: quelle production va avec quelle combinaison de facteurs de croissance? on répond à la question: quelle combinaison de facteurs de croissance peut servir en pratique, pour obtenir telle ou telle production?

Dans le projet P.P.S., on a essayé de concrétiser cette interaction des études analytiques et descriptives dans une approche hiérarchique des problèmes. Cette approche est basée sur la constatation que les facteurs naturels qui peuvent limiter la croissance et la production sont multiples, mais qu'ils ne sont pas tous aussi importants dans tous les cas. Dans le cas d'une productivité élevée, ces facteurs déterminants ne sont pas les mêmes que dans des cas de production basse. On peut donc étudier la croissance des plantes en se limitant exclusivement aux facteurs de production les plus pertinents. Cette approche simplifie l'application des modèles à simuler sur les niveaux de production distingués. Les niveaux de production dont il s'agit sont rangés ci-dessous hiérarchiquement et par ordre de production décroissante.

Le temps limite la production végétale s'il n'y a pas un manque d'eau, d'azote ou des minéraux pour les plantes, de sorte que la croissance est déterminée uniquement par les caractéristiques physiologiques des plantes et par les facteurs météorologiques, dont le rayonnement et la température sont les plus importants. On trouve cette situation sur des terrains irrigués bien pourvus d'engrais. On a développé des modèles de la production et de la transpiration pour de telles situations qu'on appelle aussi la situation de production potentielle. Dans le projet P.P.S. on a utilisé le modèle BACROS (De Wit et al., 1978), qui est développé pour de telles situations au département d'Ecologie Théorique de l'Institut National Agronomique à Wageningen.

Un autre niveau de production se présente s'il n'y a pas un manque d'azote ou de minéraux, mais quand les réserves en eau dans le sol sont limitées. On appelle cette situation la production potentielle des terrains naturels des zones semi-arides, où l'irrigation est absente, et l'eau vient de pluies uniquement, des fois redistribuée par écoulement. Pour cette situation, le P.P.S. a utilisé le modèle ARID CROP (Van Keulen, 1975) développé dans le même département de l'Institut National Agronomique pour des zones semi-arides avec des pluies hivernales.

Il faut vérifier les résultats des modèles des processus en question, quand ils doivent être appliqués dans des régions avec un climat différent où l'on n'a pas encore fait des recherches. Ceci était surtout valable pour le modèle ARID CROP, et dans une certaine mesure aussi pour BACROS. Le but d'une partie des activités expérimentales dans le projet P.P.S. était justement de faire de telles recherches.

Très souvent, la productivité est beaucoup plus basse qu'on ne pourrait attendre sur base de la disponibilité de l'eau. Deux situations peuvent être distinguées:

- L'azote limite la production. Dans ce cas, il n'y a pas un manque des minéraux, mais la disponibilité d'azote pour les plantes n'est pas optimale.
- La disponibilité de phosphore ou d'autres minéraux limite la croissance pendant une partie ou pendant toute la saison. Ce cas se rencontre également souvent sur des sols pauvres. Dans ce livre, on peut se limiter à l'étude de l'azote et du phosphore, comme

discuté dans la partie 5.1.

Ces dernières situations se caractérisent par une production faible. La différence entre les 2 est souvent difficile à constater, entre autres parce que la fourniture d'azote et la fourniture de phosphore pour les plantes sur des sols non-fertilisés sont étroitement liées. Des modèles existent à ces niveaux de production (Penning de Vries, 1980). Pourtant, la quantification des processus est souvent difficile parce qu'il s'agit de quantités très limitées dans les conditions sahéliennes (l'absorption par saison est seulement de l'ordre de 10 kg ha^{-1} pour N et 1 kg ha^{-1} pour P) et pose même des problèmes d'identification des processus importants.

2.3 LA SYNTHESE ET LA SIMULATION DES SYSTEMES DE PRODUCTION PRIMAIRE

Dans ce qui précède on a signalé l'importance dans le projet P.P.S. des modèles dynamiques de processus ou, autrement dit, des modèles à simuler. L'application de cette technique de modèles à simuler demande tant de connaissances sur ce terrain spécifique que le lecteur qui s'intéresse particulièrement à ce sujet, est conseillé de lire les comptes rendus de la littérature spéciale: (Ferrari, 1978, De Wit et Goudriaan, 1978, Penning de Vries, 1982a). Afin de donner quand même une idée de cette technique, on donnera dans cette partie un bref exposé de la technique de simulation et puis on discutera quelques aspects de l'application. Cette technique détermine un ordre de traitement des sujets et une façon d'argumenter qui sont suivis dans ce compte rendu.

Les modèles sont des représentations simples des systèmes, définissant un système comme une partie cohérente du monde réel. Il y a plusieurs types de modèles. Avec des modèles dynamiques, on imite des aspects du comportement (les changements des valeurs numériques des variables) du système réel. Si la formulation des relations dans le modèle est plus ou moins analogue aux relations entre les processus dans la réalité, on parle de *modèles à simuler*. Plus la formulation du modèle suit la réalité, plus le comportement du modèle suit aussi la réalité.

Dans les modèles à simuler, les éléments de base sont des quantités de matière ou d'énergie, des vitesses de changement de ces quantités et l'influence de l'environnement. Les quantités (ou proprement dit: *variables d'état*) sont par exemple la biomasse, le nombre de plantes, la quantité d'azote dans le sol, la teneur en eau, la température du sol, etc. Les *variables de vitesse* représentent les changements dans le temps des variables d'état. Leurs valeurs sont déterminées par les variables d'état d'une part, et par des variables externes d'autre part, à l'aide d'équations et paramètres propres à ces calculs. Cette quantification des relations est faite sur la base des connaissances sur les processus biologiques, physiques et chimiques; elle n'est pas faite par une analyse statistique du système à interpréter. Des *variables externes* caractérisent l'influence de l'environnement au système étudié. Elles peuvent être des variables météorologiques comme la pluie, la température de l'air, le vent, le rayonnement, ou bien la quantité de minéraux ajoutés au système.

Après avoir fait le calcul des vitesses, celles-ci sont réalisées dans un bref intervalle de temps selon le schéma suivant: la variable d'état à un moment $t + \Delta t$ équivaut à la variable d'état à un moment t plus la vitesse à un moment t multiplié par Δt:

$$\text{variable d'état}_{t+\Delta t} = \text{variable d'état}_t + \text{vitesse} \times \Delta t \qquad \text{(formule 2.3.1)}$$

Ceci donne les valeurs nouvelles des variables d'état, après quoi l'opération peut être répetée. Il va sans dire que les ordinateurs sont souvent indipensable à l'éxécution de ces calculs.

Dans cette conception des systèmes, les variables de vitesses dépendent seulement de la valeur des variables d'état et celles des variables externes et la vitesse peut donc être calculée indépendamment de toutes les autres vitesses. Le fait que les vitesses sont indépendantes l'une de l'autre peut être illustré à l'aide d'un exemple. Il existe une relation étroite entre la vitesse de la croissance des plantes, exprimée par l'augmentation du poids de la biomasse sèche, et le résultat net de la photosynthèse dans les feuilles. Cependant, dans un modèle à simuler détaillé de la croissance de plantes, cette relation est le résultat des opérations simultanées de différents processus et non pas une relation directe. La vitesse de la photosynthèse contribue à la quantité de réserves d'hydrates de carbone dans la plante, et la vitesse de croissance des différents organes dépend de la quantité de telles réserves, bien qu'elle dépende aussi d'autres variables d'état. La photosynthèse s'arrête quand il fait nuit, mais la croissance continue jusqu'à ce que les réserves soient épuisées.

Le nombre de variables d'état que l'on peut distinguer dans les écosystèmes est très grand. Il ne s'agit pas seulement de plantes, d'herbivores, de micro-organismes, mais aussi de leurs différentes espèces, du nombre de représentants de ces espèces, de leur taille, de leur âge, du stade de développment, etc. Pour les plantes ce n'est pas uniquement le poids et la surface des feuilles qui sont importants, mais aussi leur teneur en azote et en minéraux, leurs enzymes et d'autres caractéristiques biochimiques. On pourrait facilement continuer cette énumération et c'est pourquoi il est complètement insensé d'essayer de faire des modèles basés sur la totalité des connaissances sur les processus biologiques, physiques et chimiques. La compréhension totale d'un système ne peut pas être un but acceptable d'un modèle. Les modèles sont nécessairement des représentations simplifiées de la réalité. Cette simplification se caractérise par le nombre restreint de variables d'état que l'on prend en considération.

Par analogie avec d'autres approches scientifiques on considère que l'on peut restreindre le nombre de variables d'état dans un modèle par la fixation très précise des limites du système à étudier, et en plus par une description détaillée des buts à atteindre. Avant chaque construction ou application des modèles, il faut commencer par une description nette de l'objectif.

Dans l'agriculture on peut en principe donner facilement ce but: l'acquisition de connaissances sur la relation entre la production agricole d'une part et les efforts humains d'autre part. On peut rendre ce but plus concret comme décrit dans la partie 1.3, ou bien encore plus concret dans les questions qui demandent, par exemple, la relation entre la dose d'azote et la production végétale dans les cas où les conditions du sol, le climat et le type de végétation sont suffisamment connus.

Pour chaque objectif il y a un optimum quant au nombre de variables d'état qui jouent un rôle dans les observations. L'applicabilité d'un modèle commence par s'agrandir selon que le nombre de variables d'état qui jouent un rôle dans le modèle, devient plus grand. Mais à un moment donné, l'applicabilité commence à baisser parce que l'emploi d'une nouvelle variable d'état dévie l'attention sur les variables d'état qui étaient déjà prises en considération, justement parce que celles-ci étaient considérées comme plus importantes. Les efforts de trouver la classification des variables d'état dans l'ordre de leur importance prennent beaucoup de temps, et beaucoup de ces efforts dans le domaine de la construction des modèles dans l'écologie sont concentrés consciemment (ou encore plus souvent inconsciemment) sur ce procédé.

Dans le projet P.P.S. on a fait la simplification de l'approche des modèles à simuler en utilisant les 4 niveaux de production, rangées de façon hiérarchique, décrites dans la partie 2.2. On donne une esquisse des modèles à simuler qui caractérisent ces situations, en indiquant quelles sont les variables d'état et les variables externes les plus importantes, quelles sont les relations fonctionnelles les plus importantes, et le pourquoi du modèle à simuler.

Niveau de production A: le rayonnement limite la production Les variables d'état sont: la biomasse sèche des plantes, la superficie des feuilles et la quantité de réserves en hydrates de carbone. Ces réserves augmentent par l'assimilation photosynthétique de CO_2 et diminuent par la synthèse de nouveaux tissus structuraux et par la respiration. Les relations fonctionnelles les plus importantes concernent l'assimilation de CO_2 des feuilles individuelles en relation avec l'intensité de la lumière et la température; les paramètres principaux sont des facteurs de conversion qui indiquent combien de réserves il faut pour la formation des tissus structuraux et pour l'entretien biochimique des tissus. Les variables externes sont: le rayonnement total global journalier, la température minimale et maximale de l'air. Il s'agit surtout de la vitesse de croissance journalière de la biomasse. Si l'on simule aussi la transpiration (qui s'appelle transpiration potentielle sur le niveau de production A), l'ouverture des stomates est simulée en même temps, et dans ce cas on prend aussi en considération les variables externes comme le vent et l'humidité de l'air. Selon l'objectif que l'on s'est fixé, on considère le développement de la superficie des feuilles comme étant donné ou bien alors on fait le calcul de ce développement en relation avec la croissance de la biomasse des feuilles. Ces processus sont surtout discutés dans la partie 4.2.

Niveau de production B: situation A, mais, en outre, l'eau du sol limite la production Afin de simuler la disponibilité d'eau pour les plantes, on représente le sol comme s'il était composé de couches. La quantité d'eau dans chaque couche est traitée comme une variable d'état et son accessibilité est calculée en tenant compte de la profondeur d'enracinement. Avec les valeurs des paramètres physiques du sol, comme la conductivité capillaire et la tension d'eau (qui dépendent de la teneur en eau), il est possible de simuler des éléments du bilan d'eau comme l'infiltration, l'évaporation et l'absorption par les racines. L'absorption d'eau et la transpiration déterminent la teneur relative en eau des plantes et cette teneur relative détermine le degré d'ouverture des stomates. A l'aide de ces données, on détermine un facteur de réduction de la croissance potentielle et de la transpiration potentielle. Les processus au niveau de production B sont discutés plus en détail dans les parties 4.4, 4.5 et 4.6.

Niveau de production C: situation B, mais, en outre, la disponibilité de l'azote limite la production Dans cette situation, la production dépend surtout de l'absorption d'azote (N) et ainsi il existe une relation étroite entre la production et le cycle de N. Les variables d'état les plus importantes sont: la quantité de N dans le sol sous forme de nitrate et d'ammonium et dans la matière organique du sol. La vitesse de conversion d'une forme à l'autre, l'absorption par les racines, le lessivage, et la dénitrification sont liés étroitement au bilan d'eau. De même la fixation de N par les algues et les légumineuses est liée à l'humidité du sol. Dans la plupart des cas on considère qu'il n'y a pas de différence essentielle entre le bilan d'eau de la situation C et celui de la situation B, de sorte que l'exécution du programme discuté ci-dessus pour le niveau de production B peut servir de point de départ pour le niveau C.

D'après Van Keulen et De Wit (1980) on peut décrire la relation entre la production et la disponibilité de N comme dans la fig. 2.3.1. Dans le quadrant 2 de cette figure on a mis la relation entre la production et la quantité de N absorbée et dans le quadrant 3 la relation entre l'absorption et la dose de N appliquée. La relation entre la production et la dose résulte de la combinaison de ces 2 relations (quadrant 1). L'avantage de cette façon de présenter les choses est que l'effet de N sur la production est subdivisé en un

Fig. 2.3.1. Le rapport entre la productivité et la dose d'engrais azoté appliqué (quadrant 1) est partagé dans le rapport physiologique entre la productivité et la quantité de N absorbée (quadrant 2), et le rapport pédologique entre la dose d'engrais appliqué et la quantité de N absorbée (quadrant 3).

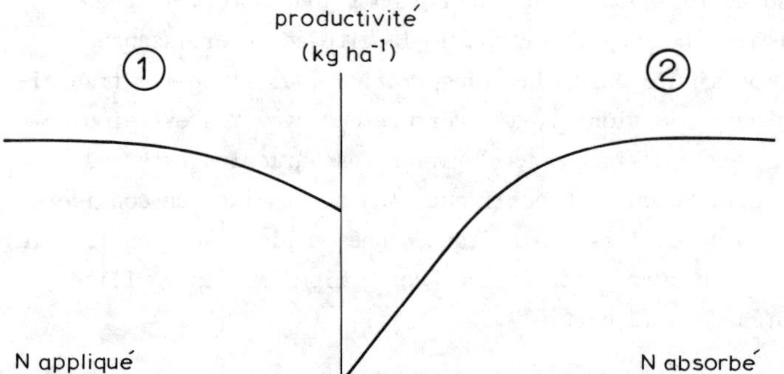

Fig. 2.3.1. The relation between productivity and the dose of N fertilizer applied (quadrant 1) is divided into the physiological relation between productivity and the amount of N absorbed (quadrant 2) and the pedological relation between the dose of fertilizer applied and the amount of N absorbed (quadrant 3).

aspect physiologique et un aspect pédologique, qui sont réglés par des lois différentes et indépendantes. L'utilisation des engrais n'est qu'une façon expérimentale de modifier la quantité de N absorbé sur un endroit, et ainsi de simuler expérimentalement les effets des sols plus riches sur la production. Ceci démontre en même temps l'effet et l'efficacité des engrais eux-mêmes. La partie 5.2 traite de la relation entre N absorbé et la productivité de la végétation, les parties 5.3, 5.5 et 5.6 de la disponibilité de N dans le sol et les conséquences pour la productivité.

Niveau de production D: situation B, mais, en outre, la disponibilité du phosphore limite la production Dans cette situation, la production est déterminée surtout par l'absorption de phosphore (P) et il existe un rapport étroit entre la production et le cycle de P. Les variables d'état supplémentaires sont: la quantité de P dans la matière organique fraîche ou vieille, la quantité de P inorganique qui est facilement soluble dans le sol, et la quantité de P inorganique dans une forme qui est difficilement absorbée. Les processus de conversion des formes de P dans le sol sont assez complexes et pour cette raison il est plus difficile de trouver les éléments du cycle de P que ceux du cycle de N.

En pratique il importe surtout de déterminer si l'on a affaire à une situation au niveau de production C ou bien au niveau D. A cet effet on n'emploie pas encore des modèles, mais on utilise des observations faites dans les champs sur le rapport P/N dans la matière végétale (voir partie 5.2.4). Quand il est bas, les plantes réagissent d'abord et surtout à un meilleur approvisionnement en P, mais quand le rapport P/N est élevé, elles réagissent surtout à l'approvisionnement en N. L'idée centrale est que la quantité de P que les plantes ont pu absorber pose une limite supérieure à la quantité de N que les plantes peuvent contenir, et constitue donc aussi un facteur déterminant de la production végétale. Dans les parties 5.5 et 5.6 on en parle de façon plus détaillée.

Les modèles de la croissance des végétations au niveau de la production potentielle (situations A et B) sont généralement assez bien développés, parce que la connaissance fondamentale est suffisamment avancée. De tels modèles peuvent être employés, avec prudence, pour faire des prédictions de la productivité avec relativement peu d'informations spécifiques dans des situations concrètes. Des exemples de tels modèles sont présentes dans les parties 4.2 et 4.5. Un modèle simple, basé sur ces modèles compréhensifs, est décrit à la fin du chapitre 4 (partie 4.6). Les modèles aux niveaux de production C et D, où N ou P est le facteur limitatif, sont moins développés parce que la connaissance fondamentale est moins avancée. De tels modèles sont encore dans un stade préliminaire: la théorie et la quantification des paramètres nécessitent encore plus de recherche.

2.4 DES PROBLEMES ANALYTIQUES ET EXPERIMENTAUX

2.4.1 Evaluation des modèles

L'évaluation est le processus continu de juger la valeur des modèles. Il s'agit de la vérification de la consistance interne, de la comparaison des résultats du modèle avec les observations faites en réalité et du jugement de l'utilité du modèle.

La comparaison du comportement du modèle avec celui du système réel dans une situation analogue est le premier pas important. On est surtout intéressé au changement dans le temps des variables d'état tels que la biomasse, le contenu d'azote et de l'eau dans le sol. Dans les modèles plus détaillés on étudie les changements de ces variables dans le temps avec des intervalles de temps plus petits; aussi on distingue plusieurs subdivisions de ces variables d'état, comme les organes des plantes (feuilles, racines, semences), plusieurs couches de sol; les variables de vitesse sont calculées plus précisément mais en général aussi de façon plus complexe. Si on observe une concordance qualitative entre le modèle et la réalité on peut ensuite faire attention au degré de concordance quantitative.

S'il était possible de mesurer de façon non-destructive toutes les variables d'état et de vitesse et les propres paramètres, on pourrait le faire à un seul endroit, et une analyse statistique pourrait se limiter à l'analyse des erreurs de mesure et leurs conséquences. Cependant, la plupart des déterminations de ces variables se font d'une façon destructive, de sorte qu'elles doivent être mesurées partiellement à différents endroits. Dans ce cas l'hétérogénéité du terrain va jouer un rôle important. Ceci suscite des difficultés à la falsification des résultats d'un modèle quand l'hétérogénéité ne peut pas être limitée par des mesures de culture, telles que le labour, le nivellement, le drainage et autres encore. Par exemple: quand les résultats de 2 récoltes de biomasse à un intervalle de 10 jours sont de 5.000 et de 6.500 kg ha^{-1}, la vitesse de croissance est 150 kg ha^{-1} $jour^{-1}$. Avec un coefficient de variation de 15%, l'erreur typique de la différence de biomasse est égale à $\sqrt{750^2 + 975^2} = 1.230$ kg ha^{-1} et l'erreur typique de la vitesse de croissance est de 123 kg ha^{-1} $jour^{-1}$. Un modèle permettant le calcul de la vitesse de croissance devrait être bien mauvais si l'on décide de rejeter le résultat du calcul en se basant sur de telles observations. Ceci n'implique pas que le comportement des modèles est toujours comme on s'y attend. Par exemple, un grand écart entre les résultats d'un modèle et des observations se trouvait des fois dans le sujet des transformations du phosphore dans le sol et son absorption, un des sujets le moins connus parmi nos investigations (partie 5.4). Mais ni la théorie, ni la méthode pour faire des observations sont suffisamment développées pour choisir le meilleur résultat entre les 2, et même pour attacher beaucoup de poids à cet écart, sauf pour conclure qu'il est nécessaire de faire plus de recherche pour éclairer ce système.

Le caractère explorateur de l'analyse faite par le projet P.P.S. mène à l'emploi préférentiel de modèles essayés dans des circonstances divergentes et à un travail dont le but n'est pas tellement d'améliorer ces modèles, mais plutôt d'estimer dans les conditions sahéliennes les paramètres les plus sensibles.

2.4.2 Aspects statistiques complémentaires

Ce qui est écrit ci-dessus indique que pour l'examen des systèmes de croissance des plantes, des observations et essais aux champs sont une base indispensable. Cependant, la quantité de force physique et mentale dont nous disposons était restreinte, surtout dans les conditions sahéliennes où la recherche est chère et où les conditions sont difficiles. La question se présentait alors de savoir comment répartir de façon optimale la capacité de recherche entre les sites et les disciplines. Quant au site, il était inévitable de concentrer les recherches pour la plus grande part dans un rayon de 20 kilomètre autour d'une base, sinon on perdrait trop de temps par le transport dans un terrain difficilement praticable pendant la période des pluies. Malgré cette contrainte il y a quand même de grandes variétés des conditions de croissance: types de sol, précipitation journalière, écoulement, et tout ceci en rapport avec les différences dans la végétation. Cette variabilité n'est pas seulement négative: on a cherché un endroit pour la base du projet où les conditions de terrain reflètent plus ou moins les différentes conditions qui existent au Sahel.

Dans une recherche d'orientation, c'est-à-dire une recherche dont les résultats à tous les stades déterminent la direction des recherches suivantes, il est obligatoire de donner beaucoup d'attention à beaucoup de sites. Ceci amène à beaucoup d'essais et forcément à peu de répétitions par site. Parfois même on ne fait pas de répétitions du tout parce que les observations demandent beaucoup de travail (telles que l'infiltration et l'utilisation de l'eau, les transformations de l'azote dans le sol et la réaction des différentes espèces de plantes à un traitement) et il est mieux de les faire une fois bien, que plusieurs fois superficiellement. Mais quelles sont alors la validité et la précision des données obtenues de l'expérimentation sur le terrain?

Si l'on calcule la moyenne d'un traitement sur les sites et les parallèles par site, la variance de la moyenne du traitement est égale à:

$$\text{var } \bar{x} = \frac{\sigma^2}{s\ r} + \frac{\sigma^2_{sr}}{s} \qquad \text{(formule 2.4.1)}$$

où σ^2 représente la variance entre les champs d'essais répétés à l'intérieur d'un traitement dans un site, σ^2_{sr} la variance de l'interaction du traitement x avec le site, r le nombre de parallèles par site et s le nombre de sites.

Parce qu'on dispose d'une capacité de travail limitée, faire plus de sites est au détriment des répétitions et inversement, faire plus de répétitions par site sera au détriment du nombre de sites. Au premier abord le produit s r peut donc être supposé constant: s r = c. La variance est alors égale à:

$$\text{var } \bar{x} = \frac{1}{c}\,(\sigma^2 + r\sigma^2_{sr}) \qquad \text{(formule 2.4.2)}$$

Ici r est l'unique paramètre qui peut être choisi librement et il est évident que la variance de la moyenne est la plus petite quand le nombre de répétitions est égal à 1, donc quand il n'y aura pas de répétitions par site. Dans ce cas, le nombre de sites où est fait l'essai est égal à c.

Il est vrai que de cette façon la fiabilité de la moyenne obtenue est la plus grande, mais ceci est au détriment de chaque estimation de la grandeur de la fiabilité. En cas d'un échec d'un traitement à un seul site, toutes les informations sur ce site sont perdues aussi. Pour terminer, faire 2 répétitions par site demande souvent moins de travail que de doubler le nombre de sites. Tout compte fait, il est donc raisonnable de donner l'estimation de la moyenne du traitement en faisant autant qu'il est possible 2 répétitions. Les informations supplémentaires obtenues de cette façon peuvent être utilisées pour une analyse élémentaire de la fiabilité de l'estimation. Ceci reste une analyse élémentaire parce que le nombre de degrés de liberté restant disponible pour l'estimation de la variance par site, dû au hasard, reste petit, même si l'on néglige toutes les interactions d'ordre plus élevé. D'ailleurs des traitements sans répétition passent inaperçus et un nombre non-négligeable se perd par une erreur dans le traitement, par destruction par le bétail ou les termites, par écoulement excessif ou d'autres problèmes encore. C'est pourquoi nous préférons estimer pour nos essais en général un coefficient de variance, et indiquer à l'aide de ce coefficient le degré de différences nécessaire entre les traitements, afin qu'il soit question d'une certaine fiabilité du point de vue statistique. L'erreur typique (s_x) de la moyenne ($\bar{x}$) de 2 observations

$$\bar{x} = 0,5\ (x_1 + x_2) \qquad \text{(formule 2.4.3)}$$

est égale à

$$s_x = |x_1 - x_2|\ \sqrt{0,5} \qquad \text{(formule 2.4.4)}$$

de sorte que le coefficient de variation (CV) est égal à

$$CV = \frac{s_x}{\bar{x}} = \frac{|x_1 - x_2|\ \sqrt{2}}{x_1 + x_2} \qquad \text{(formule 2.4.5)}$$

Le nombre de degrés de liberté à 2 observations est au minimum, tel que l'exactitude de chaque estimation du CV à part est nulle. Pourtant presque 200 récoltes de 10 m^2 ont été faites en duplo, ce qui permet de faire une bonne estimation moyenne du CV. Ceci est fait avec la fig. 2.4.1 où la récolte $\bar{x}$ est placée à l'axe horizontal et s_x à l'axe vertical. Le rapport entre l'erreur typique et la biomasse est linéaire et au premier abord le CV est constant à 17%. La différence minimale entre 2 traitements est représentée au tableau 2.4.1 en pourcents de la moyenne; quand elle est dépassée on peut admettre avec une chance inférieure à 5% que la différence est due au hasard. Ce tableau est utilisable pour un CV de 10, 15, 20 et 30% et pour 1-4 répétitions. Il est clair que les différences nécessaires pour pouvoir conclure à une signification deviennent considérablement plus petites quand on passe de 1 répétition à 2, mais que le bénéfice de plus de répétitions est relativement petit. Ce qui est également un bon argument pour réduire le nombre de répétitions.

Le CV de 17% se rapporte aux champs d'essais d'environ 10 m^2, aménagés sur un terrain ayant un aspect plus ou moins homogène au moment de l'aménagement, c'est-à-dire avant la saison des pluies. Plus tard cette homogénéité ne s'avère souvent pas effective. C'est pourquoi ce coefficient est environ 2x plus grand qu'aux essais faits dans les conditions hollandaises et même 4x plus élevé qu'aux essais faits sur sol nettement homogène des polders, récemment aménagés à l'ancien Zuyderzee aux Pays Bas. C'est ce qu'il faut apprendre à accepter. Avec 2 parallèles par site et le CV de 17%, on peut dire donc que quand la différence entre 2 traitements est supérieure à 28%, on peut parler de signification. Avec une différence au dessous de 28% il y a encore une indication à ce titre mais quand elle n'est pas confirmée par d'autres essais ou d'autres observations indépendantes, il vaut mieux ne pas y attacher trop d'importance. Il résulte du tableau

Fig. 2.4.1. La relation entre l'erreur typique (s_x) et la moyenne des récoltes ($\bar{x}$) faites sur le ranch dans les années 1976-1979. Chaque point représente la médiane de 20 observations, qui viennent chacune d'une récolte de biomasse de 10 m^2 en duplo.

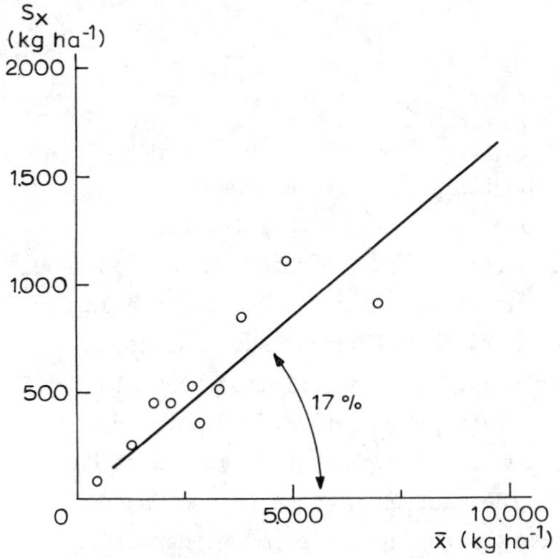

Fig. 2.4.1. The relation between the standard error (s_x) and the mean of the yields ($\bar{x}$) obtained on the ranch for the years 1976-1979. Each point represents the median of 20 observations, each of which comes from the biomass yield of 10 m^2 in duplicate.

Tableau 2.4.1. La différence relative qui doit exister entre les résultats de 2 traitements pour conclure avec une certitude de 95% que cette différence n'est pas due au hasard est présentée dans ce tableau pour 16 combinaisons du coefficient de variation (CV) et le nombre de répétitions par traitement.

Répétitions	CV = 10%	CV = 15%	CV = 20%	CV = 30%
1	23%	35%	47%	70%
2	16%	24%	33%	49%
3	13%	20%	27%	40%
4	12%	18%	23%	35%

Table 2.4.1. The relative difference that must exist between the results of 2 treatments to conclude with 95% certainty that this difference is not due to chance is presented in this table for 16 combinations of the coefficient of variation (CV) and the number of replications per treatment.

2.4.1 que c'est de la peine perdue en conditions sahéliennes que d'essayer de faire des essais de façon que les petites différences de production puissent être démontrées de façon statistique sûre. D'ailleurs, ce n'est pas, et ça ne doit pas être le but de la recherche en question.

Une pareille observation des résultats des analyses du taux en azote (N) de la biomasse, basée sur environ 80 récoltes en duplo et sur le trajet des taux de N de 0,2-5,0% de la matière sèche, indique que le CV de ces chiffres est 15%. Parfois on trouve que la répétition avec la biomasse la plus élevée possède aussi le taux en N le plus élevé, parfois aussi c'est le contraire qui se passe. En général on doit conclure que ces

2 aspects d'une récolte fluctuent indépendamment. L'observation d'une certaine quantité de N dans la végétation, trouvée par multiplication de la biomasse et son taux en N, a donc un CV de $\sqrt{17^2 + 15^2} = 23\%$.

2.5 LES RELEVES BOTANIQUES

Pour l'analyse de la production actuelle, les différentes espèces qui composent la végétation ont été étudiées pour connaître leur importance relative et absolue, donc leur contribution individuelle dans cette production. Pour cette raison 35 sites ont été choisis entre les isohyètes 100 et 1.100 mm (voir partie 3.1). A l'intérieur du ranch de Niono 40 autres sites ont été également choisis. Tous ces sites ont été décrits à la fin de l'hivernage et à la fin de la saison sèche, au cours de 2-4 années successives.

Les 35 sites du trajet nord-sud ont été choisis après une description générale du paysage du parcours. Les critères de choix étaient: la représentativité du point de vue substrat (sol) et de la pluviosité moyenne et l'intensité d'exploitation vu l'état du terrain. De cette manière chaque site est différent des autres et donc unique dans son ensemble. Il n'a pas été possible d'étudier plusieurs sites ayant les mêmes caractères parce que le but était de décrire l'ensemble de la végétation du trajet à peu près au même stade, notamment à la fin de la croissance quand la biomasse est maximale et quand les graines ne sont pas encore tombées, ce qui implique qu'on n'avait que 3 semaines pour la réalisation des observations annuelles du trajet, un parcours de 2.500 km de pistes (aller et retour).

La répartition des sites (voir fig. 3.3.2) est telle que ces sites sont assez représentatifs de la zone sahélienne; il y a cependant un petit aperçu sur la savane. Par contre le Delta vif n'a pas été étudié dans ce cadre-ci. Quant au Delta mort il a été analysé en détail au ranch de Niono et les 40 sites choisis, l'ont été sur la base des substrats qu'on y distingue (fig. 3.3.4) et sur le degré d'exploitation.

Fig. 2.5.1. Impression de la richesse en espèces des groupements végétaux du ranch en rapport avec le substrat et la surface analysée; sur l'axe horizontal la somme cumulée des échantillons au hasard de 1 m^2, à l'intérieur d'une zone de 2 ha environ.
------ toutes les espèces observées; ——— les espèces représentant au moins 5% de la biomasse.

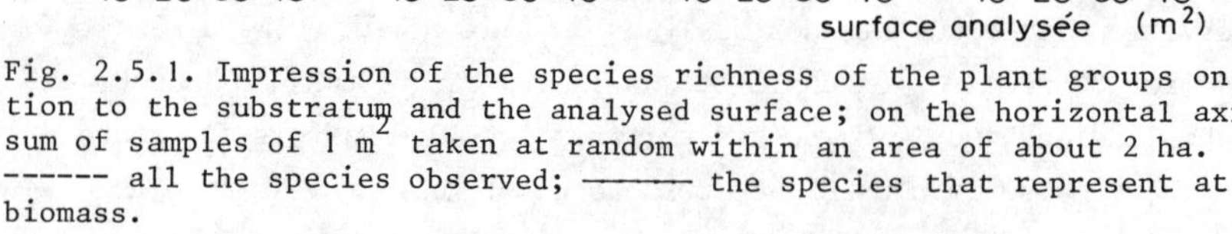

Fig. 2.5.1. Impression of the species richness of the plant groups on the ranch in relation to the substratum and the analysed surface; on the horizontal axis the accumulated sum of samples of 1 m^2 taken at random within an area of about 2 ha.
------ all the species observed; ——— the species that represent at least 5% of the biomass.

Ce qui va suivre donnera une idée de la précision des observations faites pour la description de la végétation, à la fin de l'hivernage. Douze fois 1 m^2 a été analysé en détail pour chaque relevé et pour chaque site. Ces 12 m^2 étaient régulièrement répartis sur une surface totale d'environ 20.000 m^2. L'analyse concernait:

- l'estimation de la biomasse à l'oeil nu et vérification par fauche et pesée;
- l'estimation de la biomasse sur 12 m^2 supplémentaires;
- l'estimation de l'importance relative, dans la biomasse, de chaque espèce pour les 12 premiers m^2;
- la détermination de la biomasse des légumineuses par triage et pesée dans chaque m^2;
- le recensement de toutes les espèces rencontrées au site, mais qui n'étaient pas observées dans les 12 premiers m^2.

Une étude plus détaillée de la précision avec laquelle on peut estimer la biomasse herbacée de formations sahéliennes est celle de Levang et Grouzis (1980).

Composition floristique Les 12 m^2 étudiés en détail ne suffisent pas en général comme aire minimale pour un relevé botanique si l'on veut connaître toutes les espèces présentes; mais si on se contente des espèces qui représentent chacune au moins 5% de la biomasse totale, alors ces 12 m^2 représentent environ 1-3x l'aire minimale. Ceci est illustré par la fig. 2.5.1, qui montre quelques sites du ranch sur lesquels 1 m^2 a été décrit 20-40x.

Biomasse totale En se référant à la fig. 2.5.2 on voit que le coefficient de variation (CV) est pour la grande majorité des cas, de l'ordre de 10-20% pour un échantillonnage de 12x 1 m^2. Pour ce cas, CV est égal à:

$$CV = \frac{\sigma/\sqrt{12}}{\bar{x}} \times 100 \qquad \text{(formule 2.5.1)}$$

Sa valeur est donc dans le même ordre de grandeur que celle des expériences discutées dans la partie 2.4, mais pour un terrain beaucoup plus étendu et non aménagé. Il est vrai que le nombre de répétitions est plus élevé pour la situation traitée ici (12 au lieu de 2), mais la superficie par répétition est plus limitée (1 m^2 au lieu de 10 m^2).

Au dessous d'une biomasse de 2.000 kg ha^{-1}, la végétation de certains sites peut être répartie de façon plus hétérogène et on observe des CV entre 10 et 40%. Il s'agit de sols avec beaucoup de ruissellement local, en général plus ou moins limoneux et souvent exploités.

En gros on peut dire que le CV est de l'ordre de 25% pour des biomasses <500 kg ha^{-1} et de 15% environ pour des biomasses >2.000 kg ha^{-1} en fauchant 12x 1 m^2. Mais quand on utilise aussi les estimations de 12x 1 m^2 supplémentaires, le CV est encore 5% plus faible.

Biomasse par espèce Il était pratiquement impossible de déterminer la biomasse individuelle de chaque espèce et on a donc fait une estimation à l'oeil nu. Cependant les légumineuses ont été triées et pesées, ce qui donne une indication de la précision de l'estimation de l'observateur. Le coefficient de corrélation pour la relation entre la

Fig. 2.5.2. Le coefficient de variation (CV) de la biomasse moyenne totale par rapport à cette biomasse moyenne (matière sèche). Chaque valeur du CV est basée sur 12 échantillons au hasard de 1 m^2, à l'intérieur d'une zone de 2 ha environ (trajet nord-sud et ranch en 1978).

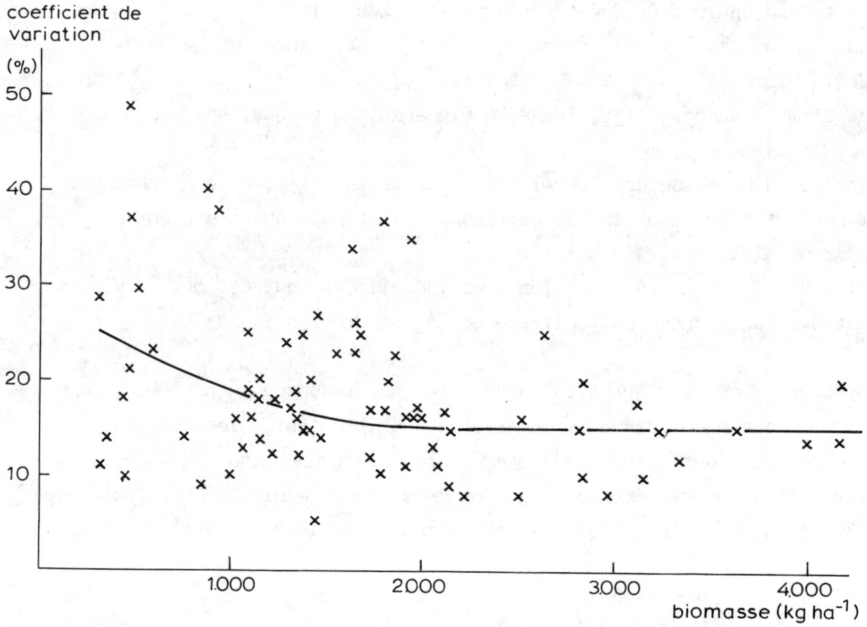

Fig. 2.5.2. The coefficient of variation (CV) of the total mean biomass in relation to this mean biomass (dry matter). Each value of the CV is based on 12 samples of 1 m^2 taken at random within an area of about 2 ha (north-south traject and ranch in 1978).

biomasse observée et la biomasse estimée de ces légumineuses sur le trajet nord-sud au cours d'une saison d'observation a été calculé à cet effet. Ce coefficient de corrélation est égal à 0,98.

Il est important de savoir quelles différences dans l'importance relative d'une espèce dans la biomasse totale sont significatives en comparant des sites entre eux ou le même site d'une année à l'autre. Comme critère, on a de nouveau utilisé le CV. Cependant il a fallu une transformation 'arc-sinus', car la distribution des valeurs de l'importance relative des espèces individuelles dans les relevés des 12x 1 m^2 est en général asymétrique. Une telle distribution transformée est devenue suffisamment symétrique pour pouvoir la traiter comme une distribution normale (Snedecor et Cochran, 1973).

La fig. 2.5.3 représente les CV de 15 espèces importantes pour des cas où elles constituent une fraction bien variable de la biomasse totale. On a distingué 2 manières selon lesquelles une espèce peut se présenter sur un site: soit une répartition plus ou moins uniforme, soit une répartition en groupes. Comme le montre la fig. 2.5.3 le CV devient plus petit à mesure qu'une espèce constitue une fraction plus importante de la biomasse totale et sa répartition devient uniforme.

Les espèces qui constituent plus de 5% de la biomasse totale ont un CV de 10-30%

Fig. 2.5.3. Le coefficient de variation de la biomasse moyenne d'une espèce individuelle par rapport à la fraction de la biomasse totale, composée par l'espèce en question.
× espèces avec une distribution uniforme; • espèces avec une distribution en groupes (l'axe horizontal a une échelle 'arc-sinus').

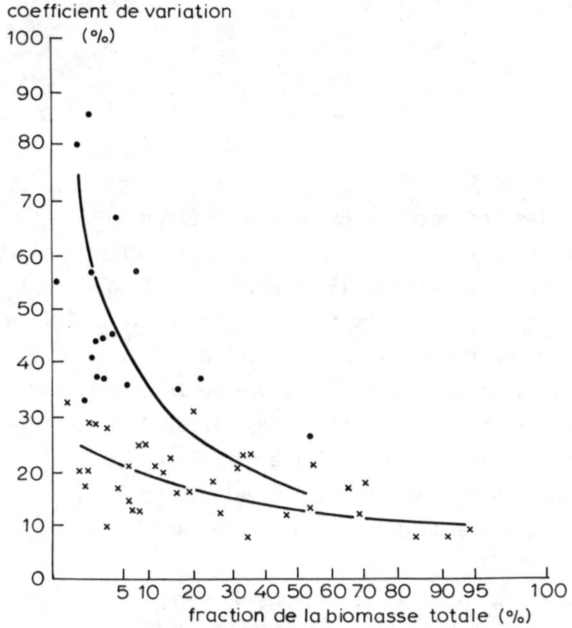

Fig. 2.5.3. The coefficient of variation of the mean biomass of an individual species in relation to the fraction of the total biomass composed of the species in question.
× species with a uniform distribution; • species with a distribution in groups (the horizontal axis has a arcsin scale).

pour un échantillonnage de 12x 1 m^2. En comparant des sites entre eux ou un même site d'une année à l'autre on a une plus grande précision car on peut regarder l'analyse de chaque espèce comme une répétition.

3 Le milieu sahélien et les terrains expérimentaux

3.1 INTRODUCTION

Le chapitre 3 a pour but de présenter les informations du milieu sahélien qui sont nécessaires pour la compréhension de ce qui va suivre. Des valeurs typiques sont présentées pour tous les types de données de météorologie, pédologie et phytoécologie qui sont utilisées dans les chapitres qui suivent. Ces types d'observations sont sélectionnés du point de vue de la production primaire, et ne sont complets ni du point de vue météorologique, ni du point de vue de la pédologie, ni même du point de vue de la phyto-écologie. Pour de telles informations, le lecteur doit se reporter à des livres de références qui sont indiquées dans les parties suivantes. Mais on ne se limite pas seulement à la caractérisation de la zone d'expérimentation: on présente aussi des valeurs trouvées ailleurs pour permettre l'extrapolation de quelques conclusions du projet à d'autres zones sahéliennes, ou même à d'autres zones semi-arides.

D'abord une situation du Sahel. Il existe plusieurs définitions du terme 'Sahel', qui ont tous leurs avantages et leurs inconvénients. Dans ce rapport, on emploie le terme 'Sahel' pour la zone au sud du Sahara avec une pluviométrie moyenne de 100-600 mm an^{-1}. Cette zone est une bande très étendue: elle a en gros 400-800 km de large (autour de 15° N latitude), et plus de 5.000 km de long (du 16° O à 35° E).

La plupart des expériences du projet P.P.S. ont été exécutées sur le terrain au Sahel malien, mais il y avait aussi des expériences en vase à Bamako (Mali) et dans une chambre climatique à Wageningen (Pays Bas). Ces dernières expériences étaient plus détaillées que celles sur le terrain, et sont faites dans des conditions contrôlées. Des expériences très diverses sur le terrain ont été faites surtout au 'ranch' à Niono (Mali). Le ranch a une superficie d'environ 120 km^2, et est réservé pour l'expérimentation sur la production des animaux par la Station du Sahel, une station d'études et de recherches zootechniques de l'Institut d'Economie Rurale à Bamako. Une carte, qui précise les sites spécifiques de nos expériences sur le ranch, est présentée dans la fig. 3.3.4. Le ranch comporte exclusivement des pâturages naturels, mais la Station dispose aussi de terrains irrigables. Le ranch se situe à 20-35 km à l'est de Niono (5° 45' O et 14° 30' N). La pluviométrie médiane à Niono est 580 mm an^{-1}. Le ranch a été protégé contre l'exploitation par l'élevage et l'agriculture depuis 1960. La faune sauvage y est presque absente de façon que les expériences n'étaient presque jamais gênées par elle. Les pâturages ont fait l'objet de plusieurs études antérieures, dont celle de Boudet et Leclerq (1970) est la plus extensive.

Une grande partie des observations écologiques a été faite sur un trajet fixe nord-sud, qui part de 30 km au nord de Râs el Mâ avec 150 mm an^{-1} de pluie en moyenne (4° 30' O, 16° 45' N) et qui va via Léré, Nampala et Nara à Bamako avec 1.100 mm an^{-1} (8° O, 12° 45' N); les sites spécifiques des observations sont indiqués dans la fig. 3.3.2.

Beaucoup d'autres coins du Sahel malien ont été visités au moins 1x pour faire des observations et prendre des échantillons pour analyse.

3.2 LA METEOROLOGIE DU SAHEL ET DU TERRAIN D'ETUDE

3.2.1 Introduction

Le début de cette partie du livre (partie 3.2.2) sert à informer le lecteur sur l'état général du climat au Sahel. Les données présentées sont des moyennes à long terme comme celles publiées par Cochemé et Franquin (1967). La pluviosité est le facteur météorologique le plus important parce que c'est le seul facteur qui varie de façon significative du nord au sud dans la région. Comme résultat, la durée de la croissance varie aussi du nord au sud et il y a une relation nette entre la pluviosité et la productivité (voir partie 6.3). Par contre les facteurs qui déterminent l'évapotranspiration potentielle sont beaucoup moins variables dans la région que cette pluviosité.

Parce que l'essentiel de la recherche détaillée du projet P.P.S. était exécuté à Niono (partie 3.1) beaucoup d'informations météorologiques étaient prises à cet endroit. Ces informations figurent dans un dossier météorologique dont les chercheurs spécialisés peuvent disposer. Un résumé de ces valeurs, surtout de celles qui seront utilisées dans la suite de ce rapport, est donné (partie 3.2.3).

La fin de cette partie (partie 3.2.4) est consacrée à la variabilité de la pluviosité d'une année à l'autre. Les variations des autres facteurs ne sont pas telles qu'elles influencent la production primaire. Donc elles ne sont pas traitées ici. La pluviosité par contre a une influence primordiale sur la production comme sera prouvé dans ce rapport. Comme exemple la pluviosité à Niono des années 1976-1979 est interprétée. A cet effet nous essayons d'abord de trouver un appui à la statistique. Nous illustrons que cette analyse ne conduit pas à une compréhension assez détaillée de la production primaire, et que sur la base d'une analyse statistique il n'est même pas possible de classer une année comme déficitaire, normale ou excédentaire. Des éléments de la pluviosité qui déterminent plus directement la croissance sont discutés dans la partie 4.4.

Il faut voir partie 6.6.7.2 pour une discussion de la possibilité d'une augmentation de l'albédo des terrains par l'exploitation et sur l'estimation de son influence sur la météorologie du Sahel.

3.2.2 Météorologie du Sahel

Pluviosité La pluviosité annuelle d'une partie de l'Afrique de l'Ouest est présentée à la fig. 3.2.1; nous localisons le Sahel entre les isohyètes de 100 et 600 mm an^{-1}. A la partie ouest (le Sénégal, le Mali) ces isohyètes se situent entre les latitudes de 14-18° N et à l'est (le Niger, le Tchad) entre 12-16° N. Le caractère dominant de cette région est que les pluies tombent en été pendant 2-4 mois et le reste de l'année est très sec (voir fig. 3.2.2). Ce cycle est causé par le changement de la localisation de la Zone de Convergence Intertropicale qui suit avec un délai de 6 semaines l'éloignement du soleil au nord. Il est clair que la quantité de pluie par mois de la saison brève est élevée dans la

Fig. 3.2.1. La pluviosité annuelle moyenne du Sahel de l'Afrique de l'ouest. Les frontières nationales et les fleuves sont indiqués.

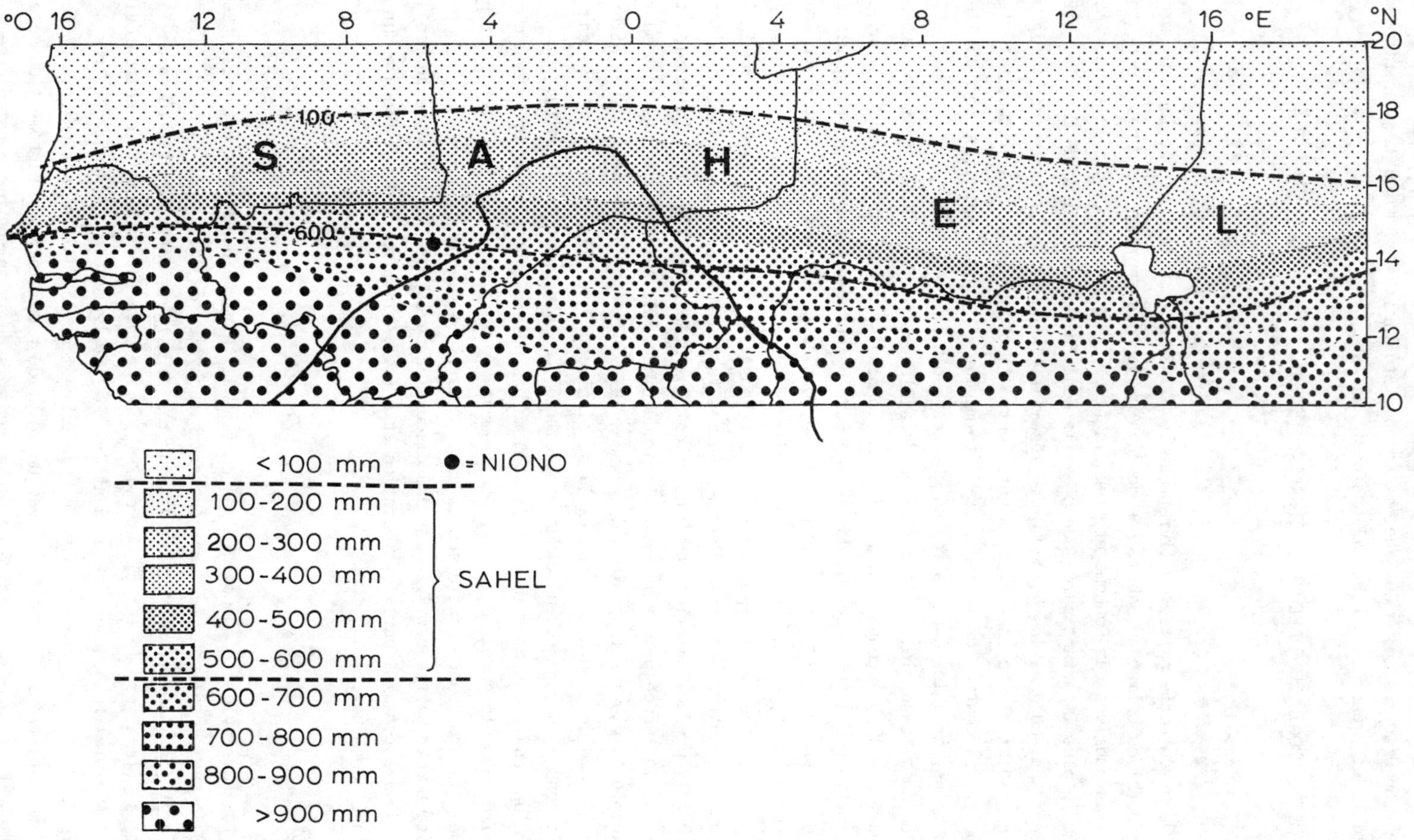

Fig. 3.2.1. The mean annual rainfall of the West African Sahel. The national borders and the rivers are indicated.

Fig. 3.2.2. La répartition de la pluviosité par décade dans les parties nord et sud du Sahel (selon Davy et al., 1976).

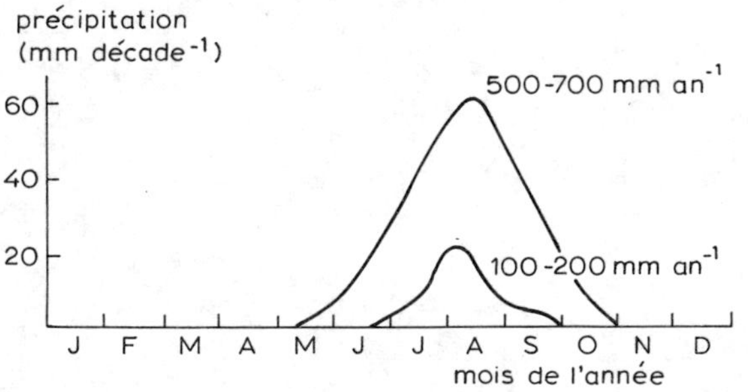

Fig. 3.2.2. The distribution of the rainfall by decade for the north and south Sahel (according to Davy et al., 1976).

partie sud du Sahel. Sans entrer dans trop de détails, nous pouvons dire déjà, que, vu cette pluviosité considérable et étant donné l'expérience agronomique acquise ailleurs, les potentialités de ces quelques mois humides sont grandes contrairement à ce que l'on pense (pourvu que certaines conditions nécessaires soient remplies à savoir des facteurs agronomiques et économiques).

Evapotranspiration Les variations de la température de l'air, la pression de vapeur d'eau et le rapport insolation/durée totale du jour (Cochemé et Franquin, 1967) sont présentés au tableau 3.2.1. La vitesse du vent est à considérer comme constante et égale à 1,5 m s^{-1}. Des valeurs pour les radiations en dehors de l'atmosphère dépendant du latitude et de la période de l'année peuvent être trouvées dans des tableaux standards. Ces

Tableau 3.2.1. Quelques données climatologiques du Sahel (selon Cochemé et Franquin, 1967).

	Nord 17° N, Pl = 200 mm	Milieu 15° N, Pl = 450 mm	Sud 13° N, Pl = 700 mm
Température (^{o}C)			
Moyenne annuelle	29,0	28,0	27,5
Moyenne avril-octobre	31,5	30,0	29,0
Moyenne août	31,0	27,0	26,0
Moyenne novembre-mars	24,0	25,0	26,0
Pression vapeur d'eau (mbar)			
Moyenne annuelle	12,5	15,0	18,5
Moyenne avril-octobre	17,5	20,0	23,5
Moyenne août	24,0	25,5	26,5
Moyenne novembre-mars	7,5	10,0	12,5
Rapport insolation/durée totale du jour (%)			
Moyenne annuelle	72	72	67
Moyenne avril-octobre	75	70	60
Moyenne août	70	58	50
Moyenne novembre-mars	>80	>80	>80

Table 3.2.1. Some climatological data of the Sahel (according to Cochemé and Franquin, 1967).

Fig. 3.2.3. Evapotranspiration potentielle dans les parties nord et sud du Sahel selon Penman (dans Cochemé et Franquin, 1967). La saison principale de croissance est indiquée (............).

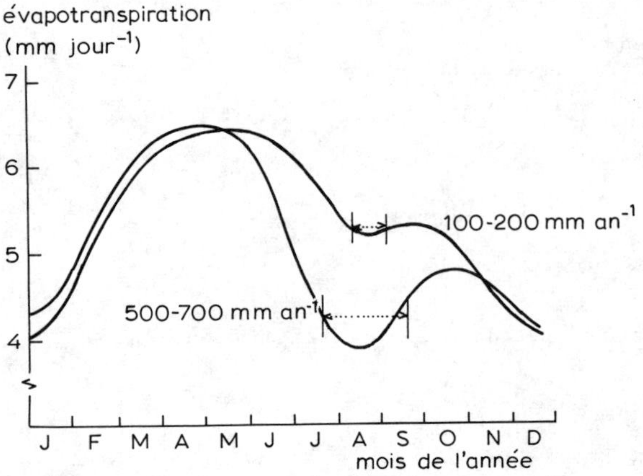

Fig. 3.2.3. Potential evapotranspiration according to Penman (in Cochemé and Franquin, 1967) in the north and south Sahel. The main growing season is indicated (...............).

éléments permettent de calculer l'évapotranspiration potentielle (ETP) selon Penman (dans Cochemé et Franquin, 1967) comme indiqué dans la fig. 3.2.3. Dans la partie sud du Sahel l'ETP est de 4,2 mm $jour^{-1}$ pendant la période de croissance et dans la partie nord du Sahel elle est de 5,2 mm $jour^{-1}$.

3.2.3 Météorologie du ranch de Niono

Dans la fig. 3.2.4 la pluviosité mesurée au ranch sur nos champs d'expérimentation est présentée par les moyennes décadaires. Les chiffres pour le ranch sont des moyennes de 6 points d'observations. La pluviosité annuelle de ces points ne varie pas beaucoup mais la distribution dans l'année peut être différente, voir fig. 3.2.5.

Nous avons constaté une différence importante entre la pluviosité à la Station Météorologique à Niono (au milieu d'une zone d'irrigation) et au ranch, 10 km à l'est de la zone d'irrigation, voir tableau 3.2.2. La différence entre Niono et le ranch est plus grande qu'attendue. En effet, les chiffres indiquent avec une incertitude de moins de 2% que le ranch est plus sec que Niono. Mais il y a trop peu d'observations au ranch pour bien quantifier cette différence, et nous utilisons les chiffres de Niono pour le ranch s'il n'y a pas d'observations directes.

Pendant les 4 années d'observations nous avons enregistré toutes les pluies avec leurs intensités. La répartition de la pluviosité en pluies individuelles était comme montrée par le tableau 3.2.3. L'intensité des pluies est élevée. En 1977, 35% de la pluie est tombé avec une intensité supérieure à 50 mm h^{-1}, voir fig. 3.2.6. En 1978 ce pourcentage est de 20%. Sur la base de l'intensité des pluies, l'énergie cinétique des pluies >10 mm est environ 27 J m^{-2} mm^{-1} (J = joule), calculée selon la méthode Wischmeier et Smith (1958). Kowal et Kassam (1976) ont trouvé pour Samaru (dans la partie nord du

Fig. 3.2.4. Pluviosité par décade des années 1976-1979 du ranch à Niono. Les chiffres sont des moyennes par décade.

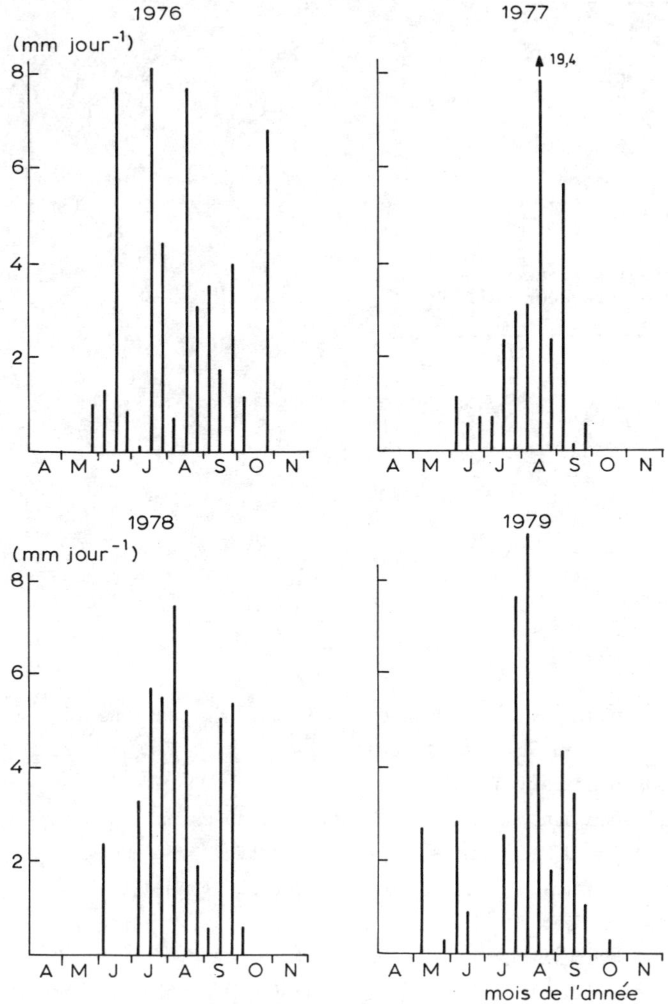

Fig. 3.2.4. Rainfall by decade for the years 1976-1979 at the ranch near Niono. The figures are the means per decade.

Fig. 3.2.5. Pluviosité par décade de 1978, sur nos champs d'expérimentation sur le sable (———) et l'argile (-----) à Niono (Mali).

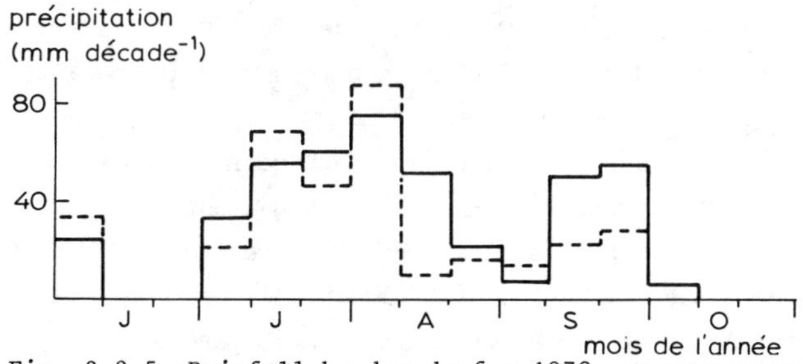

Fig. 3.2.5. Rainfall by decade for 1978, on our experimental fields on sand (———) and clay (-----) at Niono, Mali.

Tableau 3.2.2. Pluviosité annuelle (mm) à Niono et au ranch distants de 10 km.

	Niono	Ranch
1976	631	587
1977	505	380
1978	623	453
1979	550	376

Table 3.2.2. Annual rainfall (mm) at Niono and at the ranch 10 km away.

Tableau 3.2.3. Pourcentage de la pluviosité annuelle au ranch divisée en classes de pluies de grandeurs différentes.

	0-5 mm	5-10 mm	10-20 mm	0-30 mm	>30 mm
1976	5	12	20	21	41
1977	8	13	27	12	40
1978	10	25	25	20	20
1979	6	20	26	19	30
Moyenne	7	18	25	18	33

Table 3.2.3. Percentage of the annual rainfall at the ranch divided into classes of showers of different magnitude.

Nigeria) une valeur de 36 J m^{-2} mm^{-1} pour les années sèches 1973 et 1974. Dans une région en Inde avec un climat semblable à celui du Sahel on trouve 22 J m^{-2} mm^{-1}. Dans les zones tempérées cette énergie est beaucoup plus petite.

Beaucoup d'autres données utilisées dans ce livre sont collectionnées par la Météorologie Nationale du Mali sur sa station à Niono et présentées à la fig. 3.2.7 comme moyennes décadaires de la température maximale et minimale du jour, de l'humidité de l'air, de la vitesse du vent et de la radiation d'ondes courtes (0,4-2 µm). La fig. 4.2.4a présente les moyennes de ces observations.

Un facteur qui joue aussi un rôle dans le budget énergétique (voir partie 2.2) et qui provoque donc la transpiration, mais qui est mal connu et qu'on ne trouve pas dans la littérature, c'est la radiation des ondes longues (4-100 µm) (R.O.L.) émises par le ciel et les nuages. La R.O.L. émise par la végétation et le sol, peut être calculée par la formule de Stefan-Boltzmann, σT^4, dans laquelle σ est 5,668 10^{-8} W m^{-2} K^{-4} et T la température thermodynamique de la végétation ou du sol. Quand par exemple la température de la végétation est 30 °C, la radiation des ondes longues émises par la végétation a une valeur de 478 W m^{-2}.

La R.O.L. émise par le ciel et les nuages a son origine dans la vapeur d'eau du ciel et le CO_2 dont les concentrations varient d'une façon inconnue avec la hauteur et la température dans le ciel. Cette radiation ne pouvait pas être mesurée directement à Niono mais un examen était fait à Niamey (v.d. Sanden et Goudriaan, comm. pers.) pour vérifier laquelle des différentes formules pour calculer cette R.O.L. sera la meilleure dans les conditions sahéliennes. La recherche a démontré que la formule de Brunt est la meilleure

Fig. 3.2.6. Pourcentage de la pluviosité annuelle qui dépassait une certaine intensité à Niono. ——— 1977, ----- 1978, ············ 1979.

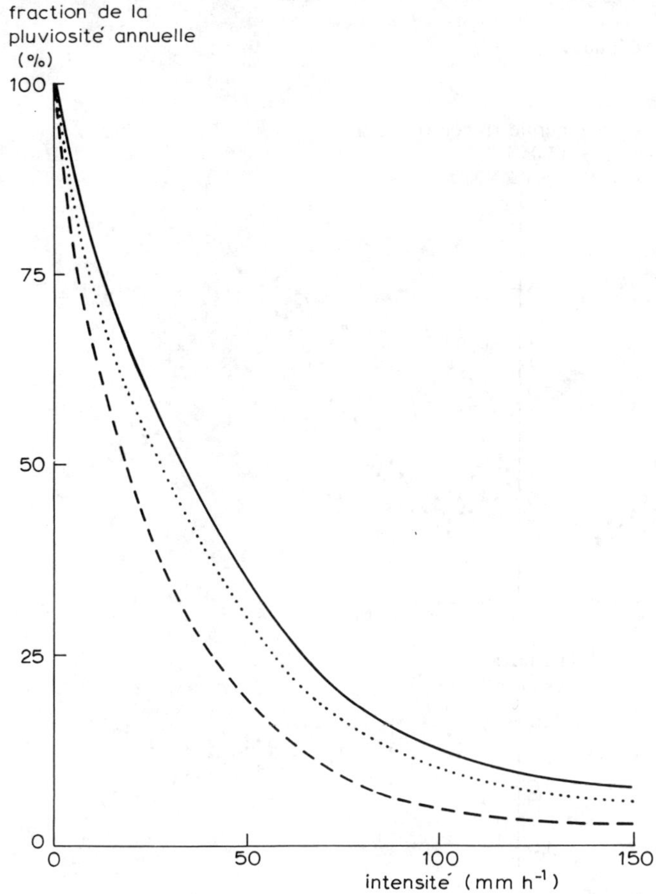

Fig. 3.2.6. Percentage of the annual rainfall that exceeded a certain intensity at Niono. ——— 1977, ----- 1978, ············ 1979.

pour exprimer approximativement la radiation des ondes longues en fonction de la température et l'humidité de l'air mesurées sous abri. Cette formule a la forme:

$$R.O.L. = (a + b \sqrt{e})\ \sigma\ T^4 \qquad \text{(formule 3.2.1)}$$

où

a = une constante empirique 0,62

b = une autre constante empirique 0,035 $mbar^{-\frac{1}{2}}$

e = pression de la vapeur d'eau (mbar) mesurée sous abri (2 m de hauteur)

T = température thermodynamique de l'air (K) mesurée sous abri (2 m de hauteur)

σ = la constante de Stefan-Boltzmann 5,668 10^{-8} W m^{-2} K^{-4}

Quand par exemple la température est 30 °C et la pression de vapeur 30 mbar (70% humidité relative), B, la R.O.L. reçue par le sol et la végétation a la valeur de 388 W m^{-2}. La ra-

Fig. 3.2.7. A: température journalière maximale et minimale.
B: l'humidité relative de l'air.
C: vitesse du vent.
D: radiation.
Les chiffres sont des moyennes par décade.
+ 1976, . 1977, × 1978, □ 1979.

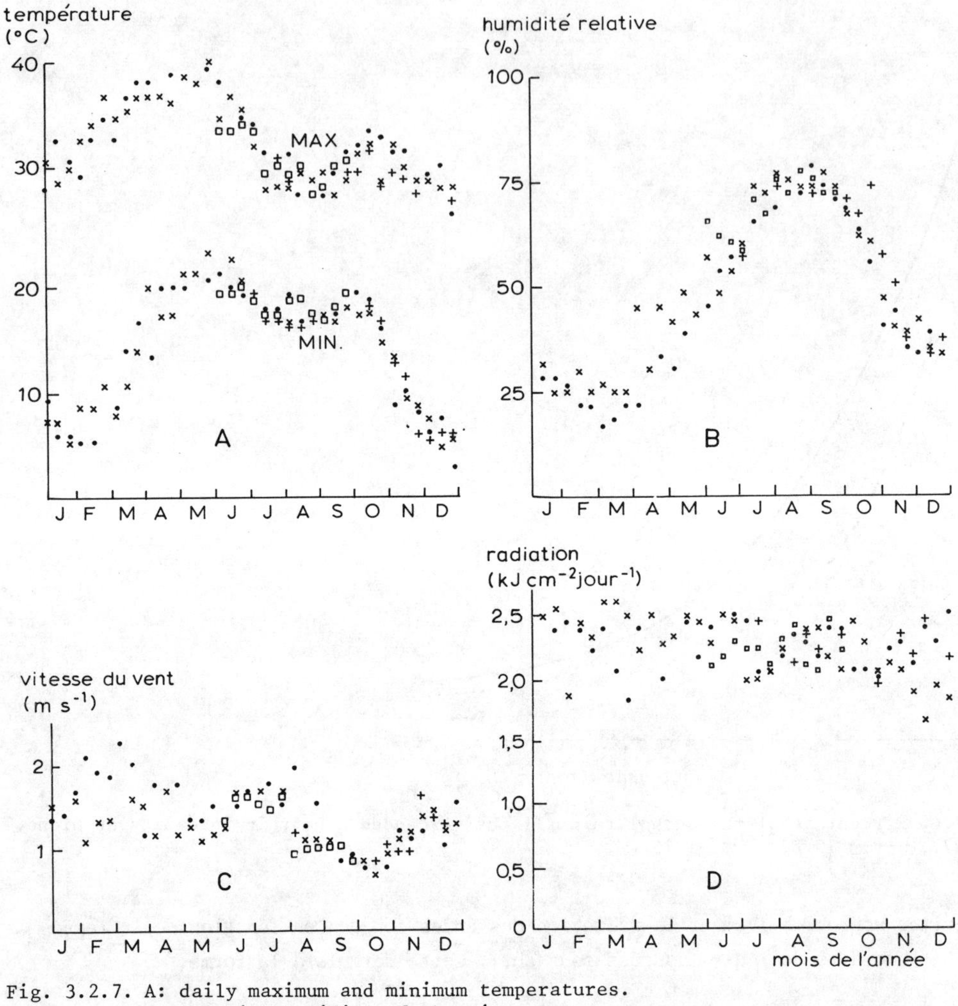

Fig. 3.2.7. A: daily maximum and minimum temperatures.
B: relative humidity of the air.
C: wind speed.
D: radiation.
The figures are the means per decade.
+ 1976, . 1977, × 1978, □ 1979.

diation émise par le sol et la végétation est 478 W m^{-2}, donc la R.O.L. nette est 90 W m^{-2}. Cette formule est valable pour un ciel clair. Quand il y a de nuages, la valeur de la R.O.L. émise par le ciel doit être diminuée de près de 0,1 de sa valeur selon le degré de couverture du ciel.

3.2.4 Variabilité de la pluviosité

En dehors de la variation de la pluviosité liée aux différences de latitude il y a une variation d'une année à l'autre à un même endroit. A cause de cette variation interannuelle la production primaire n'est pas constante mais varie aussi d'une année à l'autre. C'est pourquoi un des buts de nos recherches était d'illustrer de quelle manière des variations interannuelles de la pluviosité influencent la quantité, la qualité et le dynamisme de la végétation. Voir aussi la partie 6.3.

Variabilité annuelle Comme exemple la variation interannuelle de la pluviosité à Niono (1950-1978) est présentée à la fig. 3.2.8. La distribution est presque normale; la moyenne ($\bar{P}l$) est 581 mm, avec un écart type (δ) de 160 mm, et l'espérance mathématique (μ = probabilité 50% = p50%) est 580 mm. Les valeurs p10% = 785 mm et p90% = 375 mm.

Qu'appelle-t-on une année sèche ou une année humide? Il y a 2 approches de cette question. La première, purement statistique dit qu'une année est sèche si elle a une chance statistique de paraître par exemple 1x chaque 10 ans (la probabilité que la pluviosité est supérieure est donc 90%). Par analogie la pluviosité avec une probabilité de 10% est la pluviosité d'une année humide qui a aussi une chance statistique de paraître 1x chaque 10 ans. La deuxième manière de définir une année sèche ou humide est une manière plus subjective basée sur une quantité de pluie absolue. Une année est sèche si la végétation est influencée de façon signicative par un déficit de la pluie en comparaison avec une année normale (p50%). En termes de pluviosité on dit souvent que la végétation n'est pas affectée si $0,8\ \mu < Pl < 1,2\ \mu$, où Pl est la pluviosité réelle de l'année et μ est l'espérance mathématique. Une classification des 4 années pendant lesquelles les recherches du projet P.P.S. étaient exécutées est présentée au tableau 3.2.4.

Suivant le tableau 3.2.4 seulement une année était sèche selon le critère statistique mais 3 années sur 4 la pluviosité était inférieure à la moyenne selon le deuxième critère, donc 3 années sur 4 étaient considérées comme sèches.

Une analyse d'autres stations au Mali (fig. 3.2.9) que la distribution mathématique de la pluviosité annuelle pour des moyennes plus basses que Niono n'est plus 'normale'; par exemple la moyenne de 200 mm an^{-1} à une espérance mathématique de 185 mm an^{-1}. En général, l'écart type de la pluviosité annuelle reste dans le même ordre si la pluviosité moyenne annuelle change beaucoup. Ce qui veut dire que l'incertitude en comparaison avec l'espérance mathématique est plus grande dans la partie nord du Sahel que dans la partie sud. Au Sahel la variabilité annuelle est plus grande qu'aux zones tempérées (par exemple les Pays Bas μ = 740, δ = 110, p10% = 600, p90% = 880 mm an^{-1}). Pourtant, cela n'explique que partiellement la grande variation en biomasse: la pluviosité annuelle n'est pas une donnée assez détaillée pour expliquer ces variations en biomasse.

Variabilité mensuelle Un traitement de la pluviosité mensuelle est déjà plus détaillée que la pluviosité annuelle traitée ci-dessus. La pluviosité du ranch de Niono est résumée pour les mois de juin-octobre au tableau 3.2.5. Dans ce tableau sont indiquées aussi les espérances mathématiques des années 1950-1978 et les limites selon lesquelles les mois sont à classer sec, normal ou humide suivant les 2 systèmes de classification discutés

Fig. 3.2.8. Analyse de la probabilité de la pluviosité à Niono, 1950-1978. $\overline{P1} = 581$, $\mu = 580$, $\delta = 160$ (mm an^{-1}).

Fig. 3.2.8. Analysis of the probability of rainfall at Niono, 1950-1978. $\overline{P1} = 581$, $\mu = 580$, $\delta = 160$ (mm yr^{-1}).

Tableau 3.2.4. Classification des années 1976-1979 selon 2 systèmes en années sèches, normales ou humides.

	Classification statistique			Classification absolue		
	sèche P1<p90% P1<375 mm	normale P1 <785 mm >375 mm	humide P1>p10% P1>785 mm	sèche P1<0,8 μ P1<465 mm	normale P1 <697 mm >465 mm	humide P1>1,2 μ P1>697 mm
1976 (P1 = 587 mm)		x			x	
1977 (P1 = 380 mm)		x		x		
1978 (P1 = 453 mm)		x		x		
1979 (P1 = 376 mm)	x			x		

Table 3.2.4. Classification of the years 1976-1979 into dry, normal or wet years, according to 2 systems.

Fig. 3.2.9. Probabilité de la pluviosité au Mali en fonction de la pluviosité moyenne ($\bar{P}l$ entre 200 et 800 mm an^{-1}).

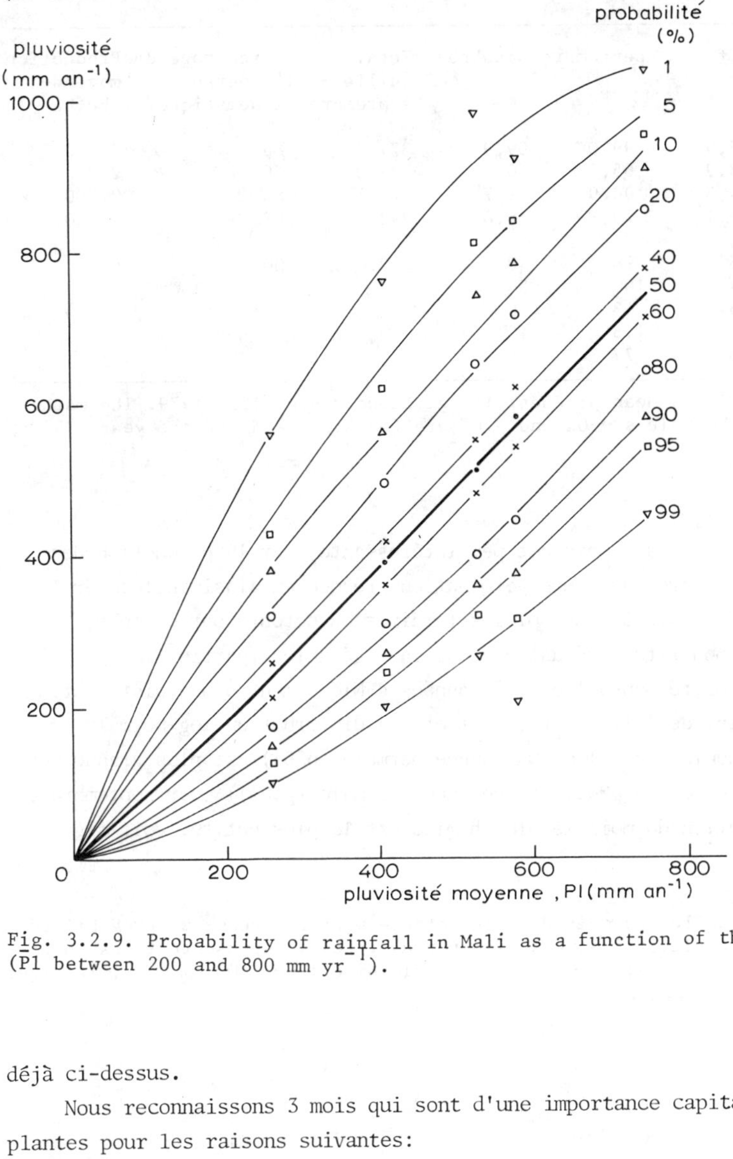

Fig. 3.2.9. Probability of rainfall in Mali as a function of the mean rainfall ($\bar{P}l$ between 200 and 800 mm yr^{-1}).

déjà ci-dessus.

Nous reconnaissons 3 mois qui sont d'une importance capitale pour la croissance des plantes pour les raisons suivantes:

- juillet: la pluviosité de juillet détermine le début de la grande croissance; quand les pluies sont précoces le nombre de jours de croissance peut être élevé et la production peut donc être élevée. Quand juillet est sec ce nombre est réduit et la période de croissance est restreinte.
- août: si août est humide un stock d'eau peut se faire dans le sol. Les plantes peuvent utiliser ce stock pour croître en septembre même si la pluviosité de septembre est déficitaire. La réalisation d'un stock d'eau dans le sol dépend fortement du ruissellement.
- septembre: la pluviosité de septembre peut influencer le moment de la maturation de la végétation.

Tableau 3.2.5. Pluviosité mensuelle et la productivité moyenne du ranch de Niono, 1976-1979. L'espérance mathématique, µ, et les valeurs p90% et p10% sont pour Niono et pour les années 1950-1978.

	Juin	Juillet	Août	Septembre	Octobre	Total juillet-septembre	Pourcentage de l'espérance mathématique	Production moyenne (kg ha^{-1})
1976	101,5	137,0	135,9	99,0	89,9	371,9	86	2.500
1977	35,3	67,4	193,9	65,7	0	327,0	76	2.300
1978	30,0	146,3	134,3	90,9	9,7	371,5	86	2.000
1979	47,8	88,7	125,1	79,8	6,0	293,6	68	1.400
µ	62	151	185	96	8	432,0	100	
p10%	105	228	294	190	54			
p90%	19	74	76	43	0			
1,2 µ	74	181	222	115	10			
0,8 µ	50	121	148	77	6			

Table 3.2.5. Monthly rainfall and mean productivity at Niono ranch, 1976-1979. The mathematical expectation µ, and the values p90% and p10% are for Niono and for the years 1950-1978.

La pluviosité en dehors de ces 3 mois est peu intéressante pour la production des pâturages. Néanmoins elle peut provoquer une germination précoce et ainsi influencer la composition floristique (partie 4.3.3). Les pluies tardives en octobre par exemple, peuvent aussi provoquer une pourriture désastreuse de la végétation (partie 5.2.5).

Une analyse de la pluviosité mensuelle de 25 années à Niono montre une distribution normale pour les mois de juin, de juillet et d'août et une distribution log-normale (= la différence entre une année humide (p10%) et une année normale (p50%) est plus grande que la différence entre une année sèche (p90%) et une année normale (p50%)) pour septembre et octobre. En général la variation du mois le plus humide est la plus petite, voir fig.

Fig. 3.2.10. Pluviosité mensuelle des mois de juin-octobre pour 2 niveaux de probabilité, exprimée en pourcentage de la pluviosité mensuelle normale. Les • représentent des observations faites à Niono (580 mm an^{-1}); —— 200 mm an^{-1}, le Niger; --- 600 mm an^{-1}, le Niger.

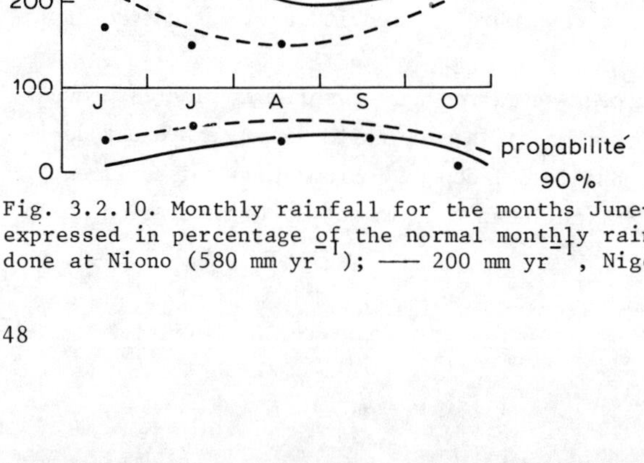

Fig. 3.2.10. Monthly rainfall for the months June-October for 2 levels of probability, expressed in percentage of the normal monthly rainfall. The • represent the observations done at Niono (580 mm yr^{-1}); —— 200 mm yr^{-1}, Niger; --- 600 mm yr^{-1}, Niger.

Tableau 3.2.6. Classification des mois juillet-septembre des années 1976-1979 selon 2 systèmes de classification en mois secs (S), normaux (N) ou humides (H).

	Classification statistique			Classification absolue		
	juillet	août	septembre	juillet	août	septembre
1976	N	N	N	N	S	N
1977	S	N	N	S	N	S
1978	N	N	N	N	S	N
1979	N	N	N	S	S	N

Table 3.2.6. Classification of the months July-September of the years 1976-1979 into dry (S), normal (N) or wet (H) months, according to 2 systems of classification.

3.2.10. Une pareille analyse (Sivakumar et al., 1979) a démontré que le mois d'août au Niger a une distribution statistique normale, les mois de juillet et de septembre sont légèrement log-normaux et les mois de juin et d'octobre sont fortement log-normaux. En se basant sur le tableau 3.2.5, les 3 mois importants sont classés au tableau 3.2.6 comme sec, normal ou humide. Selon le premier critère tous les mois sauf juillet 1977 étaient normaux. Selon l'autre critère toutes les années ont des mois secs. D'après le tableau 3.2.6 les années 1976 (NSN) et 1978 (NSN) sont bien comparables. Les années 1977 (SNS) et 1979 (SSN) étaient sèches, 1979 plus que 1977. Au tableau 3.2.5 nous donnions aussi les biomasses moyennes pour le ranch de Niono. Malgré le fait que 1976 et 1978 semblent identiques du point de vue de la pluviosité, il y a une différence remarquable entre les productivités. Cela veut dire que la pluviosité mensuelle n'est pas non plus un facteur assez précis pour bien comprendre la production primaire.

Variabilité journalière Nous savons par expérience que la période minimale à considérer pour pouvoir comprendre (et estimer) la croissance est la décade (voir partie 4.6). Malheureusement un traitement statistique pour des périodes inférieures à un mois devient inutile ou pas traitable (Cochemé et Franquin, 1967). En plus, ce qu'on a dit sur la pluviosité décadaire et la production est vrai pour la quantité de la biomasse mais pas pour la composition floristique. La répartition, la hauteur et l'intensité des pluies individuelles au début de l'hivernage (juin-juillet) influencent fortement la germination et l'établissement des espèces diverses. Ces aspects de la pluviosité (sur le niveau de la pluviosité journalière) en combinaison avec des caractères des espèces (voir partie 4.3) expliquent le grand dynamisme de la végétation naturelle (voir partie 6.4). Dans la partie 4.4 nous traiterons en détail comment les pluies individuelles influencent les processus divers du bilan d'eau. Cela permet de voir plus clair dans le dynamisme de la végétation. Pour d'autres raisons les conclusions de la partie 4.4 sont simplifiées pour les rendre plus applicables. Ceci résulte dans l'utilisation de la pluviosité décadaire à les parties 4.6 et 5.5 et même de la pluviosité annuelle dans les parties 5.6 et 6.3.

La variabilité de la pluviosité fait qu'il est indispensable de disposer de pluviomètres près des sites d'observation si l'on veut suivre en détail la croissance des plantes.

Fig. 3.3.2. Carte des sols du Mali central.

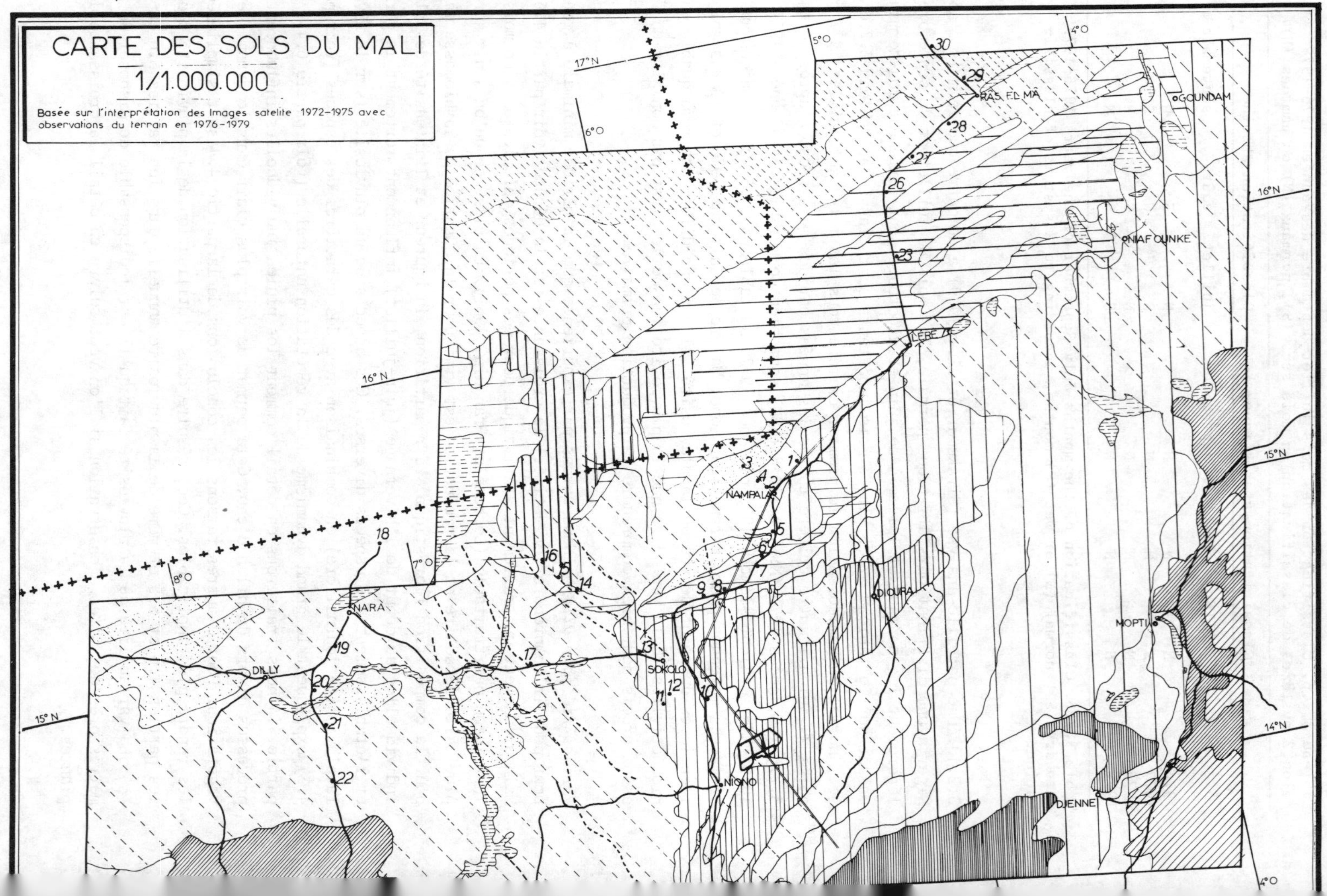

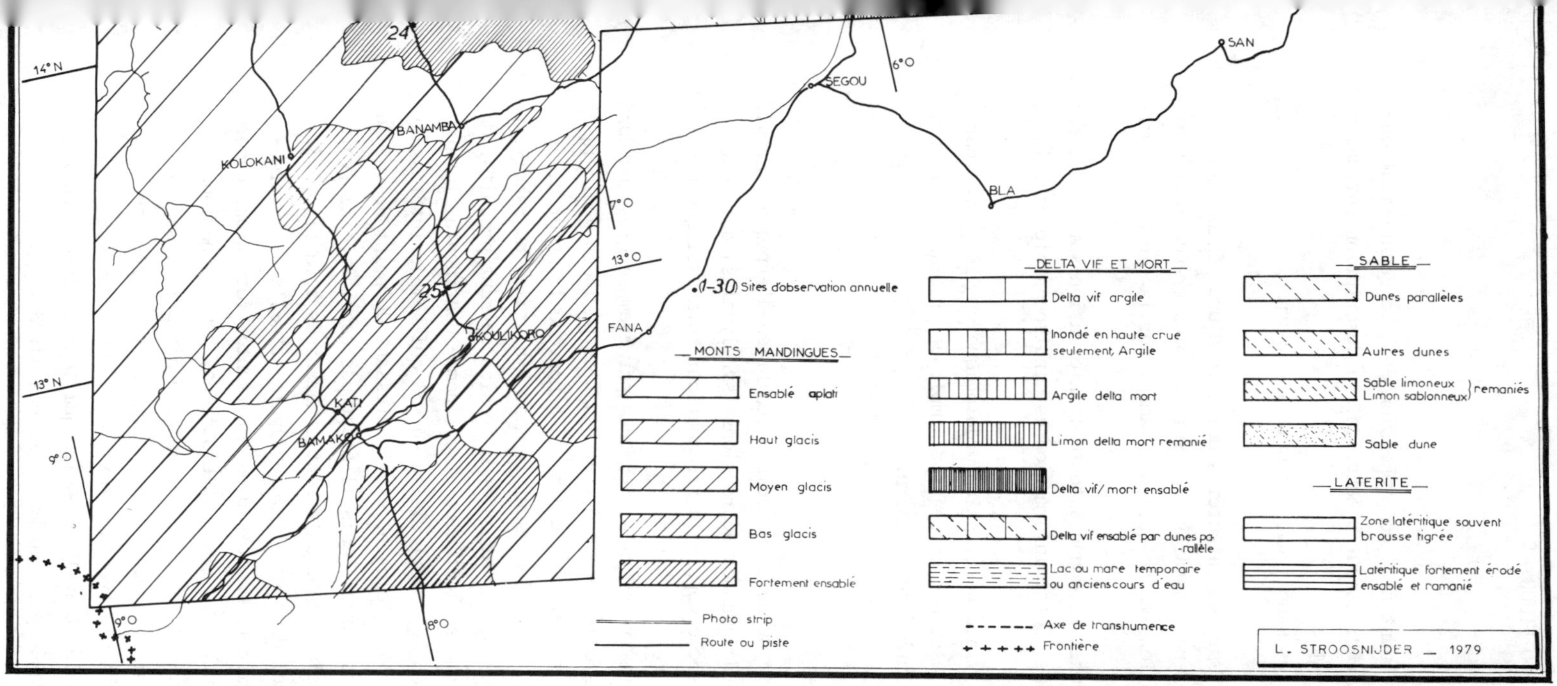

Fig. 3.3.2. Map of the soils in Central Mali.

3.3 LA PEDOLOGIE DU SAHEL ET DU TERRAIN D'ETUDE

3.3.1 Introduction

Des aspects pédologiques qui contribuent à la compréhension et à la quantification de la production primaire au Sahel sont décrits sur 2 échelles. La description sur une grande étendue (petite échelle) a pour but de:
- présenter une idée générale des paysages sahéliens, des unités géomorphologiques et des sols;
- présenter suffisamment d'informations sur les caractères des sols d'une région assez vaste afin que nous puissions extrapoler nos connaissances sur une plus grande région et ainsi nous pouvons indiquer quelques options techniques pour améliorer la production primaire des pâturages (voir chapitre 8).

La description détaillée (grande échelle) donnera toute l'information sur le sol qui sera utilisée dans les chapitres suivants. Cette information est indispensable pour la compréhension de la production primaire.

Cette partie n'est pas du tout une vraie description pédologique complète avec par exemple une classification des sols. On essaie d'être assez simple et pratique pour être utile dans l'ensemble de la recherche pluri-disciplinaire.

3.3.2 Pédologie du Sahel

La plupart du Sahel est située juste au nord du socle précambrien d'Afrique Centrale et doit être considérée comme une série de grandes dépressions (synclynales) qui sont remplis avec des produits d'érosion du socle depuis le précambrien. Cela explique pourquoi le Sahel est plat dans l'ensemble.

Les sédiments plus âgés sont souvent transformés en roche (par exemple grès) ou dans des conditions climatiques humides transformés en latérite. Dans les périodes géologiques suivantes avec des conditions plus sèches l'érosion a attaqué à nouveau le matériel et de nouveaux sédiments sablonneux, limoneux ou argileux sont formés. L'histoire du Sahel est si longue et compliquée que divers cycles de formation et d'érosion se sont produits. Un des derniers dépôts importants s'est formé au Tertiaire et est nommé Continental Terminal, mais pour nos études c'est surtout la couche superficielle du sol qui semble intéressante. Le sol en profondeur, surtout domaine de la géologie, est intéressant du point de vue de la nappe d'eau, du débit des puits et des forages mais il n'est pas considéré ici (voir partie 8.3). Les faits géologiques les plus importants sont schématisés à la fig. 3.3.1.

Vu l'importance sur le relief actuel donc sur l'hydrographie actuelle, les formations du quarternaire ne sont pas à négliger. Une des plus importantes formations encore présentes sur le terrain est l'erg récent. A la fin du Pleistocène, dans la période glaciale nommé Würm (15.000 ans avant J.-C.) le climat du Sahel était aride, saharien. L'activité des fleuves était nulle. De grandes dunes longitudinales (ergs récents) étaient formées avec du matériel fluviatile, du sable avec une texture moyenne à grossier. Les cours secs des fleuves le Niger, le Baoulé et la Volta Noire qui tous coulaient du sud vers le nord, étaient complètement blocqués par ces dunes (Michel, 1973).

Fig. 3.3.1. Périodes géologiques importantes, avec les processus schématisés. Le noir indique les dépôts sédimentaires.

	Tertiaire	Würm	Atlanticum	Subboréal
Climat	humide	sec	humide	sec
Fleuves	actifs S → N	néant	à cause de blocage changent de cours S → N → S	secs
Erosion	par l'eau S → N	par le vent N → S	par l'eau	par le vent N → S
Formation	Sahel: dépôts sablonneux, argileux (Continental terminal) savane: latérite	ergs récents	Delta du Niger dépôts fluviatiles lacustres	couverture éolienne limon/sable dunes

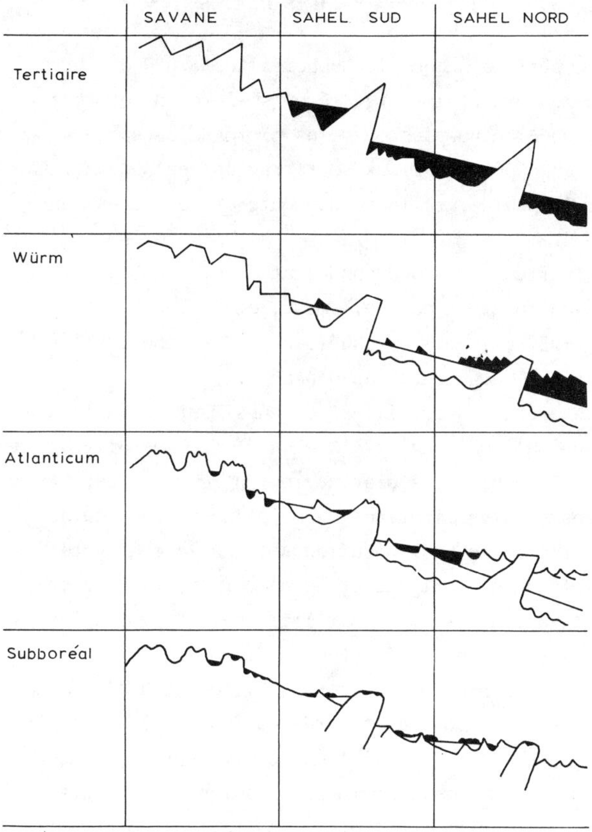

Fig. 3.3.1. Important geological periods, with the processes schematized. Sedimentary deposits are indicated in black.

	Tertiary	Würm	Atlantic	Sub-Boreal
Climate	humid	dry	humid	dry
Rivers	active S → N	none	because of blockage changing their course S → N → S	dry
Erosion	by water S → N	by wind N → S	by water	by wind N → S
Sahel formation:	sandy deposits, argillaceous (Continental terminal) savanna: laterite	recent ergs	Niger Delta fluviatile deposits lacustres	aeolian cover loam/sand dunes

Au début de l'Holocène, de 8.000 à 5.000 ans avant J.-C., une période humide, l'Atlanticum, existait. Les fleuves comme le Niger, le Baoulé et la Volta Noire réprennent leurs activités mais à cause du blocage, trouvent un autre cours en direction sud. On a estimé qu'à la transition de l'âge Würm à l'Atlanticum des mouvements tectoniques ont aidé à changer la topographie du Sahel (Lang, 1972). Dans cette période humide avec de grands débits des fleuves, le Delta central du Niger est formé. A côté des nombreux bras du Niger, des berges sont formées et plus loin une grande superficie du Sahel est couverte avec des dépôts fluviatiles et lacustres. Contrairement à la période sèche où l'action d'érosion domine, la formation et la stabilisation du profil du sol sont importantes au cours de cette période humide. Sous une végétation abondante il se produit une ferruginisation dans les ergs récents.

L'Atlanticum est suivi par une autre période sèche, le Subboréal de 5.000 à 2.000 ans avant J.-C. L'action d'érosion domine encore et les ergs récents s'érodent et tous les dépôts fluviatiles sont couverts par une couche plus ou moins profonde de sable éolien. Le Delta central se dessèche et les dépôts argileux se rétractent en séchant. La différence de niveau entre les berges et la plaine argileuse augmente et des dunes sont formées sur les berges.

Le Subboréal est suivi par le Subatlanticum de 2.000 ans avant J.-C. à nos jours, période semi-humide. Le Delta est encore en fonction partiellement, et le Sahel est couvert d'une végétation. Suivant Davey (1957), le milieu sahélien se dessèche et la végétation devient moins abondante depuis quelques centaines d'années.

L'importance des périodes géologiques récentes est illustrée aussi sur la carte d'une partie du Sahel, fig. 3.3.2 (p. 50-51), au Mali entre 13-17° N et 4-9° O. Nous distinguons 3 unités principales de paysages, nommées ensembles. La distinction entre ces 3 est utile et nécessaire parce qu'il y a des différences significatives du point de vue des caractères physiques et chimiques, de la texture, de la profondeur du sol, de la compacité etc. Ces différences, causées par une différence d'origine et de géomorphologie, déterminent un milieu spécifique avec une utilisation actuelle pour l'élevage qui est spécifique, et probablement avec une potentialité future différente.

La carte (fig. 3.3.2) a été construite à l'aide des images satélites et à l'aide de nombreuses observations sur le terrain. Les sites du trajet nord-sud (partie 3.1) ont été étudiés également du point de vue pédologique (voir les points numérotés sur la carte). Ce trajet a été photographié spécialement en couleurs infrarouge en avion. Cette carte est aussi une base pour l'étude de la relation entre substrat et végétation (voir partie 6.4).

Des observations pédologiques en dehors de la région présentée ici, avaient été exécutées à l'ouest au Kaarta et à l'est au Gourma. Pour mieux comprendre l'hydrologie et surtout le ruissellement de la région, il est nécessaire et intéressant à la fois de regarder la géomorphologie des 3 ensembles distingués. La fig. 3.3.3 présente des toposéquences schématisées qui sont représentatives pour ces ensembles.

Ensemble sablonneux Cet ensemble est formé de sols sablonneux éoliens, profonds et souvent uniformes sur de vastes régions qui dominent la partie nord du Sahel. Du point de vue géomorphologie les différentes formes de dunes sont importantes. On trouve des dunes

Fig. 3.3.3. Géomorphologie des unités principales de paysage au Sahel.
→ direction du ruissellement; ××× roche; S = sable, L = limon, A = argile, V = argile vertique

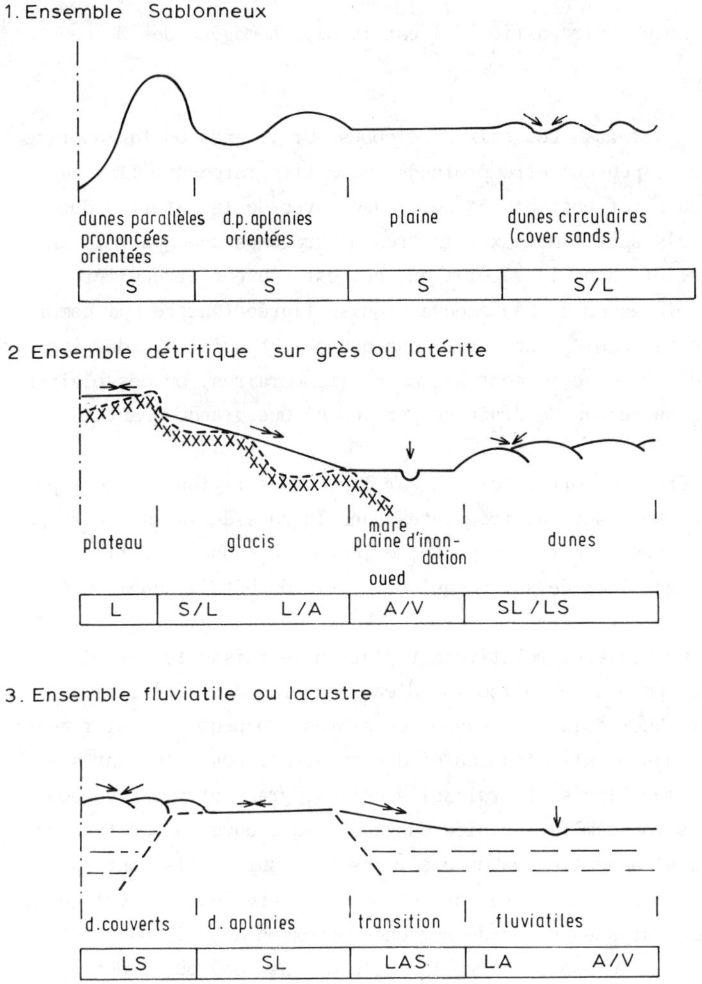

Fig. 3.3.3. Geomorphology of the principal units of the Sahel landscape.
→ direction of run off; ××× rock; S = sand, L = loam; A = clay; V = vertisol

très prononcées ou très érodées et presque plates. Les dunes peuvent être formées d'un matériel avec une texture différente (sable rouge ou jaune/blanc). Ensuite les dunes peuvent être orientées dans une direction principale comme par exemple les ergs récents, ENE - OSO, ou peuvent avoir une forme circulaire sans direction d'orientation. Dans ce cas on parle souvent de champs des dunes.

Les sols dans cet ensemble sont des sols sablonneux ou sablo-limoneux et rarement limono-sablonneux. Les sols développés sur l'erg récent ont une texture plus grossière que les sols développés sur matériaux déposés après. La surface du sol est souvent si sablonneuse que la capacité d'infiltration est grande et que le ruissellement est réduit.

L'érosion par le vent et par l'eau est réduite sauf dans la partie nord du Sahel où se trouvent des dunes vivantes et là où la végétation était consommée ou détruite par le bétail. Ce dernier cas se présente actuellement aux alentours des points d'eau et des campements des nomades.

La végétation sur cet ensemble (voir partie 3.4) est la plus homogène des 3 ensembles distingués.

Ensemble détritique sur grès ou latérite Des sols développés sur le grès ou la latérite constituent cet ensemble. Ces sols peuvent être profonds, mais très rarement. Il y a aussi des plages nues de grès dans cet ensemble et des plages avec de la latérite dure (carapace). La plupart de ces sols sont limoneux mais très hétérogènes avec parfois un grand ruissellement. Cela se reflète dans la végétation, qui est souvent irrégulière avec des fourrés denses et des plages nues. La fameuse brousse tigrée (encore mal comprise, Leprun, 1978) fait partie de cet ensemble. Une autre conséquence est qu'il y a des endroits avec collection et stagnation d'eau où se forment des mares (temporaires) ou des plaines d'inondation. Souvent il existe un réseau de drainage par lequel une grande quantité d'eau peut sortir sous forme d'oueds.

Parfois il se produit une érosion forte, surtout par l'eau. Des régions de ce type se trouvent au Sahel, mais elles sont surtout fréquentes dans la zone de la savane au sud. Ces régions du Sahel ont souvent une faible pente, orientée vers une direction principale. C'est dans les régions dites de savane qu'une partie du bétail sahélien se trouve pendant la saison sèche.

La fig. 3.3.3 nous montre un plateau, relativement plat où le ruissellement et l'écoulement sont localisés. Aux points de collection d'eau une grande quantité peut s'infiltrer dans le sol et contribuer à la croissance des arbres. On peut y remplir aussi un réservoir d'eau qui alimente des points d'eau au pied du plateau. Les sols sont surtout limoneux. Sur la pente, nommée glacis, le ruissellement est grand et il provoque l'érosion et la dénudation de la roche mère. Au pied du glacis se trouve un bas-fond sous la forme d'une mare, une plaine d'inondation ou un oued. Les sols sur glacis sont très hétérogènes, dans la partie située en aval où se forment des sols argileux et vertiques, souvent hydromorphes. L'ensemble est souvent bordé par une connexion avec l'ensemble sablonneux. Au point de transition, le sable couvre l'argile du bas-fond où il est mélangé avec l'argile par l'activité biogène.

Pendant le Subboréal l'ensemble détritique a été couvert avec du sable éolien. Mais l'action d'une érosion suivante a dénudé cet ensemble de nouveau, et les produits d'érosion sont arrivés aux vallées dans cet ensemble ou sont transportés vers le troisième ensemble.

Ensemble fluviatile ou lacustre Cet ensemble contient des sols développés sur sédiments fluviatiles ou lacustres récents ou fossiles. Les sols sont limono-argileux en profondeur mais sont souvent couverts par une couche de limon sablonneux éolien. Dans cet ensemble les sols peuvent être hétérogènes à cause des dépôts fluviatiles, mais aussi à cause d'une couche de limon sablonneux d'une profondeur variable. En général le relief est plat, seules les couches ou dunes éoliennes ont des pentes (1-3%) aux directions diverses. Cet ensemble n'a pas un réseau de drainage, donc l'eau de ruissellement des pentes limoneuses se rassemble dans les plaines inondables ou dans les mares (temporaires). Cet ensemble reçoit souvent l'eau d'écoulement de l'ensemble détritique.

Le Delta central du Niger actuel fait partie de cet ensemble. Du point de vue du sol la différence entre le Delta actuel et le Delta fossile n'est pas grande, mais évidemment l'hydrographie est très différente. Ce caractère actuel ou fossile détermine aussi la fertilité. Les sols récents peuvent être très riches et les sols fossiles très pauvres. Le Delta central, unique au Sahel, fonctionne pour le bétail sahélien comme la savane. Il fournit l'eau et l'herbe pendant la saison sèche. Au Sénégal, Niger, Tchad et Soudan de telles plaines d'inondation existent aussi et les 2/3 du bétail du Sahel y vivent pendant la saison sèche (C.I.P.E.A., 1979). La fertilité du sol du Delta actuel est vraiment supérieure à celle de la savane.

Les sols de cet ensemble sont très variables, ils vont du sable jusqu'à l'argile vertique. C'est dans cet ensemble que le ranch de la Station du Sahel à Niono est situé. La plupart des expériences du projet P.P.S. sont effectuées sur des sols de ce type. Des détails de ces sols seront présentés dans la partie 3.3.3.

L'importance des 3 ensembles au Mali et au Sahel est estimée de façon très grossière:

	Mali	Sahel
Ensemble sablonneux	40%	50%
Ensemble détritique	30%	30%
Ensemble fluviatile ou lacustre	30%	20%

Pour la croissance des annuelles, la végétation sahélienne la plus importante pour le bétail, la couche superficielle du sol (0-30 cm) est la plus importante car c'est là que se trouvent 90% de son système racinaire (partie 4.5.5). Ce sont surtout les sols de l'ensemble fluviatile/lacustre, mais aussi ceux de l'ensemble détritique qui sont souvent couverts avec une couche de limon sablonneux. Donc sur un même endroit, le tapis des annuelles est souvent caractéristique pour une texture plus grossière (de la surface du sol), tandis que les arbres sont caractéristiques pour une texture fine de la profondeur du sol.

La fertilité des sols (voir tableau 3.3.1) est dans l'ensemble très basse, sauf pour les sols du Delta actuel. Les chiffres donnés dans ce tableau sont les moyennes d'un grand nombre d'échantillons du trajet nord-sud, du ranch de Niono et de la région du Gourma. (La plupart des analyses ont été faites au Laboratoire des sols de la Station de Recherches pour les Cultures Vivrières et Oléagineuses à Sotuba, Mali, avec des méthodes et des équipements standards internationaux.) Les taux de carbone (C) et azote (N) sont très bas, notammant le taux de N est tel que les méthodes d'analyse actuelles ne sont pas assez précises pour le déterminer correctement. Une discussion spéciale consacrée à la matière organique suit dans les parties 5.3 et 6.3.

La fig. 3.3.4 montre qu'il n'y a pas une variation du taux de N du sol (0-20 cm) du nord du Sahel vers le sud. Nous avons constaté aussi qu'il n'y a pas une relation entre le taux de N et le taux d'argile des sols. La même fig. 3.3.4 montre la relation entre le taux de C et le taux de N et donc donne l'information du rapport C/N de la matière orga-

Tableau 3.3.1. Caractères chimiques des sols du Sahel (couche 0–30 cm).

	Ensemble sablonneux	Ensemble détritique sur grès ou latérite		Ensemble fluviatile ou lacustre				
		Sahel	savane	fossile				Delta actuel
	S(L)	LS	LS*	LS	LAS	LA	A	A*
Carbone (C) ($g\ kg^{-1}$)	1,2	1,7	3,7	2,5	2,5	3,5	4,0	13
Azote (N) ($g\ kg^{-1}$)	0,2	0,2	-	0,5	0,3	4,0	0,4	1,2
Rapport de masse C/N	6	9	-	5	8	9	10	11
P-total ($mg\ kg^{-1}$)	50	67	31	70	85	125	170	320
P-Bray II ($mg\ kg^{-1}$)	6	5	4	7	5	2	2	2
K-assimilable ($mg\ kg^{-1}$)	60	60	84	70	65	90	-	80
pH-eau	6,8	5,7	6,3	6,0	5,9	5,0	5,9	5,5
pH-KCl	5,7	4,4	5,0	4,8	4,4	3,7	4,3	3,9
CEC du sol (pH = 7) ($meq\ kg^{-1}$)				30	60	110	170	180
Rapport Na/CEC				-	-	-	-	-
Rapport K/CEC				0,07	0,04	0,03	0,05	0,02
Rapport Ca/CEC				0,60	0,45	0,35	0,45	0,38
Rapport Mg/CEC				0,30	0,21	0,32	0,35	0,18
Saturation en bases				1,0	0,70	0,70	0,85	0,60

S = sable, L = limon, A = argile
* Situés en dehors de la région de recherche. Estimé sur la base de quelques échantillons seulement.

Table 3.3.1. Chemical characteristics of Sahel soils (0–30 cm layer).

S = sand, L = silt, A = clay
* Situated outside the research area. Estimations based on a few samples only.

Fig. 3.3.4. La relation entre le taux d'azote du sol (020 cm) et l'isohyète et entre le taux d'azote et le pourcentage de carbone du sol.
. Région du Gourma (isohyète 180-440 mm)
o Région du parc national de Baoulé (isohyète 540-850 mm)
+ Trajet nord-sud (isohyète 440-580 mm)
× Champs d'expérimentation Niono (isohyète 580 mm)

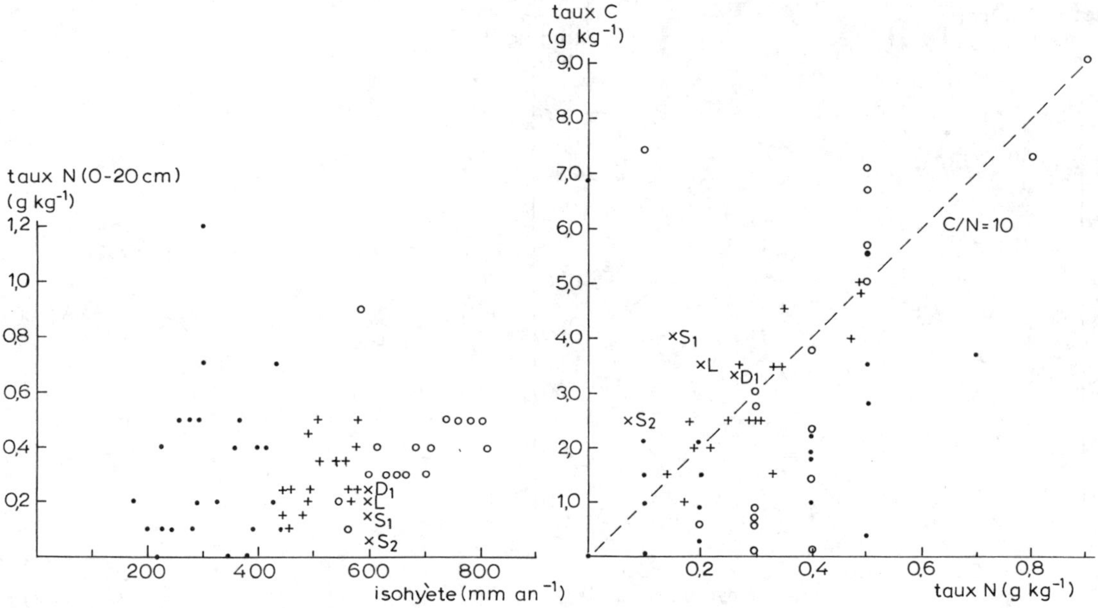

Fig. 3.3.4. The relation between the nitrogen content in the soil (0-20 cm) and the isohyet and between the nitrogen and the carbon content in the soil.
. Region of Gourma (isohyet 180-440 mm)
o Region of the national park of Baoulé (isohyet 540-850 mm)
+ North-South traject (isohyet 440-580)
× Experimental fields of Niono (isohyet 580 mm)

nique. Ces chiffres indiquent qu'en moyenne ce rapport C/N est près de ou légèrement au-dessous de 10, mais qu'il y a une grande variation.

Le pH des sols est en général neutre et varie un peu entre légèrement basique sur le sable et acide sur l'argile. Seulement sur l'argile le pH peut être tel qu'il limite la croissance des racines. La grande différence entre pH-eau et pH-KCl, qui indique la présence de polymères de Al/Fe dans le complexe absorbant du sol, est remarquable.

Le phosphore (P) total varie entre 40 mg kg^{-1} sur le sable et 120 mg kg^{-1} sur l'argile. Sous l'action de pâturage la distribution du P du sol devient plus hétérogène (partie 5.2), et les chiffres inférieurs à 120 mg kg^{-1} dans la fig. 3.3.5 sont certainement des champs d'accumulation. P-assimilable varie entre 7 mg kg^{-1} (sur le sable) et 2 mg kg^{-1} (sur l'argile). La fig. 3.3.5 montre le P-total des sols (0-20 cm) en relation avec l'isohyète et en relation avec le taux en argile. Il semble qu'il n'y a pas une relation entre P-total et l'isohyète ce qui compte aussi pour le P-assimilable (P-Bray II). Si une telle relation existait, elle serait probablement complètement masquée par l'augmentation de la hétérogénéité de la distribution de P par le pâturage. Pour la relation P-total - argile on dirait que le P-total est toujours au-dessus d'une valeur

Fig. 3.3.5. La relation entre le taux de phosphore-total du sol (020 cm) et l'isohyète et le taux de phosphore-total et le taux d'argile.

. Région du Gourma	(isohyète 180-440 mm)
o Région du parc national de Baoulé	(isohyète 540-850 mm)
+ Trajet nord-sud	(isohyète 245-940 mm)
× Champs d'expérimentation Niono	(isohyète 580 mm)

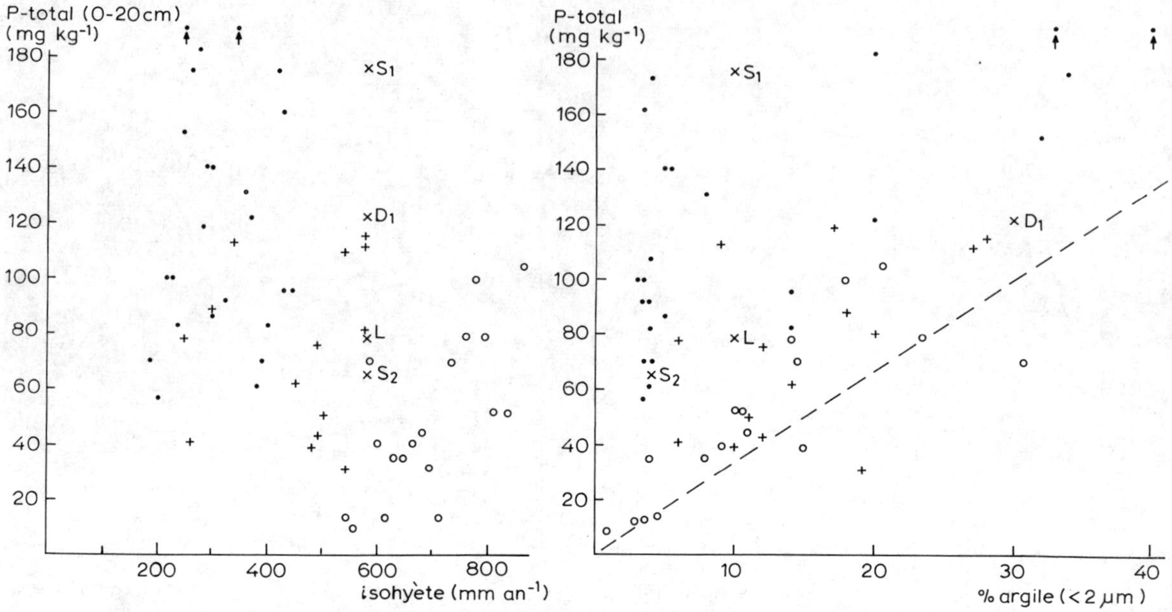

Fig. 3.3.5. The relation between the total soil phosphorus content (0-20 cm) and the isohyet and the total phosphorus and the clay content.

. Region of Gourma	(isohyet 180-440 mm)
o Region of the national park of Baoulé	(isohyet 540-850 mm)
+ North-South traject	(isohyet 245-940 mm)
× Experimental fields of Niono	(isohyet 580 mm)

minimale liée à la fraction d'argile du sol. Nous avons considéré aussi la relation P-Bray II avec l'argile (nombre limité d'analyses) et on observe une tendance contraire, c'est-à-dire une tendance que le P-Bray II diminue à mesure qu'il y a plus d'argile. Cette dernière tendance confirme l'idée qu'une partie de P-total est liée, à une mauvaise disponibilité, avec la fraction d'argile.

Le taux de saturation en bases varie de 1 sur le sable jusqu'à 0,7 sur l'argile. La capacité d'échange du complexe (CEC) des sols est faible. Le principal minéral d'argile est la kaolinite. L'occupation du complexe avec du potassium, K, est suffisante. En conséquence le K-assimilable est toujours satisfaisant. L'occupation avec du calcium (Ca) et du magnésium (Mg) sont dans le même ordre de grandeur. Le sodium (Na) est souvent presque absent; aussi les plantes sont très pauvres en Na. Parce que le bétail en a besoin, le déficit en Na pose un problème dans sa nourriture (Boudet et Leclerq, 1970). En général les sols sont très pauvres en minéraux. Des sols acides ou salins (basiques) sont rares. Les bergers utilisent ces endroits salins pour une cure salée pour le bétail (Gallais, 1975). Une analyse détaillée de ces endroits par Leprun (1978) indique qu'ils ne sont pas riches en un seul minéral, mais qu'ils ont un taux élevé de plusieurs macroet micro-minéraux. Donc, probablement le bétail a besoin de la cure salée à cause d'un manque d'un minéral spécifique, mais la cure lui fournit aussi beaucoup d'autres minéraux.

Quelques caractères physiques des sols sont indiqués au tableau 3.3.2. Concernant la granulométrie, le taux en sable fin est remarquable. La faculté de colmatage et de compactage de la surface du sol n'est indiquée que de manière qualitative, + = grande faculté, - = faculté nulle. Les chiffres pour la capacité d'absorption d'eau et le ruissellement sont expliqués dans la partie 4.4.

La plus importante forme d'érosion présente au Sahel est l'érosion par le ruissellement en nappe. Cela veut dire l'érosion par laquelle chaque année une couche mince (dans l'ordre de 0,1-2 mm) du sol disparaît. Cette terre est transportée par l'eau vers les dépressions ou par le vent tout près ou plus loin. L'action de l'eau aplanit toujours le relief, tandis que l'action du vent peut faire les deux, aplanir et accentuer le relief. Les grains grossiers de sable sont simplement roulés sur la surface du sol et forment des petites dunes (voir parties 6.6 et 8.6). Les particules fines sont emportées plus haut par le vent et peuvent être déposées loin de leur origine. Ce sont surtout les plages nues qui perdent de la terre par l'érosion due au ruissellement en nappe, tandis que des endroits avec une couverture végétale gagnent de la terre. Malgré le fait qu'un pourcentage élevé des terrains sahéliens sont sujets à cette forme d'érosion, cette action n'entrave presque jamais l'utilisation de ces terrains. Nous constatons donc, que l'effet de l'érosion est souvent réduite. Pourtant l'érosion est un des facteurs qui contribuent à la formation des hétérogénéités au Sahel, plages nues qui perdent de la terre et des plages bien couvertes qui en gagnent.

3.3.3 Pédologie du ranch de Niono

L'investigation pédologique du ranch de Niono (partie 3.1) est résumée sur une carte semi-détaillée (fig. 3.3.6)(p. 66-67), dessinée à partir d'une couverture photographique panchromatique de 1975.

Le ranch fait partie de l'ensemble fluviatile, proprement dit du Delta fossile du Niger. Un caractère du Delta mort est sa platitude relative avec ses élévations mineures de dunes d'un maximum de 10 m. La région n'alimente pas un réseau de drainage mais toute l'eau écoulée est distribuée localement où l'eau est conduite à une des nombreuses mares.

L'étude détaillée a montré l'existence de 8 unités de sol. La distinction est faite sur la base d'une différence de production primaire actuelle ou potentielle. Sans entrer dans le détail, ces unités peuvent être groupées en 3 complexes qui sont faciles à reconnaître sur le terrain. Ce sont:

Le complexe sablonneux (unités de sol S1, S2 et S3) A l'exception des creux interdunaires, la strate ligneuse, dominée par *Acacia Seyal*, *Sclerocarya birrea* et *Guiera senegalensis*, y est bien ouverte. Pendant la période d'étude, *Schoenefeldia gracilis* dominait la strate herbacée. Ce complexe contient des dunes récentes et prononcées (S1) avec des dépressions entre ces dunes (S3) et des dunes anciennes très aplanies et presque plates (S2). L'angle moyen des pentes est de 3%. La surface du sol est souvent couverte

Tableau 3.3.2. Caractères physiques des sols du Sahel (couche 0-30 cm).

		Ensemble sablonneux	Ensemble détritique sur grès ou latérite		Ensemble fluviatile ou lacustre				
			Sahel	savane	fossile				Delta actuel
		S(L)	LS	LS*	LS	LAS	LA	A	A*
Argile <2 µm	(%)	9	16	12	10	25	35	57	54
Limon 2-50 µm	(%)	6	11	35	15	20	25	25	36
Sable fin 50-200 µm	(%)	58	50	40	65	35	30	7	5
Sable grossier >200 µm	(%)	27	25	11	10	20	10	10	5
Densité apparente	(kg m^{-3})	1.500			1.500	1.500	1.500	1.450	1.640
Fraction de volume d'eau pF 1,0	(m^3 m^{-3})	0,30			0,40		0,37		0,37
pF 2		0,15			0,25		0,26		0,35
pF 2,5		0,10			0,13		0,24		0,33
pF 3		0,04			0,06		0,22		0,32
pF 4,2		0,02			0,03		0,15		0,26
Colmatage		–	+	+	+	+	–	–	–
Compactage		–	+	+	+	+	+	+	+
Conductivité d'eau (en cas de saturation du sol)	(mm h^{-1})	>200			150	15	15	10	10
Capacité d'absorption d'eau	(mm $min^{-\frac{1}{2}}$)	5	0,5	0,5	1,0	0,75	0,5	0,5	0,5
Ruissellement	(%)	0	50	50	30	20	0	0	0
Porosité (fraction de volume)	(m^3 m^{-3})	0,43			0,42	0,42	0,42	0,46	0,38

Table 3.3.2. Physical characteristics of Sahel soils (0-30 cm layer).

*Situés en dehors de la région de recherche. Estimé sur la base de quelques échantillons seulement; situated outside the research area. Estimations based on a few samples only.

d'une croûte d'algues. Cette croûte est responsable d'un ruissellement de 20-40% de la pluie annuelle. Les mares, les dépressions sablonneuses (S3) et les dépressions argileuses profitent de cette eau de ruissellement. Sur la carte (fig. 3.3.6) il n'y a pas de distinction entre S1 et S2 à cause d'une mauvaise reconnaissance sur les photos aériennes.

Le complexe argileux (unités de sol D1, D2 et V) Caractérisé pendant les années d'étude par des populations denses de *Pterocarpus lucens* avec *Pennisetum pedicellatum* à l'ombre et *Diheteropogon hagerupii* et *Loudetia togoensis* dans les clairières. Les grandes dépressions plates sont partiellement couvertes d'une couche de limon (D1) ou même de sable limoneux. Quelques endroits sans couche (D2) avec un taux d'argile élevé ont des caractères vertiques (V). Néanmoins le niveau de la nappe dans toute la région est de 50 m environ. Les sols argileux ont des caractères hydromorphes avec des taches d'oxydation et de réduction à la surface. Ces sols sont très humides pendant 1-2 mois par an. Souvent l'eau y stagne à cause de la perméabilité très faible du sous-sol et une précipitation considérable dans quelques mois. Sur l'unité D1 on trouve des termitières élevées qui forment des plages nues sur 25% de la superficie avec un ruissellement de 50%. Il en résulte que les plages couvertes d'herbes reçoivent plus d'eau que par la pluviosité seulement. Il y a aussi des endroits qui reçoivent encore beaucoup plus d'eau par l'écoulement des complexes sablonneux et limoneux adjacents.

Le complexe limoneux (unités de sol L et W) La végétation se présente comme une mosaïque de fourrés de *Pterocarpus lucens* et des ermes à *Acacia Seyal* et *Sclerocarya birrea*. La strate herbacée était très variée au cours de l'étude, après la disparition d'*Andropogon Gayanus* qui dominait avant la sécheresse: *Borreria chaetocephala, Borreria stachydea* et *Blepharis linariifolia* étaient observés plus fréquemment. Ce complexe forme la transition entre les dunes (déposées sur une plaîne argileuse comme base) et les dépressions argileuses. Souvent il existe une pente légère vers les dépressions avec un sous-sol argileux compact et un sol limono-sableux à la surface. Ces sols sont couverts d'algues et sont très sensibles à la dégradation physique de la structure du sol. Souvent il y a un ruissellement très varié et très local, c'est-à-dire que l'eau d'une surface limitée (par exemple 10 m^2) écoule vers une petite dépression se situant quelques mètres plus loin. Cela explique la grande variation de la végétation de ce complexe. Si le ruissellement n'est que local, mais plus étendu, il y a un grand risque qu'une dégradation physique du sol résulte dans un sol compact et nu pour toujours. Un exemple au ranch de Niono se trouve près d'un point d'eau permanent au sud et est indiqué avec TD (Terrain dégradé) sur la carte, fig. 3.3.6. Ces terrains forment souvents des basins versants de la plupart des mares.

Tous ces sols sont profonds: plus de 2 mètres. Ce qui veut dire que la capacité de rétention d'eau du profil est grande. Les sols argileux sont tellement humides pendant la saison de pluie que le piétinement du bétail cause un grand dommage au sol. En plus les conditions hydromorphes sont mauvaises pour la fertilité du sol et sont aussi des conditions défavorables pour le développement des racines. Dans tous les sols il existe une activité intense des termites, probablement parce que les conditions comme le taux de limon sont favorables. Le tableau 3.3.3 présente l'information chimique et physique des

Tableau 3.3.3. Caractères physiques et chimiques des sols du ranch à des profondeurs différentes.

Unité de sol (suivant carte Stroosnijder et al., 1977)	Sable S1						Sable S2			Argile D1					Limon L			
Classification:																		
Soil survey staff (1975)	Ultic Haplustalf						Udic Ustochrepts			Aeric Haplaquept					Ustalfic Ustochrept			
FAO-Unesco (1977)	Eutric Nitosol						Chromic Cambisol			Gleyic Cambisol					Chromic Cambisol			
Aubert et Duchaufour (1956)	Sols fersiallitiques						Sols ferrugineux			Sols hydromorphes minéraux					Sol ferrugineux			
Nom local	Séno						Séno			Moursi					Danga			
Profondeur	croûte	0-10	30	80	150	350	5-15	60	150	0-1	0-5	10-15	40	130	5-15	40	60	100
Argile <2 µm	–	5,9	12,7	8,7	10,0	–	3,7	8,3	9,5	18,7	20,4	41,2	40,8	37,3	9,8	23,2	23,0	35,8
Limon fin 2-16 µm	–	0,8	1,0	2,5	1,0	–	0,8	1,8	1,2	9,3	8,2	4,5	4,0	5,1	3,3	3,5	4,2	3,7
Limon grossier 16-50 µm	–	19,4	17,5	13,0	13,3	–	13,8	15,6	13,7	29,5	31,5	24,5	24,5	26,8	26,8	26,0	24,5	22,5
Sable très fin 50-105 µm	–	60,6	56,1	64,2	65,4	–	29,2	27,7	27,8	20,1	20,4	13,7	14,9	14,0	24,9	15,9	16,8	14,0
Sable fin 105-200 µm	–	{ 13,8	{ 12,7	{ 11,6	{ 10,3	–	{ 52,5	{ 46,6	{ 47,8	7,3	{ 19,5	{ 16,1	{ 15,8	{ 16,8	{ 35,2	{ 31,4	{ 31,5	{ 24,0
Sable grossier >200 µm	–									14,9								
Classification texturale*	–	Ls	Ls	Sl	Ls	–	Sl	Sl	Ls	L	L	A	A	La	Ls	L	L	La
pH-eau	6,3	6,1	5,5	5,8	5,4	8,8	6,1	5,5	5,4	–	5,7	5,8	6,1	6,4	5,8	5,8	5,8	6,0
pH-KCl	5,9	5,3	4,0	4,0	4,4	7,4	5,1	4,1	4,2	–	4,2	3,9	3,9	4,1	4,3	3,9	3,8	3,9
Carbone (C) ($g\ kg^{-1}$)	–	5,6	2,6	1,9	1,6	1,4	2,5	1,9	1,2	–	3,9	2,8	1,3	1,5	3,5	4,0	0,6	1,0
Azote (N) ($g\ kg^{-1}$)	–	0,17	0,10	0,03	0,03	0,32	0,07	0,04	0,04	–	0,29	0,24	0,11	0,06	0,21	0,13	0,10	0,11
Rapport de masse C/N	–	33	26	63	53	4	36	48	30	–	13	12	12	25	17	31	6	9
P-total ($mg\ kg^{-1}$)	–	135	218	201	223	100	65	87	96	–	127	118	100	83	79	92	87	92
P-Bray I ($mg\ kg^{-1}$)	–	7	6	17	24	2	3	1	1	–	3	1	0	1	1	1	1	0
K-assimilable ($mg\ kg^{-1}$)	–	78	105	78	78	–	43	20	31	–	148	94	109	121	47	51	62	94
CEC du sol (pH = 7) ($méq\ kg^{-1}$)	–	23	36	31	33	31	11	18	20	–	60	109	0,122	0,130	0,036	0,064	0,070	0,119
Rapport Na/CEC	–	–	–	–	–	–	–	–	–	–	–	–	–	–	–	–	–	–
Rapport K/CEC	–	0,08	0,08	0,07	0,06	0,06	0,10	0,03	0,04	–	0,06	0,02	0,02	0,02	0,03	0,02	0,02	0,02
Rapport Ca/CEC	–	0,66	0,29	0,29	0,35	0,67	0,61	0,35	0,21	–	0,46	0,38	0,48	0,61	0,54	0,43	0,47	0,65
Rapport Mg/CEC	–	0,26	0,26	0,24	0,15	0,30	0,27	0,23	0,28	–	0,31	0,35	0,31	0,25	0,23	0,26	0,24	0,17
Saturation en bases	–	1,00	0,63	0,60	0,56	1,03	0,98	0,61	0,53	–	0,83	0,75	0,81	0,88	0,80	0,71	0,73	0,84
EC (1:5) à 25 °C ($mS\ m^{-1}$)	–	3	0,3	3	3	6	2	3	3	–	3	3	3	3	3	3	7	3
Densité apparente ($kg\ m^{-3}$)	–	1.480	1.380	1.350	–	–	1.580	1.530	–	–	1.440	1.270	1.560	–	1.550	1.650	–	–

Table 3.3.3. Physical and chemical characteristics of the soils at the Niono ranch at different depths.

*Sl = Sable limoneux, Ls = Limon sableux, L = Limon, La = Limon argileux, A = Argile; Sl = loamy sand, Ls = sandy loam, L = loam, La = clayey loam, A = clay.

4 unités du sol les plus importantes. La plupart des expériences du projet P.P.S. ont été exécutées sur ces 4 sols.

Texture, classification Pour des raisons de convenance, ces 4 sols sont nommés dans ce rapport sable (S1 ou S2), argile (D1) et limon (L). Sur la base de la classification texturale le sol S1 se trouve en réalité plutôt entre le sable limoneux et le limon sablonneux. Tous ces sols ont un taux élevé de limon grossier et de sable très fin ce qui prouve leur origine éolienne. Très remarquable est le taux différent de sable très fin entre S1 et S2, ce qui illustre bien une différence d'origine. Le sol S2 est un vrai sable limoneux homogène de la surface à la profondeur; par contre l'argile a une couche superficielle qui est limoneuse tandis que le sous-sol est argileux. Le limon a une partie superficielle semblable à celle de S1 mais au sous-sol il est surtout limoneux. Le problème des 2 couches rend la cartographie compliquée. Il y a des facteurs du milieu qui sont presque uniquement déterminés par la surface du sol par exemple le ruissellement mais d'autres cas existent où le sous-sol est primordial, par exemple pour les arbres et pour l'aération du sous-sol. Le sol D1 est un bon exemple de 2 couches avec une origine différente. La couche limoneuse (d'origine éolienne) est déposée plus tard que le sous-sol (d'origine fluviatile). Souvent on y trouve encore en profondeur un horizon fossile de la surface, remarquable par sa couleur noire. Dans les autres cas il y a un transport vertical d'argile de la couche superficielle vers la profondeur par exemple sur S1. Donc la couche superficielle devient plus sablonneuse qu'en profondeur. La croûte (quelques mm) par contre est souvent plus limoneuse que le sol qu'elle recouvre. Toutes ces différences sont d'une grande importance pour les caractères physiques des sols.

Ayant analysé les minéraux argileux, nous avons trouvé que la kaolinite (0,7 nm) est dominante avec une quantité constante mais très petite d'illite (1,0 nm) et aussi avec un peu des minéraux amorphes du groupe des smectites (1,4 nm).

La classification pédologique est faite par une description détaillée des profils (Stroosnijder, 1982a) et est indiquée aussi au tableau 3.3.3 selon 4 systèmes connus.

pH Tous les sols sont neutres ou légèrement acides. La croûte qui recouvre la plupart des sols a un pH plus élevé. Souvent il existe une grande différence entre pH-eau et pH-KCl. Cette différence ne se trouve presque jamais dans les régions tempérées mais plus souvent dans les régions semi-arides. Ceci est causé par la présence des polymères de Al et Fe au complexe absorbant ayant une manière de dissociation qui est variable avec le pH. Dans le sous-sol de l'argile et du limon le pH-KCl est très bas et ici le développement des racines est perturbé (Sluijs et Houben, 1978).

Carbone-Azote Le taux de C (méthode Kurmies) est bas dans tous les sols. Ce taux est beaucoup plus bas que ne l'a rapporté Feau (1976) pour des sols au Niger et plus bas aussi qu'indiqué dans des livres standards comme Ahn (1970) et Jones et Wild (1975). Le taux de N est aussi très bas. Chose curieuse, le rapport C/N est très élevé sur le sable ce qui n'est pas souvent le cas pour les sols au Sahel. Probablement un tel rapport élevé est dû à la protection du ranch contre l'exploitation depuis 1960.

CARTE PÉDOLOGIQUE SEMI-DÉTAILLÉE D'UN RANCH S

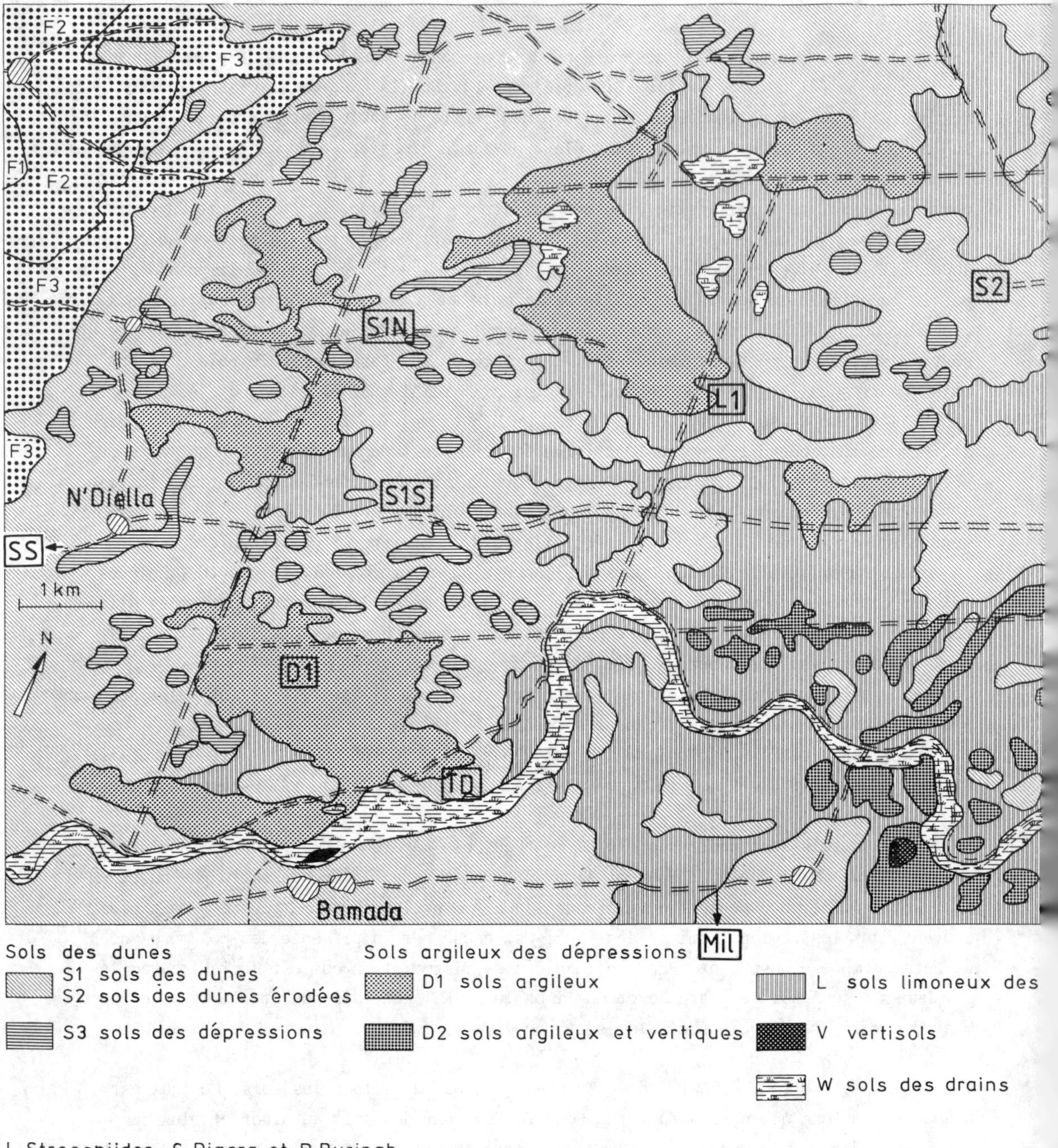

Sols des dunes
- S1 sols des dunes
- S2 sols des dunes érodées
- S3 sols des dépressions

Sols argileux des dépressions
- D1 sols argileux
- D2 sols argileux et vertiques

- L sols limoneux des
- V vertisols
- W sols des drains

L. Stroosnijder, S. Diarra et P. Buringh
Cartographie: P. G. M. Versteeg

Projet: Production Primaire au Sahel. B.P. 1704, Bamako, Rép. du Mali
De Dreyen 2, Wageningen, Pays - Bas 1977

-HÉLIEN: NIONO, RÉPUBLIQUE DU MALI

Fig. 3.3.6.
Carte pédologique semi-détaillée d'un ranch sahélien: Niono, Rép. du Mali.
Les champs d' expérimentation sont indiqués:
SIN, SIS sable type S1 (fin)
S2 sable type S2 (grossier)
L1 limon
D1 limon-argileux-argile
TD terrains dégradés
SS Station du Sahel, Niono à 10 km.

Fig. 3.3.6.
Semi-detailed pedological map of a Sahel ranch: Niono, Rep. of Mali. The experimental fields are shown:
SIN, SIS sand type S1 (fine)
S2 sand type S2 (coarse)
L1 loam
D1 loam-clayey-clay
TD degraded lands
SS Station du Sahel, Niono, 10 km away.

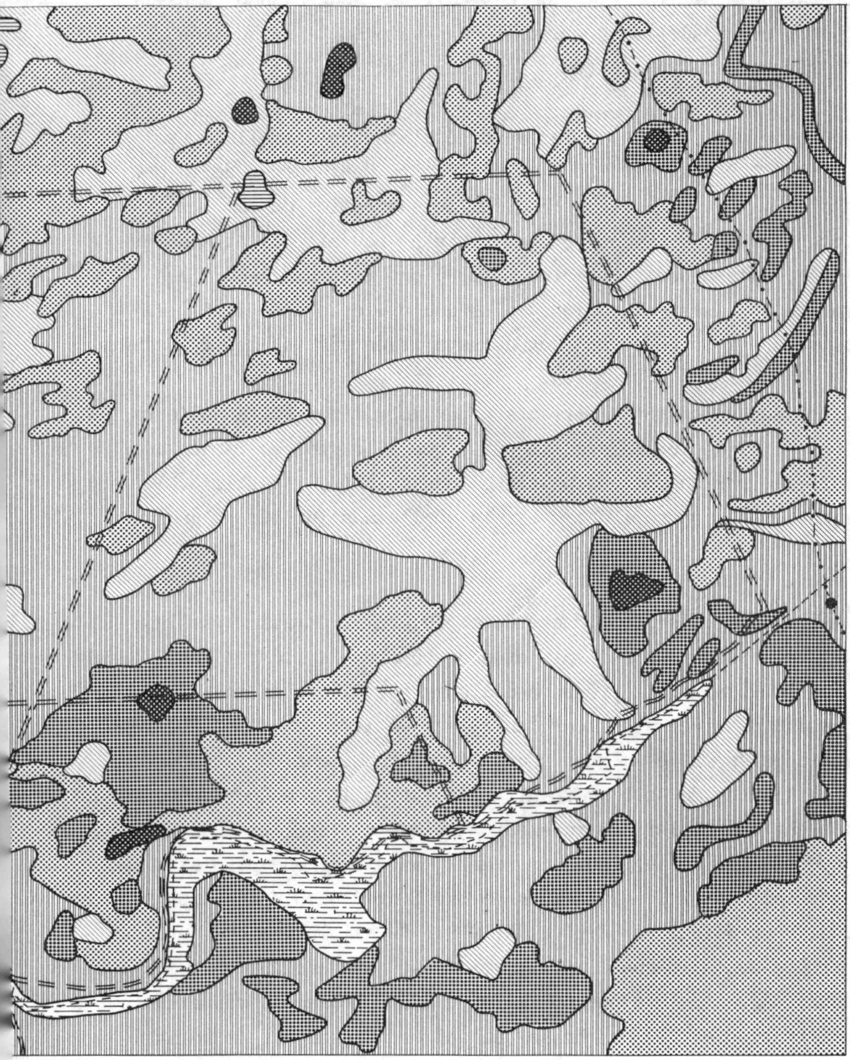

Sols fluviatiles

s F1 sols irrigués

F2 sols non-irrigués

F3 sols non-irrigués avec une couche sableuse

== piste

—— drain permanent

----- drain sec

-·-·- bourtol

village

● puits

Phosphore-Potassium Le taux de P est bas en P-total et aussi en P-assimilable selon la méthode Bray II. L'interprétation et l'importance de ces chiffres sont données dans la partie 5.4. Le taux de K est souvent suffisant, surtout au niveau de la production actuelle. Sur S2 il y a le risque d'un manque (voir partie 5.1).

Capacité d'échange et occupation par les bases La capacité d'échange d'argile du sol (CEC) est comprise entre 200 et 300 méq kg^{-1}. Ce taux bas est la conséquence de la dominance de la kaolinite dans les minéraux argileux. Le taux de saturation du complexe absorbant avec K est suffisant, celui de Mg est grand. Le Na ne pouvait pas être déterminé avec la méthode utilisée, mais Boudet et Leclerq (1970) ont trouvé des chiffres extrêmement bas. La saturation en bases est toujours plus que 0,5 et proche de 1 à la surface. Les sols les plus secs ont un pH et un taux de saturation élevés, ces 2 facteurs étant étroitement liés.

Les caractères physiques des sols sont importants à considérer par suite de leur influence sur le bilan d'eau par exemple, mais aussi parce que l'origine de la dégradation du milieu sahélien est liée aux conditions physiques des sols (voir partie 6.6). La partie la plus importante du sol est sa surface, c'est là où l'eau s'infiltre d'abord et s'évapore après.

La croûte Il y a 2 raisons pour la présence d'une croûte. La première raison est la présence d'algues à la surface de beaucoup des sols et on y observe facilement des hyphes à l'aide d'une loupe binoculaire. La présence d'algues est liée à la texture des sols. Les sols du Delta fossile du Niger avec leur taux élevé de limon et de sable très fin semblent être un milieu idéal pour les algues. Ces algues produisent un lacis de fibrilles qui relient les particules du sol. Le résultat en est qu'il y a une croûte de surface qui n'est pas seulement une résistance purement physique à l'infiltration de l'eau mais qui est aussi hydrophobe. Cette répulsion pour l'eau s'explique par les produits de détérioration des algues et des filaments morts. L'hydrophobie des croûtes des sols à Niono a été étudiée en détail par Rietveld (1978). La simulation du mouvement de l'eau à travers cette croûte a montré que l'infiltration est retardée au début d'une pluie (Rietveld et al., 1982). Après 5-10 minutes l'effet d'hydrophobie est disparu. Cependant la vitesse d'infiltration est encore basse, ce qui est causée par le colmatage physique de la surface, deuxième cause de la formation d'une croûte. Ce colmatage se produit surtout sous l'influence des pluies battantes avec une grande intensité (voir partie 3.2). L'énergie cinétique suffit pour séparer les grains individuels à la surface. Ici la cohésion des grains sous forme d'agrégats est déjà beaucoup réduite par une température extrême (plus de 60 ^{o}C) et un taux de matière organique très bas. En conséquence de cette séparation, les particules d'argile et de limon forment une suspension et sont en partie entraînées dans le sol par l'eau qui s'infiltre. Les grains de sable restent nus et isolés à la surface. Après, ces grains sont transportés par le vent et il se forme de petites dunes ailleurs. Par ce processus de séparation, la croûte contient beaucoup d'argile et de limon et devient ainsi compacte et imperméable. En combinaison avec les filaments des algues cette croûte est résistante à l'érosion éolienne et à l'érosion hydrique. Il y a des indications (Dulieu et al., 1977) que l'existence des algues augmente à mesure que la biomasse des herbacées diminue. En effet, on montrera dans la partie 6.6 que les algues et la croûte en général contribuent beaucoup à la dégradation du Sahel.

Compacité La compacité du sol est fonction de sa texture, de l'activité biogène et des forces externes sur le sol. Si un sol a une texture hétérogène, cela veut dire qu'il y a un bon assortiment de grains avec des dimensions différentes, la compacité peut être grande. Si l'assortiment est moindre, le risque de compacité est moindre. A la fig. 3.3.7 les couches supérieures des sols du ranch sont présentées de manière que les échantillons qui forment une ligne droite aient une plus grande chance de se condenser. Au ranch ce sont les sols limoneux.

Le compactage peut se faire même sans forces externes (autocompactage) mais elle a lieu aussi sous le piétinement de bétail, quant aux sols limoneux et argileux surtout pendant l'hivernage. Les facteurs contrariant le compactage sont la croissance des herbes qui fendillent le sol avec leurs racines, et l'activité des animaux dans le sol comme les termites et les fourmis qui le remuent. Ces animaux consomment de la paille qui reste souvent sur le sol pendant toute la saison sèche. Ces insectes créent des macropores dans le sol qui pénètrent et cassent la croûte. Donc la végétation et l'activité animale sont importantes à maintenir un milieu du sol assez poreux pour qu'une croissance puisse s'y faire. Dans le cas où la biomasse de la végétation diminue à cause des conditions climatiques ou humaines cela influence le milieu de telle manière que le développement d'une végétation y devient de plus en plus difficile. Ce phénomène général joue un rôle très important parce que la matière organique du sol, qui agit souvent comme facteur de stabilisation de la structure du sol, est négligeable au Sahel.

Fig. 3.3.7. Répartition cumulative des fractions de la texture des 3 principaux types de sol (sable, limon, argile); d = diamètre des grains (μm).

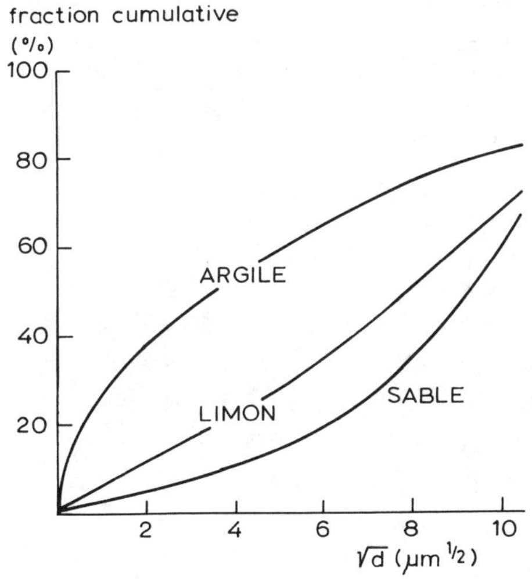

Fig. 3.3.7. Cumulative distribution of the fractions of the texture of 3 main types of soil (sand, loam, clay); d = grain diameter (μm).

Fig. 3.3.8. Courbes de rétention d'eau (pF - Θ) et de conductivité du sol non-saturée (k - Θ) pour les 4 unités principales de sol à Niono; Θ est la teneur d'eau du sol en m^3 m^{-3}.

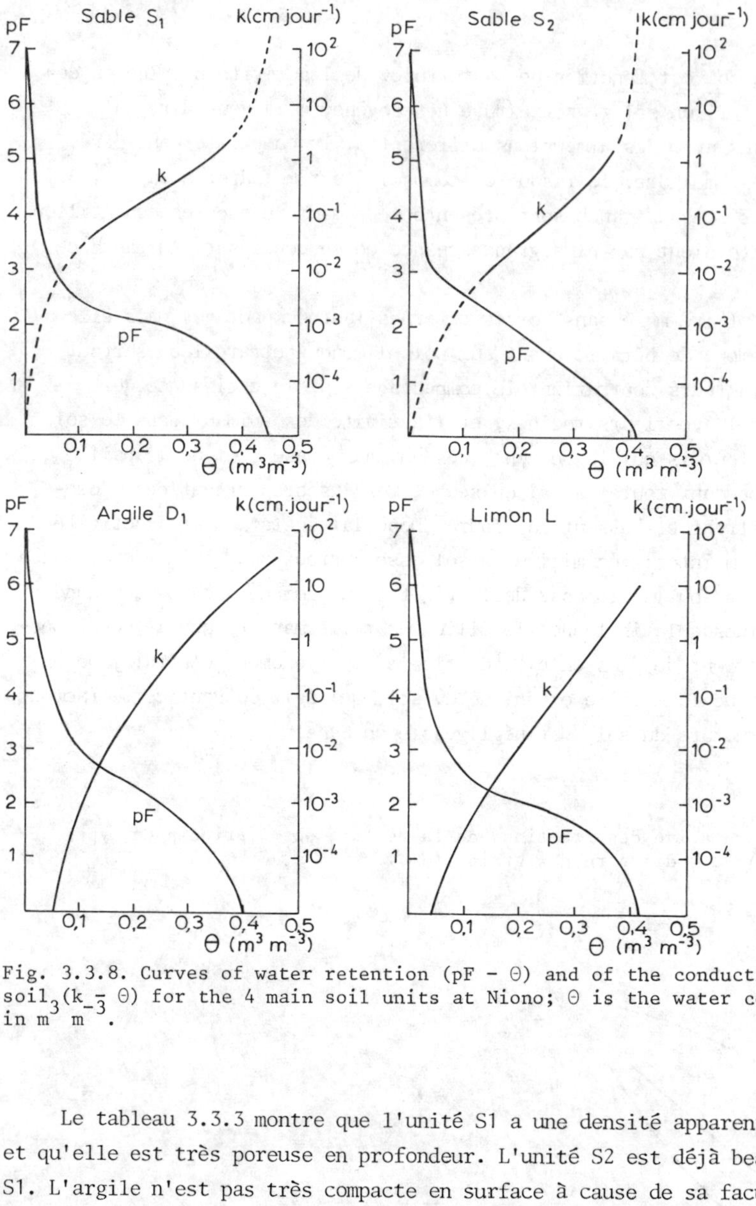

Fig. 3.3.8. Curves of water retention (pF - Θ) and of the conductivity of unsaturated soil (k - Θ) for the 4 main soil units at Niono; Θ is the water content of the soil in m^3 m^{-3}.

Le tableau 3.3.3 montre que l'unité S1 a une densité apparente moyenne à la surface et qu'elle est très poreuse en profondeur. L'unité S2 est déjà beaucoup plus compacte que S1. L'argile n'est pas très compacte en surface à cause de sa faculté de se dilater quand elle est humide et de se rétracter quand elle devient sèche ce qui provoque des fissures. En profondeur elle est aussi compacte. Le limon quant à lui est toujours très compact.

Capacité d'infiltration (voir sous Croûte, et à la partie 4.4)

Courbes de rétention d'eau et de conductivité d'eau non-saturée La fig. 3.3.8 représente les courbes de rétention d'eau (courbe pF) et de conductivité non-saturée (courbe k(Θ))

Tableau 3.3.4. Capacité au champs (CAC) et point de flétrissement (PDF), exprimés comme fraction de volume d'eau dans le sol.

Sol	CAC $k(\theta) = 10^{-1}$ cm $jour^{-1}$ (ml l^{-1})	CAC $k(\theta) = 10^{-2}$ cm $jour^{-1}$ (ml l^{-1})	PDF (ml l^{-1})
S1	180	75	25
S2	250	145	25
D1	225	150	50
L	265	195	30

Table 3.3.4. Field capacity (CAC) and wilting point (PDF), expressed as volume fraction of water in soil.

des 4 unités de sol principales. La courbe pF est la courbe de dessèchement et la courbe k(θ) est déterminée par une méthode utilisant le dessèchement par l'air chaud (Arya et al., 1975). Les courbes ne sont que valables pour la couche 0-5 cm. Elles étaient déterminées afin de pouvoir calculer, sur base de la théorie, l'évaporation du sol. On note que les courbes des 4 unités de sol ne diffèrent pas beaucoup pour les 4 sols. Cela est dû au fait que tous les sols sont couverts avec le même dépôt éolien de sable limoneux. En profondeur les différences entre les courbes sont plus grandes.

Sur base de ces courbes on peut définir la capacité au champs (CAC) de 2 manières. Premièrement on mesure l'humidité du sol après 1 jour de redistribution d'eau d'une humidification. Deuxièmement on mesure l'humidité après une redistribution complète. L'expérience indique que la première correspond à l'humidité où $k(\theta) = 10^{-1}$ cm $jour^{-1}$ et la deuxième à un $k(\theta) = 10^{-2}$ cm $jour^{-1}$. Le point de flétrissure reste toujours défini comme humidité au pF = 4,2. Les chiffres pour les 4 unités de sol principales sont résumés au tableau 3.3.4. On note que surtout les sols sablonneux ont une possibilité de redistribuer encore une quantité d'eau considérable pendant une redistribution prolongée. Ceci indique, surtout à S1, que les sols peuvent s'humidifier jusqu'en profondeur avec un peu d'eau seulement.

3.4 LA PHYTOECOLOGIE DU SAHEL ET DU TERRAIN D'ETUDE

3.4.1 Introduction

Le Sahel est la zone de transition entre le désert du Sahara et le monde tropical. Il est généralement défini comme l'une des zones climatiques et zones de végétation qui se succèdent en Afrique occidentale, de l'équateur au Sahara. La carte de la fig. 3.4.1 représentant l'Afrique occidentale montre ces différentes zones. La carte de la fig. 3.4.2 plus détaillée, indique pour le Mali, la subdivision en zones de végétation.

Le Sahel est une région caractérisée par un climat particulier et une végétation spéciale. Du point de vue climatique, on distingue 2 saisons, une saison humide courte et une saison sèche prolongée. Cette alternance de 2 saisons aux caractères fortement opposés conditionne toute la vie au Sahel. La pluviométrie y est faible et très variable d'une année à l'autre. La disponibilité de l'eau pour la croissance des végétaux est fortement influencée par la nature du substrat et par la topographie. L'aridité du

Fig. 3.4.1. Carte des zones climatiques et zones de végétation en Afrique occidentale. (d'après Aubreville, 1936; dans Diarra, 1971).
1 - : Zone équatoriale = zone de la forêt dense équatoriale.
2 - : Zone guinéenne = zone des savanes boisées guinéennes.
3 - : Zone soudanaise = zone des savanes boisées soudanaises.
4 - : Zone sahélienne = zone des steppes à épineux.
5 - : Zone saharienne = désert.
Pour l'explication des termes forêt, savanes, steppes, voir texte et figures ci-jointes.

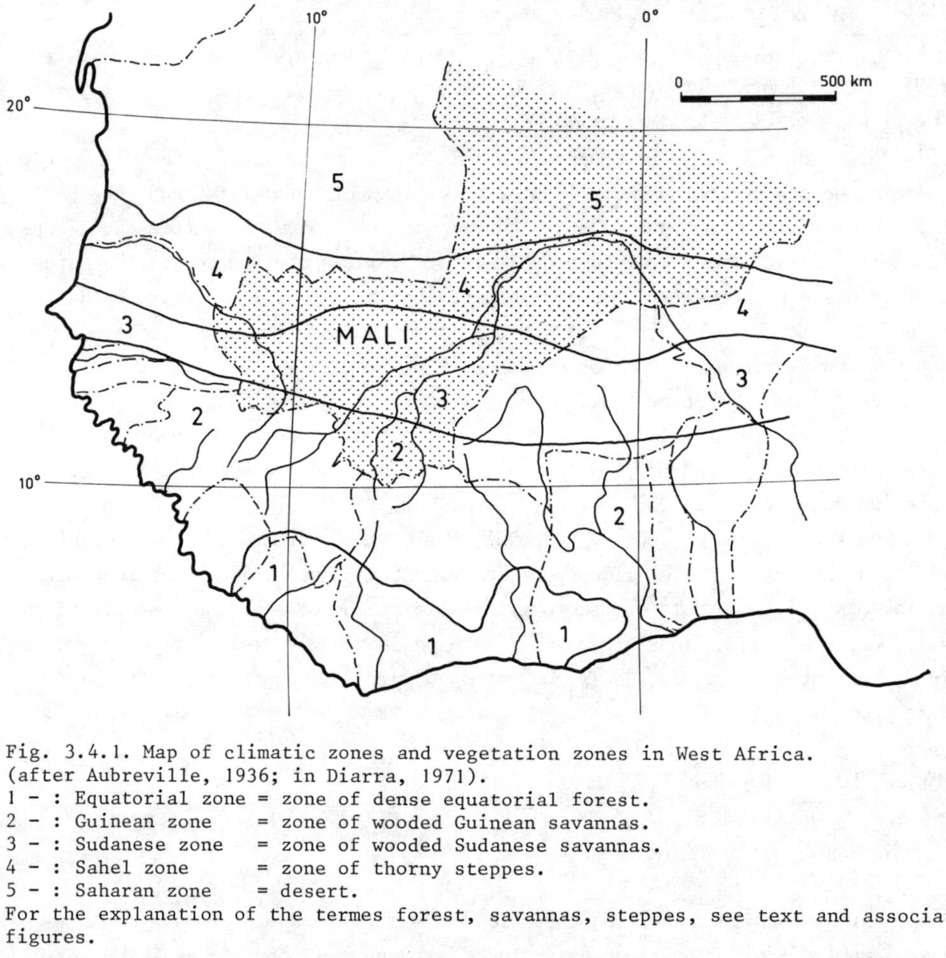

Fig. 3.4.1. Map of climatic zones and vegetation zones in West Africa. (after Aubreville, 1936; in Diarra, 1971).
1 - : Equatorial zone = zone of dense equatorial forest.
2 - : Guinean zone = zone of wooded Guinean savannas.
3 - : Sudanese zone = zone of wooded Sudanese savannas.
4 - : Sahel zone = zone of thorny steppes.
5 - : Saharan zone = desert.
For the explanation of the termes forest, savannas, steppes, see text and associated figures.

milieu limite le développement de la végétation. Les espèces végétales que l'on rencontre au Sahel sont fortement adaptées à la disponibilité limitée de l'eau. La végétation est très hétérogène en raison du gradient pluviométrique nord-sud, mais aussi en raison de la nature du sol et de la topographie.

L'évolution du milieu sahélien est assez marquée sous l'influence des actions humaines, notamment l'exploitation par l'élevage et l'agriculture. Une autre cause d'évolution est la variation pluviométrique sur plusieurs années comme la sécheresse du début des années 70.

Fig. 3.4.2. Zones de végétation du Mali (d'après la 'Carte de la Végétation de L'Afrique au Sud du Tropique du Cancer', U.N.E.S.C.O., 1959, dans Diarra, 1971).

1 - : forêts claires)
2 - : savanes boisées) zone soudanienne
3 - : savanes herbeuses)
4 - : steppes boisées avec abondance d'*Acacia* = Sahel
5 - : steppes subdésertiques
6 - : désert (région saharienne)
7 - : zone d'inondation

Pour l'explication des termes forêt, savanes, steppes, voir texte et figures ci-jointes.

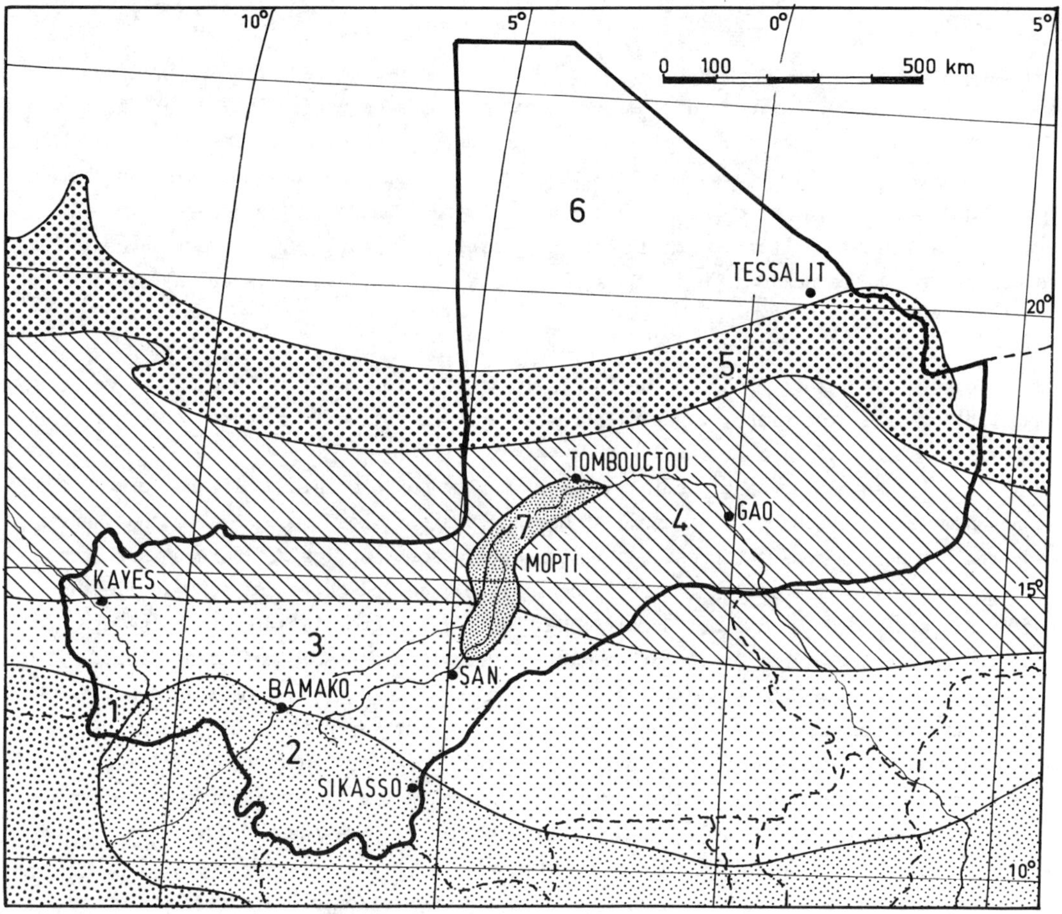

Fig. 3.4.2. Vegetation zones of Mali (after the 'Carte de la Végétation de l'Afrique au Sud du Tropique du Cancer', U.N.E.S.C.O., 1959, in Diarra, 1971).

1 - : open forests)
2 - : wooded savannas) Sudanese zone
3 - : grassy savannas)
4 - : wooded steppes with much *Acacia* = Sahel
5 - : subdesert steppes
6 - : desert (Saharan region)
7 - : inundation zone

For the explanation of the termes forest, sanannas, steppes, see text and associated figures.

Cette partie comportera une définition des types de végétation du Sahel et une présentation des caractères des espèces végétales caractéristiques de ces types en relation avec les facteurs du milieu les plus déterminants, c'est-à-dire la pluviosité, le substrat, la topographie et l'exploitation.

3.4.2 La végétation du Sahel

3.4.2.1 Les facteurs déterminants

La pluviosité La pluviosité est le facteur climatique principal. Elle est utilisée pour définir les zones climatiques et simultanément les zones de végétation. Au gradient pluviométrique nord-sud se superposent des zones de végétation orientées est-ouest. La pluviométrie est faible et mal repartie. Les pluies tombent en quelques mois. La hauteur des pluies varie beaucoup d'une année à l'autre au même endroit et au cours de la même année d'un endroit à l'autre. Les variations peuvent s'étendre sur plusieurs années: succession d'années humides ou d'années sèches. (Pour plus de détails consulter la partie 3.2)

Substrat et topographie L'action de la pluviosité est fortement influencée par celle du substrat et de la topographie. Les différents types de sol du Sahel ont été décrits dans la partie 3.3.

Dans l'ensemble du Sahel domine des sols sablonneux d'origine éolienne formant des dunes à relief plus ou moins accentué et des pénéplaines. Les espaces sablonneux sont séparés par de nombreuses dépressions limono-argileuses. Sur les affleurements rocheux et sur les cuirasses fossiles (latérite consolidée), on rencontre des sols squelettiques de faible profondeur (moins de 30 cm) riches en éléments grossiers (gravillons) et pauvres en éléments fins. La teneur en matière organique des sols est très faible.

La distribution des sols est liée à la topographie. Les dunes, mais surtout les affleurements rocheux et les cuirasses fossiles, forment les parties élevées alors que les dépressions argilo-limoneuses forment les parties basses. Entre ces 2 extrêmes s'étalent des pentes plus ou moins fortes dont le sol a une texture limoneuse ou sablo-limoneuse (voir la fig. 3.3.3). L'eau des pluies ruisselle des hauteurs vers les dépressions où elle constitue parfois des mares temporaires. L'intensité du ruissellement augmente avec la finesse de la texture et avec l'augmentation de la pente. La topographie et la texture du sol conditionnent la quantité d'eau en fin de compte disponible pour l'activité de la végétation.

Exploitation La pression exercée par l'homme est certainement le facteur d'évolution le plus déterminant au milieu sahélien. L'homme détruit la végétation pour installer des zones de cultures et ces zones s'étendent rapidement. Le Sahel est considéré comme une zone à vocation pastorale en raison des aléas que l'agriculture y rencontre. La pression animale est très forte là où l'eau d'abreuvement ne fait pas défaut. La végétation et les sols subissent des changements très importants.

3.4.2.2 Les types de végétation

Boudet (1975) subdivise le Sahel de la façon suivante:

- Le Sahel subdésertique (bordure saharienne). La pluviosité est inférieure à 200 mm. La période active des pâturages est insignifiante.
- Le Sahel typique. Pluviosité comprise entre 200 mm au nord et 400 mm au sud avec une saison ison de pluies de 2-2½ mois. La période active des pâturages est d'environ 1 mois (août).
- La bordure sahélo-soudanienne. Pluviosité comprise entre 400 mm au nord et 550-600 mm au sud. La période active des pâturages est d'environ 3 mois.
- Les pâturages de décrue des grands fleuves.

Cette subdivision basée sur la hauteur moyenne des pluies fait également intervenir une notion fondamentale au Sahel: la durée de la période active des pâturages. Cette durée diminue rapidement en direction sud-nord. Elle conditionne la production végétale: l'importance des espèces pérennes, herbacées aussi bien que ligneuses, diminue fortement et les espèces annuelles ont un cycle de plus en plus court. Et ceci conditionne à son tour les possibilités d'utilisation (d'exploitation) de la zone.

Le Sahel est caractérisé par un type particulier de végétation, des groupes floristiques spéciaux et la biomasse des espèces herbacées en fin de période active de croissance.

La végétation Le Sahel est le domaine des steppes à épineux. Le terme steppe s'applique ici à des 'formations herbeuses ouvertes généralement non parcourues par les feux'. La steppe est une végétation formée essentiellement de plantes herbacées annuelles de petite taille (graminées surtout) avec quelques graminées vivaces (graminées pérennes) dispersées et des plantes ligneuses. Le pourcentage de recouvrement de la strate herbacée est faible = la formation est ouverte. Le caractère xérophytique (adaption à la sécheresse) des graminées est très marqué: feuilles étroites, enroulées ou pliées, basilaires. Au Sahel type et au Sahel du nord, les arbres sont surtout des épineux du genre *Acacia*. La steppe peut présenter plusieurs formes: steppe arborée et/ou arbustive, steppe herbacée et/ou graminéenne (voir fig. 3.4.3).

La steppe arborée et arbustive est une formation herbeuse parsemée d'arbres et d'arbustes. Dans la steppe herbacée, arbres et arbustes sont pratiquement absents. Au Sahel on doit parler en fait de petits arbres, arbustes et arbrisseaux. Les arbres sont de petite taille, rabougris, tortueux. La hauteur et la densité des arbres diminuent du sud au nord. Au Sahel type, le recouvrement de la strate ligneuse ne dépasse pas en général 5% sauf dans les dépressions où on peut rencontrer des fourrés assez denses.

La distribution spaciale de la végétation est cependant fortement hétérogène, hétérogénéité liée à la nature du sol et à la topographie. Ces facteurs agissent en fait indirectement en modifiant la distribution des pluies, donc la disponibilité de l'eau. On a dit antérieurement que le Sahel présente du point de vue topographique une succession de dunes de sable et de dépressions limono-argileuses séparées par des pentes faibles et des pénéplaines sableuses ou limoneuses. La végétation se diversifie en fonction de ces variations.

Fig. 3.4.3. Différents types de steppes (Trochain, 1957).
a. Steppe arborée et/ou arbustive
b. Steppe herbacée et/ou graminéenne

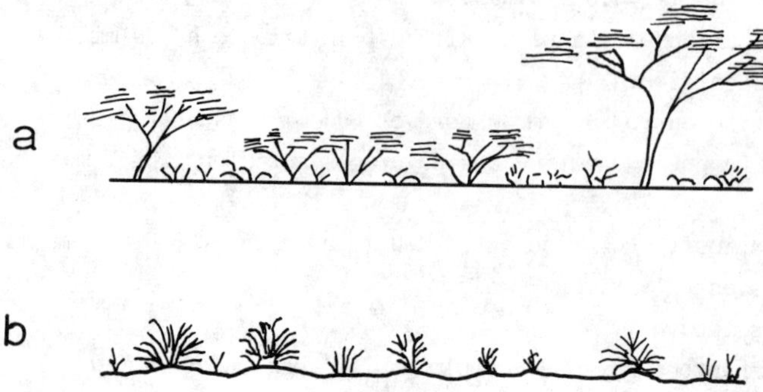

Fig. 3.4.3. Different types of steppe (Trochain, 1957).
a. Tree and/or shrub steppe
b. Herbaceous and/or graminaceous steppe

Les dunes de sable à faible pouvoir de rétention et les pentes au niveau desquelles le ruissellement est important ont une végétation ouverte. La strate ligneuse est moins développée, tandis que la strate herbacée peut être importante sur sable. Les graminées annuelles forment l'essentiel de la strate herbacée. La végétation ligneuse forme des peuplements parfois denses dans les dépressions. Dans ces endroits, l'importance de la strate herbacée est fonction du développement des ligneux; on y rencontre des graminées vivaces.

La zone de transition entre un ensemble dunaire et une dépression adjacente est formée généralement par un sol compact limoneux, imperméable. Ce sol est impropre à l'installation des végétaux. La végétation se trouve donc localisée sur les dunes et dans les dépressions, séparées par des bandes nues. Sur des hauteurs de l'ensemble détritique (voir partie 3.3.2) se développe souvent une végétation sous forme de bandes, dominée par des arbres et arbustes. De telles bandes sont séparées par des bandes nues avec un ruissellement fort, ce qui rend possible la présence des ligneux aux endroits avec écoulement. La largeur des bandes nues augmente avec le gradient pluvieux diminuant du sud au nord. Par le fait que la structure de bandes est devenue répétitive, une telle végétation est appelée 'brousse tigrée' (par exemple White, 1970).

La zone sahélienne est traversée par de grands fleuves, Niger et Sénégal notamment. Pendant les crues, ces fleuves débordent de leur lit et inondent des régions entières dans lesquelles se développent d'importantes prairies aquatiques. Le Delta central du Niger est un exemple frappant (voir carte de la fig. 3.4.2). La végétation est formée principalement de graminées vivaces, accompagnées d'espèces annuelles de décrue et de quelques espèces ligneuses.

Vers le sud, en zone soudano-sahélienne et soudanienne, la savane remplace la steppe. La savane est une 'formation herbeuse comportant une strate herbacée supérieure continue d'au moins 80 cm de hauteur, qui influence une strate inférieure; graminées à feuilles planes, basilaires et caulinaires; ordinairement brûlées annuellement; plantes ligneuses ordinairement présentes' (Trochain, 1957). La pluviométrie en zone soudano-sahélienne est comprise entre 400 et 600 mm, alors qu'elle est de l'ordre de 600-1.000 mm en zone soudanienne. La saison sèche dure 7-9 mois. Le développement du tapis herbacé, généralement important s'accroie avec le gradient pluviométrique. Les arbres sont de plus en plus grands et denses quand on se déplace vers le sud. L'importance de la couverture végétale herbacée explique que la zone peut brûler chaque année. Les feux de brousse détruisent la strate herbacée, réduisent les semences et modifient le port des arbres. Là comme au Sahel type, l'alternance d'une saison sèche et d'une saison humide entraîne une périodicité très marquée de la végétation: la période d'activité de la végétation est limitée à la saison des pluies.

La savane présente plusieurs variantes (voir fig. 3.4.4):
- savane herbeuse: formation herbeuse sans arbres et arbustes;
- savane arbustive: arbustes disséminés au sein des herbes;
- savane arborée: arbres et arbustes disséminés au sein des herbes;
- savane boisée: arbres et arbustes à recouvrement important.

La savane est essentiellement le domaine des graminées vivaces de grande taille parsemé d'arbres et d'arbustes.

Les prairies aquatiques des grands fleuves ainsi que les savanes soudaniennes, avec leurs réserves de fourrages et d'eau, constituent des éléments importants dans le système d'élevage transhumant. Ce système présente 2 pôles dont l'un, le Sahel, représente les pâturages de saison des pluies et l'autre, les zones d'inondation et les savanes, les pâturages de saison sèche.

Flore et caractères des espèces Les espèces végétales que l'on rencontre au Sahel présentent des caractères hautement adaptés à l'aridité du milieu, à la brièveté de la période humide. La biologie des plantes est en harmonie avec la périodicité très marquée de la végétation. Les adaptations sont de plusieurs ordres:
- chute des feuilles ou de tout l'appareil végétatif aérien;
- modifications morphologiques et anatomique;
- développement du système racinaire;
- réduction du cycle de développement.

Au cours de la longue saison sèche, la chute des feuilles des arbres et des arbustes et la perte de tout l'appareil végétatif herbacé aérien des géophytes permettent de réduire sinon d'annuler les pertes d'eau par transpiration et d'assurer ainsi la survie des organes permanents: tronc des arbres et arbustes, bulbes, rhizomes, racines tubérisées des géophytes (*Acacia, Commiphora, Pterocarpus, Pancratium, Cissus,* etc.).

Les modifications morphologiques et anatomiques affectent surtout l'appareil foliaire. Les feuilles des arbres et des arbustes sont généralement petites et coriaces. Certains organes, stipules et rameaux, sont transformés en épines (*Acacia, Balanites, Zizyphus,* etc.). L'abondance des épineux à feuilles profondément découpées (limbe composé bipenné à très petites foliolules) est un caractère frappant du Sahel (*Acacia raddiana, Acacia Seyal,* etc.). Lorsque les feuilles sont persistantes, elles deviennent dures, coriaces et renferment surtout des tissus morts sclérifiés (peu de parenchyme), c'est le cas notamment des palmiers (*Hyphaene thebaica*).

Fig. 3.4.4. Différents types de savanes (Trochain, 1957).
a. Savane boisée
b. Savane arborée
c. Savane arbustive
d. Savane herbeuse

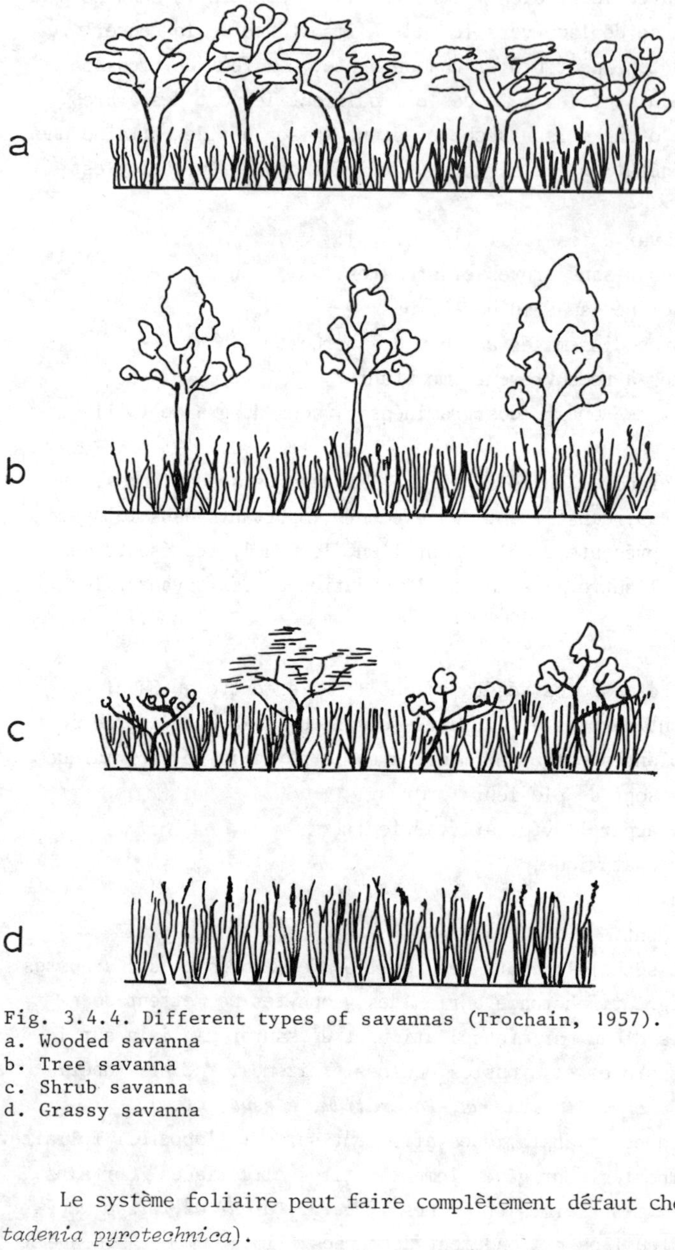

Fig. 3.4.4. Different types of savannas (Trochain, 1957).
a. Wooded savanna
b. Tree savanna
c. Shrub savanna
d. Grassy savanna

Le système foliaire peut faire complètement défaut chez certaines espèces (*Leptadenia pyrotechnica*).

Le développement des tissus charnus, gorgés d'eau est une autre forme d'adaption à la sécheresse que l'on rencontre chez les espèces sahéliennes: *Euphorbia balsamifera*, *Cissus quadrangularis*, etc. ont des tiges succulentes.

Enfin, les graminées vivaces du Sahel du nord ainsi que les graminées annuelles du

Sahel type ont des feuilles étroites pliées ou enroulées, fortement sclérifiées.

Le système racinaire est très important par rapport à la partie aérienne. Les racines se développent dans 2 directions principales: longues racines horizontales enterrées à une faible profondeur dans le sol, racines pivotantes verticales profondes. L'abondant développement du système racinaire et sa disposition permettent à la plante de drainer l'eau d'un volume important de sol et d'utiliser aussi bien l'eau des pluies qui humidifient simplement les couches superficielles du sol que l'eau qui pénètre en profondeur (*Acacia raddiana*, etc.).

L'abondance des *thérophytes*, espèces annuelles qui passent la saison sèche sous forme de graines (organes fortement déshydratés et bien adaptés pour cela à la sécheresse), dans le spectre biologique de la flore du Sahel est une adaption aux caractères du milieu.

Les graminées annuelles sont surtout dominantes dans le Sahel type. Au Sahel du nord, on rencontre aussi de graminées vivaces xérophiles qui sont mieux adaptées à la forte irrégularité des pluies. Les espèces vivaces deviennent de plus en plus abondantes en zone soudano-sahélienne et en zone soudanienne avec l'augmentation de la pluviométrie.

Plusieurs espèces de la flore sahélienne ont un cycle de développement très court bien adaptées à la brièveté de la période humide. Ces espèces sont soit des thérophytes, soit des géophytes à bulbes ou à rhizomes. Les parties aériennes se développent rapidement: fleurissent, fructifient et se dèssèchent (*Gynandropsis pentaphylla*, *Tribulus*, *Zornia*, *Pancratium*, etc.). Les espèces à cycle court sont les seules qui puissent se développer dans les stations où la disponibilité de l'eau est très faible: sable meuble au nord (*Cenchrus biflorus*), sols squelettiques (*Zornia*), terrains limoneux dégradés (*Zornia*, *Dactyloctenium*, etc.). Les espèces a cycle moyen se développent dans les dépressions collectant l'eau de ruissellement.

La biomasse herbacée La biomasse du tapis herbacé est variable suivant le secteur considéré et dans le même secteur suivant le groupement végétal. Plusieurs chercheurs ont établi pour les pâturages au sud du Sahara une corrélation nette entre la biomasse à la fin de la période de croissance et les précipitations moyennes entre 100 et 1.000 mm de pluie (voir partie 1.2). On peut retenir que d'une manière générale, la biomasse est faible. Au Sahel du nord, la biomasse peut atteindre 500 kg ha^{-1} de matière sèche. Au Sahel type, elle est de 1.000 à 3.000 kg ha^{-1}. En zone soudano-sahélienne, les biomasses varient de 1.500 à 3.000 kg ha^{-1}. Surtout dans le chapitre 6, nous parlons de cette productivité primaire des pâturages d'une façon détaillée.

La biomasse des prairies aquatiques des grands fleuves peut être très élevée: dans les bourgoutières à *Echinochloa stagnina*, elle peut atteindre 6.000-17.000 kg ha^{-1} (Boudet, 1975).

Il est important de souligner que dans ces régions où les irrégularités pluviométriques sont la règle, les mesures de biomasse restent liées aux situations spéciales dans lesquelles elles ont eu lieu et doivent être considérées seulement comme des données à titre indicatif.

3.4.3 La végétation de la zone d'étude

3.4.3.1 Le trajet nord-sud

Des problèmes écologiques ont été étudiés le long d'un trajet entre les isohyètes de 150 mm et 1.100 mm (voir partie 3.1). Mais ce n'est pas seulement le gradient pluviométrique qui y détermine la composition floristique et la productivité des pâturages, car il y a un changement parallèle du substrat. Au nord du trajet c'est l'ensemble sablonneux qui domine fortement sur l'ensemble détritique (150 à 400 mm). Le premier est occupé par les groupements végétaux dunaires. Leur tapis herbacé est bien ouvert, mais continu et homogène. Le recouvrement des arbres est négligeable, et le paysage se présente comme bien ouvert. Tout différent est le paysage de l'ensemble détritique: au Sahel subdésertique il est caractérisé par une végétation en mosaïque dominée par *Euphorbia balsamifera*, au Sahel typique par la brousse tigrée (*Pterocarpus lucens*). Entre les isohyètes de 300 et 400 mm le trajet se trouve sur la transition entre les dunes et des plaines de l'ensemble fluviatile du Delta mort. Ces dernières aussi ont des végétations très ouvertes. Les graminées annuelles y dominent sur la graminée pérenne, *Cymbopogon schoenanthus*. Mais dans les dépressions argileuses il y a un recouvrement dense de ligneux (*Acacia spp*).

Là où le trajet traverse la bordure sahélo-soudanienne, l'ensemble détritique avec sa brousse tigrée est plus important qu'au nord, quoique les zones dunaires sont encore dominantes. La surface totale des bandes nues de la brousse tigrée est ici 50-75% de ce paysage, contre 90% ou même plus au nord. Le couvert ligneux des bandes de végétation est élevé. Des espèces dominantes sont *Pterocarpus lucens, Combretum micranthum, Boscia senegalensis, Acacia ataxacantha,* etc. La state herbacée y est peu développée, des dicotylédones comme *Borreria spp.* dominent. Sur les bandes nues se trouvent ça et là des plages sablonneuses avec la légumineuse *Zornia glochidiata* et la graminée annuelle *Cenchrus biflorus*. Caractéristique pour cette végétation est encore que des éléments de la strate herbacée du sud pénètrent loin au nord, comme la graminée *Pennisetum pedicellatum*. Les zones dunaires ont un couvert ligneux en moyenne de 5%. Leur végétation est décrite globalement dans le paragraphe suivant. Aussi pour cette partie du trajet il y a quelques contacts avec le Delta mort. La végétation est ici très influencée par l'homme: il y a de l'eau en abondance à cause du système d'irrigation de l'Office du Niger. La conséquence de cette eau, et de tout le bétail que l'eau attire, est un fort embroussement (*Acacia nilotica, Acacia Seyal,* etc.). Une exception: la proximité des villages est nue avec un sol colmaté.

Un dernier paysage avec ses groupements végétaux typiques est celui des pénéplaines sablo-argileuses des anciens cours d'eau. Sa végétation aussi est bien influencée, car c'est ici que l'agriculture est pratiquée dans la zone. C'est pour une bonne partie sous la forme de rotation, donc ce paysage est dominé par la végétation pionnière des jachères: *Cenchrus biflorus, Eragrostis tremula, Ipomea spp.,* etc. Le couvert ligneux n'est important que sur des anciennes jachères. Il y a peu d'arbres. *Combretum glutinosum* est présent avec de nombreux rejets, mais c'est en général l'espèce rudérale *Guiera senegalensis* qui domine.

Là où le trajet traverse la savane (600 à 1.100 mm) on peut distinguer successivement 3 types de paysages. Une couche épaise de sable recouvre les sols limoneux des Monts Mandingues (fig. 3.3.2) entre 600 et 800 mm. L'infiltration d'eau est bonne et la végétation est homogène. On pourrait parler d'une savane arborée, quoique depuis la sécheresse du début des années 70 les graminées pérennes (*Andropogon Gayanus*) aient presque disparues (Diarra, 1976). La strate herbacée a quand même une hauteur de 0,8-1,0 m. Elle est dominée par *Diheteropogon hagerupii*. La répartition des ligneux est relativement homogène (*Combretum glutinosum, Bombax costatum, Sclerocarya birrea*, etc.), leur couvert r este encore limité. Entre les isohyètes de 800 et 1.000 mm ce sont les sols limoneux des Monts Mandingues qui dominent à la surface et le relief devient notable. Le ruissellement est donc plus fort et la végétation devient hétérogène. Le couvert ligneux devient plus important, mais l'agriculture a souvent perturbé la situation naturelle des vallées avec des sols profonds. Les herbacées pérennes (*Andropogon Gayanus, Cochlospermum tinctorium*, etc.) deviennent plus importantes. Les graminées annuelles dominent à nouveau sur la partie sud du trajet (1.000 à 1.100 mm) où des sols squelettiques sont partout présents (fig. 3.3.2). Il y a beaucoup de ruissellement et donc un écoulement local. La végétation peut être considérée comme une savane arbustive. *Combretum micranthum* est abondante, *Loudetia togoensis* domine souvent la strate herbacée.

3.4.3.2 Le ranch de Niono

Le ranch de Niono qui a abrité la majorité des expériences de terrain du projet P.P.S. se situe en zone soudano-sahélienne dans le Delta mort du Niger. Les caractères de cette zone se dégagent des données générales sur le Sahel, indiquées précédemment dans la partie 3.4.2. On fournira simplement dans ce paragraphe quelques précisions supplémentaires sur la végétation du ranch.

Les groupements végétaux se définissent en fonction de la topographie et des sols. La variabilité de la répartition de la végétation et des espèces est très grande. Pour simplifier, on retiendra seulement 3 groupements, les plus étendus et les plus identifiables:

- Groupements végétaux sur dunes sablonneuses. Ces groupements présentent un peuplement ligneux régulier avec quelques variations locales de densités. Les espèces dominantes sont les suivantes: *Sclerocarya birrea, Guiera senegalensis, Acacia Seyal, Combretum ghasalense*, etc. Le tapis herbacé est continu et relativement homogène. *Schoenefeldia gracilis, Diheteropogon hagerupii* et *Cenchrus biflorus* sont quelques espèces caractéristiques. Les variations sont liées aux différences d'épaisseur du recouvrement sablonneux (1-10 m) au relief et à la granulométrie des sables. Le couvert ligneux est de l'ordre de 10%, alors que le couvert herbacé peut atteindre 40% avec une productivité de 2.000-3.000 kg ha^{-1}.
- Groupements sur sols limoneux à faibles pentes. Le peuplement ligneux est irrégulier. Le tapis herbacé est discontinu, hétérogène avec des plages très clairsemées et même des surfaces nues. Le couvert ligneux est de 20-25%, tandis que le recouvrement de la strate herbacée varie de 30-40%.

La strate ligneuse est dominée par: *Acacia Seyal, Pterocarpus lucens, Sclerocarya birrea, Grewia bicolor, Zizyphus mauritiana* et *Commiphora africana*.

La strate herbacée est dominée par: *Borreria chaetocephala, Borreria stachydea, Blepharis linariifolia, Elionurus elegans, Schoenefeldia* et *Diheteropogon*, avec des plages limitées à *Andropogon Gayanus*. La productivité de la strate herbacée varie de 1.000-2.500 kg ha^{-1}.

- Groupements des dépressions argileuses. Le peuplement ligneux est régulier, avec une stratification plus ou moins nette (strate arbustive haute et une strate buissonnante). Le recouvrement des ligneux est à peu près 30%, mais dépasse localement 50%. Le tapis herbacé est discontinu, hétérogène avec un recouvrement de 50% à l'extérieur du couvert ligneux. Dans la strate ligneuse, on rencontre: *Pterocarpus lucens, Combretum micranthum, Grewia bicolor, Lannea acida,* etc. La strate herbacée est dominée par *Loudetia togoensis, Diheteropogon hagerupii, Borreria stachydea, Pennisetum pedicellatum* et *Andropogon pseudapricus*. La productivité de la strate herbacée peut atteindre 4.000 kg ha^{-1}, mais elle est en moyenne 2.000-3.000 kg ha^{-1}.

3.4.4 Dynamique de la végétation

La végétation a été considérée d'un point de vue statique dans les descriptions précédentes. Elle subit cependant des variations très importantes qui sont dues à la pluviométrie et à l'exploitation par le bétail.

L'importance et la répartition des pluies au début de l'hivernage conditionne l'installation du tapis herbacé, sa composition floristique et sa biomasse en fin de saison. Des pluies précoces et continues favorisent les graminées et permettent une production très élevée. L'importance relative des graminées, des légumineuses et des autres dicotylédones herbacées dépend de l'espacement des pluies en début de saison. Une longue période de sécheresse après les premières pluies conduit, sur sable grossier au ranch de Niono, à un tapis presque pur de *Schoenefeldia gracilis* duquel sont éliminées des espèces habituellement présentes: *Cenchrus biflorus, Diheteropogon hagerupii, Indigofera prieuriana*, etc. Ces mêmes variations expliquent les changements de dominance fréquemment observés: *Eragrostis tremula* ou *Aristida mutabilis* dominant suivant l'année sur sable (Diarra, 1976).

La biomasse peut varier du simple au double suivant la durée de la période pendant laquelle la régularité des pluies permet une croissance continue des herbes.

Des modifications plus importantes, qui se situent à l'échelle de plusieurs années, peuvent affecter la végétation du Sahel. Tandis que les variations interannuelles dues à la pluviométrie restent modérées, celles liées à des années successives de sécheresse ou à des années humides sont plus profondes et durables. La longue sécheresse du début des années 70 en est un exemple. Les déficits pluviométriques successifs ont entraîné une forte réduction ou même l'élimination des graminées vivaces (*Andropogon Gayanus*) et des graminées annuelles à cycle long à la limite nord de leur aire de répartition (*Pennisetum pedicellatum, Andropogon pseudapricus, Diheteropogon hagerupii*). Il y a eu par contre une extention des espèces adaptées à la sécheresse (résistance des plantules ou cycle de développement court): *Blepharis linariifolia, Elionurus elegans, Loudetia togoensis, Schoenefeldia gracilis* etc. Certaines espèces ligneuses ont également été affectées à des degrés divers, jusqu'à la mort des plantes: *Bombax costatum, Pterocarpus lucens, Guiera senegalensis*, etc.

L'évolution de la végétation a lieu également sous l'influence de l'exploitation par le bétail. L'exploitation agit de plusieurs manières:

- Modification des propriétés du sol entraînant l'imperméabilité et un ruissellement important sur sol limoneux; la végétation herbacée est limitée à des espèces de petite taille à cycle court (*Zornia, Dactyloctenium*, etc.). Sur sol sablonneux, l'ameublissement par suite du piétinement favorise des espèces telles que *Cenchrus*.
- Apport de matière organique favorisant les espèces nitrophiles: *Tribulus terrestris, Chloris*, etc.
- Le broutage élimine les espèces les plus consommées. Alors que les espèces non appetées ou les espèces à semences vulnérantes sont stimulées: *Elionurus elegans, Cenchrus biflorus*.

La production herbacée est fortement réduite sur limon et tend même à s'annuler alors qu'elle regresse moins vite sur sable et argile. Mais, dans tous les cas, la strate herbacée disparaît rapidement au début de la saison sèche dans les régions où la présence de l'eau permet le maintien des animaux sur les pâturages de la saison des pluies.

Les feux de brousse jouent un rôle limité dans la dynamique de la végétation sahélienne. Là où les feux peuvent se développer (assez de paille pour brûler), ils favorisent les graminées en éliminant la paille.

L'étude de la végétation du Sahel ne peut se concevoir sans une association étroite des aspects statiques et dynamiques, les variations spatiales et temporelles sont si importantes.

4 La production potentielle des pâturages sahéliens

4.1 INTRODUCTION

4.1.1 Sujets à traiter

Avant de commencer avec la partie centrale de ce rapport, sur la productivité actuelle, nous parlons dans ce chapitre de la productivité potentielle des pâturages. Ceci est nécessaire pour préparer notre propre point de départ de l'étude de la production actuelle des pâturages sahéliens: la comparaison de la situation actuelle avec la potentialité nous informe si la productivité a été maximale, ou était limitée par des facteurs environnants. En plus, ceci indique jusqu'au quel degré la productivité a été réduite, ou de l'autre côté: jusqu'á quel niveau la productivité pourrait être augmentée. De cette façon, la recherche des facteurs environnants limitatifs devient la plus concrète.

Dans ce rapport, nous analysons la productivité dans l'ordre indiqué par les 4 niveaux de production, déjà présentés dans la partie 2.3: la productivité potentielle avec suffisamment d'eau et éléments nutritifs d'abord (partie 4.2), et ensuite la productivité potentielle des pâturages avec des pluies naturelles, mais sans carence en éléments nutritifs (les parties 4.5 et 4.6). Les parties 4.3 et 4.4 traitent les sujets indispensables pour la discussion de la productivité potentielle des pâturages: le potentiel botanique et le bilan d'eau. Mais beaucoup de leur information est indépendante du niveau de la production, et leurs contenus sont donc aussi valables pour la production actuelle. Les niveaux de production où l'azote ou d'autres éléments nutritifs limitent la production, sont traités dans le chapitre 5.

Le niveau de production le plus élevé peut être réalisé au Sahel sur des terrains avec irrigation. Les processus qui contribuent à la productivité dans une telle situation ont été étudiés beaucoup et décrits avant et en dehors du projet P.P.S. Le sujet est traité seulement brièvement dans la partie 4.2. D'autres publications le traitent en détail (par exemple: De Wit et al., 1978, Maas et Arkin, 1978, Penning de Vries, 1982a). Sur le niveau de la production potentielle, le sol et beaucoup de caractéristiques physiologiques et morphologiques des plantes peuvent rester ignorés parce qu'elles sont presque pareilles pour toutes les espèces, et leurs différences n'influencent guère le résultat: la vitesse de croissance et la productivité. Les conditions du sol sont optimales par définition. La caractéristique physiologique la plus importante, qui n'est pas pareille pour toutes les espèces des plantes, se trouve dans le processus de photosynthèse: la plupart des espèces au Sahel sont du type C_4, et quelques unes du type C_3. Ces types sont nommés après la longueur de la chaine de carbone du premier produit de leur mécanisme de la photosynthèse. Cette différence de mécanisme a des conséquences très importantes qui se prononcent même à chaque niveau de production. Les espèces du type C_4 sont, presque toujours avantagées sur les espèces du type C_3. On en parle d'abord dans la partie 4.2 pour le niveau de production le plus élevé concernant la vitesse de photosynthèse, ensuite dans la partie 4.5 concernant l'efficacité de l'utilisation de l'eau, et dans la partie 5.2 concernant l'efficacité de l'utilisation de l'azote et du phosphore.

Une différence cruciale entre les niveaux de production potentielle avec irrigation ou pluies naturelles, est celle de l'eau. Le sol et son bilan d'eau sont donc indispensables dans ce chapitre. Le bilan d'eau du sol a aussi été étudié ailleurs (par exemple: Van Keulen, 1975). Au Sahel les processus à la surface du sol sont relativement plus importants et aussi plus variables qu'ailleurs. Il s'agit du ruissellement et de l'évaporation. Ces processus reçoivent beaucoup d'attention dans la partie 4.4. Le cours de la teneur en eau du sol est presque indépendant de la croissance et du type de plante. Ceci est lié au fait que l'eau pluviale reste surtout à la partie supérieure du sol. Par conséquent, la somme de l'évaporation du sol et la transpiration des plantes reste presque égale, seulement leur rapport change.

Une limitation évidente pour la productivité au Sahel est la durée brève de la saison de croissance, imposée par le bilan d'eau. Une utilisation maximale de la saison brève exigerait une couverture complète du sol par les plantes dès le démarrage des pluies jusqu'à la fin de la saison. Mais la végétation n'arrive pas du tout à une telle utilisation maximale: les plantes ne survivent pas la période sèche, et recommencent chaque année avec des plantules très petites. Ceci a de grandes conséquences pour la productivité des pâturages: une période de plusieurs semaines se trouve toujours entre la germination et le moment où la biomasse de la végétation devient considérable. Le bilan d'eau du sol, les réactions des différentes espèces des plantes vis-à-vis du climat et de l'humidité du sol et aussi de la densité de la germination, déterminent la durée de cette période d'installation. La composition floristique d'une certaine année est déterminée pour une grande part dans cette période. En plus, les plantes mûrissent souvent avant la fin de la saison pluvieuse par leur photopériodisme. La composition floristique est un aspect d'une grande valeur pour la qualité des pâturages comme nourriture pour les animaux. Pour toutes ces raisons, les caractéristiques des plantes méritent une attention spéciale. Toutes les informations de l'éco-physiologie des espèces annuelles ont été présentées dans la partie 4.3. Parce que ces caractéristiques ne sont pas influencées par les facteurs limitatifs de la production, il n'est pas nécessaire d'y revenir après. La qualité des plantes comme fourrage, un sujet discuté dans les parties 5.2, 6.3 et 6.6, fait exception.

Les graminées pérennes et les arbres, dont la phase de l'installation est peu importante, sont discutés dans la partie 6.1. Dans les études du projet P.P.S., on a mis beaucoup d'accent sur les espèces annuelles, et peu sur les arbres et pérennes.

L'intégration d'une partie des données des parties 4.2 à 4.4 est faite dans un modèle à simuler décrit ailleurs (Van Keulen et al., 1981), et employé dans la partie 4.5. Des informations concernant les systèmes racinaires, qui font la liaison entre l'eau du sol et la transpiration, y sont données. Un modèle à simuler simplifié est présenté dans la partie 4.6, à l'usage des profanes en modèles à simuler.

La biomasse végétale qu'on trouve sur le terrain est le résultat des processus de production, de consommation et de perte. L'exploitation de la biomasse par le bétail est la forme productive de la consommation. Mais il existe aussi d'autres processus qui causent une diminution de la quantité ou de la qualité de la biomasse: le feu, la pluie, les termites, les autres insectes, la faune herbivoire et autres. Le projet P.P.S. n'a pas voulu aborder une étude approfondie de ces processus à cause du fait qu'ils sont très différents de nos autres sujets d'étude, et aussi très variables et donc difficiles à quantifier. Cependant, ceci n'implique pas qu'ils ne sont pas importants. Au contraire, des analyses préliminaires, discutées dans les parties 5.2.5 et 6.5 le montrent, et les implications de ces pertes pour la pratique de l'élevage sont considérables (parties 9.3.3, 9.3.4).

4.1.2 Localisation des zones des niveaux de production

Dans toutes les zones semi-arides, le niveau de production maximale ne peut être réalisé qu'avec irrigation, et on ne le trouve pas dans les pâturages. On peut le créer donc à des endroits bien spécifiques. En réalité, sur les terrains avec irrigation au Sahel il existe toujours une carence en azote et en minéraux, et le niveau de production maximale n'est pas atteint.

La productivité des pâturages au nord de l'isohyète de 200 mm est toujours limitée par la quantité faible de l'eau qui tombe. Il s'agit donc des pâturages où la production sur le terrain est égale à la production potentielle des terrains avec pluies naturelles. Vous ne serez pas surpris d'apprendre que l'eau y est le facteur limitatif. Ce chapitre 4 vous donne donc toutes les données nécessaires pour comprendre la productivité dans le vrai nord du Sahel.

Dans la partie sud du Sahel et dans la savane avec plus de 500 mm an^{-1}, au contraire, une carence en éléments nutritifs limite la croissance des plantes toujours, et il n'existe plus un manque d'eau. La zone entre les isohyètes de 200 et de 500 mm, c'est-à-dire presque tout le Sahel, est une zone de transition, où l'influence de la disponibilité de l'eau et des éléments nutritifs peuvent jouer alternativement le rôle principal, selon l'endroit, l'année, la végétation et l'intensité d'exploitation. Très souvent donc, l'augmentation de la quantité d'eau et aussi la fertilisation stimulent la productivité végétale. La stimulation de la productivité en ajoutant de l'eau est la plus forte dans la partie nord du Sahel; la stimulation par fertilisation est la plus forte dans la partie sud du Sahel. Il sera évident que ces isohyètes de 200 et de 500 mm ne sont pas du tout précises, que les transitions d'une situation à l'autre sont graduelles et que le sol, la végétation et le mode d'exploitation d'un certain endroit influencent aussi les effets relatifs de l'application de l'eau ou de l'engrais. Comme expliqué dans la partie 5.2.2 le choix de ces isohyètes est basé sur des observations du terrain, qui sont résumées dans la fig. 6.3.9.

Pour étudier quand même la productivité potentielle des pâturages sahéliens au milieu et dans la partie sud du Sahel, il nous fallait donc créer des situations sans manque des éléments nutritifs dans nos expériences. Bref, il s'agissait des essais avec fertilisations intensives. Dans ces essais, l'engrais a été mis sur le sol au début de la saison pluvieuse, sauf indications contraires dans le texte. Des aspects statistiques de telles expériences, qui ont eu souvent une superficie et un nombre de répétitions limités, ont été discutés dans la partie 2.4.

Le fait que l'eau limite la productivité végétale dans la partie nord et une carence en éléments nutritifs dans la partie sud du Sahel n'a pas seulement une importance académique: une limitation par la pluviosité n'ouvre pas des possibilités pour une stimulation de la productivité, parce que la pluviosité ne pourra pas être augmentée sur une grande échelle. (Irrigation pourrait augmenter la production, mais ceci nécessite bientôt aussi une fertilisation: voir partie 8.4.) Mais bien que difficile, il est possible en principe d'éliminer la pauvreté des sols dans la partie sud du Sahel.

4.2 LE POTENTIEL PHYSIOLOGIQUE DES PATURAGES ET DES CULTURES AGRICOLES

4.2.1 Introduction

La vitesse de croissance des végétations dans des conditions optimales (niveau de production A de la partie 2.3) est très élevée. Dans nos expériences à Niono, par exemple, des cultures de maïs et de riz ont produit environ 375 et 210 kg de matière sèche ha^{-1} $jour^{-1}$, comme le montre la fig. 4.2.1. Ces vitesses sont 10-15x plus grandes que celles des cultures 'normales' sans fertilisation. Les conditions optimales concernent: l'état du sol (eau, azote et aération) et des plantes (absence de maladies et des insectes dévastateurs). Le climat est le seul facteur externe qui varie, et qui donc détermine la vitesse de croissance. On rencontre cette situation sur des terrains irrigués avec beaucoup d'engrais, et elle concerne donc des cultures agricoles. Parce que le terme 'condition optimale' se réfère exclusivement aux conditions de croissance, et pas aux espèces agricoles, les espèces des pâturages naturels aussi peuvent se retrouver dans des conditions de croissance potentielle. Dans de tels cas, on constate que leur pouvoir de croissance n'est pas inférieur à celui des espèces agricoles. On discute la production potentielle dans ce livre parce qu'on a besoin de quelques résultats de cette production potentielle pour des situations de croissance à des niveaux plus bas (parties 4.5 et 5.2). On reviendra aux résultats de cette partie dans une des options techniques (partie 8.4).

La quantité de biomasse récoltée à la fin d'une saison de croissance est étroitement liée à la durée de la période de croissance. Le début de cette période dépend de la date du semis ou de la plantation. La fin est déterminée par la récolte dans le cas des cultures fourragères, ou par la maturation dans le cas des céréales et des graminées des pâturages. Etant donné que le début et la fin dépendent souvent des activités de l'homme, on se concentre dans cette partie sur la vitesse de croissance dans la phase intensive.

Un modèle simple qui résume les processus principaux de la croissance dans des conditions optimales est basé sur la formule suivante:

$$CR = (PH \times 0,68 - EN) \times EC \qquad \text{(formule 4.2.1)}$$

dans laquelle CR est la croissance en kg de matière sèche ha^{-1} $jour^{-1}$, PH est la photosynthèse de la culture en kg de CO_2 ha^{-1} $jour^{-1}$, 0,68 est le facteur représentant la conversion de CO_2 en glucose, EN est la consommation de glucose ha^{-1} $jour^{-1}$ pour l'entretien des plantes au niveau biochimique et EC est l'efficacité de conversion: une fraction qui indique combien de kg de matière sèche est formé si 1 kg de glucose est engagé pour la

Fig. 4.2.1. La croissance du riz (a) et du maïs (b) dans des expériences dans des conditions optimales sur les terrains irrigués de la Station du Sahel à Niono en 1978. Les points (×) représentent les observations des poids des parties aériennes, les lignes représentent les simulations de croissance dans les mêmes conditions sans le mécanisme régulateur des stomates. Pour comparaison, les vitesses de croissance de 200 et 300 kg ha^{-1} $jour^{-1}$ sont indiquées.

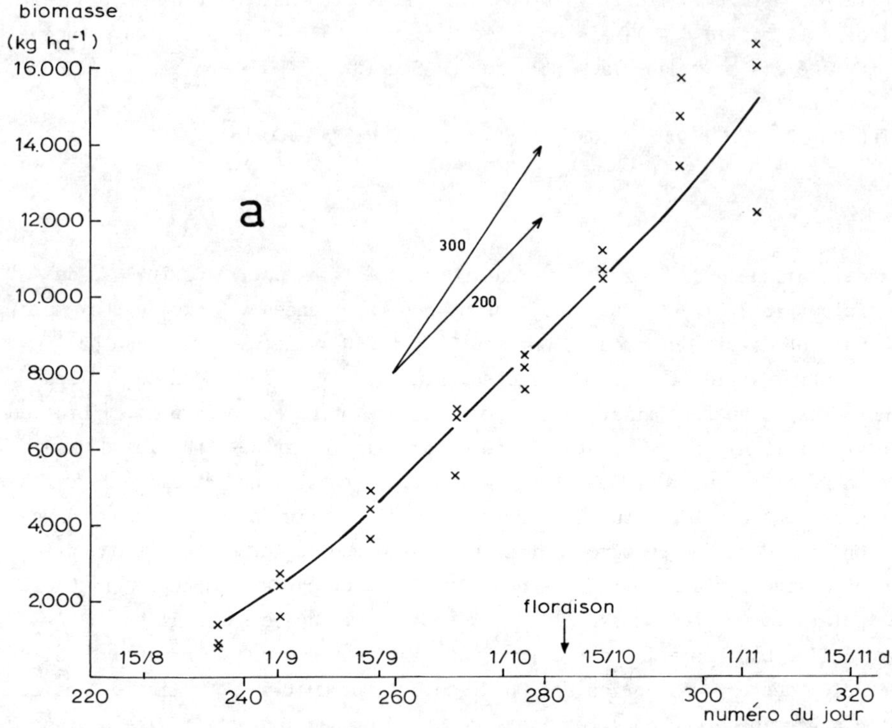

croissance. Ce petit modèle est le résultat des simplifications de modèles plus extensifs (Penning de Vries, 1982a). Il a été employé avec succès par Van Keulen (1976) pour simuler la croissance potentielle du riz. La matière sèche formée dans ce processus est distribuée aux organes des plantes.

Cette distribution n'est pas fixe dans le temps, mais suit une évolution bien définie au cours du développement des plantes. Au début, par exemple, on constate que la croissance est à peu près égale dans les racines et les feuilles, mais plus petite dans la tige. Plus tard, la croissance dans la tige est plus grande que celle des feuilles et racines ensemble et vers la fin du cycle de la plante on ne constate une croissance que dans les inflorescences et semences. Autrement dit, la croissance n'est pas la même dans tous les organes et n'est pas constante dans chaque organe. La fig. 4.2.2 illustre bien ce phénomène. L'état de développement, employé sur l'axe horizontal dans la figure, est défini comme la fraction de la période déjà couverte entre la germination et la maturation. La vitesse du progrès de l'état de développement est environ 0,01 $jour^{-1}$ dans cette période pour les céréales, mais elle est modifiée par la température et des fois aussi par la longueur du jour (voir partie 4.3.4.2).

Fig. 4.2.1. The growth of rice (a) and of maize (b) in experiments under optimal conditions on the irrigated land of the Station du Sahel at Niono in 1978. The points (×) represent the observations of the weights of the aerial parts, the lines represent the simulations of growth under the same conditions without the regulatory mechanism of the stomata. For comparison, the growth rates of 200 and 300 kg ha^{-1} day^{-1} are indicated.

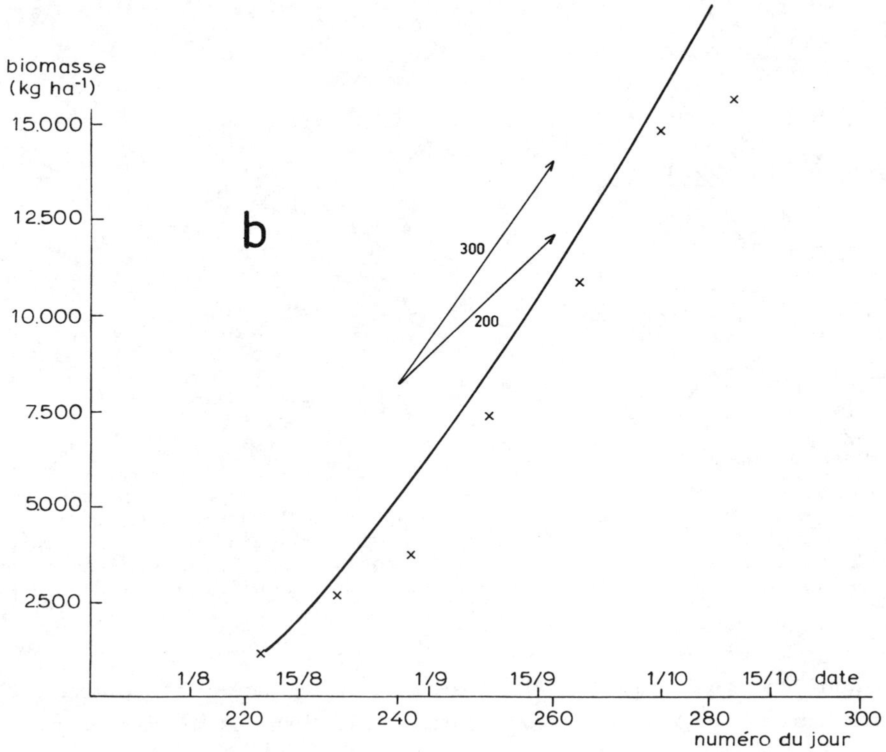

On discute d'abord les processus physiologiques de la croissance de façon plus détaillée (partie 4.2.2). Ensuite on présente brièvement un modèle compréhensif qui fait l'intégration de tels processus. Finalement on donne les résultats de la simulation de quelques expériences et l'on discute les données de base nécessaires pour de telles simulations (partie 4.2.3).

4.2.2 Processus physiologiques

La photosynthèse Exposées à la lumière, les feuilles assimilent du CO_2, et elles le convertissent en hydrates de carbone. La vitesse de ce processus de photosynthèse d'une culture dépend étroitement de l'intensité de la lumière solaire à laquelle les feuilles sont exposées. La raison en est que les feuilles individuelles assimilent plus vite quand l'intensité est plus grande et que la lumière aussi pénètre plus dans la végétation. Avec une technique standardisée on peut déterminer la vitesse d'assimilation de CO_2 des feuilles isolées, bien qu'il faille des instruments précis. Cependant, il est difficile de profiter de ces données pour calculer la vitesse d'assimilation de toute la culture: en effet il

Fig. 4.2.2. La distribution de l'augmentation de la biomasse parmi les organes des plantes au cours de leur développement. Les fractions sont données d'une manière cumulative. L'état de développement correspond à 0,0 à la germination, à 0,8 à la floraison et à 1,0 à la maturation. La forme générale de cette figure est valable pour les graminées et les céréales; les valeurs exactes ont été déterminées sur le ranch pour les espèces *Diheteropogon hagerupii* et *Schoenefeldia gracilis* en condition de production potentielle.

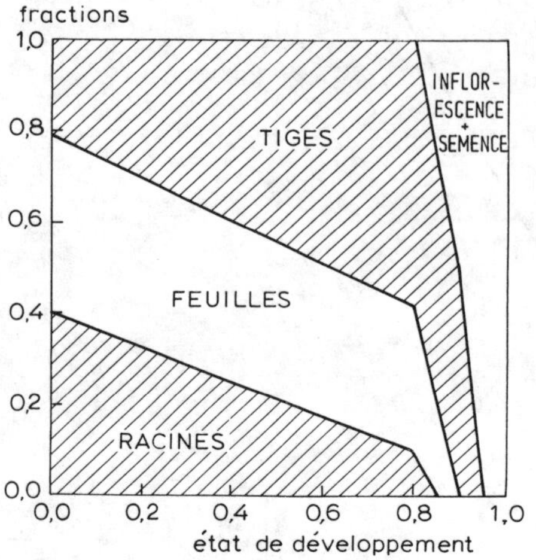

Fig. 4.2.2. The distribution of the increase in the biomass among the plants' organs during their development. The fractions are given cumulatively. The development stage corresponds to 0.0 at germination, 0.8 at flowering and 1.0 at maturity. The general form of this figure is valid for Gramineae and cereals; the exact values were determined on the ranch for the species *Diheteropogon hagerupii* and *Schoenefeldia gracilis* in a condition of potential production.

faut résoudre un problème géométrique difficile, parce que de la lumière est absorbée et réfléchie par les feuilles en toutes directions, parce que les feuilles se trouvent dans de nombreuses positions différentes par rapport au plan horizontal et parce que le rapport entre la photosynthèse et l'intensité de la lumière n'est pas linéaire. Cependant, le problème a déjà été étudié à fond, et il est possible de calculer la photosynthèse de la culture, en se basant sur quelques caractéristiques des feuilles et des données météorologiques (Goudriaan et Van Laar, 1978a).

Il y a des fortes indications que les espèces naturelles dans des conditions optimales ont des vitesses de photosynthèse aussi élevées que les espèces cultivées depuis longtemps. C'est le cas pour le blé et ses ancêtres (Khan et Tsunoda, 1970), et cette affirmation est confirmée aussi dans notre recherche, où quelques graminées du Sahel étaient cultivées dans des chambres climatiques. Leurs vitesses de photosynthèse à des températures supérieures à 30 ^{o}C, présentées dans la fig. 4.2.3, sont bien comparables avec ce qu'on trouve en pareilles conditions pour les espèces cultivées, comme le maïs et l'herbe *Chloris gayana* (Van Laar et Penning de Vries, 1972), qui sont très productives. Il est donc évident que ce n'est pas une capacité basse de la photosynthèse des feuilles qui cause une croissance généralement plus lente des espèces naturelles en comparaison avec les espèces cultivées. Les valeurs de l'espèce *Andropogon Gayanus*, la seule pérenne dans la fig. 4.2.3 parmi les espèces observées, sont beaucoup plus basses que celles des autres à des températures élevées, ainsi que le *Cenchrus biflorus* à 40 ^{o}C. Nous estimons

Fig. 4.2.3. La vitesse de la photosynthèse des feuilles individuelles (en kg CO_2 ha^{-1} de feuille h^{-1}) à une intensité élevée de la lumière (300 J m^{-2} s^{-1}) à des températures différentes de quelques graminées du Sahel, cultivées à 30 °C sur une solution nutritive dans une chambre climatique. × *Cenchrus biflorus*, Δ *Eragrostis tremula*, o *Pennisetum pedicellatum*, □ *Schoenefeldia gracilis*, ∇ *Andropogon Gayanus*.

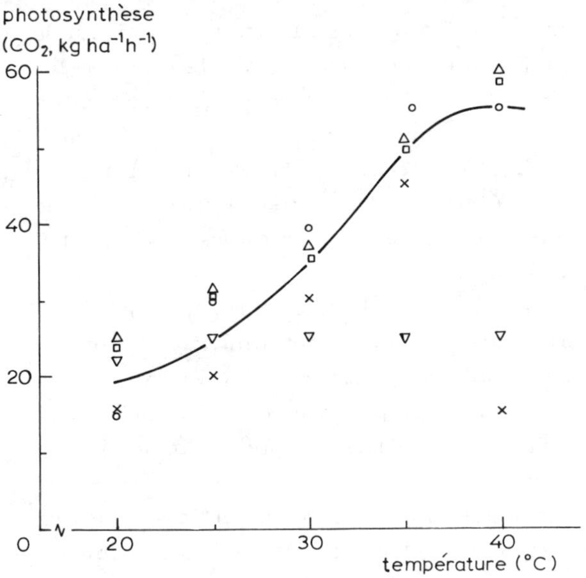

Fig. 4.2.3. The rate of photosynthesis of individual leaves (in kg CO_2 ha^{-1} of leaf h^{-1}) at an increased light intensity (300 J m^{-2} s^{-1}) at different temperatures of some grasses of the Sahel raised at 30 °C on a nutrient solution in a climatic chamber. × *Cenchrus biflorus*, Δ *Eragrostis tremula*, o *Pennisetum pedicellatum*, □ *Schoenefeldia gracilis*, ∇ *Andropogon Gayanus*.

qu'il s'agit des artefacts, mais il n'y avait pas des observations successives pour le confirmer. Une preuve indirecte du fait que la capacité de la photosynthèse des végétations naturelles est aussi grande que celle des cultures agricoles, c'est l'observation qu'une végétation naturelle avec engrais pousse aussi avec une vitesse de 200 kg ha^{-1} $jour^{-1}$ ou plus (partie 4.5).

Malgré la similitude parmi les espèces des plantes du point de vue de la capacité de photosynthèse, il existe une distinction importante: il y a des espèces libellées C_3 et des espèces C_4. Un livre comme celui de Larcher (1980) montre cette différence très clairement: le premier groupe des espèces possède un mécanisme biochimique de photosynthèse qui est connu depuis longtemps et dont le premier produit est une triose: une molécule avec 3 atomes de carbone. L'enzyme clée de ces espèces, qui forme 25-60% des protéines des feuilles, est la Ribulose-di-Phosphate carboxylase (RudPC-ase). L'autre groupe des espèces possède l'enzyme phospho-enol-pyruvate carboxylase en plus, qui rend la RudPC-ase plus efficace. Son premier produit est une molécule avec 4 atomes de carbone. Cette différence biochimique a des conséquences de longue portée: au niveau anatomique, et pour des caractéristiques de la photosynthèse: les espèces C_4 ont une vitesse maximale de photosynthèse environ 2x plus élevée que les espèces C_3, et leur température optimale de la photosynthèse est au-dessus de 30 °C, pendant que les espèces C_3 montrent un optimum généralement entre 15 et 25 °C (mais pas toujours, voir Björkman et al., 1977). La différence entre les vitesses de croissance du riz (espèce du groupe C_3) et du maïs (du groupe C_4) dans les fig. 4.2.1 est causée en premier lieu par leur différence en type de photosynthèse.

L'importance de la distinction des groupes C_3 et C_4 ne se limite pas au niveau de production optimale, mais s'étend aussi au niveau de production B, où l'eau limite la production, parce que les espèces C_4 utilisent l'eau plus efficacement pour leur croissance que les espèces C_3 (voir partie 4.5). Même au niveau de production C et D, où l'azote ou le phosphore limite la production, il existe une différence entre les groupes, parce que les plantes C_4 peuvent utiliser ces éléments d'une manière plus efficace que les espèces C_3 pour croître (voir partie 5.2). Une liste des plantes des types C_3 et C_4 trouvées au Sahel est présentée dans le tableau 4.2.1.

Afin de pouvoir faire le calcul de la photosynthèse d'une culture ou d'une végétation, il est nécessaire de connaître la surface foliaire totale. La détermination de cette surface se fait souvent par analogie avec des valeurs déterminées dans des expériences similaires, parce que sa croissance est trop peu connue pour une bonne simulation. Cette procédure a été suivie ici. Le poids spécifique des feuilles est presque toujours entre 500 et 1.000 kg de matière sèche ha^{-1} de feuilles (un côté).

Les résultats des calculs de la photosynthèse brute dans des conditions optimales d'une culture de riz, comme exemple d'une espèce C_3, et d'une culture de maïs, comme exemple d'une espèce C_4, sont présentés dans la fig. 4.2.4b. Pour une comparaison de l'effet du climat pendant l'année, les calculs sont faits chaque fois pour une biomasse de 6.000 kg ha^{-1} et une surface foliaire de 4 ha ha^{-1}. La diminution de la photosynthèse de l'espèce C_3 aux mois d'avril et de mai est le résultat de la température de l'air qui dépasse la température optimale pour la photosynthèse.

Les processus hétérotrophes Les produits de la photosynthèse, surtout le glucose, sont destinés à fournir d'abord l'énergie nécessaire pour l'entretien des cellules. Environ un cinquième des produits de la photosynthèse est employé à cet effet, mais cette fraction dépend fortement de la température. La quantité de sucre utilisé pour l'entretien des plantes à 25 °C est calculée approximativement en multipliant le poids des plantes par une constante 0,015 g g^{-1} $jour^{-1}$, et en multipliant le résultat par 2 pour une augmentation de 10 °C de la température moyenne du jour (De Wit et al., 1978).

Ce qui reste des produits de la photosynthèse est employé comme substrat pour la synthèse de biomasse donc pour la croissance. La biomasse est composée surtout d'hydrates de carbone (400-700 g kg^{-1} poids sec), de protéines (100-250 g kg^{-1}) et de matière grasse (30-250 g kg^{-1}); les minéraux (50-100 g kg^{-1}), la lignine (environ 100 g kg^{-1}), et les acides organiques (20-50 g kg^{-1}) sont moins abondants. La formation des structures cellulosiques à partir du glucose a toujours un rendement plus grand que la production de protéine et de matière grasse (Penning de Vries et al., 1981):

1 g glucose → 0,83 g d'hydrates de carbone (polysaccharides)

1 g glucose → 0,62 g de protéine

1 g glucose → 0,33 g de graisses et huiles

Tableau 4.2.1. Classification des espèces principales du Sahel, basée sur leur mécanisme de photosynthèse: C_3 ou C_4. Les données ont été déterminées par une analyse anatomique des feuilles dans notre recherche (1), ou obtenues de la littérature: Downton, 1975 (2); Raghavendra et Das, 1978 (3); Downton et Tregunna, 1968 (4); Imbamba et Papa, 1979 (5).

		C_3	C_4	Source
I Herbacées naturelles::				
Graminées:	*Andropogon Gayanus*		x	1,2
	Andropogon pseudapricus		x	1
	Aristida adscensionis		x	2
	Aristida funiculata		x	1,3
	Aristida mutabilis		x	1
	Cenchrus biflorus		x	1,3
	Cenchrus Prieurii		x	3
	Chloris pilosa		x	3
	Dactyloctenium aegyptium		x	1,2
	Diheteropogon hagerupii		x	1
	Echinochloa colona		x	2
	Echinochloa stagnina		x	2
	Elionurus elegans		x	1
	Eragrostis tremula		x	1,3
	Pennisetum pedicellatum		x	1,2
	Schoenefeldia gracilis		x	1
	Tragus berteronianus		x	3
Papilionacées: (Légumineuses)	*Alysicarpus ovalifolius*	x		1
	Cassia mimosoides	x		1
	Cassia Tora	x		1
	Indigofera astragalina	x		1
	Stylosanthes gracilis	x		1
	Stylosanthes humilis	x		1
	Zornia glochidiata	x		1
Autres herbacées:	*Blepharis linariifolia*		x	1,5
	Borreria chaetocephala	x		1
	Borreria radiata	x		1
	Borreria stachydea	x		1
	Evolvulus alsinoides		x	2
	Gisekia pharnacioides		x	2
	Gynandropsis gynandra		x	3,5
	Gynandropsis pentaphylla		x	3
	Polycarpaea corymbosa		x	2
	Portulaca oleracea		x	2
	Tribulus terrestris		x	1,2,5
II Cultures agricoles:				
Graminées:	*Chloris gayana* (Rhodes grass)		x	1,2
	Digitaris exilis (fonio)		x	1
	Pennisetum typhoides (petit mil)		x?	
	Riza sativa (riz)	x		4
	Saccharum officinarus (canne à sucre)		x	2
	Sorghum vulgare (gros mil)		x	2
	Triticum sativa (froment)	x		4
	Zea mays (maïs)		x	2
Papilionacées: (Légumineuses)	*Arachis hypogaea* (arachide)	x?		
	Vigna unguiculata (niébé)	x?		

Table 4.2.1. Classification of the main Sahel species, based on their mechanism of photosynthesis: C_3 or C_4. The data were determined during our research by an anatomical analysis of the leaves (1), or obtained from the literature: Downton, 1975 (2); Raghavendra and Das, 1978 (3); Downton and Tregunna, 1968 (4); Imbamba and Papa, 1979 (5).

Fig. 4.2.4. Quelques caractéristiques du climat (a), et de la photosynthèse (b), de la transpiration (c) et le rapport transpiration/photosynthèse (d) d'une culture de riz (comme exemple d'une espèce C_3) et du maïs (comme exemple d'une espèce C_4) au cours d'une année. Le climat est caractérisé par le niveau de la radiation totale et globale (+), la température maximale (×) et minimale (o), l'humidité de l'air (Δ, exprimé comme la température d'une bulbe mouillée), et la longueur du jour à Niono (□). Les fig. b, c, et d sont calculées avec le modèle BACROS pour une culture standardisée à 6.000 kg ha^{-1} et un index foliaire de 4 ha ha^{-1}. Les simulations ont été faites pour des plantes avec un mécanisme régulateur des stomates (+), et pour des plantes sans ce mécanisme (-).

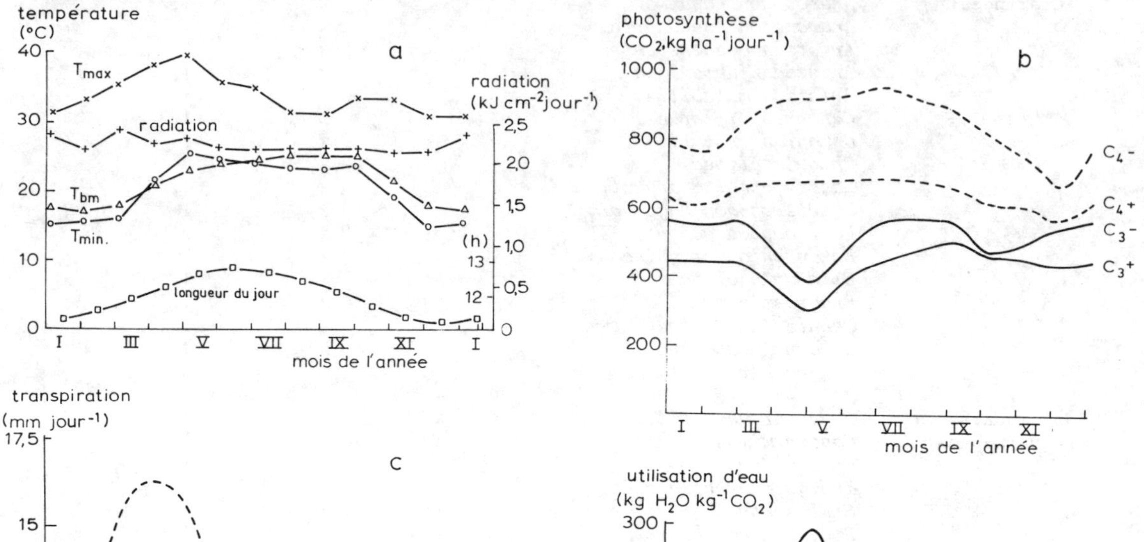

Fig. 4.2.4. Some characteristics of the climate (a), the photosynthesis (b), the transpiration (c) and the relation transpiration/photosynthesis (d) of a culture of rice (as an example of a C_3 species) and of maize (as an example of a C_4 species) during one year. The climate is characterized by the level of total global radiation (+), maximum (×) and minimum (o) temperature, air humidity (Δ, expressed as the wet bulb temperature), and the day length at Niono (□). The fig. b, c, and d were calculated using the BACROS model for a culture standardized at 6000 kg ha^{-1} and a foliar index of 4 ha ha^{-1}. The simulations were done for plants with a regulatory mechanism of stomata (+), and for plants without this mechanism (-).

1 g glucose → 0,47 g de lignine

1 g glucose → 1,10 g d'acides organiques

L'absorption des minéraux, exige de l'énergie d'environ 0,1 g glucose g^{-1} de minéraux. Ainsi il est clair qu'en cas de croissance optimale, quand le niveau énergétique limite la croissance, la composition chimique de la biomasse formée détermine fortement le rendement du processus de croissance. Par conséquent, le rendement de la conversion du substrat en biomasse est environ 0,7 pour la biomasse végétative, environ 0,75 pour les grains de maïs et riz, mais seulement 0,5 pour les fruits de l'arachide.

Ces rendements par groupe de composants chimiques sont indépendants de la température, et ils sont les mêmes pour toutes les espèces végétales. Par contre, la composition de la biomasse n'est pas la même pour toutes les espèces: surtout dans la phase reproductive il y a de grandes différences dans cette composition (Penning de Vries et al., 1981).

Il n'est pas nécessaire de considérer le processus de respiration à part, parce qu'elle est un phénomène secondaire: il s'agit du CO_2 qui s'échappe pendant les processus de croissance et d'entretien.

La transpiration La capacité d'une culture d'absorber suffisamment d'eau pour la transpiration dépend de la quantité de racines présentes. La croissance des racines est donc réglée par les plantes de telle façon que cette quantité est toujours adaptée raisonnablement aux circonstances climatiques.

Pour connaître les besoins en eau des cultures, on peut calculer la transpiration. La transpiration est un phénomène qui a beaucoup en commun avec la photosynthèse. De l'eau s'évapore de toutes les feuilles. La vitesse de transpiration dépend de la radiation absorbée, de l'ouverture des stomates et de l'humidité relative de l'air. La vitesse du vent influence la transpiration aussi, parce qu'avec peu de vent, il y a de l'air humide qui s'accumule en bas dans la culture, ce qui réduit la transpiration. Cette couche d'air humide se développe moins lorsqu'il y a du vent. La transpiration journalière pendant une année d'une culture standardisée est présentée dans la fig. 4.2.4c.

Un aspect de la transpiration des cultures mérite une attention particulière: la résistance des stomates. Cet aspect est bien intéressant, et a des conséquences énormes pour l'utilisation d'eau, et ainsi pour l'économie des cultures irriguées et non-irriguées. On a constaté que beaucoup de plantes règlent l'ouverture de leurs stomates de telle sorte que la concentration de CO_2 dans leurs cavités est plus ou moins constante (Goudriaan et Van Laar, 1978b). Ceci implique que quand la photosynthèse est intensive les stomates s'ouvrent au maximum, mais si la photosynthèse est nulle, les stomates se ferment complètement. De cette façon, la photosynthèse détermine l'ouverture des stomates, et ainsi la transpiration. Si ce mécanisme régulateur est opérationnel, l'efficacité d'utilisation d'eau pour la photosynthèse est optimale. Pourtant, le mécanisme n'est pas opérationnel dans tous les cas, parce qu'il y a aussi un désavantage: la résistance stomataire sans régulation (environ 0,2 s cm^{-1}) est encore plus basse que la résistance minimale des stomates avec régulation (environ 0,5 s cm^{-1}). La cause n'est pas très claire, mais la conséquence est évidente: la vitesse maximale de photosynthèse des végétations sans régulation dépasse celle des végétations avec une efficacité optimale de l'utilisation de l'eau. Les cultures de l'expériences présentées dans la fig. 4.2.1 contenaient des plantes sans régulation: nous l'avons mesuré d'une façon directe, et ensuite confirmé par comparaison des résultats expérimentaux avec ceux obtenus avec le modèle à simuler BACROS (partie 4.2.3). Il est tentant de supposer que les éléments structuraux de ce mécanisme sont présents dans tous les stomates dès la germination, et qu'il leur faut un manque d'eau temporaire pour les activer. Dans les expériences de la fig. 4.2.1 avec le riz et le maïs, il n'y avait pas un tel manque d'eau. Sur le ranch, il est très probable que pendant la période de croissance un tel manque se présente, et ainsi le mécanisme fonctionne probablement presque toujours dans les conditions naturelles. L'aspect important de ce mécanisme a été reconnu trop tard dans le projet pour lui donner toute l'attention qu'il mérite. Les fig. 4.2.4b, c, et d donnent les résultats des calculs avec (+) et sans (-) ce mécanisme opérationnel.

S'il n'y a pas assez d'eau dans le sol, les stomates se ferment, réduisant simultanément la transpiration et la photosynthèse. Le rapport transpiration/photosynthèse reste encore plus ou moins constant. Ceci est aussi valable pour toutes les espèces (De Wit, 1958; Lof, 1976). Mais ce rapport n'est pas le même chez les plantes C_3 et les plantes C_4: les plantes C_3 ont, en général des rapports 2x plus élevés que les plantes C_4. Le rapport transpiration/photosynthèse pendant une année pour des cultures de plantes C_3 et C_4 est présenté dans la fig. 4.2.4d. La variation de la transpiration pendant l'année est assez grande; la transpiration relativement basse pendant la saison pluvieuse est la plus importante pour la transpiration des pâturages naturels. La grande différence entre des espèces avec un mécanisme régulateur ou sans ce mécanisme souligne l'importance qu'il y a à déterminer sur le terrain si ce mécanisme est opérationnel ou non.

Une fois que le rapport photosynthèse/transpiration d'une espèce a été déterminé, on pourra l'appliquer aux niveaux de production potentielle. Le rapport doit être corrigé pour des conditions climatiques seulement (fig. 4.2.4c). Les exceptions à cette règle sont les plantes dans des conditions sans manque d'eau et sans mécanisme régulateur des stomates. Nous n'avons trouvé qu'une espèce de ce type: *Borreria stachydea*. Cependant, il sera utile lors de prochaines études détaillées de l'utilisation d'eau, de déterminer si ce mécanisme est vraiment opérationnel, parce que sa généralité est encore trop peu confirmée. En ce qui concerne la régulation des stomates aux niveaux de production C et D, voir la partie 5.2.6.

4.2.3 Un modèle à simuler et son évaluation

On a fait l'intégration des connaissances sur la photosynthèse, la transpiration, les processus d'entretien et la croissance dans un grand modèle à simuler, nommé BACROS. Ce modèle compréhensif est le résultat d'une étude approfondie d'un groupe de chercheurs qui s'étend sur une dizaine d'années. Ce modèle a été décrit en détail et documenté et évalué pour des zones tempérées (De Wit et al., 1978, Penning de Vries et Van Laar, 1982). Dayan et al. (1978) l'ont employé pour des conditions méditerranéennes. Les calculs de ce modèle sont très détaillés, et ils simulent tous les processus pour chaque heure d'une saison de croissance.

Tableau 4.2.2. Liste des variables à spécifier pour l'utilisation du modèle BACROS. Les variables de la catégorie 1 doivent toujours être fournies. Celles de la catégorie 2 doivent être ajoutées si on simule des expériences spécifiques. Les variables de la catégorie 3 sont nécessaires comme données supplémentaires pour des simulations précises.

Catégorie	Plante	Météo	Divers
1	mécanisme de photosynthèse C_3 ou C_4 régulation des stomates effective ou non largeur des feuilles	par jour: radiation totale globale; température et humidité de l'air maximale et minimale approximativement; vent, approximativement	latitude, période de croissance végétative
2	croissance de la surface totale des feuilles et poids sec des plantes à quelques stades d'une expérience similaire	-	-
3	effet de la température sur la photosynthèse; relation entre la résistance stomataire et le contenu relatif en eau; hauteur des plantes; la composition chimique	température, humidité et vent plus précis qu'en catégorie 1; constantes de la formule de la radiation des ondes longues	-

Table 4.2.2. List of variables to be specified for the utilization of the BACROS model. The variables from category 1 must always be provided. Those from category 2 must be added if specific experiments are simulated. The variables from category 3 are needed as supplementary data for accurate simulations.

Le modèle BACROS a été évalué déjà en zones tempérées (De Wit et al., 1978), mais pas encore dans des conditions tropicales. C'est pourquoi on a fait des expériences et des simulations de la croissance dans des conditions tropicales. Les expériences ont été exécutées sur le terrain irrigué de la Station du Sahel à Niono en 1978 et 1979 avec le riz, le maïs et le Rhodes grass (*Chloris gayana*). Les doses d'engrais appliqué étaient très élevées et les cultures étaient très bien entretenues. Les résultats de 2 expériences et leurs simulations sont présentés dans la fig. 4.2.1. En général, la similitude entre simulation et expérience est grande, et il n'y a pas lieu de penser que le modèle contient des erreurs graves. La transpiration n'a pas été mesurée à Niono.

Afin de pouvoir faire des calculs détaillés à l'aide du modèle BACROS, il faut un certain nombre de données de base qui caractérisent les plantes et le climat. Plus le nombre de ces données est grand, plus les résultats de la simulation seront précis. Le tableau 4.2.2 donne une spécification du type et de l'exactitude de ces données de base pour les différents niveaux d'exactitude du résultat final. Ce sont uniquement les données des catégories 1, 2 et 3 qui ont été spécifiées pour les simulations de la fig. 4.2.1.

Dans beaucoup de cas il serait trop compliqué d'utiliser tout le modèle, notamment quand on n'a besoin que des résultats approximatifs ou quand on n'a pas de données exactes sur le climat ou sur les circonstances météorologiques. Dans ces cas on peut calculer approximativement la vitesse de croissance potentielle et la transpiration des cultures dans un climat sahélien à l'aide des données de la fig. 4.2.4. Ces données ont été calculées à l'aide du modèle BACROS. Par application de la formule pour la croissance donnée ci-dessus avec des précisions de l'énergie pour l'entretien et l'efficacité de conversion, on pourra calculer la croissance d'une culture en utilisant les données de photosynthèse de la fig. 4.2.4 et celles de la répartition de la biomasse de la fig. 4.2.2. Le modèle simple, présenté dans la partie 4.6, le montre.

4.3 LE POTENTIEL BOTANIQUE DES PATURAGES

4.3.1 Introduction

La détermination du fourrage disponible doit tenir compte de la composition floristique des pâturages, qui co-détermine la quantité et la qualité du fourrage disponible. Pour comprendre, par la voie de la simulation, pourquoi une certaine production a été réalisée, il n'est pas possible de négliger les caractères des espèces. Il faut au moins savoir si elles ont une photosynthèse du type C_3 ou C_4 et il faut connaître leur période de croissance (partie 4.2). Et ce n'est pas seulement la biomasse qui intéresse, mais aussi la qualité, l'appétibilité et l'évolution de ces 3 propriétés au cours des saisons. Tous des arguments pour porter l'attention sur la composition floristique des pâturages.

4.3.2 Composition floristique

On distingue au Sahel plusieurs zones climatiques avec leurs propres végétations, encore bien variables à cause des facteurs édaphiques (partie 3.4). Cependant il ne suffit pas dans le cadre de cette étude de se limiter à présenter par zone une liste des

espèces avec leurs caractéristiques spécifiques. Les végétations montrent une dynamique forte d'une année à l'autre et des changements à long terme. Aussi le double but de ce paragraphe est:
- de décrire les propriétés des espèces qui co-déterminent quel fourrage en quelle quantité est disponible vu la composition floristique d'un pâturage;
- de décrire les espèces en fonction des propriétés qui déterminent les changements de la composition floristique.

Des caractères qui sont à la base des différences de potentialité des espèces seront traités pour les phases principales de la vie des plantes. Ce sont l'ensemble de la germination et de l'installation, la croissance végétative, la production de semences et la période de repos. Ces phases ne s'imposent pas pour toutes les plantes d'une même manière. Une distinction utile est celle entre des espèces annuelles et pérennes, et entre pérennes herbacées et ligneuses. Ce n'est que pour les plantes annuelles que les phases mentionnées sont chaque année à nouveau d'une certaine importance. C'est surtout chez ces espèces qu'on observe des changements importants de la composition floristique et donc de la potentialité des pâturages. C'est pourquoi des espèces pérennes ne sont traitées que sous le chapitre 'production actuelle' (partie 6.1).

4.3.3 Le démarrage de la croissance

4.3.3.1 Germination

Le caractère du tapis herbacé qui se développera au cours de la saison de croissance est essentiellement déterminé par l'importance, la fréquence et la distribution des pluies au début de l'hivernage, mais ceci en fonction du stock de grains et des caractères d'humidification du milieu. La vitesse de germination joue là-dedans un rôle central. Une description brève est donnée par les fig. 4.3.1 et 4.3.2. La première se base sur Bewley et Black (1978), qui décrivent la germination par 3 phases d'absorption d'eau. La phase I est l'imbition, un processus bien rapide. Mais il existe des différences importantes entre les espèces en ce qui concerne la dureté des semences, la résistance de leur enveloppe à la pénétration de l'eau. Peu d'eau est absorbée pendant la phase II, celle de la préparation métabolique. Pour certaines espèces les processus sont précédés par le lessivage des produits qui freinent le développement (la dormance). Une augmentation forte de l'absorption d'eau annonce la troisième phase, celle de la germination visible.

La longueur des 3 phases dépend des propriétés spécifiques des graines (dureté, dormance, etc.) et de l'humidité du substrat. Les pluies au début de l'hivernage sont souvent telles qu'elles n'humidifient pas le sol pendant un temps suffisamment long pour que la germination se déroule complètement. Pour cela la subdivision A, B et C de la fig. 4.3.1 doit être considérée. 'A' englobe la partie du temps de la germination occupée par des processus réversibles (par exemple la réhydration), tandis que 'B' est la somme des temps des processus irréversibles, qui peuvent être arrêtés temporairement. Ceci n'est plus le cas au stade 'C', même si la radicule n'est pas encore visible. Il est donc bien possible de perdre des semences sans une germination visible.

A côté des différences entre les espèces concernant le temps minimal pour chaque

Fig. 4.3.1. L'absorption d'eau par des semences pendant les phases de la germination. (Pour explication voir texte.)

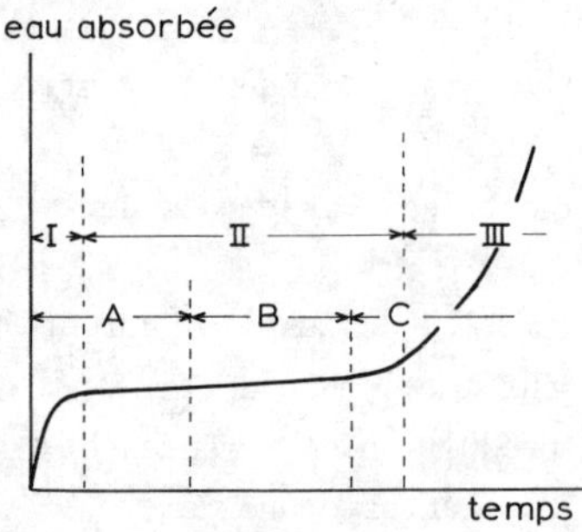

Fig. 4.3.1. Water adsorption by the seeds during the phases of germination. (See text for explanation.)

Fig. 4.3.2. La germination dans des conditions optimales en milieu homogène (———) et dans des conditions sous-optimales en milieu hétérogène (----- et ·········). (t_i = temps d'induction minimale; p_1, p_2 et p_3 = niveaux maximums de la germination; α_1, α_2 et α_3 = vitesses de germination; pour p et pour α l'hétérogénéité du milieu, vu par exemple la disponibilité d'eau, augmente de 1 à 3; p_1 et α_1 sont des caractéristiques de l'espèce; p_1 est la fraction de graines viables.)

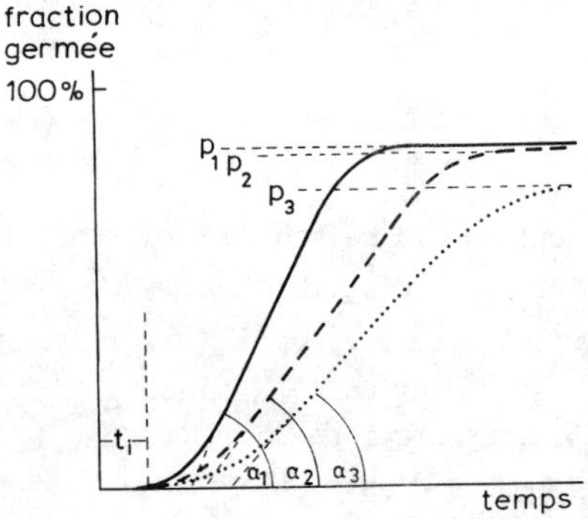

Fig. 4.3.2. Germination under optimum conditions in a homogeneous environment (———) and under sub-optimum conditions in a heterogeneous environment (----- et ·········). (t_i = minimum time of induction; p_1, p_2 and p_3 = maximum levels of germination; α_1, α_2 and α_3 = germination rates; for p and for α the heterogeneity of the environment with regard to e.g. the availability of water, increases from 1 to 3; p_1 and α_1 are the species characteristics; p_1 is the fraction of viable seeds.)

phase, il existe des différences entre les graines d'une espèce: elles ne germent pas toutes au même moment, la semence est hétérogène. Le temps entre l'apparition de la première plantule d'une espèce et de la dernière est de plus en plus long au fur et à mesure que l'hétérogénéité augmente. La courbe qui décrit l'augmentation du nombre de plantules dans le temps est pour une espèce caractérisée par le temps d'induction minimale, le niveau maximal des graines viables et la vitesse avec laquelle ce niveau est atteint. Cette vitesse dépendra fortement de l'hétérogénéité du milieu, tout comme le pourcentage des graines viables qui germent réellement (voir fig. 4.3.2). Il y a un parallèle entre la germination d'une espèce à germination rapide dans des milieux de plus

Fig. 4.3.3. La germination dans des conditions optimales de 2 espèces à graines dures (*Borreria radiata* et *Eragrostis tremula*) et d'une espèce à graines sans dureté (*Cenchrus biflorus*).

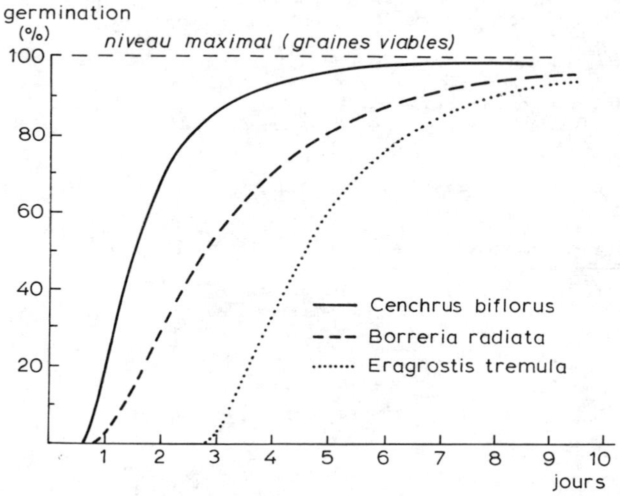

Fig. 4.3.3. Germination under optimum conditions of 2 species with hard seeds (*Borreria radiata* and *Eragrostis tremula*) and of a species with seeds that are not hard (*Cenchrus biflorus*).

en plus hétérogènes pour le facteur eau et le comportement de germination dans un milieu homogènement humide des espèces à graines de plus en plus dures: pour l'étalement de l'apparition des plantules dans le temps et la baisse du niveau maximal du nombre de plantules (comparer les fig. 4.3.2, 4.3.3 et 4.3.4). Le milieu est appelé hétérogène dans ce cas quand les conditions pour la germination y varient fortement. Des conditions primordiales sont la possibilité que les graines sont humidifiées après des pluies et la durée pendant laquelle elles restent humides.

Pour bien comprendre la place des légumineuses dans la végétation sahélienne il faut savoir qu'une partie de leurs graines très dures perdent déjà la dureté en saison sèche par l'altération de leur enveloppe protectrice. De telles espèces combinent l'avantage d'une germination rapide et celui des graines résistantes. *Zornia glochidiata* en forme un bon exemple (fig. 4.3.4).

Le tableau 4.3.1 caractérise les graines de certaines espèces dominantes ou typiques. On remarque la règle générale qu'une dureté plus élevée est accompagnée d'une hétérogénéité plus grande et d'une vitesse de germination plus lente. Une exception est formée par *Elionurus elegans* qui, bien que n'ayant pas des graines dures, germe lentement; une dormance efficace pourrait jouer un rôle. Comme déjà signalé par Bille (1977) le pouvoir germinatif de plusieurs espèces présente un maximum vers l'hivernage. Le blockage de la germination en dehors de la saison de croissance par une dormance éventuelle n'est pas toujours 100%, car on observe des germinations après de grandes pluies exceptionnelles en novembre-décembre (Davey, 1957). A Niono une pluie tardive (75 mm, début de novembre 1976) a provoqué de nombreuses germinations de *Zornia glochidiata*, *Cassia Tora* et *Schoenefeldia gracilis*. Une espèce sans aucune dormance semble être *Tribulis terrestris*, dont les graines

Tableau 4.3.1. Une caractérisation des graines de certaines espèces sahéliennes par leur poids, la dureté, l'hétérogénéité des semences et par la vitesse de la germination.

dureté:
- \- bonne germination sans scarification
- \+ certaine augmentation du pouvoir germinatif par scarification etc.
- ++ augmentation notable du pouvoir germinatif par scarification etc.

vitesse de germination:
- +++ premières plantules déjà le jour après une pluie suffisamment importante
- ++ premières plantules quelques jours après une pluie
- \+ premières germinations plusieurs jours après une pluie ou après quelques pluies

hétérogénéité:
- \+ dans des conditions maximales germination complète après quelques jours
- ++ germination complète après plusieurs jours
- +++ germination complète après quelques semaines

Espèce	Poids de 1.000 graines (g)	Dureté des graines	Vitesse de germination	Hétérogénéité des semences
graminées				
Andropogon pseudapricus	0,3	-	++	+
Aristida mutabilis	0,5	-	+++	+
Cenchrus biflorus	2,1	-	+++	+
Chloris Prieurii	0,2	-	+++	+
Dactyloctenium aegyptium	0,3	+	++	++
Diheteropogon hagerupii	0,8	-	++	+
Echinochloa colona	0,4	+	++	++
Elionurus elegans	0,4	-	+	++
Eragrostis tremula	0,05	++	+	+++
Loudetia togoensis	4,1	-	++	+
Panicum laetum	1,4	+	++	++
Pennisetum pedicellatum	0,4	-	++	+
Schoenefeldia gracilis	0,2	-	++	+
autres espèces herbacées				
Alysicarpus ovalifolius	3,5	++	(+++)**	++
Blepharis linariifolia *	49,5	-	+++	+
Borreria chaetocephala	1,0	++	+	++
Borreria radiata	0,7	++	+	++
Borreria stachydea	7,0	++	+	++
Cassia mimosoides	3,6	++	++	++
Cassia Tora	23,5	++	(+++)**	+++
Indigofera astragalina	4,5	++	(+++)**	++
Indigofera prieuriana	5,5	++	(+++)**	++
Tribulis terrestris	1,1	?	+++	+
Zornia glochidiata	1,9	++	(+++)**	+++

Table 4.3.1. A characterization of the seeds of certain Sahel species according to their weight, hardness, the heterogeneity of the seed and the rate of germination.

hardness:
- \- good germination without scarification
- \+ ability to germinate somewhat improved by scarification etc.
- ++ ability to germinate markedly improved by scarification etc.

rate of germination:
- +++ first seedlings already the day after sufficient rainfall
- ++ first seedlings a few days after rain
- \+ first germinations several days after rain or after several showers

heterogeneity:
- \+ under optimum conditions germination complete after a few days
- ++ germination complete after several days
- +++ germination complete after a few weeks

*fruits qui sont très durs à 2 graines, mais qui s'ouvrent explosivement s'il pleut quand elles sont bien sèches; fruits that are very hard, with 2 seeds, but which open explosively if it rains when they are very dry.

**fraction des graines seulement qui germent très vite; only some of the seeds germinate very quickly.

Fig. 4.3.4. La germination au ranch de Niono en 1977 d'une légumineuse à graines dures (*Zornia glochidiata*) et d'une espèce à graines sans dureté (*Schoenefeldia gracilis*), après une pluie moyenne le 5 juillet, une petite pluie le 22 juillet et une grande pluie le 8 août, suivies des pluies régulières de plein hivernage. (Germination comme pourcentage du nombre total de plantules apparues par espèce au cours de la saison.)

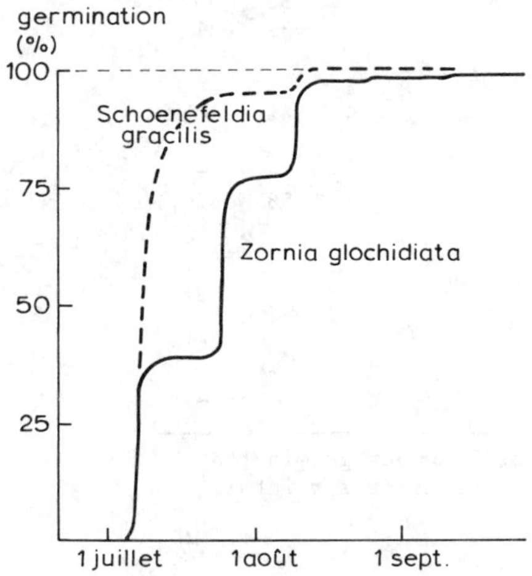

Fig. 4.3.4. The germination of a legume with hard seeds (*Zornia glochidiata*) and of a species with seeds that are not hard (*Schoenefeldia gracilis*) at the Niono ranch in 1977, after a moderate rainfall on 5 July, a light rainfall on 22 July and a heavy rainfall on 8 August, followed by the normal rainy season rainfall. (Germination as percentage of the total number of seedlings that appeared per species in the course of the season.)

peuvent germer dès qu'elles ont été sèches; il n'est pas rare que dans le nord sahélien cette plante fait 2 cycles complets au cours d'un hivernage.

Après ce qui a été dit il sera clair que les pluies influencent le caractère d'un flux de germination par la durée que le substrat est humide. Au fur et à mesure que cette durée augmente la contribution des espèces à germination lente, quelle que soit la cause, augmente. Des parties du premier flux ou même un ou plusieurs flux complets des germinations se perdent à cause des délais souvent assez longs entre les pluies au début de l'hivernage, et les espèces à germination rapide surtout, risquent un épuisement de leur stock semencier s'il y a trop de délais.

4.3.3.2 Installation

Le succès d'une germination n'est complet qu'après une bonne installation de la plantule: il lui faut une résistance face aux périodes de sécheresse, avant que la vraie croissance puisse commencer. Jusqu'ici les observations faites ne permettent pas une généralisation concernant la sensibilité des plantules. Mais il est devenu clair au moins que la résistance de la plantule n'est pas une fonction simple des réserves de la graine, de la vitesse de croissance des racines, du rapport poids aérien/poids racine ou de la surface transpirante. Par cas cependant, il est bien possible de conclure quelles espèces sont relativement sensibles ou résistantes. Le tableau 4.3.2 résume certaines données.

Tableau 4.3.2. La survie des plantules, en pourcentage du nombre total germé par espèce, au ranch de Niono, sur 3 substrats, 31-36 jours après une pluie de 20-30 mm ou de 50-60 mm.

Substrat	Sable		Limon		Argile	
Pluviosité en mm	30	60	20	50	30	60
Période en jours	33	36	36	36	32	31
Graminées						
Diheteropogon hagerupii		19	-	-	35	60
Elionurus elegans	1,5	6	-	-	-	-
Schoenefeldia gracilis			-	-	-	-
Loudetia togoensis		26	-	-	56	87
Herbacées diverses						
Blepharis linariifolia	-	70	26	56	-	-
Borreria chaetocephala	-	-		0	5	12
Borreria stachydea	0	0,2	6	3		25
Borreria radiata	-	12		1	-	-
Zornia glochidiata	1,5	53	-	-	-	-

Table 4.3.2. Seedling survival, in percentage of the total number germinated per species, on the Niono ranch, on 3 substrata, 31-36 days after a rainfall of 20-30 mm or of 50-60 mm.

Les indications sont nettes:
- la survie est plus élevée au fur et à mesure que la pluie qui a fait germer a été plus importante;
- *Loudetia togoensis* résiste mieux que *Diheteropogon hagerupii* et les 2 espèces résistent mieux que les *Borreria spp.*, *Schoenefeldia gracilis* et *Elionurus elegans*, mais moins que *Blepharis linariifolia* et *Zornia glochidiata* (voir tableau 4.3.2 pour plus de détails).

Schoenefeldia gracilis résiste mieux qu'*Elionurus elegans* et *Eragrostis tremula* et aussi légèrement mieux que *Cenchrus biflorus*. De telles observations faites sur le terrain sont quand même d'une interprétation difficile quand elles concernent des espèces ayant des vitesses de germination bien différentes, surtout après des pluies peu importantes. L'hétérogénéité du terrain rend possible une certaine germination des espèces 'lentes' dans les microdépressions. Les situations sont ici donc relativement favorables pour survivre, mais la survie n'indique pas nécessairement une meilleure résistance en comparaison avec la mortalité des espèces 'rapides' aux endroits moins favorables. Ce phénomène est à la base de la contradiction apparente du tableau 4.3.2: la survie des *Borreria spp.* sur le limon semble mieux après une pluie de 20 mm qu'après celle de 50 mm et *Borreria stachydea* semble être plus résistante que *Borreria radiata* sur le limon tandis que sur le sable c'est le contraire.

A côté des périodes de sécheresse il existe un autre problème à surmonter pour une installation efficace des plantules. C'est la présence des autres. Mais sur le terrain l'influence des 2 choses est difficile à séparer, car une densité élevée de plantules signifie en même temps un dessèchement rapide du sol. Le résultat des 2 phénomènes sur la survie des plantules est cependant que la densité des plantes qui contribuent à la croissance est beaucoup plus limitée que le nombre total des germinations par unité de surface.

Le nombre total de germinations au ranch de Niono varie en général entre 1.500 et 5.000 m^{-2}, bien que 10.000 m^{-2} soit parfois atteint on même dépassé. Des nombres élevés sont trouvés si la germination des espèces à germination rapide et des espèces à germination lente a lieu presque simultanément, grâce à une pluie énorme ou un arrosage prolongé. On observe un nombre total de germinations encore plus élevé, si l'on déracine les plantules dès leur apparition, après chaque pluie de nouveau. En d'autres termes, dans une végétation une fois installée, la germination visible des graines qui restent est fortement réduite. Ces graines meurent vraisemblablement dans la phase II-C de la germination (fig. 4.3.1): le micro-climat à l'intérieur de la végétation crée une certaine humidité, qui est telle que la germination démarre, mais l'humidité ne suffit pas pour l'apparition de la radicule.

La densité de plantes varie de 200 à 2.000 m^{-2}. Cependant, là où des espèces à germination rapide dominent fortement sur le sable, il est bien possible qu'après un démarrage de la saison des pluies suivi d'une interruption, il n'y aura que quelques dizaines de plantes m^{-2}. Traduit en biomasse cela signifie pour le ranch de Niono pour les années 1975 à 1979, que la végétation se compose à partir de 30-100 kg ha^{-1} de graines qui germent. Mais la partie qui donne des plantes qui s'installent réellement concerne 0,1-40 kg ha^{-1} en général. Des valeurs élevées sont trouvées là où les espèces à germination lente dominent, c'est-à-dire au ranch, au cours de l'étude, sur les sols limoneux. Sur les substrats avec une domination des espèces à germination rapide (le sable grossier et l'argile) la quantité moyenne est de l'ordre de 15 kg ha^{-1}, contre 30 kg ha^{-1} dans le cas précédent. Plus au nord, avec une pluviosité inférieure à celui du ranch de plus faibles quantités sont en cause. Aux alentours de Nampala (400 mm) on a trouvé 4 kg ha^{-1} sur le sable, au nord de Râs el Mâ (150 mm) 1 kg ha^{-1} environ.

4.3.3.3 Biomasse au début de la 'grande croissance'

La biomasse de la strate herbacée, au moment où 'la grande croissance' peut commencer vu la disponibilité d'eau (voir partie 4.4), résulte des propriétés des espèces à l'égard des processus de la germination (partie 4.3.3.1) et de l'installation (partie 4.3.3.2). Le tableau 4.3.3 est présenté pour montrer les grandes différences possibles. Quatre situations extrêmes y englobent la réalité d'une année à l'autre. Le schéma présenté se base sur une représentation égale des 4 types d'espèces dans le stock de semences, ce qui ne sera jamais le cas, car le stock de semences changera d'année en année par suite du dynamisme de la végétation. La variation annuelle a été illustrée par le tableau 4.3.4, qui représente un endroit d'une superficie très limité au ranch de Niono sur un substrat sablonneux. La végétation y est dominée par 3 espèces, qui diffèrent bien en ce qui concerne leur vitesse de germination (tableau 4.3.1) et leur résistance à la sécheresse (tableau 4.3.2). La densité de chaque espèce au cours de la saison des pluies a été suivie pendant 3 années successives. Ceci dans la condition de pluies naturelles et aussi dans des conditions artificielles, créées moyennant l'arrosage (voir tableau 4.3.4). Le tableau présente le nombre total de germinations m^{-2} pour toute la saison, l'importance relative de chaque espèce, et ensuite le nombre de plantes qui s'installent réellement et la production semencière (estimation basée sur le nombre moyen de graines par plante, déterminé pour chaque espèce). En comparant ces valeurs pour les 3 espèces au cours des 3 années avec une pluviosité naturelle (situation a) on constate déjà des différences impor-

Tableau 4.3.3. L'importance relative des plantules de 4 types d'espèces au début de la croissance végétative après 4 démarrages différents de l'hivernage. (+++ dominance de la biomasse; ++ biomasse d'une certaine importance; + sans importance pour la biomasse; ± présence douteuse)

Vitesse de germination	Rapide		Lente	
Résistance à la sécheresse	élevée	limitée	élevée	limitée
quelques petites pluies suivies d'une sécheresse	+	±	+++	+++
des petites pluies sans grandes délais	+++	+++	+	+
une grande pluie suivie d'une sécheresse	+	±	++	+
des bonnes pluies font démarrer l'hivernage	+++	+++	++	++

Table 4.3.3. The relative importance of seedlings of 4 types of species at the beginning of vegetative growth after 4 different onsets of the rainy season. (+++ dominance of the biomass; ++ biomass of some importance; + of no importance for the biomass; ± presence doubtful)

tantes dans la contribution des espèces individuelles (par exemple *Schoenefeldia gracilis* 0,5% de plantes en 1979 contre 10% en 1978; en 1977 et en 1979 plus de *Zornia glochidiata* que de *Borreria radiata*, en 1978 2x plus de la dernière espèce que de la première). Il y a aussi des différences notables dans les valeurs absolues.

Les différences peuvent être encore beaucoup plus grandes. Ceci a été illustré ici par une seule pluie supplémentaire au début de l'hivernage (situation b) et par la simulation d'un démarrage de l'hivernage sans période de sécheresse (situation c). Pour connaître l'influence il faut comparer la situation des 3 espèces dans les 3 cas en 1978: la pluie supplémentaire devient presque néfaste pour *Schoenefeldia gracilis*, mais un démarrage de l'hivernage par des pluies régulières la favorise bien (voir tableau 4.3.4 pour les autres différences).

Vu l'irrégularité des pluies au Sahel au début de l'hivernage (voir partie 3.2.2) une germination rapide, comme celle de *Schoenefeldia gracilis*, semble bien risquée, surtout si les plantules sont peu résistantes. Il est donc bien étonnant que ce soient en général des espèces à germination rapide qui dominent les pâturages sahéliens (*Cenchrus biflorus*, *Schoenefeldia gracilis*, *Diheteropogon hagerupii*, etc.). Il y a au moins 4 raisons explicatives à côté de la résistance:
- le grand avantage d'une occupation rapide du terrain dans la compétition avec d'autres espèces (voir partie 4.3.4);
- l'hétérogénéité du terrain qui fait qu'il y a une fraction de graines qui ne germe pas avec des faibles pluies;
- l'hétérogénéité des semences, quoique limitée chez des espèces à germination rapide (voir tableau 4.3.1);
- la profondeur d'enfoncement des graines, qui peut être telle que des pluies faibles n'humidifient pas les graines.

C'est vraisemblablement grâce à ces manières qu'on a pu observer sur le terrain même

Tableau 4.3.4. Le succès observé (sous des pluies naturelles) et possible (pluviosité artificielle) de 3 espèces d'un endroit sablonneux au ranch de Niono: le nombre de plantules m^{-2}, le nombre total des plantes réellement installées et la production semencière (graines produites m^{-2}) au total et par espèce, en pourcentage du total au cours de 3 années successives, à une pluviosité respective de 380, 450 et 375 mm.

	1977		1978			1979		
	plantes	graines*	plantules	plantes	graines*	plantules	plantes	graines*
a - pluviosité naturelle des années en question								
	1.052	16.000	3.140	829	12.000	5.861	654	10.000
Zornia glochidiata	54	35	50(28)**	26	9	32(17)**	54	52
Borreria radiata	42	14	18(26)	64	22	63(139)	45	43
Schoenefeldia gracilis	4	51	32(12)	10	69	5(4)	0,5	5
b - une seule pluie artificielle supplémentaire de 30 mm le 5-6-1978								
			3.867	1.153	12.000	11.500	2.000	11.000
Zornia glochidiata			67	92	87	92(100)**	97	96
Borreria radiata			16	7	8	7(100)	3	2
Schoenefeldia gracilis			17	1	15	1(4)	0	2
c - chaque semaine une pluie artificielle supplémentaire de 20 mm en juin, juillet 1978								
			3.109	1.091	39.000	5.800	800	12.000
Zornia glochidiata			54	79	11	74(100)**	96	84
Borreria radiata			3	3	0	3(100)	2	1
Schoenefeldia gracilis			43	18	89	23(4)	2	15

Table 4.3.4. The success observed (under natural rainfall) and possible (artificial watering) of 3 species from a sandy area on the Niono ranch: the number of seedlings m^{-2}, the total number of plants actually established and the seed production (seeds produced m^{-2}) in total and per species, as a percentage of the total over 3 successive years with a rainfall of 380 mm, 450 mm and 375 mm respectively.

*estimation, vu le nombre de plantes par espèce m^{-2} et leur production moyenne de graines par pied; estimate based on the number of plants per species m^{-2} and their mean seed production per shoot.

**entre parenthèses le nombre de plantules par espèce comme pourcentage du nombre de graines produites l'année précédente; les situations hypothétiques de b et de c en 1979 ont été estimées vu la production semencière sur b et c en 1978 et l'importance de la germination et de la densité finale des espèces sur a, cependant en prenant une germination de 100% des graines de *Zornia glochidiata* et de *Borreria radiata* au lieu des valeurs de 174 et de 139%, causées par une sous-estimation de la production semencière ou par un apport de graines d'ailleurs; in parentheses the number of seedlings per species as a percentage of the number of seeds produced the preceding year; the hypothetical situations of b and of c in 1979 have been estimated on the basis of the seed production on b and c in 1978 and the importance of the germination and the final density of the species on a, however taking a 100% germination of seeds of *Zornia glochidiata* and of *Borreria radiata* instead of the values of 174 and 139% caused by an underestimate of the seed production or by the supply of seeds from elsewhere.

pour *Cenchrus biflorus* parfois 3 flux de germination au début de l'hivernage, tandis qu'en chambre climatique dans des conditions optimales l'espèce germe très vite à 100%. Les espèces à germination lente ne dominent pas facilement, elles sont souvent en retard pour l'occupation du terrain, ce qui forme un désavantage pour la capacité de compétition pendant la croissance (voir partie 4.3.4). Pour des espèces à germination vraiment lente la propriété 'sensible au dessèchement' a beaucoup moins d'importance que pour les espèces à germination rapide. Leur position dans l'ensemble de la végétation n'est pas menacée par des mauvais démarrages de l'hivernage, mais bien au contraire: des perturbations au début de l'hivernage (sécheresse, exploitation) les favorisent. Le fait qu'une espèce comme *Zornia glochidiata*, qui possède les 2 stratégies, ne domine pas l'ensemble du Sahel s'explique vraisemblablement par son aptitude à la compétition (voir partie 4.3.4).

On s'est posé la question de savoir s'il est possible de prévoir la biomasse végétale au début de la croissance végétative. Cette donnée devient nécessaire si l'on veut connaître la production primaire à l'aide de la simulation (voir partie 4.5.6). En comparant les cas a, b et c du tableau 4.3.4 pour 1979 on se réalise que cela sera impossible pour une certaine formation végétale d'un certain endroit, sans connaître le bilan semencier de la saison sèche précédente. Le nombre de plantules est presque 6.000 m^{-2} en 1979 (cas a), mais ce chiffre aurait été de l'ordre de 11.500 m^{-2} si au début de juin 1978 une pluie supplémentaire de 20 mm était tombée. Mais il vaut mieux se limiter aux plantules qui s'installent réellement. Dans ce cas on constate une différence d'un facteur 3 entre les cas extrêmes a et b (650 contre 2.000 plantes m^{-2}). Plus grande devient cependant la différence de biomasse, car les plantules de *Zornia glochidiata* seront 2-3x plus lourdes que celles de *Borreria radiata* et presque 10x plus lourdes que celles de *Schoenefeldia gracilis*, vu le poids des graines des espèces (tableau 4.3.1). En tenant compte de ces différences de poids de plantules on peut estimer que le poids total des plantules en matière sèche était presque 1 g m^{-2} en 1979, mais il aurait été 3,5 ou 1,5 g m^{-2} si la pluviosité avait été en 1978 comme simulée dans les cas b et c.

Cependant, les estimations de la biomasse au début de la grande croissance, exprimées comme étant la moyenne pour une zone étendue ou pour de nombreuses années sur un endroit déterminé, semblent faisables. Une généralisation brute doit au moins tenir compte des variables rassemblées dans le tableau 4.3.5. Seulement à titre d'exemple un essai est fait pour le ranch de Niono et les résultats sont présentés dans le tableau 4.3.6. Il est impossible de donner ici les considérations et les calculs qui sont à la base de ce tableau. Cependant, il faut signaler qu'on a tenu compte du rapport biomasse totale et biomasse des semences des espèces dominantes (voir partie 4.3.5), des pertes de graines en saison sèche (voir partie 4.3.6), d'un stock de semences pluri-annuel négligeable et d'un écart de 5 jours entre la vitesse moyenne de germination des espèces rapides et lentes. On a supposé qu'un quart de la pluviosité annuelle totale tombe avant que la 'grande croissance' commence. Cela signifie pour Niono qu'il y a 13 jours de croissance pour ces plantules des espèces à germination rapide qui savent s'installer pendant cette période. Et au maximum 8 jours (13 - 5) pour les plantules des espèces à germination lente, dans le cas où les pluies sont suffisantes au début de l'hivernage pour permettre leur germination. Ceci a comme conséquence qu'au tableau 4.3.6 la contribution des espèces à germination rapide à la biomasse totale concerne relativement peu de plantes déjà assez développées.

Tableau 4.3.5. Les variables à connaître pour l'estimation de la biomasse aérienne au début de la grande croissance. (Germination rapide: apparition de plantules ≤ 2 jours après pluie; lente: >2 jours.)

Variables	Classes	Le pourquoi de l'importance
vitesse de germination	a - rapide b - lente	détermine le moment d'occupation du terrain et le risque de perdre la semence et des plantules
substrat	a - sable b - limon c - argile	détermine avec la pluviosité la disponibilité d'eau et sa variabilité dans l'espace et le temps à la surface et en profondeur
pluviosité annuelle	100, 200, 300, 400 500 mm	détermine avec le substrat la disponibilité d'eau, la présence des espèces, et la production semencier
perturbation du milieu	a - non ou peu exploité b - exploitation intense	détermine la productivité en biomasse et en semence et l'importance relative des représentants des classes de vitesse de germination

Table 4.3.5. The variables that must be known for the estimation of the aerial biomass at the beginning of the period of major growth. (Rapid germination: appearance of seedlings ≤ 2 days after rainfall, slow >2 days.)

Mais celle des espèces à germination lente concerne relativement beaucoup de plantules qui commencent justement à se développer.

Le tableau indique que la biomasse au début de la 'grande croissance' au ranch de Niono pourrait varier entre 3 et 540 kg ha^{-1}. En réalité la variation est beaucoup plus limitée: on s'attend en général à une biomasse de 25-50 kg ha^{-1} (en matière sèche) au début de la 'grande croissance'. Mais après un démarrage de l'hivernage avec des arrêts de pluie extrêmement longs ou fréquents, des valeurs plus basses peuvent être observées, surtout sur le sable. C'était le cas par exemple en 1979, quand des valeurs en dessous de 1 kg ha^{-1} n'étaient pas rares.

Le tableau montre que la contribution à la biomasse des espèces à germination lente au début de la grande croissance, en comparaison avec celle des espèces à germination rapide, est la plus basse sur le sable. Elle augmente à mesure que l'hétérogénéité du terrain (ruissellement et écoulement sur le limon et l'argile) l'exploitation et les pertes de plantules au début de l'hivernage augmentent.

Par comparaison de la situation sans exploitation et celle avec exploitation intense il résulte que les variations interannuelles diminuent avec l'augmentation de l'intensité d'exploitation: l'effet des pertes de plantules au début de l'hivernage est moindre. Mais il faut dans ce cas qu'il n'y ait pas de pertes notables de plantules à cause du broutage même.

L'exemple ci-dessus du ranch de Niono ne peut pas être utilisé ailleurs sans modification, quoique les tendances évolutives indiquées restent les mêmes. Ce qui changera en regardant une zone plus étendue c'est le rapport entre les espèces lentes et rapides dans la biomasse à la fin de l'hivernage. Dans la partie 6.4 (tableau 6.4.3) il sera montré que

Tableau 4.3.6. La biomasse totale des plantules en matière sèche (kg ha^{-1}) au début de la 'grande croissance' en rapport avec le substrat et l'intensité d'exploitation à des niveaux différents de survie de plantules au début de l'hivernage, avec l'indication de l'importance relative des espèces à germination rapide (r) et lente (l) en pourcentage de la biomasse totale. Le stock semencier sur lequel les estimations ont été basées est celui des végétations hypothétiques des 6 cas: 3 substrats, non- ou peu exploités (±) ou à exploitation intense (++). L'importance relative des 2 groupes d'espèces à la fin de la croissance égale des valeurs moyennes sur 3 années au ranch de Niono. La biomasse des végétations non- ou peu exploitées sur sable, limon et argile y était composée pour respectivement 95, 60 et 75% des espèces à germination rapide, et pour l'exploitation intense respectivement 50, 60 et 65%.

Substrat		Sable				Limon				Argile			
Exploitation		±		++		±		++		±		++	
Vitesse de germination		r	l	r	l	r	l	r	l	r	l	r	l
germination maximale	(kg ha^{-1})	540		55		70		40		30		25	
	(%)	99	1	33	67	43	57	23	77	50	50	41	59
survie 10%	(kg ha^{-1})	380		35		50		30		25		20	
	(%)	99	1	11	89	44	56	23	77	42	58	34	67
survie 1%	(kg ha^{-1})	40		15		25		9		15		15	
	(%)	94	6	20	80	8	92	23	77	11	89	7	93
survie 0,1%	(kg ha^{-1})	6		13		23							
	(%)	63	37	22	78	2	98						
survie 0,01%	(kg ha^{-1})	3											
	(%)	15	85										

Table 4.3.6. The total biomass of the seedlings in dry matter (kg ha^{-1}) at the beginning of the 'period of major growth' in relation to the substratum and the intensity of exploitation at different levels of the survival of seedlings at the beginning of the rainy season, with an indication of the relative importance of rapidly (r) and slowly (l) germinating species in percentage of the total biomass.The seed reserve on which the estimations were based is that of hypothetical vegetations in 6 cases: 3 substrata unexploited or barely exploited (±) or intensively exploited (++). The relative importance of the 2 groups equals the mean values over 3 years at the Niono ranch. The biomass of the vegetations unexploited or barely exploited on sand, loam and clay composed for respectively 95, 60 and 75% of rapidly germinating species and for intensive exploitation respectively 50, 60 and 65%.

ce rapport est quand même assez constant. Il y a une certaine différence entre le ranch et le trajet nord-sud, par le fait que le sable au ranch est assez fin - ce qui favorise la formation d'une croûte - et par la dominance relative des espèces à germination lente par leur caractère pionnier. Cette dominance des espèces pionnières date de la disparition de l'espèce pérenne par la sécheresse (Breman et Cissé, 1977).

Plus important pour une extrapolation des estimations du tableau 4.3.6 est le rôle de la pluviosité annuelle totale. La proportionnalité entre la pluviosité et la biomasse produite annuellement, et le rapport biomasse/production semencière (partie 4.3.5) causeront un stock diminuant de semences en allant du sud du Sahel au nord. Ce gradient ne sera pas très différent du gradient de la biomasse totale (partie 6.3). L'irrégularité des pluies augmente à mesure que la pluviosité diminue (partie 3.2) et on doit s'attendre à un plus grand risque de perte des plantules en allant de Niono au nord, et à un moins grand risque en allant au sud. Parallèlement il y a moins de jours à une humidité du sol telle que les plantules peuvent se développer déjà avant la 'grande croissance' en allant au nord et il y en a plus en allant au sud.

Aussi supposons-nous que la biomasse aérienne plus racinaire au début de la grande croissance sera en moyenne d'environ 20 kg ha^{-1} au milieu du Sahel, mais moins de 5 kg ha^{-1} dans la partie nord du Sahel, contre 25-50 kg ha^{-1} dans la partie sud.

4.3.4 Croissance végétative

La biomasse totale produite au cours de la croissance est surtout déterminée par les facteurs limitatifs qui sont pour les pâturages naturels au premier plan la fertilité du sol et au deuxième plan - mais de plus en plus important vers le nord - la disponibilité d'eau. Mais toutes les espèces n'ont pas la même efficacité d'utilisation de ces facteurs et ceci donne des écarts énormes entre l'importance des espèces diverses dans la biomasse à la fin de la croissance. Les espèces peuvent se distinguer sur 3 niveaux: la biomasse au début de la croissance, la vitesse relative de la croissance et la durée de la croissance. La biomasse au début de l'hivernage est déterminée par le succès des espèces dans les différentes phases de leur cycle, traitées ici et dans les parties 4.3.3, 4.3.5 et 4.3.6. La vitesse et la durée de croissance seront présentées maintenant, suivies de quelques remarques sur le phénomène de compétition. Ici encore plus qu'ailleurs dans cette partie 4.3 plusieurs propriétés de plantes seront traitées pour lesquelles on tire finalement la conclusion qu'elles sont d'une importance secondaire pour comprendre la production des pâturages sahéliens et le dynamisme de leur composition floristique (voir parties 4.3.4.3 et 4.3.7). On présente quand même ces propriétés pour faire connaître nos arguments de choix entre la qualification 'principale' et 'secondaire'. Et aussi pour communiquer quand même les résultats des expériences concernant des propriétés qualifiées finalement comme 'secondaire' finalement, pour ceux qui s'intéressent professionnellement à la matière.

4.3.4.1 Vitesse de croissance

La vitesse relative de croissance d'une espèce, c'est-à-dire l'augmentation de sa biomasse par rapport à la biomasse déjà présente, est souvent caractérisée par le changement dans le temps du produit $\beta \times \Omega$ (De Wit, 1960). β est une expression de la morphologie, de la stratégie de la croissance, Ω est une expression de la physiologie d'une espèce.

La valeur β est la puissance explorative de l'espèce. Elle caractérise l'influence du développement des plantes sur la croissance des autres plantes de la même espèce. Par extrapolation de la diminution de cette influence à une diminution de la densité (nombre de plantes par m^2), on obtient la valeur limite β pour la situation où la densité est infiniment limitée. C'est-à-dire, β est l'espace qu'un pied isolé sait occuper s'il n'y a aucune influence de la part des autres pieds. Cette valeur a une base morphologique, c'est une expression de la manière dont la plante pousse, de la forme qu'elle adopte en se développant. La valeur de β change dans le temps par rapport étroit à l'environnement physique et biologique en n'est donc pas caractéristique pour une espèce. Mais typique pour une espèce dans une certaine condition est la vitesse d'augmentation de β dans le temps, ou mieux la vitesse relative de croissance de β (VRC_β). La VRC_β détermine l'espace à occuper potentiellement dans un certain temps (aussi bien l'espace aérien que l'espace souterrain). La valeur en question a été déterminée pour certaines espèces saheliennes pour des conditions de croissance optimales, c'est-à-dire ni l'eau, ni des minéraux ou l'azote ne sont limitatifs. Pour les plantes entières on a trouvé des valeurs de 2 ordres de grandeur. Plusieurs graminées examinées dans nos expériences en chambre climatique ont une VRC_β de 0,15-0,20 $jour^{-1}$, mais certaines (*Schoenefeldia gracilis, Panicum laetum, Digitaria exilis*) rejoignent les 3 dicotylédones étudiées (*Borreria radiata, Zornia glochidiata* et *Cassia Tora*). Ces espèces ont une VRC_β de 0,05-0,10 $jour^{-1}$. Mais si l'on se limite seulement aux parties aériennes, toutes les espèces étudiées montrent à peu près la même valeur de 0,15-0,20 $jour^{-1}$ pour les 3-4 premières semaines de la croissance.

Le deuxième facteur déterminant la vitesse de croissance (expression utilisée ici pour indiquer les différences spécifiques des espèces) est la variable Ω. Sa VRC forme la puissance exploitative d'une espèce. C'est la mesure dans laquelle la plante sait réellement remplir l'espace à explorer vu la VRC_β, à l'intermédiaire de la photosynthèse. Mais tandis que la VRC_β peut différer d'une espèce à l'autre dans des conditions comparables, la VRC_Ω est d'une constance remarquable: le règne végétal se sépare globalement en 2 groupes suivant l'efficacité de leur photosynthèse, les espèces C_3 et C_4 (voir partie 4.2). Nous n'avons pas des données très sûres concernant des valeurs de VRC_Ω des espèces diverses, mais les valeurs du coefficient de transpiration - un bon indicateur de l'efficacité de la photosynthèse - montrent bien les 2 groupes auxquels on pouvait s'attendre. Pour 9 espèces de graminées des valeurs de 150-300 l kg^{-1} de matière sèche produit ont été trouvées en chambre climatique, où les plantes ont été cultivées sans manque d'eau et de minéraux. La longueur de la journée simulée, la température et l'humidité de l'air du jour et de la nuit étaient égales aux valeurs moyennes de l'hivernage à Niono, mais l'intensité de la radiation n'était que la moitié de celle du terrain. La valeur minimale pour les graminées en question était de 150 l kg^{-1}, valeur typique pour les espèces C_4. Pour les dicotylédones qu'on a étudiées on a obtenu des valeurs de 300-350 l kg^{-1}, caractéristique pour les espèces C_3. Mais pour elles des valeurs au dessus de 400 l kg^{-1} n'étaient pas rares.

Il reste maintenant à savoir si les données précédentes, obtenues dans des conditions optimales en chambre climatique, sont encore valables dans des conditions saheliennes. Au Sahel, les conditions sont loin d'être optimales par les sols pauvres et la disponibilité limitée d'eau. Malheureusement, les valeurs β et Ω n'ont pas été étudiées dans de telles situations par un manque de temps et de moyens. Trop d'expériences devraient être faites, même si on se limitait aux combinaisons de 3 variables seulement: la limitation d'eau, d'azote et de phosphore. Nous espérons cependant que la caractérisation des espèces par leurs valeurs de β et Ω dans des conditions optimales aide à comprendre leur comportement dans des conditions sub-optimales naturelles. C'est le cas si le rapport entre les valeurs de β et Ω d'une espèce et celles des autres espèces ne change pas trop quand les conditions de croissance changent d'optimales en sous-optimales. Mais le rapport en question changera si ce changement provoque chez certaines espèces des adaptations spécifiques qui sont telles qu'elles peuvent mieux assurer la photosynthèse. La photosynthèse dépendra comme processus biochimique fortement de l'environnement. Dans des conditions naturelles la VRC_{Ω}-max ne sera réalisée que rarement, notamment s'il n'y a pas du tout de facteur limitatif (voir partie 4.2). C'est par des adaptations structurales (β!) qu'une espèce peut essayer de garder sa photosynthèse élevée, peut essayer de continuer son fontionnement dans des conditions extrêmement difficiles du milieu comme le manque d'eau ou des minéraux, une température très élevée etc. Si de pareilles adaptations ne se manifestent pas dans des conditions optimales, on devrait observer une moindre diminution de la vitesse de croissance dans des conditions sous-optimales pour des espèces qui s'adaptent aussi bien que pour des espèces sans adaptation.

Au Sahel on pourrait s'attendre à des adaptations spécifiques aux facteurs de l'environnement comme la disponibilité de l'eau, la fertilité du sol et la température. La lumière ne pourrait jouer un rôle que pour des milieux avec beaucoup de ligneux. Mais ici seulement des adaptations comptent, qui signifient un changement du comportement lié au changement d'un ou de plusieurs des facteurs cités, car ce ne sera que dans ce cas que la VRC_{β} s'améliore en comparaison des VRC_{β} des espèces sans l'adaptation. La régulation effective des stomates en est un exemple (voir partie 4.2). Ce mécanisme favorisera certainement les graminées *Schoenefeldia gracilis, Loudetia togoensis* et *Diheteropogon hagerupii* en comparaison avec la dicotylédone *Borreria stachydea* à une disponibilité limitée d'eau, dans le cas des monocultures.

En ce qui concerne le comportement vis-à-vis d'un manque d'eau en général, on a l'habitude de parler des espèces 'économiques' et 'dépensières', qui se distinguent par le degré de l'humidité du sol du moment où elles arrêtent la photosynthèse et la transpiration quand le sol commence à sécher (par exemple Lof, 1976). Au cours d'une étude de quelques espèces sahéliennes, nous avons eu l'impression qu'il vaut mieux ne pas trop accentuer cet aspect comme une propriété simple d'une plante: il n'existe pas des plantes 'économiques' et des plantes 'dépensières' comme on distingue des plantes C_3 et C_4. On peut observer plutôt plusieurs propriétés des plantes qui renforcent soit le caractère 'économique' soit le caractère 'dépensier'. Un exemple est justement la propriété C_3 ou C_4 mais aussi la capacité régulatrice des stomates. La somme des effets de telles propriétés se traduisera par le degré de diminution de la croissance et par le changement du coefficient de transpiration si le milieu devient sec. Les observations faites sur quelques espèces sont présentées dans le tableau 4.3.7 et elles montrent bien que les 2 phénomènes ne se développent pas parallèlement. Etant donné l'influence sur le coefficient de transpiration les différences entre les espèces se limitent à 20% entre les valeurs extrêmes. Pour ce qui est du retard de croissance, la différence entre les extrêmes (*Cassia Tora* et *Eragrostis tremula*, voir tableau 4.3.8) est beaucoup plus grande (retard de 6 ou 2,5 jours sur une période totale de 10 jours). Et il faut signaler que les espèces avec le retard le plus grand, *Cassia Tora, Diheteropogon hagerupii* et *Pennisetum pedicellatum*, ne pénètrent au nord qu'aux endroits ombrageux à écoulement.

Vu le fait qu'au Sahel la fertilité du sol limite souvent la croissance, on pourrait s'attendre à des adaptations permettant aux plantes de s'accommoder de la disponibilité limitée d'azote, de phosphore etc. Ceci pourrait être un meilleur développement des racines, plus étendues ou plus en profondeur (voir partie 4.5), une absorption plus efficace par une surface plus grande par unité de longueur ou par une association spécifi-

Tableau 4.3.7. L'influence de la sécheresse sur le changement du coefficient de transpiration (C.T.) et la croissance de quelques espèces sahéliennes. Les plantes ont été cultivées en pots en chambre climatique. Le comportement des espèces a été étudié en faisant sécher le substrat 10x successives jusqu'au point de flétrissure, avant de remettre le stock d'eau à la capacité du champ ('plantes sèches'), en comparaison avec le comportement à une disponibilité d'eau optimale ('plantes humides').

Espèce	C.T. plantes sèches / C.T. plantes humides	Retard de croissance des plantes sèches (en jours par 10 jours de croissance en conditions humides)
Schoenefeldia gracilis	0,91	3,0
Pennisetum pedicellatum	0,95	4,5
Zornia glochidiata	0,96	4,0
Aristida adscensionis	0,97	4,0
Cassia Tora	1,06	6,0
Panicum laetum	1,06	4,5
Diheteropogon hagerupii	1,07	5,5
Eragrostis tremula	1,13	2,5

Table 4.3.7. The influence of drought on the change of the transpiration coefficient (C.T.) and growth of some Sahel species. The plants were cultivated in pots in a climatic chamber. The behaviour of the species was studied by allowing the substratum to dry out 10x successively, until wilting point was reached, before replenishing the water reserve to field capacity ('plantes sèches'), compared with the behaviour with optimum availability of water ('plantes humides').

que avec des mycorhizes (voir partie 5.4.5), etc. Ni des expériences au ranch de Niono sur l'ensemble de la végétation de plusieurs substrats (partie 4.5.5), ni des essais dans la chambre climatique avec quelques espèces n'ont révélé une différence significative de la biomasse totale des racines à cause d'une utilisation d'engrais; c'est la partie aérienne qui profite du traitement et par conséquent le rapport partie aérienne/racine augmente. Ceci est une indication indirecte d'un investissement maximal, au moins des espèces dominantes, dans les racines, pour des conditions naturelles au Sahel.

Il existe certainement des différences entre les espèces en ce qui concerne l'efficacité avec laquelle elles occupent l'espace aérien et l'espace souterrain. Le fait signalé que les valeurs de VRC_β des parties aériennes des espèces étudiées sont à peu près les mêmes, tandis que les valeurs des plantes entières montrent des différences significatives, en est une indication nette. Cependant sur le terrain, dans les conditions naturelles, on n'a pas observé des différences notables d'efficacité d'absorption d'azote et de phosphore entre 10 espèces étudiées: elles absorbaient toutes 15-18 kg ha^{-1} de N et 1-1,5 kg ha^{-1} de P. Mais des différences apparaissaient entre des espèces après une application de 30 kg ha^{-1} de N et 10 kg ha^{-1} de P. L'absorption varie entre des valeurs de respectivement 30 et 3 kg ha^{-1} de N et de P et de 75 et 10 kg ha^{-1} (sur le sable au ranch de Niono en 1978; voir aussi les fig. 5.2.10 et 5.2.11). Mais la répartition des espèces en question ne supporte pas l'idée de l'avantage qu'elles devraient avoir d'une absorption élevée de N et de P. *Tribulis terrestris*, à l'absorption la plus élevée dans l'expérience, ne se trouve pas là où il y a un grand manque d'azote, bien au contraire, on l'observe aux endroits avec un apport important de fumure. C'est une espèce appelée 'nitrophile'. Si l'on considère leur répartition limitée, on pourrait penser que ces espèces sont peu adaptées à la pauvreté du sol au Sahel. Si cette idée est juste il faut s'attendre à une répartition

Tableau 4.3.8. Le comportement de quelques espèces sahéliennes en ce qui concerne le photopériodisme, pour les variétés de la latitude de Niono, dans la situation de cette latitude. Les espèces du type I réagissent sur la longueur du jour dès leur germination, celles du type II deviennent sensibles quelque temps après. *Borreria radiata* au moins doit avoir des variétés avec une longueur de la phase végétative beaucoup plus courte, car sa zone de répartition s'étale au nord de la latitude de 17° nord, où le nombre de jours de croissance ne dépasse pas 20 en général; la longueur de la phase végétative est donnée après une germination le 15 juillet, à côté des valeurs minimales et maximales observées au cours des expériences sur un terrain irrigué; la production après la floraison est négligeable (-), peu important (p) ou d'une certaine importance (+).

Espèce	Type	Longueur de la phase végétative en jours			Production
		15/7	max.	min.	après floraison
Tribulis terrestris		environ 15	20	8	+
Panicum laetum		environ 25	29	21	-
Dactyloctenium aegyptium	II	28	39	25	p
Zornia glochidiata	II?	30	38	20	+
Cenchrus biflorus	II	30	44	22	+
Alysicarpus ovalifolius	II	33	35	20	+
Eragrostis tremula		environ 35	35	19	-
Cassia Tora	II	36	67	34	+
Elionurus elegans	I ?	40	46	25	-
Borreria chaetocephala	I	40	66	29	p
Schoenefeldia gracilis	II	40	70	30	-
Borreria stachydea	I	45	93	34	p
Indigofera astragalina	I	45	104	31	+
Pennisetum pedicellatum	I	45	123	35	-
Blepharis linariifolia	II?	46	56	37	p
Borreria radiata	I	47	90	42	p
Diheteropogon hagerupii	I ?	55	environ 75	37	-
Cassia mimosoides	I	68	137	46	+

Table 4.3.8. The behaviour of several Sahel species with regard to photoperiodism, for the varieties from the latitude of Niono, in the situation of this latitude. The species of type I react upon the daylength as early as their germination, those of type II are getting sensitive some time later. *Borreria radiata* at least must have some varieties with a much shorter vegetative phase, because its zone of distribution extends north of latitude 17° north, where the number of days of growth generally does not exceed 20; the length of the vegetative phase is given for a germination on 15 July, next to some minimum and maximum values observed during the experiments on irrigated land; production after flowering is negligible (-), slightly important (p) or of a certain importance (+).

plus importante au nord de l'isohyète de 300 mm où l'azote n'est pas le facteur limitatif dominant (voir partie 6.3). C'est le cas pour *Tribulis terrestris* et aussi pour *Chloris Prieurii* (d'autres espèces nitrophiles, comme *Cassia Tora* et *Acanthospermum hispidum* ne montrent pas ce phénomène, mais leur cycle de croissance est trop long pour qu'elles puissent vivre dans le nord). *Chloris Prieurii* n'est abondante dans la partie sud du Sahel qu'aux emplacements anciens du bétail et l'espèce encercle à une certaine distance des parcs et des points d'eau sur le sable. Elle apparaît abondamment après l'apport de phosphate.

Il reste 2 propriétés spéciales pour pallier la pauvreté du Sahel en azote, la symbiose des légumineuses à *Rhizobium*, et l'association des graminées à d'autres fixateurs d'azote, certaines bactéries libres (voir partie 5.3). Mais pour pouvoir profiter d'un tel avantage il ne faut pas un manque de phosphore à côté du manque d'azote.

4.3.4.2 La durée de croissance

On s'attendrait à une durée de croissance déterminée par les facteurs limitatifs principaux, traités déjà pour la vitesse de croissance (partie 4.3.4.1).

Il n'existe pas une relation directe entre une utilisation lente ou rapide de l'eau ou d'autres éléments disponibles en petites quantités et la durée de vie des espèces. Une raison est certainement qu'une espèce ne pousse presque jamais isolément d'autres et si elle économise l'utilisation de l'eau ou de l'azote et du phosphore par exemple, les autres espèces en profitent et la stratégie ne mènera donc pas à une durée de croissance plus longue. Faire rapidement beaucoup de choses avec peu de moyens semble au Sahel la formule de succès. C'est la formule des espèces C_4, qui produisent beaucoup de produits de la photosynthèse avec relativement peu d'eau et qui savent mieux diluer le peu d'azote disponible (voir partie 5.2). De tels processus ont quand même lieu dans un certain laps de temps, dont la longueur pour beaucoup d'espèces est déterminée génétiquement et est contrôlée par la longueur de la journée, par l'intermédiaire d'un mécanisme physiologique, nommé le photopériodisme.

Le photopériodisme joue un rôle par son influence prépondérante sur la date de la floraison. Ce n'est pas seulement la fin de la croissance végétative mais en même temps dans beaucoup de cas le moment où les racines cessent de croître et d'absorber de l'azote (partie 5.2). Ce mécanisme permet de comprendre pourquoi il reste souvent de l'eau dans le sol à la fin de la saison de croissance (partie 4.4). Merlier (1972) signale déjà le rôle joué par la longueur de la journée sur la vitesse de développement de plusieurs espèces sahéliennes. Malheureusement, ni ses résultats ni les nôtres ne permettent de présenter ici une liste qui donne le rapport longueur de la journée-longueur de la croissance végétative. Ce rapport dépend de plusieurs facteurs.

D'abord il faut distinguer 2 types des plantes: les plantes du type I ne réagissent pas sur la longueur de la journée dès leur germination, et les plantes du type II qui sont toujours sensibles au photopériodisme dès leur germination (voir la fig. 4.3.5). Bienque le nombre d'observations soit encore restreint, on a l'impression que le rapport entre la longueur de la journée et celle de la phase végétative du type I (par exemple *Pennisetum pedicellatum*) est représentatif pour les espèces qui ont leur répartition surtout à la savane. L'induction de la floraison ne se fait pas dès la germination, mais plus tard, après le 21 juin. Ceci a comme conséquence que des plantes germées tôt à la suite de pluies précoces profiteront d'une longue saison de croissance. Caractéristique pour le Sahel est cependant le type II (par exemple *Cenchrus biflorus*). Pour parler une fois anthropomorphiquement, de telles plantes ne prennent pas le risque qu'un hivernage commencé très tôt ne continue pas et elles fleurissent plus vite quand elles ont germé bien avant le 21 juin, que si elles ont germé aux alentours de cette date. Si elles germent après cette date elles fleurissent à nouveau de plus en plus vite. Dans le cas extrême, quand un hivernage est séparé en 2 par une période sèche - ce qui n'est pas rare dans la partie nord du Sahel - il y a des espèces qui profitent de leur stratégie du type II et

Fig. 4.3.5. Les longueurs de la phase végétative en rapport avec les dates de germination pour 2 types de photopériodisme, et l'évolution de la longueur de la journée (----) au cours de l'année à Niono (14° 20' N). (Type I, *Pennisetum pedicellatum* (×); type II, *Schoenefeldia gracilis* (o) et *Cenchrus biflorus* (✱); expériences au terrain irrigué.)

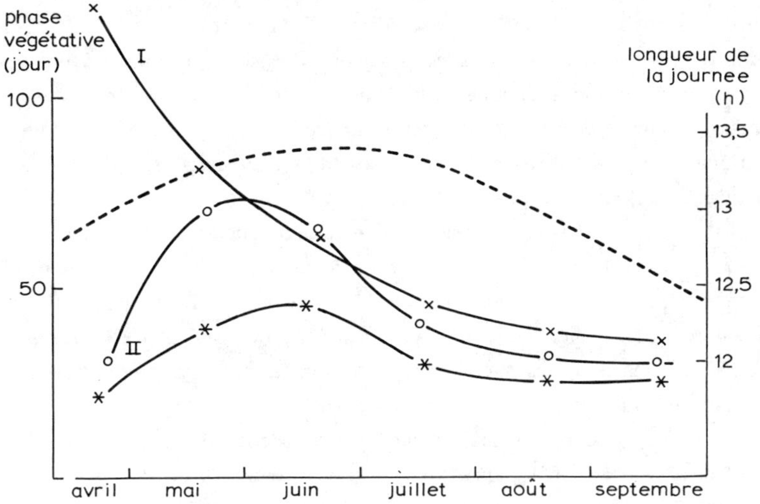

Fig. 4.3.5. The lengths of the vegetative phase in relation to the dates of germination, for 2 types of photoperiodism, and the course of the daylength (----) during the year at Niono (14° 20' N). (Type I, *Pennisetum pedicellatum* (×); type II, *Schoenefeldia gracilis* (o) and *Cenchrus biflorus* (✱); experiments on irrigated land.)

ainsi elles germent et fleurissent 2x (par exemple *Tribulis terrestris*).

Une autre sub-division est celle suivant le moment de l'induction; plantes très jeunes déjà sensibles à l'induction de la floraison par la longueur de la journée: par exemple *Zornia glochidiata* et *Alysicarpus ovalifolius* (≤1 semaine); plantes sensibles quand elles sont un peu plus âgées: *Cenchrus biflorus, Dactyloctenium aegyptium* et *Chloris Prieurii*; plantes sensibles quand elles sont encore plus âgées: par exemple *Schoenefeldia gracilis* et *Pennisetum pedicellatum*. Ceci explique pourquoi il y a un parallèle plus net entre la courbe de la longueur de la journée et celle de la longueur de la phase végétative vu la date de germination pour *Cenchrus biflorus* que pour *Schoenefeldia gracilis*: la période de la pointe de la courbe (= phase végétative la plus longue) de cette dernière espèce se trouve avant le 21 juin (voir la fig. 4.3.5). Ceci a des conséquences en cas d'arrêt de croissance au début de l'hivernage, car il faut savoir s'il n'y a qu'un arrêt de la photosynthèse et d'augmentation de biomasse dans de tel cas, ou si la plante arrête aussi de se développer morphologiquement et physiologiquement. A nouveau il n'y a pas une seule réponse. D'une part on a le cas extrême de *Panicum laetum* qui continue à se développer normalement malgré un arrêt de croissance. Cela semble moins bizarre si l'on se réalise que la sécheresse sera assez rare pour la majorité des plantes de cette espèce, qui pousse surtout dans les dépressions qui reçoivent l'eau de ruissellement. D'autre part on a des espèces comme *Schoenefeldia gracilis* et *Alysicarpus ovalifolius* qui arrêtent leur développement complètement à l'arrêt de croissance. Une position intermédiaire a *Dactyloctenium aegyptium*, qui fleurit plutôt après un arrêt de croissance comme plantule; on ne s'y attendrait pas vu le retard du développement des feuilles. *Cenchrus biflorus* forme une classe à part par une croissance végétative allongée après la reprise de la croissance. De cette manière l'espèce sait compenser l'influence d'une sécheresse sur sa productivité! Après ce qui a été dit déjà il faut se réaliser encore que la vitesse de développement diffère bien d'une espèce à l'autre, donc même si l'induction de la floraison se fait pour des espèces à un même âge, à une même longueur du jour, elles ne fleurissent pas au même moment. Pour compliquer encore plus l'image, cette vitesse de développement est en rapport avec la durée du jour et la température. Une augmentation nette de la vitesse de développement à des températures élevées avant l'hivernage a été constatée pour par exemple *Cenchrus biflorus* et *Schoenefeldia gracilis*.

La somme totale des relations décrites n'est pas encore une longueur de la phase végétative pour une espèce qu'on fait germer à un endroit et à un moment déterminé. Nous avons constaté que la longueur dépendra de la latitude où l'on a ramassé la semence. Pour les 3 espèces étudiées - *Cenchrus biflorus*, *Schoenefeldia gracilis* et *Zornia glochidiata* - on observait pour une croissance dans les mêmes conditions un cycle qui diminue à mesure que la semence a été produite plus au nord (voir la fig. 4.3.6).

Le fait que la longueur du jour détermine pour beaucoup d'espèces la durée de la phase végétative, donc de la durée de la croissance végétative - le sujet de ce sous-paragraphe - ne veut pas encore dire que le photopériodisme détermine la durée de la croissance productive. Mais c'est au moins le cas pour la plupart des espèces graminéennes du Sahel. Une exception nette est *Cenchrus biflorus*, qui - même après avoir produit des graines mûres - donne de nouvelles ramifications après des pluies tardives. Pour les dicotylédones il est normal que la croissance continue après le début de la floraison.

Pour finir, le tableau 4.3.8 rassemble les données disponibles sur le comportement de quelques espèces en fonction du photopériodisme.

Fig. 4.3.6. Longueur de la phase végétative en rapport avec la date de germination à la latitude de 14° 20' N, pour *Schoenefeldia gracilis*, dont la semence a été ramassée à 12° 40' N (o), à 14° 20' N (.) et à 15° 30' N (×). (Expériences au terrain irrigué.)

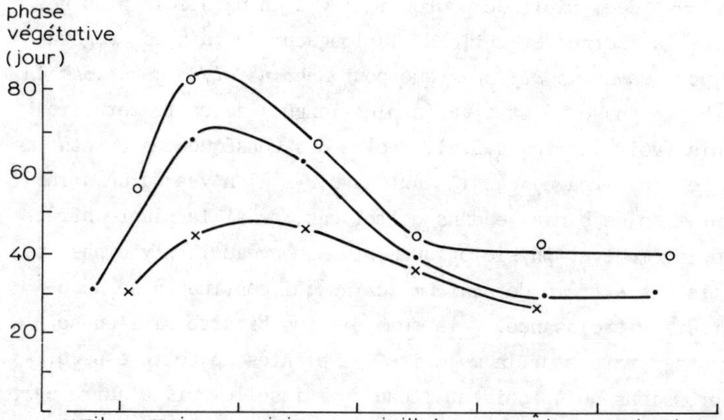

Fig. 4.3.6. Length of the vegetative phase in relation to the date of germination at the latitude 14° 20' N, for *Schoenefeldia gracilis*, the seeds of which were harvested at 12° 40' N (o), 14° 20' N (.) et à 15° 30' N (×). (Experiments on irrigated land.)

4.3.4.3 La production de biomasse

Il n'est pas facile à prévoir le succès des espèces comme producteurs de biomasse, même si toutes les propriétés mentionnées jusqu'ici sont bien connues. Car il ne s'agit jamais de monocultures, donc il faut tenir compte de la compétition entre les espèces qui composent la végétation. Spitters et Van den Bergh (1981) résument les facteurs qui déterminent l'aptitude à la compétition comme suit:
- l'espace qu'une espèce peut occuper au début de la saison de croissance; un bon démarrage est réalisé par un nombre élevé de plantes, par une émergence hative et par de grosses graines;
- la vitesse relative avec laquelle un seul pied d'une espèce peut remplir l'espace qu'il occupe déjà;
- la chance de s'appropier le facteur limitatif.

De nombreuses observations sur le terrain de la dominance des espèces au cours des années en rapport avec l'endroit de croissance, aident à spécifier les propriétés d'une importance prépondérante pour les espèces sahéliennes dans ce contexte:
- la germination rapide;
- la photosynthèse du type C_4;
- une longueur de cycle végétatif juste en dessous de la longuer de la période où il y a de l'eau disponible.

Les arguments seront présentés au chapitre 6, à côté de ceux de ce chapitre.

4.3.5 La croissance générative

Les 2 phases de la vie des plantes, décrites dans ce qui précède, déterminent surtout la biomasse produite par espèce pour une certaine saison de croissance. Mais la phase traitée ici forme la base de chaque espèce pour la saison suivante, et elle détermine en même temps la fraction de la biomasse qui gardera une qualité raisonnable au cours de la saison sèche.

Quelle que soit l'espèce, le succès de la floraison - la formation des ovaires et après celle des graines - dépendra fortement de la disponibilité d'eau pendant cette époque. Une phase végétative prolongée, qui donne à une espèce la possibilité de former beaucoup de biomasse, entraîne en même temps le risque, que peu de cette biomasse puisse être transformée en semences. On parle ici d'une transformation, car comme signalé, la biomasse n'augmente que peu pour beaucoup d'espèces après le début de la floraison. Les espèces C_4 produisent des semences en diluant l'azote absorbé, les espèces C_3 - qui continuent à croître après la floraison - ne diluent pas beaucoup leur azote et elles dépendront vraisemblablement plus de la petite quantité d'azote encore disponible dans le sol à la fin de la saison des pluies. Voir aussi partie 5.2.2.

Nous n'avons pas pu analyser ces processus pour des espèces sahéliennes, mais on a obtenu une impression de leur production de semences et sa variabilité pour quelques espèces typiques. Bille (1977) présente une longue liste d'espèces et leur production semencière en poids aussi bien qu'en nombre, mais ces données sont fortement liées à la place et à l'année en question. Gaston (1976) a déterminé la production de graines sur quelques années en rapport avec la biomasse totale et la pluviosité, mais il se limite surtout au biotope des dépressions à *Panicum laetum* et *Echinochloa colona*. Il indique qu'à des biomasses de 800 à 4.200 kg ha^{-1} la fraction de semences est de 25 à 40% respectivement. Il ne sera pas étonnant dans une zone avec un climat si variable d'un endroit à l'autre et d'une année à l'autre, que la production de semences soit très variable. Ceci est illustré par le tableau 4.3.9, qui présente le résultat d'une récolte à la fin de la saison de croissance, au ranch, au terrain expérimental irrigué à Niono, et au trajet nord-sud. Les valeurs maximales observées y sont présentées, à côté des valeurs moyennes (le minimum est zéro dans tous les cas, car il y a toujours des plantes individuelles qui ne produisent rien du tout, spécialement dans la partie nord de l'habitat de chaque espèce). Le tableau 4.3.9 montre que le nombre de graines par plante varie énormément. Ceci n'est pas étonnant après ce qui a été dit sur la variation de la densité de plantes (partie 4.3.3.2). Le poids des semences exprimé en pourcentage de la biomasse aérienne totale est beaucoup moins variable. Cette valeur semble être en rapport avec la quantité d'azote que la plante arrive à obtenir et à transporter aux ovaires (De Ridder et al., 1981). Des 2 graminées *Cenchrus biflorus*, dont la majorité des échantillons est ramassée dans la zone où la disponibilité d'eau est au moins aussi importante que celle de l'azote, a les valeurs les plus élevées (maximums et moyennes!): ses semences forment 10% du poids de la biomasse totale. Pour *Schoenefeldia gracilis*, qui pousse en général plus au sud, ce chiffre est 6%. Mais en se limitant aux observations du ranch, qui se trouve déjà dans la région où les minéraux limitent la production, on a trouvé 3% seulement. Pour *Diheteropogon hagerupii* on a observé la même valeur au ranch, mais elle augmente à 7% par une fertilisation. Pour les 2 dicotylédones, qui continuent à croître après le début de la

Tableau 4.3.9. La production semencière de 4 espèces sahéliennes, vu le nombre de graines par plante et comme pourcentage de la biomasse totale, avec le poids des graines et l'importance relative de leur azote en comparaison avec la quantité totale d'azote dans la plante à la fin de la croissance. (Observations de 1978 au trajet, au ranch et sur un terrain irrigué à Niono; valeur moyenne est une moyenne pondérée vu la biomasse et la densité des plantes des espèces à la fin de leur croissance au centre de leurs zones de répartition.)

Espèce	Nombre de graines par plante		Poids des graines comme % de la biomasse totale		Quantité de N des graines comme % de la quantité totale		Poids de 1.000 graines en g	
	moy.	max.	moy.	max.	moy.	max.	moy.	max.
Cenchrus biflorus	40	2.782	10	18	25	50	2,5	4,4
Schoenefeldia gracilis	350	16.869	6	13	19	34	0,1	0,2
Borreria radiata	20	3.198	14	23	41	59	0,8	1,2
Zornia glochidiata	10	616	16	31	33	55	1,6	2,8

Table 4.3.9. Seed production of 4 Sahel species, with regard to the number of seeds per plant and as a percentage of the total biomass, with the weight of the seeds and the relative importance of their nitrogen in comparison with the total amount of nitrogen in the plant at the end of growth. (Observations of 1978 at the traject, at the ranch and on an irrigated area at Niono; mean value is a weighed mean based on the biomass and the density of the plants of the species at the end of their growth at the centre of their zones of distribution.)

Fig. 4.3.7. Le rapport entre le nombre de graines par plante et le poids des plantes individuelles pour 4 espèces sahéliennes.

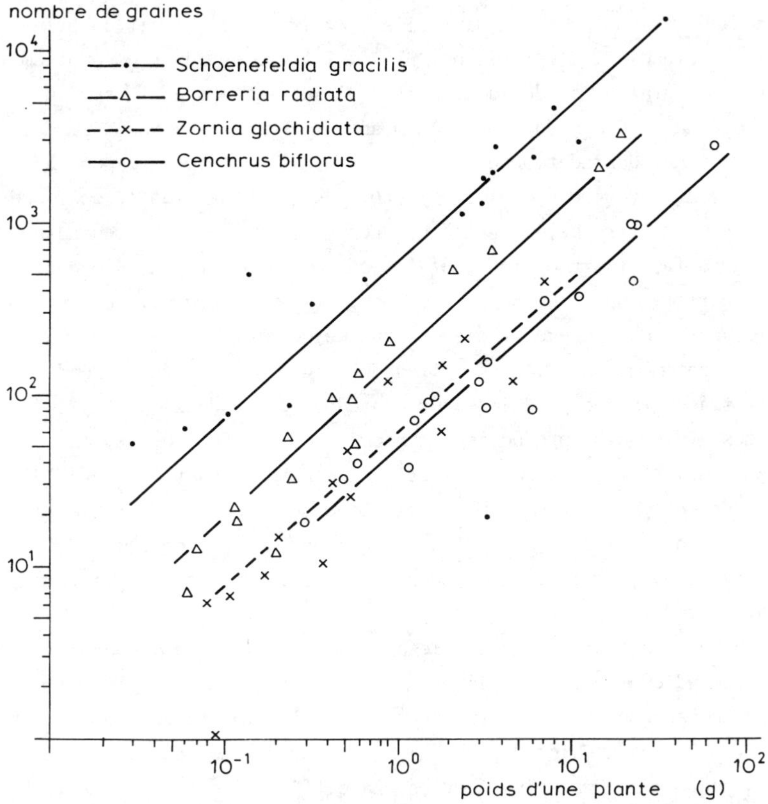

Fig. 4.3.7. The relation between the number of seeds per plant and the weight of the individual plants for 4 Sahel species.

floraison, on a trouvé des valeurs plus élevées. Leur semence compose de l'ordre de 15% de la biomasse maximalement.

Il sera clair que le nombre de graines par plante est fonction du poids individuel des graines et de leur poids total en comparaison avec la biomasse totale. Pour faciliter l'estimation du nombre de graines par plante on présente dans la fig. 4.3.7 pour les 4 espèces le rapport entre ce nombre et le poids total des plantes.

4.3.6 La période de repos

Le mot repos est peut-être mal choisi, il ne décrit que la vie des plantes mêmes. Bien qu'elles soient en repos sous la forme de graines, il se passe beaucoup de choses avec ces graines, et avec les restes mortes des plantes, la paille. Tout comme l'activité des plantes jusqu'ici, ce qui se passe pendant la période de repos détermine l'évolution de la quantité et de la qualité du fourrage dans le temps, l'intérêt à court terme, et la survie des espèces individuelles, l'intérêt pour la saison de croissance suivante.

4.3.6.1 Les pertes de semences

L'histoire des graines en saison sèche est difficile à analyser. Il s'agit en principe de la question du bilan semencier. C'est Bille (1977) qui a osé attaquer ce problème, par l'étude de la production de graines et de la quantité qui se trouve dans le sol au cours des saisons, à Fété Olé au Sénégal (environ 300 mm an^{-1}). Il trouve sur une production totale de 29 kg ha^{-1} an^{-1} une dégradation de la masse grainière, qui correspond à une consommation (par les oiseaux, rongeurs, insectes, etc.) de 11 kg ha^{-1} an^{-1}, donc une perte d'à peu près un tiers, un chiffre déjà signalé par Lepage (1972). Il y a cependant des différences notables entre les divers milieux, et la consommation est plus élevée dans les bas-fonds et les endroits touffus, que sur les hauteurs sablonneuses. Les déplacements, surtout par le vent, sont cependant élevés dans ce dernier milieu et les 2 autres types d'environnement ont même un bilan positif grâce à ces déplacements. Pendant l'année de l'étude, un tiers des graines produites sur les dunes a été déplacé.

Tout en connaissant ces 3 éléments, production, consommation et déplacement, on ne sait pas encore ce qui va germer réellement au cours de l'hivernage suivant. D'abord les graines ne sont pas ou ne restent pas toutes viables, elles ne se trouvent pas toutes aux endroits aptes à une germination et il y a des pertes à cause des démarrages incomplets (partie 4.3.2). Bille observait une germination moyenne de 10% environ des graines venues à bout d'une saison sèche.

Au ranch nous avons obtenu des indications sur les pertes en saison sèche de 3 végétations (celle d'une dune, d'une pénéplaine limoneuse et d'un bas-fonds argileux) en comparant la production semencière en fin d'hivernage et la germination totale de l'hivernage suivant. Le tableau 4.3.10 présente les données globales. Les pertes en poids sont de 65-90%, en nombre elles sont en général plus élevées. La différence est causée par le fait que les pertes diffèrent par espèce: globalement elles sont les plus élevées pour les graines n'ayant pas une enveloppe protectrice dure, commes celles de *Schoenefeldia gracilis*. Ceci implique que la pourriture pourrait jouer un rôle. Plus important sera cependant la perte de graines dont la germination est interrompue par une sécheresse au moment où elle est déjà irréversible mais pas encore visible (partie 4.3.3.1). Ce risque de perte est le plus élevé au début de l'hivernage, donc pour les espèces à graines sans dureté et à germination rapide.

Le tableau montre que 5-25% du nombre des graines germent, mais, comme déjà signalé, ce n'est qu'une fraction qui s'installe réellement. On pourrait se demander pourquoi s'intéresser à des pertes puisque ce n'est que la fraction qui survit qui est importante pour la végétation de l'année suivante. La fraction en question peut être si limitée que le démarrage devient vraiment lente en hivernage (voir partie 4.3.3.3) et en plus les pertes ne sont pas les mêmes pour toutes les espèces. Cela veut dire qu'il y a ici un dernier mécanisme qui favorise certaines espèces et qui défavorise d'autres. Il existe beaucoup de causes de pertes, dont les dominantes seront signalées.

Le broutage est déjà un facteur important avant que les graines soient produites: les espèces peu ou pas broutées en hivernage comme *Zornia glochidiata*, *Loudetia togoensis*, *Elionurus elegans* et *Cassia Tora* ont plus de possibilités de produire des semences que les espèces bien appétées. Certaines espèces deviennent très difficiles à manger à

Tableau 4.3.10. La production semencière (en nombre et en poids m^{-2}) de 3 végétations du ranch de Niono et les pertes de semences en saison sèche, vu l'ensemble des germinations de la saison suivante. (Déterminée sur des carrés fixes de 2 m^2, la production en poids est basée sur la biomasse par espèce, dont on estime que 3% est formée de graines chez les graminées, 15% chez les dicotylédones; la production en nombre se base sur le nombre de pieds par espèce m^{-2} et le nombre moyen de graines par pied; la germination concerne toutes les plantules observées en hivernage, négligées sont celles des pluies tardives)

	Dune sablonneuse		Pénéplaine limoneuse		Bas-fond argileux	
	g m^{-2}	nombre m^{-2}	g m^{-2}	nombre m^{-2}	g m^{-2}	nombre m^{-2}
production 1977	17	111.000	25	30.000	11	12.000
germination 1978	4	3.502	6	2.725	4	1.890
pertes (%)	76	97	76	91	64	74
production 1978	18	27.000	36	24.000	12	8.000
germination 1979	4	3.116	3	1.322	2	1.555
pertes (%)	78	88	92	94	83	81

Table 4.3.10. Seed production (in number and weight m^{-2}) of 3 vegetations of the Niono ranch and the losses of seeds in the dry season, with regard to all the germinations of the following season. (Determined on squares fixed of 2 m^2, the production in weight is based on the biomass per species, of which it is estimated that 3% is formed by graminaceous seeds, 15% of dicotyledons; the production in number is based on the number of shoots per species m^{-2} and the mean number of seeds per shoot; the germination concerns all the seedlings observed in the rainy season, disregarding those of late rains.)

partir de la fructification. *Tribulis terrestris*, *Cenchrus biflorus* et les *Aristidae*, toutes ayant des fruits avec des épines sont de bons exemples. Ce qui compte en pleine saison sèche, spécialement au sud où le bétail sélectionne les infructescences, c'est de savoir si les graines tombent ou restent dans les épis, comme chez *Blepharis linariifolia*.

Même le feu ne touche pas les espèces d'une même manière: des petites graines tombées échappent plus facilement que celles de *Cenchrus biflorus* par exemple, qui ont en plus une enveloppe qui brûle bien. Des espèces des zones qui brûlent fréquemment, par exemple *Diheteropogon hagerupii* et *Elionurus elegans*, ont des graines avec une protection: dans le premier cas les graines s'enfoncent dans le sol, les graines de la deuxième espèce ont une carapace protectrice. En général on peut dire que les zones dominées par des graminées brûlent beaucoup mieux que celles où dominent des dicotylédones et les bas-fonds aussi échappent souvent aux feux précoces.

Des prédateurs qui jouent un rôle sont les oiseaux, les fourmis et d'autres insectes. Morel et Morel (1972) estiment que les oiseaux granivores consomment jusqu'à 10% de la biomasse des graines produites. Quelques espèces bien recherchées sont *Panicum laetum*, *Dactyloctenium aegyptium*, *Zornia glochidiata*, etc. Gaston (1976) précise que les graines recherchées sont surtout celles qui sont rondes de 0,5-1 mg (*Echinochloa colona*, *Panicum laetum*, etc.). Il signale que ce sont les rongeurs et les insectes qui mangent plus de 95% de ces graines si les oiseaux ne le font pas.

Les fourmis, très abondantes presque partout au Sahel, collectionnent aussi beaucoup de graines, déjà au moment où elles se trouvent encore dans les épis. Leur préférence change au fur et à mesure que la saison progresse, avec la disponibilité des graines qui viennent de mûrir. Le fait que la préférence change par exemple de *Dactyloctenium aegyptium* à *Diheteropogon hagerupii* à *Pennisetum pedicellatum*, sauvegarde une fraction des semences de chaque espèce, ce qui expliquerait que la végétation de parcelles bien protégées contre les fourmis pendant une année, ne diffère pas de la végétation adjacente non-protégée, malgré la proximité des fourmilières. Pour finir on signale l'importance des insectes parasites chez *Alysicarpus ovalifolius* et *Cassia Tora*, et l'activité prépondérante des termites dans les bas-fonds touffus.

Le déplacement est une perte pour un certain habitat, mais un profit pour un autre. Le déplacement sur des distances importantes se fait par le vent, pour des graines légères, munies de structures spéciales. Granier (1975) signale qu'un tel déplacement se fait plus facilement du nord au sud qu'au sens contraire à cause de la direction du vent en saison sèche. La même chose est valable pour une autre forme de propagation des semences; à savoir dans l'estomac ou sur les poils des animaux qui se déplacent surtout au sud après l'hivernage. C'est aussi un déplacement des zones faiblement exploitées vers les zones sur-exploitées, ce qui pourrait compenser pour certaines espèces les pertes de la sur-exploitation. Le ruissellement et le vent déplacent des graines des hauteurs vers les dépressions, mais sur des distances limitées. Le vent et le ruissellement ensemble font que des glacis et d'autres plages nues se maintiennent facilement.

Une vue d'ensemble des possibilités de pertes et de déplacements est présentée dans le tableau 4.3.11 pour certaines espèces. Les déplacements, quoique très importants pour la diffusion des espèces, sont aussi des causes des pertes, notamment dans les cas où les graines se retrouvent dans des milieux où elles n'ont presque pas l'occasion de se multiplier.

4.3.6.2 Le bilan semencier et la production primaire

La question reste à répondre si les pertes totales de semences ne sont pas souvent telles que la fraction qui survit est si limitée qu'elle devient un facteur déterminant pour la production de biomasse. C'est au moins le cas pour des espèces individuelles (partie 4.3.3.3). Nous avons 3 arguments qui nous permettent de dire qu'il y a en général suffisamment de graines qui survivent.

- En ajoutant des graines dans les végétations naturelles sèches à la fin de la saison sèche, pour compenser les pertes de semences, on ne provoque pas une production plus élevée en général. Même la densité des plantes peut rester la même que celle des parcelles témoins. Il est cependant bien possible de remplacer ainsi complètement les espèces naturelles par les espèces qu'on sème (sans aucun labour).
- Au ranch nous n'avons trouvé aucun rapport entre le nombre total de plantes m^{-2} d'une végétation et la production de cette végétation. Malgré le nombre élevé d'observations, ceci pourrait s'expliquer par une trop grande quantité d'autres variables. Car les observations s'étalent sur 4 années, avec une pluviosité variable, sur 3 substrats et pour des végétations bien différentes.
- Mais nous avons étudié aussi le rapport séparément pour 2 espèces, dans des situations ou elles dominent, pour une seule saison. Il s'agit de *Schoenefeldia gracilis* sur le

Tableau 4.3.11. L'importance des mécanismes des pertes et de propagation pour les graines de certaines espèces sahéliennes.

	pertes					déplacement et propagation			
	bétail	feux	oiseaux	fourmis	parasites	vent	eau	estomac	fourrure
Aristida mutabilis		x				x			x
Cenchrus biflorus		x							x
Dactyloctenium aegyptium	x		x	x			x		
Diheteropogon hagerupii				x					
Echinochloa colona	x		x						
Eragrostis tremula								?	
Panicum laetum	x		x						
Pennisetum pedicellatum			x	x		x			
Schoenefeldia gracilis	x					x	x		x
Alysicarpus ovalifolius	x		x		x			x	
Blepharis linariifolia	x							x	
Borreria spp.							x	x	
Cassia Tora									
Tribulis terrestris			x						
Zornia glochidiata			x			x	x	x	x

Table 4.3.11. The importance of the mechanisms of losses and of propagation for the seeds of certain Sahel species.

sable et *Borreria stachydea* sur le limon. Dans les 2 cas nous avons trouvé la tendance nette d'une diminution de biomasse avec une augmentation de la densité de plantes. L'explication est que des densités élevées concernent souvent des végétations dont la majorité des plantes est apparue plus tard que celles avec une faible densité. Ces dernières ont connu une mortalité importante après une germination hative, mais les plantes qui ont pu s'installer ont eu la possibilité de croître plus longtemps.

On peut conclure qu'en général il y a plus de semences que nécessaire pour la production primaire de la saison. Ceci s'explique d'une part par le fait que la fertilité limitée du sol détermine pour une bonne part cette production (partie 5.2). Cela implique qu'une végétation qui démarre à partir d'un grand stock semencier arrête ou ralentit sa croissance plus tôt que la végétation qui se développe à partir d'un stock limité. D'autre part on peut conclure qu'il est question d'un vrai surplus de semence en général: le nombre de graines dont la germination est suivie d'une implantation efficace est déterminé par le nombre de sites aptes à une bonne installation. Ce nombre de sites est surtout déterminé par les caractéristiques d'humidification du substrat et l'importance et la distribution des pluies.

Les affirmations ci-dessus sont cependant loin d'être absolues. Si l'on ajoute des semences à la végétation naturelle, juste au début de la 'grande croissance', il est possible de réaliser un tapis plus dense et plus productif que sans semis. L'expérience résumée dans les fig. 5.2.10 et 5.2.11 en est un autre exemple: l'absorption de l'azote était plus grande et la productivité était donc plus élevée, au fur et à mesure que la végétation avait une couverture complète à un moment plus tôt à cause d'une densité élevée. Et il y a des années avec un démarrage des pluies si mauvais et une 'grande croissance' qui est si tardive, que les quelques kg ha^{-1} de graines qui survivent ne suffissent plus pour réaliser la production potentiellement possible. Une telle situation sera plus fréquente au nord qu'au sud.

4.3.7 Bilan annuel et pluri-annuel

La somme des processus qui jouent un rôle au cours des stades de la vie des plantes se traduit dans une certaine composition floristique et une évolution de la biomasse et sa qualité inhérente au cours de l'année. Pour le succès d'une espèce pendant une seule année de croissance, ce sont les 2 premières phases (germination et installation) qui comptent surtout, mais pour son importance au cours des années, les 2 dernières phases (croissance générative et repos sous la forme de graines) seront d'une même importance. Il est utile de faire une distinction entre ces 2 degrés de succès des espèces car le premier nous informe sur la potentialité des espèces de profiter des facteurs de croissance qui sont limités au Sahel, mais le deuxième indique plutôt la capacité de se maintenir, malgré les conditions rudes du milieu.

4.3.7.1 La compétition au cours de la croissance

Une théorie de la compétition entre des espèces a été développée par De Wit (1960). S'il s'agit d'une compétition entre 2 espèces qui se ressemblent bien, pour le même espace (dans le sens large de l'ensemble des facteurs de croissance), dans des conditions optimales, l'aptitude des espèces à la compétition est liée à la valeur VRC_β. Des cultures mixtes de céréales en sont de bons exemples. La situation devient plus difficile si la forme de croissance diffère beaucoup, surtout pour ce qui est la hauteur s'il s'agit de la compétition entre des légumineuses et des graminées dans le cas où il y a un manque d'azote, ou si la vitesse de germination diffère. Dans ces cas on a quand même pu utiliser le modèle de compétition de De Wit en tenant compte de la valeur réelle de β et en donnant à la VRC_β un poids différent pour de diverses espèces, par des divers facteurs de multiplication (De Wit et al., 1966, Elberse et De Kruyf, 1979). Dans la complexité d'une végétation naturelle il faut certainement tenir compte de beaucoup d'autres facteurs encore (voir parties 4.3.3-4.3.5). Même pour les espèces les mieux décrites, il sera encore difficile à dire comment elles se comporteront dans la nature. Mais une indication de la somme des avantages et des désavantages des propriétés diverses des espèces peut être obtenue par la comparaison de l'importance en nombre de pieds et en biomasse des différentes espèces d'une végétation. Autrement dit, il s'agit de connaître l'ordre des espèces suivant leur poids moyen par pied à la fin de la croissance. Il faut bien voir que cet ordre dépendra d'autres espèces au même endroit, mais aussi de la latitude, de la pluviosité moyenne. C'est la synthèse de plusieurs endroits qui peut donner une impression de l'ordre des espèces importantes, car si l'on se limite à un seul endroit on ne couvre que quelques espèces (tableau 4.3.12). La base théorique qui justifie ce mode d'analyse de la compétition est donnée par Van den Bergh (1968). Le poids relatif par pied sera déterminé par la productivité des espèces, poussant en monoculture dans les conditions en question, et par leur aptitude à la compétition. Cela signifie qu'en principe les espèces C_4 se trouveront à gauche des espèces C_3, des espèces avec une longue période de croissance à gauche de celles ayant une croissance de courte durée et des espèces à germination rapide à gauche des espèces à germination lente. La comparaison des tableaux 4.3.12, 4.3.8 et 4.3.1 indique que ceci est plus ou moins vrai pour la situation à Niono. Il est signalé que le substrat n'influence pas l'ordre des espèces, car 1 et 2 concernent des végétations sur de l'argile, 3 à 6 sur du limon et 7 à 9 sur du sable. Les 2 colonnes à gauche sont en gros des espèces C_4 à germination rapide, et à l'extrême gauche se trouvent les espèces au cycle de croissance le plus long. A droite de ces espèces se trouvent des espèces C_3 surtout, mais aussi des espèces C_4 à germination lente (*Elionurus elegans* et *Microchloa indica*). La légumineuse *Zornia glochidiata* ne profite pas de sa fraction de graines à germination rapide, ni de sa fixation d'azote. Le taux bas du sol en phosphore et une aptitude à la compétition limitée sont regardées comme les causes. La place de *Borreria stachydea* à gauche de *Borreria chaetocephala* pourrait être expliquée par une durée de croissance limitée du dernier, mais le fait que *Borreria radiata* se trouve à droite des 2 autres *Borreria spp.* doit indiquer une faible aptitude à la compétition, car la durée de son cycle végétatif est la plus longue des 3 espèces (voir tableau 4.3.1).

L'ordre mutuel de plusieurs espèces ne peut pas être lu du tableau 4.3.12 à cause du fait qu'on ne les a pas trouvées ensemble dans les végétations représentées. C'est par exemple le cas pour les graminées C_4 à germination rapide, *Schoenefeldia gracilis, Dactyloctenium aegyptium* et *Loudetia togoensis*. En négligeant des propriétés particulières

Tableau 4.3.12. Des espèces arrangées suivant leur poids relatif par pied à la fin de la saison de croissance, aux endroits différents, après une pluviosité totale de 300 mm (Nampala) et de 500 mm (Niono). La base théorique qui justifie ce mode d'analyse de la compétition est donné par Van den Bergh (1968) dans sa thèse 'An analysis of yields of grasses in mixed and pure stands'. Les noms des espèces sont abrégés:

Aly ova= *Alysicarpus ovalifolius*	Eli ele= *Elionurus elegans*
And gay= *Andropogon Gayanus*	Era tre= *Eragrostis tremula*
And pse= *Andropopogon pseudapricus*	Fim his= *Fimbristylis hispidula*
Ari fun= *Aristida funiculata*	Gyn gyn= *Gynandropsis gynandra*
Ari mut= *Aristida mutabilis*	Hyp spp= *Hyparrhenia spp.*
Ari sie= *Aristida sieberana*	Lep sen= *Leptothrium senegalense*
Ble lin= *Blepharis linariifolia*	Lim vis= *Limeum viscosum*
Bor cha= *Borreria chaetocephala*	Lou tog= *Loudetia togoensis*
Bor rad= *Borreria radiata*	Mic ind= *Microchloa indica*
Bor sta= *Borreria stachydea*	Pan lae= *Panicum laetum*
Cen bif= *Cenchrus biflorus*	Pen ped= *Pennisetum pedicellatum*
Chl pri= *Chloris Prieurii*	Por ole= *Portulaca oleracea*
Coc tin= *Cochlospermum tinctorium*	Sch exi= *Schizachyrium exile*
Cym gig= *Cymbopogon giganteus*	Sch gra= *Schoenefeldia gracilis*
Cym sch= *Cymbopogon schoenanthus*	Tra ber= *Tragus berteronianus*
Dac aeg= *Dactyloctenium aegyptium*	Tri ter= *Tribulus terrestris*
Dih hag= *Diheteropogon hagerupii*	Zor glo= *Zornia glochidiata*

Nampala	Diminution du poids relatif par pied							
1		Ari fun	Sch gra	Dih hag	Ari mut		Zor glo	
2	Aly ova	Cen bif						
3		Ble lin	Sch gra	Dac aeg		Era tre	Fim his	
4		Ble lin					Zor glo	
5	Bor rad	Cen bif	Aly ova		Ari mut	Era tre		
6				Dac aeg			Zor glo	Bor cha

Niono	diminution du poids relatif par pied						
1	Dih hag	Lou tog	Bor cha	Bor sta			
2	Dih hag	Lou tog	Bor sta	Bor cha			
3		Ble lin	Bor sta	Bor cha	Bor rad		
4	Pen ped	Sch gra				Zor glo	Mic ind
5	Dih hag	Lou tog	Bor sta	Bor cha	Bor rad		Mic ind
6		Dac aeg	Eli ele				
7		Sch gra	Ari mut			Zor glo	
8	Dih hag	Sch gra	Eli ele		Bor rad	Zor glo	
9	Dih hag	Sch gra					

Table 4.3.12. Some species arranged according to their relative weight per shoot at the end of the growing season, at different places, after a total rainfall of 300 mm (Nampala) and of 500 mm (Niono). The theoretical base which justifies this way of analysing the competition is given by Van den Bergh (1968) in his thesis 'An analysis of yields of grasses in mixed and pure stands'. The names of the species have been abbreviated: see key above.

qui pourraient influencer leur aptitude à la compétition, on peut s'attendre à un poids par pied plus élevé pour *Schoenefeldia gracilis* que pour *Dactyloctenium aegyptium* dans une végétation mixe, vu la durée plus longue de croissance du premier.

Une dernière régularité dans l'ordre des espèces à Niono est la diminution de la hauteur des plantes allant de 1 m ou plus à gauche à seulement 0,1 m au côté droit du tableau 4.3.12. Ce n'est pas nécessairement une indication que les plantes sont en compétition aussi pour la lumière, car il est bien possible que la hauteur des plantes soit simplement en corrélation avec la productivité des espèces en monoculture. Une compétition pour la lumière est cependant vraisemblable à Niono. La production annuelle y dépasse en général avec 500-1.000 kg ha^{-1} la biomasse de 1.500 kg ha^{-1}, qui est le seuil pour une interception complète de la lumière.

L'image ébauché pour Niono ne s'applique pas à Nampala où la pluviosité détermine beaucoup plus qu'à Niono la production annuelle. Il n'est plus question d'un ordre de la hauteur de gauche à droite; il n'y a plus de compétition pour la lumière, car la biomasse annuelle reste bien en dessous de 1.500 kg ha^{-1}, la forme dressée des graminées n'est plus un avantage. Une longue période de croissance végétative et le caractère C_4 ne sont plus des avantages nets à Nampala (voir tableau 4.3.12). Ceci est en faveur de l'hypothèse que la productivité des espèces au Sahel dans des conditions naturelles est aussi déterminée par la capacité de diluer les ressources limitatives de l'azote et du phosphore. Dans la partie nord du Sahel, là où la biomasse produite annuellement reste en dessous de 1.000 kg ha^{-1}, les espèces C_4 n'ont plus l'avantage d'une plus grande dilution de l'azote et du phosphore, en comparaison avec les espèces C_3 (voir partie 5.2). L'ordre de succession des espèces dans le tableau doit refléter pour Nampala la capacité des espèces d'obtenir et de profiter de l'azote et du phoshore et des périodes brèves où de l'eau est disponible ce qui implique que la vitesse de croissance favorisera encore les espèces C_4. Il est à noter que des dicotylédones du caractère C_4 ne sont pas rares dans la partie nord du Sahel, vu l'abondance des espèces comme *Tribulis terrestris, Gisekia pharnacioides, Evolvulus alsinoides, Portulaca oleracea*, etc. (tableau 4.2.1). Une germination lente y est encore un désavantage (voir la position de *Eragrostis tremula, Fimbristylis hispidula* et *Borreria chaetocephala* à droite). Le changement remarquable de la position de *Diheteropogon hagerupii* et *Borreria radiata* (comparer Niono et Nampala) pourrait être une indication que leur place à Niono est partiellement déterminée par la compétition pour la lumière. La résistance à la sécheresse est une propriété importante au nord: *Cenchrus biflorus*, à gauche dans le tableau, est le meilleur exemple d'une espèce qui continue à croître après des périodes sèches, même quand elle a fleuri déjà.

4.3.7.2 Le dynamisme au cours des années

Dans le paragraphe précédent nous avons souligné que les espèces sahéliennes diffèrent beaucoup dans leur aptitude à la compétition en face des ressources limitées, les nutrients, l'eau et la lumière. Malgré ces différences les espèces coexistent, les espèces 'fortes' n'arrivent pas à éliminer les espèces faibles. Braakhekke (1980) présente l'hétérogénéité et la variabilité du milieu comme des éléments importants pour la coexistence. Au Sahel aussi, la coexistence est possible grâce à un dynamisme continu des végétations. Il y a toujours des situations qui favorisent au moins temporairement les espèces nommées faibles (temps, exploitation, feu, etc.). Elles colonisent à ces moments les terrains à partir des 'refuges', où les conditions sont en général relativement favorables pour elles.

Le dynamisme a été décrit et analysé par la description de la végétation de 70 sites fixes sur un trajet nord-sud (partie 3.1) et au ranch, au cours de 3 années. En ce qui concerne la strate herbacée, 3 observations principales ont été faites annuellement: la biomasse totale, l'importance relative des espèces et la répartition des espèces. Pour chaque caractéristique on a donc obtenu 210 observations. Elles ont été traitées ensemble, comme des descriptions de 210 végétations individuelles, suivant le 'nodal component analysis' (Noy-Meïr, 1971). A partir des données de la biomasse, 20 communautés ont pu être distinguées, chacune caractérisée par seulement une ou très peu d'espèces. La méthode nous a donné aussi les rapports entre ces communautés, et leur chevauchement dans l'espace et dans le temps. Le tableau 4.3.13 présente des résultats, après une interprétation basée sur des observations générales, faites aussi en dehors des sites fixes, au cours des sorties sur une distance totale de plus de 20.000 km. Dans ce tableau on distingue 3 groupes. C'est le groupe au milieu, celui des graminées annuelles, qui était fortement dominant pendant l'étude. Dans ce groupe il y a une distinction très nette entre les espèces a cycle court en haut (au nord) et en bas (au sud) celles à cycle très long. Mais ces espèces ne sont pas toutes d'une même importance dans leur zone de répartition. Des remplacements ont été observés entres les espèces dont les zones de répartition se chevauchent (voir tableau 4.3.13), sauf dans le cas où les espèces se limitent aux habitats particuliers. *Pennisetum pedicellatum* par exemple a été trouvé dans l'ensemble de la zone d'étude, mais sa fréquence diminue fortement du sud au nord et l'espèce se retire de plus en plus dans l'ombre. *Loudetia togoensis* est surtout abondant sur des carapaces, *Eragrostis tremula* dans des champs et des jachères.

A côté des graminées annuelles il y avait toujours d'autres herbes, surtout des dicotylédones. Sur des endroits avec du ruissellement, aux alentours des points d'eau et des villages et à la bordure du Sahara elles pouvaient être même dominantes. Mais ailleurs elles remplaçaient seulement pendant certaines années les graminées annuelles comme espèces dominantes. De tels remplacements peuvent être brusques ou graduels. Les changements brusques apparaissent bien réversibles, mais des changements graduels, une fois terminés, sont peu réversibles. De bons exemples sont l'introduction de *Zornia glochidiata* dans le sud et de *Tribulis terrestris* dans le nord, sous l'influence d'une exploitation intense. Les remarques générales concernant les graminées sont aussi valables pour les dicotylédones.

Un troisième groupe présenté dans le tableau 4.3.13 est celui des espèces pérennes (à nouveau surtout des graminées). Elles étaient rares dans la zone pendant la période d'étude, une situation différente de celle avant la sécheresse (Audry et Rossetti, 1962; Boudet et Leclerq, 1970). Les espèces pérennes ont disparu brusquement à cause de la sécheresse (Granier, 1975). D'abord elles ont été remplacées par des espèces pionnières, surtout des dicotylédones (Breman et Cissé, 1977). Ces dernières ont été remplacées de plus en plus par des graminées annuelles, comme nous l'avons constaté au ranch et ailleurs.

Une généralisation schématique de ce qui précède est la fig. 4.3.8. Trois groupes principaux y sont distingués. Les graminées pérennes dominent la savane non- ou peu perturbée. Pendant des époques favorables elles sont aussi présentes au Sahel, où elles domineront même localement (processus 4a). Mais en général ce sont les graminées C_4 à germination rapide qui dominent le Sahel et aussi la savane après des activités temporaires des cultivateurs. Les espèces pionnières, des annuelles - C_3 ou C_4 - à germination lente, dominent les 2 zones ayant subi des perturbations, après les processus 1a,b ou 2a,b. Ici les perturbations sont l'influence de l'homme (agriculture et élevage, partie 6.6), les pluies fortement déficitaires ou un démarrage interrompu de l'hivernage (partie 6.3) et aussi l'absence ou la présence des feux de brousse (partie 6.5). Le substrat joue

Tableau 4.3.13. La distribution et le dynamisme des espèces dominantes en rapport avec la pluviosité moyenne. Pour l'explication: voir texte. Les noms abrégés des espèces sont expliqués dans le tableau 4.3.12.

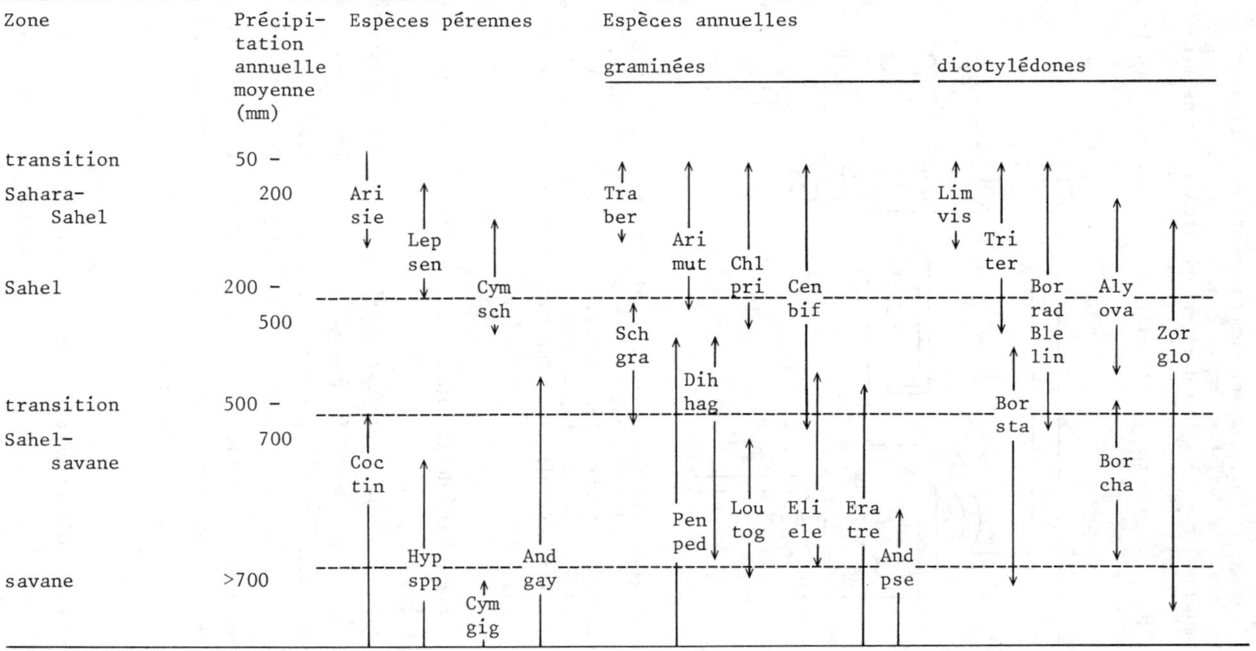

Table 4.3.13. The distribution and the dynamics of the dominant species in relation to the mean rainfall. See text for explanation. The abbreviated names of the species have been explained in table 4.3.12.

Fig. 4.3.8. Le dynamisme des pâturages sahéliens: les remplacements possibles entre les espèces au cours des années. Explication des changements: 1a, b - remplacements graduels; 2a, b - remplacements brusques, tous à cause des perturbations en sens large; 3a, b - régénérations pendant des périodes peu turbulentes; 4a et 4c - migrations vers le nord et le sud au cours des périodes pluvieuses et déficitaires respectivement; 4b - remplacement à l'intérieur des groupes.

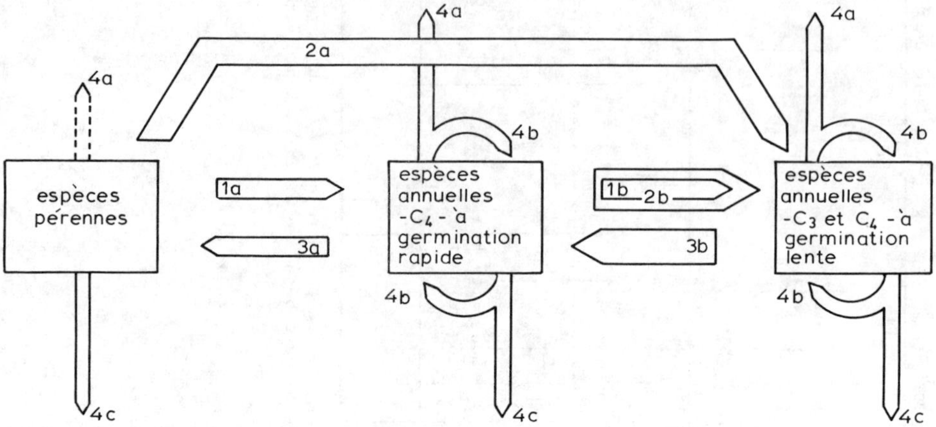

Fig. 4.3.8. The dynamics of Sahel pastures: the possible replacements between the species over the years. Explanation of the changes: 1a, b - gradual replacements; 2a, b abrupt replacements, all because of major disturbances; 3a, b - regenerations during scarcely disturbed periods; 4a and 4c - migrations towards the north and south during rainy periods and drought periods respectively; 4b - replacement within the groups.

un rôle par son influence sur l'efficacité de la pluviosité, par sa texture, son relief et des propriétés de la surface (partie 6.4).

Les processus de perturbation (1a,b et 2a,b) sont en général plus rapides que celles de régénération pendant des périodes de 'repos' (= absence de perturbation; processus 3a,b). Les semences des espèces pionnières sont notamment plus résistantes (tableau 4.3.1) et pour cette raison elles peuvent être 'toujours' présentes. Mais il faut du temps pour constituer un nouveau stock de semence des espèces à germination rapide. Il est évident que leurs graines ne restent pas viables dans le sol plus d'une année. Donc la production semencière annuelle détermine l'établissement de la population de l'année suivante.

La migration des espèces vers le nord ou vers le sud (processus 4a et 4c), au cours des périodes des années pluvieuses ou déficitaires respectivement, est traitée dans la partie 6.3. C'est aussi le cas pour le processus 4b, le remplacement des espèces à l'intérieur des 2 groupes d'annuelles. La cause principale est souvent des différences limitées de la vitesse de germination.

Les conséquences de l'ensemble du dynamisme pour la disponibilité et la qualité du fourrage seront traitées dans le paragraphe sur l'exploitation des pâturages (partie 6.6).

4.4 LE BILAN D'EAU DU SOL

4.4.1 Introduction

Qu'est-ce que c'est le bilan d'eau? Le bilan d'eau, c'est l'ensemble de tous les processus qui contribuent à la variation du stock d'eau dans le sol. Quels sont les processus qui interviennent pendant une saison des pluies, donc pendant un cycle végétatif? Les premières pluies humidifient la couche superficielle du sol. Souvent une partie des pluies se perd par ruissellement; l'autre partie infiltrée dans le sol continue à se redistribuer dans des couches profondes sèches. Quand l'humidité du sol diminue, la tension de l'eau augmente et la redistribution s'arrête quand la tension arrive à la valeur qui correspond à la capacité au champ.

L'eau qui humidifie le sol est d'abord absorbée par les racines des plantes, puis transportée dans les feuilles, et ensuite transpirée pendant la photosynthèse. A côté l'eau peut s'évaporer de la surface du sol.

Cette évaporation dépend des conditions atmosphériques, comme la radiation, la température, l'humidité de l'air et la vitesse du vent et de la tension d'eau dans le sol. Ces conditions entraînent une montée du flux d'eau de la profondeur à la surface.

Quant à la transpiration, elle est fonction de la photosynthèse pendant laquelle les stomates sont ouverts, ce qui entraîne une perte d'eau. Quand il n'y a pas de photosynthèse et les stomates sont bien fermés, il n'y a pas de transpiration. Ceci explique pourquoi la transpiration est liée à la production primaire. Les plantes peuvent absorber l'eau du sol jusqu'à une certaine tension de l'eau. Ce niveau est alors appelé le point de flétrissement.

Le but essentiel de l'étude du bilan d'eau est d'arriver à une compréhension claire de la dynamique de l'eau du sol pendant une saison de croissance, c'est-à-dire l'ordre des quantités qui entrent en jeu au cours des différents processus spécifiques et leur liaison mutuelle. Cela pose la question de savoir, si l'eau est le facteur limitatif de la production primaire ou, si dans des conditions où l'eau existe en quantité suffisante, on peut améliorer la production primaire en améliorant les autres facteurs. Comprendre ce phénomène c'est aussi savoir comment le changement d'un facteur dans l'écosystème sahélien peut influencer le bilan d'eau. Une bonne connaissance de la dynamique du bilan d'eau nous donne aussi assez d'explications sur la dynamique de la végétation. Enfin, le bilan d'eau nous permet de savoir le degré de dégradation ou de désertification du milieu sahélien et d'indiquer des options pour l'amélioration du milieu physique de l'écosystème.

4.4.2 Les processus

4.4.2.1 L'infiltration de l'eau dans le sol

L'infiltration de l'eau dans le sol est le processus clé du bilan d'eau. L'eau entre dans le sol sous l'action de 2 forces, une de gravité et une d'absorption pratiquée par les pores du sol. Cette dernière force de matrice est grande si le sol est sec et diminue jusqu'à zéro si le sol devient saturé. Donc la vitesse d'infiltration de l'eau dans un sol n'est pas une valeur constante, mais variable dans le temps, car grande au début d'une pluie, elle diminue dans le temps.

L'infiltration est facile à comprendre si le sol est uniforme, c'est-à-dire si le sol possède les mêmes caractères physiques en surface qu'en profondeur. Mais la compréhension et la description théorique deviennent difficiles si une telle homogénéité est absente et si une croûte est présente à la surface (voir partie 3.3.3). Dans le cas où cette croûte existe (sur des sols sablonneux-limoneux ou limono-sablonneux), l'infiltration de l'eau est beaucoup influencée par elle tandis que sa détermination au terrain est difficile. Cela a été illustré par les mesures faites aux champs d'expérimentation à Niono. Des mesures, avec un anneau d'eau en 1976 (Stroosnijder, 1977) donnaient des valeurs pour l'infiltration 10x plus élevées qu'elles le sont en réalité. En effet l'installation de l'anneau dans le sol casse la croûte et avec d'autres conditions exceptionnelles (comme la hauteur de l'eau libre à la surface et l'humidification d'une petite surface seulement) de mesurer le caractère du sous-sol et pu voir ainsi le caractère primordial de la croûte.

Pour mieux comprendre ce qui se passe dans le sol pendant l'infiltration, surtout dans un sol avec une croûte, il faut aborder alors la théorie de l'infiltration.

Pour la plupart des sols vraiment sablonneux dans la partie nord du Sahel, on peut les considérer comme étant assez uniformes. Les profils d'humidification peuvent donc être présentés avec ceux correspondant au potentiel d'eau, comme dans la fig. 4.4.1. Le quadrant droit représente les profils d'humidification. La surface du sol est saturée. Celui de gauche représente les profils du potentiel d'eau, p. Avant humidification, avec $\Theta = \Theta_i$ ce potentiel peut être très négatif. Pour cette raison, l'eau d'une pluie qui atteint la surface du sol avec un potentiel égal à zéro est fortement absorbée par le sol. La vitesse de l'eau dans le sol (le flux) est déterminée par le gradient du potentiel et la conductivité. A partir du sol sec, le gradient du potentiel est très grand, tandis que la conductivité est négligeable. Pour cette raison, l'équation pour le flux d'eau peut être simplifiée et représentée par 2 valeurs caractéristiques (Stroosnijder, 1976). Le flux, i, de l'eau qui coule dans le sol (exprimé en cm^3 d'eau par cm^2 de la surface du sol et par unité de temps) est donné par la formule suivante (voir fig. 4.4.1):

$$i = ks \frac{(-p^* + 0)}{d} + ks \qquad \text{(formule 4.4.1)}$$

où d est l'épaisseur de la couche du sol déjà humidifiée et (0) reflète le potentiel égal à zéro à la surface du sol. Le premier terme de la formule 4.4.1 reflète la force d'absorption du sol pour l'eau et le deuxième terme reflète la force de gravité.

La formule 4.4.1 montre que i diminue si d augmente, donc si l'humidification continue. Cela est une conclusion importante parce que cela explique pourquoi il n'y a presque jamais de ruissellement au début d'une pluie mais que le ruissellement commence plus tard, au moment où le flux d'eau dans le sol a beaucoup diminué.

L'intégration de la formule 4.4.1 dans le temps et le réarrangement des termes donnent:

$$I = S\sqrt{t} + ks\ t, \text{ avec } S = \sqrt{(2\ ks\ p^* (\Theta_s - \Theta_i))} \qquad \text{(formule 4.4.2)}$$

Fig. 4.4.1. Profils d'humidité et du potentiel d'eau dans un sol sans croûte pour 2 temps d'infiltration (t_1 et t_2) après saturation de la couche supérieure.
Θ_i = humidité initiale avant humidification
Θ_s = humidité saturée
d = profondeur
p = potentiel d'eau; p^* = caractère spécifique de ce potentiel (voir texte); p est toujours négative, c'est-à-dire, moins que la pression atmosphérique.

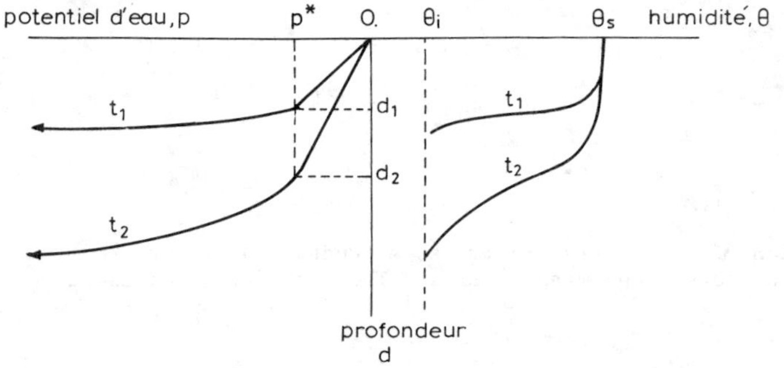

Fig. 4.4.1. Profiles of humidity and of the water potential in a soil without a crust for 2 infiltration periods (t_1 and t_2) after saturation of the upper layer.
Θ_i = initial humidity before humification
Θ_s = saturated humidity
d = depth
p = water potential; p^* = specific value of this potential (see text); p is always negative, i.e. less than the asmospheric pressure.

où I = la quantité cumulative d'eau (mm) qui est infiltrée dans le sol depuis le début (t = 0) de la pluie et S est un caractère du sol qui reflète la capacité d'absorption d'eau.

Pour t petit ($t \leq 30$ min) la contribution du premier terme de la formule 4.4.2 est beaucoup plus grande que la contribution du deuxième terme. Dans ce cas on peut simplifier formule 4.4.2 en:

$$I = S\sqrt{t} \qquad \text{(formule 4.4.3)}$$

On peut mesurer S aux champs en mesurant I dans le temps et ensuite par la construction d'un graphique donnant I en fonction de $\sqrt{t}$ comme dans la fig. 4.4.2. Au début l'infiltration est proportionnelle à $\sqrt{t}$, l'angle de la ligne droite qui représente S.

L'exemple est donné pour un sable grossier sans croûte où la valeur de ks est grande comparée avec S, donc déjà après 4 minutes le deuxième terme de la formule 4.4.2, la contribution de la gravité, devient important. Cependant pour la plupart des autres sols (sols limoneux, argileux, sable-limoneux, sable fin etc.) la simplification de la formule 4.4.3 est utilisable pour au moins 30 min. Vu la durée courte de la pluplart des pluies au Sahel, la formule 4.4.3 peut être utilisée pour calculer l'infiltration de l'eau dans les sols homogènes.

Pour un certain nombre de sols, S a été déterminé et déjà mentionné au tableau 3.3.2 et ensuite aux tableaux 4.4.1 et 4.4.2. Il faut bien se réaliser que ces valeurs concernant un sol sec. Pour un sol déjà mouillé les valeurs de S dépendent de la valeur de l'humidité de la couche supérieure du sol. La formule 4.4.2 permet le calcul d'autres

Fig. 4.4.2. L'infiltration de l'eau (I, cumulative en mm) en fonction de la racine du temps et la capacité d'absorption d'eau, S, pour un sable grossier sans croûte. Les points (.) représentent des observations.

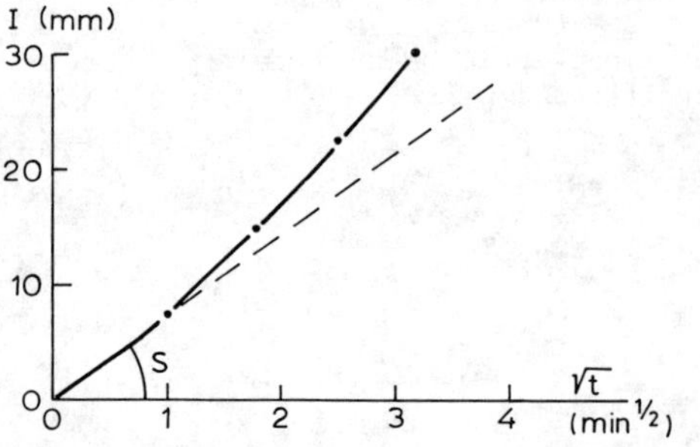

Fig. 4.4.2. The water infiltration (I, cumulative in mm) as a function of the root of the time and the sorptivity, S, for a coarse sand without crust. The dots (.) represent observations.

Tableau 4.4.1. Valeurs de la capacité d'absorption d'eau (le 'sorptivity', S, moyennes saisonnières) pour quelques sols au ranch de Niono.

Unité de sol	Sol presque nu S ($mm\ min^{-\frac{1}{2}}$)	Avec végétation S ($mm\ min^{-\frac{1}{2}}$)
Sable S1	0,75	1,50
Sable S2	-	2,25
Argile D1	0,50	-
Limon L	0,65	-
Limon TD	1,00	-

Table 4.4.1. Values of the capacity to absorb water ('sorptivity', S, seasonal means) for some soils on Niono ranch.

valeurs pour S en fonction de Θ_i.

L'infiltration dans des sols avec une croûte est présentée schématiquement dans la fig. 4.4.3. La croûte formée sous l'action des pluies battantes, est compacte (n'a que des pores fins). Quand le sol est saturé sous ces conditions, la conductivité de la croûte devient 10x plus petite que celle de la couche située au dessous.

Dès le début d'une pluie la croûte sera humidifiée jusqu'à saturation. Cela prend peu de temps à cause de la faible épaisseur de la croûte (par exemple 1 mm). Après cette humidification on peut distinguer 2 flux d'eau:

par la croûte

$$i_{croûte} = ks_{croûte} \left(\frac{-p^c + 0}{d_{croûte}}\right) + ks_{croûte} \qquad \text{(formule 4.4.4)}$$

et par le sol au dessous de la croûte

$$i_{sol} = k_{sol} \left(\frac{-p^* + p^c}{d}\right) + k_{sol} \qquad \text{(formule 4.4.5)}$$

Tableau 4.4.2. Le ruissellement annuel (R), exprimé en pourcentage de la pluviosité annuelle mesurée dans différentes conditions. Les valeurs sont des moyennes de 3 répétitions et elles sont faites dans 3 années successives. Les valeurs moyennes de la capacité d'absorption (le 'sorptivity', S) sont aussi présentées.

Localisation au ranch de Niono et condition du terrain	1977		1978		1979	
	S ($mm\ min^{-\frac{1}{2}}$)	R (%)	S ($mm\ min^{-\frac{1}{2}}$)	R (%)	S ($mm\ min^{-\frac{1}{2}}$)	R (%)
Sable S1 (Nord)						
témoin			0,75	40	0,75	47
$CuSO_4$			1,00	34	0,50	54
NONIDET			1,75	22	0,88	44
labouré			1,50	24	-	-
Sable S1 (Sud)						
peu de biomasse			0,75	40	-	-
beaucoup de biomasse	1,50	35	1,50	21	-	-
Sable S2	2,23	21	2,25	18	1,00	36
Argile D1						
plage nue			0,50	52		
beaucoup de biomasse					-	-13
Limon						
témoin			0,65	42	0,75	49
$CuSO_4$			1,50	24	0,68	52
NONIDET			-	-	0,50	55
labouré			4,00	0	-	-
Terrain dégradé						
témoin			1,00	35	0,38	66
$CuSO_4$			1,25	28	0,38	66
NONIDET			-	-	0,50	61

Table 4.4.2. Annual run off (R), expressed in percentage of the annual rainfall measured under different conditions. The values are the means of 3 repetitions and they were done in 3 successive years. The mean values of the absorption capacity ('sorptivity', S) are also presented.

où:

- $ks_{croûte}$ est la conductivité saturée de la croûte;
- p^c est le potentiel d'eau à la transition entre croûte et sous-sol;
- $d_{croûte}$ est l'épaisseur de la croûte;
- k_{sol} est la conductivité non-saturée du sous-sol;
- p^* est le caractère d'absorption non-saturée du sous-sol.

Les 2 flux sont en balance. Toute l'eau qui infiltre dans le sous-sol doit d'abord traverser la croûte. Pour traverser cette croûte, avec sa conductivité faible, un grand gradient de potentiel est nécessaire. Par conséquent l'eau à la transition entre croûte et sous-sol n'a pas un potentiel = 0, comme c'est le cas sans croûte. Donc l'eau n'humidifie pas le sous-sol jusqu'à saturation mais jusqu'à une humidité qui correspond avec le potentiel à la transition. La force d'absorption d'eau du sol p^*, pour cette eau sous tension (= potentiel négatif) est beaucoup plus petite que celle de l'eau libre (potentiel = 0). Donc, l'infiltration de l'eau dans le sous-sol avec une croûte est beaucoup plus

Fig. 4.4.3. Profils d'humidité et du potentiel d'eau dans un sol avec une croûte à la surface. Pour une explication des symboles voir fig. 4.4.1 et le texte.

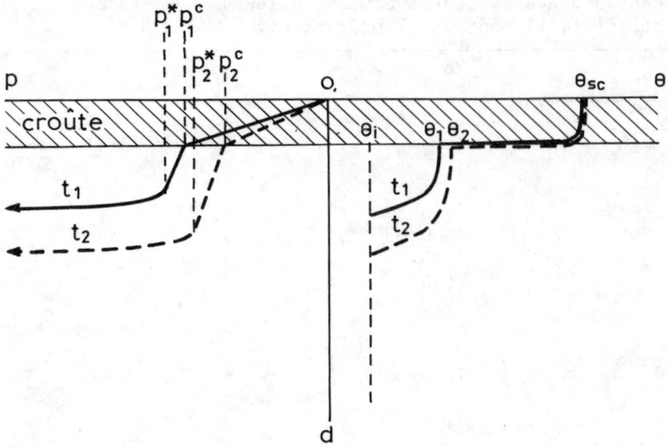

Fig. 4.4.3. Profiles of humidity and of the water potential in a soil with a surface crust. For explanation of the symbols see fig. 4.4.1 and text.

lente que dans un sol sans croûte.

Si l'humidification du sous-sol continue, d augmente et le flux dans ce sous-sol diminue. Dans ce cas le flux par la croûte doit aussi diminuer, ce qui a pour effet que p^c va changer à la transition entre croûte et sous-sol. Par conséquent Θ augmente à la transition (voir la différence entre la situation à t_1 et à t_2 à la fig. 4.4.3). Cette augmentation de Θ donne une augmentation de k_{sol} et de p^c et le flux dans le sous-sol augmente. En réalité tous ces effets ne jouent pas successivement mais simultanément. L'effet total est un flux qui diminue moins vite dans un sol avec croûte que dans un sol uniforme. Mais cela est seulement vrai à condition que la croûte ne change pas ses propriétés. Tel n'est pas le cas, dans la mesure où, sous l'action des pluies battantes, les propriétés de la croûte changent. Tous ces changements rendent alors difficile la prédiction de l'infiltration.

Pour cette raison nous avons essayé de mesurer l'infiltration directe aux champs d'expérience à Niono. En 1977, la méthode avec double anneaux (surface mouillie = 0,05 m^2) a permis de mesurer l'infiltration. Dans ce cas, une couche d'eau de quelques cm fut mise sur la surface du sol et la vitesse d'infiltration de cette eau fut mesurée. Le résultat était très différent de celui obtenu par la méthode de mesure de la quantité totale d'eau dans le sol exécutée pendant la saison. Cette différence était due:
- (1) à la perturbation de la croûte par l'action des anneaux dans le sol;
- (2) à la stimulation de l'infiltration par une pression positive à la surface du sol;
- (3) au manque de formation d'une nouvelle croûte par l'absence de la pluie battante naturelle;
- (4) à la facilité pour l'air du sol de s'échapper dans l'atmosphère;
- (5) les effets latéraux; une partie de l'eau coule à côté même avec des doubles anneaux.

Comme la méthode avec un anneau simple, la méthode avec l'anneau double n'est pas à conseiller.

En 1978, la mesure directe de la capacité d'infiltration a été faite à l'aide d'un simulateur de pluie simple. La simulation de la pluie avec une intensité constante permettait de mesurer sur 0,5 m^2 le ruissellement. En faisant la différence entre pluie et ruissellement, on obtient l'infiltration.

Il faut cependant noter qu'il y avait encore une différence entre les résultats obtenus avec le simulateur et ceux obtenus par les pluies naturelles. Bien que l'utilisation du simulateur surmonte les limitations (1) et (2), celle de (3) n'est cependant pas levée parce que l'énergie cinétique obtenue par le simulateur de pluie est inférieure à celle des pluies naturelles. Les limitations (4) et (5) sont dues à la petite surface mouillie. Une réduction de l'influence de ces limitations était obtenue par une augmentation de la surface mouillie jusqu'à plus de 2 m^2.

L'expérience faite en 1979 avec un nouveau type de simulateur à énergie cinétique réglable, et une surface mouillie de plus de 2 m^2, montre que c'est bien cette énergie qui forme une croûte sur le sol pendant la pluie. Les résultats et la technique ont été un sujet de publications séparées (Stroosnijder et Hoogmoed, 1982; Hoogmoed et Stroosnijder, 1982). En bref, ces résultats sont résumés dans les fig. 4.4.4A. et B. En A, l'infiltration (en mm min^{-1}) sur sable S1 du ranch de Niono est présentée dans les cas d'un sol très sec (juillet), humide et pour une situation intermédiaire. Les résultats montrent que la vitesse d'infiltration au début est très grande mais réduite après que la surface du sol (= la croûte) soit devenue humide. Après ces premières minutes la vitesse tend vers une valeur plus basse et constante, déterminée, comme expliquée ci-dessus, par la balance

Fig. 4.4.4. La vitesse d'infiltration d'eau, i, dans le temps pour des conditions différentes de la croûte. A l'infiltration 1 ou 2 jours après la première infiltration le sol est encore humide. Pendant la troisième infiltration, 14 jours après la première, l'humidité du sol est intermédiaire.

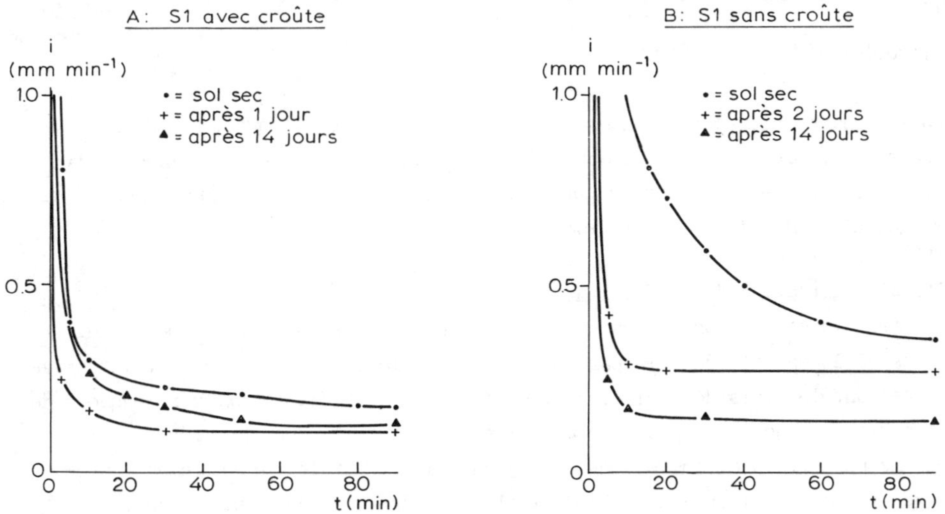

Fig. 4.4.4. The rate of water infiltration, i, over time for different conditions of the crust. At infiltration 1 or 2 days after the first infiltration the soil is still humid. During the third infiltration, 14 days after the first, the humidity of the soil is intermediate.

entre la diminution de la force d'absorption par humidification du sol, et l'augmentation de la conductivité du sous-sol par une augmentation d'humidité et par des changements des caractères physiques de la croûte. Une courbe tracée à partir des points d'observation a démontré que pour t <20 min et pour un sol sec, la formule

$$I(t) = S\sqrt{t} + ks_{croûte}\ t \qquad \text{(formule 4.4.6)}$$

est bien utilisable malgré l'existence de la croûte. Pour une longue infiltration ou pour un sol humide, une formule exponentielle de Morin et Benyamini (1977) donne une meilleure courbe.

La fig. 4.4.4A montre bien l'effet de l'humidité du sol sur la vitesse d'infiltration. La courbe la plus basse est pour le sol le plus humide.

A la fig. 4.4.4B, la croûte (5 mm) fut carrément enlevée sans perturber le sous-sol. L'effet sur l'infiltration est dramatique. Hélas, après 2 jours, donc avec le sol encore humide, l'infiltration est déjà beaucoup réduite, pas seulement sous l'effet de l'humidité mais aussi parce que la croûte commence à se reformer. Ceci est prouvé par la courbe après 14 jours où l'infiltration est presque pareille à celle d'un sol où la croûte n'était pas enlevée.

Malgré le potentiel du simulateur de pluie utilisé en 1979 pour mesurer exactement l'effet de la croûte, de l'humidité initiale et de la couverture du sol par des herbes, nous n'avons pas eu le temps d'effectuer ces mesures sur les différentes unités de sol au ranch. Par contre on a utilisé les résultats des expériences déjà faites qui nous ont suggéré que la formule simple pour l'infiltration (formule 4.4.3) est bien utilisable pour une première approximation. On a déterminé sur la base des fréquentes mesures de l'humidité du sol et par des mesures directes de ruissellement, des valeurs pour S qui sont des moyennes pour toute la saison de croissance (voir tableau 4.4.1).

4.4.2.2 Ruissellement

Dans quel cas, le ruissellement se produit-t-il? Il se produit quand l'intensité de la pluie dépasse la capacité d'infiltration d'eau du sol; il se forme ainsi une couche d'eau sur le sol et celle-ci commence à couler si le terrain le permet. Quels sont alors les facteurs qui déterminent le ruissellement:

- l'intensité de la pluie;
- la capacité d'infiltration du sol;
- la pente du terrain et les conditions physiques et biologiques de cette même pente.

Nous avons déjà constaté dans la partie 3.2 que la pluviosité au Sahel est intensive et abondante pendant les mois de l'hivernage, et dans la partie 3.3 qu'il y a beaucoup de surfaces limoneuses et que la morphologie des paysages est telle que, presque tous les terrains ont une pente faible. Toutes ces conditions favorisent le ruissellement, processus très général au Sahel et d'une grande influence sur le bilan d'eau du sol.

A cause du ruissellement il y a beaucoup d'hétérogénéité au Sahel. Il y a des endroits où l'infiltration de l'eau dans le sol est inférieure à la pluviosité et il y a des endroits où cette infiltration est de beaucoup supérieure à la pluviosité. Ces derniers endroits sont importants parce qu'au cas où l'eau stagne le ruissellement forme des mares qui peuvent fonctionner comme points d'abreuvement (voir partie 8.3). Au cas où les dépressions sont perméables et l'eau s'infiltre profondément dans le sol, cela peut être bénéfique pour une longue croissance des arbres et des herbes pérennes, ou peut contribuer à la formation de la nappe d'eau. Cette alimentation est à la base de l'existence des puits et des forages, source d'eau potable pour l'homme et l'animal. A l'autre côté on observe dans le nord du Sahel des régions où l'infiltration d'eau est grande, le ruissellement est absent, et la biomasse n'est pas utilisée par les animaux par un manque d'eau. Ces régions restent alors inutilisables donc improductives. En conclusion, on doit constater que la vie au Sahel est possible grâce au ruissellement.

Malgré l'importance de cet écoulement, il faut se réaliser que les surfaces où l'eau est concentrée sont très petites. Il est vrai que la production de biomasse (surtout des arbres) est stimulée par le surplus d'eau, mais la quantité de biomasse produite en plus exprimée par ha, est petite. Elle est petite surtout si elle est comparée avec la réduction en biomasse (surtout des annuelles) qui se passe sur les grandes surfaces où le ruissellement domine. Par conséquent il est plus urgent d'étudier le ruissellement qui joue sur ces grandes surfaces que d'étudier l'écoulement d'eau vers les petites surfaces de collection. Ce dernier point est traité dans la partie 8.3.

Néanmoins le ruissellement en tant que phénomène est une condition pour vivre au Sahel, il existe un grand risque que cet état de fait change sous une forme de dégradation si le bilan fragile entre les 2 processus complémentaires (infiltration, ruissellement) est détruit. Pour cette raison il est nécessaire de bien comprendre ce phénomène.

Comme il est clair que le ruissellement est fortement lié à l'infiltration, il est à noter que celle-ci est fortement fonction des conditions physiques de la surface du sol. Une dégradation de ces conditions par une diminution du taux de la matière organique, par le piétinement excessif ou par une grande diminution de la biomasse par la pâture, cause un changement du rapport infiltration/ruissellement vers le ruissellement. Ce dernier était clairement observé par Haywood (1977) d'une comparaison entre 2 couvertures photo-aériennes du Mali de 1952 et de 1975. Entre ces 2 dates, les superficies avec pentes ont perdu beaucoup d'arbres et toutes les dépressions de collection d'eau ont gagné en densité arbustive. Ce changement est attribué par nous à celui du rapport infiltration/ruissellement.

Il est très important de souligner le rôle de la production primaire dans ce changement. La biomasse produite pendant une saison de pluie reste souvent sur le terrain pendant la période chaude et sèche. Au cas où cette biomasse n'est pas enlevée totalement par le feu ou par une exploitation excessive ce sont les termites qui consomment une partie pendant la saison sèche et le début de la saison pluvieuse suivante (partie 5.2.5). L'action de ces termites a une grande influence sur les conditions physiques de la surface du sol car elle favorise la porosité (surtout les macropores qui se forment pendant le transport de la biomasse en profondeur dans le sol). En plus, l'action des termites augmente l'irrégularité de la surface de la paille sur la surface et des chaumes des herbes; tout cela préserve le ruissellement. Donc une grande biomasse pendant la saison sèche favorise l'infiltration, une grande perte de la biomasse favorise le ruissellement. Le danger est que le changement du rapport entre infiltration et ruissellement a le caractère d'une spirale. Dès que le ruissellement est stimulé, une fois le bilan d'eau du sol affecté, la biomasse qui peut croître diminue (voir aussi la partie 8.6.1). Voilà le début d'une spirale, où chaque diminution cause plus de ruissellement. C'est cette spirale qui risque de transformer l'écosystème sahélien en un système de plus en plus désertique.

D'après ce qui est dit dans partie 3.3 on peut distinguer différentes formes de ruissellement sur les substrats distingués:
- Les vraies dunes sablonneuses. Existant surtout au nord du parallèle 15° N, elles sont très perméables, car le taux d'argile et de limon n'est pas assez élevé pour la formation d'une croûte. En conséquence, il n'y a ni ruissellement ni formation de mares, la végétation est alors remarquablement uniforme.
- Sur le sable limoneux ou le limon sablonneux, il y a formation d'une croûte due à la présence de particules fines (voir partie 3.3). A partir du relief, on peut distinguer d'une part des terrains aplatis (la pente est <1%) où l'eau de ruissellement s'infiltre dans de petites dépressions sur les pentes, et d'autre part, des terrains dunaires prononcés (pente 5%) entre les buttes desquelles les dépressions reçoivent beaucoup d'eau. Quand le sous-sol le permet des mares temporaires se forment.
- Sur les plaines limoneuses, avec une pente légère (1-2%), souvent le ruissellement local est indiqué par la présence de pérennes.
- Les formations latéritiques ne se trouvent pas au ranch dans le Delta mort du Niger. Le ruissellement sur ces formations est grand et une conséquence directe est la formation de mares. D'autre part, l'eau qui s'écoule dans les fentes du terrain constitue une bonne réserve d'eau pour les arbres et alimente souvent une nappe locale d'où la présence des villages.
- Sur les plaines argileuses ou limoneuses complètement plates. L'eau stagne mais il n'y a pas de ruissellement, par contre elles sont alimentées avec l'eau par des terrains plus élevés qui les entourent.

C'est seulement au ranch de Niono que le ruissellement a été étudié en détail. En 1977, le ruissellement était estimé à partir du bilan d'eau par comparaison du stock d'eau du sol juste avant et après une pluie. Cette méthode nous permettait d'établir le bilan d'eau par essai et erreur. Les résultats obtenus dans l'ensemble étaient satisfaisants (Sidibé, 1978).

Par contre en 1978 et 1979, le ruissellement a été déterminé par la collection d'eau des parcelles de 0,5 m^2 (1978) et 2,3 m^2 (1979), pendant des pluies naturelles et avec l'aide des pluies artificielles qui étaient faites avec un appareil dit 'simulateur de pluie'. Les résultats détaillés seront publiés par Stroosnijder et Koné (1982). Un résumé est presenté au tableau 4.4.2 où l'on présente la fraction de la pluviosité annuelle qui a ruisselé (paramètre R). Dans ce tableau on ne trouve pas seulement des valeurs pour des endroits avec peu et avec beaucoup de biomasse mais aussi des valeurs pour les sols arrosés au début de la saison des pluies avec une solution de $CuSO_4$ (pour tuer les algues à la surface) et une solution de NONIDET (produit commercial de Shell pour rendre la surface du sol hydrophile) et pour des sols labourés (où la croûte était cassée).
On constate que les résultats sont peu consistants:

Fig. 4.4.5. Relation entre la précipitation d'une seule pluie et l'infiltration. Sable S1, 1978. Les lignes indiquent des pourcentages de ruissellement. Le ruissellement moyen est 40% de la pluie.

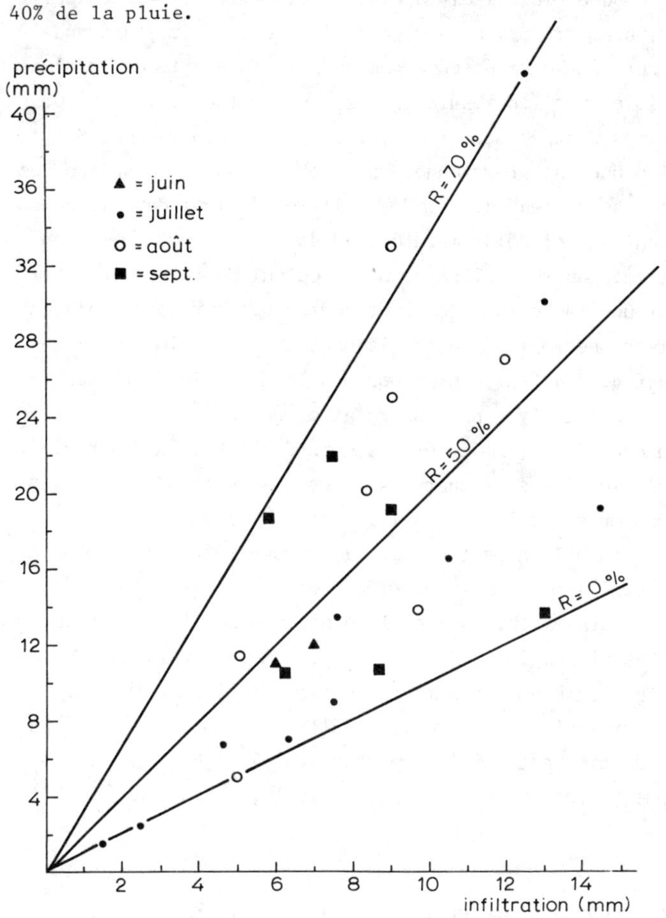

Fig. 4.4.5. Relation between precipitation of a single shower and infiltration. Sand S1, 1978. The lines indicate the percentage of run off. The mean run off is 40% of the rainfall.

- Sable S1 (pente moyenne 3%). En 1978 le labour et les traitements avec $CuSO_4$ et NONIDET diminuent le ruissellement. Par contre en 1979 les traitements chimiques ne donnent aucun résultat. D'ailleurs les résultats montrent que la quantité de ruissellement sur ce sable est énorme, de 40-50%. En plus on a observé que le ruissellement diminue si la biomasse augmente.
- Sable S2. Ce sable est plus grossier que le sable S1 et la pente des terrains est plus faible. Le ruissellement varie de 20 à 30%.
- Argile D1. Sur les plages nues, aux alentours des arbres et des termitières, le ruissellement est élevé, de l'ordre de 50%. Dans les dépressions entre les plages nues il n'y a pas de ruissellement mais de l'écoulement (R est négatif).
- Limon. Les observations ici coïncident avec celles de sable S1.
- Terrains dégradés. Sur ces terrains limoneux nus il y a une grande différence entre

les années 1978 et 1979. Le ruissellement est de l'ordre de 30-60%.

Le ruissellement mesuré après chaque pluie individuelle, a été utilisé pour calculer la capacité d'absorption des sols (paramètre S). Dans ce calcul chaque pluie était analysée en détail pour son intensité et même divisée en segments si l'intensité de la pluie variait. (Cette analyse était possible avec les résultats des pluviomètres enregistreurs qui étaient installés sur nos 6 champs d'expérimentation.) Toutes les valeurs pour S étaient rassemblées pour un calcul d'une valeur moyenne, valable pour toute la saison des pluies. Ces moyennes sont présentées au tableau 4.4.2. Ces chiffres varient dans le même sens que les valeurs du ruissellement annuel déjà discuté ci-dessus.

Il est clair que la mesure directe du ruissellement ou le calcul du ruissellement après une mesure du paramètre S est une tâche laborieuse et coûteuse. Pour cette raison nous avons essayé de voir s'il existe une relation entre la hauteur d'une pluie et l'infiltration pendant cette pluie. La fig. 4.4.5 présente, pour sable S1 en 1978, toutes ces informations détaillées. Elle montre qu'il n'y a pas une relation unique et que la variation des points n'est pas différente pendant les différents mois de la saison des pluies. Néanmoins pour cette dernière conclusion il faut généraliser les observations concernant le ruissellement jusqu'à une forme simple. Ceci est possible sur 3 niveaux:
- Si l'on considère le ruissellement annuel on peut estimer le paramètre R à l'aide du tableau 4.4.2 et de la description des sites comme présentée dans la partie 3.3.
- Si l'on considère la pluviométrie journalière, mais si l'on n'a pas de l'information disponible concernant l'intensité des pluies individuelles, on estime une relation comme à la fig. 4.4.5. Un exemple de cette dernière approximation est présenté dans la fig. 4.4.6. Cette relation est valable pour sable S2, année 1977. Elle a été utilisée dans le modèle pour la simulation de la production potentielle (partie 4.5.6).
- Si l'on veut savoir le ruissellement avec encore plus de précision, il faut avoir

Fig. 4.4.6. Relation entre la hauteur d'une pluie et le ruissellement comme c'est utilisée dans les calculs de la production primaire.

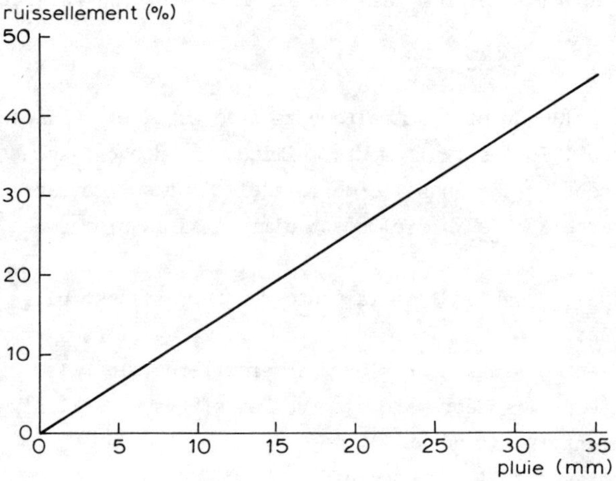

Fig. 4.4.6. Relation between the amount of rainfall and the run off, as used in calculating primary production.

l'intensité des pluies individuelles. Alors on doit calculer pour chaque pluie individuelle l'infiltration en utilisant une valeur S pour la capacité d'absorption; cette dernière est à mesurer ou à estimer en utilisant le tableau 4.4.2.

4.4.2.3 Evapotranspiration

Après une recherche sur des sols du ranch de Niono, les études du bilan d'eau par une mesure d'évapotranspiration ont été effectuées sur les principaux types de sols surtout sur les extrêmes (sable-limoneux et argile). Ce ne sont pas seulement les extrêmes en granulométrie, mais aussi en disponibilité d'eau à cause du ruissellement. Le sable-limoneux présente toujours du ruissellement alors que l'argile n'en présente pas.

Pendant 3 saisons pluvieuses, on a installé sur diverses parcelles (avec ou sans fertilisation) des tubes de 2-3 m avec lesquels on a pu mesurer l'humidité du sol par des sondes à neutrons. Cette mesure est non-destructive, les tubes restant dans le sol toute la saison, et on peut répéter les mesures souvent sur le même endroit sans détruire les parcelles d'expérimentation. Pendant presque toutes nos mesures nous avons pu constater que la percolation profonde était absente; les sols restent secs en profondeur.

Le calcul d'évapotranspiration était fait comme suit:
- les chiffres bruts des pluviomètres enregistreurs sont analysés, et une liste est établie avec toutes les pluies et leur intensité;
- l'humidité des couches du sol à plusieurs dates pendant la saison est présentée également dans une liste (comme tableau 4.4.3);
- sur base de la capacité d'absorption du sol (S), déterminée indépendamment (voir partie 4.4.2.2) toutes les pluies sont partagées en infiltration (I) et ruissellement. (Pendant la saison 1977 nous n'avions pas des valeurs pour S obtenues par mesure indépendante. Pendant cette saison nous avons calculé l'infiltration comme étant la différence entre l'humidité totale du sol mesurée juste avant et juste après une pluie. Les valeurs pour S obtenues par cette méthode étaient les mêmes que les valeurs de S mesurées indépendamment en 1978 et en 1979.)
L'évapotranspiration (ET) pendant une certaine période est égale à l'infiltration pendant cette période moins l'augmentation du stock d'eau dans le sol (voir par exemple tableau 4.4.4). L'évapotranspiration cumulative (ΣET) est utilisée pour construire un graphique (voir fig. 4.4.7). La fig. 4.4.7A présente ET d'un pâturage naturel. Les fig. 4.4.7B et 4.4.7C présentent ET des pâturages fertilisés (NPK) respectivement sur sable et argile. Le cours d'ET du pâturage naturel est presque constant et atteint 2,8 mm jour^{-1} ce qui est presque pareil à l'ET d'un sol nu (2,7 mm jour^{-1}, voir fig. 4.4.14). Il faut donc conclure qu'avec une végétation relativement ouverte comme dans un pâturage naturel sur sable S1 la valeur de l'ET est pratiquement indépendante de la végétation. Il apparaît donc que dans cette valeur fixe de l'ET, les contributions de la transpiration T et de l'évaporation E peuvent varier sans trop influencer l'ET. La valeur fixe d'ET semble être déterminée par les conditions climatiques.

Les cours d'ET des pâturages fertilisés atteignent une valeur maximale en août et ces maximums varient entre 4,2 mm jour^{-1} pour le sable fertilisé (1977) et 5,1 mm jour^{-1} pour l'argile fertilisée (1978). La différence en ET entre un pâturage naturel et un

Tableau 4.4.3. Humidité (en pourcentage du volume) du sol par date et par couche, 1978, Sable S1, pâturage naturel.

Date	24/7	2/8	5/8	9/8	14/8	18/8	24/8	30/8	6/9	13/9	21/9	29/9	3/10	6/10	1/11
No du jour	205	214	217	221	226	230	236	242	249	256	264	272	276	279	305
Couche du sol (cm)															
0 - 15	6,6	14,9	10,6	14,9	12,1	13,5	4,5	10,6	6,2	6,0	5,1	11,9	4,6	3,0	1,4
15 - 25	5,1	10,8	9,3	9,8	7,3	5,9	4,3	3,0	2,5	2,8	5,1	8,4	5,5	4,4	1,9
25 - 35	4,9	8,9	8,4	8,0	7,0	6,4	5,5	3,9	3,3	2,9	4,2	6,2	5,5	5,0	2,6
35 - 50	2,8	8,5	8,3	7,4	7,4	6,4	6,1	4,8	3,9	3,4	3,5	4,5	4,7	4,3	3,0
50 - 70	2,6	4,3	6,4	6,8	6,6	6,5	5,9	5,5	4,8	3,5	3,5	3,6	3,3	3,4	3,0
70 - 90	2,8	2,8	2,8	4,3	5,9	5,9	5,7	6,0	5,8	5,1	4,6	4,5	4,7	4,5	3,3
90 - 110	2,5	2,5	2,5	2,5	2,5	2,5	4,0	6,4	6,5	5,6	5,6	5,6	5,6	5,6	3,6
110 - 130	3,3	3,3	3,3	3,3	3,3	3,3	3,9	5,2	6,6	6,4	6,1	6,1	6,1	6,1	4,9
130 - 150	-	5,2	4,9	4,8	4,8	-	5,0	4,7	4,9	5,2	4,8	-	-	-	4,9
Total d'eau (mm) 0 - 130 cm	45,8	78,6	75,4	82,5	77,6	74,8	64,6	72,4	66,5	59,4	61,8	77,1	64,8	60,3	40,4

Table 4.4.3. Soil humidity (in percentage of the volume) by date and by layer, 1978, Sand S1, natural pasture.

Tableau 4.4.4. Calcul d'évapotranspiration (ET) pour sable S1, 1978, pâturage naturel.

No jour	Date	Stock d'eau du sol 0-130 cm (mm)	ΔStock (mm)	I (mm)	ET (mm)	ΣET (mm)
205	24/7	45,8				66[1)]
			-32,8	58,88	26,08	
214	2/8	78,6				92
			3,2	14,79	17,99	
217	5/8	75,4				110
			-7,1	9,11	2,01	
221	9/8	82,5				112
			4,9	8,30	13,20	
226	14/8	77,6				125
			2,8	9,00	11,80	
230	18/8	74,8				137
			10,2	4,40	14,60	
236	24/8	64,6				152
			-7,8	9,00	1,20	
242	30/8	72,4				153
			5,9	5,20	11,10	
249	6/9	66,5				164
			7,1	13,10	20,20	
256	13/9	59,4				184
			-2,4	17,63	15,23	
264	21/9	61,8				199
			-15,3	26,13	10,83	
272	29/9	77,1				210
			12,3	0	12,30	
276	3/10	64,8				223
			4,5	0	4,50	
279	6/10	60,3				227
			19,9	5,90	25,80	
305	1/11	40,4				253

Table 4.4.4. Calculation of the evapotranspiration (ET) for sand S1, 1978, natural pasture.

[1)] Evaporation calculée (voir partie 4.4.2.4); calculated evaporation (see part 4.4.2.4).

pâturage fertilisé sur sable est donc 1,5 mm jour^{-1}. La croissance du pâturage naturel était 35 kg ha^{-1} jour^{-1} et du pâturage fertilisé 125 kg ha^{-1} jour^{-1}, voir tableau 4.4.8. Si l'on suppose qu'il n'y a pas une différence d'évaporation entre les 2 cas, la croissance supplémentaire de 90 kg ha^{-1} jour^{-1} équivaut à 1,5 mm jour^{-1} en plus donc le coefficient de transpiration est de l'ordre de 170 kg d'eau par kg de matière sèche.

En 1977, la séparation de ET (obtenue par la méthode du bilan d'eau) en E (évaporation) et T (transpiration) n'était pas possible. Donc la supposition que E reste la même ne pouvait pas être prouvée et le calcul du coefficient de transpiration n'était que spéculatif.

En 1978 et en 1979, des expériences concernant la mesure directe de l'évaporation ont été exécutées, et seront traitées dans la partie 4.4.2.4. Après la discussion de la partie 4.4.2.4 on reviendra sur le coefficient de transpiration dans la partie 4.4.2.5.

Fig. 4.4.7. L'évapotranspiration cumulative mesurée est partagée en évaporation (E), calculée comme dans la partie 4.4.2.4, et transpiration (T), calculée comme ET - E; voir partie 4.4.2.5.
A: Sur le sable S1 avec ruissellement moyen de 40% et le pâturage naturel (1978);
B: Sur le sable S2 avec ruissellement moyen de 21% et la fertilisation avec N, P et K (1977);
C: Sur l'argile D1 avec écoulement moyen de 15% et la fertilisation avec N, P et K (1978).

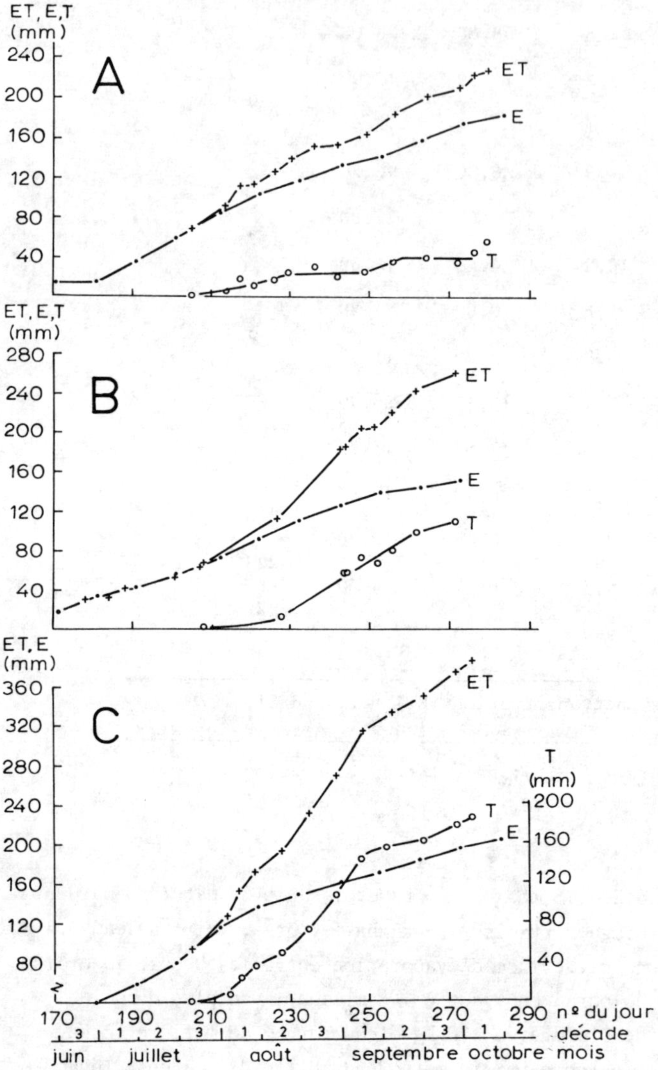

Fig. 4.4.7. The cumulative evapotranspiration measured is divided in evaporation (E), calculated as in part 4.4.2.4, and transpiration (T), calculated as ET - T; see part 4.4.2.5.
A: On sand S1 with a mean run off of 40% and the natural pasture (1978);
B: On sand S2 with a mean run off of 21% and fertilization with N, P and K (1977);
C: On clay D1 with a mean run on of 15% and fertilization with N, P and K (1978).

4.4.2.4 Evaporation

La combinaison de l'information de ET (fig. 4.4.7) avec l'information physiologique concernant le coefficient de transpiration (partie 4.2.2) suggère qu'une grande partie de cet ET est due à l'évaporation, E, de l'eau du sol. Cette évaporation se passe surtout au début de la saison de croissance quand la force d'évaporation de l'atmosphère est encore beaucoup plus grande qu'en août et septembre. La fig. 4.4.8 montre la température du sol mesurée à midi le 23 juin 1978. La surface du sol a une température de 50-60 °C. Vu l'importance de cette évaporation pour la germination et le début de la croissance, nous avons étudié ce processus en détail en 1978 et en 1979. En 1978 l'étude était faite en mesurant l'humidité des différentes couches du sol (voir fig. 4.4.9) après que le sol a été humidifié sur un petit endroit par un arrosage artificiel. Répétée en 1979, l'expé-

Fig. 4.4.8. Température du sol, argile D1 à 12.00 h (23 juin 1978) en fonction de la profondeur.
—— endroit sec, couleur noire
----- endroit sec, couleur blanche

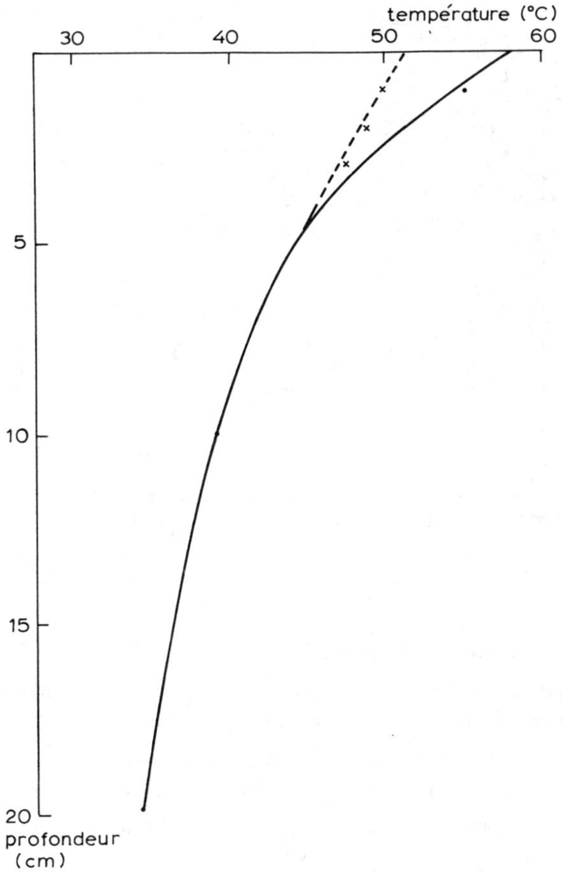

Fig. 4.4.8. Soil temperature, clay D1, at 12.00 h (23 June 1978) as a function of depth.
—— dry part, coloured black
----- dry part, coloured white

Fig. 4.4.9. Profils d'humidité pendant l'évaporation sur sable après un arrosage de 12 mm à 08.00 h (juin 1978). ·—·—·— humidité mesurée, ×—×—× humidité calculée par simulation.

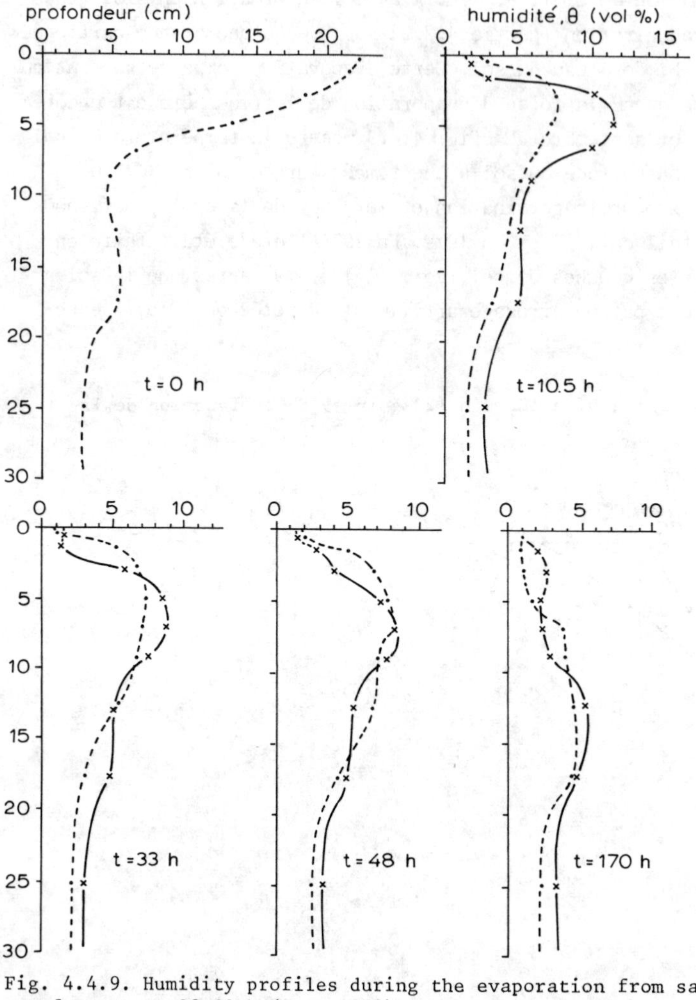

Fig. 4.4.9. Humidity profiles during the evaporation from sand after an application of 12 mm of water at 08.00 h (June 1978). ·—·—·— humidity measured, ×—×—× humidity calculated by simulation.

rience de l'évaporation a été faite avec un simulateur de pluie qui donne la pluie avec une intensité naturelle (Hoogmoed et Stroosnijder, 1981). Il résulta de cette humidification artificielle en juin que l'évaporation mesurée était plus élevée que dans les conditions pendant la croissance importante des pâturages en août et septembre. Néanmoins les résultats étaient bien utilisables pour développer un modèle de simulation (Van Loon et Wösten, 1979). Les différents aspects de l'évaporation sont discutés ici très brièvement, les détails sont publiés ailleurs (Stroosnijder et al., 1982).

Le séchage de la surface du sol se passe très vite. Pendant les premières heures après l'humidification la vitesse d'évaporation est très grande, supérieure à 20 mm $jour^{-1}$.

Fig. 4.4.10. Humidité des couches superficielles du sable après une grande pluie à 09.00 h et à 19.00 h. Trois couches sont présentées: (×) 0-0,5 cm, (•) 0,5-1,0 cm, (+) 1-2 cm.

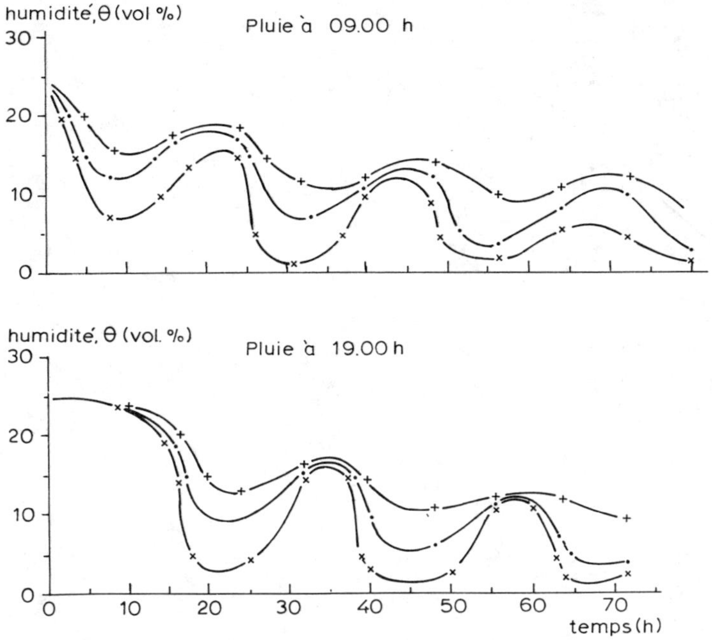

Fig. 4.4.10. Humidity of upper layers of sand after a heavy shower at 09.00 h and at 19.00 h. Three layers are presented: (×) 0-0.5 cm, (•) 0.5-1.0 cm, (+) 1-2 cm.

Cela est l'effet de la température élevée à la surface du sol. Le séchage de la surface du sol est important à considérer parce que c'est la partie où se trouvent les semences. Bien que le séchage s'effectue très vite, la couche superficielle s'humidifie encore un peu pendant la nuit quand l'évaporation est beaucoup réduite et que de l'eau remonte de la profondeur vers la surface du sol. Ce phénomène est démontré clairement par la fig. 4.4.10. Les résultats montrent aussi que le séchage du sol après une pluie au début ou à la fin du jour suit le même modèle mais avec un délai d'environ 10 heures, la durée effective de la nuit.

Un autre aspect recherché est la diminution de l'E dans le temps. La fig. 4.4.11 montre les résultats de 3 expériences. Ces résultats sont présentés sous la forme de l'évaporation cumulative en mm versus la racine du temps en jours. Les 2 expériences sur sable sont des répétitions. On constate qu'au début E est proportionnelle avec 6,0 mm $jour^{-\frac{1}{2}}$. Cette valeur est égale à l'évaporation potentielle selon Penman, PEVAP, et égale à 70% de l'évaporation de l'eau libre (8,7 mm $jour^{-1}$ en juin, voir partie 8.3). Deux jours après la pluie, cette proportionnalité diminue jusqu'à environ 3,5 mm $jour^{-\frac{1}{2}}$. Cette proportionnalité avec $\sqrt{t}$ est très claire pour le sable mais moins évidente pour l'argile. Le fait que cette argile ne varie pas trop du sable (ici sable-limoneux, presque limon-sablonneux) est due à la surface de l'argile qui ressemble celle du sable (voir tableau 3.3.3). C'est possible que l'évaporation d'un sol très argileux ou un sable grossier

Fig. 4.4.11. L'évaporation cumulative en fonction de la racine du temps comme mesurée en juin, 1978, sur sable (• et +) et argile (×).

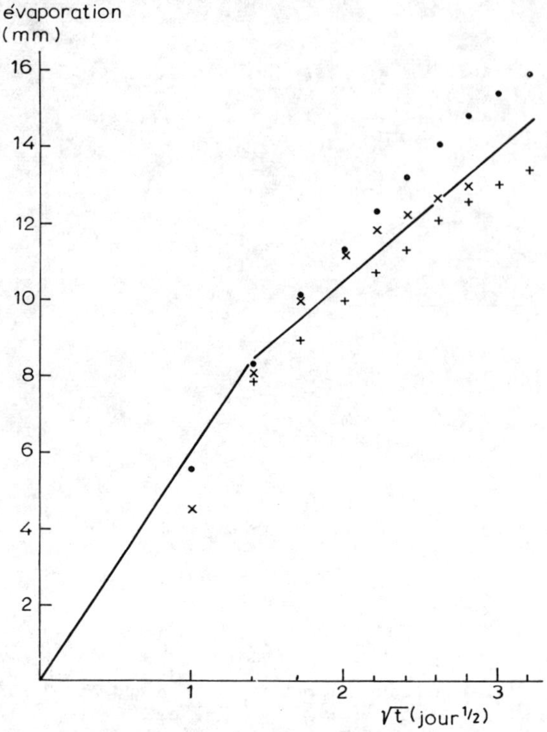

Fig. 4.4.11. Cumulative evaporation as a function of the square root of time, as measured in June, 1978, on sand (• and +) and clay (×).

(comme existe surtout dans le nord du Sahel) sera différente que celle présentée ici.

L'évaporation pouvait être calculée aussi avec un modèle à simuler pour des valeurs différentes de PEVAP, voir fig. 4.4.12. On constate que E calculée pour une PEVAP élevée suit le même caractère que E mesurée. Pour des valeurs de PEVAP réduites, la période pendant laquelle E reste proportionnelle avec PEVAP diminue jusqu'à un jour. Nous en concluons que la durée de cette première période est liée au niveau de PEVAP. Il est très important de constater qu'après ce premier jour E est proportionnelle avec le même 3,5 mm $jour^{-\frac{1}{2}}$.

En conclusion nous pouvons donner une approximation de l'évaporation pour le sable ainsi que pour l'argile par la formule:

$$\Sigma E = PEVAP \sqrt{t1} + 3{,}5\ (\sqrt{t} - \sqrt{t1}) \qquad \text{(formule 4.4.7)}$$

dans laquelle ΣE est l'évaporation cumulative (en mm) après une pluie, t est le nombre des jours après la pluie, t = 1 est le jour de la pluie, t1 est la période avec une évaporation élevée. Les valeurs PEVAP et t1 sont liées au mois de l'année et sont respectivement 6,0 mm $jour^{-\frac{1}{2}}$ et 2,0 jours en juin, 4,5 mm $jour^{-\frac{1}{2}}$ et 1,5 jour en juillet et 3,5

Fig. 4.4.12. L'évaporation cumulative en fonction de la racine du temps comme calculée avec un modèle à simuler (Stroosnijder et al., 1982).
o sable, évaporation potentielle selon Penman: 5 mm
+ argile, évaporation potentielle selon Penman: 5 mm
□ sable, évaporation potentielle selon Penman: 2,7 mm
• sable, évaporation potentielle selon Penman: 1,35 mm

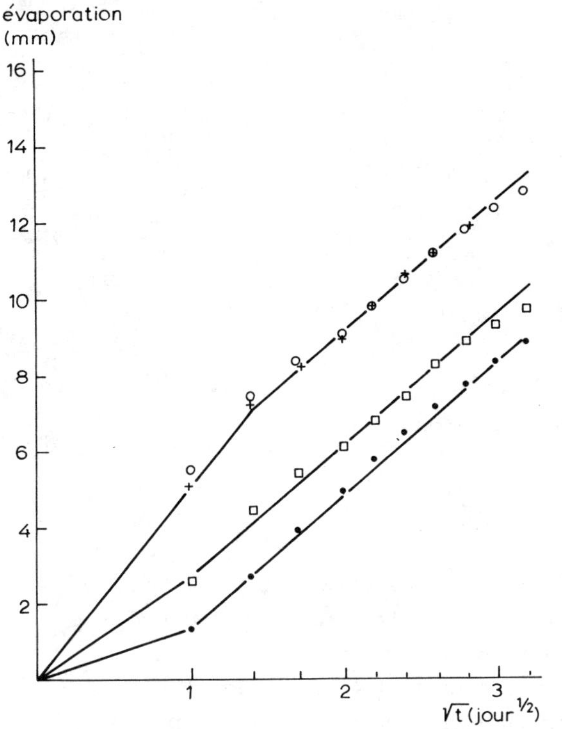

Fig. 4.4.12. Cumulative evaporation as a function of the square root of time as calculated with a simulation model (Stroosnijder et al., 1982).
o sand, potential evaporation according to Penman: 5 mm
+ clay, potential evaporation according to Penman: 5 mm
□ sand, potential evaporation according to Penman: 2.7 mm
• sand, potential evaporation according to Penman: 1.35 mm

mm jour$^{-\frac{1}{2}}$ et 1 jour en août et en septembre.

Le facteur de proportionnalité pour les jours après t1 est 3,5 mm jour$^{-\frac{1}{2}}$ et cette valeur est donc indépendante des conditions climatiques. Ce dernier facteur est proche de la valeur déterminée par Hall et Dancette (1978) pour un sol Dior (sable plus grossier que celle de l'expérience ici) au Sénégal (3,34 mm jour$^{-\frac{1}{2}}$).

Finalement nous avons recherché l'influence de la végétation sur l'évaporation. Le nombre de répétitions n'était pas suffisant pour établir fortement une relation entre la couverture végétale (exprimée par LAI, voir partie 4.2.2) et la réduction de l'évaporation. Néanmoins les résultats sont présentés, avec beaucoup de prudence, à la fig. 4.4.13. Dans cette figure nous avons indiqué également la relation utilisée par Van Keulen (1975) pour une zone méditerranéenne à titre de comparaison. Il est bien à noter que les relations diffèrent considérablement.

Fig. 4.4.13. Relation entre le rapport évaporation actuelle/évaporation potentielle (E_a/E_p) et le LAI (index foliaire de la surface des feuilles).
—— selon Van Keulen (1975)
×---× points expérimentaux au Sahel

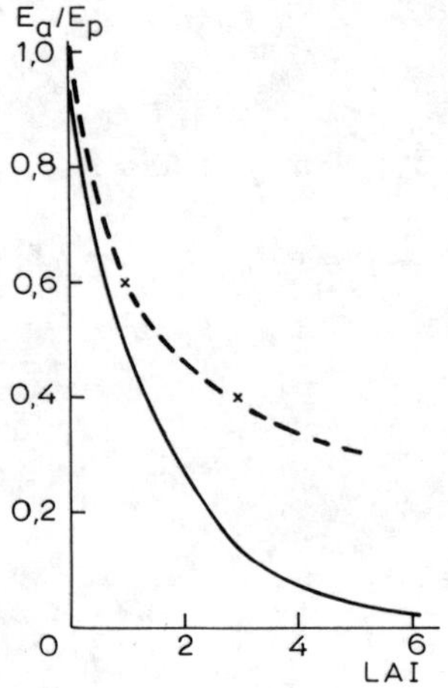

Fig. 4.4.13. Relation between the ratio actual evaporation/potential evaporation (E_a/E_p) and the LAI (foliar index of the surface of the leaves).
—— according to Van Keulen (1975)
×---× experimental points in the Sahel

Sur la base d'expériences décrites ci-dessous nous avons développé une méthode simplifiée pour estimer E par décade pendant la saison. Les calculs de cette méthode sont simples et peuvent être faits sur une petite machine électronique en une demi-heure. La méthode est assez précise pour servir dans la prédiction totale du bilan d'eau (voir partie 4.6). Pour pouvoir estimer l'évaporation d'une parcelle ou d'une région on a besoin des données telles que:

- l'estimation du pourcentage de ruissellement annuel;
- la pluviosité par décade;
- le nombre de pluies par décade;
- l'estimation de la couverture végétale (LAI); éventuellement ces valeurs pour LAI peuvent vent être obtenues par tâtonnement dans un calcul de la production comme à la partie 4.6;
- pour faciliter le calcul, le tableau d'assistance 4.4.5 était construit. Ce tableau présente l'évaporation par décade pour divers nombres de pluies par décade et pour une série de LAI's différents. Les chiffres dans ce tableau étaient calculés avec la formule et les valeurs pour PEVAP et t1 discutées ci-dessus. Pour la réduction de E en fonction de LAI nous utilisions la relation déterminée au terrain, voir fig. 4.4.13. Comme discuté déjà sur la base des résultats de simulation (fig. 4.4.12), la réduction de E par la végétation affecte seulement la valeur de PEVAP mais pas le facteur de proportionnalité de 3,5 mm jour$^{-\frac{1}{2}}$ pour les jours suivants.

Pour illustrer le calcul de l'évaporation nous donnerons 2 exemples. Le premier est un calcul pour un sol nu sur argile avec 50% de ruissellement, donc l'infiltration par décade (I) est calculée comme 50% de la pluviosité (Pl) dans cette décade, voir tableau

Tableau 4.4.5. Relation entre le nombre de pluies par décade et l'évaporation (mm) dans ces décades en fonction de LAI.

Nombre de pluies	LAI, mois de juin	
	0,0	0,5
1	14,6	12,6
2	22,8	18,8
3	29,7	23,7
4	36,4	28,4
5	42,5	32,5
6	46,8	36,0
7	50,4	38,8
8	53,6	41,3
9	56,7	43,7
10	60,0	46,2

Nombre de pluies	LAI, mois de juillet						
	0,0	0,5	1,0	2,0	3,0	4,0	5,0
1	12,3	11,0	10,2	9,4	8,8	8,5	8,3
2	18,0	15,5	13,9	12,3	11,2	10,5	10,1
3	22,8	19,0	16,6	14,1	12,4	11,4	10,8
4	27,0	21,9	18,7	15,4	13,2	11,8	11,0
5	30,8	24,5	20,4	16,3	13,5	11,8	10,7
6	34,4	26,9	21,9	17,0	13,7	11,7	10,4
7	37,7	29,0	23,4	17,7	13,9	11,7	10,2
8	40,2	31,0	25,0	18,9	14,9	12,5	10,9
9	42,7	32,9	26,5	20,1	15,8	13,2	11,5
10	45,0	34,7	27,9	21,2	16,7	14,0	12,2

Nombre de pluies	LAI, mois d'août et de septembre						
	0,0	0,5	1,0	2,0	3,0	4,0	5,0
1	11,1	10,3	9,8	9,2	8,9	8,7	8,5
2	15,6	14,0	12,9	11,9	11,2	10,8	10,5
3	19,2	16,8	15,2	13,6	12,6	11,9	11,5
4	22,1	18,9	16,8	14,7	13,3	12,5	11,9
5	24,8	20,7	18,1	15,5	13,7	12,7	12,0
6	27,1	22,3	19,1	16,0	13,9	12,7	12,0
7	29,3	23,7	20,0	16,3	13,9	12,7	12,0
8	31,3	24,8	20,6	16,4	13,9	12,7	12,0
9	33,2	26,0	21,2	16,5	13,9	12,7	12,0
10	35,0	27,0	21,7	16,5	13,9	12,7	12,0

Table 4.4.5. Relation between the number of showers per decade and the evaporation (mm) in these decades as a function of LAI.

4.4.6, n est le nombre des pluies pendant une décade. L'évaporation par décade est lue du tableau 4.4.5. Dans le cas où E est plus grand que Pl dans cette décade nous prenons l'approximation suivante. S'il y a un stock d'eau dans le sol, il est possible que E soit plus grand que I et nous prenons $E = \frac{1}{2}(E + I)$, où le dernier E est la valeur du tableau 4.4.5. Naturellement, E ne peut jamais être tel si le stock d'eau est épuisé. C'est pourquoi la valeur du stock (St) est aussi calculée. Le résultat du calcul est présenté à la fig. 4.4.14. Cette figure montre que le calcul est proche des valeurs mesurées à l'aide des sondes à neutron, voir partie 4.4.2.3.

Tableau 4.4.6. Calcul de l'évaporation (mm) sur argile nue, 1978, avec un ruissellement annuel de 50%.

Décade	Pl	n	I	E	St	ΣE
juin 1	35,6	3	17,8	17,8	0	18
juin 2	-	-	-	-	0	18
juin 3	-	-	-	-	0	18
juillet 1	23,5	2	11,8	11,8	0	30
juillet 2	69,4	3	34,7	22,8	11,9	52
juillet 3	46,8	6	23,4	28,9	6,4	81
août 1	89,4	5	44,7	24,8	26,3	106
août 2	11,1	2	5,6	10,6	21,3	117
août 3	18,0	3	9,0	14,0	16,3	131
septembre 1	14,4	3	7,2	13,2	10,3	144
septembre 2	24,2	7	12,1	20,7	1,7	165
septembre 3	31,4	4	15,7	17,4	0	182
octobre 1	10,5	1	5,3	5,3	0	187

Table 4.4.6. Calculation of the evaporation (mm) from bare clay, 1978, with an annual run off of 50%.

Fig. 4.4.14. Comparaison entre l'évaporation mesurée (+) et l'évaporation calculée (•) sur l'argile nue avec un ruissellement moyen de 50% (1978).

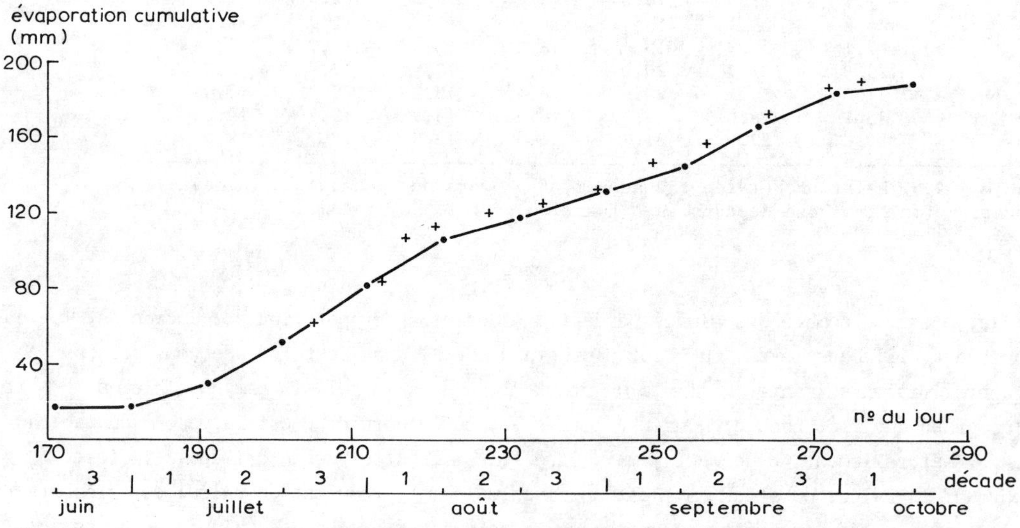

Fig. 4.4.14. Comparison between measured evaporation (+) and calculated evaporation (•) on bare clay with a mean run off of 50% (1978).

Tableau 4.4.7. Calcul de l'évaporation (mm) sur sable S1, 1978, sur pâturage naturel avec un ruissellement annuel de 40%.

Décade	Pl	n	I	LAI	E	ΣE
juin 1	24,3	3	14,6		14,6	15
juin 2	-	-	-		-	15
juin 3	-	-	-		-	15
juillet 1	34,1	3	20,5		20,5	35
juillet 2	57,5	3	34,5		22,8	58
juillet 3	60,8	4	36,5	0,1	26,0	84
août 1	75,5	4	45,3	0,3	19,0	103
août 2	53,0	2	31,8	0,5	14,0	117
août 3	21,6	4	13,0	0,7	15,4	132
septembre 1	6,2	2	3,7	0,8	8,6	141
septembre 2	50,0	4	30,0	1,0	16,8	158
septembre 3	52,6	5	31,6	1,3	17,5	175
octobre 1	6,4	1	3,8	0,8	6,9	182

Table 4.4.7. Calculation of the evaporation (mm) from natural pasture on sand S1, 1978, with an annual run off of 40%.

Le deuxième exemple est un calcul pour un pâturage naturel sur sable S1, 1978, avec 40% de ruissellement. Le calcul est présenté au tableau 4.4.7. Cet exemple diffère du premier par la présence d'une végétation. Dans ce calcul, les valeurs de LAI utilisées étaient estimées aux champs. Le résultat du calcul est inclu dans la fig. 4.4.7A. Dans cette figure la transpiration pouvait être calculée par soustraction de E du ET. On conclut que T et E sont de l'ordre de 40 mm et de 180 mm respectivement pour ce pâturage et pour cette année. Cette constatation appuie sur l'importance de E dans le bilan d'eau.

Le calcul de E en combinaison avec un calcul de la production sera présenté dans la partie 4.6.

4.4.2.5 Transpiration

La transpiration est un facteur important du bilan d'eau du sol mais ce n'est pas tant un processus physique du sol qu'un processus physiologique des plantes. Dans la partie 4.2 déjà, cette transpiration était discutée sur la base de la théorie de la physiologie des plantes et quelques mesures au terrain de la résistance stomatique des plantes. Dans la partie 5.2.6 on y revient aussi. En dehors de cet aspect physiologique il y a une relation entre transpiration et stock d'eau du sol. S'il n'y a pas d'eau dans le sol, ou si cette eau est retenue par le sol avec une trop grande force, les plantes réagissent par la fermeture de leurs stomates. Cette régulation a pour effet que la

Tableau 4.4.8. Coefficients de transpiration calculés par soustraction de l'évaporation calculée de l'évapotranspiration mesurée (voir aussi fig. 4.4.7).

Site	Année	Production (kg ha^{-1})	Durée de la grande croissance (jour)	Croissance par jour (kg ha^{-1} $jour^{-1}$)	Transpiration totale (mm)	Transpiration par jour (mm $jour^{-1}$)	Coefficient de transpiration (kg kg^{-1})
S1 pâturage naturel	1978	1.400	40	35	40	1,0	285
Sable, S2 + NPK	1977	5.000	40	125	105	2,6	210
Argile, D1 + NPK	1978	9.500	40	238	160	4,0	170

Table 4.4.8. Coefficients of transpiration calculated by substracting the calculated evaporation from the measured evapotranspiration (see also fig. 4.4.7).

transpiration et par conséquent la production diminue. Nous avons estimé que les plantes souffrent déjà d'un manque d'eau si l'eau du sol est retenue avec une force plus que 4 bar (pF 3,5). Les plantes commencent à mourir si la force augmente jusqu'à 16 bar (pF 4,2). Voir aussi les résultats des expériences en chambre climatique, présentés dans la partie 4.3.4.1.

Les mesures de ET (partie 4.4.2.3) et le calcul de E (partie 4.4.2.4) nous permettent d'obtenir T par soustraction de E de l'ET. Les résultats sont aussi présentés à la fig. 4.4.7 et sont résumés au tableau 4.4.8. Ce tableau indique que la transpiration $jour^{-1}$ varie entre 1 mm pour un sable avec un pâturage naturel, jusqu'à 4 mm pour une argile bien fertilisée. Ce 4 mm est la transpiration maximale selon les conditions climatiques en août et en septembre pour une végétation C_4 comme indiqué à la fig. 4.2.4c. Le tableau 4.4.8 indique aussi que le coefficient de transpiration (en kg d'eau kg^{-1} de biomasse aérienne) est le plus bas, pour l'argile fertilisée ce qui est dû à une forte dominance d'espèces en C_4. Sur le sable S1 le pâturage naturel consistait en 1978 pour 60% en espèces en C_4 et pour l'autre 40% en espèces en C_3. Vue la différence de coefficient de transpiration entre C_4 et C_3 (voir partie 4.2) le coefficient élevé sur S1 est atttribué à une différence d'espèces entre un paturage naturel et un pâturage fertilisé.

4.4.3 Le bilan d'eau du sol

La connaissance des processus et de l'ordre de grandeur des paramètres en question nous permet de discuter le bilan d'eau pendant les différents stades à reconnaître dans la croissance.

Comme dans la partie 4.3, nous partageons la période de croissance en 4 stades:
- avant les pluies fréquentes;
- début des pluies fréquentes;
- la grande croissance;
- fin de la croissance, saison sèche.

Avant les pluies fréquentes Cette période (mai-juin et souvent juillet) est caractérisée par des pluies irrégulières qui causent une ou plusieurs vagues de germination. L'humidification du sol après une longue période sèche et chaude permet le démarrage de beaucoup d'activités biologiques. C'est d'abord l'absorption d'eau par les semences qui peuvent germer (voir partie 4.3.3) et aussi les activités microbiennes qui ont besoin d'eau du sol reprennent (voir partie 5.3.2). Tous ces processus sont fortement influencés par le séchage du sol après l'humidification.

Le premier cm du sol reste assez humide pour les activités mentionnées ci-dessus pendant un nombre d'heures = infiltration en mm (approximativement). Pendant la nuit l'évaporation est nulle pendant 10 heures. Cette estimation a été faite après une analyse en utilisant le modèle à simuler mentionné déjà dans la partie 4.4.2.4. La diminution d'eau qui est stockée dans le sol sous la couche superficielle peut être calculée avec la formule pour ΣE comme discuté dans la partie 4.4.2.4.

Pendant cette première période, la croissance est exponentielle mais souvent irrégulière, c'est-à-dire il y a des jours après une pluie où les plantes croissent de façon exponentielle et il y a des arrêts de la croissance à cause d'une sécheresse du sol (partie 4.5.2).

Les conditions climatiques qui existent pendant cette période permettent une évaporation extrême (de l'ordre de 6-8 mm $jour^{-1}$). En général presque toute la pluie qui tombe pendant cette période se perd par évaporation et jusqu'au moment où la pluviosité s'intensifie le stock d'eau du sol est nul. Souvent il existe des conditions climatiques très dures pour les jeunes plantes et une grande partie meurt. Malgré cela souvent une partie survit, surtout à des endroits favorables.

Si les jeunes plantes sont vivantes et bien installées (au minimum 1-2 semaines après la germination) le moment où la pluviosité s'intensifie est aussi le moment où la grande croissance commence. Il y a des années où les pluies intenses surviennent après une si grave sécheresse qu'il n'y a plus de jeunes plantes disponibles et au moment où les pluies intenses humidifient le sol la grande croissance est retardée de 1-2 semaines, période pendant laquelle de nouvelles semences germent et de nouvelles jeunes plantes s'installent et croissent exponentiellement (voir partie 4.3.3.3).

Début des pluies fréquentes Ce début est caractérisé par une augmentation de l'importance des pluies. Le nom 'grandes pluies' est utilisé par la population locale, mais en dehors d'une augmentation dans la hauteur des pluies c'est surtout l'intensification de la fréquence des pluies qui est importante. Le moment de ce début est très important parce qu'il détermine le nombre maximal de jours de la croissance totale qui s'arrête en général en septembre (voir partie 4.3.4.2) et donc détermine directement la production. La fig. 3.2.7 montre qu'il n'y a pas de changement brutal des conditions climatiques sauf pour la pluviosité (fig. 3.2.2). L'humidité de l'air augmente graduellement de 25% en mai jusqu'à 75% en août. La température maximale descend de 40 °C jusqu'à 30 °C en quelques semaines, mais il est clair que c'est le résultat d'une augmentation de l'humidité par les pluies. Donc ce qui reste à expliquer sur le démarrage de la croissance qui est souvent nettement brusque, c'est la pluviosité. Une augmentation du nombre de pluies influence un certain nombre de processus simultanément (comme l'augmentation de l'infiltration et la diminution de l'évaporation) et cet ensemble a pour résultat une augmentation brutale du stock d'eau dans le sol (voir fig. 4.4.15). Pendant toutes les années où l'on a fait les observations (1976-1979), même pendant les années sèches, on peut bien distinguer ce moment du démarrage brusque de la croissance. Au moment où ce stock d'eau du sol augmente brusquement il y a 2 situations possibles:

- Il y a déjà assez des jeunes plantes vivantes (avec une biomasse aérienne de quelques centaines de kg ha^{-1}) d'une vague de germination qui a pris place avant ce moment. Cela veut dire que dans la partie sud du Sahel avec une fertilité du sol optimale, la croissance sera encore exponentielle pendant quelques jours seulement, avant que la biomasse aérienne atteigne 1.500 kg ha^{-1} et que la croissance atteigne sa vitesse maximale.
- Il n'y a pas ou pas assez de jeunes plantes vivantes et une nouvelle vague de germination se produit. Dans le cas mentionné ci-dessus 1-2 semaines sont nécessaires avant que la vitesse de croissance soit maximale.

Le minimum du stock d'eau dans le sol qui doit être là avant que les plantes puissent croître régulièrement (quantité minimale, abrégé QM) est différent pour le sable et pour l'argile à cause d'une différence de rétention d'eau entre ces sols. En général cette quantité est plus grande pour l'argile que pour le sable (tableau 3.3.2). On pourrait en conclure que la croissance sur l'argile est toujours plus tardive que sur le sable, car il faut une plus grande quantité d'eau pour satisfaire la QM. D'autre part sur le sable il y a souvent du ruissellement ce qui est absent sur l'argile où même un écoulement peut

Fig. 4.4.15. Le stock d'eau du sol avec et sans fertilisation, année 1977, sable S2.

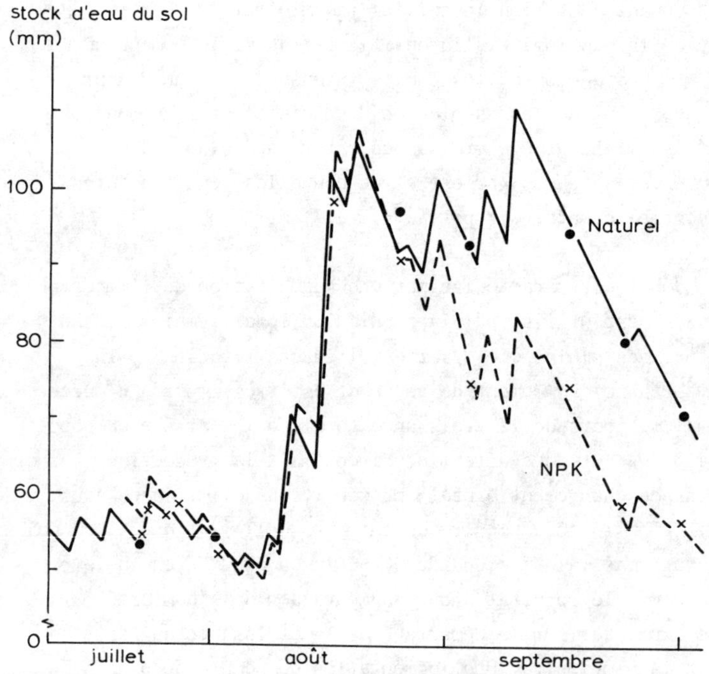

Fig. 4.4.15. The stock of soil water with and without fertilization, 1977, sand S2.

se faire. L'effet total d'une combinaison de ces 2 facteurs est incertain et encore plus compliqué par la présence ou l'absence de jeunes plantes. En général on peut dire qu'à cause de ces effets contraires le début de la croissance sur argile et sable a une tendance à ne jamais varier considérablement.

Les processus comme la germination, l'installation et la mortalité des jeunes plantes et la compétition sont recherchés pour quelques espèces dans des chambres climatiques (voir partie 4.3.3), néanmoins nous ne pouvons pas prévoir exactement le moment de germination, la distribution des espèces dans une vague de germination et la mortalité des jeunes plantes en cas d'une sécheresse. Malheureusement nous ne pouvons pas prévoir s'il y aura des jeunes plantes au moment où la grande croissance peut commencer. Néanmoins nous pouvons interpréter et expliquer le début de la croissance comme observé aux champs sur sable et argile pendant les années 1976-1979 à Niono comme suit (voir fig. 4.4.16):
- 1976 (année normale). Il y a eu peu d'observations pendant cette première année de nos expériences. Durant la deuxième décade de juin il y avait beaucoup de germination (espèces vites et lentes, voir partie 4.3.3) à cause d'une bonne pluviosité. Après il y eut une

Fig. 4.4.16. Pluviosité et nombre de pluies par décade (n) sur le sable et l'argile, Niono, 1976-1979. Les chiffres indiquent la production moyenne (kg ha^{-1}) par sol et par année, les flèches indiquent des vagues de germination observées.

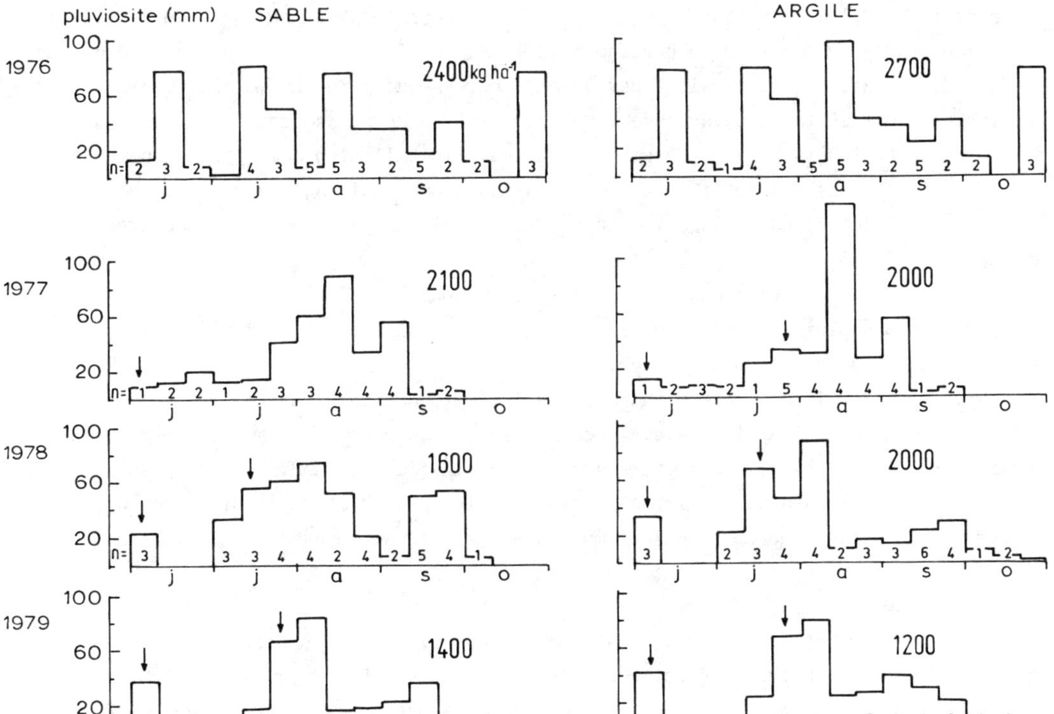

Fig. 4.4.16. Rainfall and number of showers per decade (n) on sand and clay, Niono, 1976-1979. The numbers indicate the mean production (kg ha^{-1}) by soil and by year, the arrows indicate the observed flushes of germination.

sécheresse pendant 2 décades. Sur l'argile, avec environ 15% d'écoulement, cette sécheresse n'était pas trop grave et on pouvait s'attendre qu'une partie assez importante des jeunes plantes survive. Au moment où les pluies reviennent (deuxième décade de juillet) la grande croissance put commencer tout de suite sur l'argile. Sur le sable, au contraire, avec son ruissellement important (S1-sud, sous pente!) l'infiltration en juin ne suffisait pas pour que la plupart des jeunes plantes survivent. En juillet une nouvelle vague de germination devait s'installer d'abord avant que la grande croissance puisse démarrer. En effet on a observé sur le terrain que la grande croissance sur le sable avait un délai d'une décade en comparaison de l'argile.

- 1977 (année sèche). Les observations de germination de 1977-1979 sont indiqués à la fig. 4.4.16 par des flèches. Sur l'argile il y avait déjà un peu de germination au dèbut de juin mais la sécheresse prolongée suivante avait tué la plupart des plantules. En juillet une nouvelle vague de germination suivit avant que la grande croissance commence à la fin de juillet. Sur le sable S2 il y avait aussi des plantules au début de juin déjà. Par suite d'une pluviosité qui était un peu plus élevée que sur l'argile, ainsi que par la disponibilité d'eau favorable sur ce sable, une partie des plantules survivait à la sécheresse. En juillet la grande croissance pouvait commencer immédiatement. La situation en 1977 était le contraire de celle de 1976. La grande croissance sur le sable démarra une décade plus tôt que sur l'argile.
- 1978 (année normale à sèche). Dans cette année le démarrage de la croissance sur le sable était pareil à celui sur l'argile. On avait constaté déjà une vague de germination assez importante au début de juin et aussi déjà plus précoce en avril et mai. Hélas, la plupart des plantes ne survivaient pas à la sécheresse de juin. En juillet une nouvelle germination doit s'établir avant que la grande croissance puisse commencer. On constate très bien au cas où la période de germination et d'installation doit encore commencer au moment où les pluies s'intensifient, que cela cause un délai dans la croissance et diminue donc la période pendant laquelle on pourrait avoir une grande croissance avec 1-2 décades.
- 1979 (année sèche). Cette année ressemble beaucoup à l'année 1978 du point de vue de la distribution des pluies au début de la saison. La croissance sur l'argile et le sable ne varie toujours pas dans son démarrage.

A la fig. 4.4.16 nous avons indiqué aussi la production primaire des années 1967-1979 sur le sable et l'argile. Avec la connaissance discutée ci-dessus concernant la répartition des pluies et des sécheresses, la germination et la différence possible de démarrage de la croissance sur le sable et l'argile on comprend déjà mieux ces différences de production que l'on ne le comprendrait sur la seule base de la pluviosité annuelle.

La grande croissance Cette période est souvent caractérisée par une croissance linéaire. Dans les conditions naturelles cette croissance est de 35-50 kg $jour^{-1}$ ha^{-1}. Si l'on applique une fertilisation cette croissance augmente beaucoup, voir tableau 4.4.8. La croissance sur le pâturage naturel à Niono est telle que le stock d'eau dans le profil du sol reste à un niveau élevé, voir fig. 4.4.15. Il faut noter que l'année 1977 était plus sèche qu'une année normale et que le champs a plus de 20% de ruissellement. L'eau du sol n'est pas épuisée. Avec fertilisation la production augmente considérablement, la transpiration aussi. Cette dernière augmentation peut être moins que proportionnelle si le coefficient de transpiration diminue (devient plus favorable) à cause d'un déplacement dans le rapport espèces C_4/espèces C_3. D'ailleurs une croissance de 200 kg jour^{-1} ha^{-1} est proche de la croissance potentielle (voir partie 4.5.3). Ce qui veut dire qu'à Niono pendant les années normales ce sont seulement les éléments nutritifs qui limitent la production et non l'eau. Pendant les années très sèches, comme en 1977, et aux endroits où il y a du ruissellement, la production avec fertilisation est inférieure à la production potentielle, mais elle est néanmoins beaucoup plus élevée que la production dans les conditions naturelles. La constatation que dans la partie sud du Sahel l'eau du sol n'est pas épuisée par une végétation naturelle, n'est pas vraie pour la partie nord du Sahel (voir partie 6.3).

Comme expliqué dans la partie 4.3.4, la majorité des plantes arrive à maturité en septembre. Au moment où la croissance diminue l'on observe aussi une diminution de la transpiration. Cette diminution est causée par les stomates qui restent fermés. Après que les plantes soient mortes la transpiration augmente encore. Ce phénomène a été observé (voir fig. 4.4.7), mais on n'a pas trouvé une explication pour ce phénomène dans la littérature. Cependant on pourrait supposer que cela est dû au fait que les stomates cessent de fonctionner mais que les plantes avec leurs canaux de xylème continuent de transporter l'eau du sous-sol vers l'atmosphère.

Les plantes obtiennent la plupart de leur eau de la couche superficielle du sol parce que c'est cette couche qui est humidifiée après chaque pluie. La consommation de l'eau par les plantes commence toujours par la couche superficielle. Dès que cette dernière devient sèche, les racines perdent leur capacité d'absorption et la plante cherche l'eau dans les couches profondes. Au cas où la couche superficielle vient à être humide, la plante forme de nouvelles racines. La présence de beaucoup de racines à la surface s'explique en partie par un certain nombre de vagues de croissance consécutives à une succession d'humidification et de séchage. De la biomasse racinaire, 60% se trouvent dans la couche de 0-10 cm et seulement 10% au dessous de 40 cm (partie 4.5.5). Cette distribution explique le mode d'extraction de l'eau du sol par les racines comme c'est présenté dans la fig. 4.4.17. La conclusion est que les plantes peuvent former plus de racines en profondeur mais elles préfèrent fortement la surface. Cette préférence ne s'explique pas par un manque de disponibilité de phosphore (voir partie 5.4.4) ou d'azote (voir partie 5.3.2) en profondeur.

Fin de la croissance, saison sèche La fin de la croissance des plantes est déterminée par la fin du cycle végétatif des plantes ou par un manque d'eau. Comme expliqué déjà il n'y a presque jamais un manque d'eau dans la partie sud du Sahel dans les conditions naturelles où les graminées annuelles dominent à cause de leur croissance à durée limitée. Dans la partie nord du Sahel l'exception du sud est la règle (voir partie 4.3.4).

L'eau qui reste dans le sol après que les annuelles aient fini leur cycle végétatif est utilisable pour les herbes pérennes avec leur cycle plus long et pour les arbres. Les arbres ont la plupart de leurs racines dans la couche de 60-150 cm, une zone qui est humidifiée presque toute l'année. L'eau résiduelle dans le sol permet aussi la repousse

Fig. 4.4.17. Profils d'humidité sur le sable S1, à 15 dates pendant l'hivernage de 1978.

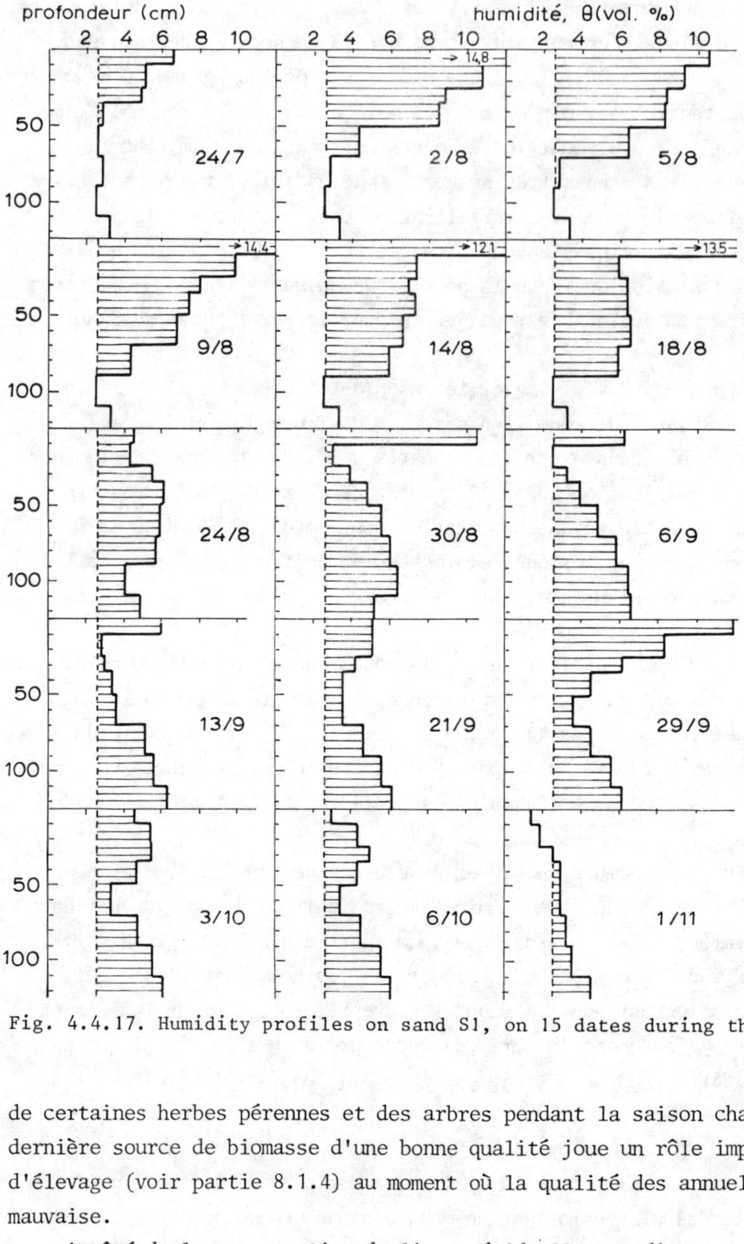

Fig. 4.4.17. Humidity profiles on sand S1, on 15 dates during the 1978 rainy season.

de certaines herbes pérennes et des arbres pendant la saison chaude et sèche. Cette dernière source de biomasse d'une bonne qualité joue un rôle important dans les systèmes d'élevage (voir partie 8.1.4) au moment où la qualité des annuelles est médiocre ou mauvaise.

A côté de la consommation de l'eau résiduelle par d'autres espèces que les annuelles il y a l'évaporation qui fait perdre au sol son eau. Néanmoins il y a des cas où un peu d'eau reste conservée dans le sol suffisamment longtemps pour servir à la croissance prochaine. La présence des termites aussi indique qu'il y a encore de l'eau en profondeur dans le sol.

Au Sahel la présence des arbres diminue du sud au nord (partie 6.1.3). A partir du moment où il ne reste plus d'eau résiduelle dans le sol les arbres ne peuvent plus vivre.

C'est le cas déjà à 200 mm sur les terrains avec une infiltration homogène. Dès que le paysage présente une certaine hétérogénéité la densité des arbres diminue aux endroits avec ruissellement et augmente aux endroits avec écoulement.

4.4.4 Estimation de l'eau disponible

Comme résumé des connaissances des parties précédentes nous avons développé une méthode simple pour estimer le bilan d'eau. La discussion dans cette partie a mis en évidence que l'on ne peut pas calculer l'eau disponible sans tenir compte de la production végétale. Dans le calcul de la disponibilité d'eau il faut inclure beaucoup de la connaissance de la production. Cette connaissance sera traitée dans les chapitres 5 et 6 de ce livre. C'est pourquoi nous éloignons la discussion du calcul de l'eau disponible à la partie 4.6 (production potentielle) et 5.5 (production actuelle). Là on présentera des méthodes simples (calcul à la main) pour mieux comprendre la production et le bilan d'eau.

4.5 LA PRODUCTION POTENTIELLE DES PATURAGES NATURELS

4.5.1 Introduction

La productivité potentielle des pâturages naturels diffère de la productivité potentielle des cultures dans des conditions de croissance optimales avec irrigation (traitée dans la partie 4.2) parce que:
- Le début de la période de croissance est déterminé fortement par l'humidité du sol, et ainsi par la pluviosité qui diffère d'une année à l'autre.
- La fin de la période de croissance est parfois atteinte parce que le sol est sec et elle est liée au temps dans ces cas. Dans beaucoup d'autres cas, la date de floraison est déterminée complètement ou partiellement par la longueur du jour, et les graminées ne croissent que pendant une période limitée après cette date (partie 4.3.4.2). Ainsi il peut donc se faire que la végétation a déjà atteint le stade de maturation bien que le sol soit encore humide et contienne assez d'éléments nutritifs.
- La vitesse de croissance maximale est parfois plus basse que celle montrée dans la fig. 4.2.1 quand les stomates sont partiellement fermés à cause d'une sécheresse temporaire.
- La composition de la végétation n'est pas déterminée par l'homme, mais par des facteurs naturels. Dans des conditions de croissance optimales, la végétation est souvent dominée par 1-2 espèces, mais ces espèces peuvent être différentes d'une année à l'autre. En général, on y trouve surtout des graminées annuelles parce qu'elles couvrent et suppriment les autres herbes et les légumineuses. Les vitesses de photosynthèse et de croissance dans des conditions optimales sont à peu près les mêmes pour toutes les graminées du type C_4.

La situation d'un pâturage avec des graminées pérennes diffère surtout dans la première phase de croissance de celle d'un pâturage à graminées annuelles. Leurs réserves en hydrates de carbone dans le système racinaire contribuent beaucoup à la croissance initiale, qui par conséquent peut être très rapide. Mais quand la période de croissance végétative et rapide a commencé et la couverture végétale est totale, les graminées pérennes ne diffèrent pas des graminées annuelles. Les pérennes fleurissent souvent plus tard, ce qui fait que la période de croissance potentielle est souvent plus longue, et ainsi leur productivité potentielle est plus élevée. Leurs vitesses de production journalière sont sensiblement les mêmes. Dans le projet P.P.S., on n'a pas suivi la production potentielle des herbes pérennes d'aussi près que nous l'avons fait pour celle des herbes annuelles.

La production des arbres dans des conditions optimales ne semble pas être très intéressante parce que leur production potentielle est plus basse (ce sont toutes des espèces C_3) et parce que leurs feuilles sont trop hautes pour être accessibles au bétail. Le taux d'azote et de minéraux est élevé, mais il est déjà réduit presque de moitié quand les feuilles tombent. En plus, une grande partie de leurs protéines est souvent indigeste pour le bétail (voir partie 6.1).

4.5.2 La phase exponentielle

Dans cette phase, les plantules ne s'influencent pas ou presque pas. Elle dure depuis la germination jusqu'au moment où une biomasse aérienne de 1.000-1.500 kg de matière sèche ha^{-1} est atteinte. Dans la partie nord du Sahel, toute la croissance se passe dans cette phase exponentielle parce que l'hivernage est bref. Dans le sud du Sahel aussi une partie importante de la croissance se passe dans cette phase, mais elle est suivie par une phase de croissance linéaire.

La croissance des plantes a l'air exponentielle. Quand on regarde de plus près, la vitesse relative de croissance (VRC, exprimée en g de biomasse formée g^{-1} de biomasse existante $jour^{-1}$) n'est pas une constante (comme avec une vraie croissance exponentielle), mais varie entre 0 et 0,5 g g^{-1} $jour^{-1}$ selon les conditions environnantes. Cependant, étant donné son caractère explosif, on l'appelle exponentielle. La durée de cette phase est de 40-90 jours. Au nord, le développement végétatif et la phase de reproduction se trouvent tous dans cette phase exponentielle et la croissance s'arrête avant que la phase linéaire soit atteinte. Sa durée dépend surtout du bilan d'eau (partie 4.4.3) et du photopériodisme (partie 4.3.4.2). La durée de la phase exponentielle est aussi variable dans le sud du Sahel à cause de la répartition variable des pluies et de la densité très variable des plantules.

Dans des conditions optimales, la VRC est environ 0,25-0,5 g g^{-1} $jour^{-1}$. On peut la dériver de la formule donnée dans la partie 4.2.1, avec la photosynthèse maximale des feuilles et le poids spécifique des feuilles. Ce dernier variable est environ 50 g m^{-2} pour les graminées sahéliennes, bien que les plantes très jeunes montrent des valeurs de seulement 20 g m^{-2}. De telles VRC très élevées ont été observées dans nos expériences en chambre climatique, et sont aussi rapportées ailleurs pour des espèces C_4 et C_3 (Björkman et al., 1975). Mais vu la durée de la période entre la germination et le moment où la végétation atteint un poids de quelques centaines de kg ha^{-1} et l'augmentation du poids de la biomasse dans cette période, on doit constater que la VRC n'atteint normalement pas sa valeur maximale. Dans une vingtaine des expériences sur des sols fertilisés, mais pas irrigués, au ranch, la VRC des parties aériennes était en moyenne de $0,18 \pm 0,06$ g g^{-1} $jour^{-1}$ pour les 20-40 jours après la germination. La cause de cette réduction importante est probablement le dessèchement temporaire, qui se passe souvent dans cette phase de croissance, et qui est aussi la cause de la mort de beaucoup de plantules (voir partie 4.3.3.3). Une analyse plus détaillée des processus de cette situation est donnée ailleurs (Penning de Vries, 1982b). Pour les parties qui suivent, on considère que la VRC sur le terrain fertilisé est 0,2 g g^{-1} $jour^{-1}$ pendant la phase exponentielle. Il va sans dire qu'il ne s'agit que d'une approximation. Sur les terrains non-fertilisés au ranch, on trouvait des VRC de 0,1 g g^{-1} $jour^{-1}$ en moyenne dans cette phase exponentielle. On reviendra sur cette réduction de la VRC dans la partie 5.2. Pourtant, l'ensemble des processus de croissance et leur interaction avec l'environnement est trop peu connue, vu aussi l'hétérogénéité du micro-environnement, pour pouvoir prévoir une certaine VRC, même pour des conditions bien spécifiques. C'est pourquoi on ne peut pas encore simuler de façon réaliste la croissance dans la phase exponentielle. On a quand même donné ces observations pour montrer que la VRC peut varier énormément, et aussi pour souligner que la VRC moyenne peut être considérable quand on a l'impression, à l'oeil nu, que les plantes de 0,5-5 cm de hauteur ne croissent presque pas. La fig. 4.5.1 montre le nombre de jours qui sont nécessaires pour arriver à la phase linéaire avec une certaine VRC. Cette figure ne

Fig. 4.5.1. La relation entre la durée maximale de la phase exponentielle de croissance et la biomasse après la germination à des vitesses relatives de croissance (VRC) entre une valeur basse de 0,05 et la valeur maximale de 0,5 g g^{-1} $jour^{-1}$. Les trajets des valeurs normales de la durée de cette phase et des biomasses des parties aériennes initiales (poids de semence × 0,33) sont indiqués par des flèches.

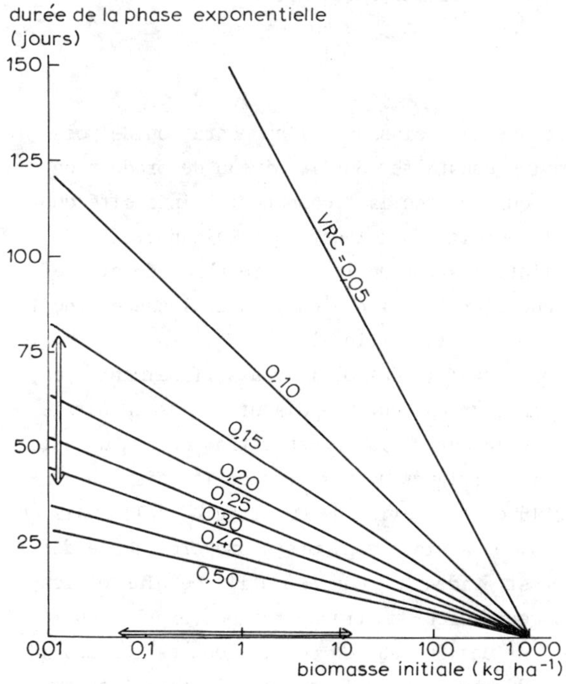

Fig. 4.5.1. The relation between the maximum duration of the exponential phase of growth and the biomass after germination at relative growth rates (VRC) between a low value of 0.05 and the maximum value of 0.5 g g^{-1} d^{-1}. The courses of the normal values of the duration of this phase and of the biomasses of the initial aerial parts (seed weight × 0.33) are indicated by arrows.

suggère pas que la VRC est une constante, mais elle peut être utilisée pour indiquer les conséquences d'une réduction de la VRC pour la durée maximale de la phase exponentielle. Etant donné que le photopériodisme est aussi un élément déterminatif dans la durée totale de la phase végétative (partie 4.3.4.2), un retard de la croissance dans la phase exponentielle se traduit en principe par un raccourcissement de la phase linéaire, et ainsi de la productivité dans des conditions nutritives optimales du sol. Quand les conditions atmosphériques changent de telle façon que les conditions de croissance deviennent optimales (partie 4.4.3), la croissance est accélérée. En supposant qu'il y a toujours au moins quelques dizaines de kg ha^{-1} de biomasse au moment de ce changement atmosphérique, on peut voir avec la fig. 4.5.1 qu'on obtient une biomasse de 1.000 kg ha^{-1} au maximum au bout d'une décade quand les conditions de fertilisation sont optimales. Nos expériences confirment cette conclusion. Voir aussi partie 4.3.3.3.

Le début de la croissance des pérennes est un processus hétérotrophe: pour la formation des repousses, elles utilisent d'abord les réserves d'hydrates de carbone, azote et les minéraux de leurs systèmes racinaires et des parties basales des tiges. Avec leurs grands systèmes racinaires encore intacts, elles sont aussi moins sensibles que les annuelles aux sécheresses au début de l'hivernage. Ceci fait que leur croissance peut être rapide pendant toute cette période où elles sont hétérotrophes. Par conséquent, elles atteignent la phase de croissance linéaire plus tôt que les annuelles se trouvant dans les mêmes conditions environnantes et ayant des densités de plantes comparables. Il n'y avait pas des observations faites sur le terrain pour confirmer cette affirmation.

4.5.3 La phase linéaire de la croissance

On appelle cette phase 'linéaire' parce que la croissance, l'augmentation de poids (exprimée par ha et par jour) est plus au moins constante. Sur le niveau de production B (partie 2.2), il manque parfois de l'eau, ce qui empêche la croissance; l'intensité du rayonnement est le facteur limitatif quand l'humidité du sol est satisfaisante. Il y a donc 2 aspects importants: l'efficacité de l'utilisation de la lumière absorbée et l'efficacité de l'utilisation d'eau. Ici on explique l'utilisation d'eau; la croissance avec la lumière comme facteur limitatif a été discutée dans la partie 4.2.

A l'utilisation d'eau il faut considérer 2 cas: le cas où il y a suffisamment d'eau et le cas où il en manque. Les processus du premier cas ont été discutés dans la partie 4.2, l'aspect principal étant le mécanisme régulateur de la concentration de CO_2 des stomates qui fonctionnent ou non. Sur les terrains irrigués avec le riz et le maïs, on a assisté à une croissance sans régulation de la concentration de CO_2 (fig. 4.2.1). Mais on a l'impression que sur les pâturages naturels, on assiste toujours à une croissance des graminées avec cette régulation. L'avantage est évident: l'eau est utilisée plus efficacement (fig. 4.2.4d), et par conséquent, le coefficient de transpiration (exprimé en l H_2O transpirés kg^{-1} biomasse aérienne produite) est de 150-200. Ce coefficient est de 250-400 lorsqu'il n'y a pas cette régulation. Il y a 2 arguments en faveur de l'affirmation que les graminées au ranch possèdent en général ce mécanisme régulateur et il est probable que ce mécanisme est aussi opérationnel ailleurs au Sahel. Mais pour le confirmer, des recherches complémentaires sont nécessaires. Ces arguments sont:

- La mesure de la résistance des stomates des feuilles avec un poromètre indique que la résistance minimale n'était jamais inférieure à 1-2 s cm^{-1}, et elle augmente quand les feuilles sont mises à l'ombre. Le nombre des observations sur les espèces *Andropogon Gayanus, Diheteropogon hagerupii, Loudetia togoensis, Pennisetum pedicellatum* et *Schoenefeldia gracilis* était limité, ainsi on ne peut pas distinguer de petites différences possibles parmi les espèces individuelles. La seule espèce C_3 mesurée au ranch, *Borreria sp.*, avait toujours une résistance stomatique particulièrement basse (0,5 s cm^{-1}). Plus d'observations sont nécessaires pour déterminer s'il s'agit d'une exception, ou si les espèces C_3 des pâturages sahéliens en général ne règlent pas leurs stomates (ce qui les amènerait à des vitesses de transpiration plus élevées et donc à des températures foliaires plus basses, ce qui est souvent avantageux pour leur photosynthèse). Toutes les observations faites sur les stomates sont traitées ailleurs (Van Keulen, 1982a).
- L'autre argument est que la vitesse de croissance des graminées au ranch, aussi avec suffisamment de l'eau dans le sol, ne dépassait jamais de 220 kg ha^{-1} $jour^{-1}$ (Penning de Vries et al., 1980) comme sur le terrain irrigué (partie 4.2). On peut le comprendre avec la fig. 4.2.4b qui montre que la photosynthèse diminue avec environ 25% à cause de l'opération de ce mécanisme régulateur de CO_2.

Il est intéressant de constater que les semences de maïs, semées sur un terrain irrigué, ont donné des plantes dont les stomates ne règlent pas la concentration en CO_2, mais donnaient au ranch des plantes qui le faisaient quand même: on y a observé des résistances des stomates de 1-2 s cm^{-1} sur de sols humides et des vitesses de croissance plus basses. Ceci confirme l'idée que le mode opératoire des stomates est induit et que ce n'est pas une caractéristique des espèces mêmes, comme constaté aussi par Louwerse (1980). Il est tentant de penser que l'induction est provoquée par une sécheresse brève, ce qui se passait quelques fois dans des pâturages naturels, mais pas sur le terrain irrigué.

Quand il manque de l'eau pour la transpiration pendant l'hivernage, les stomates se ferment par un mécanisme régulateur, dirigé par le potentiel hydrique dans la plante. Ce mécanisme, plus fort que celui dirigé par la concentration en CO_2, est présent dans toutes les espèces des plantes supérieures. La fermeture des stomates diminue la transpiration et la photosynthèse conjointement.

Les effets des manques d'eau pendant la saison de croissance ont été étudiés par Van Keulen sur des pâturages semi-arides avec des pluies pendant la saison froide avec un modèle à simuler. Il se base sur le rapport prévisible entre la transpiration d'une végétation et sa croissance: 150-200 l kg^{-1} pour des parties aériennes des graminées des pâturages naturels pendant la saison pluvieuse, le cas le plus commun. Le modèle répète pour chaque jour le calcul de la transpiration potentielle, (c'est-à-dire s'il n'y avait aucune limitation de l'eau) et aussi celui de l'absorption de l'eau par le système racinaire dans sa condition du moment et choisit la valeur minimale de ces 2. La croissance de la végétation est calculée par multiplication de la transpiration actuelle par un coefficient de l'utilisation de l'eau. Ce coefficient est égal au rapport de la croissance potentielle de la végétation (trouvée par application de la formule de la partie 4.2.1, en choisissant une valeur de 0,015 g g^{-1} $jour^{-1}$ pour le coefficient de l'entretien biochimique, et de 0,7 pour la conversion de glucose en biomasse) et la transpiration potentielle. Il n'y a pas lieu de penser que cette simulation n'est pas applicable au Sahel. Au contraire, le modèle est basé sur des principes pédologiques, physiologiques et météorologiques qui sont valables partout. Pour illustrer la puissance de cette approche, on peut signaler que l'application de ce modèle aux situations sahéliennes avant que nous y étions, donnait déjà des résultats assez grossiers, mais encore valables (Penning de Vries et Van Heemst, 1975). Pour une explication plus approfondie de cette conception et du modèle, il faut se référer à Van Keulen (1975) et à Van Keulen et al. (1981).

Pendant la période végétative, la biomasse aérienne consiste en feuilles et en tiges en quantités à peu près égales. Il y a quand même des différences entre les espèces. Dans le temps la répartition n'est pas non plus constante. Vers la fin de leur croissance, toutes les espèces mettent en général plus d'accent sur la formation des tiges que sur celle des feuilles. Ceci est montré dans la fig. 4.2.2. Les racines sont formées surtout au début du développement de la végétation, et leur quantité n'augmente plus ou même diminue dès la floraison. De cette figure on peut dériver qu'à la fin de la saison, dans des conditions optimales, il existe un rapport d'environ 7/1 entre le poids des parties aériennes et celui des parties souterraines, c'est-à-dire qu'il y a 500-1.500 kg ha^{-1} de racines. Un grand nombre des observations des systèmes racinaires faites au ranch sont présentées dans la partie 4.5.5.

4.5.4 La phase de maturation

La floraison des graminées marque le début de la dernière phase de croissance. Dans cette phase, ce sont exclusivement les inflorescences et les semences qui augmentent leur poids. Le transfert des substances organiques des tiges et des feuilles vers les inflorescences est très important. Pour les graminées pérennes, le transport des protéines et des hydrates de carbone vers le système racinaire est aussi très important (voir partie 6.1). En général, 2-3 semaines après la floraison, les graminées annuelles arrivent à la maturation malgré la présence éventuelle de l'eau dans le sol et la présence des éléments nutritifs. La photosynthèse des feuilles diminue et finit par se supprimer et la croissance des plantes s'arrête.

Les tiges des graminées qui semblent être au stade de maturation, peuvent donner des tiges secondaires dans les aisselles des feuilles quand les conditions sont encore très bonnes après cette phase de maturation. Au Sahel, on a pu constater quelques fois que ce processus prolonge effectivement la durée de la saison de croissance (tableau 4.3.8), bien qu'il s'agissait généralement des quantités basses. Des plantes sans un développement déterminé, comme les légumineuses, continuent à former des feuilles, des tiges, des fleurs et des semences conjointement après le début de la floraison, et elles arrêtent leur croissance seulement quand le sol devient sec.

4.5.5 Les systèmes racinaires

Les racines absorbent de l'eau, de l'azote (N) et des minéraux. Pour la production potentielle, le sujet de ce chapitre, l'absorption de l'eau est la plus intéressante; l'absorption de N et des minéraux sont les processus clés pour la production actuelle. Pour des raisons de cohérence, toutes les informations concernant les aspects expérimentaux et théoriques des systèmes racinaires des végétations annuelles sont traitées ici.

Les résultats présentés nécessitent une présentation brève de la méthode suivie pour les obtenir. La densité des racines a été mesurée par compter le nombre des racines qu'on trouve dans 10 cm^3 de sol. A cet effet, des trous ont été faits d'une superficie de 0,5 × 1,0 m et 1,3 m de profondeur. Dans les 4 côtés, on a enlevé très prudemment 10 cm^3 du sol à des profondeurs fixes, et compté les racines qui restent sur place. La structure faible du sol permet l'utilisation de cette procédure directe et simple. Les nombres rapportés sont les moyennes de ces 4 observations. Les racines dans les couches supérieures (0-25 cm) vont dans toutes les directions, et les racines plus profondes vont presque toutes verticalement. C'est pourquoi le nombre de racines par 10 cm^3 est multiplié

Fig 4.5.2. La distribution des racines dans un sol argileux au ranch, exprimée comme densité (partie a) et poids (partie b) en fonction de la profondeur. Les observations concernent la végétation de *Diheteropogon hagerupii* près du moment de la floraison dans une expérience de fertilisation; o témoin, ∇ N 30 $kg\ ha^{-1}$, Δ P 30 $kg\ ha^{-1}$, × N 30 $kg\ ha^{-1}$ et P 10 $kg\ ha^{-1}$, □N 100 $kg\ ha^{-1}$ et P 30 $kg\ ha^{-1}$.

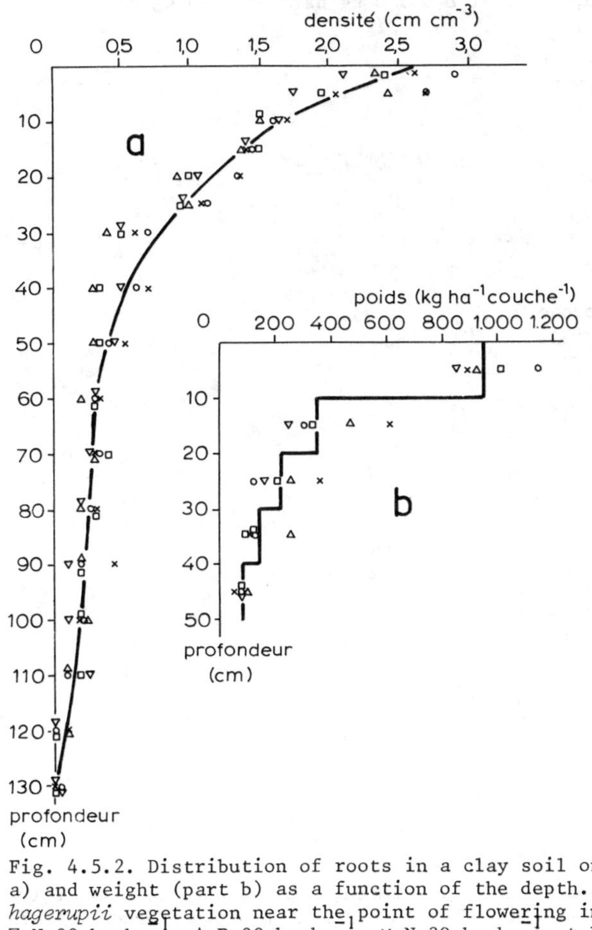

Fig. 4.5.2. Distribution of roots in a clay soil on the ranch, expressed as density (part a) and weight (part b) as a function of the depth. The observations concern a *Diheteropogon hagerupii* vegetation near the point of flowering in a fertilization experiment; o control, ∇ N 30 $kg\ ha^{-1}$, Δ P 30 $kg\ ha^{-1}$, × N 30 $kg\ ha^{-1}$ et P 10 $kg\ ha^{-1}$, □N 100 $kg\ ha^{-1}$ et P 30 $kg\ ha^{-1}$.

par 0,15 dans la couche supérieure pour arriver à la densité exprimée en cm cm^{-3}, et le nombre des racines en bas par 0,1. Des poids du système racinaire ont été déterminés dans des volumes de sol d'une superficie de 0,5 × 1,0 m et de 5 couches de 10 cm d'épaisseur. Le sol était prélevé sur les 4 côtés du trou. Le lavage du sol et la récupération des racines avec des tamis étaient directs, complets et sans complications. La fraction des grains de sol joints aux racines était faible: moins que 10% de la matière collectionnée.

La fig. 4.5.2 montre un exemple typique des résultats obtenus sur un sol argileux (D1) au ranch, et la fig. 4.5.3 les montre pour un sol sablonneux (S2). Les résultats de plusieurs expériences de fertilisation sont inclus, et il est intéressant de constater que ni la densité, ni le poids par couche, ni leur distribution ne changent d'une façon significative. La similitude des résultats sur les 2 sols est aussi frappante.

Fig. 4.5.3. La distribution des racines dans un sol sablonneux au ranch, exprimée comme densité (partie a) et poids (partie b) en fonction de la profondeur. Les observations concernent une végétation de *Schoenefeldia gracilis* près du moment de la floraison dans une expérience de fertilisation: □ témoin, ×, o, et Δ N 300 kg ha^{-1} et P 30 kg ha^{-1}.

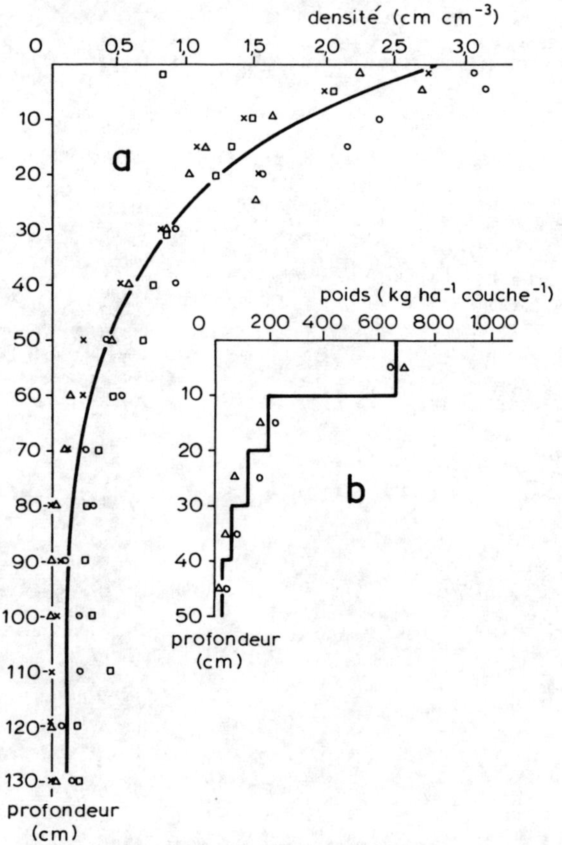

Fig. 4.5.3. Distribution of roots in a sandy soil on the ranch, expressed as density (part a) and weight (part b) as a function of the depth. The observations concern a *Schoenefeldia gracilis* vegetation near the point of flowering in a fertilization experiment: □ control, ×, o, and Δ N 300 kg ha^{-1} et P 30 kg ha^{-1}.

La conductivité élevée du sol pour l'eau fait que l'eau absorbée dans quelques jours par les racines individuelles vient d'un cylindre avec un rayon de plusieurs cm. Les racines peuvent donc déjà absorber l'eau efficacement à une densité d'environ 0,1-0,3 cm cm^{-3}. Souvent, il y a plus de racines, mais ceci n'augmente guère l'exploitation du sol. Seulement quand le sol est assez sec, le cylindre dont les racines absorbent de l'eau est réduit. Malgré le fait que la plupart des racines se trouve dans la couche supérieure (fig. 4.5.2 et 4.5.3), il est clair que la densité des racines jusqu'à 70-90 cm ou plus suffit pour l'extraction rapide et complète de l'eau. En-dessous de cette profondeur, il y a encore des racines qui peuvent exploiter l'eau disponible au moins pour une bonne part. Plusieurs fois on a constaté aussi que quelques racines descendent jusqu'à 200 cm ou plus si le sol y est humide. La vitesse de croissance de telles racines est environ 5 cm $jour^{-1}$ dans le sens vertical, ce qui permet aussi aux graminées annuelles l'exploitation de tout le sol humide quant à l'eau. On peut donc conclure que toute l'eau infiltrée dans le sol à l'exception de l'eau retenue au point de flétrissement (partie 4.4.2.5) est vraiment disponible pour les plantes. La question si l'eau disponible est vraiment utilisée par les plantes dépend d'autres facteurs.

La densité nécessaire pour exploiter complètement le sol quant au nitrate est du même ordre que la densité nécessaire pour l'eau (Van Keulen et al., 1975), mais elle est une dizaine de fois plus grande pour l'absorption du phosphore (P), l'élément minéral clé. On peut déjà s'imaginer avec les fig. 4.5.2 et 4.5.3 que les couches supérieures du sol sont exploitées complètement quant à l'eau et le N, mais partiellement pour le P. Cette situation est très commune probablement; on revient sur ces remarques ci-dessous et dans la partie 5.4.4.

Les fig. 4.5.2 et 4.5.3 montrent la distribution du poids des systèmes racinaires avec la profondeur au moment de son étendue maximale: la floraison. Environ 60% du poids total se trouve dans la couche de 0-10 cm et 80% dans la couche de 0-20 cm. La biomasse des systèmes racinaires à ce moment était en moyenne de 1.300 kg de matière sèche ha^{-1} dans nos expériences au ranch, avec une CV de 30% (voir partie 2.4). Des conclusions semblables concernant la quantité et la distribution des racines ont été tirées par Le Grand (1979), qui faisait une étude approfondie des systèmes racinaires des végétations annuelles au Sahel voltaïque. Selon lui, la distribution du poids des racines peut être décrite généralement avec la formule:

$$\ln r = a \times p + b \qquad \text{(formule 4.5.1)}$$

dans laquelle r est égale à la quantité des racines (en mg 1.000 cm^{-3}), p à la profondeur (en cm) et a et b sont des constantes. Selon le type du sol, a varie de -0,02 à -0,08, et b de 5,4-7. Selon cette formule, la biomasse racinaire totale (kg ha^{-1}) est égale à:

$$-e^{b} \times a^{-1} \times 0{,}1 \qquad \text{(formule 4.5.2)}$$

(e est la base du logarithme naturel).

Dans nos expériences au ranch, la biomasse des racines n'était pas une fonction de la biomasse aérienne. Même dans le cas où la biomasse aérienne était augmentée de 2.000

kg ha^{-1} à 9.500 kg ha^{-1} par fertilisation, les quantités des racines étaient presque pareilles dans les 2 situations (les symboles × et □ dans la fig. 4.5.2), et aussi la distribution des racines ne change guère. La quantité des racines et sa distribution montrent donc une grande résilience. Pendant que la biomasse des racines n'est que 10-20% de la biomasse totale à la productivité potentielle, elle est de 30-50% de la biomasse à la productivité actuelle. Cette observation semble contraire à ce que la littérature montre (par exemple Le Grand, 1979), où l'on constate que le rapport biomasse aérienne et biomasse souterraine est constante. Mais dans ces cas, plusieurs espèces à des biomasses aériennes différentes ont été comparées; dans nos expériences on compare quelques espèces semblables à des niveaux de fertilité du sol très différents. La hypothèse est donc formulée ici que la biomasse des racines formée par an est une fraction constante de la production totale pour plusieurs espèces à un certain niveau de la fertilité du sol, mais que la productivité souterraine n'est pas affectée par une modification de la fertilité du sol et toute l'augmentation de la biomasse par fertilisation se retrouve dans la partie aérienne.

Des observations de la quantité des racines à des productivités aériennes inférieures à 1.500 kg ha^{-1} an^{-1} au Sahel ont été faites par Bille (1977) et Le Grand (1979). Ils trouvent que les racines forment 50-80% de la biomasse totale. Probablement il s'agissait souvent des cas avec des pluviométries plus faibles où la quantité des racines mortes était encore considérable. Pour les calculs qui suivent on suppose que la biomasse des racines formée par an est égale à 30-50% de la biomasse totale des plantes sur des sols naturels.

La fig. 4.5.4 montre l'évolution cours du poids total des racines d'une végétation annuelle de *Diheteropogon hageruppii* sur un sol argileux pendant une année. La diminution du poids après la floraison ou la maturation de la végétation est de l'ordre de 20-50% du poids total. Le reste des racines des annuelles décompose probablement dans l'hivernage prochain quand le sol redevient humide, comme indiqué schématiquement dans la figure. Tandis qu'il n'est pas exclu qu'une partie des racines existe pour quelques années, nous estimons sur base des observations visuelles des racines au ranch que presque toutes les racines sont décomposées dans une année après leur information. Le Grand et Bille confirment l'existence d'une diminution importante du poids à la fin de l'hivernage. Ces auteurs suggèrent que la fraction relativement grande que les racines forment de la biomasse totale à condition d'une pluviométrie plus faible, indique que la décomposition des racines y prend plusieurs années.

Le rapport poids/densité des racines n'est pas constant, comme on peut constater par la comparaison des parties a et b des figs. 4.5.2 et 4.5.3. Il y a 2 causes: les racines dans la couche de 0-10 cm ont un taux de matière organique d'environ 20% et celles situées plus bas un taux d'environ 10%, et les racines plus profondes sont plus fines. Les diamètres moyens des racines de ces figures sont calculés et les résultats sont présentés à la fig. 4.5.5. Les observations sur l'argile ont été faites dans une végétation pure de *Diheteropogon hagerupii* et dans une végétation dominée par *Schoenefeldia gracilis* sur le sable. Fig. 4.5.5 montre que ces espèces diffèrent d'une façon considérable: *Schoenefeldia* a des racines environ 30% plus fines. Ceci ne semble pas être important, mais il en résulte que la dernière produira un système racinaire presque 2x plus extensif que *Dihete-*

Fig. 4.5.4. L'évolution du poids du système racinaire d'une végétation de *Diheteropogon hagerupii*, une graminée annuelle, sur un sol argileux au ranch. Quelques observations sont faites en simple (×), d'autres (dont la moyenne et la déviation standard sont indiquées) en 9 répétitions. La figure montre la décomposition des racines formées au cours de l'hivernage de 1977 au début de l'hivernage de 1978, et la décomposition partielle des nouvelles racines à la fin de la saison pluvieuse de 1978.

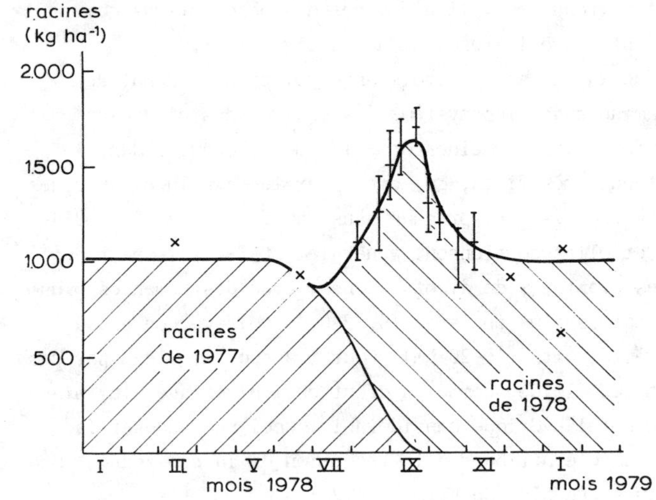

Fig. 4.5.4. The evolution of the weight of the root system of a vegetation of *Diheteropogon hagerupii*, an annual grass, on a clay soil on the ranch. Some observations were made once (×), others (whose mean and standard deviation are indicated) in 9 repetitions. The figure shows the decomposition of the roots formed in the rainy season of 1977 at the beginning of the rainy season of 1978, and the partial decomposition of the new roots at the end of the 1978 rainy season.

Fig. 4.5.5. Le diamètre moyen des racines d'une végétation pure de *Schoenefeldia gracilis* (×) sur le sable et de *Diheteropogon hagerupii* (o) sur l'argile en fonction de la profondeur. Les observations sont faites au moment de la floraison.

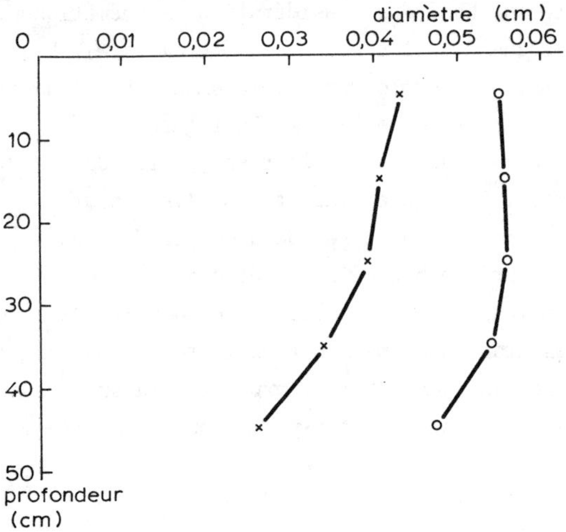

Fig. 4.5.5. Mean diameter of roots of pure vegetation of *Schoenefeldia gracilis* (×) on sand and of *Diheteropogon hagerupii* (o) on clay as a function of the depth. The observations were made at the moment of flowering.

ropogon avec le même poids de biomasse. Les différences de diamètres, calculées de fig. 4.5.2 des racines de *Diheteropogon* à des régimes de fertilisation différents sont petites à l'exception d'une carence sévère en N: dans ce cas les racines sont plus fines. Mais en général, ces résultats confirment l'idée que le diamètre des racines est lié plus fortement à l'espèce qu'aux conditions d'environnement. Il n'y a pas des observations qui prouvent que le type de sol n'a pas influencé le résultat de la fig. 4.5.5.

Pour l'analyse de la réduction de la vitesse de croissance relative au début de l'hivernage (partie 4.5.2), on a examiné aussi les systèmes racinaires des plantules. Après la germination, les plantules forment des racines de 5-15 cm de longueur dans 1-3 jours seulement. Ces racines ne sont que très fines, du moins pour les graminées avec des semences légères (tableau 4.3.1). Les racines sont presque sans ramifications. Leur diamètre est environ de 0,007-0,02 cm, et elles contiennent généralement 2-4 vaisseaux de xylème d'un diamètre de 20-35 µm. Les plantules de dicotylédones, avec des semences plus lourdes, développent des racines primaires plus épaisses (0,02-0,06 cm) avec un grand nombre (50 ou plus) des vaisseaux très étroits (10-20 µm). Pour transporter l'eau par ces vaisseaux à une vitesse de transpiration élevée, comme au début de l'hivernage, les plantules développent un gradient du potentiel hydrique considérable. Ceci peut causer la fermeture partielle des stomates, et donc contribuer à la réduction de la croissance. Une analyse détaillée sera publiée ailleurs (Penning de Vries, 1982b).

Comme déjà indiqué, les racines individuelles absorbent de l'eau et du nitrate d'une volume du sol assez grande, mais le P absorbé par les racines vient d'un cylindre étroit avec un rayon de 0,1-0,3 cm. Un certain système des racines peut donc permettre l'exploitation complète du sol quant à l'eau et le nitrate et en même temps l'exploitation partielle concernant le P. Dans la partie 5.4.5 on discute les implications de cette situation, qui est probablement très commune pour les végétations sahéliennes. Pour voir ici comment la densité des racines contribue à l'exploitation du sol en fonction de l'épaisseur de la couche exploitée autour chaque racine, et comment la densité est liée au poids total des racines, la fig. 4.5.6 est construite sur base des considérations mathématiques. (Un pourcentage constant de 10% de la matière sèche dans les racines a été employé). La figure montre les nombres des racines nécessaires pour exploiter complètement le sol dans des conditions où la zone d'influence des racines s'étend de 0-1 cm. La figure montre aussi les combinaisons de densité et le diamètre des racines qui correspondent à des quantités de 10-1.000 kg ha^{-1} par couche de 10 cm. La figure peut être utilisée pour obtenir une première indication du degré de l'exploitation du sol dans des conditions différentes. Par exemple, dans la fig. 4.5.6 la surface hachurée à gauche de l'intersection de la ligne représentant toutes les combinaisons de diamètre et de densité à un poids total de 1.000 kg ha^{-1} et la ligne représentant une épaisseur exploitée autour de chaque racine de 0,1 cm, montre les cas où le sol est complètement exploité; la surface à droite de cette intersection représente les cas où le sol n'est exploité que partiellement.

A l'aide de la fig. 4.5.6, on peut donc déduire les densités minimales qui sont nécessaires pour un certain degré d'exploitation du sol. Minimale, parce on a supposé pour la construction de cette figure que les racines s'évitent, c'est-à-dire que les racines n'exploitent jamais plusieurs fois le même volume quand il en reste encore. Ceci n'est

Fig. 4.5.6. Les lignes continues et discontinues dans la figure représentent les relations entre le nombre des racines cm^{-3} (échelle logarithmique) et le diamètre de ces racines (échelle linéaire) dans plusieurs situations. Tous les points d'une ligne continue correspondent avec une valeur fixe de la biomasse du système racinaire, mais à des combinaisons différentes du diamètre des racines individuelles et leur nombre cm^{-3}. Les 3 lignes correspondent à des biomasses de 10, 100 et 1.000 kg ha^{-1} dans une couche de 10 cm de profondeur. Chaque ligne discontinue représente la densité minimale pour exploiter complètement le volume du sol à des diamètres différents. Pour explication voir texte. Les 6 lignes correspondent avec des épaisseurs de la couche exploitée autour de chaque racine individuelle de 1,0, 0,5, 0,25, 0,1, 0,01 et 0,0 cm. A côté des axes sont indiqués les densités et les diamètres souvent rencontrés au ranch. Le point * au milieu est expliqué dans la partie 5.4.5.

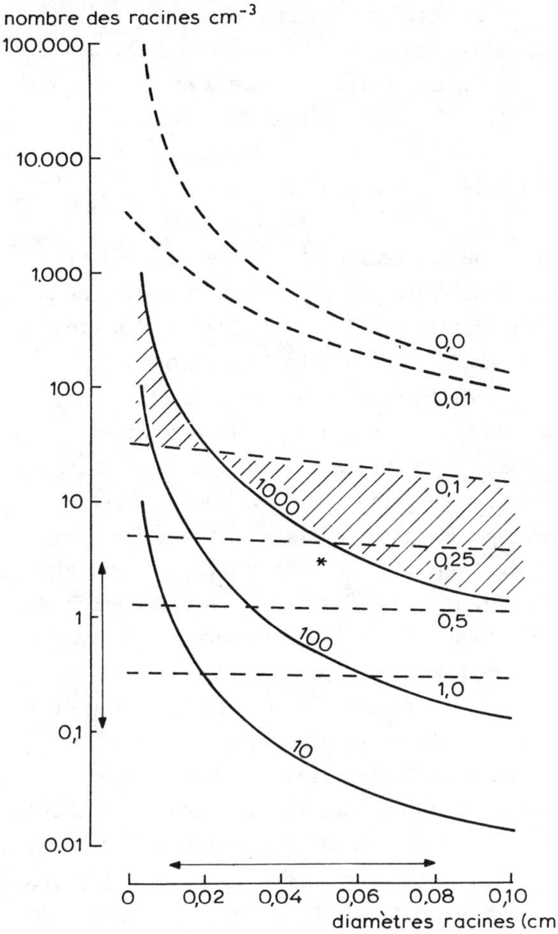

Fig. 4.5.6. The continuous and discontinuous lines in the figure represent the relations between the number of roots cm^{-3} (logarithm scale) and the diameter of these roots (linear scale) in several situations. All the points of a continuous line correspond to a fixed value for the biomass of the root system, but at some different combinations of the diameter of the individual roots and their number cm^{-3}. The 3 lines correspond to biomasses of 10, 100 and 1000 kg ha^{-1} in a layer 10 cm thick. Each discontinuous line represents the minimum root density for completely exploiting the volume of soil at different root diameters. See text for explanation. The 6 lines correspond to the thicknesses of the layer exploited around each individual root of 1.0, 0.5, 0.25, 0.1, 0.01, and 0.0 cm. Alongside the axes the densities and diameters often encountered on the ranch are indicated. The point * in the middle is explained in part 5.4.5.

probablement pas vrai. A des densités faibles, les racines ne se gênent pas. Mais si leur densité est élevée et que les racines individuelles poussent indépendamment, quelques parties des racines sont proches, et exploitent le même volume de sol. Cette diminution de l'efficacité des racines par exploitation multiple d'un volume fait que seulement 50% du sol est vraiment exploité à une densité (à une coupe traversale) de 0,65 cm^2 cm^{-2}, 80% à 1,6 cm^2 cm^{-2}, 90% à 2,4 cm^2 cm^{-2} et 95% à 3,0 cm^2 cm^{-2} tandis que le sol est déjà exploité complètement à 1 cm^2 cm^{-2} dans la fig. 4.5.6. Mais aussi avec cette précision, il sera évident que la figure est une simplification, parce que les zones dont les racines individuelles absorbent leurs nutrients, ne sont pas délimitées exactement, et sont une fonction de l'activité biologique de la racine, des conditions physiques et chimiques du sol et de la durée de l'absorption. Pourtant, la figure montre la façon dont on pense que les aspects de densité, diamètre et poids sont liés à l'exploitation du sol.

4.5.6 Evaluation et utilisation du modèle à simuler

Le modèle SAHELGRASS, basé sur ARID CROP II de Van Keulen et al. (1981) simule la croissance dans les phases végétatives et reproductives d'une végétation de graminées annuelles. Aussi, il simule le bilan d'eau du sol parallèlement à la croissance des plantes. La simulation avance dans le temps avec des intervalles de calcul d'une journée. Les points les plus importants sur lesquels ce modèle diffère de ARID CROP II sont: l'effet du photopériodisme, l'écoulement d'eau et l'interception de la pluie par la végétation. SAHELGRASS est décrit ailleurs (Van Keulen, 1982b; Stroosnijder, 1982b).

Pour évaluer le comportement de ce modèle pour des situations au Sahel, il est utilisé pour simuler quelques situations qui correspondaient avec les conditions des expériences. Une dizaine d'expériences seront simulées sur des types de sol sablonneux, argileux et dans des années avec des quantités de pluies et des distributions différentes (1976, 1977, 1978, 1979). Dans les expériences, on a observé la croissance de la quantité des parties aériennes et des racines et aussi les quantités d'eau dans le sol à des profondeurs et moments différents. Les fig. 4.5.7a-d montrent les résultats de telles simulations. Le degré de similitude entre simulation et observation est grand, et confirme notre conviction que les aspects clés des processus de la croissance, du bilan d'eau du sol et de la relation transpiration-croissance sont bien compris d'une façon quantitative. Pour le moment, la partie la plus faible de ce modèle est là où l'on simule la croissance dans la phase exponentielle. La raison est que dans cette phase il y a souvent des périodes sèches où les plantes souffrent fortement ou même meurent. La physiologie de survivre dans de telles conditions n'est pas encore suffisamment connue pour pouvoir la simuler d'une façon satisfaisante (voir aussi partie 4.3.3.3). Le modèle a été employé dans la partie 5.2.3 pour déterminer le niveau de la productivité potentielle dans des expériences avec des doses différentes d'engrais.

Les données à spécifier pour de telles simulations ne sont pas très nombreuses; elles sont indiquées dans le tableau 4.5.1. Il va sans dire que les résultats du modèle sont sensibles à la valeur spécifique du coefficient de ruissellement, un paramètre qui est difficile à estimer avec une précision supérieure à 20% sans observations sur les lieux.

Notez dans la fig. 4.5.7 que la productivité potentielle au ranch n'est pas du tout

Fig. 4.5.7. L'évolution de la biomasse des végétations naturelles au ranch qui poussent sans carence en azote et en minéraux, mais avec des pluies naturelles. Les points indiquent les récoltes des parcelles individuelles, les lignes sont les résultats des simulations avec le modèle à simuler détaillé. Fig. a: sol argileux avec 13% d'écoulement, et une végétation à *Diheteropogon hagerupii* en 1976; fig. b: le même cas en 1978; fig. c: sol sablonneux (S2) avec 24% de ruissellement, végétation à *Schoenefeldia gracilis* en 1977; fig. d: sol sablonneux (S1) avec 40% de ruissellement et plusieurs espèces de graminées annuelles en 1978.

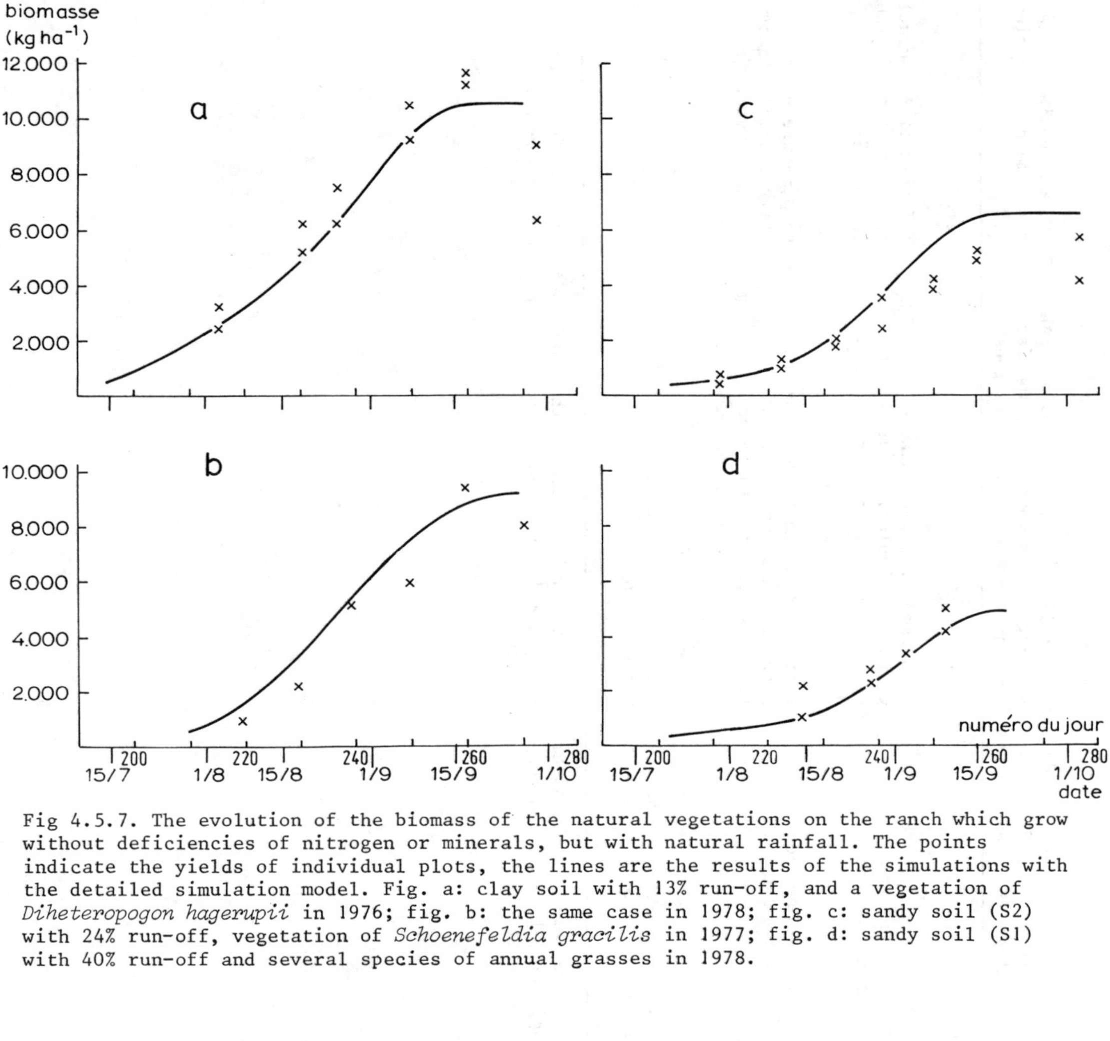

Fig 4.5.7. The evolution of the biomass of the natural vegetations on the ranch which grow without deficiencies of nitrogen or minerals, but with natural rainfall. The points indicate the yields of individual plots, the lines are the results of the simulations with the detailed simulation model. Fig. a: clay soil with 13% run-off, and a vegetation of *Diheteropogon hagerupii* in 1976; fig. b: the same case in 1978; fig. c: sandy soil (S2) with 24% run-off, vegetation of *Schoenefeldia gracilis* in 1977; fig. d: sandy soil (S1) with 40% run-off and several species of annual grasses in 1978.

constante, mais elle varie d'une année à l'autre, d'un sol à l'autre et qu'elle est très sensible au ruissellement. Un autre exemple le montre également: la productivité potentielle simulée à Nampala, 100 km au nord du ranch avec une pluviométrie annuelle moyenne de 400 mm et des sols sablonneux (avec un ruissellement de 18%) varie déjà avec un facteur 3 dans 3 années successives (tableau 4.5.2.) En effet, situé plus dans le nord du Sahel, les pluies sont plus variables (partie 3.2.2) et la productivité est plus variable. Mais aussi: le plus difficile d'y appliquer le modèle à simuler existante.

Pour obtenir une première impression de la productivité potentielle d'un terrain, il

Tableau 4.5.1. Liste des variables à spécifier pour l'utilisation du modèle SAHEL.GRASS. Les variables de la catégorie 1 doivent toujours être fournies. Celles de la catégorie 2 doivent être ajoutées si l'on simule des expériences spécifiques. Les variables de la catégorie 3 sont nécessaires en plus pour des simulations précises.

Catégorie	Sol	Plante	Météo	Divers
1	point de flétrissure, capacité au champs, fraction écoulement	mécanisme de photosynthèse C_3 ou C_4; régulation sur CO_2 oui ou non; largeur des feuilles	précipitation journalière; radiation totale globale, journalière	latitude
2	caractéristique de l'évaporation du sol	résistance minimale des stomates; rapport poids-superficie des feuilles; photosynthèse en relation avec la température pour les espèces C_3; photopériodisme	température et humidité de l'air maximale et minimale par jour, vent journalier	-
3	humidité du sol au début de la simulation	vitesse de redressement des processus physiologiques après un manque d'eau sévère	-	

Table 4.5.1. List of variables to be specified for the utilization of the SAHEL.GRASS model. The variables of category 1 must always be supplied. Those of category 2 must be added if specific experiments are simulated. The variables of category 3 are needed in addition, for accurate simulations.

Tableau 4.5.2. La productivité potentielle simulée dans 3 années successives à Nampala.

Année	Productivité potentielle ($kg\ ha^{-1}$)	Pluviométrie hivernage (mm)
1976	3.500	298
1977	1.300	91
1978	3.700	220

Table 4.5.2. The simulated potential productivity of 3 successive years at Nampala.

n'est pas nécessaire de connaître tous les paramètres très précisément, et de faire les calculs chaque jour. Un modèle à simuler simple, dérivé du modèle décrit ici, est présenté dans la partie 4.6.

4.6 UN MODELE SIMPLE DE LA PRODUCTION POTENTIELLE

4.6.1 Introduction

Une bonne méthode pour intégrer beaucoup des connaissances de ce chapitre est de composer un schéma de calcul pour la croissance. Un tel schéma dans une forme très détaillée et dans lequel les résultats sont calculés à l'aide d'un ordinateur était déjà présenté très brièvement dans les parties 2.3, 4.2 et 4.5. Ce modèle de simulation, développé pour pouvoir calculer la production potentielle, était utilisé surtout pour le progrès de la recherche fondamentale. Le schéma présenté ici donne, malgré un grand nombre de simplifications et d'approximations concernant les processus les plus importants (production, bilan d'eau), des résultats semblables à ceux que donne le modèle détaillé de simulation.

Pour le schéma de calcul présenté ci-dessous on n'a besoin que d'une machine à calculer simple. Ce schéma sert d'abord comme moyen d'exercice pour le lecteur avec lequel il peut se familiariser avec beaucoup de connaissances, de considérations et de points douteux, présentés amplement dans les chapitres précédents. Ces informations sont utilisées ici dans une forme très simple, mais l'avantage en est que d'un seul coup d'oeil le lecteur a presque tous les points clefs ensemble qui déterminent la croissance. En plus le lecteur peut s'exercer à l'approche quantitative qui est typique pour la recherche rapportée dans ce livre.

Un deuxième but de ce modèle simple est de servir le lecteur un moyen pour qu'il puisse lui-même déterminer la sensitivité des calculs pour une variation dans un des paramètres. Cela peut nous indiquer le facteur ou le processus, auquel les résultats sont le plus sensible. Ainsi on sait pour quel facteur il vaut la peine d'investir du temps et de l'argent pour essayer d'obtenir de meilleures connaissances par des observations ou des mesures sur le terrain. Ce dernier aspect joue un rôle important dans la reconnaissance des possibilités d'une zone et sera traité séparément dans le chapitre 7.

L'unité du temps avec laquelle les calculs sont faits est une période de 10 jours (décade). Un nombre de calculs doit donc être répété pour des décades consécutives pendant la croissance.

Le schéma n'est valable que pour une combinaison substrat-végétation dans une zone de pluviosité du Sahel. Si l'on considère une zone avec plusieurs sous-zones de pluviosité et de substrat-végétation, il faut distinguer ces unités d'abord et faire pour chacun des calculs spécifiques en suite. D'ailleurs ce dernier aspect de distinction des unités, est traité plus en détail dans le chapitre 7.

4.6.2 L'explication du calcul

L'explication du calcul est faite à l'aide d'exemples. Les tableaux 4.6.1 et 4.6.2 donnent les résultats des calculs de la production potentielle sur le sable et l'argile (année 1977) respectivement. Le calcul s'arrête au moment où la biomasse est maximale. Nos hypothèses pour la diminution de la biomasse ne sont que qualitatives et ne pouvaient pas être inclues dans ce schéma de calcul. L'explication est faite de façon très brève. Le lecteur est invité à exécuter les calculs lui-même; ainsi il se familiarisera avec ce schéma par essai et erreur. Le calcul commence la première décade de juin avec la colonne 1. Le calcul continue jusqu'à la colonne 23; après on se met à la deuxième décade de juin avec la colonne 1 etc. Dans ce qui va suivre on explique le calcul colonne par colonne et on se réfère souvent aux conclusions, aux figures et aux tableaux des parties précédentes. C'est là que l'on trouve la base et tous les détails des considérations en question.

Colonne	Abréviation	Signification et instructions pour le calcul
1	Déc	La décade considérée.
2	Pl	La pluviosité pendant cette décade.
3	n	Le nombre des pluies pendant cette décade.
4	I	L'infiltration de l'eau dans le sol pendant la décade. I est calculé comme suit: $I = (1 - R)\,Pl$ (mm décade^{-1}) R est le ruissellement annuel.
5	E	L'évaporation pendant la décade. On peut la trouver dans le tableau 4.5.5 en utilisant le nombre de pluies (n, colonne 3) et l'index foliaire (LAI, colonne 22). Si la valeur trouvée dans ce tableau est plus grande que I et si le stock d'eau est zéro ($St_r = 0$, colonne 6) l'évaporation est égale à I. Si, par contre, il y a un stock d'eau ($St_r > 0$) on prend pour E la moitié de la somme d'E trouvée suivant le tableau 4.4.5 et I.
6	St	Le stock d'eau dans le sol: $St = St_r + I - E$ (mm) St_r est le stock d'eau en réserve à la fin de la décade précédente (voir colonne 23).
7	Prof	La profondeur d'humidification du sol: $Prof = (St_r + I)/(\text{Capacité du champs})$ (mm)

Tableau 4.6.1. Calcul de la production potentielle sur un sol sablonneux.
Espace non rempli: valeur égale à zéro; non applicable: -.
Année: 1977, Champs: S2 (NP), pF 3,5: Θ = 0,027, pF 2,5: Θ = 0,120, R = 21%, type de végétation: C_4^+, Floraison: août 3.

1	2	3	4	5	6	7	8	9	10	11A	11B	12	13	14	15	16	17	18	19	20	21	22	23
Déc	Pl	n	I	E	St	Prof	QM	St_d	U	Tm_e	Tm_l	Ta	PH	G	EN	B_{A+R}	ΣB_{A+R}	B_R	B_A	ΣB_R	ΣB_A	LAI	St_r
juin 1	10,0	1	7,9	7,9	0				95														
juin 2	12,4	2	9,8	9,8	0				90														
juin 3	19,1	2	15,1	15,1	0				85														
juillet 1	12,9	1	10,2	10,2	0				80														
juillet 2	13,8	2	10,9	10,9	0				75								(36)			(18)	(18)		
juillet 3	41,9	3	33,1	22,8	10,3	276	7,5	2,8	70	3,6	-	2,8	400	272	19	177	213	88	89	106	107	0,1	7,5
août 1	61,0	3	48,2	19,2	36,5	464	12,5	24,0	65	16,1	-	16,1	2.477	1.684	116	1.098	1.311	549	549	655	656	0,7	20,4
août 2	64,0	4	50,6	17,9	53,1	592	16,0	37,1	60	20,2	16,0	36,2	6.033	4.103	402	2.591	3.902	645	1.946	1.300	2.602	2,6	16,9
août 3	34,0	4	26,9	14,0	29,8	592	16,0	13,8	60	-	40,0	13,8	2.300	1.564	664	630	4.532	0	630	1.300	3.232	3,2	16,0
septembre 1	56,6	4	44,7	13,3	47,4	592	16,0	31,4	65	-	20,0	20,0	3.077	2.092	445	1.153	5.658	0	1.153	1.300	4.385	4,4	27,4
septembre 2	2,6	1	2,1	5,4	24,1	592	16,0	8,1	70	-	20,0	8,1	1.157	787	466	225	5.910	0	225	1.300	4.610	4,6	16,0
septembre 3	6,0	2	4,7	7,6	13,1	592	16,0	0	70														
total	334	-	264	154	-	-	-	-	-	-	-	97	-	-	-	-	5.910	-	-	1.300	4.610	-	16

Table 4.6.1. Calculation of the potential production on a sandy soil.
Blank space: value equal to zero; inapplicable: -.
Year: 1977, Field: S2 (NP), pF 3.5: Θ = 0.027, pF 2.5: Θ = 0.120, R = 21%, vegetation type: C_4^+, Flowering: 3 August.

Tableau 4.6.2. Calcul de la production potentielle sur un sol argileux.
Espace non rempli: valeur égale à zéro; non applicable: -.
Année: 1977, Champs: D1 (NP), pF 3,5: Θ = 0,067, pF 2,5: Θ = 0,160, R = -11%, Type de végétation: C_4^+, Floraison: septembre 1.

1	2	3	4	5	6	7	8	9	10	11A	11B	12	13	14	15	16	17	18	19	20	21	22	23
Déc	Pl	n	I	E	St	Prof	QM	St_d	U	Tm_e	Tm_l	Ta	PH	G	EN	B_{A+R}	ΣB_{A+R}	B_R	B_A	ΣB_R	ΣB_A	LAI	St_r
juin 1	12,7	1	14,1	14,1	0				95														
juin 2	6,8	2	7,5	7,5	0				90														
juin 3	8,5	2	9,4	9,4	0				85														
juillet 1	8,0	2	8,9	8,9	0				80														
juillet 2	24,0	1	26,6	12,3	14,3	166	11,1	3,2	75	1,1	-	1,1	147	100	8	64	100	32	32	50	50	0,05	13,2
juillet 3	34,2	4	38,0	27,0	24,2	320	21,4	2,8	70	10,1	-	2,8	400	272	29	170	270	85	85	135	135	0,1	21,4
août 1	31,3	4	34,7	22,1	34,0	351	23,5	10,5	65	18,2	-	10,5	1.615	1.098	95	702	972	351	351	486	486	0,5	23,5
août 2	144,2	4	160,1	18,9	164,7	1.148	76,9	87,8	60	26,4	4,0	30,4	5.067	3.445	318	2.189	3.161	814	1.375	1.300	1.861	1,9	134,3
août 3	27,5	3	30,5	13,6	151,3	1.148	76,9	74,4	60	-	40,0	40,0	6.667	4.533	700	2.683	5.844	0	2.683	1.300	4.544	4,5	111,3
septembre 1	57,3	3	63,6	11,7	163,2	1.148	76,9	86,3	65	-	40,0	40,0	6.154	4.185	1.085	2.170	8.014	0	2.170	1.300	6.714	6,7	123,2
septembre 2	2,8	1	3,1	5,8	120,5	1.148	76,9	43,6	70	-	20,0	20,0	2.857	1.943	698	872	8.886	0	872	1.300	7.586	7,6	100,5
septembre 3	6,1	1	6,8	7,7	99,6	1.148	76,9	22,7	70	-	21,0	21,0	3.000	2.040	768	890	9.776	0	890	1.300	8.476	8,5	78,6
total	363	-	403	160	-	-	-	-	-	-	-	166	-	-	-	-	9.776	-	-	1.300	8.476	-	79

Fig. 4.6.2. Calculation of the potential production on a clayey soil.
Blank space: value equal to zero; inapplicable: -.
Year: 1977, Field: D1 (NP), pF 3.5: Θ = 0.067, pF 2.5: Θ = 0.160, R = -11%, vegetation type: C_4^+, Flowering: 1 September.

La capacité au champ est l'humidité du sol si la force de rétention d'eau est 0,3 bar (pF 2,5). La 'Prof' peut seulement augmenter pendant la saison et non diminuer: si l'on calcule une valeur plus basse que celle de la décade précédente, on prend pour 'Prof' la valeur de cette décade.

8 QM La quantité minimale du stock d'eau dans le sol. Elle est la partie du stock d'eau qui n'est pas disponible pour la croissance et qui est retenue par une force de rétention supérieure à pF 3,5:

$$QM = \text{Prof (humidité à pF = 3,5)} \qquad \text{(mm)}$$

9 St_d La partie du stock d'eau (St), disponible pour la croissance:

$$St_d = St - QM \qquad \text{(mm)}$$

Si St_d est positif les plantes peuvent croître; si St est égal ou inférieur à QM il n'y aura pas de croissance. Pendant une telle décade les plantes peuvent utiliser la QM pour survivre. Si cette décade est suivie par une autre décade sèche ($St_d \leq 0$), les plantes meurent.

10 U L'utilisation de l'eau (quantité d'eau transpirée par quantité de CO_2 assimilée, en kg kg^{-1}). Pour les plantes du type C_4 avec un mécanisme régulateur des stomates, la valeur de U varie pendant l'hivernage comme suit (voir la fig. 4.2.4d):

juin 1 95	juillet 1 80	août 1 65	septembre 1 65
juin 2 90	juillet 2 75	août 2 60	septembre 2 70
juin 3 85	juillet 3 70	août 3 60	septembre 3 70

11 Tm La transpiration maximale (mm décade^{-1}). Le terme maximal se réfère ici au cas où il y a assez d'eau dans le sol pour que les plantes croissent à leur vitesse maximale. En colonne 12 on détermine s'il y a vraiment assez d'eau disponible, et si ce n'est pas le cas on réduit la transpiration maximale jusqu'à une transpiration actuelle.

Pour le calcul de Tm, il faut distinguer 2 cas:

- si la croissance est exponentielle, c'est la biomasse même qui détermine l'augmentation de la biomasse totale pendant une décade. Ici on utilise la formule suivante:

$$(\Sigma B_{A+R})_f = (\Sigma B_{A+R})_d \times e^{\alpha t} \qquad (\text{kg ha}^{-1})$$

dans laquelle $(\Sigma B_{A+R})_d$ est la biomasse des parties aériennes et des racines au début de la décade (t = 0) et $(\Sigma B_{A+R})_f$ est la biomasse totale à la fin de la décade (t = 10 jours). L'augmentation de la biomasse totale pendant cette décade est:

$$B_{A+R} = (\Sigma B_{A+R})_f - (\Sigma B_{A+R})_d \qquad (\text{kg ha}^{-1}\ \text{décade}^{-1})$$

En utilisant le facteur U (colonne 10), nous pouvons déterminer Tm (voir colonne 11A);

- si la croissance est dans la phase linéaire, elle est déterminée par la photosynthèse et les conditions climatiques. La photosynthèse maximale (en CO_2) nous permet, en utilisant le facteur U (colonne 10), de calculer la transpiration maximale, Tm (voir colonne 11B).

11A Tm$_e$ Si la biomasse totale au début de la décade $(\Sigma B_{A+R})_d$ est inférieure à 900 kg ha^{-1}, la croissance pendant toute cette décade est exponentielle. Dans ce cas on peut calculer la biomasse avec la formule cidessus. Pour la valeur de a il y a 2 stades. Entre 0 et 1.000 kg ha^{-1} α est de 0,20 et entre 1.000 et 2.800 kg ha^{-1} α est de 0,12 (cela veut dire qu'au début, la biomasse se multiplie 6x en 10 jours et après 3x par 10 jours). Pour faciliter le calcul on peut utiliser la fig. 4.6.1A qui donne la relation entre la biomasse totale au début de la décade $((\Sigma B_{A+R})_d)$ et la biomasse totale à fin de la décade $((\Sigma B_{A+R})_f)$ et l'augmentation de la biomasse totale (B_{A+R}). Si la biomasse totale au début de la décade est supérieure à 900 kg ha^{-1}, la croissance change pendant cette décade d'exponentielle vers linéaire. La fig. 4.6.1B donne le nombre de jours nécessaires pour que la biomasse atteigne la limite de 2.800 kg ha^{-1} et change en croissance linéaire en fonction de la biomasse totale au début de la décade $((\Sigma B_{A+R})_d)$.

Un cas spécial est la décade dans laquelle la germination a lieu. En colonne 9 nous avons dit que dès $St_d > 0$, les plantes peuvent croître. Pour la germination nous distinguons 2 cas:

- si pendant la décade, qui précède la première décade où $St_d > 0$, la pluviosité n'était pas trop mauvaise (I >10 mm), nous supposons qu'il y a eu une germination pendant cette décade. Dans ce cas, au début de la première décade où $St_d > 0$, la biomasse totale est égale à la biomasse des plantules. Nous avons estimé qu'à Niono la biomasse totale des plantules est environ 36 kg ha^{-1}, dont 18 kg est la biomasse aérienne et 18 kg la biomasse racinaire (voir partie 4.3.3.2).
- si pendant la décade, qui précède la première décade où $St_d > 0$, la pluviosité était mauvaise (I <10 mm), nous supposons qu'il n'y a pas eu de germination pendant cette décade. Dans ce cas il y aura la germination pendant la première décade où $St_d > 0$. Nous supposons que cette germination aura lieu après 5 jours avec une biomasse totale des plantules d'environ 36 kg ha^{-1}. Il reste encore 5 jours dans cette décade avec une croissance exponentielle. Donc la biomasse totale à la fin de cette décade est 100 kg ha^{-1}, dont 50 kg est la biomasse aérienne et 50 kg la biomasse racinaire.

Si l'on a calculé la croissance exponentielle il faut calculer l'équivalent de cette croissance en termes de transpiration. Pour cela il faut calculer d'abord la valeur PH qui correspond à B_{A+R} comme suit: diviser B_{A+R} par 0,70 (le facteur de conversion biomasse-glucose voir colonne 16) ajouter 0,15 $(\Sigma B_{A+R})_d$ (un terme qui compte pour l'entretien de la biomasse déjà présente au début de la décade, voir colonne 15), diviser par 0,95 (qui compte pour l'entretien de la biomasse formée pendant la décade, voir colonne 15) et diviser par 0,68 (le facteur de conversion de CO_2 en glucose, voir colonne 14).

Fig. 4.6.1.A: figure auxiliaire pour le calcul de la croissance exponentielle (voir texte)
B: figure auxiliaire pour le calcul du moment où la croissance exponentielle change en croissance linéaire (voir texte)

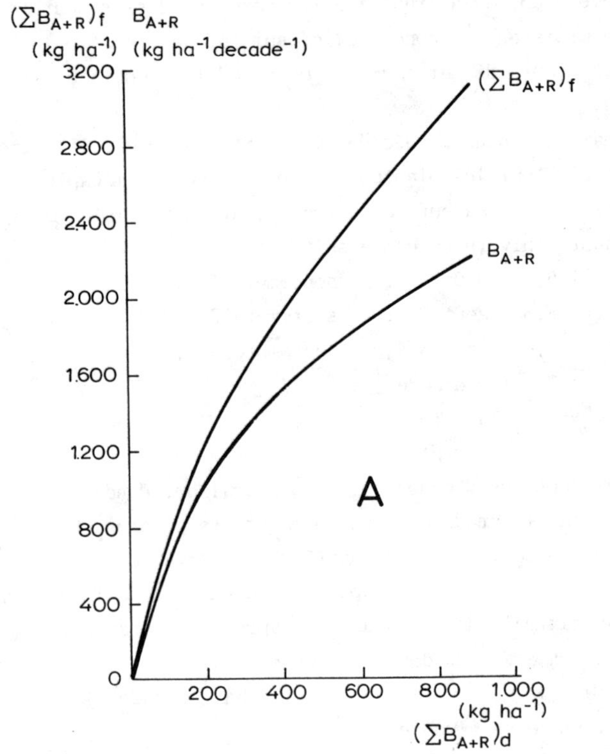

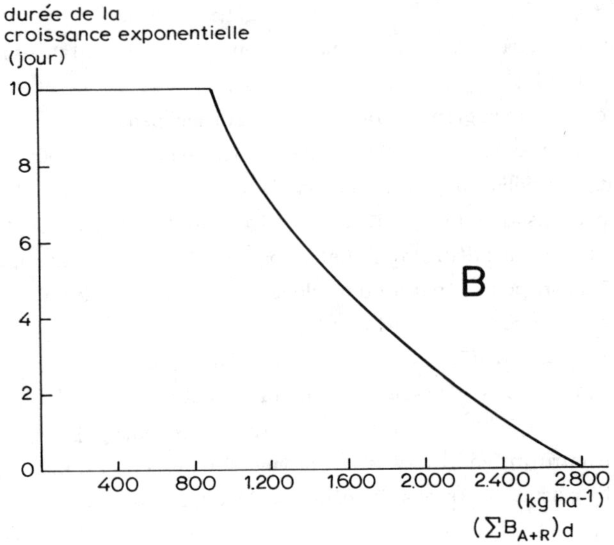

Fig. 4.6.1.A: auxiliary figure for calculating exponential growth (see text)
B: auxiliary figure for calculating the moment when the exponential growth changes to linear growth (see text)

Multiplication de PH par U 10^{-4} nous donne la Tm_e. Si une décade est divisée en une partie de croissance exponentielle et une partie linéaire, on calcule d'abord la transpiration comme ci-dessus pour le nombre de jours de croissance exponentielle, suivant la fig. 4.6.1B, et pour le reste des jours de cette décade on prend Tm_1, comme expliqué en colonne 11B.

11B Tm_1 La transpiration maximale dans la décade si la croissance est linéaire (voir la fig. 4.2.4c). Pour les plantes du type C_4 avec un mécanisme régulateur des stomates, la valeur de la transpiration maximale (mm $jour^{-1}$) varie pendant l'hivernage comme suit:

juin 1 6,7	juillet 1 6,0	août 1 4,2	septembre 1 4,0
juin 2 6,3	juillet 2 5,3	août 2 4,0	septembre 2 4,0
juin 3 6,1	juillet 3 4,6	août 3 4,0	septembre 3 4,2

12 Ta La transpiration actuelle (mm $décade^{-1}$):

a. $St_d > Tm \rightarrow Ta = Tm$

b. $St_d \leq Tm \rightarrow Ta = St_d$

Un cas spécial sont les décades après la floraison. Pendant la décade de la floraison, le stade de développement des plantes change de végétatif vers reproductif et la capacité de photosynthèse des feuilles commence à se réduire. Nous supposons qu'en moyenne Tm est la moitié de sa valeur maximale dans les décades après la floraison.

13 PH La photosynthèse exprimée en CO_2 dans la décade:

$$PH = Ta \times 10^4/U \qquad (kg\ ha^{-1}\ décade^{-1})$$

14 G La photosynthèse exprimée en glucose:

$$G = PH \times 0,68 \qquad (kg\ ha^{-1}\ décade^{-1})$$

15 EN La quantité de glucose qui est utilisée pour l'entretien des plantes:

$$EN = 0,05\ G + 0,15\ (\Sigma B_{A+R})_d \qquad (kg\ ha^{-1}\ décade^{-1})$$

Le premier terme est l'entretien de la biomasse formée pendant la décade. Le deuxième terme est l'entretien de la biomasse totale qui était déjà présente au début de la décade (voir colonne 17). Après la floraison nous supposons que la moitié de la biomasse totale au début de la décade est arrivée à maturation. Cette partie de la biomasse ne demande plus de glucose pour l'entretien, donc la formule ci-dessus change en ce qui suit après la floraison:

$$EN = 0,05\ G + 0,15\ (0,5(\Sigma B_{A+R})_d) \qquad (kg\ ha^{-1}\ décade^{-1})$$

16 B_{A+R} L'augmentation de la biomasse totale pendant la décade:

$$B_{A+R} = (G - EN) \times 0,7 \qquad (kg\ ha^{-1}\ décade^{-1})$$

17 ΣB_{A+R} La biomasse totale cumulative (biomasse aérienne + biomasse racinaire). On calcule cette biomasse (voir aussi colonnes 20 et 21) de la façon suivante:

$$(\Sigma B_{A+R})_f = (\Sigma B_{A+R})_d + B_{A+R} \qquad (kg\ ha^{-1})$$

18 B_R Dans la partie 4.5.5 nous avons constaté que le poids maximal de racines sur le sable et l'argile avec et sans fertilisation ne varie pas de façon significative. En moyenne la biomasse maximale des

racines est de 1.300 kg ha^{-1}. On a constaté aussi que la biomasse des racines ne constitue pas une fraction constante de la biomasse totale. Cette fraction peut varier entre 50% et plus de la biomasse totale (pour une biomasse au-dessous de 1.500 kg ha^{-1} suivant Bille (1977) et Le Grand (1979)) jusqu'à 10% pour une situation de production potentielle. Cette fraction est estimée comme dans la fig. 4.6.2. La variation graduelle entre une biomasse totale de 0 à 2.000 kg ha^{-1} est représentée de façon approximative par une ligne droite. On utilise cette figure pour calculer ΣB_R en fonction de ΣB_{A+R} ou de ΣB_A (voir colonne 11A). La comparaison de la valeur B_R trouvée avec celle de la décade précédente nous donne finalement B_R:

$$B_R = \Sigma(B_R)_f - \Sigma(B_R)_d \qquad (\text{kg ha}^{-1}\ \text{décade}^{-1})$$

19 B_A La croissance de la biomasse aérienne:

Fig. 4.6.2. Relation entre biomasse racinaire (ΣB_R) et biomasse totale (ΣB_{A+R}) ou biomasse aérienne (ΣB_A) à Niono.

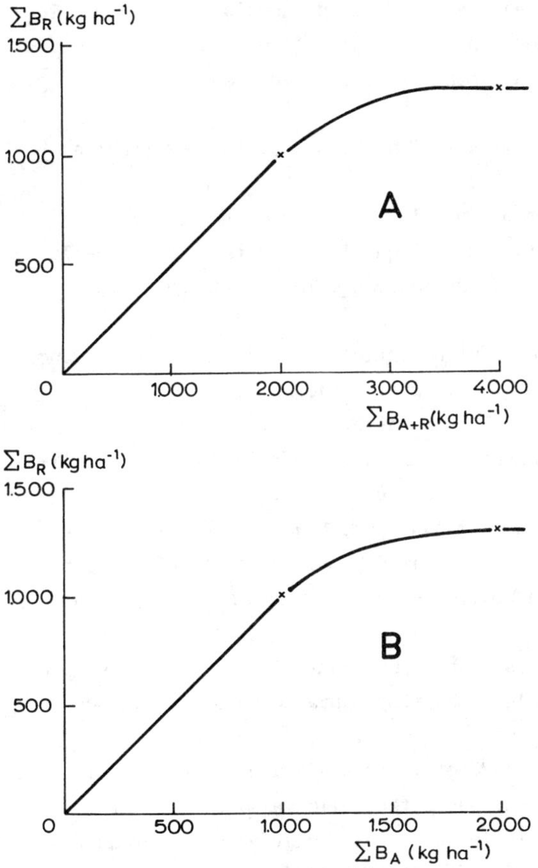

Fig. 4.6.2. Relation between root biomass (ΣB_R) and total biomass (ΣB_{A+R}) or aerial biomass (ΣB_A) at Niono.

$B_A = B_{A+R} - B_R$ (kg ha^{-1} décade^{-1})

20	ΣB_R	La biomasse racinaire totale (kg ha^{-1}).
21	ΣB_A	La biomasse aérienne totale (kg ha^{-1}).
22	LAI	L'index foliaire (superficie des feuilles par superficie du sol): $LAI = \Sigma B_A/1.000$ (ha ha^{-1})
23	St_r	Le stock d'eau, réservé pour la prochaine décade: $St_r = St - Ta$ (mm)

4.6.3 Discussion

Après avoir étudié ce schéma on comprend bien que c'est une approximation. C'est le cas par exemple pour l'influence du ruissellement, de l'évaporation, de l'ordre de calcul, etc. En même temps on observe que le calcul n'est pas toujours indépendant de nos expériences. Mais cela n'est par important, nous le répétons encore une fois, le but principal n'était pas de présenter une méthode de prédiction ou d'extrapolation mais de présenter une synthèse aussi simple que possible de nos connaissances et de nos hypothèses de la croissance potentielle.

Bien que l'utilisation du schéma pour l'estimation de la production ne soit pas le but de ce schéma, nous avons comparé la production potentielle calculée avec celle mesurée (voir fig. 4.6.3). On constate qu'il y a une bonne ressemblance. Comparer aussi fig. 4.5.7c.

En calculant on remarque le commentaire suivant. Pour le sol sablonneux (tableau 4.6.1):

- juillet 3. C'est la première décade où St_d >0. Une pluviosité effective (I >10 mm) pendant les décades précédentes contribue à la décision qu'il est vraisemblable que la germination a lieu déjà avant juillet 3. Ta est plus basse que Tm_e. Cela veut dire qu'il y a un manque d'eau.
- août 1. La croissance est encore exponentielle et potentielle (Ta = Tm). La croissance totale est divisée en 2 pour la partie aérienne et la partie racinaire.
- août 2. La croissance change d'exponentielle vers linéaire. Il n'y a presque pas de manque d'eau. Le système racinaire atteint son poids maximal. La profondeur d'humidification du sol atteint aussi sa valeur maximale (environ 60 cm).
- août 3. A cause d'une mauvaise pluviosité la croissance est beaucoup réduite par un manque d'eau. La floraison était observée sur le terrain à la fin de cette décade.
- septembre 1. Pendant cette décade Tm est la moitié de sa valeur maximale. Il n'y a pas de manque d'eau.
- septembre 2. Il y a un manque d'eau, donc les plantes mûriront vite. Néanmoins on peut s'attendre à une production de semences qui n'est pas trop mauvaise parce que la décade après la floraison était sans manque d'eau.

On observe que la mauvaise pluviosité en 1977 et le ruissellement de ce terrain font que la croissance pendant quelques décades n'est pas potentielle mais réduite par un manque d'eau. Néanmoins, la production potentielle est 2x plus élevée que la production naturelle, mais il n'y a pas plus de 97/580 = 17% de la pluviosité annuelle moyenne qui est transpirée.

Fig. 4.6.3. Production potentielle 1977 (Niono); mesurée: . ; calculée: ×.

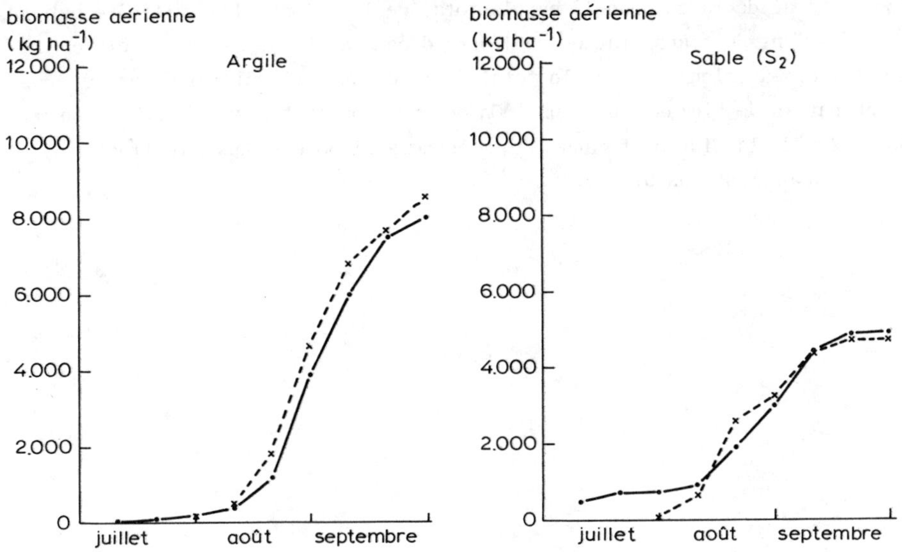

Fig. 4.6.3. Potential production 1977 (Niono); measured: . ; calculated: ×.

Si l'on divise le total de la colonne 12 par le total de la colonne 17 et que l'on multiplie le résultat par 10^{-4} on obtient un coefficient de transpiration de 164 kg d'eau par kg de biomasse totale. Si l'on divise le total de la colonne 12 par le total de la colonne 21 ce rapport est 210 kg d'eau par kg de biomasse aérienne.

Pour le sol argileux (tableau 4.6.2), on remarque:

- juillet 2. $St_d > 0$. La pluviosité des décades précédentes était mauvaise donc on suppose qu'il n'y a pas encore une vague de jeunes plantes et qu'il y a de la germination pendant cette décade.
- juillet 3. Il y a un manque d'eau et la croissance exponentielle est beaucoup réduite.
- août 1. A cause d'une pluviosité mauvaise mais surtout à cause d'une QM qui est plus élevée sur l'argile que sur le sable, $Ta < Tm$.
- août 2. La pluviosité est très élevée. La profondeur d'humidification du sol augmente tout à coup (environ 120 cm) et avec ceci aussi la valeur QM. Néanmoins les pluies forment dans cette décade une telle réserve dans le sol que les plantes peuvent croître potentiellement jusqu'à la maturité.
- août 3. La croissance est linéaire pour la première fois. A cause du fait que le système racinaire était déjà complet en août 2, toute la croissance contribue à la biomasse aérienne. Cette biomasse augmente donc d'environ 270 kg ha^{-1} $jour^{-1}$.
- septembre 1. La même croissance élevée qu'en août 3. Le terme entretien joue de plus en plus un rôle important et fait que la croissance aérienne par jour diminue. La floraison était observée sur le terrain à la fin de cette décade.
- septembre 2. Croissance sans manque d'eau, le terme entretien est réduit.
- septembre 3. Les plantes mûrissent dans de bonnes conditions. La production des semences pour l'année suivante n'est pas en danger. A la fin de la croissance il y a encore de

l'eau disponible dans le sol pour la croissance des pérennes et des arbres.

La division du total de la colonne 12 par le total de la colonne 17, multiplié par 10^{-4}, donne un coefficient de transpiration de 170 kg d'eau par kg de biomasse totale et la division du total de la colonne 12 par le total de la colonne 21 multiplié par 10^{-4}, donne 196 kg d'eau par kg de biomasse aérienne. On observe que la transpiration de 166 mm était de 166/580 = 29% de la pluviosité annuelle moyenne à Niono et que cette fraction produit 4x plus que la biomasse naturelle.

5 Les processus déterminant la production actuelle des pâturages sahéliens

5.1 INTRODUCTION

5.1.1 Délimiter le terrain d'étude

Dans le chapitre 2, 4 niveaux de la production végétale ont été distingués. Sur le premier, nommé niveau A dans la partie 2.3, il s'agit de la situation où les plantes disposent suffisamment de l'eau et des éléments nutritifs; il est discuté dans la partie 4.2. Le deuxième niveau, nommé B, où il s'agit des plantes avec suffisamment des éléments nutritifs mais qui souffrent temporairement des manques d'eau, est discuté dans la partie 4.5. Là, on a montré que la production potentielle des pâturages naturels à une pluviométrie de 500 mm an^{-1} est de l'ordre de 5.000-10.000 kg ha^{-1} an^{-1}, c'est-à-dire 3-5x plus élevée que la productivité actuelle, qui est environ 2.000 kg ha^{-1} an^{-1}. Pour comprendre la situation qui mène à une certaine productivité actuelle, il est donc nécessaire d'étudier de quelle façon des carences en éléments nutritifs empêchent la croissance des plantes, l'importance de ces carences sur le terrain et les causes de ces carences. Après avoir repondu à de telles questions, on pourra se demander si, éventuellement, de telles carences pourraient être éliminées. Une telle approche a été utilisée dans les parties suivantes.

Ceci évoque immédiatement un grand nombre de questions. De quels éléments nutritifs s'agit-il? Ou serait-il possible que, pendant une partie de la période de croissance, un de ces éléments nutritifs soit le facteur limitatif et pendant une autre partie un autre élément? Ou bien se présente-t-il des conditions, surtout à une plus faible précipitation, par suite desquelles le manque d'eau se fait sentir plus sérieusement pendant une plus courte soit plus grande partie de la période de croissance? Qu'est-ce qui détermine, dans de conditions naturelles, la disponibilité des éléments nutritifs limitatifs et comment pourrait-on assurer le même niveau, ou même l'améliorer par des mesures de gestion prises à cet effet. Et si l'on passe à l'application de l'engrais chimique, quelles formes sont alors à préférer et comment agrandir autant que possible le rendement? Et finalement, quelle est l'influence de tout ceci sur la qualité comme fourrage du produit obtenu de cette façon? Ces questions-ci et d'autres encore seront discutées amplement dans ce chapitre. Mais d'abord un exposé introductif est présenté afin de garder la vue générale et de justifier pourquoi on a payé relativement peu d'attention à certains aspects.

Commençons par la dernière remarque. Pendant la première et deuxième saison nous disposions de peu de données détaillées sur la fertilité du sol. Lors de l'examen sur la production potentielle, on a payé d'attention à une grande gamme d'éléments. Il se trouva que l'application des éléments de potassium (K), de calcium (Ca), de magnésium (Mg) et de soufre (S) restait sans effet sur la récolte; il résulta aussi des analyses des végétaux et du sol exécutées plus tard que ces éléments sont suffisamment présents sans exception (voir partie 3.3). Application de l'azote (N) seulement, du phosphore (P) seulement, ou les 2 éléments ensemble causait toujours une grande augmentation de la productivité dans la partie sud du Sahel, bien qu'elle était faible ou n'existait pas dans le nord (voir aussi partie 4.1.2). A tout ceci il faut tenir compte du fait qu'en cas d'une stimulation de la croissance par l'application de N et de P, l'exportation de ces éléments par la récolte est aussi considérable. A une récolte de de 5.000 kg ha^{-1}, il est grosso modo par hectare: 75 kg de N, 7 kg de P, 50 kg de K, 10 kg de Ca, 5 kg de Mg et 4 kg de S. Ces quantités sont tellement élevées qu'en cas d'une décision pour l'emploi des engrais azotés et phosphatés, il est presque sûr qu'il y aura un manque de ces autres éléments au bout de quelques années. Pour 3 arguments on ne l'a pas examiné davantage. Il est vrai que des additions élevées de N et de P aux pâturages naturels sont indispensables pour la recherche mais pour l'instant il n'est pas évident qu'elles seront appliquées en pratique aussi (voir parties 8.4 et 9.3). Et même en cas d'une décision positive, une recherche effectuée dans une période restreinte n'est pas apte à répondre ces questions concernant l'épuisement. D'ailleurs, à l'agriculture on a étudié amplement ce problème de stratégie de fertilisation.

A part de ces macro-éléments, il y a des éléments tels que le molybdène, le cuivre, le cobalt, le manganèse et autres qui sont indispensables en micro-quantités à la croissance des végétaux. Les manques les plus importants de ces éléments se manifestent tout d'abord aux légumineuses, surtout du molybdène et du cuivre. Des essais aux parcelles intensivement pâturées, où domine la légumineuse *Zornia glochidiata*, ont démontré que l'application de toute une scale d'éléments séparément ou en combinaison restait sans effet sur la croissance. En plus, sans ces éléments il y avait aussi un bon développement des racines tubéreuses rouges, donc fixant activement l'azote. Des examens ultérieurs ont demontré que toutes les légumineuses (exceptée *Cassia Tora*), présentes de nature au Sahel, ont un bon développement de *Rhizobium* et que leur teneur en N est tellement élevée à l'égard des plantes environnantes (voir aux parties 5.3 et 6.2) que l'on n'a plus payé d'attention aux problèmes de l'approvisionnement des micro-éléments.

Reste donce comme problème principal le rapport réciproque entre l'approvisionnement d'eau, de N et de P. Une des plus importantes questions que l'on se pose maintenant est de savoir comment on pourrait déterminer avec le moins de travail possible lesquels de ces facteurs de croissance limite le plus la récolte au premier abord. Au premier abord, puisqu'en cas d'une amélioration le rôle limitatif sera passé aux 2 autres jusqu'à ce qu'on est arrivé au niveau de production où le rayonnement, la température et la longueur de la journée sont les facteurs tous puissants déterminant la croissance. Le procédé le plus direct qui demande le moins des connaissances des conditions de croissance à l'interprétation, est l'analyse bromatologique des végétaux. Dans ce cas on peut se concentrer d'une part sur l'analyse de certaines parties de la plante dans un stade de croissance nettement décrit. Abstraction faite de la semence, nous ne l'avons pas fait. D'autre part on peut se concentrer sur la détermination des teneurs moyennes en N et en P pendant la période peu après la floraison et avant que beaucoup de biomasse se perde. Avec la production totale de matière sèche, l'assimilation totale des éléments N et P peut être calculée. Les taux en N et en P eux-mêmes venant de ces analyses, et leur rapport donne une idée sur la disponibilité de N et de P au cours de la période de croissance. Mais l'analyse bromatologique nous informe peu sur la question: à quel degré est-ce que le rôle d'influence limitative sur la croissance est pris par d'autres facteurs quand des mesures sont prises qui éliminent le facteur le plus limitatif. Et elle dit moins encore sur l'effet à long terme du changement de mesures de gestion. Pour cela il faut une recherche plus détaillée des éléments déterminant la fertilité du sol et en particulier du recyclage de N et de P.

Nous sommes d'avis que le total de ces processus et leur quantification comme présentés dans ce chapitre donnent un ensemble cohérent, qui est supporté par l'état actuel de la connaissance scientifique de la pédologie et de la physiologie. Mais on doit se réaliser également que plusieurs informations ne sont pas encore suffisamment détaillées, et que bien des fois la théorie est trop peu développée pour penser qu'il n'y a plus des conclusions indiscutables. Un nombre de telles situations sont indiquées dans le texte.

5.1.2 *Expliciter le terrain d'étude*

Dans la suite du chapitre 5, nous parlons des processus concernant le N et le P dans les végétations et dans le sol, et de leurs interactions. Partie 5.2 traite la réponse de la productivité des végétations vis à vis des disponibilités de ces éléments; la partie 5.3 traite les processus déterminant la disponibilité du N dans le sol pour les plantes, et aussi les processus qui constituent le bilan de N des pâturages à long terme; la partie 5.4 traite les processus chimiques et biologiques qui déterminent la disponibilité de P dans le sol, ainsi que le bilan du P à long terme. Bienqu'il s'agisse des transformations de la matière organique dans les 2 cas, l'accent pour le N est sur les processus biologiques, et pour le P sur les processus chimiques. Une autre différence entre le N et le P qu'on peut déjà indiquer, est le bilan de N qui est relativement 'ouvert' (les augmentations et les pertes de N dans le système plante-sol peuvent être rapides) et celui de P est relativement 'fermé', une différence importante pour la gestion des pâturages. Dans la partie 5.5, nous présentons un modèle simple qui montre de quelle façon on peut intégrer les processus dynamiques et interactifs du bilan d'eau, des transformations des formes de N et de P dans le sol et de la croissance des plantes au cours d'une seule saison pluvieuse. Ce modèle n'est qu'un modèle préliminaire parce que sa base théorique est peu développée.

La partie 5.6 souligne l'importance du bilan de N des pâturages dans une situation d'équilibre. La situation d'équilibre implique que le cycle de l'ensemble des processus se répète chaque année: toujours la même pluviométrie, la même exploitation animale et dans la même période, etc. Et bien que cette situation n'existe pas, et que la situation moyenne ne se produise jamais, l'étude du bilan de N en équilibre est très fructueuse: le N qui entre dans les pâturages, soit par légumineuses, soit par pluie soit par fertilisation, y sort également, soit par exploitation, soit par feu, soit autrement. Et si, pendant 1 ou 2 années, il y a une augmentation nette du stock de N des pâturages, il y a souvent une perte nette dans les années après. De telles situations d'équilibre sont plus simples que les situations dynamiques pendant l'hivernage, et les conclusions tirées concernant la situation d'équilibre sont donc plus fortes mais chose très importante, elles sont surtout directement applicables au pratique de l'élevage. Par extrapolation de ces considérations, nous présentons une base théorique pour lier l'intensité d'exploitation possible d'un pâturage à son bilan de N. De cette façon, la partie 5.6 fait une liaison entre les processus décrits dans les chapitres 5 et 4, et leurs conséquences pour l'exploitation des pâturages, décrits surtout dans le chapitre 9.

Dans le chapitre 6, nous faisons une liaison explicative entre les processus et les bilans discutés dans les chapitres 4 et 5, et les productivités actuelles observées aux pâturages avec des végétations annuelles et pérennes, à plusieurs endroits, pendant plusieurs années et à plusieurs modes d'exploitation.

5.2 LA PRODUCTION ACTUELLE ET L'ACTION DE L'AZOTE ET DU PHOSPHORE

5.2.1 Introduction

Pour simplifier l'étude de l'action de l'azote (N) et du phosphore (P) sur le terrain, nous avions des expériences dans lesquelles ces actions étaient isolées: par application de quantités suffisantes de P et de doses variables de N, on a étudié l'action de N, et par application de quantités suffisantes de N et de doses variables de P, l'action de P sur la productivité végétale a été déterminée.

Les résultats représentatifs d'une telle expérience au ranch avec différentes doses de N sont indiqués dans la fig. 5.2.1. Comme dans la fig. 2.3.1, le quadrant 2 représente la relation entre la biomasse produite et la quantité de N absorbé, le quadrant 3 représente la quantité absorbée en rapport avec la dose appliquée. Il s'agit des récoltes au moment de la floraison, c'est-à-dire au moment où la quantité de N dans la biomasse est maximale. La figure montre clairement que la végétation au ranch répond très bien à la fertilisation avec N et, à condition de suffisamment de P, jusqu'à des doses de N de 150-300 kg ha^{-1}. Une analyse de l'action de N, qui différencie la réponse de la biomasse au N absorbé et la relation entre le N absorbé et la dose appliquée (comme faite dans la fig. 5.2.1 partie droite) est plus informative qu'un graphique de la productivité en fonction de la dose d'engrais (partie gauche), car cette analyse nous indique des éléments des processus physiologiques et pédologiques qui sont fondamentalement différents. Les écarts des observations individuelles des relations moyennes sont plus grands que ceux qu'on trouve ailleurs, à cause du fait que les végétations naturelles sont plus hétérogènes que les cultures agricoles où de telles observations ont été faites le plus souvent (par exemple: Van Keulen, 1977).

A des niveaux bas de la quantité de N absorbé, le rapport de la biomasse récoltée et cette quantité de N est linéaire, et passe par l'origine de la figure. La raison en est que les plantes ont poussé jusqu'à un taux minimal de N dans tous ces cas, parce que N est le seul facteur limitatif. Le taux maximal de N à ce stade est environ 0,5% de la biomasse sèche. A des niveaux de N absorbé plus élevés, la productivité n'augmente que peu ou pas du tout quand la quantité de N absorbé devient encore plus grande. Le niveau de la biomasse maximale est le niveau de la production potentielle dans les conditions de l'expérience: il n'y a plus une carence en N ou en P. Ce niveau pour la fig. 5.2.1 est calculé avec le modèle décrit dans la partie 4.5. La quantité de N dans la biomasse atteint sa

Fig. 5.2.1. Des relations entre la biomasse formée, la quantité d'engrais appliquée et la quantité de N absorbée (Ne) dans la condition d'une grande disponibilité de P. Il s'agit d'un essai sur un sol argileux (D1) au ranch en 1977, et d'une végétation de *Diheteropogon hagerupii*, récoltée à la floraison. La productivité potentielle y était 8.500 kg ha^{-1}, ce qui est indiqué avec une ligne horizontale. Les points représentent des observations individuelles; les courbes sont tirées à l'oeil nu. Le taux minimal (0,5% N) et maximal (2%) à la floraison sont indiqués, ainsi que la quantité de N absorbée sans fertilisation (Ne_n) et la récupération de N (r).

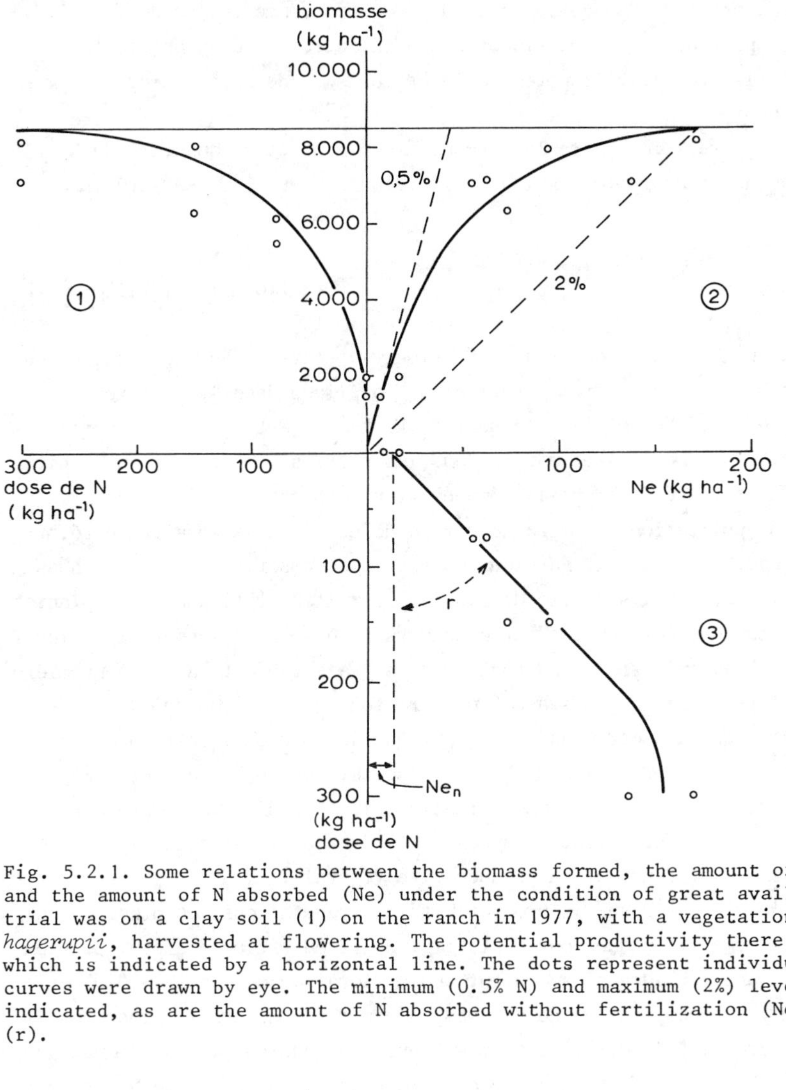

Fig. 5.2.1. Some relations between the biomass formed, the amount of fertilizer applied and the amount of N absorbed (Ne) under the condition of great availability of P. The trial was on a clay soil (1) on the ranch in 1977, with a vegetation of *Diheteropogon hagerupii*, harvested at flowering. The potential productivity there was 8500 kg ha^{-1}, which is indicated by a horizontal line. The dots represent individual observations; the curves were drawn by eye. The minimum (0.5% N) and maximum (2%) levels at flowering are indicated, as are the amount of N absorbed without fertilization (Ne_n) and the N recovery (r).

valeur maximale à la productivité potentielle et sont taux maximal est de 2% de la biomasse sèche.

En se basant sur de telles observations, on peut conclure que le calcul approximatif de la productivité actuelle des pâturages naturels peut être fait en choisissant la valeur minimale de la productivité potentielle (limitation: de l'eau) et la quantité de N absorbé, divisée par le taux minimal de N (limitation: N). Cette approximation est correcte aux conditions extrêmes où l'eau ou N est le facteur limitatif. Dans la zone de transition, où tous les 2 jouent un rôle, les plantes ne réagissent pas suivant la 'loi du minimum': le rapport de la productivité et de la quantité de N absorbé suit une ligne courbe. La forme exacte de cette courbe n'est pas seulement une fonction de la quantité de N absorbé, mais aussi de la durée de la saison de croissance. Mais en analysant beaucoup des expériences du ranch (Penning de Vries et al., 1980) on constate que la forme n'est pas très variable, et elle est donc facile à estimer. Par conséquent, des courbes comme celles de fig. 5.2.1 peuvent être construites pour des cas spécifiques seulement avec les données: le taux minimal et maximal de N, la productivité potentielle et le degré de courbure de la relation productivité - N absorbé.

Le quadrant 3 donne la relation entre la dose de N appliqué et la quantité de N absorbé. Jusqu'au niveau de l'absorption maximale, la relation peut être caractérisée par la formule:

$$Ne = Ne_n + r \times dose \qquad \text{(formule 5.2.1)}$$

dans laquelle Ne est la quantité de N dans la végétation, Ne_n cette quantité dans le cas sans fertilisation avec N, et r est la récupération du N appliqué dans les parties aériennes de la végétation. Ne, Ne_n et la dose sont en kg ha^{-1}. (Notez que la quantité de N absorbée est représentée par Ne ici, et par N_b dans les parties 5.3, 5.6 et au chapitre 9.) Selon le type de sol et la végétation, la récupération de N est de 0,3-0,8 dans la première année après son application. Une grande partie de ce qui n'est pas récupéré, est assimilée dans des bactéries du sol. Par leur mort et décomposition dans les années suivantes, ce N est libéré et est disponible de nouveau pour l'absorption par les plantes. C'est pourquoi la récupération, comptée pendant plusieurs années, est souvent plus élevée que la valeur de la première année seule, surtout quand sa valeur était basse la première fois. En utilisant de l'urée comme engrais azoté on perd toujours environ 20% du N par volatilisation après que l'engrais est épandu et avant que les pluies l'entraînent dans le sol. La valeur maximale de la récupération de N de l'urée est donc 0,8 (Terman, 1980).

En connaissant Ne_n et r d'un sol et d'une situation, il est possible de prévoir avec la formule présentée l'effet de fertilisation avec N (s'il y a déjà assez de P) sur l'absorption par les plantes et donc sur la productivité végétale.

On peut analyser l'action de P sur la productivité des végétations, en présence de suffisamment de N, de la même façon que pour N. La fig. 5.2.2 en est un exemple. Le taux minimal et maximal de P dans la biomasse au moment de la floraison est environ 0,05 et 0,3% de P respectivement. La récupération de P (appliqué en forme de triple super phosphate = TSP) est de l'ordre de 50%, ce qui est très élevé. Le quadrant 1 montre que la productivité répond très bien à la fertilisation avec du P (s'il y a assez de N) et qu'on élimine déjà la carence en P au ranch avec une application de P de 20-30 kg ha^{-1}. Il n'y a que quelques observations dans la fig. 5.2.2, et il n'y avait eu que quelques expériences de ce type. La raison en est qu'on a mis surtout l'accent sur l'étude de l'action de N. Il n'y a pourtant pas lieu de douter de la régularité de l'approche de la relation entre productivité et fertilisation avec P.

Avec ces remarques, nous avons donné une idée de l'action de N et de P sur la pro-

Fig. 5.2.2. Les relations entre la biomasse formée, la quantité d'engrais appliquée et la quantité de P absorbée (Pe) dans la condition d'une grande disponibilité de N. Pour les conditions expérimentales: voir fig. 5.2.1 sauf que l'essai est fait en 1978, où la productivité potentielle était de 9.500 kg ha^{-1}. Les points représentent des observations individuelles; les courbes sont tirées à l'oeil nu. Le taux minimal (0,05%) et maximal (0,3%) de P à la floraison sont indiqués.

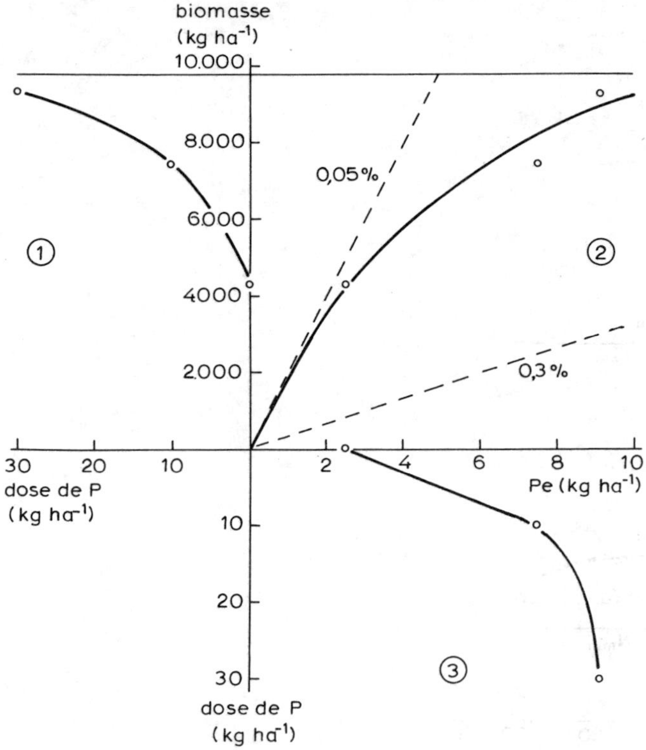

Fig. 5.2.2. The relations between the biomass formed, the amount of fertilizer applied and the amount of P absorbed (Pe) under conditions of readily available N. For the conditions of the experiment see fig. 5.2.1, except that the trial was done in 1978, when the potential productivity was 9500 kg ha^{-1}. The dots represent individual observations; the curves were drawn by eye. The minimum (0.05%) and maximum (0.3%) levels of P at flowering are indicated.

ductivité végétale pour des situations relativement simples. En général, ces actions sur le terrain sont plus complexes et beaucoup plus variables. Il est nécessaire d'analyser cette complexité et variabilité pour comprendre la situation de la productivité actuelle dans des cas spécifiques. C'est pourquoi nous traitons encore dans les parties 5.2.2 à 5.2.4 mais de façon plus détaillée, les sujets qu'on vient de présenter.

5.2.2 Les taux de N et de P pendant la croissance végétative

Il y a 2 raisons pour considérer les taux de N et de P des plantes: ils sont liés à la productivité, et sont un chaînon indispensable dans la quantification de la productivité et de la disponibilité de N et de P du sol. Pour la pratique, les taux sont très importants parce qu'ils sont les facteurs principaux déterminant la qualité du fourrage

Fig. 5.2.3. L'évolution du taux de N dans la biomasse aérienne des pâturages non-fertilisés du ranch pendant l'hivernage. Les lignes représentent des séries d'observations sur des sols différents: ——— sable (S1), -------- sable (S2), ············ limon (L1) et — — — argile (D1). Les taux minimaux et maximaux sont approximés avec les lignes continues qui sont basées sur la fig. 5.2.5. La moyenne et l'écart-type des valeurs de la semence de plusieurs espèces sont indiqués avec une flèche.

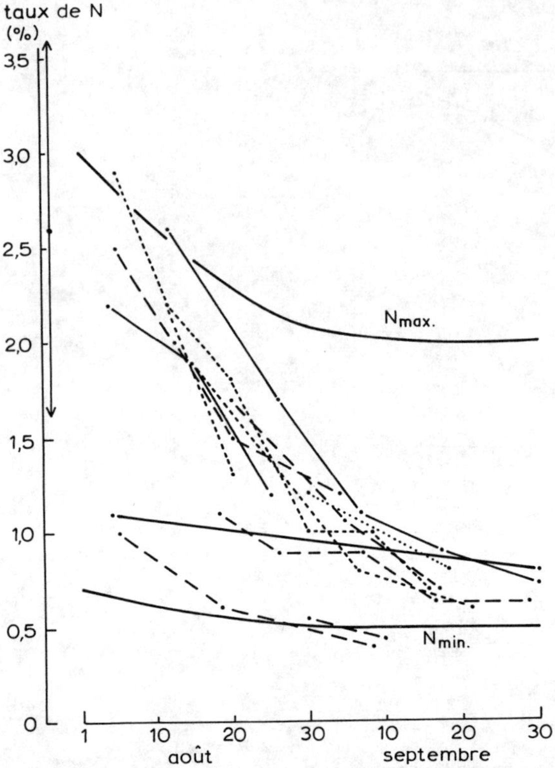

Fig. 5.2.3. The evolution of the N concentration in the aerial biomass of unfertilized pastures on the ranch during the rainy season. The lines represent series of observations on different soils: ——— sand (S1), -------- sand (S2), ············ loam (L1) and — — — clay (D1). The minimum and maximum concentrations are approximated by the continuous lines that are based on fig. 5.2.5. The mean and the standard deviation of the values for the seed of several species are indicated by arrows.

(partie 6.6).

Les différentes espèces végétales ne sont pas caractérisées par des taux spécifiques de N ou de P. On a vu que la fertilité du sol a un effet important sur le taux de N et de P (partie 5.2.1). La fig. 6.3.11 montre que les taux de N et de P des plantes en fin de cycle diminuent, généralement, à des pluviométries plus élevées, une diminution qui n'est pas causée par le remplacement des espèces riches en N au nord par des espèces pauvres en N au sud. Les taux de N et de P ne sont pas non plus constants pendant le développement des plantes à un endroit donné, mais ils diminuent avec l'âge des plantes. Les fig. 5.2.3 et 5.2.4 montrent comment les taux de N et de P des graminées changent au cours de leur développement phénologique sur des pâturages non-fertilisés. Au ranch, les taux de P restent relativement constants, mais les taux de N diminuent presque dans tous les cas d'une façon très importante. En discutant la qualité du fourrage (parties 6.2 et 6.6) on

Fig. 5.2.4. L'évolution du taux de P de la biomasse aérienne des pâturages non-fertilisés du ranch pendant l'hivernage. Les lignes représentent des séries d'observations sur des sols différents: ——— sable (S1), -------- sable (S2), ·········· limon (L1) — — — argile (D1). Les taux minimaux et maximaux sont approximés avec des lignes continues qui sont basées sur la fig. 5.2.5. La moyenne et l'écart-type des valeurs de la semence de plusieurs espèces sont indiqués avec une flèche.

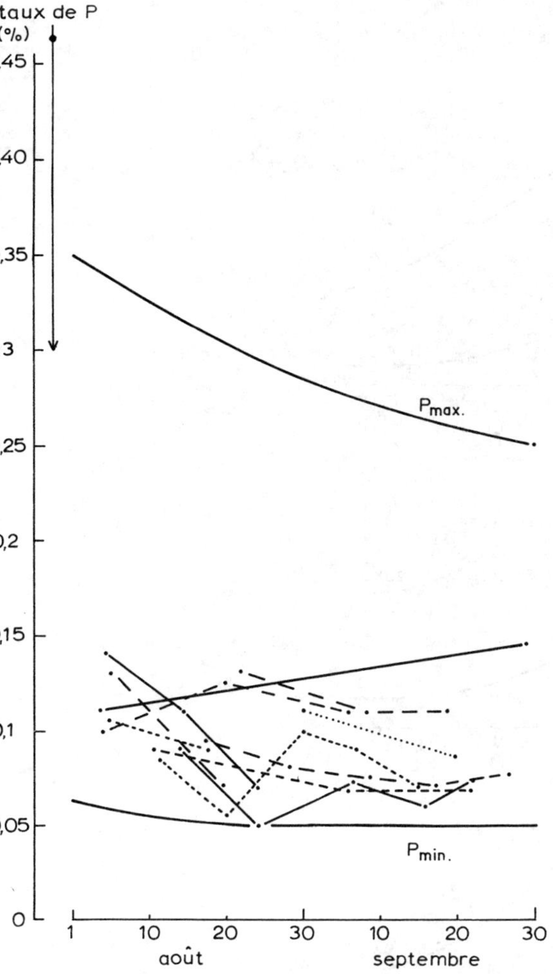

Fig. 5.2.4. The evolution of the P concentration in the aerial biomass of unfertilized pastures on the ranch during the rainy season. The lines represent series of observations on different soils: ——— sand (S1), -------- sand (S2), ·········· loam (L1) and — — — clay (D1). The minimum and maximum concentrations are approximated by the continuous lines that are based on fig. 5.2.5. The mean and the standard deviation of the values for the seed of several species are indicated by arrows.

reviendra sur ces figures. La cause des différences entre les séries d'observations de ces figures est surtout la différence de fertilité des sols. Une idée plus générale de la diminution des taux de N et de P se développe par la combinaison de toutes les observations faites au ranch et sur le trajet nord-sud. Sur la base de ces observations des graphiques ont été construits (fig. 5.2.5) qui montrent les taux maximaux et minimaux au cours de la

Fig. 5.2.5. Les taux minimaux et maximaux de N et de P dans la biomasse aérienne des plantes, observés dans des expériences au ranch et sur le trajet nord-sud, en relation avec leur stade de développement. Trois groupes d'espèces se distinguent: les graminées, les légumineuses et les autres dicotylédones. Le stade de développement est indiqué d'une façon approximative sur les axes horizontaux: G = germination et installation, V = période végétative, F = floraison et S = production de semence. Les lignes sont discontinues s'il n'y avait que quelques observations.

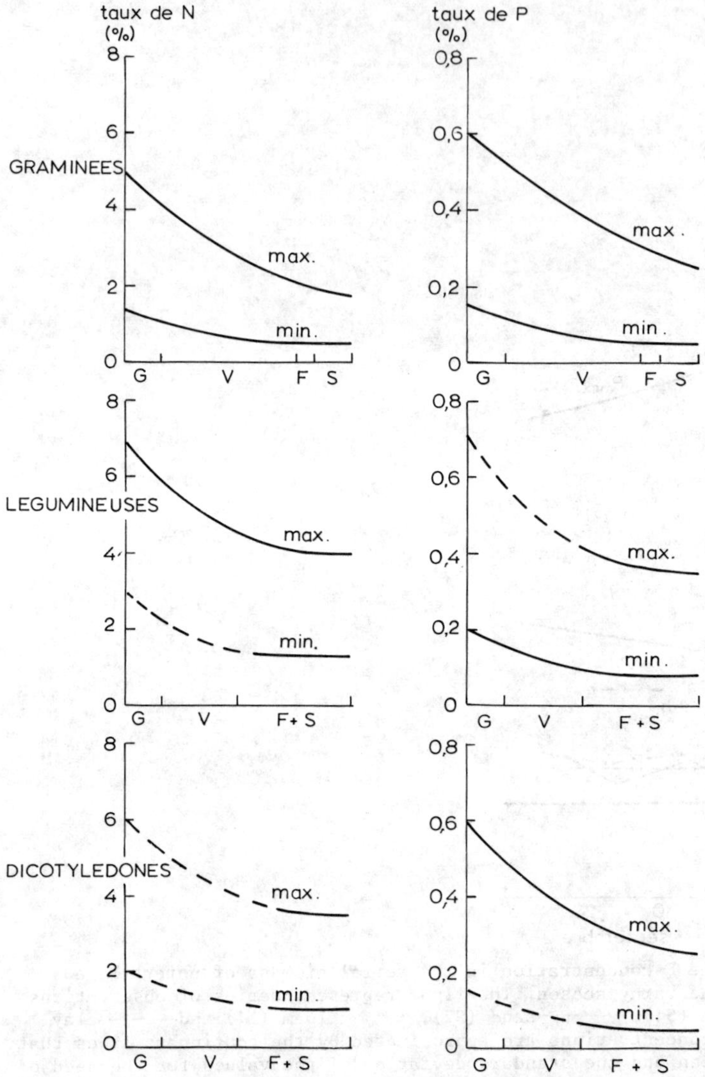

Fig. 5.2.5. The minimum and maximum concentrations of N and P in the aerial biomass of some plants, observed in experiments on the ranch and in the north-south traject, in relation to their stage of development. Three groups of species are distinguished: grasses, legumes and other dicotyledons. The stage of development is approximately indicated on the horizontal axes; G = germination and establishment, V = vegetative period, F = flowering and S = seed production. The lines are discontinuous if there were only a few observations.

saison de croissance. Les différentes espèces du groupe des graminées, des légumineuses et les autres dicotylédones se comportent plus ou moins comme un groupe, mais ces groupes diffèrent entre eux. Mais dans tous les cas, le taux maximal de N est environ 4x supérieur au taux minimal; pour le P on trouve un rapport de 4-6 entre elles.

Ni ces courbes des taux minimaux et maximaux, ni l'indication du stade de développement à la fig. 5.2.5 ne sont très précises, mais donnent quand même une indication de ce qui se passe. Les courbes pour les graminées sont basées sur quelques centaines d'observations, celles pour les légumineuses et pour les autres dicotylédones sur une centaine d'observations; pour les jeunes plantes on disposait relativement de peu de données. Il y a probablement des différences parmi des espèces d'un même groupe, mais les différences semblent plus petites que celles induites par la fertilité du sol et le stade de développement. Cette grande variation des taux de N et de P des plantes vivantes en fonction de l'âge et de la fertilité du sol, est souvent négligée dans la littérature sur les pâturages sahéliens.

Il résulte clairement de quelques unes de nos analyses que les taux minimaux et maximaux des feuilles, des tiges et des semences ne se comportent pas de la même façon pendant le développement: à la floraison, le taux minimal de N des feuilles (graminées C_4) est environ 0,6% de la biomasse sèche, pendant qu'il est 0,3-0,4% pour les tiges. Cette observation, importante pour l'évaluation de la productivité végétale des pâturages, ne peut pas encore être précisée par manque de données.

Une diminution des taux de N et de P avec l'âge n'a pas été trouvée dans les systèmes racinaires des graminées annuelles. Au contraire, les taux de N et P sont relativement constants: 1,1 $\pm$ 0,3% de N et 0,07 $\pm$ 0,03% de P. Il y a trop peu d'observations des racines des légumineuses et d'autres dicotylédones pour présenter de tels chiffres. Bien qu'il y ait peu d'observations pour les racines des plantes très jeunes, on constate que les taux de N et de P des racines sont plus ou moins constants et aussi indépendants de la fertilité du sol. L'explication physiologique de ce phénomène n'est pas connue. Etant donné que la biomasse racinaire est aussi peu variable (partie 4.5.5), cela implique que la quantité de N et de P absorbée dans les racines est plus ou moins constante d'une année à l'autre. Pour N elle est environ 10-20 kg ha^{-1} dans la partie sud du Sahel, et environ la moitié dans la partie nord. Ces quantités sont donc comparables à celles contenues dans les parties aériennes des pâturages non-fertilisés. En ce qui concerne les systèmes racinaires des pérennes avec des taux de N plus variables, il faut se reporter à la partie 6.1.

La diminution des taux de N et de P avec l'âge dans les parties aériennes des plantes est le résultat, d'une part, de la synthèse des tissus contenant moins de protéine et d'acides nucléiques et plus de fibres (tiges), et d'autre part, vers la fin du développement phénologique, de la redistribution de N et de P des anciens tissus vers les points de croissance. Cette redistribution est un phénomène essentiel pour la production des semences pendant la phase de reproduction, parce que l'absorption de N et des minéraux (au moins chez les graminées) est nulle à partir de ce moment. Il est possible que la redistribution ne puisse plus se faire sur des sols très pauvres parce que les taux minimaux sont déjà atteints à la fin de la période végétative. Ceci donne peut-être une explication des productions de semences très limitées qui ont été observeés sur des sols très pauvres dans nos expériences (partie 4.3.5) et aussi ailleurs (Bille, 1977; De Ridder et al., 1981).

La fig. 5.2.5 montre que le taux de N des graminées est toujours entre 0,5 et 2% après la floraison. Parce que l'absorption de N après la floraison est négligeable et que la croissance continue, le taux de N diminue en général dans la phase reproductive (s'il est encore en dessus 0,5%). C'est pourquoi on peut constater que les plantes mûres avec encore plus de 1% de N n'ont pas souffert d'une carence en N. Les plantes par contre, qui contiennent 0,5% en N à ce moment ont été limitées complètement dans leur productivité par la disponibilité limitée de N du sol. Il est intéressant de regarder déjà la fig. 6.3.9a, qui montre le taux de N des plantes dans la phase reproductive, récoltées dans des parties nord et des parties sud du Sahel et dans la savane. On constate qu'aux isohyètes de 200 mm et moins, les productivités ne sont jamais limitées par la disponibilité de N (ou de P), et qu'aux isohyètes de 800 mm et plus, les plantes sont toujours limitées par la disponibilité de N. Cependant, parmi les observations présentées dans cette figure, il y en a beaucoup des endroits relativement riches; les observations des endroits plus ou moins représentatifs pour la zone se trouvent surtout dans la partie inférieure du nuage des points (partie 6.3.6). C'est pourquoi nous estimons que l'isohyète de 500 mm, en général, sépare la zone où la disponibilité de N et de P et de l'eau jouent ensemble sur la productivité de la zone où la disponibilité de l'eau n'est jamais limitative.

On a donné peut-être l'impression qu'une carence en N ou en P s'exprime seulement par leur taux à la fin de la saison de croissance. En effet, il est très important à ce moment, mais aussi pas négligeable au début: sur des terrains non-fertilisés au ranch, nous avons trouvé dans une cinquantaine d'observations une vitesse relative de croissance (VRC) de 0,1 ± 0,05 g g^{-1} $jour^{-1}$ avant que la végétation atteigne la biomasse de quelques centaines de kg de matière sèche ha^{-1}, et une VRC de 0,2 ± 0,1 g g^{-1} $jour^{-1}$ dans la même période sur des terrains bien fertilisés. La VRC maximale d'environ 0,5 g g^{-1} $jour^{-1}$ (partie 4.5.2) n'est pas maintenue tout le temps à cause des manques d'eau temporaires. Il n'est pas encore possible de quantifier l'effet de certains taux bas de N ou de P sur la VRC. L'effet des carences sur la vitesse du développement phénologique des plantes (voir partie 4.2.2) est faible.

5.2.3 L'absorption de N et de P et la production actuelle

La production actuelle et l'absorption de N et de P La base des relations entre la production actuelle et les quantités de N et de P absorbées sont données dans la partie 5.2.1 pour des situations où il y a une carence en N ou en P. La première question qu'on pourrait se poser ensuite est si l'action de N sur la productivité est spécifique pour le type d'engrais employé? Une expérience avec les engrais azotés, l'urée et le nitrate, sur un sol sablonneux (S1) au ranch, semée à la graminée *Schoenefeldia gracilis* prouve que ce n'est pas le cas: une fois absorbée par les plantes, la source de N n'est plus importante. La fig. 5.2.6 le montre bien. (La productivité potentielle y était 4.500 kg ha^{-1}, suivant le modèle décrit dans la partie 4.5. Ce niveau relativement bas, combiné avec une valeur de Ne_n d'environ 30 kg ha^{-1}, fait que les plantes avaient déjà atteint leur taux maximal de 2% à la floraison à la dose de N de 75 kg ha^{-1}, les doses plus élevées étant excessives). Une pareille conclusion concernant le P, notamment que sa source n'est plus

Fig. 5.2.6. Les résultats d'une expérience avec 2 types d'engrais azotés sur un sol sablonneux (S1) en 1978 avec une végétation semée du graminée *Schoenefeldia gracilis*. Les signes ouverts représentent les parcelles fertilisées avec de nitrate, les signes fermés avec de l'urée; les Δ représentent les récoltes à la floraison (5 sept.) et les o les récoltes des plantes au stade de maturité (20 sept.). PP représente le niveau de la production potentielle.

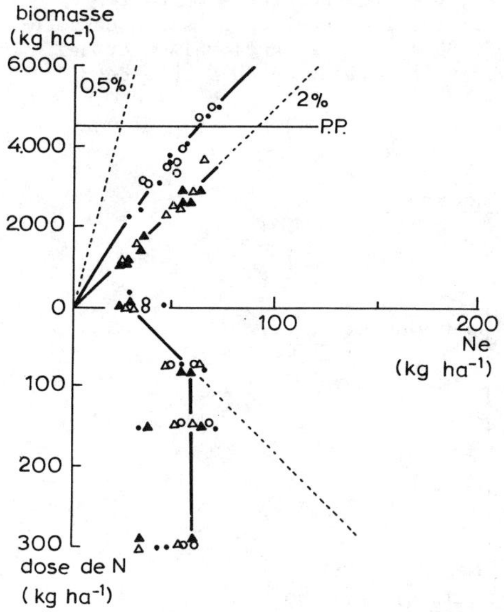

Fig. 5.2.6. Results of an experiment with 2 types of nitrogenous fertilizer on a sandy soil (S1) in 1978 and a sown vegetation of the grass *Schoenefeldia gracilis*. The open signs represent the plots fertilized with nitrate, the closed signs represent those fertilized with urea; the Δ symbols represent the harvests at flowering (5 Sept.) and the o the harvests of plants at the stage of maturity (20 Sept.). PP represents the level of potential production.

importante dès que le P est dans les plantes, a été tirée par De Wit (1953).

La fig. 5.2.6 montre aussi un autre aspect important: après la floraison, les plantes n'absorbent plus de N. Ce qui est contenu dans la biomasse à ce moment devient 'dilué' pendant la phase de reproduction. Bien que l'arrêt de l'absorption dès la floraison ne soit pas une donnée physiologique de base, nous l'avons observé très généralement dans nos expériences avec des récoltes périodiques. C'est pourquoi nous distinguons dans la fig. 5.2.6 2 relations entre biomasse et Ne: une à la floraison et une à la maturité.

Un autre exemple montre l'importance de la quantité de N absorbé pour la détermination de la biomasse, même avec une disponibilité de P limitée. Il s'agit d'une expérience de fertilisation sur sol argileux (D1) avec une végétation spontanée de *Diheteropogon hagerupii* au ranch. Dans l'expérience, des engrais azotés (urée) et phosphatés (TSP) ont été appliqués aux doses de N de 0, 30 et 100 kg ha^{-1} et de P de 0, 10 et 30 kg ha^{-1} dans toutes les 9 combinaisons. Les résultats sont présentés dans la fig. 5.2.7. La relation entre productivité et Ne est présentée au moment de la floraison et au stade de maturité.

Absorption de N et de P, aspect 'sol' Les parties inférieures des fig. 5.2.1, 5.2.6 et 5.2.7 montrent que la récupération (r) de N est constante jusqu'à d'autres facteurs

Fig. 5.2.7. La relation entre la quantité de N absorbée (Ne), la biomasse aérienne au stade de floraison et au stade de maturité, et au-dessous la relation entre Ne et la quantité de N appliquée sous forme d'engrais. Les numéros indiquent les traitements: 00, 01 et 02 indiquent l'absence d'application de N et des doses de P de respectivement 0, 10 ou 30 kg ha^{-1}; 10, 11 et 12 indiquent l'application de N à 30 kg ha^{-1} avec les mêmes doses de P que dans la première série, et 20, 21 et 22 indiquent l'application de N à 100 kg ha^{-1} et la même série des doses de P que dans la première série. Les numéros simples représentent les récoltes à la floraison, les numéros encerclés les récoltes au stade de maturité. La productivité de matière sèche maximale de 7.000 kg ha^{-1} à la floraison et celle de 9.500 kg ha^{-1} au stade de maturité sont trouvées par l'application du modèle décrit dans la partie 4.5.6.

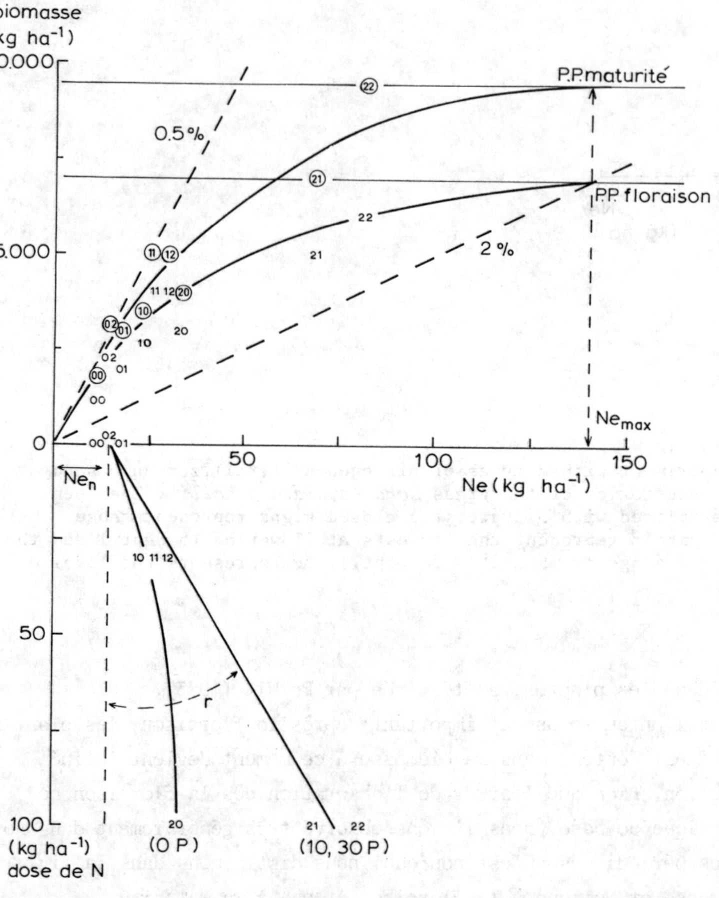

Fig. 5.2.7. The relation between the amount of N absorbed (Ne), the aerial biomass at the flowering stage and the stage of maturity, and below, the relation between Ne and the amount of N applied in the form of fertilizer. The numbers indicate the treatments: 00, 01 and 02 indicate no application of N and the doses of P respectively 0, 10 or 30 kg ha^{-1}; 10, 11 and 12 indicate the application of N at 30 kg ha^{-1} with the same doses of P as in the first series, and 20, 21 and 22 indicate the application of N at 100 kg ha^{-1} the same series of doses of P as in the first series. The plain numbers represent the harvests at flowering, the ringed numbers are the harvests at the mature stage. The maximum productivity of dry matter of 7000 kg ha^{-1} at flowering and that of 9500 kg ha^{-1} at the stage of maturity were found by applying the model described in part 4.5.6.

limitatifs (l'eau, P) interviennent; dès ce moment, elle diminue jusqu'à 0. Cette indépendance de la valeur de r de la dose d'engrais a été observée dans plusieurs situations ailleurs (Van Keulen, 1977), et facilite énormément la prédiction de l'effet d'engrais. Parce que la quantité de N dans les racines est la même dans des traitements divers à un endroit, l'augmentation de Ne au-dessus de Ne_n reflète bien l'efficacité de l'absorption de N.

Si l'absorption de N est limitée par une carence en P ou par une saison trop courte, il y a 2 possibilités: ce qui reste en N se perd, ou bien il reste dans le sol. Dans le dernier cas on s'attend à ce que la végétation en profite l'année suivante. En effet, ceci a été observé au ranch dans une expérience sur un sol limoneux en 1977 et en 1978, dont les résultats sont présentés dans la fig. 5.2.8. L'expérience consistait à donner des engrais phosphatés (P sous forme de TSP 100 kg ha^{-1}) et des doses de N sous forme d'urée de 0, de 75, de 150 et de 300 kg ha^{-1} avant la saison pluvieuse de 1977 sur un terrain 'naturel' (c'est-à-dire: sans semis et sans labour); en 1978 il n'y avait pas eu une nouvelle fertilisation. On constate d'abord que la relation entre Ne et la biomasse de 1978 est la même que celle de 1977. Les productions potentielles à la floraison et la maturité étaient à peu près les mêmes (5.500 et 7.500 kg ha^{-1} dans ces 2 années), donc la

Fig. 5.2.8. La relation entre la biomasse aérienne au stade de maturité et son contenu en N (Ne) et la relation entre Ne et la dose d'engrais appliquée en 1977. Les × indiquent les résultats de 1977, les Δ ceux de 1978. Les niveaux de la production potentielle à la floraison et à la maturité sont indiqués.

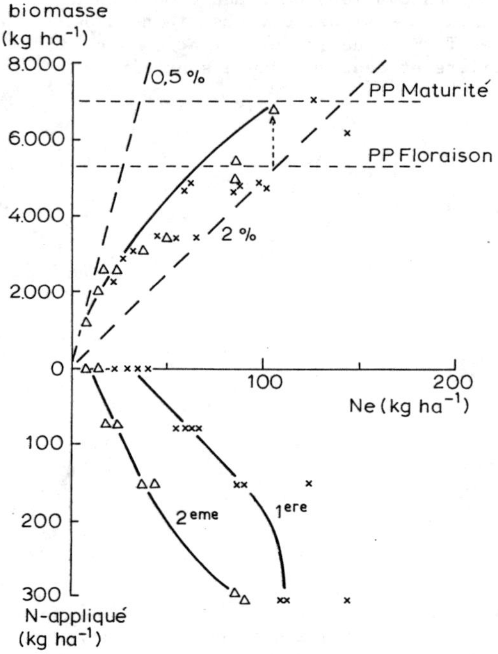

Fig. 5.2.8. The relation between the aerial biomass at the stage of maturity and its N content (Ne) and the relation between Ne and the dose of fertilizer applied in 1977. × symbols indicate results of 1977, Δ symbols indicate those of 1978. The levels of potential production of flowering and maturity are indicated.

similitude de ces relations confirme la suggestion que la forme de cette relation est plus ou moins générale. On constate aussi que la récupération de N en 1977 est constante pour les doses de N de 75 et de 150 kg ha^{-1}, mais plus basse pour celle de 300 kg ha^{-1}. La raison de cette diminution est que Ne_{max} (la production potentielle × 2% N) n'était pas suffisamment élevé pour permettre l'absorption de tout le N disponible. Là où il restait encore de l'engrais en 1977, la récupération en 1978 est plus élevée que celle à des doses faibles. Ceci indique que l'engrais non-utilisé restait dans le sol. Les résultats montrent que la végétation sur les autres niveaux de fertilisation a absorbé aussi plus de N que le témoin en 1978. Apparemment, il y a une suite de l'action de l'engrais pendant la deuxième année.

Une dizaine de telles expériences au ranch ont été exécutées au cours du projet sur des sols différents, et la plupart sont décrites ailleurs (Penning de Vries et al., 1980). On trouvait des valeurs de Ne_n de 10-35 kg ha^{-1}, et des valeurs de r de 0,2-0,75 la première année après l'application. Van Keulen et Van Heemst (1981) discutent des valeurs de Ne_n et de r dans beaucoup de situations agricoles. Les valeurs de Ne_n de nos expériences sont très basses comparées à leurs chiffres, mais les extrêmes des valeurs de r sont normals. L'ensemble des valeurs de Ne_n et de r de nos résultats montre un aspect inattendu: une relation inverse entre les 2 (fig. 5.2.9). Le point (Ne_n = 0, r = 0,8) est aussi un

Fig. 5.2.9. La relation entre la quantité de N dans la biomasse aérienne au stade de floraison sur des sols sans fertilisation (Ne_n) et la fraction du N appliquée et retrouvée dans la biomasse aérienne (r). Les o indiquent les observations de l'année où l'on a appliqué l'engrais, les Δ celles de l'année suivante. Les signes ouverts viennent des expériences fertilisées avec de l'urée, les signes fermées de la fertilisation avec du nitrate. Les relations de r avec Ne_n dans la première et deuxième année sont tirées à l'oeil nu; la ligne discontinue est leur somme.

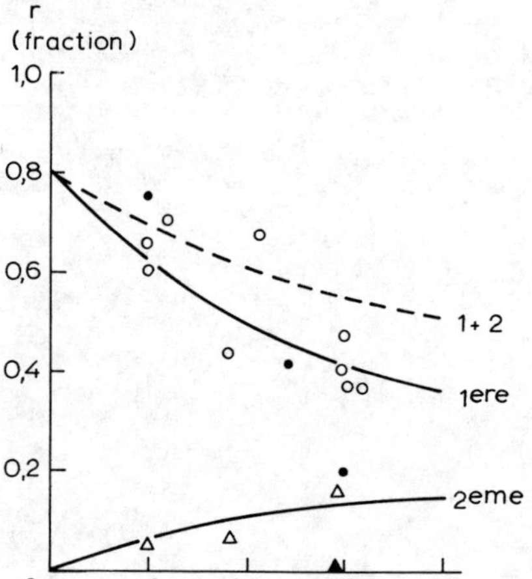

Fig. 5.2.9. The relation between the amount of N in the aerial biomass at the flowering stage on unfertilized soils (Ne_n) and the fraction of N applied and recovered in the aerial biomass (r). o symbols indicate observations made in the year of fertilizer application, Δ symbols indicate those made in the following year. The open signs come from experiments fertilized with urea, the closed signs are from those fertilized with nitrate. The relations between r and Ne_n in the first and second year are obtained by eye; the discontinuous line is their sum.

point de l'ensemble, parce que 80% du N appliqué sera retrouvé dans la biomasse des plantes qui sont semées dans des sols stériles. Rien n'est retenu par le sol, et un tel sol ne libère aucun N. (Ce point est théorique cependant, parce que la quantité de N des racines est supposée venir des sols à tous les niveaux de production, y compris les sols stériles). Nous comptons que 20% du N de l'urée volatilise avant qu'il est entré dans le sol et ce type d'engrais a été employé dans la plupart de nos expériences; pour le nitrate ce pourcentage est zéro (partie 5.3.3.3). Des valeurs de r pour la deuxième année après l'application d'urée sont déterminées en 4 expériences, et sont présentées également dans la fig. 5.2.9. Vu les valeurs importantes de r de la deuxième année, on peut s'attendre à des récupérations cumulatives encore plus grandes après plusieurs années. Une discussion de ce phénomène est donnée dans la partie 5.3.

La fertilisation avec du N sous forme de nitrate a donné des résultats bien comparables à ceux de l'urée (fig. 5.2.9), mais il y a une exception avec une valeur de r plus basse (0,2) que celle à laquelle on s'attendait (0,37 sur la base de la relation entre Ne_n et r). Il s'agit d'une expérience sur un sol argileux qui est relativement riche (c'est-à-dire: Ne_n élevé). La récupération dans la deuxième année est presque nulle, indiquant ainsi qu'il n'y avait plus d'engrais dans le sol, et qu'il y avait apparemment des pertes considérables de N déjà tôt la première année. On reviendra sur cette observation aussi dans la partie 5.3.4.4.

Absorption de N et de P, aspect 'végétation' Est-ce que l'aspect 'sol' est le seul facteur déterminant Ne_n et r, ou bien est-ce que le type de végétation, ou même la vitesse de la croissance au début de l'hivernage, joue aussi un rôle? Nous allons montrer que les 2 aspects sont aussi bien importants.

Pour éclaircir l'aspect 'végétation', on présente les résultats d'une expérience au ranch en 1978 sur un sol sablonneux (S1N), où 9 espèces de graminées et d'herbes annuelles étaient semées le 17/6. Par désherbage les parcelles contenaient des monocultures de ces espèces. Un groupe de parcelles contenait des témoins, un autre recevait une dose de N de 30 kg ha^{-1} (urée) plus une dose de P de 10 kg ha^{-1} (TSP). La germination commença le 9/7 avec une grande pluie. De chaque parcelle des superficies de 1 m^2 furent récoltées en triplo le 5/8, le 18/8 et le 27/8. Les valeurs de Ne_n (corrigées avec la quantité de N dans la semence apportée) des témoins étaient de 11-17 kg ha^{-1} (en moyenne: 14 kg ha^{-1}), à l'exception d'un cas de mauvaise germination (6 kg ha^{-1}). La quantité de P absorbée à la floraison était de 0,2-1,5 kg ha^{-1} (en moyenne: 0,8 kg ha^{-1}), avec le cas de la mauvaise germination de 0,0 kg ha^{-1}. Par la fertilisation légère, l'absorption de N et de P a augmenté énormément. La quantité de P absorbé (Pe_n, défini pour P par analogie avec Ne_n) augmente jusqu'à 2-7,5 kg ha^{-1}. Pour l'absorption de N (Ne), on s'attendait à 18 kg ha^{-1} (r = 0,6 à Ne_n = 14, fig. 5.2.9), mais on trouvait 13-70 kg ha^{-1}. La valeur de r n'excède pas 0,8, donc Ne_n était supérieur à 14 kg ha^{-1} dans plusieurs cas. La fig. 5.2.10 le montre bien: sur l'axe vertical on a porté la quantité de N à la floraison (Ne); sur l'axe horizontal on a indiqué la date à laquelle les parcelles fertilisées ont atteint la biomasse de 2.500 kg ha^{-1} (notez que la floraison ne coïncide souvent pas avec la date indiquée sur l'axe horizontal). Cette date est une expression simple du degré 'de précocité' dans la saison. La fig. 5.2.11 est une figure semblable pour l'absorption de P. De ces

Fig. 5.2.10. Les quantités de N absorbées du sol au moment de la floraison (Ne_n) des parcelles fertilisées sont indiquées à la date où elles ont atteint 2.500 kg ha^{-1}. Les observations sont indiquées avec le signe o et la ligne courbe montre leur rapport. Les valeurs de Ne_n des témoins sont indiquées avec le signe Δ pour chaque espèce à la date où la parcelle fertilisée a atteint 2.500 kg ha^{-1}. Les résultats de la seule légumineuse *Zornia glochidiata* sont indiqués séparément (symboles remplis).

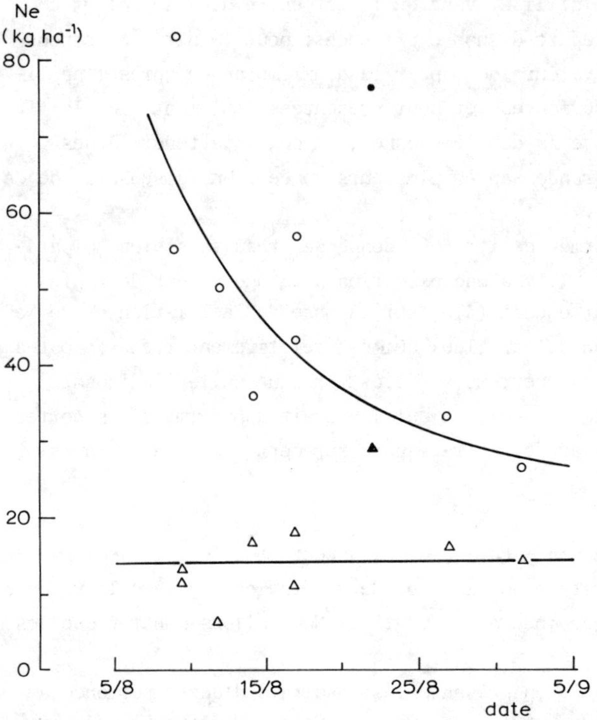

Fig. 5.2.10. The amounts of N absorbed by the soil at the moment of flowering (Ne) in the fertilized plots are indicated by the date on which they reached 2500 kg ha^{-1}. The observations are indicated by o symbols and the curved line shows their relation. The Ne_n values of the controls are indicated by Δ symbols for each species, with the date on which the fertilized plot had attained 2500 kg ha^{-1}. The results from the only legume, *Zornia glochidiata* are indicated separately (filled-in symbols).

figures, on conclue que plus une végétation arrive à absorber du N et du P tôt, plus elle en absorbe au total, et donc plus grands sont Ne_n et Pe_n. Une explication de ce phénomène, basée sur des processus microbiens dans le sol, est suggérée dans la partie 5.3.2.1. Une première indication de l'explication vient de l'observation que l'absorption de P augmente plus fortement par fertilisation que celle de N pendant la période qui va jusqu'à la première récolte: l'absorption est en moyenne 16x plus élevée pour le P et 7x plus élevée pour le N. Il existe apparemment une carence plus forte en P qu'en N dans les conditions naturelles. L'effet de cette carence en P et l'interaction de l'absorption de P et de N est le sujet de la partie 5.2.4.

Une végétation peut être précoce à cause des caractéristiques morphologiques et physiologiques, mais aussi à cause d'une densité élevée du semis. Le dernier facteur n'était pas constant dans cet essai; pourtant la corrélation entre la 'précocité' et la densité (exprimée en nombre de plantes m^{-2} ou en kg P dans le semis ha^{-1}) est nulle. Parmi les

Fig. 5.2.11. Les quantités de P absorbées du sol au moment de la floraison (P_e) des parcelles fertilisées sont indiquées à la date où elle ont atteint 2.500 kg ha^{-1}. Les observations sont indiquées avec le signe o et la ligne courbe montre leur rapport. Les valeurs de Pe_n des témoins sont indiquées avec le signe Δ pour chaque espèce à la date où la parcelle fertilisée a atteint 2.500 kg ha^{-1}. Les résultats de la seule légumineuse *Zornia glochidiata* sont indiqués séparément (symboles remplis).

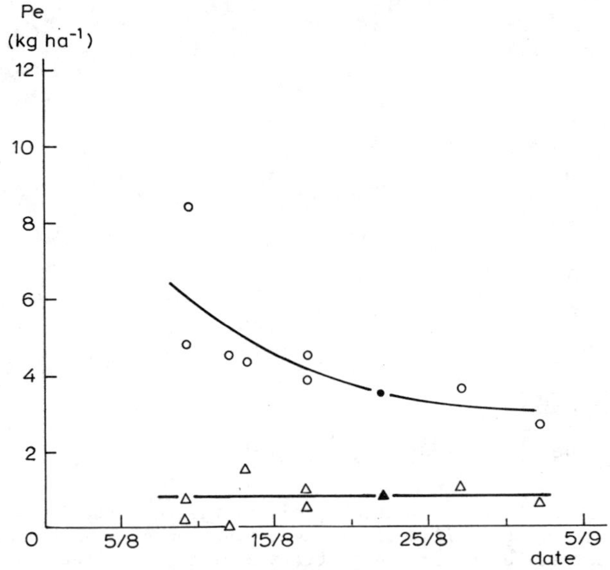

Fig. 5.2.11. The amounts of P absorbed by the soil at the moment of flowering (P_e) in the fertilized plots are indicated with the date on which they reached 2500 kg ha^{-1}. The observations are indicated by o symbols and the curved line shows their relation. The Pe_n values of the controls are indicated by Δ symbols for each species with the date on which the fertilized plots attained 2500 kg ha^{-1}. The results from the only legume, *Zornia glochidiata*, are indicated separately (filled-in symbols).

caractéristiques qui sont importantes, on compte le rapport entre la croissance des parties aériennes et des parties souterraines et aussi la grosseur des racines. Sur le dernier facteur on a fait quelques observations. La combinaison des données de l'expérience décrite avec les quantités de P dans la biomasse aérienne à la première récolte donne la fig. 5.2.12, qui montre que les plantes avec relativement beaucoup de racines (500-1.000 kg ha^{-1}) et fines au moment de la première récolte (*Digitaria exilis, Schoenefeldia gracilis* et *Tribulus terrestris*) absorbent plus de P dans cette période que celles avec peu de racines (100-300 kg ha^{-1}) qui sont grosses (*Zornia glochidiata* et *Cassia Tora*). Les espèces avec peu de racines fines (*Borreria sp., Loudetia togoensis, Pennisetum pedicellatum*) ou beaucoup de grosses racines (*Cenchrus biflorus*) occupent une position intermédiaire.

On tire donc la conclusion que les différences qui existent entre les espèces du point de vue de la 'précocité dans le développement', sont importantes pour l'absorption de N et de P. Il n'est pas possible de quantifier ces différences par espèce sur la base des données présentes: une variable importante sur le terrain, mais pas introduite dans l'essai, est la date de germination, qui diffère souvent entre les espèces (partie 4.3.3).

Pour l'absorption du P, nous avons peu à ajouter à la partie 5.2.1. Le rapport entre

Fig. 5.2.12. L'absorption de P du sol par les témoins (o) et des parcelles fertilisées (Δ) dans la première période de l'expérience de la fig. 5.2.11 en fonction du caractère de leurs systèmes racinaires. L'échelle la plus élevée est pour les parcelles fertilisées, l'autre pour les témoins.

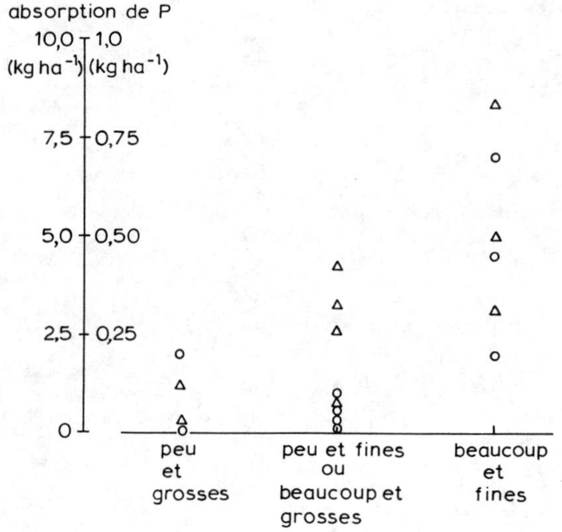

Fig. 5.2.12. The absorption of P from the soil in the controls (o) and the fertilized plots (Δ) in the first period of the experiment of fig. 5.2.11 as a function of the character of their root systems. The highest scale is for the fertilized plots, the other is for the controls.

la quantité de P absorbée d'un sol sans fertilisation (Pe_n) et le type de sol n'a pas été examiné. La récupération de P de 2 types d'engrais phosphatés, le TSP et le phosphate naturel de Tilemsi, a été déterminée à 0,50 et 0,03 dans la première année respectivement. Ces observations sont le sujet de la partie 5.4.6.

Absorption de N et de P à des pluviométries faibles Une expérience de fertilisation avec une dose de N de 100 kg ha^{-1} (urée) plus une dose de P de 0 ou 30 kg ha^{-1} (TSP) a aussi été exécutée dans la partie nord du Sahel sur l'isohyète de 150 mm an^{-1}. Les résultats montrent que les taux de N et de P de ces pâturages naturels sont plus élevés que ceux dans la partie sud du Sahel, qu'aucune combinaison de fertilisation ne stimule la productivité d'une façon significative et que la fertilisation ne change que peu les taux de N et de P des plantes. Dans ces conditions, les plantes arrivent à absorber presque tout le N et le P des sols naturels qu'elles peuvent contenir et elles n'en absorbent pas plus si la disponibilité devient encore plus grande. La comparaison de la productivité potentielle de cette zone avec ce qu'on y trouve souvent (environ 600 kg ha^{-1}, partie 1.2) confirme que la productivité potentielle est souvent atteinte au nord. On doit donc conclure que la productivité végétale dans la partie nord du Sahel est limitée par la durée de la saison de croissance, et donc par la pluviométrie. Cette conclusion, contraire à ce qu'on a dit pour les pâturages dans la partie sud du Sahel, est tirée aussi par Harpaz (1975) pour des zones en Israël avec une pluviométrie annuelle inférieure à 100 mm (pluies d'hiver). Voir aussi 4.1.2.

5.2.4 Interactions de l'absorption de N et de P

Selon la fig. 5.2.5, le taux de N de la biomasse a toujours une valeur que se trouve entre la valeur minimale et la valeur maximale, la dernière étant environ 4x plus élevée que la première. Presque la même chose s'applique au P. Si les taux de N et de P étaient indépendants, la valeur maximale du rapport P/N pourrait donc être 16x sa valeur minimale. En réalité, le rapport P/N se trouve entre 0,04 et 0,15, une variabilité plus limitée. Il y a donc une interaction entre le N et le P dans la plante. Ceci est observé dans plusieurs essais, comme le montre la fig. 5.2.13, où les données de l'expérience de fertilisation avec N et P en 9 combinaisons au ranch (fig. 5.2.7) sont regroupées. Avec application de l'urée seulement, l'absorption de N n'augmente que 3x; l'absorption de P n'augmente que 2x par fertilisation avec P seulement, mais les quantités de N et de P augmentent environ 8x si N et P sont appliqués ensemble. Il existe apparemment une régulation de l'absorption de N et de P de telle façon que le rapport entre eux ne fluctue pas beaucoup. La représentation des mêmes données, exprimées en pourcentage de la biomasse (fig. 5.2.14) confirme aussi que la variation des taux en N et en P est limitée. Les 2 figures contiennent aussi des résultats de l'expérience de fertilisation dans la partie nord du Sahel (partie 5.2.3). Ne et Pe y sont relativement petits, mais les taux de N et de P sont élevés et ne

Fig. 5.2.13. Les quantités de N (Ne) et de P (Pe) dans la biomasse à la floraison. Les résultats proviennent de l'expérience de la fig. 5.2.7 dont les numéros des observations correspondent. Le résultat d'une expérience de fertilisation dans le nord du Sahel est indiqué aussi: Ne et Pe étaient presque les mêmes pour tous ces traitements, et ils sont donc représentés par un seul point (•). Le type de fertilisation est indiqué avec +N, +P et +NP, la flèche indique la direction du développement de la réponse en intensifiant le traitement.

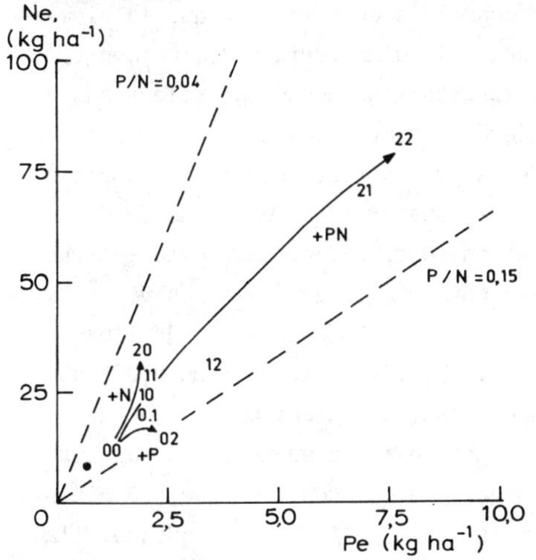

Fig. 5.2.13. The amounts of N (Ne) and of P (Pe) in the biomass at flowering. The results come from the experiment of fig. 5.2.7, to which the numbers of the observations correspond. The result of a fertilization experiment in the north of the Sahel is also indicated: Ne and Pe were almost the same for all these treatments, and they are therefore represented by a single dot (•). The type of fertilization is indicated by +N, +P and +NP, the arrow indicates the direction of the development of the response when intensifying the treatment.

Fig. 5.2.14. Les taux de N et de P dans la biomasse à la floraison de l'expérience de la fig. 5.2.7, dont les numéros correspondent. Le résultat d'une expérience de fertilisation dans le nord du Sahel est indiqué aussi: la signification de ses 3 numéros corespond avec celle de la fig. 5.2.7 et les autres signes avec la fig. 5.2.13.

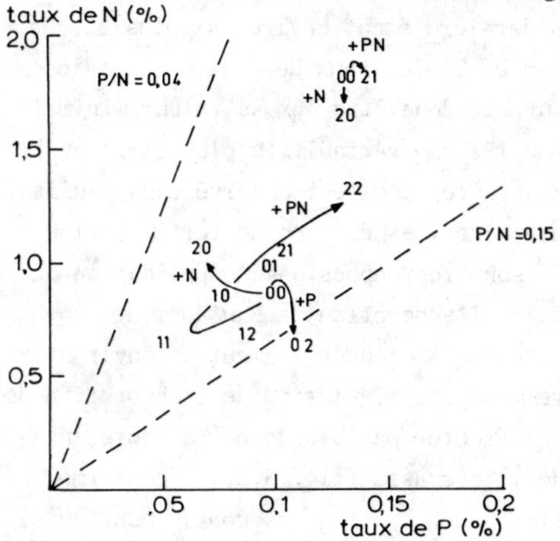

Fig. 5.2.14. The concentrations of N and P in the biomass at flowering in the experiment of fig. 5.2.7, to which the numbers correspond. The results of a fertilization experiment in the north of the Sahel are also indicated; the meaning of its 3 numbers correspond to that in fig. 5.2.7 and the other signs correspond to those in fig. 5.2.13.

changent guère par fertilisation. La fertilisation avec un seul élément augmente le taux de cet élément dans la biomasse, mais la fertilisation diminue parfois le taux de l'autre élément.

Une expérience exécutée sur un terrain sablonneux et surpâturé au ranch (fig. 5.2.15) confirme l'existence d'un rapport minimal entre les quantités de N et de P que la biomasse contient au stade de la floraison (Ne et Pe). Il s'agissait d'un terrain dominé longtemps par *Zornia glochidiata*, mais semé ici avec d'autres espèces. A cause d'une valeur basse de Pe_n du sol naturel, l'absorption de N restait limitée dans toutes les espèces. Par fertilisation avec P (P sous forme de TSP, 100 kg ha^{-1}) Pe augmentait et ensuite la capacité d'absorber du N augmentait aussi. Il est intéressant de constater que des espèces d'annuelles différentes montrent le même comportement, et on suggère donc que cette interaction de l'absorption de N et de P est un aspect de la physiologie générale des végétaux. Une expérience déjà discutée le montre également: le rapport P/N des plantes de l'expérience avec les 9 espèces semées, discuté dans la partie 5.2.3, était environ 0,055 au moment de la première récolte, indiquant ainsi que les plantes étaient proches de la limite inférieure de ce rapport P/N. La fertilisation phosphatée a augmenté ce rapport jusqu'à 0,09 en moyenne, et les plantes poussaient mieux, ce qui confirme que c'était bien une carence en P qui causait la croissance lente sur 'sol naturel'. En conséquence, l'augmentation de la quantité de P dans la biomasse augmente la capacité d'absorber du N. S'il y a suffisamment de N disponible pour les plantes, il résulte de la fertilisation avec P une augmentation de la quantité de N absorbé: la fertilisation avec P s'exprime donc aussi comme une fertilisation cachée par N dans de tels cas.

L'interaction de l'absorption de N et de P a une base physiologique-biochimique. N et

Fig. 5.2.15. La relation entre la biomasse produite à la fin de la saison de croissance et le N et le P absorbés (Ne et Pe) de quelques graminées annuelles et des légumineuses sur un sol sablonneux surpâturé au ranch. Chaque point représente une récolte en pleine floraison des plantes semées. Les signes indiquent: Δ *Cenchrus biflorus*, □ *Schoenefeldia gracilis*, o *Alysicarpus ovalifolius*, × *Cassia mimosoides*, • *Cassia Tora* et + *Zornia glochidiata*. Les signes encerclés indiquent des cas sans fertilisation, les autres ont reçu une dose de P de 100 kg ha^{-1} sous forme de TSP.

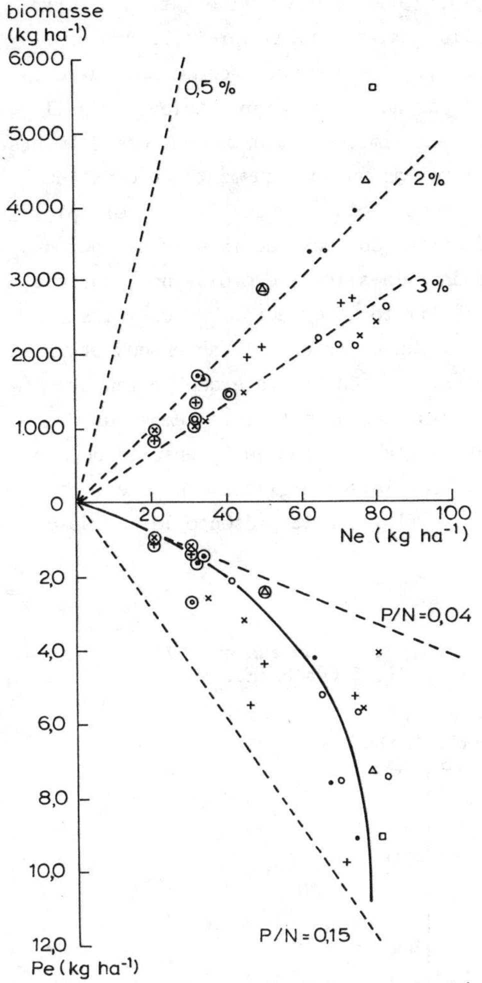

Fig. 5.2.15. The relation between the biomass produced at the end of the growing season and the absorbed N and P (Ne and Pe) in several annual grasses and some legumes on an overgrazed sandy soil on the ranch. Each point represents a harvest of the sown plants in full bloom. The signs indicate: Δ *Cenchrus biflorus*, □ *Schoenefeldia gracilis*, o *Alysicarpus ovalifolius*, × *Cassia mimosoides*, • *Cassia Tora* and + *Zornia glochidiata*. The ringed signs indicate cases without fertilization, the others received a dose of P of 100 kg ha^{-1} in the form of triple superphosphate.

P sont des éléments essentiels dans les cellules actives, et sont liés étroitement: tous les 2 se trouvent dans les acides nucléiques; le N se trouve dans des enzymes et le P dans les molécules qui transfèrent de l'énergie pour des réactions enzymatiques. On peut donc s'attendre à un rapport P/N peu variable dans des cellules actives, et où il est d'une importance capitale. On a constaté que les limites de ce rapport sont 0,04 et 0,15 (g g^{-1}) dans des expériences (par exemple les fig. 5.2.13 et 5.2.15) et des observations sur le terrain; quelques expériences de laboratoire (Dijkshoorn, comm. pers.) le confirment: les valeurs maximales et minimales du rapport P/N pour les graminées *Lolium perenne* et *Schoenefeldia gracilis*, et les dicotylédones *Helianthus annuus* et *Cassia Tora* sont respectivement 0,045 et 0,18, 0,029 et 0,12, 0,041 et 0,16, 0,060 et 0,24. Il existe peut-être de petites différences entre des espèces individuelles, mais dans une première approche, il semble correct de traiter les limites de 0,04 et 0,15 de ce rapport comme une caractéristique générale. Il en suit qu'on peut déterminer par une analyse bromatologique s'il s'agit d'une carence en N ou en P, si la croissance est limitée par un manque des éléments nutritifs. (Une valeur faible du rapport P/N n'indique pas automatiquement que c'est du P qu'il faut, parce que d'autres facteurs, comme un manque d'eau, peuvent être encore plus restrictifs). En suivant les rapports P/N des végétations au cours de la saison, on constate, en général, que leurs valeurs augmentent pendant la saison de croissance, surtout vers la fin et ne restent que rarement proches de la limite inférieure. Des exemples typiques de l'absorption de N et de P pendant la croissance sur un sol sablonneux et un sol argileux sont présentés dans les fig. 5.2.16 et 5.2.17. On constate que le rapport P/N était très bas au début de la saison sur du sable, mais favorable tout le temps sur de l'argile. La fertilisation avec P seulement augmentera l'absorption de P, ensuite de N et donc la productivité sur ce sol sablonneux, mais pas sur le sol argileux. En effet, nous avons enregistré ce phénomène à plusieurs reprises. La fig. 5.2.18 présente la course du

Fig. 5.2.16. L'évolution de la biomasse aérienne sur un sol sablonneux en 1977 et ses contenus en N et en P. Le rapport P/N qui en résulte est indiqué également.

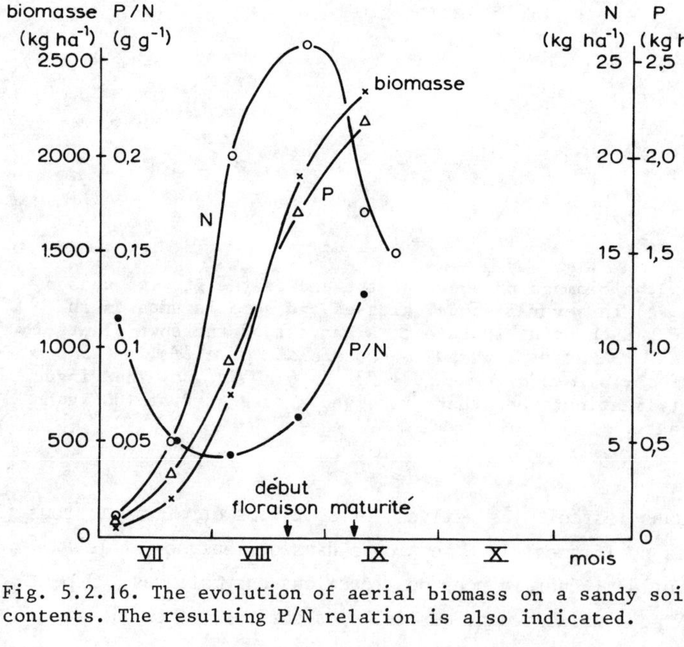

Fig. 5.2.16. The evolution of aerial biomass on a sandy soil in 1977 and its N and P contents. The resulting P/N relation is also indicated.

Fig. 5.2.17. L'évolution de la biomasse aérienne sur un sol argileux en 1978 et ses contenus en N et en P. Le rapport P/N qui en résulte est aussi indiqué.

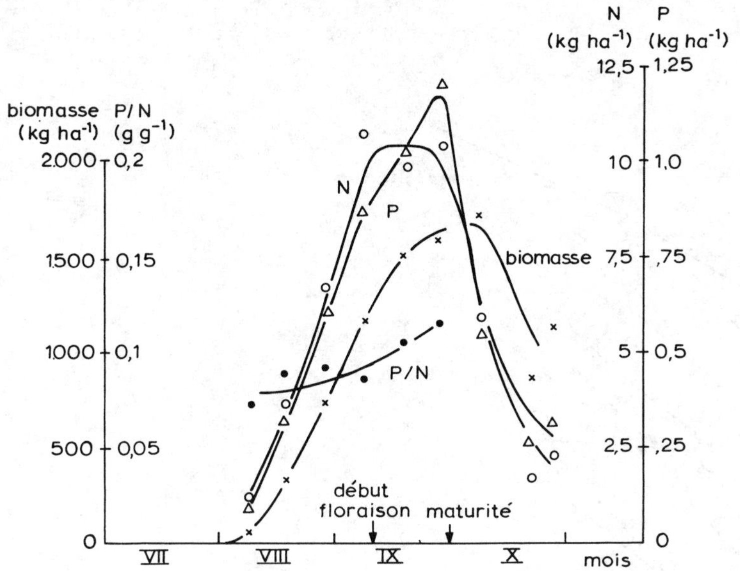

Fig. 5.2.17. The evolution of the aerial biomass on a clay soil in 1978 and its N and P contents. The resulting P/N relation is also indicated.

rapport P/N des plantes sur des pâturages non-fertilisés pendant l'hivernage. Une carence en P plus forte que celle en N au début de la saison est commune, mais pas générale; dans tous les cas ce rapport augmente pendant l'hivernage. Cette augmentation indique que le P devient plus disponible pour les plantes que le N. Cette constatation nous amène à 2 conclusions importantes:

- Si la productivité est limitée par des éléments nutritifs, c'est presque toujours le taux minimal de N qui détermine la capacité de croissance à la fin de la saison. Sur la base de cette constatation, on se concentre dans ces études de la productivité sur N, son absorption, la relation entre Ne et la productivité et sur les processus du bilan de N dans le sol (parties 5.3 et 5.6). Les légumineuses fixatrices forment une exception importante à cette règle: parce qu'elles assimilent du N_2 de l'air, elles en ont suffisamment (partie 6.2).
- Le rapport P/N des graminées nous informe si la végétation apprécie le sol comme étant pauvre en P par rapport à N ou non, et l'âge de telles plantes indique depuis combien de temps cette situation existe. Avec une telle observation simple dans des plantes ramassées sur le terrain, on peut déjà prévoir si la fertilisation avec P aura un effet ou non. En effet, on trouve au ranch au début de l'hivernage, souvent de petites plantes (10-100x leur poids de grain) avec un rapport P/N de 0,04-0,05 sur des sols sablonneux et la fertilisation avec P y augmente la productivité. Sur d'autres sols par contre, le rapport est favorable (0,08) dès le début et l'effet de fertilisation avec P sur la productivité est nul. La façon dont cette caractérisation du sol est liée au type du sol, à son humidité et à l'intensité d'exploitation est discutée aux parties 5.6.4, 6.3.3.3 et 6.6.4.2.

Fig. 5.2.18. L'évolution du rapport P/N de la biomasse aérienne pendant l'hivernage sur des pâturages non-fertilisés au ranch. Les lignes résultent de la combinaison des fig. 5.2.3 et 5.2.4.

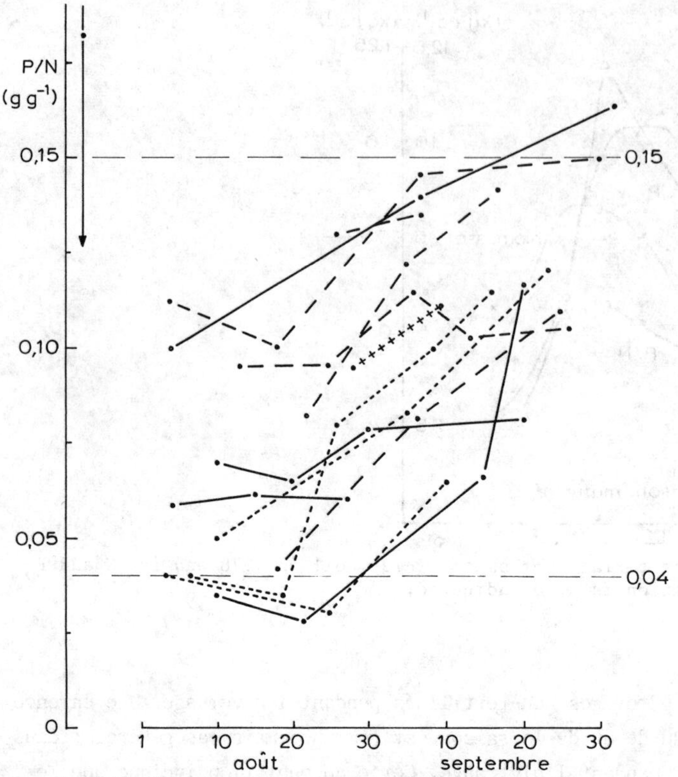

Fig. 5.2.18. The evolution of the P/N ratio of the aerial biomass during the rainy season on unfertilized pastures on the ranch. The lines result from combining fig. 5.2.3 and 5.2.4.

En résumé, on peut donc conclure que ce n'est pas seulement le taux absolu de N ou de P qui détermine le degré de la carence en cet élément, mais aussi le rapport entre eux.

5.2.5 Pertes de biomasse et de N des végétations mortes

La biomasse des pâturages à annuelles diminue après la maturation, en saison sèche et au début de l'hivernage suivant, même si la végétation n'est pas broutée ou brûlée. Son taux de N, et donc sa qualité, diminue aussi. Mais le degré de diminution est très variable: parfois presque toute la biomasse a disparu quand le nouvel hivernage commence, parfois la dégradation est presque nulle. La diminution du taux de N est plus constante: elle diminue jusqu'à la moitié. Il est évident que de telles pertes de la biomasse pâturable, et surtout de sa qualité, déterminent d'une manière très importante la valeur des pâturages et leurs capacités de charge. Ces phénomènes ne sont pas étudiés de façon approfondie dans le projet P.P.S., mais un certain nombre d'observations ont été faites. Elles sont analysées et résumées ici, et des causes probables de cette diminution sont discutées. Il faut souligner qu'on ne considère que des cas où l'exploitation était nulle et en absence de feu. La fig. 5.2.19 montre un exemple des pertes de biomasse et de N d'un pâturage fertilisé au ranch. Les mêmes phénomènes sont observés dans beaucoup d'autres cas, y compris des pâturages sans engrais. Les systèmes racinaires pourrissent aussi à la fin de la saison pluvieuse et pendant la saison pluvieuse suivante (partie 4.5.5). Il faut qu'on souligne ici que le sujet important des pertes de biomasse et de N est compliqué et peu connu. Ceci nécessite des recherches approfondies supplémentaires. Nous apportons ici une interprétation de nos propres observations, qui étaient peu nombreuses et essayons de les quantifier de façon préliminaire.

Dans la littérature on trouve souvent que la biomasse a été déterminée à la fin de la saison pluvieuse. Il est évident que des pertes considérables ont pu se faire déjà, surtout les années avec des pluies tardives. Si l'on ne considère pas ces pertes, la productivité sera sous-estimée.

Il y a 2 types de pertes de la biomasse aérienne: par élimination de matériel végétal du terrain et chute sur le sol. Bien que les pertes de cette dernière catégorie soient vraiment perdues pour le gros bétail, ce n'est pas toujours le cas pour les petits ruminants. Pourtant, les 2 types de pertes seront traités ensemble, parce que nos observations ont été faites sur l'ensemble.

Les pertes ont lieu surtout dans les dernières semaines de la saison pluvieuse et au

Fig. 5.2.19. La diminution de la biomasse (•) et son taux de N (o) pendant 13 mois après la maturation (1/10/1977). Il s'agit d'un pâturage à *Diheteropogon hagerupii* sur un sol argileux fertilisé. Les points indiquent les observations; les lignes continues sont des courbes pendant la croissance, et les lignes discontinues sont des courbes calculées. La pluviométrie par décade est présentée en tête de la figure.

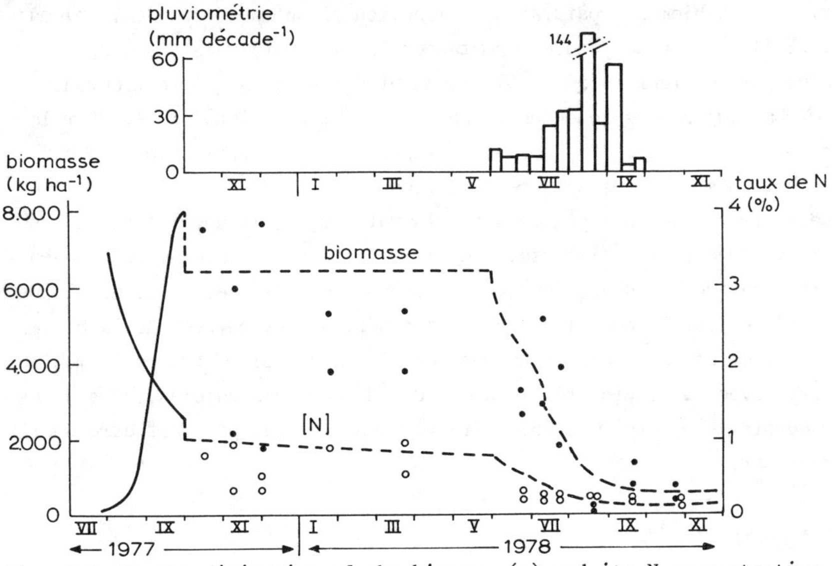

Fig. 5.2.19. The diminution of the biomass (•) and its N concentration (o) during 13 months after maturity (1/10/1977). This concerns a pasture of *Diheteropogon hagerupii* on a fertilized clay soil. The dots indicate the observations; the continuous lines are the curves during the growth, and the discontinuous lines are the calculated curves. Rainfall per decade is presented at the top of the figure.

début de la saison pluvieuse suivante. Par conséquent, la biomasse qui reste après la saison pluvieuse suivante est souvent nulle dans la partie sud du Sahel, mais dans la partie nord il n'est pas rare qu'il en reste encore une grande partie et qu'on y trouve même de la paille formée il y a plusieurs années.

Une vingtaine d'expériences au ranch ont donné des informations sur les pertes de biomasse des parties aériennes à la fin de la saison; environ 40 observations sont faites sur le trajet nord-sud sur les diminutions de biomasse dans des endroits où le feu et le bétail étaient absents. De tous ces résultats on conclue que des pertes considérables se produisent souvent, et existent à tous les niveaux de production. Mais ces pertes sont très variables d'un endroit à l'autre, et d'une année à l'autre.

Les herbes et les graminées sont traitées ensemble. Pourtant, de simples observations à l'oeil nu suggèrent que la perte de biomasse des autres herbes doit être plus élevée que celle des graminées, parce que toutes leurs feuilles tombent, et ce processus commence déjà pendant l'hivernage. Leur taux de N est souvent plus élevé (fig. 5.2.5). Cependant, le nombre limité des mesures ne permet pas de faire une distinction claire entre les 2 groupes.

Des criquets migrateurs peuvent manger une grande partie de la biomasse des cultures agricoles, et aussi des pâturages. Lecoq (1978) en discute quelques exemples. Mais, ce phénomène est trop irrégulier pour le discuter ici. Le plus souvent, ces insectes n'ont pas une grande influence sur la croissance des végétations. Pour les périodes après l'hivernage, les termites et les fourmis sont les insectes les plus importants à cause de leur rôle destructeur.

Fin saison pluvieuse (mi-septembre - fin octobre) La chute des semences est une première cause de la diminution de la biomasse pâturable, diminution allant de 5-25% de la biomasse maximale (partie 4.3.5.1). Il y a des chutes spontanées par le vent, mais aussi des récoltes considérables par les fourmis qui collectionnent des graines qui se trouvent encore sur la plante. La plupart des semences tombent dans cette période brève. Pour le calcul de la courbe dans la fig. 5.2.19, nous avons supposé que 20% de la biomasse est perdu à cause de la chute des semences dans cette période.

S'il y a des vents forts avec des pluies après la maturation, la végétation peut se coucher, surtout s'il y a une grande biomasse. A ce moment, le pourrissement peut devenir très important. Surtout sur des sols argileux avec beaucoup de biomasse, il se développe facilement une zone idéale pour le pourrissement. Les minéraux sont enlevés de la biomasse par lessivage des pluies et entrent dans la couche supérieure du sol. Cette perte montre donc une relation forte avec la pluviosité. A partir des données disponibles, nous avons déduit que la perte de biomasse, exprimée comme fraction cumulative, pourrait être décrite de façon approximative par:

$$\text{perte biomasse} = Pl/(Pl + 100) \qquad \text{(formule 5.2.2)}$$

dans laquelle la pluviométrie (Pl) est la quantité de pluie (mm) tombée après que la végétation a atteint le stade de maturité (autour du 1 octobre). Les pertes causées par des pluies tardives sur les pâturages sont considérables, les mêmes pluies qui sont bénéfiques pour des cultures agricoles.

L'action des termites et des fourmis en dehors de la récolte de semences est souvent limitée dans cette période, ainsi que les effets des autres insectes ou des rongeurs. Une perte de 20-60% de la quantité de N et de P de la biomasse aérienne (partie 4.3.5.1) est liée à une chute des semences et leurs enveloppes. Le taux de N des semences est relativement élevé, ainsi le taux de N de ce qui reste sur pied diminue quand les semences tombent. Cependant, les pertes de N constatées sont parfois encore plus grandes, et d'autres processus peuvent aussi jouer un rôle important. Ceci est confirmé par le fait que la diminution de la quantité de N de la végétation commence souvent avant même que les plantes aient atteint la maturité, et aussi avant que les semences tombent. Bien qu'il s'agisse peut-être de processus importants, nous n'avons pas étudié le phénomène. La perte de P s'accomplit, en grande partie, parallèlement à la perte de N. Nos observations de ces phénomènes sont confirmées par des observations pour des cultures agricoles rapportées dans une revue récente (Wetselaar et Farquhar, 1980). Le lessivage, la redistribution vers les racines et la volatilisation de NH_3 sont parmi les causes possibles qui expliquent de tels phénomènes. Le lessivage peut être important au Sahel: nous avons trouvé un taux de N organique d'environ 0,5 kg ha^{-1} dans la rosée abondante en mi-septembre 1978 sur des terrains fertilisés et non-fertilisés. Si pendant une décade une telle quantité tomberait sur le sol chaque jour, on aurait déjà des pertes comme celles observées sur des terrains non-fertilisés. La quantité de N inorganique et de P dans la rosée était très faible. La quantité de rosée est probablement en corrélation avec la pluviométrie dans cette période. Nous calculons de façon très approximative la diminution relative du taux de N par:

$$\text{diminution} = Pl/(Pl + 50) \qquad \text{(formule 5.2.3)}$$

le transfert de N et de P vers les racines est très improbable dans des plantes annuelles. On ne peut rien dire en ce qui concerne la volatilisation de N sous forme de NH_3 de la biomasse vivante, sauf que le phénomène existe (Denmead et al., 1976, Penning de Vries et al., 1981). Quand il y a un pourrissement du matériel sur la surface du sol, des pertes considérables de N sous forme de NH_3 peuvent se produire, parce que la masse pourrie a un pH élevé (8, ou plus). Chez des dicotylédones et les légumineuses qui perdent leurs feuilles tôt, le pourrissement sur le sol se passe des fois même pendant la saison de croissance, comme nous avons pu le constater à plusieurs reprises au ranch. Tous ces processus sont résumés dans les formules simples par une relation de la diminution avec la pluie, le facteur le plus évident.

Une grande partie du N 'perdu' de la biomasse retourne probablement dans le sol.

Saison sèche (octobre - mai) Sur des pâturages sans feu et sans animaux, en général il n'y a pas ou peu (<15%) de changement de la biomasse. Seulement dans la partie nord du Sahel, des vents forts emportent des fois jusqu'à 50% de la biomasse aérienne pendant la saison sèche.

Le taux de N de la paille diminue, même jusqu'à 0,1-0,2% de N, alors que le taux de P change seulement un peu. Vu le taux bas de N, la décomposition microbienne est exclue. Nous estimons qu'on assiste à une volatilisation de NH_3 des protéines décomposées thermiquement, processus spontané, qui semble être de l'ordre de 0,05-0,15% des protéines présentes par jour. Cette vitesse semble négligeable, mais correspond déjà à presque 25% en 250 jours.

La saison pluvieuse suivante (mai - septembre) Au début de la saison pluvieuse suivante, le reste de la biomasse se couche sous l'action des vents forts et des pluies intenses. La diminution de la biomasse qui en résulte, est probablement liée avec la pluviométrie comme dans la période précédente (les pluies sont comptées toujours à partir de la maturation de la végétation).

Les termites, s'ils sont présents, deviennent très actifs au début de cette période et peuvent récolter beaucoup de paille. On a constaté que le taux de N de ce qui reste est le même que le taux de N de la biomasse des terrains sans termites et que celui de la paille stockée dans les termitières. Donc ils ne sélectionnent pas les meilleures parties de ce qui se trouve sur le sol, et on ne doit donc pas tenir compte des termites pour le calcul des taux de N. Les termites, s'ils sont abondants, ne laissent qu'une petite partie de la biomasse sur le sol. Ils sont plus fréquents sur les terrains argileux et limoneux (observés en grand nombre sur 60% de tels terrains sur le trajet nord-sud et au ranch), et moins fréquents sur les sols sablonneux (observés en grand nombre sur 20% de tels terrains). Dans l'exemple donné à la fig. 5.2.19, on a estimé que les termites récoltent la moitié de la biomasse aérienne qui reste après la saison sèche dans les mois de juin et de juillet. Lepage (1972) montre la micro-hétérogénéité de la distribution des termites au Sahel sénégalais. Cette hétérogénéité et notre connaissance limitée des actions des termites font que l'estimation de leur effet est presque impossible sans une visite du terrain au début de l'hivernage.

5.2.6 Utilisation d'eau des pâturages naturels

Dans la partie 2.3 il était remarqué que l'utilisation de l'eau par les pâturages naturels et les pâturages fertilisés ne diffèrent presque pas. Ici nous apportons des précisions sur cette utilisation de l'eau. Une grande partie de l'eau des pluies évapore de la surface du sol, et seulement 10-20% de l'eau est utilisé pour la transpiration (voir la partie 4.4.2.5). Une diminution de la productivité à cause des carences pourrait réduire la transpiration, mais ne change donc guère le bilan d'eau. Il est évident que nous parlons de la situation dans la partie sud du Sahel où les plantes manquent de N et/ou de P, et pas dans la partie nord où l'eau limite la productivité, une situation décrite dans la partie 4.5.

Le bilan d'eau des pâturages naturels est semblable à celui des pâturages fertilisés, mais les vitesses des processus sont différentes: l'évaporation y est stimulée parce que le sol est moins protégé à cause de la biomasse plus faible, et la transpiration est réduite parce que la surface totale des feuilles est plus petite. Mais une utilisation peu efficace de l'eau de transpiration pourrait compenser partiellement la surface réduite des feuilles. C'est pourquoi on se pose la question suivante: l'efficacité d'utilisation d'eau pour la photosynthèse, est-ce qu'elle reste constante, ou est-ce qu'elle est plus faible dans le cas d'une carence en éléments nutritifs? Elle ne peut rester constante que si la régulation des stomates (partie 4.2.2) reste active; dans le cas contraire, c'est-à-dire si les stomates restent ouverts tout le temps, l'efficacité d'utilisation de l'eau est beaucoup plus faible.

Pour répondre à cette question de la régulation, nous avons mesuré sur le terrain avec un poromètre la conductivité stomataire de plantes qui poussaient très vite et aussi de plantes dont la croissance était réduite à cause d'un manque de N (il n'y a pas des observations pour des plantes avec une carence en P). Les résultats de telles observations sont présentés dans la fig. 5.2.20; les vitesses de croissance, déterminées par des récoltes périodiques sont mises sur l'axe horizontal. La corrélation positive entre la conductivité et la vitesse de croissance montre que le mécanisme régulateur reste actif, sinon, il n'y aurait aucune corrélation. L'écart type des observations individuelles est grand. Une de ces raisons est que les mesures peuvent avoir eu lieu à un moment brêf où la plante souffrait d'un manque d'eau qui n'est pas représentatif pour la période. En

Fig. 5.2.20. La conductivité des stomates des feuilles des graminées des pâturages fertilisés et non-fertilisés en relation avec la vitesse de croissance de la végétation. La végétation couvrait le sol dans tous les cas, et les différentes valeurs des vitesses de croissance résultaient des disponibilités variables de N. La conductivité a été mesurée des feuilles en plein soleil, la vitesse de croissance est la valeur moyenne d'une décade. Les écarts types des observations individuelles sont indiqués avec les flèches.

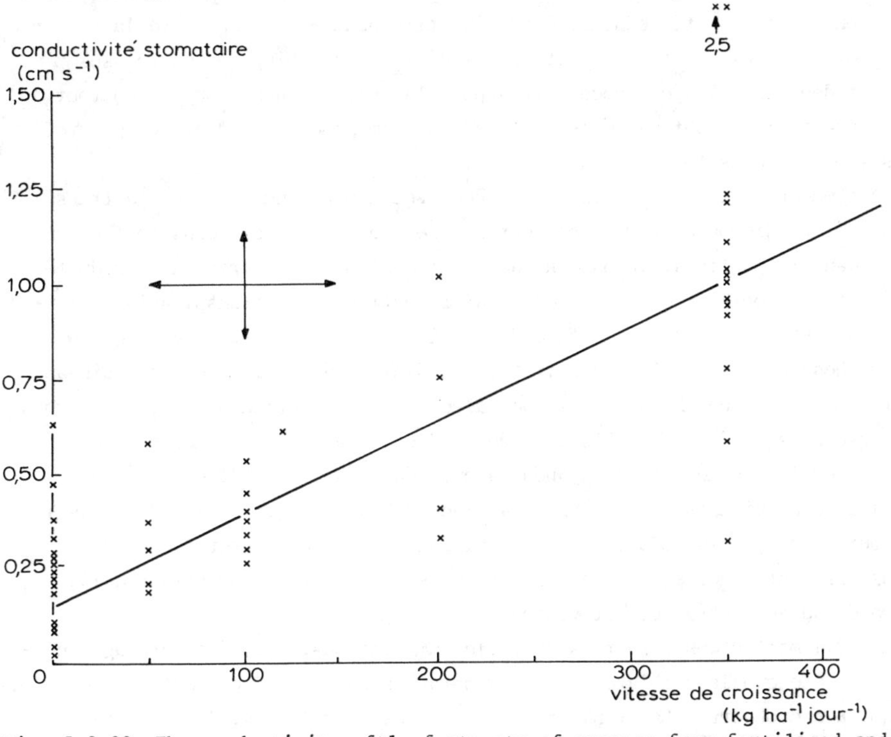

Fig. 5.2.20. The conductivity of leaf stomata of grasses from fertilized and unfertilized pastures in relation to the rate of vegetation growth. In every case the vegetation covered the soil, and the different values of the rate of growth resulted from the varying availability of N. The conductivity of the leaves was measured in full sun, the rate of growth is the mean value of a decade. The standard deviations of individual observations are indicated by arrows.

effet, l'observation du point d'une conductivité de 0,31 cm s^{-1} à la vitesse de croissance maximale en est un exemple. La vitesse de croissance ne peut pas non plus être déterminée avec précision (partie 2.4). En plus, même les conductivités des feuilles d'une seule plante diffèrent entre elles comme nous l'avons constaté souvent. Les graminées annuelles des pâturages naturels des zones semi-arides en Israël avec des pluies hivernales ne montrent aucune ou peu de régulation dans de pareilles conditions où il y a une carence en N. Goudriaan et Van Keulen (1979) ont observé cette caractéristique chez des espèces telles que *Zea mais* et *Helianthus annuus* avec et sans carence en N dans le laboratoire. Ils ont trouvé que la régulation stomataire est toujours fonctionnelle dans le maïs. Pour *Helianthus*, ils n'ont pas pu tirer la même conclusion. La cause de ces différences entre ces zones et espèces est inconnue, et nécessite des recherches supplémentaires.

Bien que la fig. 5.2.20 suggère que le mécanisme régulateur des stomates reste fonctionnel dans le cas d'une carence en N, elle ne montre pas si cette propriété est maintenue complètement ou partiellement. Pour répondre à la question du degré de la régulation des plantes avec une carence en éléments nutritifs au Sahel avec nos propres observations, nous ne disposons que d'une expérience avec suffisamment de données. Il s'agit d'un pâturage naturel du ranch sur un sol sablonneux. La biomasse à la fin de l'hivernage de 1978 y était 1.730 kg ha^{-1} et se compose d'un mélange des espèces des graminées annuelles. Le bilan d'eau de cette expérience a été analysé en détail à la fig. 4.4.7a où la quantité d'eau transpirée en réalité a été déduite. Cette quantité peut être comparée à la transpiration simulée pour 2 cas extrêmes: l'ouverture des stomates est bien réglée (et ses conductivités sont donc pas plus que nécessaires pour la photosynthèse) ou pas du tout réglée (et ses conductivités sont maximales). Notez qu'un manque d'eau dans les plantes fait fermer les stomates dans tous les cas.

Un modèle à simuler détaillé pour la croissance avec une carence en N et la transpiration n'est pas encore disponible, mais on peut simuler le bilan d'eau dans ce cas avec le modèle décrit dans la partie 4.5.6 par une adaptation simple. Une croissance réduite avec stomates réglés est obtenue dans le modèle par réduction de la transpiration potentielle journalière (déterminée par la surface des feuilles, le temps et l'eau dans le sol); la photosynthèse est liée à la transpiration et diminue donc plus, et la croissance est réduite par conséquent. En choisissant une valeur de la réduction de 50%, nous avons obtenu une biomasse presque égale à celle trouvée sur le terrain. Pour simuler la croissance sans aucune régulation des stomates, nous avons réduit seulement l'efficacité de conversion de glucose en biomasse (voir partie 4.2) de 0,7 à 0,53: ceci ne réduit pas la transpiration journalière, mais réduit bien la croissance. (Il faut noter que la croissance n'est plus vraiment simulée dans un tel cas, mais dirigée vers une valeur déjà connue; le bilan d'eau au contraire, est vraiment simulé.)

Le tableau 5.2.1 montre des résultats de telles simulations. Pour des pâturages non-fertilisés, on constate que la simulation de l'évaporation dans les 2 cas est presque pareille à ce qui a été observé. La transpiration calculée pour la fig. 4.4.7a est proche de la transpiration simulée avec les stomates non-réglés, tandis que celle des stomates réglés est beaucoup plus faible. Pourtant, en regardant l'évolution de la transpiration pendant l'hivernage (fig. 5.2.21), on constate que l'incertitude de la transpiration calculée pour la fig. 4.4.7a joue aussi un rôle important. C'est pourquoi on conclue

Tableau 5.2.1. La productivité et l'utilisation d'eau d'un pâturage naturel au ranch. Les valeurs observées du bilan d'eau sont celles de la fig. 4.4.7a. Les productivités entre parenthèses sont imposées au modèle. Les chiffres concernent des valeurs cumulatives dès le début de la croissance (le 21/7, avec 400 kg ha^{-1} de biomasse) jusqu'à la fin de l'hivernage (le 30/9) au moment où la végétation a atteint la maturité.

		Pâturage naturel			Pâturage fertilisé
		simulation		observé	simulation
		avec régulation	sans régulation		
biomasse	(kg ha^{-1})	(1.750)	(1.760)	1.730	4.120
évapotranspiration	(mm)	124	150	144	147
évaporation	(mm)	105	100	104	85
transpiration	(mm)	19	50	40	62
coefficient de transpiration	(l kg^{-1})	140	370	300	165

Table 5.2.1. Productivity and water utilization of a natural pasture on the ranch. The observed values of the water balance are those of fig. 4.4.7a. Figures on productivity given in parentheses are imposed on the model. The numbers concern the cumulative values from the beginning of growth (21/7, with 400 kg ha^{-1} of biomass) until the end of the rainy season (30/9) at the moment that the vegetation attained maturity.

Fig. 5.2.21. L'évaporation cumulative (les 3 lignes supérieures) et la transpiration cumulative pendant la saison de croissance d'un pâturage naturel. Les lignes continues représentent des courbes correspondantes de la fig. 4.4.7a, les lignes discontinues et grosses les résultats d'une simulation avec stomates sans régulation, et les lignes discontinues et fines les résultats d'une simulation avec stomates bien réglés.

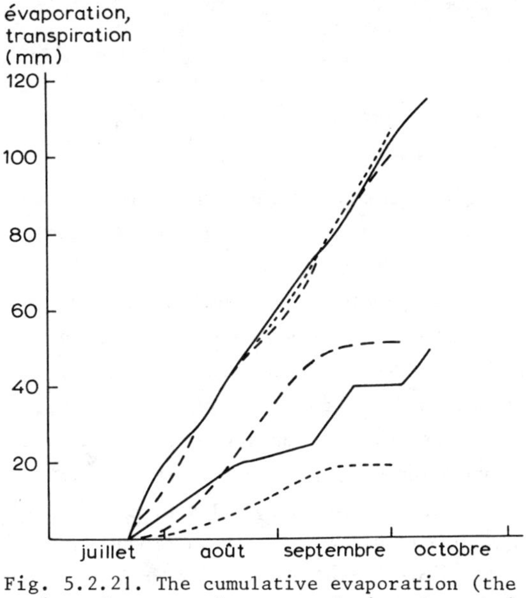

Fig. 5.2.21. The cumulative evaporation (the 3 uppermost lines) and the cumulative transpiration of a natural pasture during the growing season. The continuous lines represent curves corresponding to fig. 4.4.7a, the thick discontinuous lines represent the results of a simulation with stomata without regulation, and the thin discontinuous lines represent the results of a simulation with well regulated stomata.

prudemment que la transpiration de la végétation naturelle est environ 2/3 de sa transpiration potentielle (c'est-à-dire: sans régulation), mais aussi 2x plus élevée que sa valeur minimale.

Les valeurs de la transpiration de la fig. 4.4.7a indiquent peut-être aussi que la transpiration continue après la maturation de la végétation. Cette perte d'eau mérite une attention spéciale dans une prochaine expérimentation parce qu'elle diminue le stock d'eau du sol, et les espèces encore vivantes n'en profitent moins.

Pour faire un contraste, la productivité du même pâturage mais avec fertilisation a été simulée avec le modèle dans sa forme standard. Les résultats sont ajoutés au tableau 5.2.1. Ils montrent qu'à une productivité beaucoup plus élevée, l'évaporation est réduite, la transpiration stimulée et l'évapotranspiration ne change guère. Les conséquences de la fertilisation des pâturages sur le bilan d'eau sont généralement faibles, ce qui confirme un point de départ des parties 2.3 et 4.1. Mais au début de la saison de croissance, la différence entre les parcelles fertilisées et les parcelles naturelles peut être beaucoup plus grande, surtout quand la couche supérieure du sol est sèche. Les plantes ayant reçu de l'engrais sont déjà beaucoup plus grandes à ce moment, et absorbent l'eau des couches plus profondes sans réduction importante de la transpiration. Les parcelles naturelles avec peu de plantes perdent peu de l'eau, parce que l'évaporation d'un sol dont la couche supérieure est sèche est fortement réduite (partie 4.4.2.4). Ceci fait que, par fertilisation, la végétation devient plus sensible aux périodes sèches, surtout au début de la saison. Nous l'avons constaté aussi dans nos essais. Cet aspect défavorable de la fertilisation doit être bien reconnu pour la pratique.

5.3 LES PROCESSUS DU BILAN D'AZOTE

5.3.1 Introduction

On a constaté dans la partie 5.2.3 que la végétation des pâturages naturels n'absorbe de l'azote (N) que 10-35 kg ha^{-1} an^{-1} du sol pendant une saison de croissance. Pourtant, le stock de N dans la couche supérieure du sol est de 300-3.000 kg ha^{-1}. Il n'y a qu'une petite fraction du N-total qui est disponible pour les plantes, apparemment. La quantité absorbée par les plantes n'est pas une fraction constante de ce qui se trouve dans le sol, comme on constate de la comparaison de la fig. 5.2.9 et du tableau 3.3.3: le sol argileux D1, le plus riche en N, donnait les résultats dans la partie gauche du graphique, le sol sablonneux S2, le plus pauvre en N, donnait les points au milieu du graphique, et le sol limoneux (L) avec un taux moyen de N, donnait les points à droite. Dans la partie 5.3.2 on discute les processus qui rendent du N du sol disponible pour les plantes, et on essaie de les quantifier pour arriver à une base permettant de calculer la productivité des pâturages. Pour comprendre des changements de la productivité à long terme à cause de l'épuisement ou l'enrichissement du sol, on discute dans les parties 5.3.3 et 5.3.4 les processus qui augmentent ou diminuent le stock de N du sol. L'ensemble de ces processus et les stocks des formes diverses de N dans le sol et les plantes est appelé le 'bilan d'azote'. La fig. 5.3.1 présente un schéma de ce bilan. On y distingue 2 formes de N dans le sol: $N_{inorganique}$ (N_{inorg}, c'est-à-dire NH_4^+ et NO_3^-) et $N_{organique}$ dans la matière

Fig. 5.3.1. Un diagramme du bilan de N des pâturages naturels au Sahel. Les processus et les stocks de N les plus importants sont indiqués par une ▷◁ et ☐ respectivement. Les chiffres dans les symboles représentent les intensités du processus en kg ha^{-1} an^{-1} et les stocks en kg ha^{-1} à peu près au milieu de la saison de croissance à Niono.

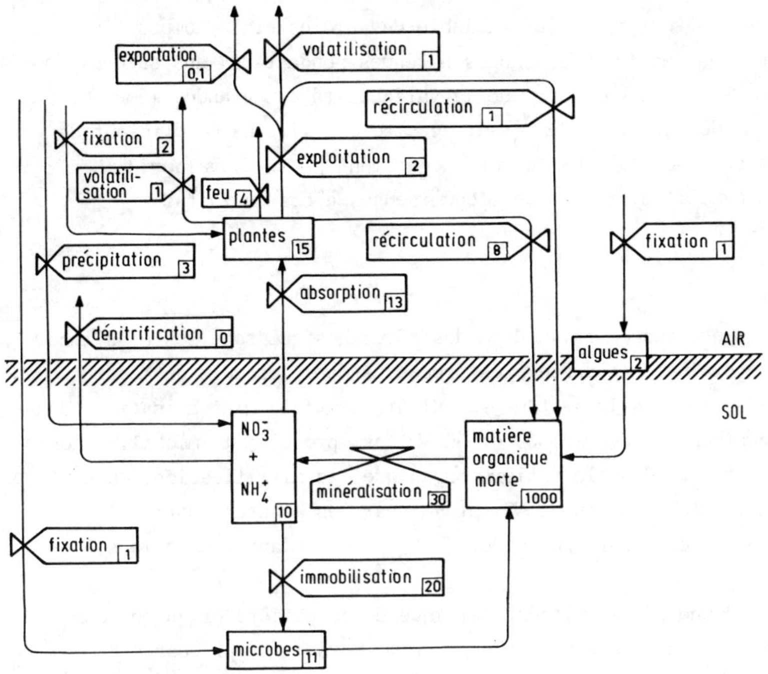

Fig. 5.3.1. A diagram of the N balance of the natural pastures in the Sahel. The most important processes and stocks of N are indicated by a ▷◁ and a ☐ respectively. The numbers in the symbols represent the intensity of the process in kg ha^{-1} yr^{-1} and the stock in kg ha^{-1} about the middle of the growing season at Niono.

organique 'morte' du sol et des plantes et des micro-organismes du sol (N_{org}, surtout des protéines et dans la lignine). Les processus du bilan de N sont discutés séparément ci-dessous, mais sont intégrés avec d'autres informations dans les parties 5.5 et 5.6, et ils sont utilisés pour expliquer des phénomènes observés sur le terrain dans le chapitre 6.

Les quantités de N dans les processus du bilan de N sont faibles: souvent de l'ordre de quelques kg ha^{-1} an^{-1}. En plus, les vitesses des processus changent énormément dans des périodes de quelques jours. Aussi la connaissance théorique de ce qui se passe dans le sol n'est pas encore suffisamment développée. Ces facteurs font qu'il est difficile de mesurer l'intensité de tels processus dans le laboratoire et encore plus difficile de les mesurer sur le terrain. Les résultats présentés sont donc souvent inexacts, et les conclusions tirées doivent être utilisées avec prudence. A cause de ces difficultés, on ne peut que vaguement distinguer des différences entre les types de sol ou de végétation (à l'exception des légumineuses). Des données de la littérature sont utilisées pour compléter et évaluer nos résultats expérimentaux.

La quantité de N dans les parties aériennes de la végétation (N_b) est le résultat des processus dans le sol et de l'absorption par les plantes. (Notez que la variable N_b, employée ici, dans la partie 5.6 et dans le chapitre 9, est identique à Ne de la partie 5.2.1.) En moyenne, N_b, mesuré à la fin de la saison de croissance, augmente de 2 à 14 kg ha^{-1} quand on voyage du nord au sud du Sahel. La fig. 6.3.1 le montre.

La variabilité de N_b à chaque niveau de la pluviométrie moyenne est élevée à cause de l'hétérogénéité des sols, la redistribution variable des pluies et la composition changeante de la végétation. Par analyse de données obtenues pendant 2-4 ans successifs sur les sites du trajet nord-sud, on constate que la variabilité est grande, même sur un endroit fixe: le coefficient de variation de N_b sur un site est 41%. Le coefficient de variation pour la quantité de P absorbée est encore légèrement plus. La valeur de N_b n'était pas en corrélation avec l'importance des légumineuses à ces endroits.

5.3.2 *Transformations dans le sol*

Fig. 5.3.1 montre les processus du bilan de N des pâturages qui sont les plus importants pour la production végétale d'une année. Les processus dans lesquels du N est transformé d'une forme à l'autre dans le système sol-plante sont: la minéralisation, dans laquelle de la matière organique est décomposée et du NH_4^+ est produit; l'immobilisation, dans laquelle du NH_4^+ est incorporé dans la matière organique; la nitrification, dans laquelle NH_4^+ est oxidé à NO_3^-; l'absorption de NO_3^- et NH_4^+ par les plantes. Hormis l'absorption, tous les processus sont microbiens. Le retour de N_{org} des plantes dans le sol est aussi discuté.

Il y a des indications d'une décomposition thermique de la matière organique dans des sols secs et à des températures élevées (Janssen, comm. pers.). Ce processus n'est pas considéré ici, mais pourrait être analysé dans de prochaines études approfondies du bilan de N des sols des zones semi-arides.

5.3.2.1 Minéralisation et immobilisation

La croissance et la décomposition des microbes sont la base des transformations biologiques dans le sol, et ces processus ont donc un aspect N, un aspect P aussi bien qu'un aspect d'énergie (qui est contenu dans des molécules organiques, et est représenté par le C de carbone). Parce que les sols sahéliens sont en général pauvres en matière organique, N et P, parce que les microbes ont généralement une carence en N et en C, et parce que les plantes, fournisseurs du C, ont souvent une carence en N et en P, ces transformations doivent être considérées d'une façon intégrée. Nous discutons les aspects N et C ici et l'aspect P dans la partie suivante.

Aspect N Le sol est souvent caractérisé par le taux en C et en N de sa matière organique. La qualité de la matière organique est parfois indiquée par le rapport entre le poids de C et de N (C/N, g g^{-1}). Le rapport C/N des sols au Sahel varie de très bas (5) à certains endroits jusqu'à élevé (>40) à d'autres (tableaux 3.3.1 et 3.3.3).

Dans des sols des zones tempérées on observe une accumulation du NO_3^- et du NH_4^+ (quand il n'y a pas de plantes qui l'absorbent) si le rapport C/N de la matière organique du sol est inférieur à 20, et une immobilisation du N_{inorg} appliquée si le rapport C/N est supérieur à 30. Ces valeurs de 20-30, qui font la séparation entre minéralisation nette et immobilisation nette, sont la conséquence du fait que

- le rapport C/N des bactéries et des champignons, qui causent ces transformations, est de 6 et 10 respectivement, donc environ 8 pour les microbes ensembles;
- les atomes de N ne sont transformées d'une forme organique à l'autre que dans ces processus;
- seulement 1/3 du C consommé par les microbes reste dans leurs structures moléculaires et 2/3 sont respirés et s'échappent sous forme de CO_2.

Le rapport C/N critique a donc une valeur de 24. Mais ces chiffres ne sont qu'approximatifs: c'est pourquoi le trajet a une valeur de 20-30. Dans des sols tropicaux, on rencontre probablement la même situation.

La matière organique du sol a une composition très hétérogène des parties ayant un rapport C/N élevé et qui sont très résistantes à la décomposition (humus et paille enterrée: C/N = 50-100; racines mortes C/N = 40-60), et des parties avec un rapport bas qui sont décomposées facilement (les bactéries mortes, par exemple). C'est pourquoi les processus de minéralisation et d'immobilisation peuvent se dérouler parallèlement dans le sol en même temps, et c'est l'importance relative d'un processus à l'autre qui fait qu'il y a une minéralisation nette ou une immobilisation nette. Cette hétérogénéité de la matière organique du sol est la cause du fait que le rapport C/N moyen, comme déterminé dans des analyses pédologiques standardes, n'est qu'une première indication de sa qualité.

La vitesse de la minéralisation dépend de la quantité de matière sèche présente et de sa vitesse spécifique. La dernière est influencée fortement par l'humidité du sol, par la température, par la composition de la matière organique et par la composition minérale du sol. Ces facteurs influencent aussi la vitesse d'immobilisation. Trop peu est connu de chacun de ces facteurs pour bien quantifier ces processus. Clark et Paul (1970) constatent que la matière organique du sol est composée d'au moins 3 fractions: des parties dégradantes des plantes, une partie de la biomasse microbienne et l'humus qui consiste des composantes très résistantes. La première fraction est décomposée au moins 1x par quelques années, la deuxième dans 10-50 ans, et la troisième dans plus de 250 ans.

Dans des sols des zones semi-arides, il y a un autre aspect de ces processus qui est d'une grande importance. Birch (1958, 1959, 1960) a trouvé une stimulation forte de la minéralisation nette, accompagnée d'une évolution de CO_2, quand le sol est mouillé après être exposé à des températures élevées dans des conditions sèches. Fig. 5.3.2 montre les cours schématisés de la minéralisation et l'immobilisation pendant l'hivernage, qui résulte dans l'excès temporaire de N_{inorg} dans le sol, observé par Birch.

Quelques observations de ce phénomène ont été faites au ranch à des endroits avec végétation. Leurs résultats sont présentés dans les fig. 5.3.3a et b. Les taux de NH_4^+ et de NO_3^- dans le sol, la base de ces figures, ont été déterminés dans des échantillons de 0-20 cm de profondeur qui étaient refroidies jusqu'à ≤ 4 °C et transportées à froid au laboratoire. La forme de l'excès temporaire de N_{inorg} dans le sol est clairement visible au sol argileux (bien qu'on ne le trouve pas au début de la saison), mais est moins claire au sol sablonneux. Placé dans la fig. 5.3.3 en dessus de la quantité de N_{inorg} dans le sol, le N est absorbé par la végétation. Il faut noter que la fig. 5.3.3 soit peut-être illustrative, mais elle ne prouve pas encore l'existence d'une succession des

Fig. 5.3.2. Le cours des processus de minéralisation (———) et de l'immobilisation sans végétation (-·-·-·) et avec végétation (--------) pendant la saison pluvieuse (a), et le résultat sous forme de N_{inorg} dans le sol (b). La figure n'est qu'un schéma simplifié.

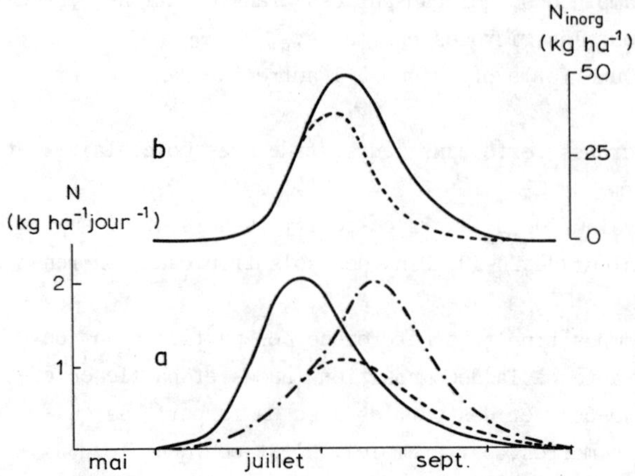

Fig. 5.3.2. The course of the mineralization (———) and immobilization processes without vegetation (-·-·-·) and with vegetation (--------) during the rainy season (a), and the result in the form of N_{inorg} in the soil (b). The figure is only a simplified scheme.

processus suggérés dans la fig. 5.3.2. La somme du N dans les plantes et le N_{inorg} dans le sol d'une pareille expérience monte même presque proportionnellement à la quantité de pluie tombée pendant la saison jusqu'à la floraison (fig. 5.3.4) ce qui pourrait indiquer aussi que la vitesse de la minéralisation nette est plus ou moins constante quand le sol est humide. Mais il y a une expérience au ranch, déjà discutée, qui présente un argument solide pour l'existence d'un excès temporaire du N_{inorg} dans le sol au début de la saison de croissance: une végétation qui avait précocement une grande biomasse, et qui avait donc précocement la capacité d'absorber beaucoup de N, contenait plus de N qu'une végétation qui se développait plus lentement (fig. 5.2.10). Le rapport P/N dans la dernière récolte des 3 espèces les plus lentes des parcelles fertilisées était supérieur à 0,08 indiquant que l'absorption n'était pas restreinte par un manque de P (partie 5.2.4), et leur taux de N était 1,3% en moyenne, donc l'absorption de N n'était pas non plus restreinte parce que la biomasse contenait déjà son maximum en N.) La diminution de la courbe supérieure de la fig. 5.2.10 indique probablement la phase où l'immobilisation est plus intensive que la minéralisation; la phase où la minéralisation était la plus grande n'y est pas visible, mais son résultat est très clair.

Il y a quelques hypothèses pour expliquer ce phénomène de l'excès temporaire:

- Une partie de la matière organique du sol est sous forme d'un gel. Pendant la période sèche, la structure du gel est désintégrée et la surface attaquable par les microbes est agrandie. Quand les sols sont humides, les structures des gels se reconstituent lentement dans les formes d'avant hiver.
- La sécheresse à des températures élevées cause une stérilisation partielle des sols. Quand les sols sont mouillés, la biomasse microbienne morte se décompose rapidement, et à cause de son rapport C/N bas il y a une minéralisation nette.

Fig. 5.3.3. Le cours des formes de N pendant la saison pluvieuse sur un sol argileux (D1, a) et un sol sablonneux (S2, b) sans fertilisation en 1977 au ranch. Les quantités de ces formes sont représentées d'une façon cumulative: la distance en dessous de la première ligne représente la quantité de NH_4^+ dans le sol; la distance entre la première et la deuxième ligne représente la quantité de NO_3^- dans le sol, et la distance entre la troisième et la deuxième ligne représente la quantité de N dans les parties aériennes et dans les racines des plantes. L'écart type de chaque point est environ 25%.

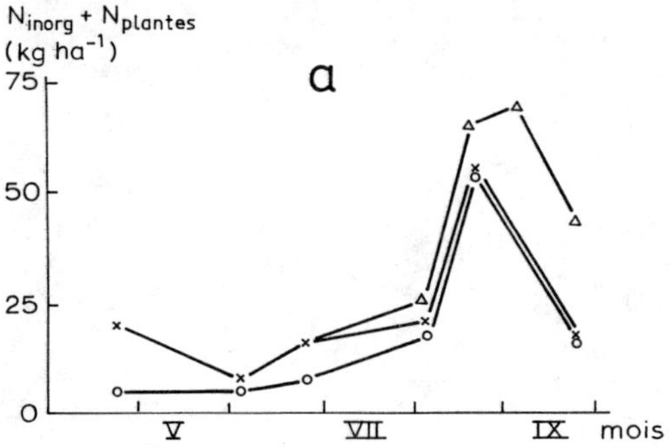

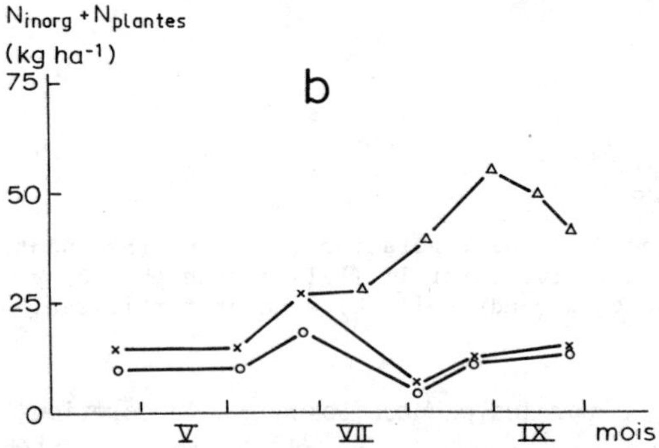

Fig. 5.3.3. The course of forms of N during the rainy season on a clayey soil (D1, a) and a sandy soil (S2, b) without fertilization in 1977 on the ranch. The quantities of these forms are represented in a cumulative way: the distance below the first line represents the amount of NH_4^+ in the soil; the distance between the the first and second lines represents the amount of NO_3^- in the soil and the distance between the third and second lines represents the amount of N in the aerial parts and in the roots of the plants. The standard deviation of each point is circa 25%.

L'existence d'un excès temporaire implique que la disponibilité de N_{inorg} n'est pas constante, mais montre un maximum pendant l'hivernage: des végétations tardives rencontrent une grande partie de l'excès déjà immobilisé, et les plantes qui sont précoces peuvent en absorber plus. Les plantes annuelles peuvent donc avoir des stratégies différentes: germiner précocement pour pouvoir absorber beaucoup de N mais au risque de se dessécher avant de fleurir, ou germiner tardivement et trouver moins de N, mais être plus sûr de survivre. Cette remarque est aussi valable pour l'agriculture du sorgho et du mil.

Bienque l'excès temporaire en N semble être important, son hauteur n'exprime pas directement la disponibilité de N pour les plantes: un taux bas de N_{inorg} dans le sol n'indique pas que la vitesse d'absorption est lente si la plupart du N_{inorg} est du NO_3^-, parce l'absorption de NO_3^- par les racines est très efficace et peut continuer à des taux très bas (Seligman et al., 1975). La continuation de la minéralisation jusqu'à la fin de

Fig. 5.3.4. La somme du N_{inorg} dans le sol plus le N dans la végétation (•) et la quantité de NH_4^+ (+) dans le sol en fonction de la pluviométrie cumulative (ΣPl) au cours de l'hivernage de l'année 1977 sur un sol argileux (a) et un sol sablonneux (b) sans fertilisation.

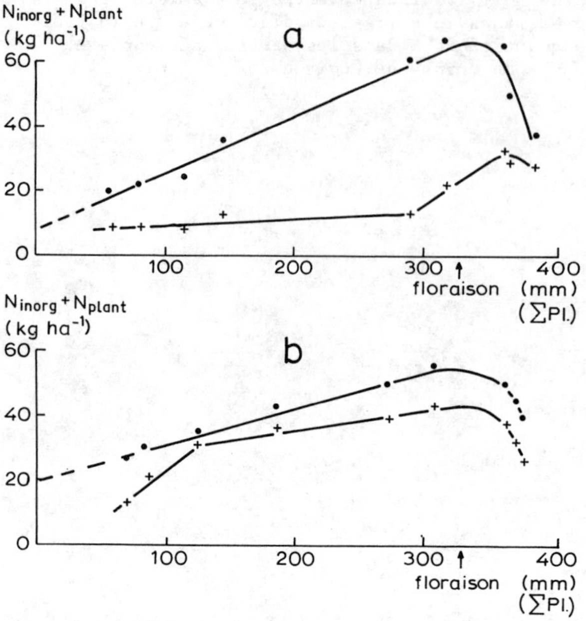

Fig. 5.3.4. The sum of N_{inorg} in the soil and the N in the vegetation (•) and the quantity of NH_4^+ (+) in the soil as a function of the cumulative rainfall (ΣPl) during the rainy season of the year 1977 on a clayey soil (a) and on a sandy soil (b) without fertilization.

l'hivernage permet l'absorption continue de N_{inorg} par les plantes, bienque l'absorption soit faite en compétition avec l'immobilisation par les microbes. La fig. 6.1.1 est un exemple de l'absorption du N pendant toute une longue saison par des graminées pérennes, la période d'absorption des graminées annuelles étant plus courte à cause de leur photopériodicité (partie 4.3.4.2). Les herbes pérennes, les arbustes et aussi les cultures céréalières profitent donc des saisons de croissance étendues.

L'importance du processus de l'immobilisation peut aussi être montrée avec une expérience de laboratoire, où l'on a mélangé de la paille broyée dans des sols et y ajouté du NO_3^-. Les résultats sont présentés dans la fig. 5.3.5. Après 2 jours d'incubation, l'immobilisation rapide de N s'arrête, ce qui est interprété comme l'épuisement des components faciles à décomposer, dont le poids est estimé à 10-20% de la paille. Après cette phase, il y a une décomposition lente, qui peut être attribuée à la décomposition de hémicellulose, dont le poids est de 15-55% de la paille. Le reste se décompose encore plus lentement. De cette façon, on estime que 25-75% de la paille est décomposée en 100 jours pendant que la plupart du N est immobilisée. Autrement dit, on a employé de paille à l'équivalent de 22.500 kg ha^{-1}, dont 6.000-18.000 kg ha^{-1} est décomposé en 100 jours, et 120 kg ha^{-1} du 150 kg ha^{-1} de N appliqué est immobilisé; la moitié de l'immobilisation se passait en quelques jours seulement. L'immobilisation peut donc être très rapide. Application de P au sol pour stimuler l'immobilisation encore davantage n'avait aucun succès.

Fig. 5.3.5. La quantité de N_{inorg} (NH_4^+ + NO_3^-) dans le sol en fonction du temps de l'incubation. A temps 0, 15 g de paille et 100 mg de N ont été incorporés dans 1 kg de sol. Le sol était à la capacité du champs pendant l'expérience mais sec avant; la température était 30 °C (×: argile; •: sable).

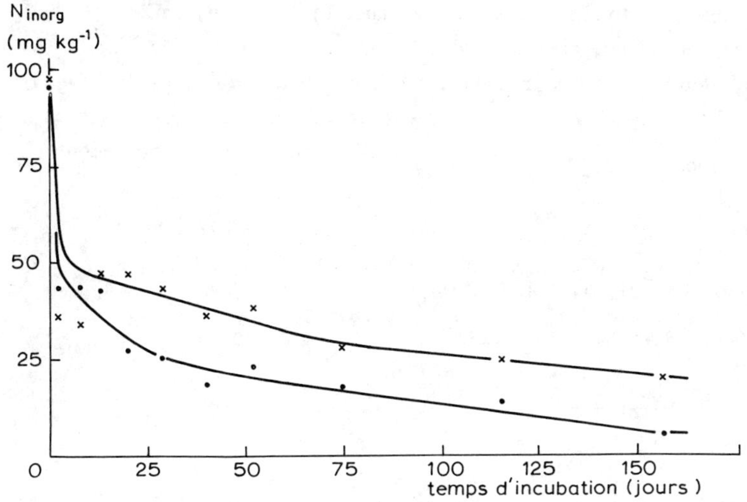

Fig. 5.3.5. The amount of N_{inorg} (NH_4^+ + NO_3^-) in the soil as a function of the incubation time. At time 0, 15 g of straw and 100 mg N were incorporated in 1 kg of soil. The soil was at field capacity during the experiment but was dry before; the temperature was 30 °C (×: clay; •: sand).

L'immobilisation de N peut aussi être étudiée avec les expériences de fertilisation: une partie du N appliqué qui n'est pas absorbée par la végétation est immobilisée. La fraction absorbée était caractérisée par r (partie 5.2.1); 0,2 du N de l'urée appliqué se volatilise à la surface du sol (partie 5.3.3.3), de sorte que 0,8-r représente la fraction maximale de l'immobilisation. Blondel (1971a, b et c) a constaté l'immobilisation complète du N_{inorg} après l'hivernage dans des sols nus. Mais Jansson (1958) a constaté qu'on trouve souvent du NH_4^+ qui reste dans des sols naturels. C'est évident dans la fig. 5.3.3 qu'il en reste aussi pendant la saison sèche au ranch. Un autre exemple le confirme: en ajoutant 300 kg ha^{-1} de N (comme urée, avec 100 kg ha^{-1} de P comme TSP.) à un sol argileux (D1) au ranch en 1976, on trouvait 158 kg ha^{-1} de N dans les parties aériennes des plantes à la floraison, et 150 kg ha^{-1} de N_{inorg} dans le sol à la fin de la saison pluvieuse. Parce que la fertilisation a été faite juste avant la grande croissance des plantes et parce que ces microbes ont une carence en C au lieu de N, on suppose que la fertilisation n'a pas influencé la minéralisation. Le témoin sans engrais contenait 46 kg ha^{-1} de N_{inorg} dans le sol et 12 kg ha^{-1} de N dans la végétation: la quantité de N immobilisée y est inconnue, mais il est improbable que ce soit plus que quelques dizaines de kg ha^{-1}. Avec l'engrais, donc, il y avait au moins 300 × 0,8 + 58 = 298 kg ha^{-1} de N disponible; 308 kg ha^{-1} est retrouvé dans les plantes et le sol. La différence est petite et est attribuée au hasard. Une pareille expérience sur sol sablonneux (S1) au ranch montrait 20 kg ha^{-1} de N dans la végétation et 49 kg ha^{-1} de N_{inorg} dans le sol sans fertilisation, et 136 et 160 avec fertilisation. La différence entre ce qui était disponible (300 × 0,8 + 69 = 309) et ce qu'on retrouvait (160 + 136 = 296) est négligeable. On conclut donc, que l'immobilisation n'était pas intensifiée sur ces sols par la fertilisation, et qu'elle était probablement moins que quelques dizaines de kg ha^{-1} de N.

Le N_{inorg} qui est resté dans le sol est disponible pour les plantes dans l'hivernage prochain. En supposant que dans la deuxième année, comme dans la première, la moitié du N_{inorg} était absorbée par la végétation, on s'attendait à 60 (D1) à 70 (S1) kg ha^{-1} de N dans la végétation au moins. Pourtant, on ne retrouvait que 30-50 kg ha^{-1} dans la végétation. Cette différence est considérée comme réelle, et est attribuée à l'immobilisation, stimulée par la présence de N_{inorg} ou bien par une augmentation de l'approvisionnement en

Fig. 5.3.6. La distribution de N_{inorg} sous formes de NH_4^+ (-----) et NO_3^- (———) dans un sol sablonneux (S1, a) et argileux (D1, b) à la fin de la saison pluvieuse (novembre 1976). Les sols ont été fertilisés avec $\underline{N}_1$ à 300 kg ha^{-1} (urée). Les totals intégrés de NH_4^+ dans ces profils sont 40 et 79 kg ha^{-1} respectivement, et 120 et 80 kg ha^{-1} pour NO_3^-.

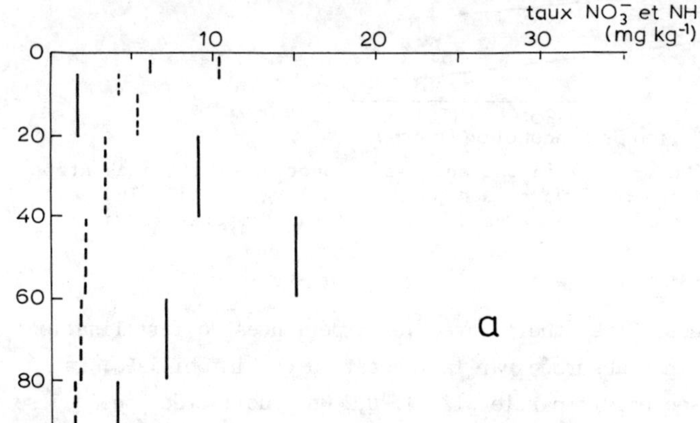

Fig. 5.3.6. The distribution of N_{inorg} in the forms of NH_4^+ (-----) and NO_3^- (———) in a sandy (S1, a) and clayey (D1, b) soil at the end of the rainy season (November 1976). The soils were fertilized with $\underline{N}_1$ at 300 kg ha^{-1} (urea). The integrated totals of NH_4^+ in these profils are 40 and 79 kg ha^{-1} respectively, and 120 and 80 kg ha^{-1} for NO_3^-.

C du sol.

On constate également que, grosso modo, la moitié du N_{inorg} se trouve encore dans le sol après l'hivernage sur les sols fertilisés et non fertilisés, un pourcentage considérable. La fig. 5.3.6 montre un exemple de la distribution du N_{inorg} dans les sols. La question intéressante pourquoi la végétation ayant une carence en N n'a pas absorbé tout le N_{inorg}, même pas à des doses d'engrais faibles, sera discutée dans la partie 5.3.2.4.

La quantité de N mineralisée dans ces sols non-fertilisés est de l'ordre de quelques dizaines de kg ha^{-1} an^{-1}. Il y a trop peu d'information pour généraliser sur la magnitude de l'excès temporaire de N_{inorg} dans les sols divers. La littérature (Birch, loc. cit.) et nos expériences indiquent qu'il y a une corrélation positive entre le contenu en N du sol et la magnitude de l'excès temporaire de N_{inorg}. Mais des facteurs comme le rapport C/N de la matière organique, la pluviosité et l'absorption par les plantes jouent certainement un rôle important dans la détermination de l'hauteur et de la durée de l'excès. Il va sans dire que la connaissance des mécanismes de la minéralisation et de l'immobilisation, ainsi que de leurs régulations et interactions et des effets de l'environnement exigent encore beaucoup d'attention dans des études plus approfondies sur la dynamique intra-annuelle du bilan de N.

Aspect C Une partie du C du sol peut être du carbone pur, le résultat des feux. Ce C est inert. Ici on ne parle que du carbone organique (C_{org}). Dans des sols pauvres en matière organique, le bilan de C_{org} est très important, parce que des changements relativement grands des quantités de C_{org} accompagnent des transformations de N. Les calculs présentés ci-dessous indiquent les quantités minimales de C_{org} en question. Ces quantités peuvent être estimées parce qu'on connaît approximativement la quantité nette de N dans ces processus et la quantité de C associée avec le N. Ce sont des valeurs minimales parce qu'on ne sait pas dans combien de temps pendant une saison la biomasse des microbes est désintégrée et est reconstituée dans d'autres bactéries. Les calculs ici sont basés sur l'idée que chaque molécule de N n'est minéralisée et immobilisée qu'une fois par saison.

L'immobilisation est l'assimilation de N dans des structures moléculaires des microbes. Leur consommation de C est donc 8 g g^{-1} de N immobilisé pour la formation de la biomasse, et encore 16 g g^{-1} de N qui est respiré pour fournir l'énergie de la croissance. Nous estimons que par minéralisation une pareille quantité du C est perdue du sol, donc 16 g de C par g de N minéralisé.

Ces chiffres nous permettent de faire un petit calcul de la situation en équilibre en ce qui concerne le bilan de C_{org}. Quand l'immobilisation de N suit la minéralisation, le sol perd 32 g de C_{org} par g de N. Si la minéralisation est suivie par une absorption de la moitié de ce qui était minéralisé (voir 'aspect N'), le sol perd 24 g de C_{org} par g de N absorbé. Parce que minéralisation et immobilisation peuvent continuer simultanément, ces estimations sont basses, et on pourra argumenter facilement qu'elles sont plus élevées. A une productivité annuelle de 800 kg ha^{-1} de parties aériennes avec environ 800 kg ha^{-1} de racines, comme on le trouve dans la partie nord du Sahel, l'input de C_{org} dans le sol est 400-800 kg ha^{-1} an^{-1}, environ 50% de la biomasse étant du C_{org}. L'absorption de N est environ 10 kg ha^{-1} pour les parties aériennes et 6 kg ha^{-1} pour leurs racines ce qui correspond à une perte de 16 × 24 ou bien 400 kg C_{org}. Les plantes retournent donc dans le sol une quantité de C_{org} au moins supérieure à celle qu'exige la consommation minimale. Dans la partie sud du Sahel, l'input de C_{org} vient avec 2.400 kg de paille plus 800 kg de racine, donc par ha 1.600 kg de C_{org} au maximum. Par exploitation, termites et feu, l'input annuel de C_{org} est souvent en dessous de 800 kg ha^{-1}. Cette quantité est aussi presque la même de ce qui est estimé sur base des observations des transformations de N: absorption de 20-40 kg de N correspond à 500-1.000 kg de C. En supposant que les sols ne sont pas en train d'appauvrir en matière organique, on doit donc constater que les pertes en C_{org} qui correspondent aux transformations en N sont presque égales aux pertes minimales.

Les sols contiennent par ha 3.000-15.000 kg de C (tableaux 3.3.1 et 3.3.3). Comparé avec les inputs et pertes annuels de C_{org}, ces quantités sont remarquablement petites. Il est évident que le taux de C du sol diminue significativement dans 5-10 ans si les transformations de formes de N continuent sans input de C_{org}, par exemple sur un terrain dégradé. Le contenu en N ne change pas en conséquence de tels processus, de sorte que le rapport C/N diminue. Les processus s'arrêtent probablement à des valeurs du rapport C/N d'environ 6, à en juger d'après les observations faites au Sahel (tableau 3.3.1). Le fait que la plupart des sols avec un rapport C/N bas sont des sols exploités intensivement soutient l'idée que les conséquences d'une diminution d'input de C_{org} dans le sol a des effets dans un nombre limité d'années.

De grandes pertes de C_{org} pendant une saison de croissance sur le terrain ont été citées dans la littérature. De telles pertes ont été observées aussi dans le laboratoire: on a mesuré l'évolution de CO_2 des sols nus après qu'ils étaient mouillés à la fin de la saison sèche (fig. 5.3.7). La vitesse de respiration du C_{org} du quatrième au dixième jour était constante et environ 1 g kg^{-1} $jour^{-1}$ sur un sol argileux (D1) et sablonneux (S2) et 3 g kg^{-1} $jour^{-1}$ sur un sol limoneux (L) et sablonneux (S1). Si continuées pour une période de 50-100 jours, ces vitesses résultent dans des pertes considérables.

Pour étudier sur le terrain l'effet d'un apport de matière organique sur les transformations dans le sol et sa fertilité, on a appliqué de paille à 6.000 kg ha^{-1} (3.000 kg ha^{-1} de C_{org}, 20 kg ha^{-1} de N et 2 kg ha^{-1} de P) et ailleurs 10.000 kg ha^{-1} de bouse fraîche (5.000 kg ha^{-1} de C_{org}, 100 kg ha^{-1} de N et 10 kg ha^{-1} de P) sur des sols argileux, sablonneux et limoneux du ranch. Des fois, la matière organique était mise sur le sol et enterrée par des termites et coléoptères, des fois on l'a enterrée tout de suite. Il est remarquable que toutes ces applications n'ont eu aucun effet significatif sur la productivité des végétations dans la première et la deuxième année après l'application. Cette matière organique appliquée se comporte donc comme de la matière organique du sol avec un rapport C/N élevé. La récirculation de N des plantes semble donc être lente, et la productivité d'une année n'est pas influencée par la quantité de N retournée dans le sol de l'année précédente. Mais ces observations au ranch très claires et faites à plusieurs répétitions contredisent l'avis de Clark et Paul (1970) que la biomasse des plantes est décomposée dans quelques années, la pratique de l'utilisation de la fumure par les paysans et l'observation dehors du ranch où la productivité d'une végétation était bien stimulée après qu'un troupeau y passait la nuit. Il manque une explication pour les résultats anormaux obtenus au ranch. Le plus probable est que la minéralisation a été stimulée aussi bien que l'immobilisation et que l'effet net est nul les premières années.

Fig. 5.3.7. La production cumulative de CO_2, exprimée en mg C par kg de sol, des types de sol du ranch après qu'ils sont mouillés.

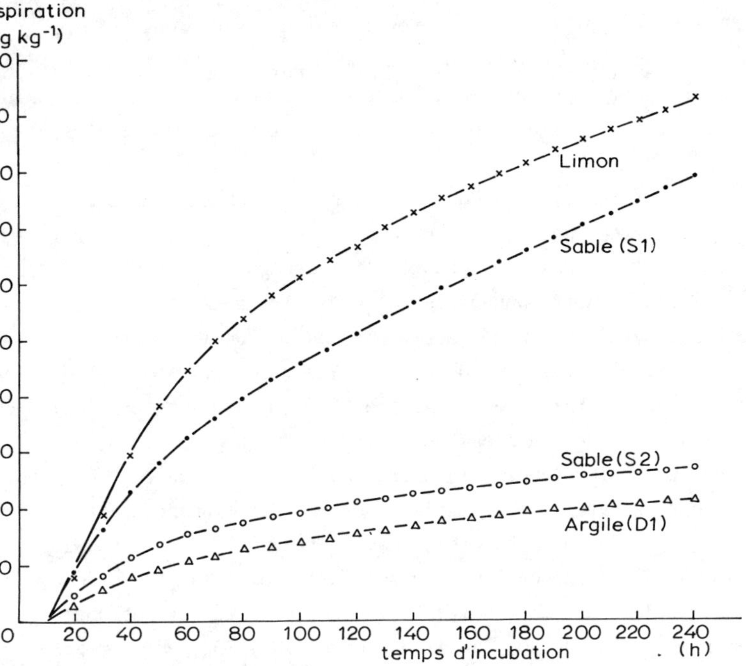

Fig. 5.3.7. The cumulative production of CO_2, expressed in mg C per kg of soil, of some soil types of the ranch after wetting.

La conception de la présence de 3 fractions de matière organique dans le sol, qui se distinguent par leur résistance à la dégradation, assiste à comprendre l'effet de jachère. Quand l'intensité d'exploitation d'un terrain est à un certain niveau depuis long temps, ces 3 fractions sont dans un 'équilibre dynamique': une partie de chacune est décomposée chaque année, et une pareille quantité est formée. Mais si la fraction la plus labile est épuisée par exploitation intensive pendant quelques années, plusieurs années de 'repos' sont nécessaires avant que cette fraction est reconstituée par décomposition progressive des fractions de matière organique plus résistantes. La reconstitution peut être accélérée par fixation de N par des légumineuses. La fertilité du sol est reflétée surtout par la fraction la plus facile à décomposer, et cette fraction est reconstituée pendant une période de jachère. Mais le sol en total appauvrit en N (et autres éléments), et la reconstitution par jachère n'est que partielle.

5.3.2.2 Nitrification

NH_4^+ dans le sol peut être transformé en NO_3^- par des bactéries chemolitho-autotrophes. La transformation, appelée nitrification, se passe dans 2 phases, chacune exécutée par une espèce de bactérie:

$NH_4^+ + 1,5\ O_2 \rightarrow NO_2^- + 2\ H^+ + H_2O$ (*Nitrosomonas*)

$NO_2^- + 0,5\ O_2 \rightarrow NO_3^-$ (*Nitrobacter*)

Par ces réactions, les bactéries dérivent de l'énergie pour leur croissance. La vitesse de nitrification est déterminée par le taux de NH_4^+, par la présence de matière organique, par l'humidité et le pH du sol, et par la température. Il n'y a pas de conséquences directes pour le bilan de C du sol, ni pour sa quantité de N_{inorg}. Les conséquences indirectes de la nitrification sont considérables, parce que la mobilité de NH_4^+ est plus petite que celle de NO_3^-. Ceci est très important pour l'absorption par les plantes et pour le lessivage.

Les déterminations de NH_4^+ et de NO_3^- dans quelques sols au ranch indiquent que seulement une partie du NH_4^+ est nitrifiée pendant une saison pluvieuse. Fig. 5.3.6 montre qu'environ 2/3 du N_{inorg} qui restait dans le sol après l'hivernage en 1976 était sous forme de NO_3^- et 1/3 comme NH_4^+. Dans cette année, le sol était longtemps humide, permettant la nitrification de continuer jusqu'en novembre. Une indication indirecte de la lenteur de la nitrification sur le terrain est obtenue par la fig. 5.2.9, dans laquelle les efficacités d'application des engrais urée et NO_3^- ont été comparées. L'efficacité de NO_3^- est plus basse que celle d'urée dans des cas où dénitrification était importante (partie 5.3.4.4) et ceci n'est possible que si la nitrification n'a pas encore eu lieu.

La cause de la nitrification partielle des sols sans fertilisation peut être le taux trop bas de NH_4^+ (quelques mg kg^{-1} de sol). La présence de certaines formes de matière organique dans le sol a aussi une influence inhibitrice, comme les produits de décomposition partielle de la paille et des racines (Odu, 1970). On a constaté sur quelques types de sols au ranch que la nitrification de NH_4^+ (appliqué comme $(NH_4)_2SO_4$) est fortement inhibée à la présence de la paille en quantités considérables. NH_4^+ peut être absorbé par des minéraux d'argile (Van Veen, 1977). Mais les types des minéraux des sols sahéliens (voir partie 3.3.2) en absorbent très peu, donc l'absorption chimique n'est pas considérée comme la raison de la nitrification partielle. Jansson (1958) constate qu'il reste souvent du NH_4^+ dans des sols non-fertilisés.

5.3.2.3 Absorption par les plantes

Les plantes n'absorbent que du N_{inorg} du sol. Le processus de l'absorption est considéré comme étant parallèle à l'absorption de N_{inorg} par les microbes pendant leur croissance. Il y a donc une compétition directe entre des groupes d'organismes. On a constaté (partie 5.2.3) que les végétations annuelles absorbent environ la moitié du N_{inorg} appliqué sur des sols différents. Vu le fait que la végétation commence chaque année avec de toutes petites plantes avec des systèmes de racines très limités, c'est quand même une prestation remarquable. Pour des végétations pérennes, on pourrait s'attendre à l'absorption d'une fraction plus grande de N_{inorg}, parce qu'elles ont leurs racines déjà au début de l'excès temporaire.

NO_3^-, étant plus mobile que NH_4^+, est absorbé le plus vite par les plantes. Les molécules arrivent avec l'eau qui coule vers les racines pour satisfaire la transpiration, mais surtout par diffusion. L'absorption quasi complète de NO_3^- du sol pendant l'hivernage (fig. 5.3.3) confirme que l'absorption de NO_3^- est très efficace: un système racinaire développé absorbe tout le NO_3^- formé dans le sol presque immédiatement (Seligman et al., 1975). L'immobilité de NH_4^+ fait que des molécules peuvent rester dans le sol sans être

'découvertes' par les racines (partie 4.5.5). Les grandes quantités de NO_3^- dans le sol après l'hivernage ne sont pas attribuées à une absorption moins efficace, mais
- à l'intensité de la fertilisation, qui apportait plus de N_{inorg} que les plantes pouvaient absorber;
- à la continuation de la nitrification après la maturation de la végétation.

Le taux de NO_3^- élevé au début de 1977 sur D1 (fig. 5.3.3) est aussi attribué à la nitrification, qui a pu continuer longtemps en 1976.

La plupart du N et une grande partie de la biomasse aérienne des plantes retournent dans le sol après l'hivernage. Les pertes de N considérables qui peuvent se passer dans cette période, ont été discutées ailleurs (partie 5.2.6).

5.3.3 L'apport de N

La fixation de N_2 gazeux par des organismes vivants est la source de N la plus connue. En plus, il y a du N inorganique qui vient surtout avec la pluie. L'intensité de ces processus est discutée ci-dessous.

5.3.3.1 L'apport d'origine atmosphérique

Un résumé de la littérature des formes de N dans l'atmosphère et leurs origines a été donné par Söderland et Svensson (1976). Le N de l'atmosphère existe sous plusieurs formes, dont les formes les plus abondantes (N_2 et N_2O) sont inertes. La déposition atmosphérique de N sur le sol et les plantes consiste principalement en NH_3 et NH_4^+ et NO_x. Ces molécules sont caractérisées par des temps de rétention dans l'atmosphère de 1-10 jours.

Le NH_3 de l'air est le résultat de volatilisation, un processus discuté dans la partie 5.3.4.3, et aussi de la combustion de charbon, de bois et de pétrole. Le NH_3 dissout dans l'eau des pluies. On estime que le taux de N des pluies du Sahel est en moyenne 0,3 mg l^{-1}, c'est-à-dire 3 g ha^{-1} mm^{-1} de pluie, sur base des données de Eriksson (1952), Meyer et Pampfer (1959), Richard (1964), Jones et Bromfield (1970), Villecourt (1975) et Bille (1977). Söderlund et Svensson (1976) ont observé que la déposition sèche (absorption par le sol et les plantes) est nulle dans les déserts, et pareille à ce qui se trouve dans les pluies dans les zones plus humides. Sur cette base, on estime que la déposition sèche de N est la moitié de la déposition par la pluie. Parce que la contribution de la déposition sèche est liée avec la durée que le sol et les plantes sont mouillées, nous supposons qu'aussi la déposition sèche est une fonction de la quantité de la pluie.

La formule générale de NO_x inclut NO, NO_2 dans les formes mono-, di- et polymoléculaires, et leurs acides correspondantes. Les sources de NO_x sont: la décomposition chimique de NO_2 dans les sols acides (le nitrite est un produit intermédiaire de la dénitrification et de la nitrification), la combustion du bois, du charbon et du pétrole; des décharges électriques dans l'atmosphère et des conversions chimiques dans la troposphère. L'anion prédominant dans la précipitation est NO_3^-. Sur base de la littérature indiquée cidessus, on estime qu'il y a 0,2 mg l^{-1} de N sous forme de NO_3^- dans les pluies au Sahel, c'est-à-dire 2 g mm^{-1}. La déposition sèche de NO_x dans les zones tropicales est approximativement 10x moins que celle de NH_3, et est négligée ici.

En total donc, on estime qu'avec 1 mm de pluie une quantité de N de 6,5 g ha^{-1} est ajouté aux pâturages: chaque année 0,65 kg ha^{-1} dans la partie nord du Sahel et 3,9 kg ha^{-1} dans la partie sud.

5.3.3.2 La fixation biologique de N_2

Les processus de fixation biologique de N_2 de l'atmosphère sont discutés par ordre d'importance regressive.

Les légumineuses Sur base de la littérature, et soutenu par nos observations au ranch et au laboratoire, on estime qu'en général 75% du N dans les légumineuses provient de la fixation de N_2 par les *Rhizobia* dans les nodules de leurs systèmes racinaires, et 25% provient de l'absorption du sol. Quand les légumineuses poussent sans compétition des graminées sur un sol déjà enrichi en N, ce pourcentage de fixation est environ 50%. Ces chiffres sont défendus dans la partie 6.2.2.

Les légumineuses forment en moyenne 5% de la biomasse de la végétation, c'est-à-dire du nord au sud du Sahel: 20-120 kg de biomasse ha^{-1} des parties aériennes, et 50% de plus quand les racines sont inclues. Leur taux de N est environ 2,5%. Leur contribution au bilan de N des pâturages est donc de l'ordre de 0,4-3 kg ha^{-1} an^{-1}.

Dans des zones surpâturées couvertes exclusivement avec du *Zornia glochidiata* et avec une production de 1.600 kg ha^{-1} an^{-1}, comme au ranch, la contribution n'est pas non plus élevée à cause du fait que le sol y est relativement riche en N_{inorg}, ce qui empêche la fixation. C'est pourquoi on estime que la fixation de N est de l'ordre de 5 kg ha^{-1} an^{-1}. Voir aussi partie 6.2.3.

Les algues Sauf sur des sols meubles dans la partie nord du Sahel, il y a presque partout des croûtes sur la surface du sol (partie 3.3.3). Dans les croûtes, il existe une flore alguale, dominée par les algues bleu-vertes, dont certaines espèces fixent N_2. L'espèce la plus abondante est *Scytonema spp.*, une algue fixatrice, qui se protège contre la sécheresse par une gaine. Aussi *Nostoc spp.* (fixatrices) sont trouvées fréquemment. Moins fréquentes sont *Calotrix sp.*, *Anabaena spp.* et *Cylindrosperma spp.* La quantité de N_2 fixée pendant l'hivernage dépend de la fréquence des algues fixatrices, de la durée de la période que la surface du sol est humide, de l'intensité de la lumière et aussi de la concentration de N_{inorg} dans les croûtes.

La vitesse de fixation de N_2 des algues dans des conditions favorables a été mesurée au laboratoire. Pour cela, on a mis les croûtes, récoltées sèchement, dans des petits containers transparents. Après injection de 10% C_2H_2, les containers, bien fermés étaient mis dans un grand réservoir d'eau, 1 cm au-dessous de la surface pour éviter une augmentation de la température. La production de C_2H_4 était suivie à l'aide d'un chromatographe à phase gazeuse. La durée de l'incubation était toujours moins que 6 heures. La vitesse de la production de C_2H_4 indique la vitesse avec laquelle N_2 est fixé, parce que l'enzyme nitrogenase catalyse les 2 réactions:

$N_2 + 6\ H \rightarrow 2\ NH_3$

$C_2H_2 + 2\ H \rightarrow C_2H_4$

Sur base de ces réactions on suppose que la réduction de 3 mol C_2H_4 correspond à la réduction de 1 mol N_2; dans la littérature on trouve que ce rapport varie entre 2 et 5 en pratique. En présence de C_2H_4, la réduction de N_2 est empêchée et on suppose que la vitesse de production de H est le facteur limitatif de la réaction. De cette façon, on a trouvé que la vitesse de réduction de N_2 par les algues devient constante 2 heures après que la croûte est mouillée, et est de l'ordre de $3\ 10^{-11}$ mol cm^{-2} min^{-1} le jour, et environ 1/3 de cette vitesse la nuit. La vitesse de réduction d'une croûte d'un sol sablonneux était un peu plus grande, celle d'un sol argileux un peu moins. La vitesse pendant la journée est plus grande que pendant la nuit parce qu'il y a plus d'énergie métabolique disponible. L'intensité de la réduction varie aussi d'une façon considérable pendant l'hivernage. Sur base des données de la partie 4.4.2.4, on a calculé la durée moyenne que la surface est humide le jour et la nuit. On trouve que, le jour, la surface est humide pendant 25 heures aux mois de mai, de juin et de juillet ensembles, 92 heures en août et 44 heures en septembre pour les jours, et 197, 144 et 361 heures respectivement pendant les nuits. Avec ces données, on estime que la fixation de N_2 par les algues était 1,7 kg ha^{-1} en 1979 sur le sol sablonneux (S2) au ranch, et 0,2 kg ha^{-1} sur le sol argileux (D1). Vu l'incertitude de ces données, on néglige la différence entre les types de sol et utilise seulement la moyenne. Parce que la quantité de N_2 fixée est liée fortement à la durée que la surface est humide, et donc à la quantité des pluies de l'hivernage, on estime que la contribution moyenne des algues au bilan de N aux pâturages au Sahel est 2 g mm^{-1} de pluie.

Les bacteries vivant en association avec les systèmes racinaires des plantes Il y a certaines espèces de bactéries, comme *Azotobacter spp.*, *Spirillum spp.* et *Clostridium spp.*, qui peuvent fixer du N_2 en vivant librement dans le sol. La source d'énergie est la matière organique du sol et les exudates des plantes. L'efficacité de la fixation de N, exprimée en g g^{-1} carbohydrates consommé, est basse: pour les bactéries qui sont obligatoirement anaérobes (comme *Clostridium pasteurianum*) l'efficacité est 0,01; pour *Klebsiella pneumonia* et *Bacillus polymixa*, des espèces qui sont facultativement anaérobes, l'efficacité dans les conditions anaérobes n'est que 0,005, et l'efficacité d'*Azotobacter sp.* dans des conditions aérobes varie de 0,01 (à 20% O_2) jusqu'à 0,05 (à 1% O_2; Mulder et Brotonegoro, 1974). Les conditions anaérobes dans les sols sahéliens sont rares, parce que les périodes où l'eau empêche la diffusion dans le sol sont brèves et la vitesse de consommation de O_2 y est relativement faible.

L'importance de la fixation de N_2 par des bactéries vivant aux environs des systèmes racinaires des graminées a eu beaucoup d'attention récemment (Döbereiner et al., 1978). Pourtant les résultats publiés ne sont pas sans équivoque. Pour estimer la contribution de telles bactéries au bilan de N au Sahel, un nombre d'espèces importantes ont été cultivées en vase sur des sols du ranch. La vitesse de réduction de C_2H_2 par les vases avec plantes a été mesurée en mettant les plantes non-perturbées dans de grands sacs en matière plastique avec 10% du volume de C_2H_2 pendant 12 heures. Des plantes des âges différents ont été mesurées. Les espèces annuelles investigées sont *Cenchrus biflorus*,

Chloris Prieurii, Diheteropogon hagerupii, Eragrostis tremula, Loudetia togoensis, Panicum laetum, Pennisetum pedicellatum, Schoenefeldia gracilis, Borreria radiata et *Blepharis linariifolia*. Elles étaient toutes cultivées en vases avec 10 kg de sol. Les pérennes, *Andropogon Gayanus* et *Vetiveria nigritana*, étaient cultivées en vases contenant 27 kg de sol. Tous les sols étaient fertilisés avec du P pour mieux exprimer le résultat de la fixation éventuelle. La quantité de N fixée était faible dans tous les cas, et variait entre 0 et 5% du N dans les plantes. Cette quantité de N fixée est probablement proportionnelle à la productivité de l'espèce. La raison en est que ces bactéries vivent des exudates des racines et des racines mortes, dont la quantité est environ proportionnelle à la productivité des parties aériennes. L'incertitude des valeurs individuelles des espèces est trop grande pour attribuer aucune signification aux différences constatées entre les espèces. C'est pourquoi on estime que, en moyenne, une quantité de l'ordre de 0,2 kg de N_2 est fixée par les bactéries associées avec les racines des herbes non-légumineuses par production de 1.000 kg de parties aériennes.

Les bactéries libres Pour avoir une indication de la contribution au bilan de N de ce type de bactéries, qui n'ont aucune association avec les plantes, une expérience au laboratoire a été faite. On a mesuré la réduction de C_2H_2 d'une couche supérieure de 10 cm des sols du ranch sans et avec supplément de la paille broyée (7,5 g kg^{-1} de sol à 0,3% N et 0,07% P) et sans et avec engrais (0,13 g kg^{-1} et 0,2 g kg^{-1} de N et de P respectivement, donné à part ou ensemble). Les observations ont continué 70 jours. La fixation sur des sols témoins était presque nulle. Avec de la paille, la fixation de N était de l'ordre de 8 g ha^{-1} $jour^{-1}$ sur un sol sablonneux (S2), de l'ordre de 25 g ha^{-1} $jour^{-1}$ sur limon (L) et de l'ordre de 2 g ha^{-1} $jour^{-1}$ sur argile (D1). Le sol avec P et sans et avec de la paille montrait des chiffres pareils ou inférieurs à ceux de paille seulement; de la paille avec P et N ne montrait aucune fixation. Vu ces vitesses faibles du témoin et la grande quantité de la paille appliquée (environ 10x l'apport naturel), la contribution de N par les bactéries libres est estimée à 0,25 g ha^{-1} kg^{-1} de paille.

Termites La contribution des bactéries dans les intestins des termites à la fixation de N_2 a été mesurée en mettant un nombre de termites dans de petits containers avec 1% de C_2H_2. La production de C_2H_4, mesurée très exactement après quelques heures, était tellement faible que même à des nombres de quelques millions de termites ha^{-1} (Ohiagu, 1979), leur contribution au bilan de N n'est que quelques dizaines de g ha^{-1} an^{-1}, ce qui est négligé.

5.3.3.3 Fertilisation

La fertilisation avec de l'engrais ou de la fumure est un apport directe de N au pâturage. Deux aspects de la fertilisation doivent être rappelés ici:

- l'efficacité de la fertilisation, c'est-à-dire la quantité de N absorbée relative à la quantité appliquée, et son complément: le N qui entre d'abord dans les stocks divers de N du pâturage (fig. 5.3.1) mais qui est retrouvée ultérieurement dans la biomasse;
- la vitesse avec laquelle ce N devient disponible pour les plantes.

L'efficacité des engrais est très élevée en général, mais pas 100%: des engrais avec du N sous forme d'ammoniaque et aussi l'urée peuvent perdre 10-30% de leur N à cause de volatilisation de NH_3 si placés sur la surface. Plus la température, le pH du sol et la vitesse de sécher du sol après la pluie sont élevés, plus élevée est la fraction perdue; seulement quand l'engrais est incorporé dans le sol (plus de 10 cm) la perte est presque nulle. De nombreuses observations de ce genre ont été résumées par Terman (1980) et on adopte un pourcentage de perte de 20% dans nos calculs avec l'urée. Le nitrate n'est pas exposé à de telles pertes, mais peut être dénitrifié (partie 5.3.4.4). Les pertes de N de la fumure appliquée sur le sol sont probablement minimales (partie 5.3.4.1).

Les engrais azotés consistent ou forment du NO_3^- et du NH_4^+, qui peuvent être absorbés par les plantes immédiatement. Ils ont donc un grand effet sur la productivité dès l'année de leur application, comme la fig. 5.2.9 le montre. La fumure organique exige d'abord la décomposition microbienne avant de produire du N_{inorg}. L'effet de l'application du fumure est donc étendu sur plusieurs années. Dans nos expériences au ranch, moins que 10% du N de la fumure était absorbé par les plantes dans 2 hivernages successives (voir aussi partie 5.3.2.1). Pourtant, dans le cas de fertilisation avec des engrais et aussi avec de la fumure, tout le N entré dans le sol devient ultérieurement disponible pour les plantes. Ou, autrement dit, dans une situation d'équilibre où les stocks de N dans le sol (fig. 5.3.1) ne changent plus, la quantité de N qui est ajoutée au sol par fertilisation est récoltée complètement la même année.

5.3.4 Les pertes de N

Les processus par lesquelles N est perdu des pâturages sont très divers: exploitation et feu, volatilisation de NH_3 du sol et des plantes, dénitrification de NO_3^- et érosion de N_{org}. Leur quantification est difficile, comme pour les apports de N, et cette partie ne fait qu'une estimation de leur importance dans les pâturages sahéliens.

5.3.4.1 Exploitation

Par fauchage et par broutage des animaux, du N des parties aériennes des plantes est récolté. Pourtant, seulement une petite fraction du N brouté est assimilée. Sa valeur est généralement de l'ordre de 5% pour les types des systèmes d'élevage considérés, comme discuté dans la partie 9.2.2. Le reste est expulsé dans l'urine et les matières fécales et une partie de ce N récircule dans le sol. Harpaz (1975) constate que les matières fécales contiennent 16-50% du N excrété (30% en moyenne), le reste se trouve dans l'urine. Une grande partie du N dans l'urine s'est volatilisée: 40% (Peterson et al., 1956), 45% (Watson et Lapins, 1964), 80% (Barlow, 1974). Stewart (1970) a constaté que 20% du N de l'urine s'est volatilisé quand l'urine est versée à un endroit neuf, mais 90% si l'urine est évacuée à maintes reprises au même endroit. La cause est l'augmentation du pH du sol par l'urine, qui stimule la formation du produit volatil, le NH_3. Au ranch on a constaté que de tels endroits ont un pH de 8-9 (mais on a mesuré également que la fraction de N volatilisée n'y était que quelques pourcents du N dans l'urine).

Les excréments du bétail ont une teneur d'environ 1% en N sur la base de matière sèche. Cette matière organique, qui a un rapport C/N de 50, exige beaucoup de la décomposition microbienne avant qu'il y ait une accumulation de NH_4^+ qui peut causer du volatilisation. Avant que ce moment soit arrivé, la plupart des matières fécales sont incorporées dans le sol par des termites ou de coléoptères. Pour cette raison, la récirculation du N des fèces est presque complète.

En résumant, on estime qu'en moyenne 50% du N expulsé par les animaux est retourné dans le sol, et 50% est perdu comme NH_3 à l'air. Mais il est aussi évident que ce rapport récirculé/perdu peut varier de 3:1 jusqu'à 1:2 selon la condition de la surface du sol. Il est évident aussi que la récirculation du N consommé par les animaux tombe jusqu'à zéro quand les animaux broutent sur un pâturage et déposent leur urine et fèces ailleurs.

5.3.4.2 Feux

Tout le N dans la paille est perdu comme N_2 ou NO_x quand les plantes sont brûlées, donc 5-30 kg ha^{-1}. Dans les pâturages à graminées annuelles, le feu brûle presque toutes les herbes quand la biomasse dépasse 1.000 kg ha^{-1} dans le stade mûr et sec, mais il n'y a pas un feu chaque année. Si la végétation n'est pas suffisamment dense et si des parties gros, comme les tiges, sont encore humides, la biomasse ne brûle pas bien et complètement, surtout quand les feux sont relativement précoces (novembre, décembre). De cette façon, jusqu'à la moitié du N dans les parties aériennes peut échapper au feu. Dans la partie 6.5 on en parle plus amplement.

5.3.4.3 Volatilisation de NH_3 des plantes

Dans la partie 5.2.5, on a présenté des informations qui indiquent qu'il y a des pertes de N des plantes sèches d'environ 1 g kg^{-1} $jour^{-1}$, donc environ 25% du N dans les parties aériennes par année. Ceci correspond à 1-4 kg ha^{-1} an^{-1}.

Très peu est connu également de la volatilisation de NH_3 des plantes pendant la période humide. La putréfaction des feuilles des légumineuses qui tombent sur le sol et qui y décomposent pourrait être importante sur les pâturages naturels: ces feuilles sont riches en N, et leur rapport C/N bas permet une décomposition microbienne rapide et la formation de NH_4^+. Nous avons constaté que le pH de telles feuilles est presque pareil à celui de la surface du sol (5-7) quand il y a peu de feuilles, mais il s'élève jusqu'à 8,5 avec beaucoup de feuilles décomposantes, ce qui se passe par exemple quand la végétation se couche. De ces informations vagues il est difficile de préciser la quantité moyenne de N volatilisé et sa variabilité. La quantité volatilisée des plantes pendant la saison pluvieuse peut être 0-3 kg ha^{-1} an^{-1}; le chiffre exact dépend surtout de la pluviosité à la fin de l'hivernage. De telles estimations ne sont pas du tout extrêmes: Denmead et al. (1976) ont trouvé en Australie, que la volatilisation des pâturages non exploités et riche en légumineuses était en 30 jours environ 10 kg ha^{-1}. Voir aussi partie 6.2.

La volatilisation de N de la biomasse pendant la période sèche et humide ensemble est estimée d'être de l'ordre de 2 g kg^{-1} an^{-1} d'une végétation non-exploitée ou brûlée. dont approximativement la moitié dans la saison pluvieuse et la moitié dans la saison sèche.

5.3.4.4 Dénitrification

Quand il y a du NO_3^-, de la matière organique et une condition anaérobe dans le sol, des bactéries spécifiques peuvent réduire NO_3^- suivant la réaction:

$$2\ NO_3^- + 2\ H^+ + 10\ H \rightarrow 2\ N_2 + 6\ H_2O$$

La vitesse de cette réaction peut être quelques dizaines de kg ha^{-1} $jour^{-1}$ dans des conditions favorables pour ce processus. Pourtant, la combinaison des conditions nécessaires est rare au Sahel: il y a peu de matière organique, la concentration de NO_3^- est souvent très basse, et des conditions d'anaérobie se développent rarement. En plus, la constante de la réaction, k_s exprimée comme le taux de N-NO_3^- dans le sol, est de 5-50 mg kg^{-1} (Kohl et al., 1976), de sorte que le taux de NO_3^- des sols sahéliens non-fertilisés est généralement trop bas pour permettre une dénitrification rapide. Parce que la végétation absorbe le NO_3^- d'une façon très efficace, le taux est surtout bas pendant le mois d'août, quand le risque d'un écoulement abondant est le plus grand. Une condition anaérobe peut se développer seulement quand le sol devient très humide ou même saturé de l'eau, ce qui bloque la diffusion de O_2; les racines et micro-organismes consomment alors la faible quantité de O_2 qui restait dans le sol. Sur base de ces données et considérations, on estime que la dénitrification dans des pâturages naturels est négligeable, en général.

Les terrains avec un sol argileux ou limoneux et avec écoulement, qui sont fertilisés intensivement, font souvent exception. Déjà dans la partie 5.2.2 on a constaté que l'efficacité de la fertilisation avec NO_3^- était souvent plus faible que de la fertilisation avec urée, ce qui est attribué à la dénitrification d'une grande partie du NO_3^-. Des pertes de la moitié du N appliqué ou plus peuvent se produire parce qu'il y avait encore beaucoup de NO_3^- dans le sol au moment où une condition anaérobe se développait. Ce phénomène est aussi bien connu ailleurs (Van Keulen et Van Heemst, 1981) et la possibilité de dénitrification doit être investigée d'avantage là où l'on propose la fertilisation comme mesure pratique afin de pouvoir éviter au maximum la dénitrification.

Suivant la théorie, la dénitrification est faible sur des sols très pauvres en matière organique décomposable. Une telle situation se produisait probablement dans l'essai qui donnait le point (0,75, 10) dans la fig. 5.2.9: l'efficacité de NO_3^- était élevée, et les plantes ont absorbé peu de N du sol non-fertilisé avec N (sans carence en P ou autres éléments), donc il s'agissait d'un sol très pauvre en matière organique décomposable. A cause de l'écoulement, il y avait de l'eau stagnante dans cet essai pendant 5 jours ou plus et il est très probable qu'il y avait une condition anaérobe.

Dans les considérations suivantes du bilan de N des pâturages (parties 5.5 et 5.6), on a négligé la dénitrification. Mais dans des études pour des zones spécifiques, on doit donner encore attention à ce processus, surtout après fertilisation avec NO_3^- sur des sols avec écoulement d'eau.

5.3.4.5 Lessivage

En dehors des dépressions, l'eau ne s'infiltre presque jamais à plus de 1-2 m de profondeur dans les sols du Sahel. Cela implique que les sels, parmi lesquels NO_3^-, ne sont presque jamais transportés hors de la portée des racines des herbes et des arbres et en conséquence il n'y a pas de pertes de N par lessivage. Le NH_4^+ et aussi le N_{org} sont même trop immobiles pour le lessivage. La fig. 5.3.6 montre un bon exemple.

5.3.4.6 Erosion

Il y a des pertes de N par transport du sol par le vent et par l'eau. Le sol transporté provient surtout de la première couche et est relativement riche en matière organique. En général, l'érosion est plus grande quand il y a peu de végétation et beaucoup de vent, comme dans la partie nord du Sahel. Mais souvent aussi les sols avec peu de végétation sont ceux qui forment le plus facilement des croûtes et ils sont alors bien protégés contre l'érosion. Une estimation expérimentale de l'érosion n'a pas été faite dans le cadre du P.P.S. Voir aussi la partie 3.3.2.

5.4 LE PHOSPHORE DANS LE SOL ET SON ACCESSIBILITE AUX PLANTES

5.4.1 Introduction

L'importance du phosphore (P) pour la croissance et pour la productivité des végétations a été montrée dans la partie 5.2 avec des expériences au ranch, et sa base physiologique a été indiquée. Aussi sur les pâturages au-dehors du ranch, on a constaté que la fertilisation avec du P a souvent un effet positif sur la productivité: de telles observations sont résumées au tableau 5.4.1. Dans ce tableau on voit que la biomasse totale de 17 terrains fertilisés avec du P (comme triple super phosphate, TSP) à 100 kg ha^{-1} et observée pendant 2 années a augmentée 19x des 27 observations, dans 5 cas il n'y avait pas un changement et dans 3 cas il y avait une réduction. En négligeant les chiffres des sites les plus secs (les numéros 28 et 29) où l'eau est le facteur limitatif, on élimine encore la moitié des cas sans effet positif. Dans 17 cas, il y avait des légumineuses dans ces pâturages: 10x il y avait un effet positif, 1x sans changement et 6x une réduction. Dans la partie 6.2 on parle plus amplement de ces résultats. Ici on constate que la fertilisation avec du P a eu un effet positif dans la plupart des cas, qu'une carence en P est commune au Sahel malien, mais aussi que les différences entre les endroits et les années sont grandes. Sur quelques terrains, la fertilisation a eu lieu 1-2 années avant les récoltes présentées dans le tableau 5.4.1. L'effet de la fertilisation persiste donc quelques années au moins. Vu la similitude des sols de toute la zone sahélienne, nous attendons que ces phénomènes sont généraux au Sahel.

Dans cette partie, nous discutons les formes de P et les transformations dans le sol qui rendent le P disponible ou indisponible pour les plantes, l'absorption du P, et les conséquences à long terme pour le bilan de P par des modes d'exploitation. Nos recherches expérimentales n'ont pas permis de prêter beaucoup d'attention au processus de l'absorption du P, et encore moins aux transformations du P dans le sol. Cette partie est surtout basée sur la littérature, dont Innis (comm. pers.) faisait une étude qu'il a résumé dans un modèle à simuler. Il se base surtout sur 2 études approfondies: celle de Cole et al. (1977) des transformations de P dans des formes organiques dans le sol, et celle de Beek (1979) qui a étudié la dynamique des transformations de P dans des formes inorganiques.

Tableau 5.4.1. Un inventaire des productivités des pâturages naturels (matière sèche, m.s.tot.) des sites du trajet nord-sud et du ranch avec et sans application de P (TSP) de 100 kg ha^{-1}. La fertilisation a eu lieu dans l'hivernage 1976 au ranch, avant l'hivernage 1977 sur les sites 1-15, et avant l'hivernage 1978 sur les sites 28 et 29. Si présent, la biomasse des légumineuses (m.s.lég.) a aussi été mesurée séparément. Sans observation: -.

Site no. ou endroit au ranch	Substrat	Pluviosité moyenne (mm an^{-1})	1978				1979			
			-P		+P		-P		+P	
			m.s.tot. (kg ha^{-1})	m.s.lég. (kg ha^{-1})	m.s.tot. (kg ha^{-1})	m.s.lég. (kg ha^{-1})	m.s.tot. (kg ha^{-1})	m.s.lég. (kg ha^{-1})	m.s.tot. (kg ha^{-1})	m.s.lég. (kg ha^{-1})
1a	argile	400	-	-	-	-	900	0	1.100	0
1b	sable/argile	400	1.300	100	3.000	1.000	1.500	0	1.500	0
1c	sable	400	-	-	-	-	1.000	0	1.100	0
2	sable lim.	400	1.800	400	1.900	900	1.000	100	1.000	100
3	sable	375	-	-	-	-	800	0	900	0
4	limon	400	-	-	-	-	800	200	1.500	300
15	sable lim.	480	-	-	-	-	1.200	600	2.200	200
28	sable	250	400	0	400	0	800	0	500	0
29	sable	225	300	0	300	0	100	0	100	0
ranch:										
S1	sable	580	2.000	300	3.200	500	1.100	400	1.700	700
S2	sable	580	-	-	-	-	1.900	500	800	0
jachère	sable	580	1.800	200	2.200	100	-	-	1.000	0
'Zornia 5'	sable	580	1.000	800	2.800	900	2.000	500	1.800	900
'Zornia 2'	sable	580	1.800	500	2.800	300	1.000	600	3.000	1.000
'Zornia 3'	sable	580	1.300	700	1.800	600	1.600	800	2.400	600
Limon	limon	580	2.600	100	3.700	300	1.500	300	2.400	500
Argile (D1)	argile	580	2.400	0	2.600	0	1.500	0	2.000	0

Table 5.4.1. An inventory of the productivity of the natural pastures (dry matter, m.s.tot.) of the sites on the north-south traject and on the ranch, with and without an application of P (TSP) of 100 kg ha^{-1}. The fertilization took place in the 1976 rainy season on the ranch, and before the 1978 rainy season at sites 28 and 29. If present, the biomass of the legumes (m.s.lég.) was measured separately. Without observation: -.

Innis a combiné ces études, et les a complétées avec des données de la littérature. Nous considérons que les concepts de la structure du modèle sont corrects pour les situations au Sahel, où l'approvisionnement du P des plantes vient des sources organiques et aussi des sources inorganiques. D'autre part, il est évident que des paramètres de ce modèle pour caractériser le système au Sahel ont souvent peu de base expérimentale ou théorique. Les conclusions tirées ici doivent donc être considérées avec prudence.

Les taux de P-total des sols saheliens sont relativement bas (environ 100 mg kg^{-1}, voir tableaux 3.3.1 et 3.3.3). Pourtant, même à des taux bas, il s'agit des quantités considérables: de l'ordre de quelques centaines de kg ha^{-1} dans la couche de 0-20 cm. Etant donné que la couche supérieure est toujours exploitée le plus intensivement par les racines (partie 4.5.5), on a l'habitude de calculer les quantités de P ha^{-1} en tenant compte seulement de cette couche.

Comme pour l'azote (N), la plupart du P du sol est dans une forme inaccessible aux racines: elles en absorbent seulement du P soluble (PSOL), c'est-à-dire $H_2PO_4^-$ et HPO_4^{2-}, dont il n'y a que très peu. La quantité de P absorbée dans une forme soluble organique, ignorée ici par manque des données spécifiques, est important des fois (Dalal, 1977). Beek (1979) distingue 3 formes principales de P-inorganique: le P-inorganique labile (PIL), P-inorganique stable (PIS) et P-inorganique minérale (PIM). PIM consiste en P du matériel maternel et en formes de phosphate de Al, Fe et Ca qui sont très peu solubles. PIS et PIL sont des phosphates qui ont des vitesses d'échange beaucoup plus élevées que PIM. La fig. 5.4.1, côté droite, montre les rapports entre ces formes de P-inorganique. Les transformations sont des processus physico-chimiques.

Le P-organique du sol est le P incorporé dans la matière organique. En dehors du P dans les systèmes racinaires, il est distingué par Cole et al. (1977) dans une forme stable (POS), une forme labile (POL) et dans des micro-organismes vivants (PMC). POS consiste en P dans la matière organique des plantes, microbes et animaux morts qui se décomposent très lentement à cause de leur résistance à l'attaque microbienne. POL est le P dans des formes organiques qui sont plus décomposables. Les décompositions de POL et de POS sont des processus biologiques. La partie gauche de la fig. 5.4.1 présente leurs rapports. Cette partie du schéma ressemble au schéma 5.3.1 pour les transformations du N, ce qui est logique parce que les transformations de P-organique et de N-organique sont des aspects différents des mêmes processus.

La forme PSOL, formée par la décomposition du POL ou par la solution de PIL et de PIS, est la forme qui fait la liaison entre les formes organiques et inorganiques. Les plantes et les microbes l'absorbent, et retournent le P dans le sol dans les formes POS et POL. On pourrait donc penser à une circulation de P exclusivement via la route: PSOL → plantes et microbes → POL et POS → PSOL. Une telle situation peut exister quand on considère les processus pour une période d'une année; on en parle dans la partie 5.4.4. Pendant l'hivernage même, ceci n'est pas le cas:

- les formes organiques et inorganiques sont souvent pas en équilibre et l'un approvisionne l'autre;
- la vitesse de formation de PSOL est souvent inégale à son absorption, et l'excès temporaire du PSOL précipitera comme PIS ou PIL parce que la quantité du PSOL ne dépasse pas un seuil faible.

Fig. 5.4.1. Un schéma des transformations de P dans le sol et l'absorption par des plantes et des microbes. Pour l'explication de ce schéma: voir texte. Le P dans le sol est sous la forme inorganique (bloc à droite) ou organique (bloc à gauche). Les processus dans le bloc inorganique sont des réactions physico-chimiques; les processus dans le bloc organique sont des actions microbiennes. Absorption de P par les plantes et les bactéries se passe de la forme inorganique soluble (PSOL). POS, POL et PMC représentent le P dans la matière organique stable, labile et microbes vivantes; PIS, PIL et PIM représentent le P inorganique stable, labile et minérale. Les types d'engrais triple super phosphate et le phosphate naturel du Tilemsi sont indiqués avec TSP et PNT. Les quantités typiques du couche 0-20 cm du sol du ranch sont indiquées dans les (P, en kg ha^{-1}) et des transformations dans les (kg ha^{-1} an^{-1}); leurs valeurs sont dérivées dans la partie 5.4.2.

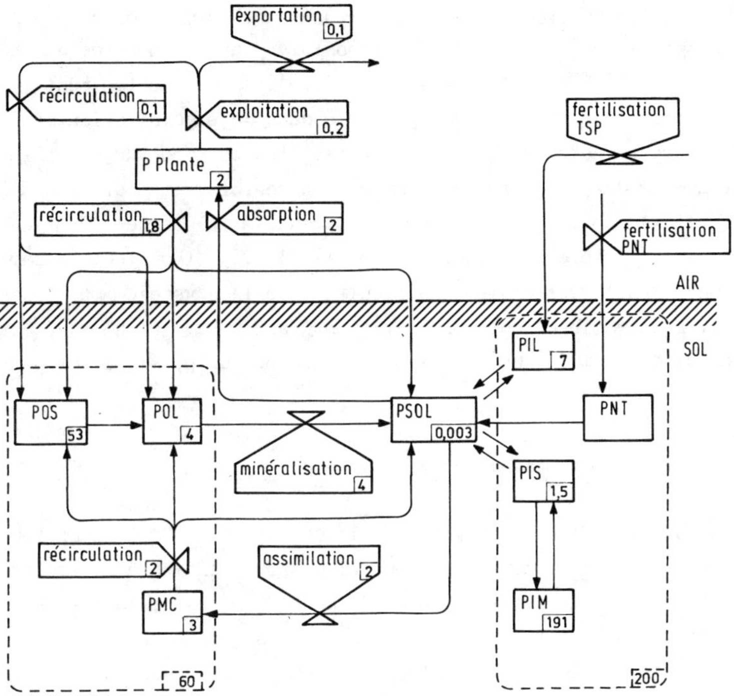

Fig. 5.4.1. A scheme of the transformations of P in the soil and the absorption by plants and microbes. For an explanation of this scheme: see text. The P in the soil is in an inorganic (right-hand block) or organic (left-hand block) form. The processes in the inorganic block are physical-chemical reactions; the processes in the organic block are microbial actions. Absorption of P by the plants and bacteria takes place from the soluble inorganic form (PSOL). POS, POL and PMC represent the P in the stable organic matter, labile matter and in living microbes; PIS, PIL and PIM represent the inorganic stable, labile and mineral P, respectively. The types of fertilizer triple super phosphate and natural phosphate of Tilemsi, are indicated by TSP and PNT. The typical amounts in the 0-20 cm layer of the ranch soil are indicated in the (P, kg ha^{-1}) and the transformations are given in the (kg ha^{-1} yr^{-1}); their values are derived in part 5.4.2.

PSOL, exprimé en P, est toujours très faible: 0,003-0,3 g m^{-3} d'eau du sol selon Beek (1979) ou 0,01-0,02 g m^{-3} pour les sols ferrugineux de la savane selon Kowal and Kassam (1978). La couche supérieure du sol ne contient donc que quelques g ha^{-1} de P. Des végétations annuelles naturelles contiennent de l'ordre de 2 kg ha^{-1} de P dans les parties aériennes et souterraines dont la plupart est absorbée en 50 jours. Le stock de PSOL est donc épuisé et reformé au moins 10x $jour^{-1}$. Surtout la minéralisation de POL et la solution de PIL et de PIS y contribuent. Un autre aspect de l'acquisition de P est qu'il est absorbé d'un cylindre serré autour des racines individuelles. Ceci fait que les plantes exploitent souvent seulement une partie de la couche supérieure du sol pour le P, même en cas d'une carence en P. Ces aspects sont discutés ci-dessous.

Quant aux autres aspects du bilan de P on peut être bref: il n'y a pas un processus analogue à la fixation de N_2 de l'air, ni à la dénitrification. Il n'y a pas de pertes de P par volatilisation ou par feu, parce que les formes de P ne sont pas volatiles. L'effet du feu sur le bilan de P est que le P retourne dans le sol dans une forme inorganique labile, au lieu d'une forme organique. (Ce P est plus disponible pour les plantes à l'hivernage suivant que le serait le P encore organique. C'est ainsi que le feu peut avoir l'effet d'une fertilisation avec P). Il n'y a pas de P dans la précipitation et il n'y a pas de lessivage. Il ne reste donc que quelques termes: l'exportation du P par le bétail et l'enrichissement avec P dans la forme de fumure ou d'engrais, et l'érosion du sol. On parle ci-dessous de l'exportation et de l'enrichissement, mais pas de l'érosion qui est probablement souvent négligeable aux pâturages (partie 3.3.2). (Kowal et Kassam (1978) considèrent l'érosion des sols des champs d'agriculture de la savane comme importante dans beaucoup de cas). L'ensemble de ces considérations fait que le bilan de P est beaucoup plus fermé, que celui de N, mais aussi qu'il n'y a que peu de possibilités pour le manipuler.

5.4.2 Quantification des formes de P et leurs transformations

La plupart du P absorbé par les plantes provient de la couche de 0-20 cm de profondeur. C'est pourquoi tous les chiffres et considérations ci-dessous sont basés sur cette épaisseur du sol. L'hétérogénéité de la distribution du P dans le sol est relativement grande, de sorte que l'échantillonnage est un problème encore plus grand que pour le C et pour le N. Mais vu le caractère exploratif de notre recherche, on n'a pas donné beaucoup d'attention à cette variabilité.

On trouve 30-600 kg ha^{-1} de P dans les sols sahéliens, comme on peut constater à la fig. 3.3.8. Les sols argileux sont en général plus riches, avec une valeur de P moyenne de 400 kg ha^{-1}, que les sols sablonneux avec 120 kg ha^{-1} en moyenne. En faisant des calculs pour l'ensemble du ranch de Niono, nous employons la valeur de 260 kg ha^{-1}. Les sols de la savane sont pauvres en P aussi, et contiennent 80-150 mg kg^{-1}, c'est-à-dire 240-450 kg ha^{-1} (Kowal et Kassam, 1978). Les sols près des points d'abreuvement, des camps de nuit et des villages forment une exception: ils sont enrichis avec de la fumure et ont des taux de matière organique et de P beaucoup plus élevés. Un exemple de l'effet de l'enrichissement du sol par le bétail a été enregistré près de Nara, une petite ville au Sahel malien. Le tableau 5.4.2 montre que le taux de P-total est presque normal à quelques km de la ville, mais 7x plus élevé au bord de la ville même.

La fraction P-organique (POL + POS + PMC) a été déterminée par la méthode de Mehta et al. (1954) dans quelques sols du ranch à plusieurs profondeurs. Le contenu en C et en N ont aussi été déterminé; des résultats typiques sont présentés dans le tableau 5.4.3. Le taux de P-total augmente légèrement avec la profondeur sur sable; 20-25% du P est dans

Tableau 5.4.2. Les taux de P, de N et de C et aussi leurs valeurs de P-Bray et le pH des échantillons du sol sablonneux pris à des distances de 0 à 6 km d'une petite ville au Sahel. Par exception, les chiffres réfèrent à la couche de 0-10 cm de profondeur.

Distance de Nara (km)	P-total ($mg\ kg^{-1}$)	P-Bray ($mg\ kg^{-1}$)	N-total ($g\ kg^{-1}$)	C-total ($g\ kg^{-1}$)	pH-(KCl)
0	515	45	1,1	10,0	7,0
1	153	3	0,6	4,6	6,9
2	95	2	0,6	4,6	5,8
6	76	3	0,4	3,3	5,1

Table 5.4.2. The P, N and C contents and also their P-Bray values and the pH of the samples of the sandy soil, taken at distances of 0 to 6 km away from a small town in the Sahel. By way of exception the figures refer to the layer with a depth of 0-10 cm.

Tableau 5.4.3. Les quantités de P, N et C dans un sol sablonneux (S2) et un sol argileux (D1) au ranch en $kg\ ha^{-1}$ couche^{-1}.

Type de sol	Couche (cm)	P-total	P-organique	N-total	C-total
Sable (S2)	0-20	180	35	405	5.400
	20-40	204	44	315	4.800
	40-60	204	-	330	3.300
	60-80	240	-	240	3.600
	80-100	252	54	300	2.700
Argile (D1)	0-20	265	65	960	10.500
	20-40	288	50	690	5.400
	40-60	264	-	525	4.500
	60-80	221	-	510	4.500
	80-100	235	14	450	3.600

Table 5.4.3. The amounts of P, N and C in a sandy soil (S2) and a clayey soil (D1) on the ranch in $kg\ ha^{-1}$ layer^{-1}.

la forme P-organique, le reste est donc P-inorganique. Cette répartition change des fois dans le sous-sol, comme le sol argileux le montre. Les sols du ranch diffèrent des sols des zones semi-arides aux Etat-Unis centrals, où les quantités de P-organique et de P-inorganique sont presque pareilles (Innis, comm. pers.), mais ils se trouvent au milieu du trajet présenté par Kowal et Kassam (1978) de 15-40% pour des sols de la savane.

Il n'y a pas de méthodes analytiques pour fractionner le P-organique en POS, POL et PMC, et non plus pour fractionner le P-inorganique en PIM, PIS et PIL. Nous employons donc une combinaison des observations, théorie et littérature pour obtenir des estimations.

Les méthodes de Bray II (1948) et de Olsen et al. (1954) déterminent une quantité de P qui dissout rapidement dans le sol. Nous identifions cette fraction comme PIL. Pour les couches supérieures des sols des pâturages naturels, on trouve des valeurs de P-Bray de 1-3 et même 7 $mg\ kg^{-1}$ (tableau 3.3.3). Tous les chiffres sont bas par rapport à ceux trouvés pour des sols d'autres zones semi-arides du monde, mais comparables avec d'autres études du Sahel (Brouwers et Keita, 1976, Feau, 1976, I.T.C., 1977). Pour la valeur de PIL au ranch nous retenons la moyenne de 7 $kg\ ha^{-1}$. Environ 40 échantillons des sols du Sahel malien des environnements de Nioro et de Kayes (analysés par la méthode PAL de Egnér et al., 1960) montrent le même trajet des valeurs du P que les sols du ranch. Malgré le fait que P-PAL n'est pas identique à P-Bray, il est donc probable que les sols du ranch ne sont pas du tout exceptionnels au Sahel.

Il n'y a pas une méthode directe pour déterminer PIS. Vu le rapport entre la vitesse de formation et de solution de 0,2 (voir ci-dessous) nous estimons que sa quantité est environ 5x plus faible que PIL, donc 1,5 kg ha^{-1}.

La forme minérale (PIM) au ranch contient donc en moyenne 260 (P-total) - 60 (P-organique) - 7 (PIL) - 1,5 (PIS) = 191,5 kg ha^{-1}, et est le plus grand stock du P dans le sol.

Par la méthode P-AR, expliquée ci-dessous, on estime la quantité du P des formes labiles dans le sol, donc PIL + POL. Pour les profondeurs de 0-20 cm, on a trouvé au ranch des valeurs de P de 6-8 kg ha^{-1} (tableau 5.4.6). La moyenne est multipliée par 1,5 (voir partie 5.4.4) pour avoir POL + PIL; PIL étant 7, POL est donc environ 3,5 kg ha^{-1}. La quantité de P dans les microbes n'est pas mesurée, mais estimée à l'aide de la fig. 5.3.1: leur teneur de N est de l'ordre de 11 kg ha^{-1}, ce qui est accompagné par environ 3 kg ha^{-1} de P. Le reste du P-organique du sol étant du forme stable, POS est égale à 53,5 kg ha^{-1}, en moyenne.

Les résultats de ces calculs et estimations sont résumés dans la fig. 5.4.1. Les vitesses de transformation de P d'une forme à l'autre sont très différentes. Elles ne sont pas mesurées dans ce projet, et les chiffres cités ci-dessous sont pris de la littérature. Là, ils ne sont pas déterminés en conditions sahéliennes. Les vitesses citées ci-dessous ne présentent donc qu'un ordre de grandeur.

La vitesse relative de décomposition de POL est environ 0,024 g g^{-1} $jour^{-1}$ (Cole et al., 1977), et celle de transformation de POS en POL 0,0008 g g^{-1} $jour^{-1}$ (Innis, comm. pers.). Quand le sol est humide pour 60 jours an^{-1}, comme au ranch, la minéralisation pourrait produire du P à environ 4 kg ha^{-1} an^{-1}. Cette valeur est égale à l'estimation de Kowal et Kassam (1978) pour les sols de la savane.

En analogie avec la minéralisation de N, on peut s'attendre à une minéralisation nette de P au début de l'hivernage, et donc à une production de PSOL (qui excède rapidement sa concentration maximale et précipite comme PIL). Plus tard, il y a l'absorption du PSOL par les microbes et les plantes et le PSOL est fourni par dissolution de PIL et par décomposition progressive de POL. L'échange de P entre POL et PIL, PMC et les plantes doit être relativement intensif, et ses quantités changent d'une façon considérable pendant l'hivernage. Il n'y a pas d'observations de ce phénomène. Pour la décomposition de PIM, Innes propose l'utilisation d'un coefficient de 4 10^{-6} g g^{-1} $jour^{-1}$, une vitesse très faible, qui ne permet qu'environ 0,2% du PIM de devenir PIS par an. Dans une situation d'équilibre, une pareille quantité de PIM est reformée du PIS. Beek (1979) indique que la dernière réaction va relativement vite (0,046 g g^{-1} $jour^{-1}$) dès que la quantité de PIS dépasse une valeur minimale; là dessous, la réaction n'a pas lieu. Chez lui, ce niveau minimal de P était 22 kg ha^{-1}. Parce qu'il s'agit d'un trait physico-chimique d'un certain type des phosphates, nous supposons que la même valeur est applicable au Sahel. Nous revenons sur l'importance de cette valeur minimale dans la partie 5.4.6. Le taux maximal du PSOL est très faible et la durée moyenne d'une molécule dans cette phase est brève.

Pour simplifier les calculs, Innis (comm. pers.) saute la phase PSOL et exprime la vitesse relative de la conversion de PIS en PIL comme 0,03 g g^{-1} $jour^{-1}$, et la réaction inverse comme 0,006 g g^{-1} $jour^{-1}$.

Toutes les réactions physico-chimiques s'arrêtent quand le sol est sec.

5.4.3 Considérations de la situation d'équilibre du bilan de P

La situation d'équilibre est définie comme l'état dans lequel les mêmes processus sont répétés chaque année avec la même intensité. Une telle situation se développe quand le mode d'exploitation d'un pâturage ne change pas pendant une longue période (ou plus précisément: un vrai équilibre se développerait seulement quand il n'y a aucune exportation de P, ou si l'importation équivaut à l'exportation; un quasi-équilibre s'installe à un niveau d'exploitation nette constante) et tous les autres facteurs resteraient constants.

Dans telles situations, la circulation de P semble de passer exclusivement par les formes de P-organique. Les valeurs de POL + POS sont donc en rapport avec la productivité de ce pâturage. Le modèle de Innis (comm. pers.) indique que la valeur de POS + POL est 0,035-0,08x le poids de la biomasse aérienne (tableau 5.4.4), un rapport qui correspond pas mal à ce que nous avons trouvé au ranch. Partant d'une distribution de 60% du P des plantes et 85% du P des microbes qui retournent dans la forme POS et le reste comme POL, il simule un rapport entre POS et POL d'environ 18; notre estimation au ranch est environ 15.

Dans une situation d'équilibre, il y a une certaine distribution de P parmi les formes organiques et inorganiques. Le modèle a été utilisé pour estimer les quantités des formes de P-inorganique qui correspondent à une productivité par ha de 1.000 et de 4.000 kg de biomasse aérienne et de 1.000 kg de racines dans tous les cas (c'est-à-dire une absorption de P de 2 et 5 kg an^{-1}). Innis le faisait pour une végétation annuelle et une végétation pérenne: ces végétations se distinguent parce que les pérennes possèdent 37% de leurs racines de l'hivernage précédent au début de la nouvelle saison. Les résul-

Tableau 5.4.4. Les quantités du P dans les sols (en kg ha^{-1} dans la couche de 0-20 cm) dans une situation d'équilibre avec une végétation annuelle ou pérenne à 2 niveaux de productivité (kg ha^{-1}). Ces valeurs sont des résultats des simulations; pour comparaison, des valeurs observées au ranch sont ajoutées.

	Situation d'équilibre, simulation				Observé au ranch
	annuelle		pérenne		
productivité	1.000	4.000	1.000	4.000	2.000
forme de P:					
P-organique	115	250	75	285	40-120
P-inorganique	225	1.830	120	580	160-380
P-total	340	2.080	195	865	200-500

Table 5.4.4. The amounts of P in the soils (in kg ha^{-1} in the 0-20 cm layer) in a state of equilibrium with an annual or perennial vegetation at 2 levels of productivity (kg ha^{-1}). These values are the results of simulations; for comparison, the values observed on the ranch are added.

tats des simulations sont présentés dans le tableau 5.4.4. Le rapport des formes PIM, PIS et PIL est toujours 25:1:5. La simulation des situations avec des productivités basses ressemblent le plus à celle observée au ranch: l'absorption d'une végétation annuelle avec une productivité élevée correspond à une quantité de P-inorganique plus grande qu'on n'y trouve. Le tableau montre aussi que les espèces pérennes sont moins sensibles au carence en P du sol que les annuelles, une observation importante. Il est intéressant de constater à l'aide du modèle qu'avec le même système racinaire et à un taux élevé de P-disponible, les racines absorbent suffisamment du P pour mieux croître, ce qui correspond à l'observation que le système racinaire est plus ou moins constant à tous les niveaux de fertilisation (partie 4.5.5).

Parce que le bilan de P d'un pâturage est simple, en principe, il est possible à ce stade déjà de sonder jusqu'à quel degré le bilan de P des sols du ranch sont en (quasi-) équilibre, c'est-à-dire ont une productivité constante. La perte par exportation du ranch est d'environ 100 g ha^{-1} an^{-1} (ce chiffre est composé de la biomasse, qui au moment de broutage pèse environ 1.500 kg ha^{-1} avec une teneur de P de 0,7 g kg^{-1}; 20% de la biomasse est broutée et la moitié du P consommé retourne sur le terrain dans les excréments et l'urine et le reste est exporté surtout dans la forme des déchets déposés en dehors le ranch). La perte par érosion est probablement plus petite que celle par exploitation, et est négligée. Au ranch, il n'y avait pas une fertilisation avec fumure ou engrais. La quantité de P-total diminue donc avec 100 g ha^{-1} an^{-1}, et est extraite surtout de la couche supérieure. La source ultérieure du P exporté est le P minéral (PIM). Quand le sol est humide durant 60 jours an^{-1}, la décomposition de PIM approvisionne $60 \times 4\ 10^{-6} \times (120\text{-}400) = 30\text{-}100$ g ha^{-1} an^{-1}. Les racines des annuelles, mais aussi des pérennes et arbustes apportent du P formé par décomposition de PIM des couches inférieures, et ajoutent peut-être 7-25 g ha^{-1} an^{-1} (leur contribution est petite parce qu'elle est liée à la densité faible des racines: fig. 4.5.5 et partie 5.4.5). Le transport de P des couches inférieures par diffusion est extrêmement lente, et le déplacement du P avec de l'eau est petit parce que la quantité dissoute est très faible. Presque tout le P extrait du sol provient donc de la couche supérieure. Il est intéressant de constater que sur le sol le plus riche en P, le sol argileux, la décomposition est pareille ou même supérieure à l'exportation. Il y existe donc un quasi-équilibre. Sur des sols plus pauvres, comme le sol sablonneux au ranch, surtout à des intensités d'exploitation plus fortes, il n'y a pas un tel quasi-équilibre. En plus, la plupart du P exporté provient des formes P-organique, comme conséquence de la décomposition lente de PIM, ce qui correspond à une diminution du P-organique de l'ordre de 2 g kg^{-1} an^{-1}. On doit reconnaître que la diminution est la plus forte pour les formes labiles de P. Sur elles, et sur la productivité, l'effet est donc plus grand et probablement de l'ordre de 10 g kg^{-1} an^{-1}. Si un tel degré d'exploitation du ranch est déjà effectué pendant 30 ans, la diminution du P-total de la couche supérieure est donc 6-7 kg ha^{-1}, et 0-1 kg ha^{-1} des couches inférieures. Les changes par 30 ans d'une exploitation légère ne sont pas grands sur un sol 'riche', mais déjà considérables sur un sol 'pauvre'. (L'enrichissement avec excréments dans des camps de nuit est beaucoup plus concentré que l'exploitation, donc l'effet se montre beaucoup plus vite que l'appauvrissement.)

Qu'est ce qui se passe quand l'intensité de l'exploitation d'un pâturage augmente relativement vite et cause une situation sans aucune végétation? Il n'y a plus de changement de la quantité du P-total (en supposant qu'il n'y a pas un enrichissement par fumure), mais il y a un changement qualitatif: la diminution du rapport P-organique/P-inorganique. La vitesse de ce changement est déterminée par les activités microbiennes, dont le bilan de carbone (C) est toujours négatif dans ce cas. La diminution du taux de C va vite au début (peut-être de l'ordre de 1.000 kg ha^{-1} an^{-1}) et ralentit de plus en plus parce que les fractions qui restent, sont de plus en plus resistantes à la décomposition. En moyenne, 1.000 kg de C dans la matière organique correspond à 100 kg de N et 7 kg de P. Il a y donc une diminution considérable de P-organique dans quelques années (quand le sol devient humide comme auparavant; le processus est décéléré quand l'infiltration est réduite par une croûte). Quand la quantité de PIS mininale est relativement élevée, comme suggéré dans la partie 5.4.2, la diminution de P-organique est compensée par la formation de PIL et de PIS, sans transformation du P dans la forme minérale (PIM). Le P reste donc disponible, ou est même plus disponible, pour les plantes qu'auparavant. En effet, cette possibilité est confirmée par des observations des sols nus au ranch où l'on a fait installer une végétation qui contenait aussi bien du P que les végétations ailleurs au ranch (fig. 8.6.4 et 5.2.15).

Pour les mêmes raisons, on peut s'attendre à un pareil changement dans la répartition P-organique/P-inorganique dans le sous-sol où l'influx de C est faible; tableau 5.4.3 semble le confirmer pour le sol argileux.

5.4.4 La capacité du sol de fournir du P aux racines

La disponibilité du P pour les plantes est souvent estimée par les méthodes de Bray II (1948) et de Olsen et al. (1954), qui sont basées sur l'extraction rapide du P avec certains extruants. Ces méthodes peuvent être utiles pour des conditions où l'approvisionnement des plantes avec P vient surtout des formes inorganiques et relativement solubles. Mais elles ne considèrent pas le P qui devient disponible par minéralisation, et qui est d'une importance cruciale sur des terrains naturels. Pour surmonter ce problème, nous avons appliqué une incubation du sol en présence d'un surplus de résine d'échange anionique (Amer, 1955, Turner et Gilliam, 1976). Après une période de 30 jours a un niveau de l'humidité du sol presque saturé et une température constante de 30 ^{o}C, la quantité de P absorbée par la résine est mesurée. Nous référons aux résultats obtenus avec cette méthode comme P-AR. En principe, ceci est une méthode quantitative pour déterminer la disponibilité de P pour des conditions standardisées.

Les résultats de cette méthode demandent une interprétation vers les conditions actuelles, où le sol est humide plus longtemps ou plus brièvement. Les valeurs de P-AR sont proportionnelles à la durée de cette période quand la vitesse de minéralisation de POL et de dissolution de PIL et PIS est constante, mais ne change que peu si la minéralisation se passe dans une période brève (voir partie 5.3.2.1). Le développement dans le temps de P absorbé par la résine nous indique que l'effet de la durée de la période est moins que proportionnel. Pour le ranch, où la couche supérieure du sol est humide durant environ 60 jours an^{-1}, nous multiplions la valeur de P-AR par 1,5 pour trouver PIL + POL,

Par l'enforcement dans le sol de la résine d'échange anionique en forme de plaques

Fig. 5.4.2. L'absorption du P pendant un hivernage par des plaques absorbantes incorporées dans un sol argileux (×, D1) et un sol sablonneux (o, S2), avec la profondeur.

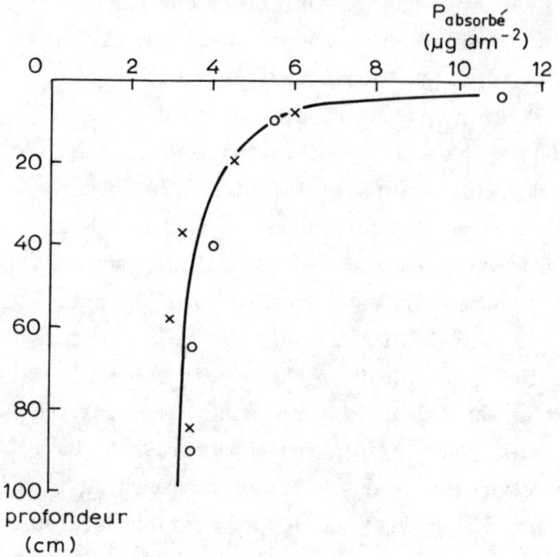

Fig. 5.4.2. The absorption of P during a rainy season by absorbing plates incorporated in a clayey soil (×, D1) and a sandy soil (o, S2), with depth.

de 10 × 2 cm, nous avons essayé d'obtenir une estimation de la quantité de P qui devient disponible dans le terrain. Pourtant, les premiers résultats ont montré beaucoup de variation et aucune corrélation avec le P absorbé par des plantes sur 2 sols; sa diminution avec la profondeur (fig. 5.4.2), est comme attendue. (Attendue, parce que la couche supérieure était humide plus longtemps que le sol en profondeur avant que les plaques étaient enlevées.) Des problèmes à cause d'un contact variable entre le sol et les plaques étaient peut-être sérieux. En plus, on ne peut pas extrapoler les résultats de P absorbé cm^{-2} vers un volume de sol, et la comparaison des types de sols doit être faite prudemment.

Quand on hésite d'employer de telles méthodes pour déterminer la disponibilité de P des sols, on peut aussi mesurer la quantité absorbée par les plantes. La détermination du P contenu dans les parties aériennes et une estimation de ce qui se trouve dans les racines au moment de la floraison est relativement simple et directe. Le désavantage est que le résultat est spécifique pour les conditions de croissance de cette année seulement, ce qui compte surtout quand le recouvrement de la végétation n'est pas homogène et à des productivités basses (<1.000 kg ha^{-1}) où la quantité des racines et le degré d'exploitation du sol sont très variables. En plus, si le rapport P/N des plantes reste très élevé tout le temps, la méthode sous-estime la disponibilité de P.

5.4.5 Absorption par les plantes et les micro-organismes du sol

Absorption du P par les plantes Il y a 2 facteurs clefs pour l'absorption par des plantes: l'absorption par cm de racine, et le nombre de cm dans le système racinaire. Pour l'absorption par cm: il y a plusieurs auteurs qui reconnaissent que la vitesse avec laquelle le P diffuse aux racines c'est le processus limitatif pour l'absorption, et pas la capacité biologique de l'absorption. Cette capacité joue des fois un rôle pour des racines dans des solutions nutritives. La vitesse avec laquelle le sol fournit du P aux racines est égale à la vitesse de la formation du PSOL par minéralisation et solution, mais seulement dans la partie du sol exploitée par les racines. Le transport de P dans l'eau de transpiration est négligeable.

On ne peut pas préciser de quel volume les racines individuelles absorbent du P parce que des observations sont difficiles à faire et la théorie n'est pas encore suffisamment développée. En plus, ce volume n'est pas nécessairement une valeur fixe pour tous les espèces et sols, mais une fonction de plusieurs facteurs (partie 4.5.5). Innis estime que le rayon effectif des racines est au moins son propre rayon plus 0,01 cm, souvent plus 0,1 cm et même 1,0 cm pour la période brève pendant laquelle les radicelles sont actives. Les conséquences pour le degré de l'exploitation du sol par des racines avec des cylindres d'un rayon de 0,01, 0,1 ou 0,5 cm est énorme, comme la fig. 4.5.6 l'illustre. Pour les calculs concernant le ranch, nous utilisons une valeur de 0,25 cm de rayon, une valeur dérivée dans la partie 5.4.6. A 0,25 cm de rayon et une densité normale de 2,5 cm cm^{-3} dans la couche de 0-20 cm (fig. 4.5.2), on peut constater à l'aide de la fig. 4.5.6 qu'environ 50% du sol est exploité. Ceci confirme l'idée avancée par plusieurs auteurs que la densité des racines est un facteur limitatif pour l'absorption du P sur le terrain (Innis, comm. pers.)

Olsen et al. (1977) ont trouvé que la vitesse de l'absorption de P du sol est presque proportionnelle au contenu d'eau du sol dans le trajet de tension hydrique de -0,3 à -15 bar: il y a moins de capillaires remplis de l'eau qui permettent la diffusion du P vers les surfaces des racines quand le sol sèche, et la concentration du PSOL n'augmente pas pour compenser cette diminution. Un sol qui contient beaucoup et longtemps de l'eau peut donc mieux fournir son POL et PIL aux racines qu'un sol sec. Un sol argileux contient souvent plus d'eau par cm^3 qu'un sol sablonneux dans les mêmes conditions à cause de la position de sa courbe de rétention de l'eau (fig. 3.3.6). Les sols sablonneux expriment donc plus facilement une carence en P que les sols argileux. En effet, dans les plantes jeunes sur argile au ranch, nous n'avons pas trouvé des carences en P au moment où il y en avait sur sable (partie 5.2.4).

L'existence des mycorhizes dans des racines pourrait causer une grande augmentation de l'efficacité d'absorption du P. Les mycorhizes sont des champignons inférieurs qui vivent dans les racines, qui y extraient des carbohydrates, mais qui ont aussi des fibres de mycélium qui pénètrent le sol. On suppose qu'ils absorbent des minéraux, qu'ils les transportent vers les racines et que les plantes en profitent. Un type de mycorhize, qu'on appelle VAM (Vésiculaire arbusculaire mycorhize) était présent dans toutes les racines investigées des échantillons du ranch, même dans des racines des plantules de 15 jours seulement. (Limonard, comm. pers.) Nous avons trouvé aussi des spores du VAM dans un nombre relativement élevé (environ 25 cm^{-3}) dans la couche supérieure de 4 sols (D1, S1, S2, L) du ranch. Les spores germent et poussent seulement en association avec les racines.

La présence du VAM ne donne pas encore une indication de son efficacité. Pour obtenir une indication, nous avons fait pousser des plantes (*Schoenefeldia gracilis*) en vases avec 17 kg de sol de la couche supérieure avec 25 spores du VAM cm^{-3}. Tous les éléments nutritifs (NH_4NO_3, K, S, Ca, Mg et les microéléments Cu, Co, Mo et Zn) sauf P étaient ajoutés pour assurer que le P était l'élément limitatif. A côté, il y avait des vases avec du sol de 80-100 cm de profondeur, qui contenaient en moyenne moins que 1 spore cm^{-3}: probablement trop peu pour un bon développement du VAM. Toutes les plantes avaient des rapports P/N très bas, confirmant qu'elles avaient une carence en P. Les résultats sont donnés dans le tableau 5.4.5. La quantité de P absorbée de la couche supérieure était 4-9x plus grande que du sous-sol. Quand cette différence était due exclusivement à l'efficacité du VAM, l'activité cm^{-1} $jour^{-1}$ de ces racines était 30-300% plus grande que des racines sans VAM (en supposant que les systèmes racinaires des grandes plantes étaitent 3x plus grands tout le temps). Par la méthode de P-AR (avec plaques, voir partie 5.4.4) dans des vases séparés, nous avons vérifié si la disponibilité de P de la couche supérieure et du sous-sol étaient pareilles. En moyenne, le sous-sol a libéré 2x plus de P que la couche supérieure, bien que les valeurs individuelles montrent une grande variation. En utilisant cette différence moyenne, l'effet du VAM est donc estimé à une stimulation de l'absorption de 60-600%. Une telle augmentation peut être le résultat d'un agrandissement du rayon effectif de la racine avec 30-250%, donc de 0,1-0,2 cm sans VAM à 0,25 cm avec VAM, mais aussi la conséquence d'une activité prolongée des anciennes parties du système racinaire. L'expérience était donc trop simple pour donner une preuve solide de l'efficacité des mycorhizes, mais apporte suffisamment d'arguments pour une recherche plus approfondie de cet aspect de l'absorption du P.

L'expérience appuie aussi l'hypothèse que l'absorption du P est liée étroitement avec l'intensité d'exploitation du sol par les racines. La fig. 5.2.12 donne cette suggestion aussi. En ce qui concerne l'absorption du P, nous tirons donc la conclusion que les es-

Tableau 5.4.5. La quantité de P dans les parties aériennes et souterraines des plantes *Schoenefeldia gracilis*, qui ont poussé pour 50 jours sur des sols différents. Tous les éléments nutritifs étaient appliqués, sauf P. Pour l'explication de la différence entre sous-sol et couche supérieure: voir texte. P-AR, mesuré avec des plaques, montre d'une façon relative la disponibilité du P dans les sols.

Type de sol	Profondeur (cm)	P absorbé (mg $vase^{-1}$)	P-AR (µg dm^{-2})
Argile (D1)	0-20	6,7	2,2
	80-100	1,1	2,6
Sable (S1)	0-20	4,5	1,7
	80-100	1,2	2,1
Sable ('Zornia')	0-20	11,8	0,9
	80-100	1,6	7,0
Limon (L)	0-20	12,6	1,1
	80-100	1,4	4,3

Table 5.4.5. The amount of P in the aerial and underground parts of *Schoenefeldia gracilis* plants which have grown for 50 days on different soils. All the nutritive elements were applied except P. For the explanation of the difference between the subsoil and the uppermost layer: see text. P-AR, measured with P-absorbing plates (see section 5.4.4), shows in a relative way the availability of P in the soils.

pèces avec un grand système racinaire, c'est-à-dire dense et profond, sont avantagées par rapport aux autres qui ne l'ont pas. Les racines dans les zones les plus humides sont les plus profitables. On a vu déjà (partie 5.4.3) que les plantes avec des racines qui restent vivantes plus longtemps, comme celles des graminées pérennes, et des arbres, ont un grand avantage en comparaison avec les annuelles. Nous suggérons que la caractérisation du système racinaire est un trait important de la description écologique d'une espèce. Cassman et al. (1981) le constatent aussi pour quelques espèces de légumineuses cultivées.

Absorption du P par les micro-organismes Les fig. 5.2.10 et 5.2.15 montrent une augmentation forte de l'absorption de N par les plantes comme réaction sur une fertilisation avec du P. Ce phénomène s'explique par une carence en P qui empêche l'absorption du N qui est disponible dans le sol (partie 5.2.4). Mais au début de nos recherches, nous avons investigé aussi si une telle augmentation de l'absorption du N pourrait être la conséquence d'une stimulation forte de la minéralisation, qui, à son tour, résultait d'une élimination d'une carence en P pour la croissance des micro-organismes. Il y a 2 raisons pour rejeter l'idée: de la fig. 4.5.6 on constate que plus une certaine biomasse est distribuée dans le sol, plus le volume est exploité efficacement. A un degré extrême de distribution, comme celui des microbes, la mobilité de P autour des bactéries et la vitesse de solution de PIS et PIL sont toujours suffisantes pour leur permettre tout le P qu'il leur faut. Ce sont l'énergie et le N qui limitent la croissance des micro-organismes (partie 5.3.2.1). Une expérience en vase confirme la grande disponibilité de P pour les microbes sur des sols pauvres: en ajoutant de la paille à 2 types de sol du ranch (D1 et S1) avec 100 mg de N-inorganique par kg de sol, on a enregistré l'immobilisation de la moitié du N dans 2 jours (fig. 5.3.5). Cette croissance des micro-organismes, l'immobilisation, est accompagnée par l'assimilation de 17 mg de P par kg de sol. La paille a contribué au maximum 7 mg kg^{-1}. L'assimilation nette de P, qui correspond à 30 kg ha^{-1} au moins, est très rapide. Mais il est même plus intéressant que l'assimilation du P dans les vases, qui recevaient du P supplémentaire, était aussi rapide que l'assimilation dans les vases que le ne recevaient pas. Ceci prouve que la disponibilité du P n'empêche pas la croissance des micro-organismes sur des sols qui ont une carence en P pour les plantes annuelles.

5.4.6 Fertilisation

La récupération du P donné sous la forme d'engrais est souvent seulement quelques pourcents, suivant la littérature et nos expériences aussi. Mais nous avons constaté aussi que des végétations naturelles absorbent du P de triple super phosphate (TSP) très efficacement si appliqué en dose faible et si P est l'élément limitatif pour la croissance. La fig. 5.4.3 le montre; elle est composée des résultats de plusieurs expériences faites pour d'autres raisons et les végétations ont été récoltées dans des stades assez différents. Pourtant, on peut conclure de cette figure que:
- l'efficacité de l'absorption à une dose faible est 50-70% sur le terrain, et le même dans des expériences en vase;
- le maximum de P absorbé est 10-21 kg ha^{-1}. Le maximum varie beaucoup parmi les expé-

Fig. 5.4.3. Le rapport de l'absorption du P par des graminées et de la dose d'engrais phosphaté à condition que P soit le facteur limitatif. Les engrais sont appliqués sur un sol argileux (Δ) et un sol sablonneux (o) au ranch, et sur un sol limoneux (□) en vase. Les symboles ouverts réfèrent à la fertilisation avec triple super phosphate (TSP), les symboles remplis à la fertilisation avec phosphate naturel de Tilemsi (PNT). La quantité de P absorbée par une culture semée de la légumineuse *Zornia glochidiata* sur sable au ranch, fertilisée avec TSP (×) ou avec PNT (+) est aussi inclue. La quantité de P absorbée indiquée est égale à la quantité totale des plantes moins le P dans les plantes à témoin; les quantités sont exprimées en $kg\ ha^{-1}$ au ranch et en $mg\ kg^{-1}$ de sol en vase. Les lignes continues représentent des récupérations constantes de $500\ g\ kg^{-1}$ et de $30\ g\ kg^{-1}$; les lignes discontinues représentent l'absorption du P par les graminées à des doses d'engrais et des productivités potentielles différentes.

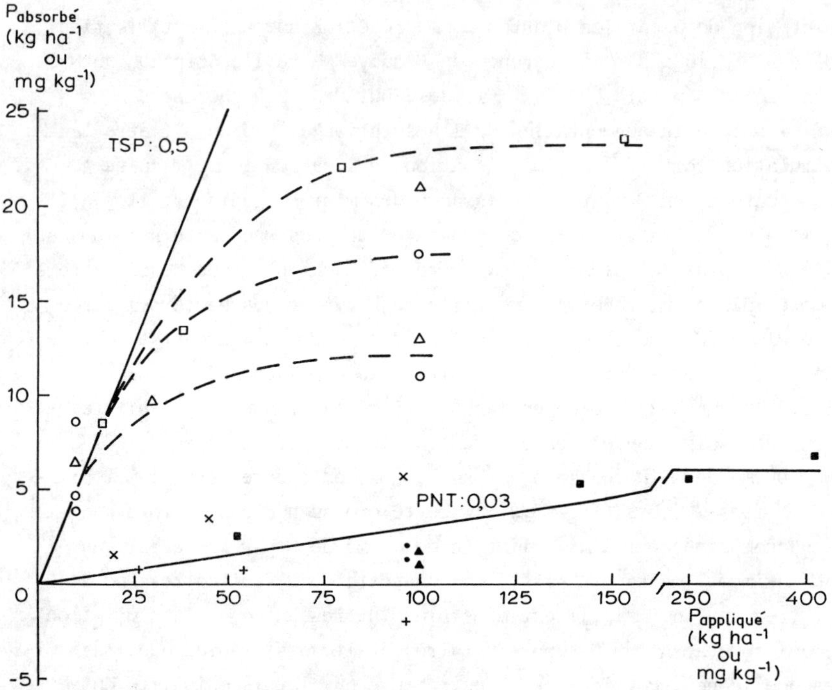

Fig. 5.4.3. The relation of the absorption of P by gramineae and of the dose of phosphate fertilizer on condition that P is the limiting factor. The fertilizers are applied on a clayey soil (Δ) and on a sandy soil (o) on the ranch and on a loamy soil (□) in pots. The open symbols refer to the fertilization with triple super phosphate (TSP), the filled-in symbols refer to the fertilization with natural phosphate from Tilemsi (PNT). The amount of P absorbed by a sown culture of the legume *Zornia glochidiata* on sand at the ranch, fertilized with TSP (×) or with PNT (+) is included too. The amount of absorbed P indicated is equal to the total amount of the plants minus the P in the control plants; the amounts are expressed in $kg\ ha^{-1}$ on the ranch and in $mg\ kg^{-1}$ of the soil in the pot. The continuous lines represent constant recoveries of $500\ g\ kg^{-1}$ and of $30\ g\ kg^{-1}$; the broken lines represent the P absorption by the gramineae at different doses of fertilizer and potential yields.

riences; ceci est lié à la productivité et à l'âge des plantes qui étaient différentes;

- la dose de P (TSP) standarde de 100 $kg\ ha^{-1}$ employée dans le projet P.P.S. a été suffisamment grande pour assurer l'élimination des carences en P dans tous les cas.

Il est intéressant de considérer la récupération théorique maximale. D'abord il n'y a aucune perte de P appliqué au sol. Supposons que le P dans la forme de TSP est complètement disponible pour absorption dans une année. Les racines et les microbes ensembles peuvent donc partager le P. (Le P qui précipite d'abord sous la forme de PIL peut dissoudre rapidement après, et reste disponible). La quantité de P immobilisée par les microbes est difficile à évaluer. Mais si l'on part de l'idée que les bactéries ne sont pas limitées par manque de P, elles n'absorbent pas plus de P en cas de fertilisation. Tout le P est donc disponible pour les plantes. Elles en absorbent presque la moitié si la dose n'est pas abondante (fig. 5.4.3). De cette observation, nous tirons la conclusion que les racines exploitent environ 50% du sol. Elles le font avec un système racinaire qui a une densité d'environ 2,5 cm cm^{-3} (fig. 4.5.2). Avec fig. 4.5.6, on peut dériver que les racines exploitent un volume avec un rayon d'environ 0,25 cm autour des racines individuelles (comme suite: dans la figure, le point est indiqué qui représente une densité de 2,5 cm^3 cm^{-3} et un diamètre de 0,05 cm; il correspond à une biomasse de 800 kg dans une couche de 10 cm. Ce sont des chiffres normaux. A un taux d'exploitation de sol de 50%, le degré de doublure dans la recherche de sol est déjà 0,28 (partie 4.5.5), de sorte que le volume fouillé est 0,7 cm^3 cm^{-3}, dont une partie 2x. Un tel système racinaire fouille 0,7 cm^3 cm^{-3} avec un rayon effectif de 0,25 cm). Cette estimation est minimale: si en réalité la disponibilité du P de TSP est plus petite que 100%, le degré d'exploitation est plus élevé et le volume exploité par racine individuelle est plus grand. Ces estimations du degré d'exploitation du sol et du rayon effectif des racines sont environ le double de ce que Innis (comm. pers.) a trouvé pour un pâturage naturel dans une zone semi-aride des Etats-Unis centrals. Il est possible que des mycorhizes aient contribué à cette différence.

La fig. 5.4.3 montre aussi que la légumineuse *Zornia glochidiata*, semée comme monoculture sur un sol sablonneux, absorbe le P du TSP avec environ 5x moins d'efficacité que les graminées. Nous y revenons ci-dessous.

Le Mali, et d'autres états sahéliens, disposent de vastes gisements de phosphate rocher. Ces phosphates ont été sujet de la recherche agronomique dans les pays sahéliens pendant plusieurs années (par exemple Thibout et al., 1978). Dans ces études, le P est toujours incorporé dans le sol par le labour, soit immédiatement soit après une certaine période. Ceci peut être la cause des différences de disponibilité de ces engrais pour les racines aux pâturages naturels, où l'engrais est toujours mis à la surface. Nous avons testé dans les pâturages naturels l'efficacité d'un des types de phosphate rocher: le phosphate naturel de Tilemsi (PNT) du Mali, dont le contenu de P est élevé (130 g kg^{-1}). Des résultats des expériences sur le terrain en 1977 et d'une expérience en vase, sont ajoutés dans la fig. 5.4.3; malheureusement, il n'y a pas de résultats à des doses faibles. Il y a 4 conclusions:

- En vase, la récupération par des graminées est 40 g kg^{-1} jusqu'à des doses de P d'environ 600 kg ha^{-1}.
- La récupération sur le terrain n'était que 20 g kg^{-1}; la différence est peut-être due aux conditions plus favorables (c'est-à-dire: plus humides) pour la décomposition de PNT et absorption en vase sur le terrain. Au ranch on peut donc s'attendre à un recouvrement de 20-30 g kg^{-1}. Par augmentation de la dose on peut stimuler la végétation d'absorber une quantité du P comparable à ce qu'elle absorbe du TSP.
- L'absorption atteint un maximum à des fertilisations en vase plus élevées que l'équiva-

lent de 600 kg ha^{-1} de P. Il y a, peut-être, un effet de saturation des réactions chimiques qui mettent un maximum à la vitesse de dissoudre du P. Seulement jusqu'à un niveau de l'ordre de 500-1.000 kg ha^{-1} de P (PNT), l'efficacité réduite peut donc être compensée par augmentation de la dose.

- Quant à la culture de *Zornia* sur sable fertilisée avec du PNT, l'efficacité semble être inférieure à celle des graminées, peut-être à l'exception des doses d'engrais faibles. En plus il faut qu'on vérifie si les doses élevées ne réduisent pas sa productivité.

La récupération du P de PNT sur le terrain est donc 20-30 g kg^{-1} dans la première année; celle de TSP environ 500 g kg^{-1}. L'efficacité de TSP est donc 20x plus que celle de PNT si exprimée sur base de P, et même 30x si exprimée par kg d'engrais. D'autre part, le PNT dégage du P pendant plusieurs années, tandis que le TSP est épuisé rapidement. La vitesse relative de dissoudre du PNT d'environ 0,04 kg kg^{-1} 30 $jours^{-1}$ se trouve entre celle de dissoudre du PIS et du PIM; le PNT dans le sol forme donc un groupe séparé dans la fig. 5.4.1. La vitesse relative de dissoudre du TSP est au moins 0,06 kg kg^{-1} $jour^{-1}$, et donc comparable à celle de PIS.

Sur la base des expériences en vases, la suggestion intéressante a été faite (Anguilar Santelises, 1981) que les légumineuses, qui fixent du N_2, acidifient le sol légèrement, et facilitent par cette action la solubilisation des phosphates naturels. Ceci leur donnerait un avantage que les graminées n'ont pas. Le seul groupe d'observations faite à ce sujet au ranch n'appuie pas cette hypothèse (fig 5.4.3), mais parce que ces observations concernent la légumineuse *Zornia glochidiata* avec un système racinaire probablement peu efficace (fig. 5.2.12), elles ne prouvent pas non plus le contraire.

Une grande partie du P appliqué n'est pas absorbée. Est-ce qu'elle est accessible aux plantes après? On doit distinguer la fertilisation avec TSP ou d'autres formes d'engrais qui dégage du P très vite (tableau 5.4.6), et la fertilisation avec PNT ou d'autres phosphates naturels qui dégage du P lentement. Pour le dernier groupe, nous attendons que le

Tableau 5.4.6. La disponibilité de P pour la végétation (en kg ha^{-1} $couche^{-1}$), exprimée comme P-AR et P-Olsen, 2 ans après fertilisation avec P (TSP) à 110 kg ha^{-1} en comparaison avec le témoin.

Type de sol sol	Profondeur (cm)	P-AR		P-Olsen	
		témoin	110 kg ha^{-1}	témoin	110 kg ha^{-1}
Sable (S1)	0-20	6,3	29,1	1,2	11,4
	20-40	5,1	5,1	1,2	1,2
	40-60	5,4	5,1	1,2	1,2
	60-80	5,1	5,1	1,2	1,2
	80-100	9,9	9,9	2,4	2,4
Argile (D1)	0-20	8,1	37,8	1,2	14,4
	20-40	5,1	8,4	1,2	2,4
	40-60	5,1	6,0	1,2	1,2
	60-80	5,5	6,0	1,2	-
	80-100	6,2	8,1	1,2	-

Table 5.4.6. The availability of P for the vegetation (in kg ha^{-1} $layer^{-1}$) expressed as P-AR and P-Olsen, 2 years after fertilization with P (TSP) at 110 kg ha^{-1} compared with the control.

dégagement du P continue plus au moins avec la même vitesse pour plusieurs années et enrichit donc lentement les formes de P-organique du sol et souvent la productivité. La récupération du P (PNT) après une longue période est probablement élevée. Le TSP non-absorbé est transformé en PIS et en PIL (ou est déjà sous une telle forme). Pour savoir sa destination, il est important de comparer la dose appliquée et la quantité minimale de PIS au dessus PIS est transformée en la forme très stable, le PIM (partie 5.4.2). Beek (1979) a déterminé que cette valeur minimale est égale à 22 kg ha^{-1}. Si cette valeur est applicable aux sols sahéliens, seulement une dose de P (TSP) de 100 kg ha^{-1} permet d'atteindre ce seuil: les doses en dessous restent complètement sous les formes PIL + PIS ou transformées en POL et en POS via les microbes, mais ce qui est donné en dessus de cette dose transformée vite en PIM est immobilisé pour longtemps. Il nous semble important de vérifier cette valeur de PIS minimale pour les conditions sahéliennes: l'hauteur de ce seuil a de grandes conséquences pour l'intensité et la fréquence de fertilisation. Nous suggérons de faire plus de recherches à ce sujet.

5.5 UN MODELE SIMPLE DE LA PRODUCTION ACTUELLE

5.5.1 Introduction

Le schéma, présenté ci-dessous, a une structure semblable au schéma pour la production potentielle dans la partie 4.6. Néanmoins il y a une différence. Nous avons vu, dans cette partie 5.3, que la fertilité du sol et surtout la disponibilité de l'azote inorganique (N_{inorg}) et du phosphore inorganique (P_{inorg}) en relation avec les caractéristiques du climat et du sol, sont difficiles à quantifier. En plus le 'timing' du dégagement de N et des minéraux et les quantités de ces éléments absorbées par les plantes sont difficiles à traduire en vitesse de croissance. Donc, même encore plus que la partie 4.6, ce modèle ne sert pas à prédire la production actuelle mais plutôt à expliquer la croissance actuelle comme nous l'avons observée au ranch de Niono, dans la partie sud du Sahel. Le schéma est basé sur les données de 2 expériences en 1977 sur un sol sablonneux (fig. 5.5.1) et sur un sol argileux (fig. 5.5.2) au ranch de Niono. L'expérience sur le sable était déjà partiellement rapporté dans la fig. 5.2.16. Les parties B de ces figures étaient déjà rapportées, sous une forme légèrement différente, dans la fig. 5.3.3. Toutes les données concernant ces expériences en 1977 sont rassemblées ici parce qu'elles jouent un rôle important dans l'explication du modèle qui suit. Nous ne prétendons pas que ces données, concernant la disponibilité de N et de P et l'absorption de N et de P par les plantes, sont valables ailleurs aussi. Cela signifie que nous ne pouvons pas utiliser ce schéma pour un autre endroit ou pour une autre année, sans mesurer de nouveau la disponibilité de N et de P et l'absorption de N et de P par les plantes à cet endroit et pendant cette année. Donc, comme déjà dit, ce schéma sert à une intégration de nos connaissances et hypothèses pour que nous obtenons une meilleure compréhension de l'influence de la fertilité du sol sur la production actuelle.

Le calcul présenté ici est une suite du calcul de la production potentielle comme présenté dans la partie 4.6. Il faut faire ce calcul tout d'abord parce qu'on a besoin des résultats à l'exécution du calcul qui suit. Le calcul est schématisé dans la fig. 5.5.3.

Fig. 5.5.1. Production actuelle sur un sol sablonneux en 1977 à Niono.
A: ⋇ biomasse calculée avec le modèle simple expliqué dans la partie 5.5.
• biomasse (kg ha^{-1})
o N dans les plantes (kg ha^{-1}) mesuré
× P dans les plantes (kg ha^{-1})
B: N_{total} et NO_3^- dans les plantes + sol et NH_4^+ dans le sol dans l'expérience présentée à la partie A.

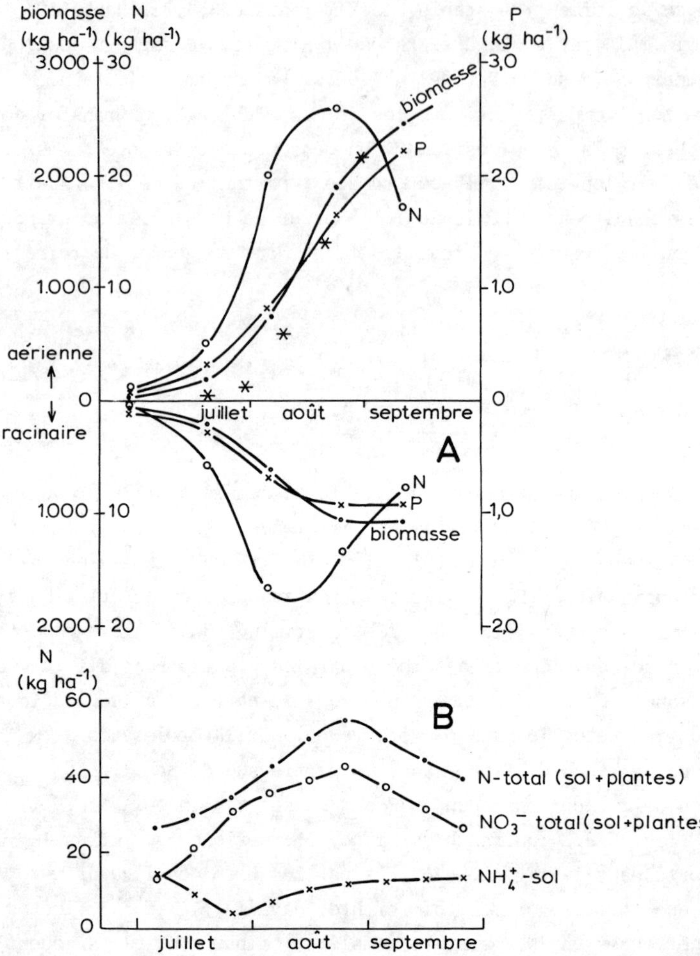

Fig. 5.5.1. Actual production on a sandy soil in 1977 at Niono.
A: ⋇ biomass calculated with the simple model explained in part 5.5.
• biomass (kg ha^{-1})
o N in the plants (kg ha^{-1}) measured
× P in the plants (kg ha^{-1})
B: N_{total} and NO_3 in the plants + soil and NH_4^+ in the soil in the experiment presented in part A.

Au début de chaque décade, il faut déterminer la disponibilité de N et de P dans le sol (N_{disp} et P_{disp}). En plus il faut déterminer les quantités de N et de P, qui peuvent être absorbées par la végétation durant cette décade (N_{max} et P_{max}). Ces quantités plus les quantités totales de N et de P déjà absorbées pendant les décades précédentes (ΣN_B(act)

Fig. 5.5.2. Production actuelle sur un sol argileux en 1977 à Niono. Explication: voir fig. 5.5.1.

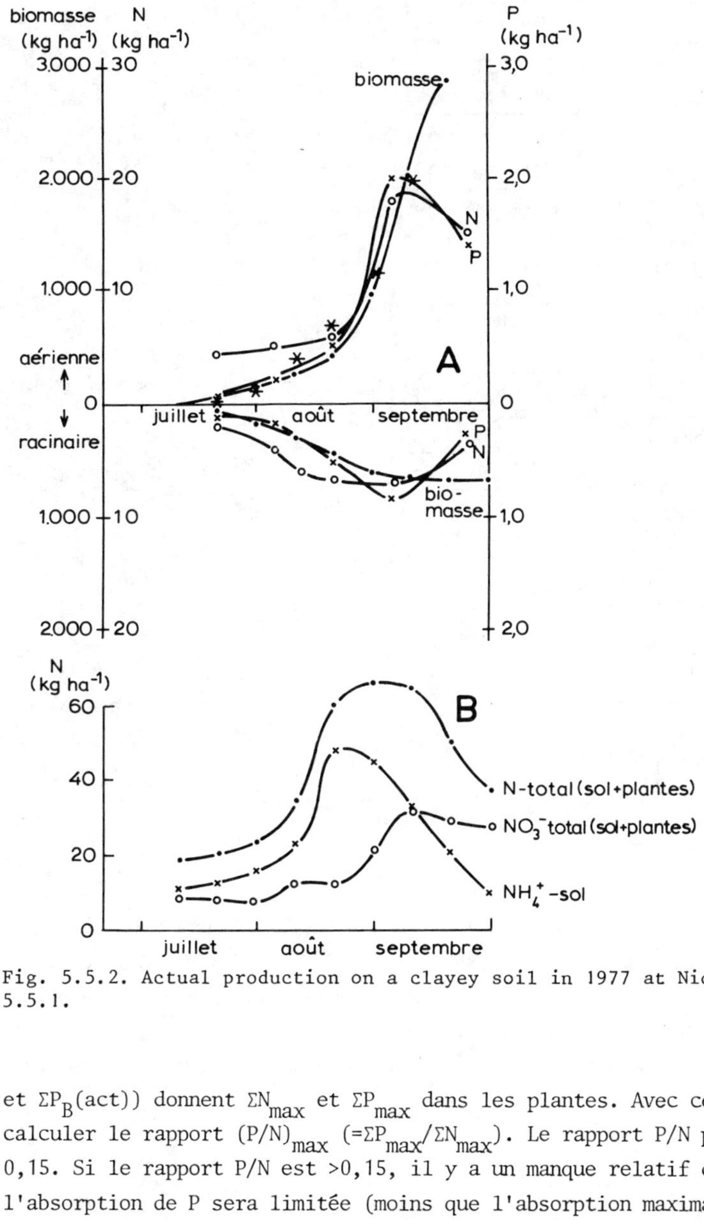

Fig. 5.5.2. Actual production on a clayey soil in 1977 at Niono. Explanation see fig. 5.5.1.

et ΣP_B(act)) donnent ΣN_{max} et ΣP_{max} dans les plantes. Avec ces quantités nous pouvons calculer le rapport $(P/N)_{max}$ $(=\Sigma P_{max}/\Sigma N_{max})$. Le rapport P/N peut varier entre 0,04 et 0,15. Si le rapport P/N est >0,15, il y a un manque relatif de N. Cela veut dire que l'absorption de P sera limitée (moins que l'absorption maximale) par l'absorption de N. L'absorption actuelle de P est calculée avec la formule indiquée dans la fig. 5.5.3. Si le rapport P/N est <0,04, il y a un manque relatif de P, ce qui veut dire que l'absorption de N sera limitée (moins que l'absorption maximale) par l'absorption de P. L'absorption actuelle de N est calculée avec la formule indiquée dans la fig. 5.5.3. Si le rapport P/N est >0,04 l'absorption actuelle de N est maximale ($N_{act} = N_{max}$). Les quantités actuelles de l'absorption de N et de P nous donnent les quantités totales de N et de P dans les plantes. Ces quantités limitent la croissance possible dans la décade parce que la crois-

Fig. 5.5.3. Schéma du calcul de la production actuelle.

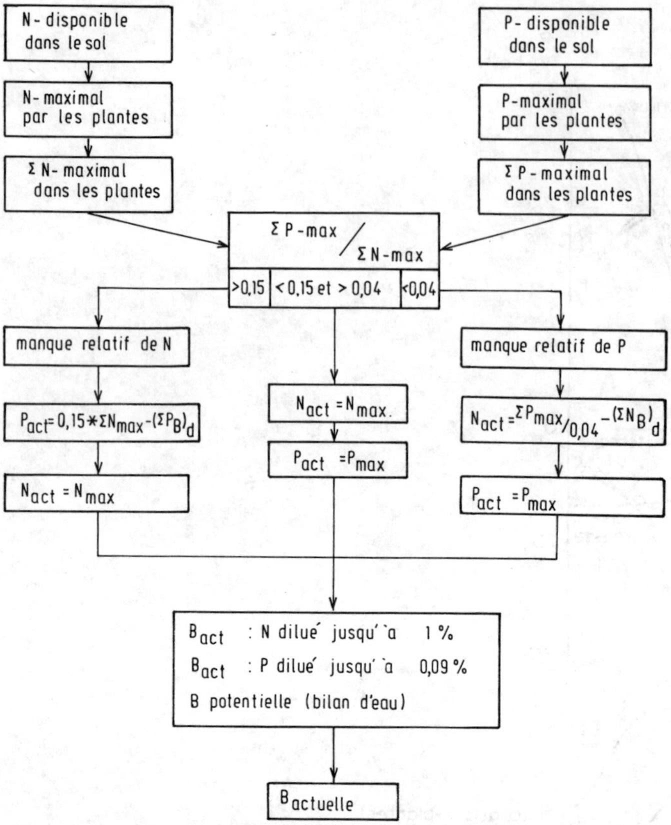

Fig. 5.5.3. Scheme of the calculation of the actual production.

sance ne peut jamais être telle que N et P sont dilués au-dessous des taux minimaux (voir fig. 5.2.5). Naturellement la croissance ne peut pas non plus être supérieure à la croissance potentielle dans la décade. Cette croissance potentielle est déterminée par le bilan d'eau du sol et doit être calculée avec le schéma présenté à la partie 4.6. Si la croissance est limitée à cause du fait que le taux de N ou de P atteint sa valeur minimale, on parle d'un manque absolu de N ou de P.

5.5.2 L'explication du calcul

L'explication du calcul se fait à l'aide d'exemples. Les tableaux 5.5.1 et 5.5.2 donnent les calculs de la production actuelle des champs identiques que nous avons présentés à la partie 4.6, sur le sable et l'argile, l'année 1977. Les calculs sont arrêtés au moment de la floraison, parce qu'à ce moment on constate une diminution des quantités de N et souvent aussi de P dans les plantes. Nos hypothèses pour cette diminution ne sont que qualitatives et ne pouvaient pas être inclues dans ce schéma de calcul. L'explication est encore assez brève. Le lecteur est invité, comme dans la partie 4.6, à exécuter les

Tableau 5.5.1. Calcul de la production actuelle sur un sol sablonneux.
Espace non rempli: valeur égale à zéro ou non applicable.
Année: 1977, Champs: S2.

1	2	3	4	5	6	7	8	9	10	11	12	13	14	15	16	17	18	19	20	21	22	23	24
Déc	$\Sigma P1$	ΣN_t	ΣNO_3^-	B_{A+R}	ΣB_{A+R}	B_R	ΣB_R	B_A	ΣB_A	N_{disp}	P_{disp}	P_{max}	N_{max}	ΣN_{max}	ΣP_{max}	$\frac{\Sigma P_{max}}{\Sigma N_{max}}$	N_{act}	ΣN_B	% N_B	P_{act}	ΣP_B	% P_B	P/N
juin 1																							
juin 2																							
juin 3																							
					plantules									semences									
juillet 1	70	27	13,0																				
juillet 2	84	30	22,0		(36)		(18)		(18)					(0,35)	(0,10)			(0,35)			(0,10)		
juillet 3	126	35	30,0	177	213	88	106	89	107	29,65	8,65	0,13	29,65	30,0	0,23	0,01	5,4	5,75	2,7	0,13	0,23	0,11	0,04
août 1	187	43	36,0	943	1.156	472	578	472	579	30,25	8,92	0,81	30,25	36,0	1,04	0,03	20,25	26,0	2,3	0,81	1,04	0,09	0,04
août 2	277	50	39,5	1.425	2.581	612	1.190	813	1.392	13,5	8,46	1,28	13,5	39,5	2,32	0,06	13,5	39,5	1,5	1,28	2,32	0,09	0,06
août 3	311	55	43,0	875	3.456	110	1.300	765	2.157	3,5	7,43	0,79	3,5	43,0	3,11	0,07	3,5	43,0	1,2	0,79	3,11	0,09	0,07
septembre 1	367	50	37,5																				
septembre 2	370	45	32,0																				
septembre 3	376	40	26,5																				

Table 5.5.1. Calculation of the actual production on a sandy soil.
Blank space: value equal to zero or in applicable.
Year: 177, Field: S2.

Tableau 5.5.2. Calcul de la production actuelle sur un sol argileux.
Espace non rempli: valeur égale à zéro ou non applicable.
Année: 1977, Champs: D1.

1	2	3	4	5	6	7	8	9	10	11	12	13	14	15	16	17	18	19	20	21	22	23	24
Déc	ΣP1	ΣN_t	ΣNO_3^-	B_{A+R}	ΣB_{A+R}	B_R	ΣB_R	B_A	ΣB_A	N_{disp}	P_{disp}	P_{max}	N_{max}	ΣN_{max}	ΣP_{max}	$\frac{\Sigma P_{max}}{\Sigma N_{max}}$	N_{act}	ΣN_B	% N_B	P_{act}	ΣP_B	% P_B	P/N
juin 1																							
juin 2																							
juin 3																							
														semences									
juillet 1	56	19	8,0											(0,30)	(0,03)			(0,30)			(0,03)		
juillet 2	80	21	8,0	42	78	21	39	21	39	7,7	8,02	0,04	7,7	8,0	0,07	0,01	1,45	1,75	2,2	0,04	0,07	0,09	0,04
juillet 3	114	24	8,0	144	222	72	111	72	111	6,25	8,13	0,13	6,25	8,0	0,20	0,03	3,25	5,0	2,3	0,13	0,20	0,09	0,04
août 1	145	35	12,0	578	800	289	400	289	400	7,0	8,55	0,52	7,0	12,0	0,72	0,06	7,0	12,0	1,5	0,52	0,72	0,09	0,06
août 2	290	60	13,0	500	1.300	250	650	250	650	1,0	9,28	0,63	1,0	13,0	1,35	0,10	1,0	13,0	1,0	0,63	1,35	0,10	0,10
août 3	317	66	21,0	800	2.100	390	1.040	410	1.060	8,0	8,95	0,96	8,0	21,0	2,31	0,11	8,0	21,0	1,0	0,96	2,31	0,11	0,11
septembre 1	374	65	32,0	1.100	3.200	260	1.300	840	1.900	11,0	7,94	0,93	11,0	32,0	3,24	0,10	11,0	32,0	1,0	0,93	3,24	0,10	0,10
septembre 2	377	50	29,0																				
septembre 3	383	38	27,5																				

Table 5.5.2. Calculation of the actual production on a clayey soil.
Blank space: value equal to zero or inapplicable.
Year: 1977, Field: D1.

calculs lui-même et à se familiariser ainsi avec ce schéma par essai et erreur. Le calcul commence la décade de la germination par la colonne 1. Cette décade est déterminée par le bilan d'eau du sol et peut être trouvée à l'aide du schéma dans la partie 4.6. Le calcul continue jusqu'à la colonne 24; après on recommence par la prochaine décade. L'ordre des colonnes suit de près le schéma de la fig. 5.5.3. Par exemple, dans les colonnes 13 jusqu'à 17 incluses, on calcule des termes sur la base d'une absorption maximale (c'est-à-dire théoriquement possible) de N et de P. Après avoir appliqué le critère que le rapport P/N doit rester toujours entre ces 2 limites, on calcule l'absorption actuelle. Dans ce qui suit on explique le calcul colonne par colonne et on se réfère souvent aux conclusions, aux figures et aux tableaux des chapitres précédents. C'est là où l'on trouve la base avec tous les détails des condérations en question.

Colonne	Abréviation	Signification et instructions pour le calcul
1	Déc	La décade considérée.
2	ΣPl	La pluviosité totale jusqu'à la décade considérée incluse. Nous obtenons ces chiffres par les données pluviométriques.
3	ΣN_t	N_{inorg} total jusqu'à la décade considérée incluse, dans les plantes et le sol. Il paraît de nos expériences (voir fig. 5.3.4) que ΣN_t est fortement lié à ΣPl et est une fonction linéaire de ΣPl jusqu'à la floraison. Cela n'est pas étonnant, parce que la minéralisation, la fixation de N et le N contenu dans la pluie sont liés à la pluviosité (voir partie 5.3.2.1). Pour le calcul dans les exemples nous utilisons les données d'expériences, c'est-à-dire les points qui sont indiqués dans la fig. 5.3.4.
4	ΣNO_3^-	N_{inorg} total sous forme de NO_3^- jusqu'à la décade considérée incluse, dans les plantes et le sol. Il apparaît que la croissance est liée à la quantité de NO_3^- dans le sol plutôt qu'à la quantité totale de N_{inorg} (NO_3^- + NH_4^+), parce que les plantes absorbent le N surtout sous forme de NO_3^-. Dans la fig. 5.3.4 nous voyons que ΣNO_3^- n'est pas lié à ΣPl. Il faut signaler que l'évolution de ΣNO_3^- sur le sable est différent de l'évolution de ΣNO_3^- sur l'argile. Dans la figure nous voyons que NH_4^+ dans le sol sablonneux est nitrifié en NO_3^- plus tôt et en plus grande quantité que dans le sol argileux. Nous ne sommes pas sûrs de la cause de cet effet; c'est probablement l'hydromorphie du sol argileux qui freine la nitrification. Nous ne savons pas si ces évolutions de NO_3^- se répéteront de la même manière à un autre endroit ou pendant une autre année. Cela est une des raisons pour laquelle ce schéma de calcul n'est pas valable à d'autres endroits ou pendant d'autres années. Pour les calculs des exemples, nous devrons utiliser les données telles que nous les avons mesurées sur le terrain (voir fig. 5.3.4).
5	B_{A+R}	L'augmentation de la matière sèche de la biomasse totale (aérienne et

racinaire) en kg ha^{-1} pendant la décade considérée. La croissance sera potentielle au début de la saison. C'est-à-dire la croissance sera déterminée par le bilan d'eau du sol. Donc, nous pouvons déterminer avec le schéma de calcul de la partie 4.6, la décade de germination et B_{A+R} dans cette décade. Si le taux de N ou de P devient inférieur aux taux minimaux, B_{A+R} est déterminé par les quantités totales absorbées de N et de P (voir colonnes 19 et 22).

6 ΣB_{A+R} La biomasse aérienne et racinaire cumulative jusqu'à la décade considérée incluse.

7 B_R L'augmentation de la biomasse racinaire pendant la décade considérée. Il faut suivre les instructions de la colonne 18 du schéma pour calculer la production potentielle, de la partie 4.6.

8 ΣB_R La biomasse racinaire cumulative jusqu'à la décade considérée incluse.

9 B_A L'augmentation de la biomasse aérienne pendant la décade considérée:

$$B_A = B_{A+R} - B_R \qquad (\text{kg ha}^{-1})$$

10 ΣB_A La biomasse aérienne cumulative jusqu'à la décade considérée incluse.

11 N_{disp} La quantité de N sous forme de NO_3^-, qui est disponible pour la croissance pendant la décade considérée:

$$N_{disp} = \Sigma NO_3^- - (\Sigma N_B)_d \qquad (\text{kg ha}^{-1})$$

ΣNO_3^- = voir colonne 4

$(\Sigma N_B)_d$ = la quantité de l'azote dans la biomasse totale au début de la décade; pour ΣN_B voir colonne 19. Pendant la première décade de croissance cette quantité est le N dans les semences. Nous avons supposé que cette quantité de N est 0,30 kg ha^{-1} sur l'argile et 0,35 kg ha^{-1} sur le sable en 1977 à Niono. Il est clair que la supposition de cette quantité est ici très incertaine et que cette quantité peut varier beaucoup d'une année à l'autre. Un facteur qui ajoute aussi au problème de cette supposition est que le nombre des plantules qui continuent à croître est toujours une fraction seulement du nombre qui germent.

12 P_{disp} La quantité de P, dans le sol, disponible pour la croissance pendant la décade considérée. P_{disp} dépend des 2 formes de P dans le sol: P_{org} et P_{inorg} (voir partie 5.4). La transformation de P_{org} en PSOL est liée à la minéralisation de la matière organique et donc, à la quantité de N minéralisée: nous estimons que la minéralisation de P et de N se passe avec le rapport P/N = 0,067. La plupart (environ 75%) de la quantité ΣN_t est du N minéralisé, donc nous calculons de façon approximative et à l'aide de la formule suivante le phosphore dégagé par minéralisation:

$$\Sigma P_{org} = \Sigma N_t/20 \qquad (\text{kg ha}^{-1})$$

Le plus important pour P_{disp} est P_{inorg} sous la forme labile (PIL, voir partie 5.4). Nous faisons le calcul approximatif de cette quantité comme suit:

$$\Sigma P_{inorg} = (\text{P-Bray II}) \times \text{kg sol} \qquad (\text{kg ha}^{-1})$$

Suivant le tableau 3.3.3 le P-Bray II sur le sable S2 du ranch (0-20 cm) était 3 mg kg^{-1} et sur l'argile D1 (0-20 cm) 2 mg kg^{-1}. La couche 0-20 cm du sol pèse environ 3 10^6 kg ha^{-1} donc ΣP_{inorg} est environ 7 kg ha^{-1}.

Donc:

$$P_{disp} = (\Sigma P_{org} + \Sigma P_{inorg}) - (\Sigma P_B)_d \qquad (kg\ ha^{-1})$$

$(\Sigma P_B)_d$ = La quantité de phosphore dans la biomasse totale au début de la décade (voir colonne 22). Pendant la première décade de croissance cette quantité est le P dans les semences. Nous avons supposé que c'est environ 0,03 kg ha^{-1} sur l'argile et 0,10 kg ha^{-1} sur le sable. Il faut rappeler ici aux remarques faits à la colonne 11 concernant l'incertitude de cette supposition.Les valeurs utilisées ici sont de meilleures suppositions de l'année 1977 pour les champs d'expériences (fig. 5.5.1 et 5.5.2) et sont donc utilisées dans ces exemples. Il faut bien signaler que d'autres valeurs étaient mesurées ailleurs et pendant d'autres années.

13 P_{max} La quantité de P qui pourrait être absorbée pendant la décade considérée. P_{max} dépend de la biomasse racinaire et de l'efficacité des racines quant à l'absorption de P_{disp}. P_{max} est calculé de façon approximative comme suit:

$$P_{max} = \alpha\ f(racines) \times P_{disp} \qquad (kg\ ha^{-1})$$

f(racines) = la quantité de la biomasse racinaire qui est active dans l'absorption. Les expériences présentées dans les fig. 5.5.1 et 5.5.2 nous permettent de calculer la relation entre la biomasse racinaire et l'absorption de P. Cela donne l'impression que les capacités des racines à absorber le P du sol sur le sable et sur l'argile diffèrent. Sur le sable cette capacité semble fortement liée à la quantité des nouvelles racines tandis que sur l'argile les anciennes racines aussi contribuent à l'absorption. Cependant, les expériences n'étaient pas assez nombreuses et précises (surtout la détermination de la biomasse racinaire) pour justifier une hypothèse qui différencie un mécanisme d'absorption sur sable et un autre sur l'argile. Donc, pour les 2 types de sol, une seule approximation est utilisée:

$$f(racines) = B_R + \tfrac{1}{2}(\Sigma B_R)_d$$

α = l'efficacité des racines pour l'absorption de P. Pour l'absorption de N nous partons de la supposition (colonne 14) que les plantes peuvent absorber tout le NO_3^- disponible dans le sol. Cette supposition pouvait être faite, étant donné la grande mobilité de NO_3^- dans le sol. Le P_{disp} n'est pas du tout mobile et les racines peuvent absorber seulement une fraction α de P_{disp}; α = 1,5 10^{-4} donne le meilleur résultat dans le calcul.

P_{disp} = voir colonne 12.

14 N_{max} La quantité de N qui pourrait être absorbée au maximum pendant la décade considérée. Nous supposons que tout le N disponible sous forme de NO_3^- est absorbé:

$N_{max} = N_{disp}$

N_{disp} = voir colonne 11.

15 ΣN_{max} La quantité maximale de N, absorbée par la végétation:

$$\Sigma N_{max} = N_{max} + (\Sigma N_B)_d \qquad (kg\ ha^{-1})$$

N_{max} = voir colonne 14. $(\Sigma N_B)_d$ = la quantité de N dans la biomasse totale au début de la décade.

16 ΣP_{max} La quantité maximale de P, absorbée par la végétation:

$$\Sigma P_{max} = P_{max} + (\Sigma P_B)_d \qquad (kg\ ha^{-1})$$

P_{max} = voir colonne 13. $(\Sigma P_B)_d$ = la quantité de phosphore dans la biomasse totale au début de la décade.

17 $\frac{\Sigma P_{max}}{\Sigma N_{max}}$ Le rapport P/N maximal. Il y a 3 possibilités:

- P/N >0,15: il y a un manque relatif de N. Cela signifie que l'absorption actuelle de P pendant la décade considérée, P_{act}, est limitée et qu'elle est calculée par la formule suivante:

$$P_{act} = \Sigma N_{max} \times 0,15 - (\Sigma P_B)_d \qquad (kg\ ha^{-1})$$

et

$$N_{act} = N_{max}$$

- P/N <0,04: il y a un manque relatif de P. Cela signifie que l'absorption actuelle de N pendant la décade considérée N_{act} doit être limitée et qu'elle est calculée par la formule suivante:

$$N_{act} = (\Sigma P_{max}/0,04) - (\Sigma N_B)_d \qquad (kg\ ha^{-1})$$

et

$$P_{act} = P_{max}$$

- 0,04< P/N <0,15. Il n'y a ni un manque relatif de P ni un manque relatif de N:

$$N_{act} = N_{max}$$

et

$$P_{act} = P_{max}$$

18 N_{act} La quantité de N absorbée pendant la décade considérée.

19 ΣN_B La quantité totale de N dans la biomasse totale.

$$\Sigma N_B = (\Sigma N_B)_d + N_{act} \qquad (kg\ ha^{-1})$$

20 $\%\ N_B$ Le taux de N dans la matière sèche de la biomasse totale:

$$\%\ N_B = 100 \times \Sigma N_B/\Sigma B_{A+R}$$

La fig. 5.2.5 indique qu'il y a un taux minimal de N, qui est différent pour chaque stade de développement. Nous calculons de façon approximative cette évolution du taux minimal comme suit: jusqu'à la floraison le taux minimal est pris constant à 1%, après ce taux est 0,5%. Comparez aussi la fig. 5.2.3. Si le % N_B, comme calculé ci-dessus, devient inférieur au taux minimal, cela veut dire qu'il y a un manque absolu de N, et il faut réduire B_{A+R} jusqu'à ce que le taux minimal de N ne soit pas dépassé. Ce qui signifie que la croissance n'est pas potentielle: elle est déterminée par la disponibilité de N. Si c'est le cas, il faut refaire le calcul des colonnes 5 à 19 sur la base de la nouvelle estimation de B_{A+R}.

21 P_{act} La quantité de P absorbée pendant la décade considérée.

22 ΣP_B La quantité totale de P dans la biomasse totale:

$$\Sigma P_B = (\Sigma P_B)_d + P_{act} \qquad (\text{kg ha}^{-1})$$

23 % P_B Le taux de P dans la biomasse totale:

$$\% P_B = 100\ \Sigma P_B/\Sigma B_{A+R}$$

On note bien que cela est une grande simplification parce qu'on suppose que tout le P est rédistribué également dans les plantes. En plus nous supposons un taux constant à 0,09% pour le taux minimal de P dans la biomasse sèche, bien qu'en réalité ce taux dépende du stade de développement, voir fig. 5.2.4 et 5.2.5. Si % P_B, comme calculé ci-dessus, est inférieur à 0,09%, cela veut dire qu'il y a un manque absolu de P et il faut réduire B_{A+R} jusqu'à ce taux minimal. Ce qui signifie que la croissance n'est pas potentielle; elle est déterminée par la disponibilité de P. Si c'est le cas il faut recalculer les colonnes 5 à 22 sur base de cette nouvelle estimation de B_{A+R}. (Cela impose un problème d'itération, parce que si B_{A+R} change, B_R change aussi et ainsi P_{max} est modifié aussi. Pour éviter un effort excessif dans le calcul, nous proposons de bien ajuster B_{A+R} mais de ne pas changer P_{max} si l'ajustement de B_{A+R} n'est pas très grand.)

24 P/N Le rapport P/N = $\Sigma P_B/\Sigma N_B$

5.5.3 Discussion

Après avoir étudié ce schéma, on comprend bien que ce schéma est encore plus une approximation que le schéma de la production potentielle. Il faut réaliser surtout que le calcul n'est pas vraiment indépendant des mesures, parce qu'on a utilisé beaucoup des éléments de ces mesures. Mais cela est de moindre importance parce que, répétons le encore une fois, le but principal n'était pas de présenter une méthode de prédiction ou d'extrapolation mais de présenter une synthèse aussi simple que possible de nos connaissances et de nos hypothèses de la croissance actuelle. En plus, ce modèle est un modèle de travail, pour jouer avec. Chacun peut faire des réserves sur certaines suppositions, approximations etc. Aussi on est invité à changer, à compléter le modèle pour découvrir l'effet sur la production actuelle.

Malgré le fait que l'utilisation du schéma pour l'estimation de la production ne soit pas le but de ce schéma, nous avons comparé la production actuelle calculée avec celle mesurée dans les fig. 5.5.1 et 5.5.2.

On constate que le bilan d'eau du sol ne joue plus un rôle dans ce schéma. On utilise les données de la production potentielle (schéma dans la partie 4.6), qui reflètent le calcul du bilan d'eau. Il est intéressant de refaire le calcul du bilan d'eau adapté pour la production actuelle, pour qu'on puisse constater qu'il reste de l'eau dans le sol à la fin de la croissance à cause d'une croissance (et donc une transpiration) limitée. Un tel calcul n'est pas présenté ici et le lecteur est invité à le faire lui-même.

Il y a le commentaire suivant sur les résultats du tableau 5.5.1 pour la croissance sur un sol sablonneux:

- juillet 3. La croissance est potentielle mais limitée par une quantitée d'eau restreinte, et il y a un manque relatif de P. En forçant (dans le calcul) le rapport P/N dans sa valeur minimale on observe que les plantes absorbent moins de N que disponible. Ainsi le taux de N des jeunes plantes reste limité. On comprend bien maintenant pourquoi une fertilisation avec P dans ce stade n'augmentera pas seulement l'absorption de P mais en même temps celle de N et fait donc que les jeunes plantes seront plus riches en N. Malgré le manque relatif de P (et un rapport P/N minimal) il n'y a pas un manque absolu de P: c'est-à-dire la croissance ne suffit pas pour diluer le P jusqu'à un taux minimal. La cause est la croissance exponentielle limitée par un manque d'eau (voir calcul de la production potentielle).

- août 1. Dans cette décade le manque relatif de P change en manque absolu. La croissance n'est plus potentielle à cause de cette carence. A noter aussi l'absorption de N qui est encore inférieure à la quantité disponible parce que l'offre de N et de P ne sont pas en équilibre. A cause du fait que l'absorption de N est limitée par l'absorption de P et que P est dilué à son taux minimal, le taux de N aussi est inférieur à celui de la décade précédente.

- août 2. Il reste un manque absolu de P ce qui limite la croissance. Pour la première fois il n'y a pas un surplus dans l'offre de N et les plantes absorbent tout le N et le P disponible. Par conséquent le rapport P/N augmente.

- août 3. C'est la décade de la floraison. Il y a toujours un manque absolu de P, mais la croissance est plus que potentielle sur la base du calcul de la production potentielle où la croissance était fortement limitée par un manque d'eau pendant cette décade. La croissance élevée est possible parce qu'il reste plus d'eau disponible dans un sol avec une biomasse 'naturelle' que dans un sol avec une biomasse 'potentielle'.

- septembre 1. Comme expliqué déjà, le calcul n'est pas continué après la floraison. Nous pouvons constater que jusqu'à la floraison toute la croissance était limitée par P. Mais s'il n'y avait pas eu un tel manque la production pourrait être 850 kg ha^{-1} plus élevée seulement. Cela veut dire que la disponibilité des 2 éléments est très limitée et on peut dire que la croissance est limitée par P ou par N. En d'autres termes, avec une fertilisation avec P seulement la croissance au début aurait été plus rapide mais la production totale n'aurait pas beaucoup changé. Naturellement cette dernière remarque n'est valable qu'à la supposition préalable que la disponibilité de N (colonnes 3 et 4) ne change pas. En réalité il est possible qu'avec une croissance plus rapide ces chiffres changent (partie 5.3.2.1). Le modèle tel qu'il est présenté ici, offre au lecteur une possibilité d'analyser un changement dans la production si l'on essaie n'importe quelle hypothèse pour un tel changement dans la disponibilité de N.

Pour la croissance sur le sol argileux (tableau 5.5.2) on remarque:

- juillet 2. Il y a un manque absolu de P et la croissance n'est même pas potentielle pendant cette décade. L'absorption de N est réduite par un rapport minimal de P/N. Par conséquent les jeunes plantes sont plus pauvres en N que sur le sable. Comme mentionné déjà avec les suppositions des quantités de N et de P dans les semences, ces valeurs peuvent varier beaucoup d'une année à l'autre. Par conséquent aussi les jeunes plantes ont des rapports P/N très variés d'une année à l'autre comme signalé par nos analyses pendant plusieurs années.

- juillet 3. La croissance est limitée comme en juillet 2. Il y a toujours plus de N disponible que les plantes ne peuvent absorber.
- août 1. La croissance est encore limitée par un manque absolu de P. Mais la disponibilité de N est limitée aussi pendant cette décade. Les plantes absorbent tout ce qui est disponible. Le rapport P/N augmente et il devient supérieur à sa valeur minimale.
- août 2. Le N remplace le P comme élément déterminant la croissance. Cette croissance est telle que d'abord tout le N disponible est absorbé et est dilué après jusqu'au taux minimal. Les plantes deviennent plus riches en P et le taux de P ainsi que le rapport P/N sont au-dessus des valeurs minimales.
- août 3. Le calcul est identique à celui d'août 2.
- septembre 1. C'est la décade de la floraison. Le calcul est comme en août 2 et 3.

5.6 LA PRODUCTION ACTUELLE DANS UNE SITUATION D'EQUILIBRE

5.6.1 Introduction

Dans la partie 5.2.1 on a constaté qu'aux régions avec une pluviosité supérieure à 300 mm an^{-1} la production actuelle des pâturages naturels est beaucoup plus basse que la production potentielle. Cela est dû à un manque d'éléments nutritifs, c'est-à-dire de l'azote et des minéraux. Dans beaucoup de cas le pourcentage d'azote (N) dans la végétation est minimal pendant la deuxième partie de la croissance, tandis que le rapport P/N est souvent bien au-dessus de son minimum pendant cette même période (voir fig. 5.2.3 et 5.2.18). De plus, on a constaté qu'une augmentation de la production après une fertilisation avec du phosphore (P) est liée des fois à une augmentation de l'absorption de N par la végétation. Toutes ces observations illustrent, grosso modo, que la production dans des conditions naturelles dans la partie sud au Sahel est surtout déterminée par la disponibilité de N.

La conclusion précédente n'est pas valable pour les légumineuses. A cause de leur capacité de fixer du N, leur production est souvent limitée par l'absorption de P. La fertilité basse des sols au Sahel est la cause des taux de P faibles dans les légumineuses, ainsi que le rapport P/N atteint son minimum (partie 5.2.4) et le taux de N reste en dessous de son maximum. Cependant, ce taux en N est encore 2x (dans la partie nord du Sahel) à 4x (dans la partie sud du Sahel) plus élevé que dans les graminées.

Comme en général, la contribution des légumineuses dans la biomasse n'est pas supérieure à 5%, on peut constater, grosso modo, que la production dans des conditions naturelles est surtout déterminée par la disponibilité de N du sol. Ainsi les pertes et les gains du bilan de N, dont on a parlé dans la partie 5.3, obtiennent une valeur spéciale. La quantification de ces pertes et gains n'était que globale et une meilleure estimation est certainement possible après des études plus approfondies, mais les estimations actuelles sont déjà assez précises pour permettre une discussion des relations entre la production, le climat et l'exploitation. Une telle discussion est le sujet de cette partie. Sa vérification à l'aide d'observations écologiques de terrain et à l'aide de la littérature, et l'application de ses considérations pour des situations pratiques, sont traitées dans le chapitre 9.

Les calculs de la partie 5.6.2 considèrent la situation d'un bilan de N qui a évolué vers un équilibre. Cela veut dire que chaque année la minéralisation et l'immobilisation de N sont pareilles et que chaque année le total des pertes de N est égal au total de N qui entre dans le système. Dans la partie 5.6.3 nous discutons de l'existence réelle d'une situation d'équilibre et du temps nécessaire pour arriver à un tel équilibre. La dernière partie, 5.6.4, explique le déplacement de l'équilibre et les conséquences sur la production en fonction d'un changement dans la disponibilité de P.

5.6.2 La production du système en équilibre

Dans les dépressions où l'eau de ruissellement se concentre, beaucoup de N peut se perdre pour le système à cause de la dénitrification ou à cause du lessivage. En dehors de ces dépressions, ces 2 processus de pertes ne sont pas importants: le N s'y perd surtout par volatilisation à partir de la biomasse sèche, par combustion pendant des feux de brousse et par quelques autres processus comme la consommation par des insectes et par l'érosion du sol. Naturellement le système perd aussi une quantité de N par la seule cause désirée, le broutage. Une partie de N consommé par des animaux est fixée dans la viande et dans le lait, une autre partie se volatilise des fèces et de l'urine et une dernière partie retourne dans le sol par ces mêmes excréments. Progressivement, cette dernière partie de N sera disponible pour les plantes dans les années suivantes. La fig. 5.3.1 résume le bilan de N.

Au cas où le système sol-plante est en équilibre sous exploitation, les pertes mentionnées ci-dessus sont compensées par l'apport de N par les pluies et par un nombre des processus par lesquels N est fixé. Par définition, on peut décrire l'équilibre par la formule suivante:

$$f\ N_b = N_a \qquad \text{(formule 5.6.1)}$$

dans laquelle:

- N_b = la quantité de N (kg ha^{-1}) dans la biomasse aérienne au moment de la floraison et absorbée du sol pendant chaque hivernage.
- N_a = la quantité de N (kg ha^{-1} an^{-1}) qui est ajoutée au système annuellement.
- f = la fraction de N_b (an^{-1}) qui disparaît annuellement.
- $f\ N_b$ = la quantité de N (kg ha^{-1} an^{-1}) qui disparaît du système annuellement.

Nous voulons calculer N_b en utilisant les meilleures estimations possibles de N_a et de f. On peut répartir la quantité de N qui est apportée annuellement dans le système; une partie est liée avec la pluviosité et une partie est liée avec la biomasse aérienne.

Suivant la partie 5.3.3, chaque mm de pluie apporte une quantité de N de 0,0065 kg ha^{-1} et à cause de la fixation des algues à la surface du sol, encore 0,0020 kg ha^{-1} est ajouté par chaque mm de pluie. La contribution des algues est plus faible que la contribution de la pluie, donc l'incertitude de l'importance des algues ne joue pas un rôle primordial dans ce calcul-ci. L'apport est donc:

$$(0{,}0065 + 0{,}0020)\ Pl \qquad \text{(formule 5.6.2)}$$

dans laquelle Pl est la pluviosité (moyenne annuelle) en mm.

La raison principale du fait que la biomasse-même contribue à la fixation de N est la présence des légumineuses. Leur contribution au bilan de N peut être liée à la quantité totale en N absorbée par la végétation, N_b. Ceci est illustré par un exemple assez représentatif pour le Sahel, dans lequel la croissance des graminées est limitée par N et la croissance des légumineuses par P. Dans une telle végétation avec une biomasse de 2.000 kg ha^{-1} et 5% de légumineuses, le N total dans la végétation est de l'ordre de 11 kg ha^{-1}:

1.900 kg (graminées) × 0,005 (le pourcentage minimal de N à la floraison, voir fig. 5.2.5)	= 9,5 kg ha^{-1}
100 kg (légumineuses) × 0,013 (le pourcentage de N au même moment, voir fig. 5.2.5)	= 1,3 kg ha^{-1}
2.000 kg de végétation	= 10,8 kg ha^{-1}

Environ 75% de la quantité de N dans les légumineuses est fixé par le *Rhizobium*, ce qui revient à 0,75 × 1,3 = 0,98 kg ha^{-1}. Donc la fixation de N est 0,98/10,8 = 0,1 kg kg^{-1} de N absorbé dans la biomasse aérienne (=N_b). Si nous l'exprimons par pourcent de légumineuses dans la végétation, la fixation de N est de 0,02 kg ha^{-1} $\%^{-1}$ legumineuses kg^{-1} N_b ha. Le rapport entre le pourcentage de N dans les graminées et le pourcentage de N dans les légumineuses ne varie pas beaucoup au cas où le pourcentage de N dans les graminées n'est pas supérieur à 1%, comme le montrent nos observations pendant les 4 années de nos recherches (fig. 6.3.10). Ceci implique que dans beaucoup de situations au Sahel cette première estimation de la fixation (0,75 × N des légumineuses) est bien valable. Mais si le taux de N dans les graminées est supérieur à 1%, il est possible que la contribution relative de la fixation à l'approvisionnement en N des légumineuses diminue (partie 6.2). Cette dernière situation se présente lorsque le pourcentage de légumineuses dans la végétation est élevé et cela peut aussi se produire dans la partie nord du Sahel où l'eau est plus limitative pour la production que les éléments nutritifs (voir partie 4.1.2).

La fixation de N par les légumineuses n'est pas la seule fixation qui importe. Suivant la partie 5.3.3 encore 0,013 kg par kg N_b est fixé par des bactéries associées à des graminées, et encore 0,025 kg N par kg N_b qui entre dans le sol ce qui est dû à la fixation par des bactéries libres. La contribution de ces 3 processus de fixation, à restriction des suppositions et des limitations mentionnées ci-dessus, est donc:

$$(0{,}02\ L + 0{,}013 + 0{,}025\ (1{,}0 - f))N_b \qquad \text{(formule 5.6.3)}$$

dans laquelle L indique le pourcentage de légumineuses. Il faut qu'on note qu'au cas où le pourcentage de légumineuses dans la végétation est de 5% (la situation moyenne dans l'exemple ci-dessus), la contribution des bactéries associées et des bactéries libres dans l'apport de N est déjà relativement petite.

Si l'on met N_a = formule 5.6.2 + formule 5.6.3 dans la formule pour l'équilibre (formule 5.6.1) on arrive à:

$$N_b = \frac{0,0085\ Pl}{1,025\ f - (0,02\ L + 0,038)} \qquad \text{(formule 5.6.4)}$$

Avec 5% de légumineuses dans la végétation la formule est:

$$N_b = \frac{0,0083}{f - 0,13}\ Pl \qquad \text{(formule 5.6.5)}$$

Si f (le total des pertes) serait plus faible que 0,13, la valeur N_b deviendrait négative. Dans ce cas la formule n'est plus valable parce que la supposition que l'apport de N est égal aux pertes n'est plus correcte. D'abord il ne semble pas possible que la gestion d'un pâturage soit tellement efficace que la valeur de f reste inférieure à 0,13. Mais si par exception un tel cas se présente, c'est-à-dire un enrichissement continu du système l'enrichissement ne continue jamais longtemps, parce que la fixation de N par des légumineuses devient réduite dès que le taux de N dans les graminées dépasse 1%.

Quelles sont les valeurs caractéristiques de f et de N_b dans une situation réelle? Si par exemple, 20% de N dans la végétation est brouté (dont 50% est perdu pour le système) et si environ 20% de N est perdu par les feux de brousse et encore 20% est perdu par d'autres causes, comme par exemple la volatilisation, la valeur de f sera égale à 0,5. A une pluviosité de 500 mm et f égal 0,5, N_b est égal à 11,2 kg ha^{-1}. Cela correspond à une biomasse d'environ 2.000 kg ha^{-1} (à la floraison) si le pourcentage des légumineuses est de 5%. Cette biomasse pouvait être calculée parce qu'avec une telle pluviosité et une quantité de N qui est relativement petite, le N est dilué maximalement dans les plantes et ces plantes arrivent à des pourcentages minimaux de N, comme on l'a déjà mentionné dans l'exemple ci-dessus.

Avec une pluviosité nette de 150 mm an^{-1}, le broutage est moins important que dans le cas de 500 mm an^{-1} et la végétation est tellement ouverte que des feux sont rares. D'autre part une plus grande fraction de N disparaît du système par d'autres processus. Néanmoins f est beaucoup plus petit et de l'ordre de 0,35. La quantité de N dans la biomasse aérienne (N_b) est encore de 6 kg ha^{-1}, suivant la formule 5.6.5. La biomasse correspondante serait 1.200 kg ha^{-1}, avec 5% de légumineuses, si la dilution de N continuerait jusqu'aux pourcentages minimaux comme dans la partie sud du Sahel. Mais cette valeur de 1.200 kg ha^{-1} n'est presque jamais atteinte avec cette pluviosité basse à cause d'un manque d'eau. Par conséquent, le taux de N de la végétation reste au-dessus le taux minimal. Cela peut réduire la fixation de N par des légumineuses. En tout cas cela nous explique de nouveau pourquoi la qualité de la végétation dans la partie nord du Sahel avec une pluviosité basse, est meilleure que dans la partie sud du Sahel. On l'a constaté également dans la partie 5.2.3.

Les estimations précédentes correspondent assez bien à la réalité au terrain. L'applicabilité de ce modèle simple est discutée beaucoup plus dans la partie 6.3 et dans le chapitre 9.

Le tableau 5.6.1 représente les relations entre N_b et f pour un système en équilibre avec une pluviosité nette de 500 mm an^{-1} et 5% de légumineuses dans la végétation. A

Tableau 5.6.1. Exemple d'une relation entre la quantité de N dans la biomasse aérienne à la floraison (N_b) et la fraction f de cette quantité qui se perd chaque année, en supposant un équilibre du bilan de N, une pluviosité nette de 500 mm an^{-1} et 5% de légumineuses dans la végétation.

f	N_b (kg ha^{-1})	f N_b (kg ha^{-1} an^{-1})
0,20	59,3	11,9
0,25	34,6	8,7
0,30	24,4	7,3
0,40	15,4	6,2
0,50	11,2	5,6
0,75	6,7	5,0
1,00	4,8	4,8

Table 5.6.1. Example of a relation between the amount of N in the aerial biomass at flowering (N_b) and the fraction f of this amount that is lost annually, assuming an equilibrium of the N balance, a net rainfall of 500 mm yr^{-1} and 5% of legumes in the vegetation.

première vue on pourrait conclure qu'il est profitable de brouter très peu de biomasse et de minimaliser les feux. Dans ce cas d'équilibre, la quantité de N dans la végétation est presque 60 kg ha^{-1}, ce qui veut dire qu'il y a beaucoup de biomasse et que les terrains restent bien protégés contre la dégradation physique (voir la partie 6.6). Cette grande quantité de N dans la biomasse est le résultat du fait qu'avec peu de pertes, il y a plus de N dans le circuit de récirculation (sol-plante), ce qui provoque une augmentation de la biomasse, qui cause à son tour par suite du taux fixe de légumineuses dans la biomasse une augmentation de la fixation de N par les légumineuses. Malheureusement, ce cycle ne continue pas. Dans une biomasse élevée, il y a beaucoup de N qui disparaît par volatilisation, par consommation par des insectes et par le gibier, qui souvent est inexploitable. Plus important encore est le fait qu'avec beaucoup de paille morte, la germination des graminées, et d'autres herbacées est beaucoup réduite et pour cette raison l'emploi de feu semble inévitable (partie 6.5.3). Il faut bien se rendre compte du fait, que, dans la pratique, essayer d'améliorer la gestion par une limitation de la capacité de charge ne conduira point aux résultats désirés. Cette situation ressemble beaucoup à une situation comparable dans la pêche. Si la pêche est la seule cause de la diminution du nombre de poissons, donc s'il n'y a pas d'autres raisons de pertes, il est préférable de pêcher seulement une fraction limitée des poissons. Ainsi la quantité des poissons augmente. Cependant, s'il y a d'autres causes de pertes et donc la mortalité naturelle devient importante, il sera plus économique de pêcher autant que possible et d'empêcher d'autres pertes. De tels problèmes de la gestion sont discutés dans le chapitre 9.

Pendant la discussion sur les essais de fertilisation avec N (partie 5.2.3), nous avons parlé du taux du N appliqué qu'on retrouve dans la biomasse. Là, nous avons traité un cas d'un effet direct et indirect (dans les années suivantes) d'une seule fertilisation par N. Ici on peut se demander ce que sera la situation d'équilibre si l'on donne une telle quantité de N chaque année au même endroit. On peut estimer le nouvel équilibre à l'aide de la formule 5.6.5 par introduction d'un nouveau terme, N_f (en kg ha^{-1} an^{-1}), qui représente la fertilisation annuelle par N. L'effet de cette introduction est qu'un nouveau terme est ajouté à la section droite de la formule 5.6.4:

$$N_b = \frac{0,0085\ Pl + N_f}{1,025\ f - (0,02\ L + 0,038)} \qquad \text{(formule 5.6.6)}$$

Avec fertilisation, il est réaliste de supposer que le pourcentage des légumineuses est réduit jusqu'à zéro, donc le terme additionnel est: $N_f/(1,025\ f - 0,038)$ ou presque N_f/f. Si chaque année tout le N dans la biomasse se perd par des feux ou par une récolte totale (f = 1,0), la valeur de N_b est augmentée avec une quantité de N égale à la fertilisation annuelle. Cela vaut seulement s'il n'y a pas d'autres pertes comme par exemple la dénitrification ou le lessivage. Cependant, f n'est jamais égal à 1,0, parce qu'une partie de N récircule toujours et ainsi f est toujours plus petit que 1,0. Dans ce cas, N_b est augmenté avec une quantité qui est plus grande que la fertilisation annuelle. Si par exemple f est égal à 0,5, l'augmentation est 2x plus grande que la fertilisation annuelle, et une fertilisation annuelle de 40 kg ha^{-1} an^{-1} augmente N_b avec 80 kg ha^{-1}. Aux alentours de Niono il a été constaté qu'il faut une quantité de N de 150 kg ha^{-1} dans la biomasse aérienne pour obtenir une croissance potentielle. Cette production est possible avec une fertilisation de N de 75 kg ha^{-1} an^{-1}, si f reste 0,5 chaque année. Cet aspect de la situation d'équilibre est aussi discuté dans le chapitre 9.

5.6.3 Le dynamisme dans le système en équilibre

Les considérations de la situation d'équilibre (la partie 5.6.2) sont seulement fructueuses si un tel équilibre s'établit dans un délai raisonnable. Le projet P.P.S. durait trop peu de temps pour pouvoir obtenir des résultats expérimentaux. Ce que nous pouvons dire de cet aspect, c'est d'une part une synthèse de quelques autres expériences et d'autre part des connaissances des processus de transformation de N dans le sol.

En cas d'équilibre, avec une perte 'normale' de N, c'est-à-dire f égal 0,5, la quantité de N dans la biomasse est à peu près 2x plus grande que l'apport annuel de N dans le système. Une grande partie de cette quantité de N dans la biomasse est absorbée au moment de l'excès temporaire de $N_{inorganique}$ dans le sol. Cet excès temporaire de N est le résultat de la minéralisation de la matière organique du sol qui commence à minéraliser plus vite au début de la saison des pluies que l'immobilisation (partie 5.3.2). La quantité de N absorbée par les plantes est fonction de l'importance de cet excès. Si l'excès est important, la durée pendant laquelle N est disponible est également longue. Une certaine situation d'équilibre est liée à un certain excès et l'importance de l'excès est encore liée à la quantité et à la qualité de la matière organique dans le sol.

Il y a quelques centaines de kg de N par ha dans le sol dans la matière organique. Ce stock ne diminue ou n'augmente qu'avec quelques kg an^{-1} au cas où il n'y pas encore une situation d'équilibre. Si tout le N était contenu dans la matière organique du sol de la même manière, la création d'un équilibre durerait des centaines d'années et toute la discussion sur l'équilibre, comme elle est présentée ici, serait inutile. Mais il y a des arguments forts qui disent que pas toute la quantité de N ne joue un rôle dans la minéralisation et dans l'immobilisation en même temps. Clark et Paul (1970) divisent le stock de N dans le sol en 3 fractions: l'une avec une vitesse de décomposition de quelques centaines d'années, l'autre avec une vitesse d'une dizaine d'années et la dernière avec une vitesse de quelques années (voir aussi partie 5.3.2). Pour la situation d'équilibre, qui est le sujet de notre discussion, surtout la deuxième fraction est importante. Cette quantité de N est probablement de l'ordre de 100 kg ha^{-1}. Un argument en faveur de l'existence d'une telle fraction intermédiaire est présenté par le système d'agriculture en jachère. Dans ce système tout le N qui est disponible d'une façon relativement facile est épuisé en 4 ans environ, si de grandes quantités de N sont prélevées avec la récolte annuelle et ne retournent pas dans le sol. Si l'on laisse le sol se régénérer comme dans le cas d'une jachère, on a besoin d'à peu près 20 ans, avant que cette fraction ne soit rétablie. L'épuisement rapide prouve l'existence de cette fraction. La régénération lente est due aux petites quantités de N, qui sont apportées annuellement avec les pluies, par la fixation et par la décomposition lente de la première fraction. Encore un autre argument pour l'existence d'une telle fraction intermédiaire de la matière organique se trouve dans la fertilisation avec N et les effets de cette fertilisation pendant les années qui suivent (voir fig. 5.2.9). Sur des sols avec un pourcentage 'normal' en matière organique, une partie de N de la fertilisation restera immobilisée dans le sol, pendant cette année-même. Cependant, cette immobilisation est telle que nous estimons que pendant les 5 ans suivants, tout le N apporté sera disponible pour les plantes.

La fraction de la matière organique qui est stable contient quelques centaines de kg de N par ha. Dans une situation d'un vrai équilibre, cette fraction ne change pas. Mais à cause du fait que sur la plupart des terrains au Sahel l'intensité de l'exploitation augmente toujours lentement, cette fraction est minéralisée peu à peu également. On suppose que sa minéralisation donne une quantité de N de 1 kg ha^{-1} an^{-1} au maximum. On pourrait introduire cette petite quantité dans des considérations d'un quasi-équilibre (c'est-à-dire une situation où tous les processus sont en équilibre à l'exception d'un processus lent), comme nous avons parlé du vrai équilibre dans la partie 5.6.2. Vu l'incertitude de cette contribution, il semble plus sage d'oublier cette petite source de N et de ne pas distinguer la situation d'un quasi-équilibre.

L'existence d'une grande quantité de N, presque inerte, et d'une petite fraction de N qui réagit plus activement explique pourquoi il n'existe pas une relation entre la quantité de N dans le sol et la quantité de N dans la récolte, bien que la production soit limitée par cet élément nutritif. La corrélation entre la production végétale, N_b, et la pluviosité (partie 6.3.2), et l'absence d'une corrélation entre la pluviosité et la quantité totale de N dans le sol (fig. 3.3.7) l'illustrent aussi.

5.6.4 L'influence du phosphore sur l'équilibre

On a indiqué déjà quelques fois que l'effet d'une fertilisation de P sur la production est en réalité souvent un effet caché de N. L'explication qui semble être la plus logique est que le P a un effet sur la synchronisation de la croissance et l'excès temporaire de N dans le sol. C'est vrai que pendant la deuxième partie de la croissance le rapport P/N est supérieur au minimum, mais nous avons constaté à l'aide des récoltes périodiques qu'il y a une période, pendant la première partie de la croissance, où le rapport P/N est des fois si bas qu'on peut supposer qu'à ce moment la vitesse est limitée par P et non par N (voir aussi la partie 5.2.4). Ce manque de P a pour effet que la croissance au début est lente, ce qui cause une mauvaise synchronisation entre la croissance et l'excès temporaire de N. Si l'on apporte P en tant que fertilisation, la vitesse de croissance augmentera et ainsi la synchronisation est améliorée et les plantes profiteront davantage de l'excès temporaire en N (partie 5.3.2).

Si l'on oublie les changements dans la contribution des légumineuses et dans la fraction des pertes de N, on peut s'imaginer la conséquence d'une meilleure disponibilité de P sur la situation d'équilibre. Avec une disponibilité basse de P, la croissance du début est lente et la synchronisation est mauvaise. Comme résultat, la quantité de N dans le stock intermédiaire du sol est relativement grande et donne donc un grand excès toutes les années. Cette situation peut être en équilibre, comme on l'a expliqué dans la partie 5.6.2. Si l'on apporte P, on stimule la croissance du début et par une meilleure synchronisation la végétation peut absorber une plus grande quantité de N: la production sera donc plus élevée. Cependant le stock intermédiaire de N est épuisé par cette meilleure utilisation et puisque l'excès est lié à ce stock, l'excès diminuera également. A cause de cette diminution l'absorption de N devient réduite. Ces changements continuent jusqu'à ce qu'une nouvelle situation d'équilibre soit atteinte avec la même absorption de N et donc avec la même production qu'au départ. L'effet définitif d'une meilleure disponibilité de P est que le stock intermédiaire de N dans le sol est diminué. Un autre effet définitif, en faveur d'une fertilisation de P, qu'on peut envisager est une stimulation des légumineuses dans la végétation (partie 8.5.2). Mais sans ces légumineuses, l'effet sur la production d'une fertilisation de P sans fertilisation avec N est seulement temporaire.

Nous rappelons que l'aspect qualité de la végétation du point de vue fourragère peut être influencé d'une façon négative par la fertilisation avec P: dans les cas où le rapport P/N a une valeur moyenne (et la disponibilité de N et de P limitent la productivité), la productivité est stimulée par la fertilisation avec P, mais le taux de N de la biomasse produite au contraire diminue (partie 5.2.4), et donc sa valeur nutritive.

La discussion qui précède traite le cas d'une augmentation de la disponibilité de P. Peut-on utiliser la même théorie pour un épuisement de P par exploitation de la végétation? Au début d'un tel épuisement ceci est bien le cas. La croissance diminuée au début, par un manque de P, est compensée par une augmentation du stock intermédiaire de N et donc par une augmentation de l'excès temporaire. Cette situation tend aussi vers un nouvel équilibre dans lequel la quantité de N absorbée par les plantes reste la même mais les plantes souffrent d'une carence en P. Ce déplacement de la synchronisation entre croissance (surtout au début) et l'excès temporaire peut continuer, mais la cruche va tant à l'eau qu'à la fin elle casse: finalement, l'épuisement de P conduit à une situation dans laquelle le pourcentage de P dans la végétation garde sa valeur minimale pendant toute la croissance. La situation au ranch est proche de ce stade (fig. 5.2.4 et 5.2.18). Dans le cas extrême, la fertilisation avec seulement du N ne donne aucune augmentation de la production et le rapport P/N reste minimal tout le temps. Les légumineuses, ayant besoin de plus de P par kilogramme de biomasse que les graminées (fig. 5.2.5) en souffrent plus, ce qui réduit leur contribution annuelle au bilan de N.

6 La production actuelle des pâturages naturels en relation avec des facteurs naturels et des facteurs antropiques

6.1 LA PRODUCTIVITE DES HERBES PERENNES ET DES ARBRES

6.1.1 Introduction

La grande différence entre les plantes pérennes et les plantes annuelles réside dans le fait que chaque année pendant 9-11 mois les annuelles n'existent que sous la forme de graines et de paille tandis que les pérennes gardent une fraction de leur biomasse végétative vivante. Ceci est un facteur dans la stabilité des végétations où les pérennes dominent et où la vie active, quoique limitée, peut fournir encore de la nourriture de qualité pour le bétail en pleine saison sèche.

En principe on peut s'attendre à une productivité qui est la même pour les annuelles et les pérennes, car ce sont les mêmes facteurs qui déterminent la productivité des 2 types de plantes, principalement l'eau, l'azote (N) et le phosphate (P) (voir partie 5.1). Cependant, en y regardant de près, il doit être possible de trouver un écart entre la productivité des 2 types à cause surtout de la partie de l'appareil végétatif qui reste vivante chez les pérennes, et qui fait qu'elles ont un démarrage rapide de la croissance dès les premières pluies (partie 4.5.2). Ceci, avec un poids lourd des racines par rapport au poids de la partie aérienne - donc une superficie d'absorption de N et de P étendue - et un long cycle de croissance fait que les pérennes profitent mieux des ressources limitées que les espèces annuelles. Une illustration est donnée par l'évolution de la biomasse aérienne d'un pâturage dominé par l'annuelle *Schoenefeldia gracilis* et un autre dominé par *Andropogon Gayanus* (fig. 6.1.1). La figure trompe si l'on se fixe trop à la hauteur absolue de la biomasse d'*Andropogon* et à son absorption de N, car on constate chez des pérennes un transfert interne de N (voir partie 6.1.3) et les endroits au ranch où l'on trouve encore après la sécheresse l'espèce en question, ce sont des endroits bien favorables. Les différences, constatées à la comparaison des annuelles sont beaucoup moins grandes si une exploitation intense freine le transfert interne et si le lieu de croissance est le même (parties 9.2 et 9.4.2).

En considérant le rôle que les pérennes jouent dans l'élevage sahélien d'aujourd'hui, on se rend vite compte du fait que très souvent la biomasse totale produite en hivernage est de moindre intérêt direct. Beaucoup plus intéressantes sont les quelques feuilles encore bien vertes au début de la saison sèche et les repousses produites au cours de la saison sèche. Il est utile de distinguer dans ce cadre 2 groupes de pérennes, notamment les arbres et arbustes d'une part et les graminées pérennes d'autre part. Il n'y a pas seulement une différence notable dans leur disponibilité au Sahel (voir parties 6.1.2 et 6.1.3) mais il existe aussi des restrictions à l'utilisation des feuilles de beaucoup d'espèces ligneuses par une grande partie du bétail à cause de la présence de tannin

Fig. 6.1.1. L'évolution de la biomasse aérienne (———) et de l'absorption de N (-----) d'une graminée annuelle (*Schoenefeldia gracilis*) et d'une graminée pérenne (*Andropogon Gayanus*) au ranch de Niono au cours de l'hivernage.

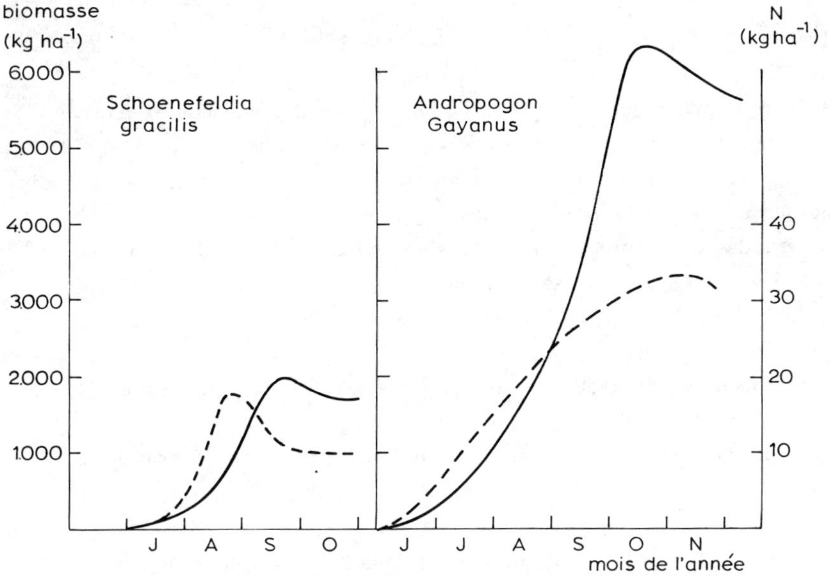

Fig. 6.1.1. The evolution of the aerial biomass (———) and of the N absorption (-----) of an annual grass (*Schoenefeldia gracilis*) and of a perennial grass (*Andropogon Gayanus*) at the ranch during the rainy season.

(Diagayété, 1981). Ce sont les chèvres et les chameaux dont la digestion est le moins gênée par cette substance.

6.1.2 Graminées pérennes

6.1.2.1 Répartition

Il a été signalé déjà dans la partie 3.4.2 qu'au Sahel d'aujourd'hui l'importance des pérennes dans l'ensemble des végétations est vraiment limitée. Ce n'est qu'aux endroits favorisés qui reçoivent une quantité d'eau bien supérieure à la pluviosité annuelle qu'on les rencontre. A la latitude du ranch il y avait pendant les études du projet P.P.S. des bas-fonds à *Andropogon Gayanus*. Et, des vrais bassins d'écoulement, même plus au nord, peuvent avoir certains pieds de *Panicum anabaptistum*. On trouve *Cymbopogon schoenanthus* sur des plaines basses au nord et aussi, accompagnée d'*Andropogon Gayanus*, aux endroits qui ont un sous-sol rocheux ou latéritique. Egalement dans la partie 3.4.2 on a parlé des plaines d'inondation, dominées par les graminées pérennes. Pour trouver une telle situation pour des zones qui ne reçoivent que de l'eau de la pluie, il faut bien se rendre au sud, vers le nord de la savane. Ce qui ne veut pas dire qu'il est donc inutile de les traiter dans le cadre d'une étude de la production de fourrage au Sahel, car la situation n'était pas toujours comme celle d'aujourd'hui (voir partie 3.4.4) et, en plus, pour la plupart des éleveurs sahéliens, les graminées pérennes de la savane ou des plaines d'inondation forment la nourriture du bétail 8 mois par an.

6.1.2.2 Productivité

La biomasse élevée d'un pâturage non-exploité d'*Andropogon Gayanus* par exemple pourrait donner une fausse impression de sa productivité, de sa biomasse exploitable annuellement. Quand Haggar (1970) appelle l'espèce en question très utile pour supporter le nombreux bétail des nomades dans le nord du Nigeria, il précise 'par l'aptitude à survivre aux longues périodes de pâture modérée'. Des expériences de fauchage (Cissé et Breman, 1980) ont montré que l'espèce est sensible à l'exploitation: sa productivité diminue fortement et ceci autant que le rythme des fauches augmente. Il en résulte finalement une forte mortalité des touffes.

Dans les essais de fauchage cités et dans les propres expériences du projet, il y a une indication de 2 causes à la sensibilité à l'exploitation:

- l'espèce ne supporte pas qu'on enlève trop fréquemment les points de croissance; une

Fig. 6.1.2. La répartition de N parmi les organes des plantes d'*Andropogon Gayanus* au cours de l'hivernage (%), avec la quantité moyenne de N (g par touffe) dans les grosses racines. La figure est basée sur des observations faites à Sotuba en 1976, à l'isohyète de 1.100 mm.

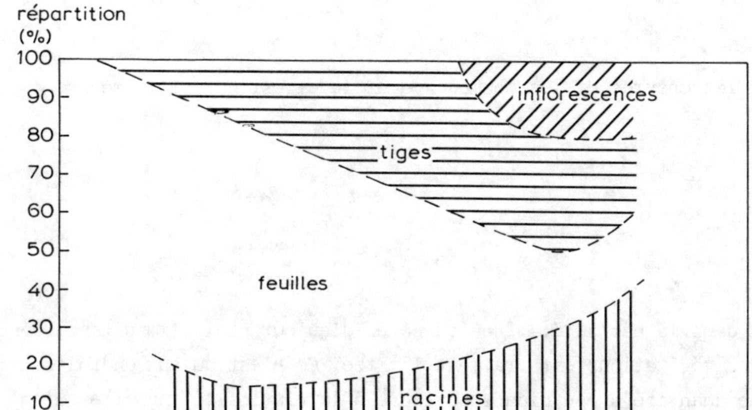

Fig. 6.1.2. The distribution of N over the organs of the plants of *Andropogon Gayanus* during the rainy season (%), with the mean quantity of N (g per tussock) in the thick roots. The figure is based on observations done at Sotuba in 1976, at the 1100 mm isohyet.

seule coupe basse au milieu de l'hivernage peut la tuer déjà;
- à une exploitation intense il se produit aussi un épuisement des réserves, dont l'espèce devait profiter surtout au début de l'hivernage pour faire un démarrage plus rapide que les annuelles. C'est à la fin de la période de croissance qu'un nouveau stock de N se forme dans le système racinaire par un déplacement de cet élément. Ceci est montré en suivant son importance relative et sa quantité absolue dans les organes de la plante au cours de la période principale de la croissance (fig. 6.1.2).

Si l'on veut éviter d'épuiser les touffes de pérennes il ne faut pas les raser au moment où son stock de réserves vient d'être mobilisé au début de l'hivernage, sans laisser la possibilité d'une réconstitution. Donc ce qu'il faut c'est une exploitation modérée au cours de la croissance. Cependant, dans un tel cas la qualité devient rapide-

Fig. 6.1.3. Evolution de la digestibilité et du taux de protéines des graminées pérennes au cours de l'année (en pourcentage de la matière sèche). La courbe (▬) présente dans les 2 cas l'évolution de la biomasse principale, celle de l'hivernage. Les valeurs pour des jeunes repousses sont indiquées par des bandes hachurées. La diminution de ces valeurs, dès que les repousses agissent, est représentée par des flèches, suivant le cours de la courbe principale.

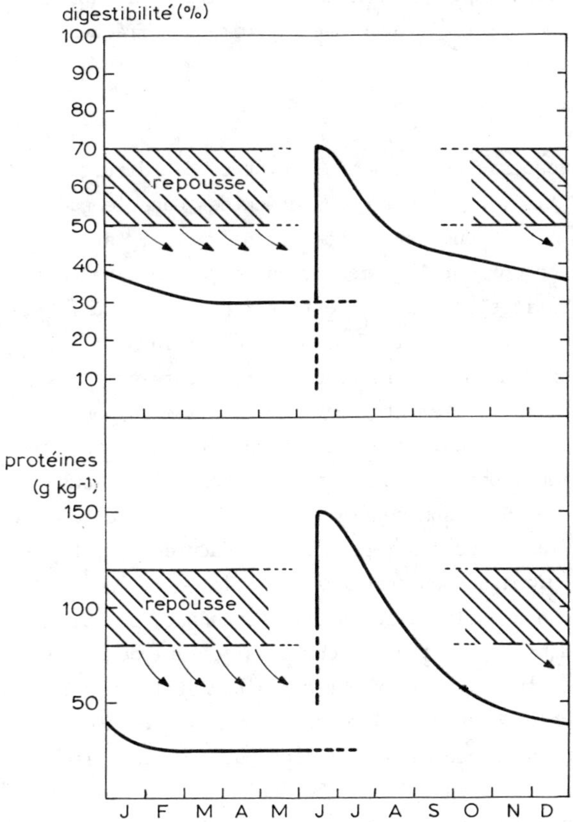

Fig. 6.1.3. Evolution of the digestibility and of the protein content of perennial grasses during the year (in percentage of dry matter). The curve (▬) presents in 2 cases the evolution of the principle biomass, that of the rainy season. The values of the young regrowth are indicated by hatched strips. The diminution of these values, as soon as re-growth starts, is represented by arrows, following the cours of the principle curve.

ment moyenne à médiocre par une diminution du taux de N et une augmentation de la quantité des fibres cellulosiques, comme le montre la fig. 6.1.3. Cette figure présente le taux de protéine et la digestibilité au cours de la saison. La fraction du poids de la biomasse de 'qualité raisonnable' diminue rapidement, de 100% au début de la saison de croissance, à 65% à la mi-août, à 30% au début d'octobre et elle n'est plus que 20% en novembre, quand la biomasse est la plus élevée. Et, en outre, la qualité de cette fraction diminue, les feuilles ont un taux de protéine de 120 g kg^{-1} en juillet, et seulement de 40 g kg^{-1} en décembre et la digestibilité de la même fraction diminue de 70 à 50% pour cette période. Donc, en tenant compte de l'évolution de la biomasse, on peut conclure que, pour des pâturages naturels à *Andropogon Gayanus* ayant une biomasse maximale de 5.000 kg ha^{-1}, on a une biomasse maximale exploitable de seulement 1.000 kg ha^{-1} en fin de septembre. Mais à ce moment-là la qualité de la fraction exploitable est déjà telle qu'elle ne suffit que pour l'entretien des animaux.

Pour une exploitation en hivernage les pérennes ne sont donc pas beaucoup plus productives que les annuelles. Surtout à l'élevage transhumant il est sage de les faire jouer leur rôle pendant la saison sèche et de les protéger en pleine croissance. (Plus loin vers le sud à une pluviosité plus élevée l'espèce semble moins sensible à l'exploitation, mais l'utilisation d'engrais sera indispensable avec une exploitation fréquente).

6.1.2.3 Repousses

Certains pensent que le phénomène de repousse des graminées pérennes est directement lié au feu qui serait le facteur de stimulation. Des expériences exécutées dans le cadre du projet sur *Andropogon Gayanus* n'ont pas montré une action spécifique du feu, car si l'on enlève la paille sèche mécaniquement, on obtient la même intensité de repousse. C'est la lumière qui semble être un facteur limitatif si la paille reste sur place: la luminosité sur le sol sous des touffes intactes peut être 5% de la luminosité en plein soleil. L'évolution de la biomasse au cours de la saison sous 3 traitements différents est présentée dans le tableau 6.1.1. Il est clair que les traitements constituent aussi un bon avantage pour le démarrage après les premières pluies. Il est cependant étonnant que même avec l'arrosage il n'y ait pas une production importante pendant la saison sèche. Nous pensons que l'humidité relative très basse de la saison pourrait être à la base de ce phénomène. En tout cas, la quantité de fourrage, que les repousses représentent, reste vraiment limitée et la détermination de la biomasse des pérennes à la fin de la croissance importe peu si l'on n'utilise le pâturage que dans la saison sèche. Cependant, ce qui semble plus intéressant à savoir c'est la densité des touffes car c'est ce qui détermine la production de la saison sèche. L'autre facteur important est certainement la quantité d'eau encore disponible pendant cette époque et elle est en corrélation négative avec la croissance de l'hivernage. Les plantes trouvent l'eau bien en profondeur dans la saison sèche, et par conséquent c'est en profondeur qu'elles doivent chercher des éléments tels que le N comme montre la fig. 6.1.4. S'il n'y a plus d'eau en profondeur les racines ont le même taux de N (0,6%), quelle que soit la profondeur. La figure permet de faire une estimation de la quantité de N stocké aux racines, qui peut être utilisée pour la croissance de l'année suivante. A partir de la densité de racines et de leur taux de N on peut

Tableau 6.1.1. L'évolution de la biomasse verte (en kg ha^{-1}) pendant la saison sèche ayant subies 3 traitements, commencés le 24/1, dans la saison sèche et au début de l'hivernage. L'essai a eu lieu à Sotuba en 1979, à l'isohyète de 1.100 mm.

	14/3	15/6	15/7
brûlé	60	100	1.450
fauché	55	100	1.500
témoin	25	40	650
arrosé	150	200	1.800

Table 6.1.1. The evolution of the green biomass (in kg ha^{-1}) during the dry season having been subjected to 3 treatments, begun on 24/1 in the dry season and at the beginning of the rainy season. The trial took place at Sotuba in 1979, at the 1100 mm isohyet.

Fig. 6.1.4. La densité (×) et le taux de N (o) des racines d'*Andropogon Gayanus* pendant la saison sèche en rapport avec la profondeur, quand il existe encore une couche de sol humide.

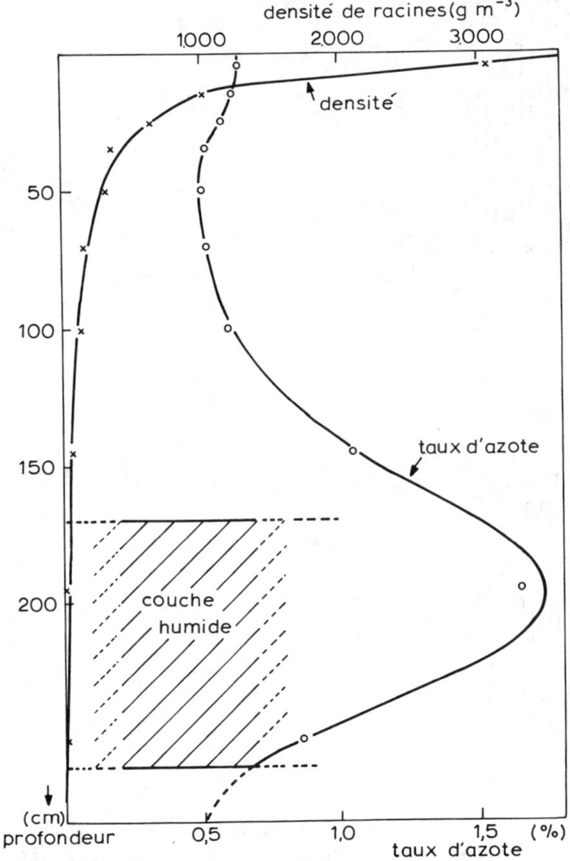

Fig. 6.1.4. The density (×) and N content (o) of the roots of *Andropogon Gayanus* during the dry season in relation to depth, when there is still a layer of humid soil.

calculer qu'il y a 5.900 kg ha^{-1} de racines avec un total de 37 kg ha^{-1} de N, dans la saison sèche, pour un terrain occupé par *Andropogon Gayanus*. Le taux de N varie avec la profondeur entre 0,5 et 1,7%. On trouve des valeurs minimales du taux de N des racines de 0,5% en hivernage au ranch de Niono (partie 4.5.5). Ces observations concernent cependant des espèces annuelles. Diallo (1976) donne des valeurs de l'ordre de 0,3% pour *Andropogon*

Fig. 6.1.5. L'évolution de la biomasse totale et celle de la fraction à un taux de N $\geq$1% (hachuré) au cours de l'année, sans et avec du feu à Sotuba, à 1.100 mm an^{-1} environ. L'échelle logarithmique a été utilisée pour souligner les différences inportantes quand la biomasse est faible.

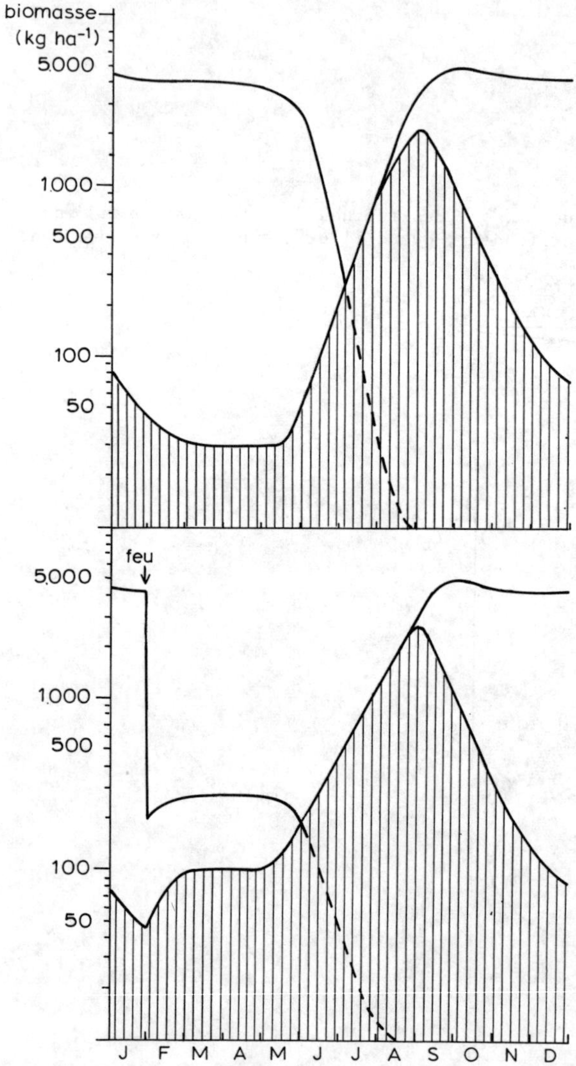

Fig. 6.1.5. The evolution of total biomass and that of the fraction with a N content $\geq$1% (hatched) during the year, with and without fire at Sotuba at circa 1100 mm yr^{-1}. The logarithm scale has been used to underline the important differences when the biomass is low.

Gayanus en pleine croissance à Bamako (août-octobre), une valeur qui est aussi trouvée pour les tiges de cette espèce. En supposant que tout le N du système racinaire en dessus d'un taux minimal de 0,3-0,5% peut être mobilisé pour la croissance en hivernage, on estime sur la base de la fig. 6.1.4 qu'il s'agit d'une quantité d'au moins 8 kg ha^{-1} et de 20 kg ha^{-1} au maximum.

La fig. 6.1.5 résume ce qui précède, en présentant l'évolution de la biomasse totale et celle d'un taux de N $\geq$1% pour *Andropogon Gayanus* au cours de l'année, sans et avec le feu. L'influence du feu a un double avantage pour le bétail, car la quantité de repousses est au moins le double et les repousses sont beaucoup plus accessibles pour le bétail. Sans feu il y a 25-50 kg ha^{-1} de verdure dans 4.000 kg de matière de qualité inférieure; avec le feu il y a 100 kg d'herbe verte dans les 100-200 kg de restants des tiges. Ceci n'est pas seulement vrai pour *Andropogon Gayanus*. Au Delta on a montré pour *Vetiveria nigritana* qu'avec le feu la quantité de fourrage de qualité, disponible en juin avant les pluies, est 4x plus élevée que sans feu (Breman et al., 1978).

En résumé, les graminées pérennes ne se distinguent pas trop des annuelles par leur biomasse exploitable d'une année à l'autre, mais surtout par la disponibilité continue d'une quantité de fourrage de qualité, dont le bétail ne profite pendant la saison sèche que si l'on brûle ou si l'on procède au fauchage. L'autre avantage est la plus grande stabilité du pâturage, aussi bien du point de vue de la végétation que du sol.

6.1.3 Les espèces ligneuses

6.1.3.1 Répartition

Ce qui a été dit sur la répartition des graminées pérennes dans la partie 6.1.2.1 est aussi valable pour les espèces ligneuses. Mais, en outre, il y a certaines espèces qui peuvent profiter de l'eau d'une grande profondeur, ce qui leur donne un avantage dans les endroits où il y a beaucoup d'écoulement et une bonne infiltration, comme les vallées dunaires, et là où l'eau de profondeur est accumulée dans des fissures de la roche mère. (C'est pourquoi on se fait guider pour le sondage des forages par des alignements prononcés et étendus des arbres sur des photos aériennes.).

Cependant, à part de ces cas particuliers et assez limités pour l'ensemble du Sahel, les arbres et arbustes utilisent pour une bonne part la même source d'eau que les herbacées annuelles et ils sont donc tous des compétiteurs pour les mêmes ressources limitatives, l'eau, le N, le P. La compétition est la plus forte aux sols à une bonne capacité d'infiltration, qui ne présentent pas des phénomènes de ruissellement et d'écoulement.

Pour survivre les 8-11 mois sans pluie, les pérennes ont besoin d'une certaine quantité d'eau. Comme déjà signalé dans la partie 4.4, il existe en général un reste d'eau de pluie dans le sol à la fin de la croissance des annuelles dans la partie sud du Sahel, car leur croissance n'est pas arrêtée par le manque d'eau, mais par la disponibilité de N et la longueur de leur cycle de croissance. Ailleurs dans ce livre on signale à plusieurs reprises que dans la partie nord du Sahel l'eau devient le facteur limitatif, et l'eau de pluie peut être complètement épuisée par les annuelles si leur cycle est suffisamment long. Une espèce comme *Cenchrus biflorus*, très abondante au nord, a un cycle minimal déterminé par la longueur du jour, mais les plantes continuent à pousser de nouveau à chaque pluie. Dans de tels cas on ne peut pas s'attendre à un stock d'eau dans le sol pour les pérennes pendant la saison sèche et il n'est pas étonnant que l'importance des ligneux devienne quasi nulle pour la partie nord du Sahel (fig. 6.1.6).

La ligne qui sépare la zone sud, où le N limite la croissance, de la zone nord où l'eau limite la croissance, n'est pas une ligne fixe car elle est déterminée par le rapport fertilité du sol-pluviosité-végétation (parties 4.1.2 et 6.2.4.3). Surtout à cause d'une longue série de bonnes années pluvieuses la ligne se déplace au nord, avec des espèces caractéristiques du sud à cycle long et bien déterminé (voir partie 4.3.7). Les arbres et arbustes suivent, en profitant de l'eau que les annuelles laissent dans le sol. S'il y a ensuite quelques années successives avec une pluviosité très basse, ce qui déplace la ligne bien au sud, les herbacées annuelles au nord, à cycle long, épuisent le stock d'eau

Fig. 6.1.6. La production annuelle moyenne des feuilles des espèces ligneuses (kg ha^{-1}; ligne tracée) et le recouvrement moyen de ces espèces (pourcentage de la surface; ligne interrompue) en rapport avec la pluviosité moyenne sur le trajet nord-sud (les observations individuelles concernant la production de feuilles ont été présentées dans la figure en spécifiant s'il s'agit d'un groupement végétal très répandu sous l'isohyète en question (×), ou moyennement (o) ou très peu répandu (•)).

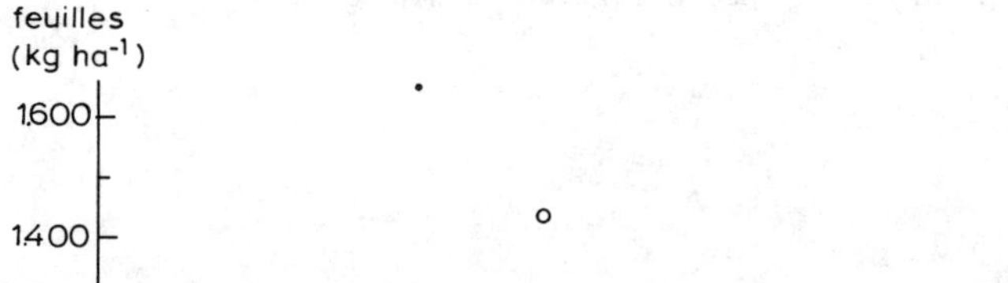

Fig. 6.1.6. The mean annual production of leaves of woody species (kg ha^{-1}; drawn line) and the mean degree of soil cover of these species (percentage of the area; broken line) in relation to the mean rainfall on the north-south traject (the individual observations concerning leaf production are given in the figure specifying whether the plant group is widely distributed (×), moderately distributed (o) or sparsely distributed (•) under the isohyet concerned).

d'hivernage complètement et il ne reste rien pour les arbres et arbustes et les autres pérennes pour la saison sèche. Ceci expliquerait leur mortalité catastrophique pendant la sécheresse du début des années '70 (voir partie 3.4.4).

6.1.3.2 Production de feuilles

Les espèces ligneuses, aussi bien que les graminées pérennes, peuvent produire un peu plus, annuellement que les espèces annuelles, malgré le fait que leurs facteurs limitatifs soient les mêmes, ceci grâce à un démarrage rapide dès les premières pluies, et un cycle plus long. On pourrait donc s'attendre à une productivité élevée des arbres et arbustes et même à une forte dominance des pérennes sur les annuelles. Ceci serait certainement le cas à une pluviosité bien stable et sans l'action des herbivores (voir parties 6.1.3.1 et 6.1.2). Mais au Sahel ces conditions ne sont pas assurées et la densité des ligneux diminue à mesure qu'on va vers le nord, et c'est de cette densité, déterminée par le stock d'eau pendant la saison sèche (partie 6.1.3.1), que dépendra la productivité annuelle.

Comme montre la fig. 6.1.6, la production de feuilles est presque négligeable au nord de l'isohyète de 400 mm. Des cas exceptionnels se présentent aux alentours des habitations permanentes avec une exploitation intense et continue pendant toute l'année sur un sol sablonneux. C'est dans de telles conditions que les annuelles n'ont pas l'occasion d'utiliser même le peu d'eau qui tombe et des épineux en profitent pour former des zones bien boisées dans un rayon de 0,5-2 km autour des habitations.

De l'isohyète de 400 mm à l'isohyète de 1.100 mm, la productivité des feuilles augmente de 60 à 1.100 kg ha^{-1} an^{-1}; elle est à peu près 5% de la production herbacée à 300 mm, ce qui devient 25% à 1.100 mm. La productivité locale peut être beaucoup plus élevée grâce à l'eau d'écoulement. C'est une autre forme par laquelle le bétail peut stimuler à des endroits restreints la croissance des ligneux, car le ruissellement augmente sous l'influence de l'exploitation.

6.1.3.3 Disponibilité fourragère

Les feuilles des arbres sont considérées comme un supplément très utile au menu du bétail au Sahel. Cependant, on doit se réaliser que ce sera au détriment de la production herbacée qu'on pourra stimuler leur production et on pourrait se poser la question si une stimulation est réellement possible après ce qui à été dit.

Sur le terrain, la compétition entre ligneux et herbacées n'est pas toujours nette. D'abord leurs niches ne sont pas les mêmes et souvent, là où le milieu est hétérogène et où l'on observe les phénomènes de ruissellement et d'écoulement et ensuite, à cause des mêmes processus, on trouve des ligneux aux endroits riches en eau et en minéraux, de telle sorte que dans leur ombre il y a encore de l'espace pour une plus grande production des herbacées qu'aux endroits voisins sans écoulement et sans arbres. C'est-à-dire la compétition ne se voit pas en comparant la production herbacée des zones ouvertes et des zones boisées d'un terrain naturel, mais seulement en comparant un terrain homogène où les différences de densité d'arbres et d'arbustes sont artificielles. Une pareille comparaison a été faite sur les pâturages du C.N.R.Z. 'Sotuba' par Sidibé (1976). Il trouve des bio-

Fig. 6.1.7. La production annuelle de la strate herbacée en fonction du recouvrement des espèces ligneuses (×) et une estimation de la production moyenne en feuilles des ligneuses (surface hachurée) à Sotuba à l'isohyète de 1.100 mm environ.

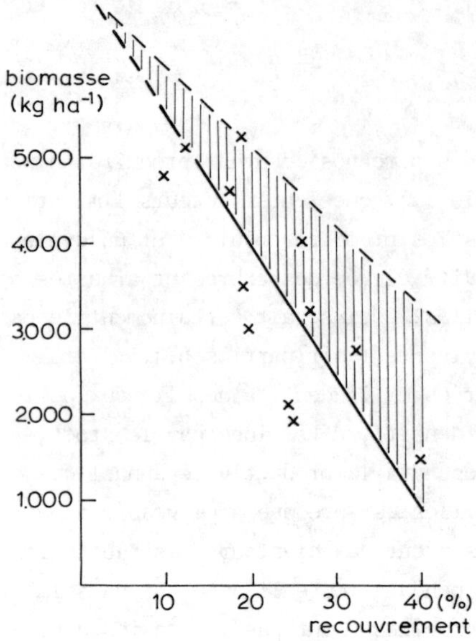

Fig. 6.1.7. The annual production of the herbaceous stratum as a function of the degree of soil cover of the woody species (×) and an estimate of the mean production in leaves of the woody species (hatched area) at Sotuba at about the isohyet of 1100 mm.

masses de 1.500 à 5.000 kg ha^{-1} pour ce qui est la production herbacée quand le recouvrement des ligneux diminue de 40 à 10%, une diminution causée pour une bonne part par l'abattage des arbres (fig. 6.1.7).

A nouveau, ce n'est donc pas dans la productivité que réside l'avantage des pérennes (ici les ligneux), mais dans le fait qu'elles donnent un fourrage de qualité pendant une période plus longue que celle des annuelles. Cependant, au contraire des repousses des graminées, les protéines des feuilles des ligneux sont difficilement accessibles au bétail. Et ici l'on n'indique même pas encore la hauteur à laquelle se trouvent la plupart des feuilles qui sont hors de portée du bétail, mais que les feuilles contiennent souvent beaucoup de tannin qui cause une digestibilité limitée, avec le taux élevé des fibres cellulosiques à différentes périodes de l'année. En effet, le taux de protéines est toujours $\geq$100 g kg^{-1}, même au moment où les herbacées ont un taux moyen de 30 g kg^{-1} (mais très peu de ligneux portent des feuilles en pleine saison sèche!). Cependant la digestibilité fluctue seulement entre 20 et 50% à la majorité des 25 espèces analysées. Ce ne sont que quelques espèces qui ont des feuilles avec une digestibilité qui reste élevée (50-70%) au cours de la saison de croissance, notamment les Capparidaceae *Maerua crassifolia, Capparis tomentosa* et *Crataeva religiosa*, et elles sont rares au Sahel.

6.1.3.4 Production de bois

La production de bois n'a pas été un sujet primaire d'étude du projet. Mais quelques-unes de nos observations seront d'une certaine importance, vu la pénurie de bois et vu la connaissance négligeable concernant la production de bois des arbres sahéliens.

Bille (1977) a décrit les rapports entre la circonférence et la biomasse de 6 espèces. Ici l'on ajoute de tels rapports pour 5 autres espèces.

Par l'abattage d'environ 200 arbres de 5 espèces au ranch, on a estimé le poids du tronc plus les grandes branches, des petites branches (diamètre 0-6 cm de circonférence) et des feuilles par arbre. La variabilité de ces chiffres est assez grande, même si l'on compare seulement les arbres d'une espèce ayant la même circonférence. Mais a cause du grand nombre d'observations, les poids moyens des parties diverses des arbres peuvent être estimés.

Les poids du tronc et des grandes branches, des petites branches et des feuilles sont mis en corrélation avec la circonférence de l'arbre à l'hauteur du poitrine. Les corrélations sont présentées par le tableau 6.1.2. Sur la base de ces chiffres on conclut que les feuilles en pleine saison ne forment que 2-6% du poids de l'arbre, les petites branches 8-20%, et les grandes branches avec le tronc 75-90%. En général les feuilles et les petites branches contribuent les moins au poids total des arbres les plus grands. La production des fruits de *Pterocarpus lucens* est du même ordre de grandeur que celle des feuilles sèches.

Par analogie avec d'autres études (Penning de Vries et al., 1975), on estime que les branches vivent 5 ans en moyenne et les troncs 20 ans. La production annuelle de bois est donc, grosso modo, environ 2-3x plus grande que la production annuelle des feuilles. Une telle production de bois est aussi la production minimale suggérée par la fig. 6.1.7, si l'on suppose que la production végétale totale est plus ou moins indépendante du recouvre-

Tableau 6.1.2. Les facteurs de corrélation entre la circonférence de 5 espèces d'arbres (à l'hauteur de poitrine) et le poids sec des feuilles, des petites branches (0-6 cm de circonférence) et du tronc plus les branches principales. (La corrélation est valable pour les trajets de circonférence indiqués; les poids en kg arbre^{-1} sont trouvés en multipliant les facteurs indiqués par la circonférence (en cm) carré de l'arbre en question.)

Espèce	Facteur poids feuilles	Facteur poids branches	Facteur poids tronc	Trajet de circonférence	Remarque
Acacia Seyal	0,0032	0,011	0,043	25-41	-
Boscia senegalensis (relatif)	(1)	(3,7)	(22)		-
Combretum ghasalense	0,0019	0,0035	0,037	35-58	-
Pterocarpus lucens	0,0012	0,0031	0,040	5-70	par branche principale
Sclerocarya birrea	0,0014	0,0080	0,052	66-94	-

Table 6.1.2. The correlation factors between the circumference of 5 tree species (at breast height) and the dry weight of the leaves, of the small branches (0-6 cm circumference) and of the trunk and the main branches. (The correlation is valid for the indicated trajects of circumference; the weights in kg tree^{-1} are found by multiplying the given factors by the circumference (in cm) squared of the tree in question.)

ment des espèces ligneuses. Mais le fait que du bois contient beaucoup moins d'éléments limitatifs N et P que la verdure signifierait que la production du bois pourrait être plus grande.

Malgré le fait que le taux de N et de P du bois est environ le dixième de celui des feuilles des arbres, le bois en contient un stock important. La récolte du bois pour la cuisine ou pour la construction enlève donc une quantité importante de N et de P des pâturages. Plus de détails seront donnés ailleurs (Breman et Penning de Vries, 1981).

6.2 LES LEGUMINEUSES

6.2.1 Importance

Les légumineuses méritent une attention spéciale par leur fixation d'azote (N). Des espèces sahéliennes sont données dans le tableau 6.2.1, avec quelques données sur leur fréquence et leur nodulation. *Zornia glochidiata*, a été de loin le plus important pour la zone d'étude pendant la période en question, suivi d'*Alysicarpus ovalifolius* et de *Cassia mimosoides* en ce qui concerne la strate herbacée. Mais le nombre d'espèces que l'on observe régulièrement dépasse 25, sans former souvent comme groupe une partie importante de la biomasse totale. En effet leur contribution au poids de la végétation peut varier de 0 à presque 100%, d'un endroit à l'autre et au cours des années, mais comme moyenne elle ne forme que quelques pourcents de la biomasse pour l'ensemble des pâturages non- ou peu perturbés (recouvrement homogène). Sur les 17 sites du trajet nord-sud pour lesquels cette qualification est valable, la contribution des légumineuses à la biomasse herbacée était en moyenne 5,3% (coefficient de variation 1,6%) pendant 3 ans (1976-1978). Pour 21 pareils sites au ranch c'était 4,3% (coefficient de variation 1,3%) au cours de la même période. L'importance des légumineuses ne changeait pas avec les isohyètes. Mais il y a des différences légères entre le sable, le limon et l'argile comme substrat. Ce n'est pas la texture en soi qui importe mais le degré de ruissellement (voir aussi partie 6.4.4). Ceci devient très clair en regardant l'ensemble des sites, perturbés ou non. La fig. 6.2.1 montre qu'il existe un rapport entre l'importance du ruissellement et la contribution des légumineuses à la biomasse. Elle augmente de 0% aux endroits à écoulement à 40% là où le ruissellement est 50%. Au trajet nord-sud c'est la même chose, quoique le maximum y soit 30%, tandis qu'on observe des dépressions à écoulement avec les légumineuses. Il s'agit des fourrés dans les zones à exploitation forte, à un apport notable de déchets où entre autres *Indigofera astragalina* et *Cassia Tora* sont stimulées jusqu'à une contribution moyenne de 10% de la biomasse totale. Mais grâce à *Zornia glochidiata* l'augmentation des légumineuses a mené à une augmentation du ruissellement. L'espèce abonde aux sols limoneux et ailleurs où l'exploitation dégrade la structure du sol (voir partie 6.6.4.1 pour l'exploitation vraisemblable).

L'importance des légumineuses varie d'une année à l'autre, surtout par l'hétérogénéité de la germination de leurs graines dures face à la pluviosité au début de la saison (partie 4.3.7.2). De 1976-1978 on a observé au trajet une contribution des légumineuses de respectivement 3,8; 2,4 et 7,5% et au ranch de 2,3; 4,0 et 6,5%, pour des pâturages non- ou peu perturbés. Des espèces qui profitent surtout des années favorables pour les légumi-

Tableau 6.2.1. L'importance et la nodulation de quelques légumineuses au Sahel.

Familles	Strate herbacée			Strate ligneuse		
	espèce	fréq.*	nodulation**	espèce	fréq.*	nodulation**
Caesalpiniaceae	*Cassia mimosoides*	++	+	*Piliostigma reticulatum*	+!	?
	Cassia Tora	+!	-			
Mimosaceae				*Acacia albida*	+!	?
				Acacia ataxacantha	+!	?
				Acacia nilotica	+!	?
				Acacia Senegal	++	-
				Acacia Seyal	+++	-
				Acacia raddiana	++	-
Papilionaceae	*Aeschynomene indica*	+!	+	*Pterocarpus lucens*	++	+
	Alysicarpus ovalifolius	++	+			
	Indigofera aspera	+	+			
	Indigofera astragalina	+!	+			
	Indigofera diphylla	+	+			
	Indigofera prieuriana	+	+			
	Indigofera senegalensis	+	+			
	Sesbania Dalzielii	+!	+			
	Tephrosia bracteolata	-	+			
	Zornia glochidiata	+++	+			

Table 6.2.1. The importance and the nodulation of some legumes in the Sahel.

* fréquence: +++ espèce à contribution notable à la biomasse, ++ fréquente, localement contribution notable à la biomasse, +! importance pour des habitats spécifiques, + fréquente, sans importance au point de vue de la biomasse, - fréquence locale; frequency: +++ species contributing notably to the biomass, ++ frequent, locally contributing to the biomass, +! of importance for specific habitats, + frequent, not important for the biomass, - locally frequent.

** nodulation: + la plupart des plantes à des nodules roses, - aucune nodulation observée malgré un grand nombre d'essais; nodulation: + most plants with pink nodules, - no nodulation observed in spite of a large number of samples.

Fig. 6.2.1. Le rapport entre la contribution des légumineuses à la biomasse herbacée totale et le degré du ruissellement (ranch de Niono, 1976-1978).

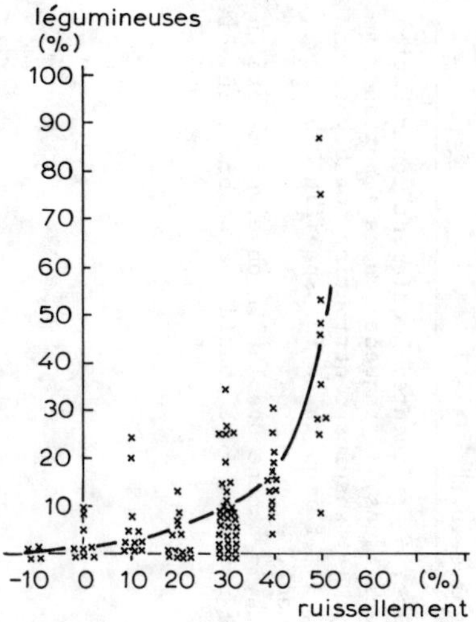

Fig. 6.2.1. The relation between the contribution of the legumes to the total herbaceous biomass and the degree of run off (Niono ranch, 1976-1978).

neuses (des bonnes pluies efficaces dès le début de la saison) sont pour les sols sablonneux *Cassia mimosoides* dans la partie sud du Sahel, et *Alysicarpus ovalifolius* au nord de l'isohyète de 450 mm.

Autrement que dans la strate herbacée, les espèces légumineuses forment souvent une bonne partie du recouvrement de la strate ligneuse. *Acacia Seyal* est de loin le plus important pour l'ensemble de la zone d'étude, suivi de *Pterocarpus lucens* dans les bas-fonds du Delta mort et sur les sols latériques ailleurs. Dans le centre du Sahel *Acacia Senegal* peut être importante, dans la partie nord *Acacia raddiana*. Dans la suite on se limite aux espèces herbacées.

La cause pourquoi les légumineuses ne profitent pas plus de leur capacité de fixer du N dans un milieu où cet élément est rare s'explique par le fait qu'elles appartiennent au groupe des espèces C_3 à germination hétérogène (partie 4.3.7.2) et par la pauvreté du sol en phosphore (P). Leur fixation de N apparaît un avantage à l'égard des autres membres du groupe, car les légumineuses forment la (super)famille la plus importante des dicotylédones avant les *Rubiaceae*, les *Acanthaceae*, etc., malgré l'exploitation intense de leur plantes et des semences (insectes!). Aussi compose la biomasse des légumineuses en moyenne un tiers de celle des non-graminées.

Mais les graminées avec une germination rapide et homogène et avec leur photosynthèse du type C_4 ont en général, sur des sols pauvres en N et en P, une aptitude à la compétition plus élevée que les légumineuses. C'est très net pour *Zornia glochidiata* dans les parties sud et nord du Sahel (partie 4.3.7.1) et par des expériences en vases. *Alysicarpus ovalifolius* a une aptitude à la compétition plus élevée que *Zornia glochidiata*; au nord à des biomasses restreintes elle ne se fait pas trop gêner par *Cenchrus biflorus* à sa croissance (tableau 4.3.12). Ce qui est confirmé par Gillard et Elberse (1982) qui constatent qu'en chambre climatique *Cenchrus* n'influence que peu *Alysicarpus* quand *Cenchrus* est limitée par

Tableau 6.2.2. L'influence d'une fertilisation sur la productivité et la teneur en N des monocultures de quelques légumineuses saheliennes avec du N à 100 kg ha^{-1} (d'urée) et/ou du P, à 100 kg ha^{-1} (de triple super phosphate), sur sable limoneux (S1) et sur sable (S2). (Valeurs moyennes de 2 parcelles par cas; m.s. = matière sèche en kg ha^{-1}; N = azote total dans la biomasse, en kg ha^{-1}. L'expérience sur S1 a été exécutée sur un terrain où *Zornia glochidiata* dominait avant le labour. Le semis date du 20 juin 1977; la récolte a eu lieu le 23 août. Sur S2 - dominé par *Schoenefeldia gracilis* en dehors de l'expérience - le semis est du 29 juin 1979, la récolte du 17 septembre).

		0		+P		+N		+NP	
		m.s.	N	m.s.	N	m.s.	N	m.s.	N
Zornia glochidiata									
	S1	1.000	27	2.400	63	1.000	28	2.500	66
Alysicarpus ovalifolius									
	S1	1.300	38	2.300	73	1.400	40	2.300	75
	S2	2.000	50	3.200	88	2.200	55	3.300	90
Cassia mimosoides									
	S1	1.000	29	1.800	59	1.000	30	1.800	61
	S2	2.800	82	3.400	100	2.400	74	3.100	104
augmentation moyenne (%)				60	70	0	0	60	80

Table 6.2.2. The influence of a fertilization on the productivity and the N content of monocultures of some Sahel legumes with N, at 100 kg ha^{-1} (urea) and /or with P, at 100 kg ha^{-1} (triple superphosphate), on loamy sand (S1) and on sand (S2). (Mean values of 2 plots per case; m.s. = dry matter in kg ha^{-1}; N = total nitrogen in the biomass, in kg ha^{-1}. The experiment on S1 was executed on a plot, on which *Zornia glochidiata* was dominant before the ploughing. The sowing dates of 20 June 1977; the harvest took place on 23 August. On S2 - on which *Schoenefeldia gracilis* was dominant outside the experimental plot - the sowing was on 29 June 1979, the harvest on 17 September).

N et *Alysicarpus* par P. Mais ils montrent aussi que cela change par un enrichissement du substrat avec N: *Cenchrus* devient compétitive à P, auquel s'ajoute encore une compétition quant à la lumière (graminée dressée en avantage). La compétition pour le P est d'une importance clef. Quand les plantes sont limitées par P au cours de la croissance, l'absorption de P dépend du volume du sol fouillée par les racines, de la distribution des racines et de la présence des mycorhizes (partie 5.4.4). Plus les sols sont riches en P et pauvres en N, plus les légumineuses sont favorisées par rapport aux graminées parce que ces dernières seront limitées le plus vite par un manque de N et les légumineuses seront limitées moins vite par P. Cependant, en dehors de la pauvreté en N, les sols saheliens sont malheureusement très pauvres en P comme signalé déjà (partie 3.3.2). L'effet d'une fertilisation avec P des monocultures des légumineuses sur des sols pauvres en P est donné dans le tableau 6.2.2. Sans manque de P les espèces testées arrivent à produire 60% plus de biomasse, la récolte en N est même 70-80% plus élevées. L'apport de N tout seul n'a cependant aucun effet.

6.2.2 La fixation d'azote

Le tableau 6.2.2 indique déjà l'efficacité de la fixation de N par les légumineuses: Au terrain S2, où la végétation naturelle arrive à absorber 15-20 kg ha^{-1} du N pour la biomasse aérienne, celle d'*Alysicarpus ovalifolius* et de *Cassia mimosoides* en contiennent respectivement 50 et 80 et avec P même 90 et 100 kg ha^{-1}. On a constaté que les plantes étaient bien nodulées. Excepté P, l'addition d'un nombre de macro- et de micro-éléments (Molybdène) n'avait pas d'effet sur la productivité des légumineuses aux testes en question. En dehors des espèces observées pendant l'étude (tableau 6.2.1), il y en a qui sont analysées par Sanogho et al. (1978). On a l'impression qu'à l'exception de *Cassia Tora,* les espèces fréquentes fixent toutes du N, vu la nodulation générale.

Les légumineuses fixatrices obtiennent une fraction de leur N par l'absorption de N-inorganique du sol. Le rapport entre N-fixé de l'atmosphère et N-absorbé du sol dépend en général des facteurs comme la quantité de N-inorganique disponible pour les plantes dans le sol, la compétition avec les plantes non-fixatrices pour ce N-inorganique, la rapidité de la nodulation et l'efficacité de la fixation.

En Australie on a trouvé que les graminées sont plus fortes que les légumineuses dans la compétition pour N dans le sol, et que les légumineuses absorbaient du sol 20% au maximum de leur N-total. Un pareil résultat a été obtenu par une expérience en vase avec la graminée *Schoenefeldia gracilis* et les légumineuses *Zornia glochidiata* et *Alysicarpus ovalifolius* sur des sols sahéliens en monoculture et en culture mélangée: maximalement 10-30% du N contenu dans les légumineuses des cultures mélangées était absorbé du sol. Pour les monocultures c'était 25% à une fertilisation avec P et 40-65% sans fertilisation, si

Fig. 6.2.2. La quantité de N fixée annuellement par les légumineuses en rapport avec la pluviosité moyenne quand elles composent 5% et 15% des pâturages non- ou peu perturbés (ruissellement 25%), ou 15% et 35% des pâturages fortement perturbés (ruissellement 40 et 50%).

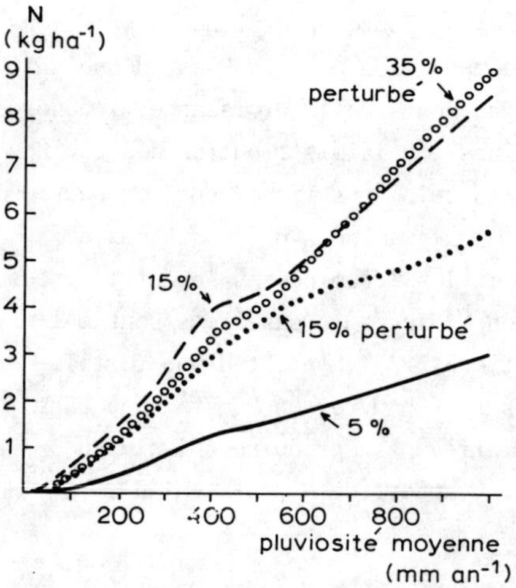

Fig. 6.2.2. The quantity of N fixed annually by the legumes in relation to the mean rainfall when they form 5% and 15% of the undisturbed or little disturbed pastures (run off 25%), or 15% and 35% of the greatly disturbed pastures (run off 40% and 50%).

en tout cas la quantité absorbée a été la même dans les conditions différentes. Gillard et Elberse (1982) trouvent dans les conditions artificielles mais bien à contrôler de la chambre climatique une absorption de 20% de son N par *Alysicarpus ovalifolius* en monoculture et dans des mélanges avec *Cenchrus biflorus* sur un substrat pauvre en N et en P. Avec une fertilisation optimale avec P c'est seulement 10%, mais avec une fertilisation de N et de P les plantes ne sont presque pas nodulées et absorbent tout le N du substrat. On doit donc s'attendre à une diminution de l'importance de la fixation en allant au nord, où l'eau est de plus en plus le facteur limitatif. Mais aussi là où les légumineuses ont contribué déjà longtemps d'une manière notable à la biomasse et ont causé un enrichissement du sol en N (dominance de *Zornia glochidiata*!). Par une analyse de 155 cas au ranch et au trajet nord-sud, dans lesquels la contribution des légumineuses à la quantité totale de N de la biomasse aérienne a été mesurée, et en supposant que tout leur N en dessus de la quantité qu'elles auraient contribué sans fixation est fixé, on estime que:
- 75% du N des légumineuses herbacées spontanées a été fixé au sud de l'isohyète de 300 mm;
- 65% au nord de l'isohyète de 300 mm;
- 50% là où les légumineuses sont un composant permanent et significatif de la végétation.

Les conséquences estimées pour l'importance de la fixation de N en kg ha^{-1} an^{-1} sont présentées par la fig. 6.2.2. Pour une bonne partie des pâturages, c'est-à-dire ceux qui ne sont pas perturbés et dont la biomasse est composée de 5% de légumineuses, l'apport annuel de N par leur fixation augmente de 0 à 3 kg ha^{-1} quand on passe de l'isohyète de 0 à l'isohyète de 1.000 mm. Cette quantité pourrait être triplée si la contribution des légumineuses serait 3x plus élevée à une biomasse totale égale. Mais au Sahel il faut pour un tel apport de N des végétations avec au moins 35% de légumineuses, ce que l'on n'observe que sur des endroits fortement dégradés où 50% de l'eau ruisselle, il s'agit des zones à *Zornia glochidiata*.

6.2.3 *Terrains à Zornia glochidiata*

Zornia glochidiata est une légumineuse qui peut occuper une bonne partie de la biomasse des terrains à sols sablo-limoneux et limoneux à proximité des points d'abreuvement et des pistes de bétail (voir partie 6.6.4.3). Le ruissellement y est fort et la biomasse de telles végétations est relativement basse ($\leq$1.500 kg ha^{-1}). C'est pour cela que l'apport de C (carbone) de l'écosystème en question ne suffit pas pour compenser les pertes de C par respiration dans le processus de minéralisation et en conséquence ces sols deviennent relativement pauvres en C (le rapport C/N est souvent dans l'ordre de 8, voir partie 5.3.2.1). En conséquence il y a relativement beaucoup de N disponible pour les plantes ce qui est entre autres reflété par les teneurs élevées en N dans le peu des graminées sur ces terrains. Par la disponibilité relativement grande de N dans ces sols, une fertilisation avec P peut augmenter la productivité des graminées considérablement. Un exemple est présenté dans la fig. 5.2.15. Un autre exemple d'une fertilisation sur ce type des terrains est donné par le tableau 6.2.3. Une fertilisation avec N n'a aucun effet sur la productivité des graminées ni des légumineuses, tandis qu'une fertilisation avec P augmente seulement celle des graminées mais pas celle des légumineuses. Fertilisation avec N et P ensemble donnait une telle productivité des graminées que les légumineuses étaient

Tableau 6.2.3. La productivité des graminées *Cenchrus biflorus* et *Schoenefeldia gracilis* et de la légumineuse *Zornia glochidiata*, 2 ans après une fertilisation de la végétation naturelle sur un terrain à *Zornia glochidiata*. (Production en matière sèche en kg ha^{-1}; N à 75 kg ha^{-1} sous forme d'urée; P à 7 kg ha^{-1} sous forme de triple super phosphate; les valeurs données sont des moyennes de 2 parcelles).

Traitement	Graminée	*Zornia*
-	1.000	900
N	1.000	1.000
P	3.200	1.100
NP	4.500	250

Table 6.2.3. The productivity of the grasses *Cenchrus biflorus* and *Schoenefeldia gracilis* and of the legume *Zornia glochidiata*, 2 years after a fertilization of the natural vegetation consisting of *Zornia glochidiata*. (Production in dry matter in kg ha^{-1}; N at 75 kg ha^{-1} in the form of urea; P at 7 kg ha^{-1} in the form of triple super phosphate; the given values are the means of 2 plots).

supprimées partiellement.

Même si *Zornia glochidiata*, là où il domine, n'absorbe que 50% de son N (par la richesse relative du sol et la compétition baissée des graminées, partie 6.2.2), il y a un apport notable de N par la fixation: 2-3x plus que par les végétations en général. Ceci veut dire pour le ranch de Niono 4-5 kg ha^{-1} an^{-1} contre 1,5 kg pour les pâturages non- ou peu perturbés. Il va sans dire que les formules pour estimer la production actuelle dans une situation d'équilibre (pertes égales aux apports; partie 5.6) ne seront plus valables dans ce cas, car elles se basent sur une contribution de 5% des légumineuses à la biomasse. Mais en supposant que les autres paramètres ne changent pas, on peut utiliser le même raisonnement pour estimer la quantité de N de la biomasse aérienne (N_b) dans une situation d'équilibre avec par exemple 15 ou 35% de légumineuses dans la végétation. Cependant, si l'importance des légumineuses est causée par un ruissellement important il faut tenir compte d'une diminution de l'apport de N lié à l'eau pluvieuse, et d'une diminution de la biomasse totale. Le résultat des estimations, faites suivant la méthode de la partie 5.6.2, est présenté par le tableau 6.2.4.

Le premier cas a été traité avant dans la partie 5.6. C'est la situation pour un pâturage non- ou peu perturbé avec une moyenne de 5% de légumineuses. Le deuxième cas est hypothétique à notre avis, mais il montre bien comment une augmentation de l'importance de légumineux à un facteur 3 influencerait la quantité de N de la biomasse aérienne: Au niveau de pertes, et de l'intensité d'exploitation d'aujourd'hui (f = 0,4-0,5, voir chapitre 9) la valeur de N_b deviendrait 1,5-2x plus élevée. Cette valeur est cependant moins élevée que ça si l'importance des légumineuses est causée par un ruissellement plus important (15 ou 35% de légumineuses par 40-50% de ruissellement), c'est-à-dire seulement

Tableau 6.2.4. La quantité de N de la biomasse aérienne à la floraison (N_b, kg ha^{-1}) en rapport avec la fraction de ce N qui se perd annuellement de l'écosystème (f) en supposant un équilibre, à une pluviosité moyenne de 500 mm an^{-1}, pour des niveaux différents de l'importance des légumineuses. La partie supérieure du tableau définie 4 situations et présente par cas la relation générale entre N_b et f; la partie inférieure donne les valeurs de N_b à des valeurs concrètes de f.

légumineuses	(%)	5	15	15	35
ruissellement	(%)	25	25	40	50
biomasse totale	(kg ha^{-1})	2.000	2.000	1.600	1.000
N fixé	(kg ha^{-1})	1,0	6,6	3,5	4,0
N_b	(kg ha^{-1})	$\frac{4,25}{f - 0,13}$	$\frac{4,25}{f - 0,26}$	$\frac{3,40}{f - 0,26}$	$\frac{2,85}{f - 0,28}$
f		N_b	N_b	N_b	N_b
0,2		59	-	-	-
0,3		24	106	85	142
0,4		15	30	24	23
0,5		11	17	14	13
0,75		7	8	7	6
1,0		5,0	5,5	4,5	4,0

Table 6.2.4. The quantity of N in the aerial biomass at flowering (N_b, kg ha^{-1}) in relation to the fraction of this N which is lost from the ecosystem annually (f) assuming an equilibrium, at a mean rainfall of 500 mm yr^{-1}, for the different levels of the importance of the legumes. The upper part of the table defines 4 situations and presents per case the general relation between N_b and f; the lower part gives the values of N_b at concrete values of f.

1,2-1,6x plus de N_b pour 3-7x plus de légumineuses.

Les terrains à *Zornia* au ranch devraient être pu décrits par le dernier cas, car leur biomasse contenait 35% de *Zornia glochidiata* pendant les années d'étude. Les 30 sites analysés de 1976-1979 avaient une biomasse moyenne de 1.600 kg ha^{-1} (coefficient de variation 100 kg), ce qui convient bien pour une biomasse de 1.000 kg ha^{-1} à la floraison. Il n'y a pas eu des observations systématiques de la quantité de N dans cette biomasse, car à la fin de la croissance une partie du N s'est déjà perdue (partie 5.2.5). Mais un dizaine d'observations en 1977 et en 1978 donnent des valeurs de N_b de 15-55 kg ha^{-1} avec une moyenne de 30 kg ha^{-1}. Ceci indiquerait une fraction de N d'un peu moins de 40% perdue annuellement (tableau 6.2.4). Il est encore à signaler que la valeur de N_b de 30 kg ha^{-1} est une valeur moyenne pour les conditions décrites, qui est de l'ordre de 2x plus élevée que celle des autres végétations au ranch. *Zornia glochidiata* a donc enrichi le sol en N. Ce n'est pas un enrichissement d'une année à l'autre, car la récirculation de N des plantes semble lente (partie 5.3.2.1).

A part l'enrichissement du sol par *Zornia glochidiata* (et des autres légumineuses) leur importance est aussi l'amélioration directe de la qualité du fourrage (fig. 6.3.10). Contrairement à *Alysicarpus ovalifolius*, *Zornia glochidiata* ne semble pas très recherchée pendant la saison de pluie, le moment où sa qualité est la plus haute. Pendant la saison sèche cependant même les bovins sélectionnent intensivement l'espèce (Hiernaux, comm. pers.), malheureusement beaucoup de ses feuilles tombent et son taux de N baisse à un niveau minimal de 1,5% à la fin de la saison sèche. *Cassia Tora* est pas ou très peu recherchée dans la zone d'étude, c'est une espèce non-fixatrice (tableau 6.2.1).

6.3 LA PLUVIOSITE ET LA PRODUCTION DE FOURRAGE SUR LES PATURAGES NATURELS

6.3.1 Introduction

La théorie explicative sur la production actuelle des pâturages a été présentée dans la partie 5.6: la situation d'équilibre à une certaine pluviosité moyenne après une période longue avec un certain mode d'utilisation. Cette partie commence par l'application de la théorie sur le trajet nord-sud et le ranch de Niono, pour l'estimation de la biomasse moyenne et de son contenu en azote à une pluviosité moyenne (partie 6.3.2). Ensuite les résultats seront confrontés avec les observations faites:
- sur 35 sites entre les isohyètes de 150 et 1.100 mm, la biomasse aérienne et son taux d'azote (N) et de phosphore (P) ont été déterminés à la fin de 2-4 hivernages de 1976 à 1979, ce qui permettra d'analyser l'influence de la pluviosité en traversant le Sahel du nord au sud (partie 6.3.3);
- sur 35 sites au ranch de Niono, la biomasse aérienne a été déterminée à la fin de la saison de croissance de 1975 à 1979, ce qui permettra de voir l'influence de la variation de la pluviosité d'une année à l'autre sur un endroit déterminé (partie 6.3.4).

L'influence indirecte de la pluviosité sur la productivité, en travers du rapport pluviosité-composition floristique (partie 6.3.4), demande une attention spéciale. Finalement la relation qui existe entre la pluviosité et la qualité de fourrage (partie 6.3.5) sera présentée. L'influence négative des pluies en dehors de la période de croissance, sur la quantité et la qualité de la biomasse, a été discutée dans la partie 5.2.5.

6.3.2 La production actuelle théorique

Pour calculer la quantité de N, qu'on estime trouver dans la biomasse aérienne à la fin de la croissance, avec la formule 5.6.4 de la partie 5.6.2, il faut connaître la pluviosité moyenne, la contribution des légumineuses à la végétation, la fraction du N qui est perdue annuellement de l'écosystème et la partie du N qui se perd déjà vers la fin de la croissance. Des estimations globales seront faites dans la suite. On estime que la situation comme connue pendant l'étude existe déjà suffisamment longtemps pour que la situation d'équilibre, décrite par la formule en question, puisse être atteinte approximativement. On reviendra sur le fait que la réalité est différente: l'étude a été exécutée après une sécheresse qui a profondément touché les troupeaux et la végétation.

6.3.2.1 Le trajet nord-sud

Le tableau 6.3.1. présente les estimations de l'eau infiltrée et des pertes par le feu, le bétail et la volatilisation, etc., en rapport avec la pluviosité moyenne. Ceci pour un trajet hypothétique qui représente une situation moyenne et pour le trajet d'étude. Dans les 2 cas, on se limite à une contribution des légumineuses de 5% de la biomasse et

Tableau 6.3.1. La disponibilité d'eau (eau infiltrée, exprimée comme pourcentage de la pluviométrie) et les pertes annuelles de N (exprimée comme fraction du N dans la biomasse) en rapport avec la pluviosité moyenne, sur un trajet nord-sud hypothétique, reflétant la situation moyenne au Sahel, et sur le trajet d'étude.

Isohyètes	Disponibilité d'eau		Pertes annuelles d'azote						
	trajet hypothétique	trajet d'étude	feu	bétail		diverses		totales	
			hyp. et obs.	hyp.	obs.	hyp.	obs.	hyp.	obs.
100	100	100	0,0	0,1	0,1	0,3	0,2	0,4	0,5
200	100	100	0,0	0,1	0,3	0,3	0,2	0,4	0,5
300	90	90	0,0	0,07	0,2	0,3	0,25	0,35	0,45
400	85	85	0,1	0,05	0,15	0,25	0,25	0,4	0,50
500	80	80	0,1	0,03	0,15	0,25	0,25	0,4	0,5
600	75	100	0,2	0,03	0,1	0,20	0,20	0,45	0,5
700	70	100	0,2	0,05	0,05	0,25	0,25	0,5	0,5
800	70	90	0,2	0,07	0,05	0,25	0,25	0,5	0,5
900	70	80	0,2	0,1	0,1	0,25	0,25	0,55	0,55
1.000	70	70	0,3	0,1	0,1	0,20	0,20	0,6	0,6
1.100	70	70	0,3	0,1	0,1	0,20	0,20	0,6	0,6

Table 6.3.1. The availability of water (infiltrated water, expressed as percentage of the rainfall) and the annual losses of N (expressed as fraction of the N in the biomass) in relation to the mean rainfall, on a hypothetical north-south traject which reflects the average situation in the Sahel, and on the study traject.

on estime que 75% du N des légumineuses a été fixé à 500 mm et plus, un pourcentage qui diminue à 50% en allant à 100 mm (partie 6.2.2). Ce qui fait que leur apport de N, par kg de N de la biomasse totale, augmente de 0,05 kg ha^{-1} à 0,10 kg ha^{-1} à une pluviosité moyenne de 100 à 500 mm et plus. Il y a 2 particularités à signaler pour le trajet d'étude en comparaison avec le trajet hypothétique:

- le trajet traverse une zone sablonneuse à bonne infiltration dans la partie sud du Sahel et dans la partie nord de la savane (voir fig. 3.3.2) tandis qu'en général cette zone est dominée par des sols avec un ruissellement important;
- la partie du trajet située au vrai Sahel est plus intensivement exploitée qu'en général, à cause de la proximité du Delta central et des zones irriguées de l'Office du Niger (voir fig. 3.3.2).

Les pertes par les feux sont regardées comme comparables pour les 2 cas. Les facteurs concernants présentés ont été basés sur des observations faites au trajet d'étude. Les pertes diverses sont essentiellement la volatilisation (25% à l'absence d'autres pertes) et celle causée par des insectes (termites, criquets, etc.). L'ensemble des pertes diverses fut estimé à 0,3 à l'absence des autres pertes (valeur maximale au tableau 6.3.1), mais le chiffre baisse au fur et à mesure que plus de N se perd par le feu et le bétail.

Le tableau a permis de calculer avec la formule 5.6.4 de la partie 5.6 la quantité maximale de N de la biomasse aérienne (N_b) en rapport avec la pluviosité moyenne. A partir de ces valeurs on a pu calculer la biomasse maximale. Pour cela on a utilisé le rapport entre la pluviosité et le taux en N de la biomasse à la fin de la croissance (voir partie 6.3.5). Les résultats sont présentés par la fig. 6.3.1(a et b). Pour le trajet hypothétique on y présente 2 bandes. Leurs limites sont déterminées par le cas théorique

Fig. 6.3.1. Les rapports théoriques entre la biomasse produite (a) et son contenu de N (b), avec les isohyètes pour un trajet hypothétique, reflétant la situation moyenne au Sahel (bande hâchurée) et pour le trajet d'étude (ligne interrompue).

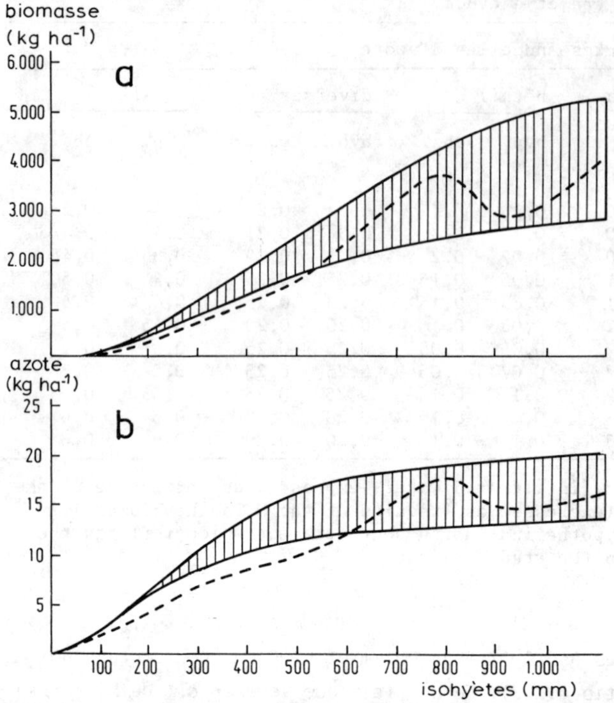

Fig. 6.3.1. The theoretical relations between the biomass produced (a) and its N content (b) with the isohyets for a hypothetical traject, which reflects the average situation in the Sahel (hatched band) and for the study traject (broken line).

que toute l'eau de pluie s'infiltre, donc Pl de la formule 5.6.4 est égale aux valeurs indiquées par les isohyètes (limite supérieure) et au cas où Pl est égal à l'eau infiltrée moyennement sous les isohyètes respectives (limite inférieure). Quand l'eau du ruissellement et son contenu de N sont perdus pour la croissance (vers des cours d'eau, des mares, par le lessivage etc.) on doit s'attendre à une réalité près de la limite inférieure. C'est le cas pour des zones à relief et pour des sols colmatés ou peu profonds. Mais pour des zones bien plates il y a des situations où le ruissellement cause surtout une distribution hétérogène d'eau et dans ce cas on doit s'attendre à une réalité intermédiaire, plus proche d'une infiltration complète. La figure montre bien que la récolte en N augmente de 2 à 14 kg ha^{-1} en allant de l'isohyète de 100 mm à 500 mm. Après elle ne change presque plus avec le mode d'exploitation d'aujourd'hui, et elle est de l'ordre de 12-20 kg ha^{-1} en rapport avec l'importance du ruissellement.

Pour le trajet d'étude on a essayé de tenir compte de ce dernier facteur ce qui explique le cours de sa courbe. Au surplus, on signale que cette courbe est néanmoins théorique, basée sur des calculs à partir de la formule 5.6.4 de la partie 5.6. La biomasse augmente sur presque l'ensemble du trajet avec une pluviosité moyenne augmentant à cause d'une dilution plus forte du N: entre 500 en 900 mm, où N_b ne change déjà plus de façon significative, le taux de N à la fin de la croissance diminue encore de 0,6 à 0,4%.

6.3.2.2 Le ranch de Niono

La pluviosité moyenne à Niono est de 580 mm, mais on estime qu'il y a une perte importante d'eau à cause d'un ruissellement moyen de 20% environ. Le bilan de N est donc celui pour une disponibilité annuelle de 465-580 mm d'eau. Vu la fréquence et l'importance des feux au ranch on estime qu'ils donnent une perte moyenne de 15% de N_b par an. En estimant la perte par l'élevage et par des insectes, etc. à 5% (le ranch est peu exploité jusqu'ici) et la volatilisation à 25%, on doit tenir compte d'une valeur f = 0,45. Suivant la formule 5.6.4 de la partie 5.6, N_b aura une valeur moyenne de 12,4-15,6 kg ha^{-1}, et à un taux de N de 0,6% à la fin de la croissance, on peut s'attendre à une production annuelle de biomasse de 2.100-2.600 kg ha^{-1}.

6.3.3 La production annuelle de biomasse au trajet nord-sud

Les récoltes de plusieurs années aux sites du trajet sont présentées par la fig. 6.3.2, en rapport avec les isohyètes. La comparaison avec le rapport théorique, calculé dans la partie 6.3.2.1, montre que la théorie n'est pas en contradiction avec les observations. La suite expliquera qu'on ne peut pas s'attendre à une confirmation plus forte.

Fig. 6.3.2. Le rapport entre la biomasse produite et les isohyètes au trajet nord-sud pendant la période 1974-1979 en comparaison avec le rapport théorique (-----).

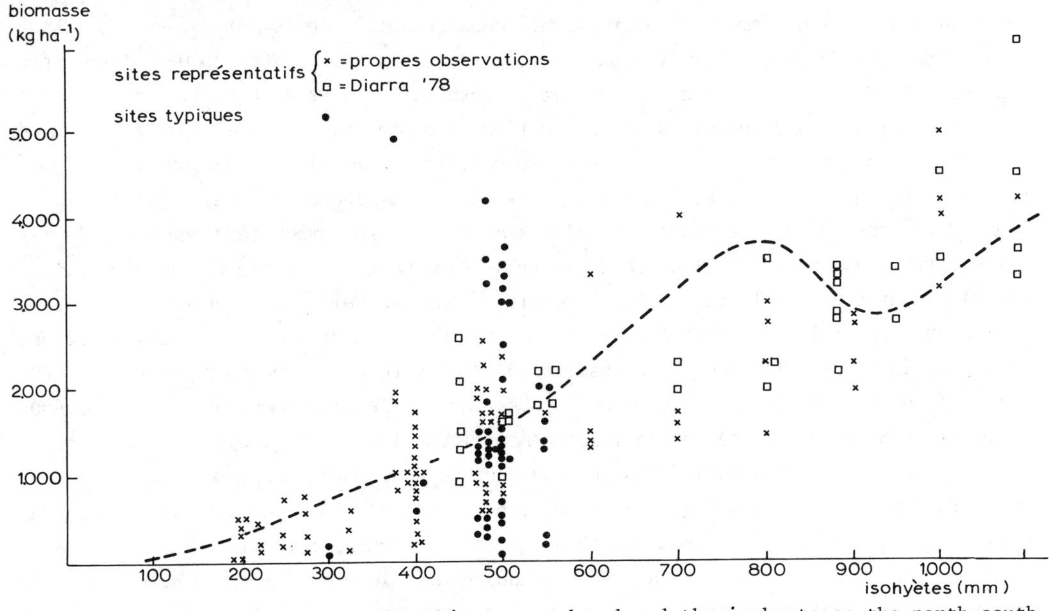

Fig. 6.3.2. The relation between the biomass produced and the isohyets on the north-south traject during the period 1974-1979 compared with the theoretical relation (-----).

Outre le fait que les données de base (tableau 6.3.1) concernent une situation moyenne tandis que les sites ont tous leur particularités et leur propre histoire, les points suivants sont en cause:

- la pluviosité a été moins à beaucoup moins que la normale à presque tous les sites sur l'ensemble du trajet pendant toutes les années;
- la mesure dans laquelle la biomasse produite en est influencée dépend de l'influence sur la disponibilité de N et de P, mais en plus de la végétation même;
- la disponibilité de N et de P diffère entre les sites.

6.3.3.1 Pluviosité déficitaire

On a estimé la pluviosité annuelle des sites en comparaison avec la normale. Trois classes ont été distinguées, notamment une pluviosité $\leq$0,5x la pluviosité normale, entre 0,5 et 0,75x la normale et entre 0,75 et 1,0x la normale. On a tenu compte de ces classes pour composer les fig. 6.3.3a, b et c, représentant respectivement la biomasse totale aérienne de la strate herbacée et la quantité totale de N et de P dans cette biomasse, tout ceci en rapport avec les isohyètes. Les figures montrent qu'en moyenne il y a plus de biomasse et de N et de P à un endroit donné au fur et à mesure que la pluviosité est plus élevée, mais il y a souvent des exceptions sur cette règle! C'est la végétation même qui est en cause. N et P jouent leur rôle comme décrit dans la partie 5.5 en rapport avec une certaine quantité de semence (ou de pérennes) pour le démarrage de la croissance. Cette quantité varie fortement d'une année à l'autre et d'un endroit à l'autre (voir partie 4.3) et quoique la valeur moyenne soit liée à la pluviosité moyenne, il n'y a pas de relation avec la pluviosité de la saison future! Donc quoique la situation moyenne soit différente, il est possible qu'une bonne année pluvieuse démarre avec beaucoup d'interruption, ce qui fait mourir le gros de semence. La croissance démarrera très lentement dans ce cas. L'absorption de N et de P reste limitée et la production sera basse. Réciproquement une année pluvieuse déficitaire peut bien démarrer et le résultat sera assez bon. Il est important de se réaliser que dans un tel cas la production de biomasse sera plus rapidement inhibée que l'absorption de N et de P: une pluviosité déficitaire signifiera pas ou peu de temps pour la dilution de N et de P. C'est une des raisons pour laquelle la disponibilité réelle d'eau est en rapport proportionnelle avec la biomasse produite, tandis que le rapport avec l'absorption de N et de P est très flou. Ceci est montré par la fig. 6.3.4 qui est comparable avec la fig. 6.3.3 à condition que l'échelle des isohyètes soit remplacée par la disponibilité réelle d'eau (pluviosité réelle, corrigée pour le ruissellement). L'écart maximal entre la production observée à une isohyète déterminée diminue de 4.200 kg ha^{-1} (500 mm, isohyète avec le nombre d'observations le plus nombreux) à 2.000-2.500 kg ha^{-1} (ensemble du trajet) par ce remplacement (comparer les fig. 6.3.3a et 6.3.4a). L'écart maximal pour la quantité absorbée de N et de P ne change cependant pas de façon significative (comparer les fig. 6.3.3b, c et 6.3.4b et c). Donc la quantité absorbée de N et de P, quoique liée à la disponibilité d'eau, est fortement déterminée par les sites mêmes, mais ce que la végétation arrive à produire avec le N et P absorbé dépendra de la disponibilité d'eau.

Fig. 6.3.3. Les rapports entre la biomasse produite (a) et son contenu de N (b) et de P (c) avec les isohyètes, au trajet nord-sud pendant la période 1976-1979, en comparaison avec les rapports théoriques (———).
• pluviosité <0,5x pluviosité moyenne
o pluviosité 0,5-0,75x pluviosité moyenne
× pluviosité 0,75-1,0x pluviosité moyenne

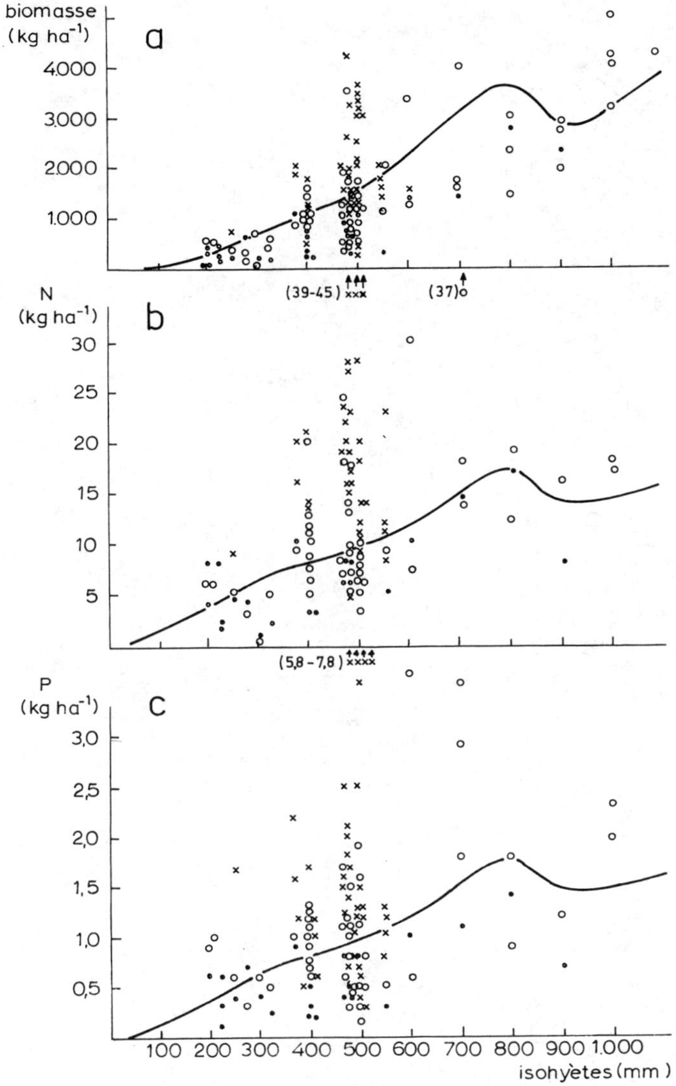

Fig 6.3.3. The relations between the biomass produced (a) and its N (b) and P (c) content with the isohyets, on the north-south traject during the period 1976-1979, compared with the theoretical relations (———).
• rainfall <0.5x mean rainfall
o rainfall 0.5-0.75x mean rainfall
× rainfall 0.75-1.0x mean rainfall

Fig. 6.3.4. Les rapports entre la biomasse produite (a) et son contenu de N (b) et de P (c) avec la disponibilité d'eau (eau infiltrée) au trajet d'étude pendant la période 1976-1979. (Quant à la biomasse produite en moyenne, elle est représentée par la ligne tracée sous (a).)

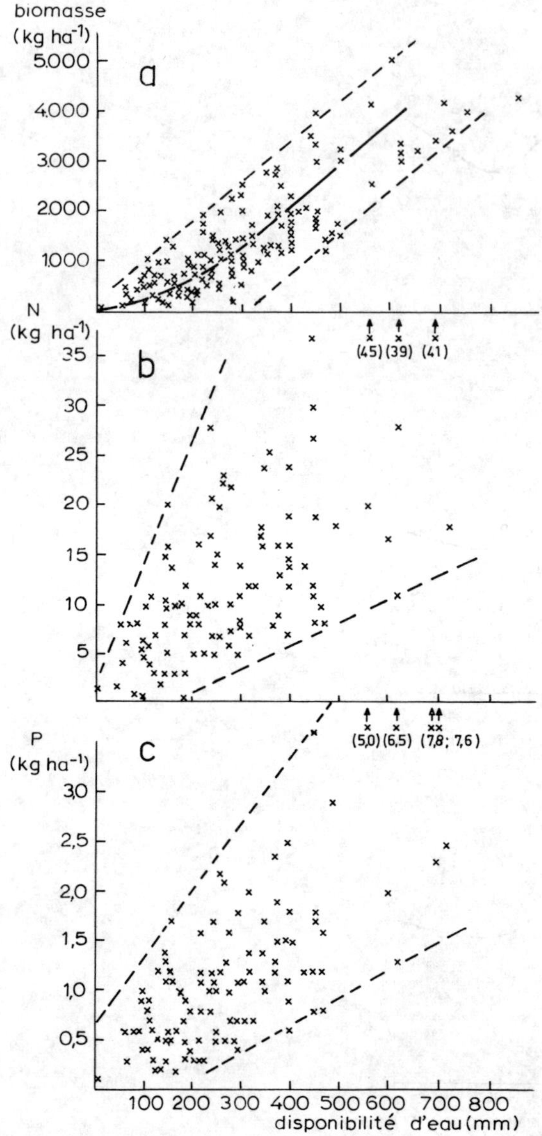

Fig. 6.3.4. The relations between the biomass produced (a) and its N (b) and P (c) content with the availability of water (infiltrated water) on the study traject, during the period 1976-1979. (The mean biomass produced, is represented by the line drawn under (a).)

6.3.3.2 La composition floristique

Il existe, suivant la partie 6.3.3.1, un rapport régulier entre la biomasse produite et la quantité d'eau infiltrée au sol au cours de l'hivernage, quoique l'écart reste de l'ordre de 2.000 kg ha^{-1} (fig. 6.3.4a). Le rapport ressemble beaucoup à celui trouvé par Sicot (1979), et il est plus net que ceux qui sont basés sur la pluviosité au lieu que sur la pluie efficace (partie 1.2). Faut-il donc conclure avec Sicot (1979) que 'la proportionnalité de la croissance de la production en fonction de la pluie efficace indique que le facteur eau est fortement limitant'? La réalité semble plus compliquée. La teneur en N et en P de la biomasse devrait être beaucoup plus élevée dans ce cas que trouvé par Sicot (1979) et ici (voir partie 5.2). Le rôle directe d'eau ne doit pas être négligé en dessous d'une disponibilité de 300 mm (augmentation exponentielle de la production, fig. 6.3.4a), mais pour l'ensemble du rapport c'est en travers de la végétation et de sa composition que l'eau masque les différences en fertilité des sites. Car l'écart des points de la fig. 6.3.4a s'explique partiellement par la mesure dans laquelle la végétation sait exploiter la quantité limitée de N et de P, qui sera disponible à un endroit donné à une certaine pluviosité. La composition floristique joue un rôle important dans ce cadre, comme a été schématisé par la fig. 6.3.5. Le schéma est basé sur les groupements végétaux (voir partie 4.3) qui dominaient les sites aux années d'observations. Dans la figure ces groupements sont indiqués par les espèces qui dominent leur biomasse. Vu le caractère des espèces en question il y a 4 propriétés qui déterminent la biomasse à produire à une certaine disponibilité d'eau à une disponibilité déterminée de N et de P:

- la vitesse de démarrage de la croissance;
- la longueur de cycle;
- l'efficacité de la photosynthèse (C_3 ou C_4);
- le mode de croissance (dressé, ramifié, rampant, etc.).

Les graminées C_4 à germination rapide (ou des pérennes) donne une biomasse plus élevée que les dicotylédones (plusieurs à la photosynthèse C_3) ou les graminées à germination lente. Et il y a plus de biomasse au fur et à mesure que la période de croissance est plus longue. Cette période dépend de la disponibilité d'eau, mais surtout de la longueur de cycle. Celle-ci augmente de *Cenchrus biflorus s.s.* aux pérennes *Andropogon Gayanus* etc. On constate une même augmentation dans les groupes des 'mauvais' producteurs, dicotylédones et germinateurs lents.

La position de *Cenchrus biflorus* est particulière par le fait que cette espèce a en effet un cycle végétatif très court, qui fait qu'elle sait survivre dans la région à une pluviosité très basse, mais à côté l'espèce continue de produire quand elle est en fleures (voir partie 4.3). Donc elle est aussi apte à survivre à des régions à une pluviosité plus élevée, et ceci encore plus par sa haute force de compétition (voir partie 4.3). Pour 2 raisons *Cenchrus biflorus* ne pénètre cependant pas trop au sud:

- elle est sensible aux feux;
- elle ne germe bien que sur du sable meuble.

Les 2 phénomènes semblent être causés par l'enveloppe des graines. C'est ainsi que le groupement dominé par *Schoenefeldia gracilis* est trouvé en abondance au nord de celui de *Diheteropogon hagerupii* là où il y a des sols limoneux ou argileux.

Il est à noter que les graminées C_4 à germination rapide perdent au moins partiellement leur position dominante d'espèces à une forte aptitude à la compétition à une disponibilité d'eau basse (voir fig. 6.3.5). Une germination très rapide devient plus risquée par l'augmentation de l'irrégularité de pluie pendant le démarrage de la croissance. La

Fig. 6.3.5. L'influence de la composition floristique sur le rapport entre la biomasse produite et la disponibilité d'eau pendant la période 1976-1979 (les groupements végétaux sont représentés par des espèces dominantes au point de vue biomasse).

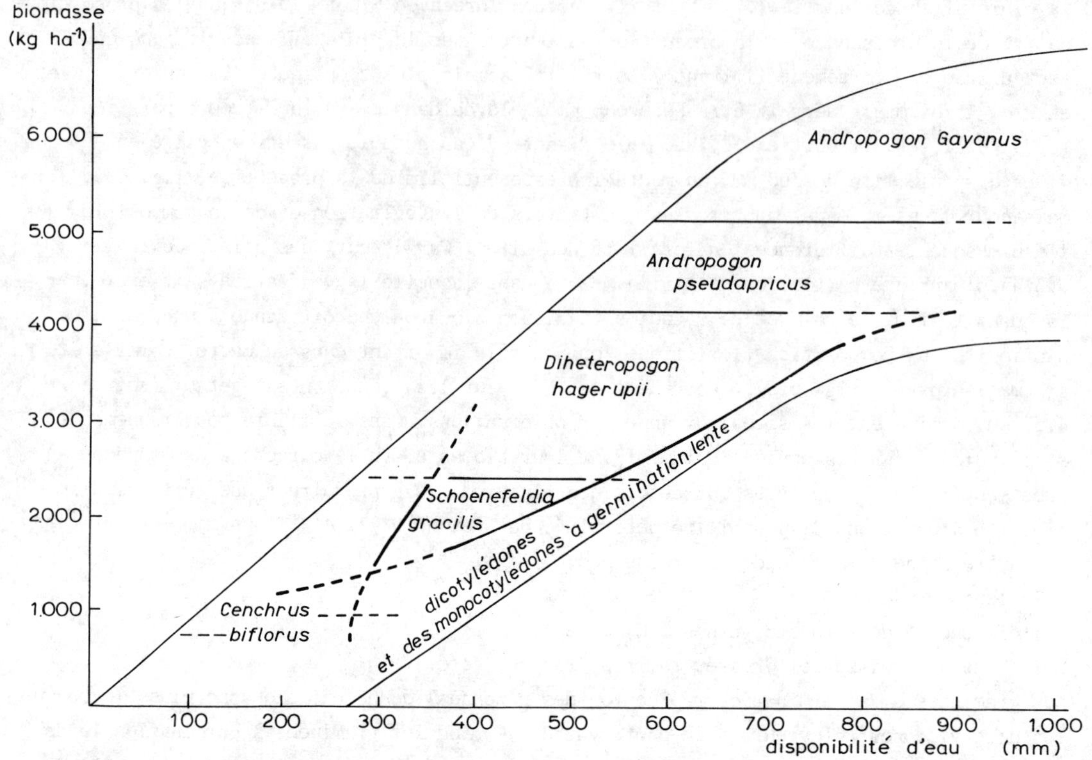

Fig. 6.3.5. The influence of the floristic composition on the relation between the biomass produced and the availability of water during the period 1976-1979 (the plant groups are represented by the dominant species from the point of view of the biomass).

dilution de N et P devient de moins en moins importante en dessous d'une disponibilité d'eau de 300 mm, donc des espèces C_4 ne profitent plus de leur capacité de produire plus de biomasse que des espèces C_3, en diluant le N en dessous du taux de 1%. Il est à signaler d'ailleurs que le caractère C_4 est général pour les graminées dominantes du Sahel, mais il semble rare parmi ces dicotylédones de la partie sud du Sahel, qui composent une fraction non négligeable de la biomasse (*Borreria spp.*, *Zornia glochidiata*, *Cassia Tora*, etc.). Dans la partie nord du Sahel il y a cependant plusieurs espèces de dicotylédones du caractère C_4, comme montré dans le tableau 4.2.1, par exemple: *Blepharis linariifolia*, *Tribulis terrestris*, *Polycarpaea corymbosa*, *Gisekia pharnacioides*, *Portulaca oleracea*, etc. Le mode de croissance des graminées finalement, n'a plus d'avantage dans des végétations ouvertes à moins de 1.000-1.500 kg ha^{-1}, où la compétition pour la lumière ne joue plus un rôle.

6.3.3.3 La disponibilité de N et de P

Avant de continuer, il est à signaler que les observations au trajet nord-sud ont été faites chaque année à la fin de la croissance, c'est-à-dire en fin de septembre dans la partie nord et entre mi- et fin d'octobre dans la partie sud du Sahel. Dans la partie 5.2.5 il a été montré qu'à cette époque la biomasse a déjà perdu une partie de son N et, à un moindre degré, de son P. Par la comparaison des sites avec des états de développement et de dessèchement différents on estime qu'au moment où la biomasse contenait une quantité maximale de N, cette quantité était 5-10 kg ha^{-1} plus élevée qu'au moment des observations. Pour le P la différence sera moins que 0,5-1 kg ha^{-1}.

Il sera clair, que les observations ne seront pas très utiles à des analyses de la croissance comme présentées dans la partie 5.2. Mais elles reflètent certainement pour une partie la fertilité relative des sites, quoique leur utilité soit surtout l'indication avec quelle qualité l'herbe commence la longue saison sèche.

Il a été signalé (partie 6.3.3.1) que la quantité de N et de P dans la biomasse dépend d'abord de leur disponibilité, donc de la fertilité du site, et au deuxième plan de la manière dont la végétation sait employer ces quantités disponibles, vu la disponibilité d'eau et de biomasse. Quoique le nombre d'années d'observation soient encore très limitées, on obtient déjà une indication de la quantité de N et de P que le sol d'un site peut rendre disponible pour la croissance des plantes par le calcul de leur quantité moyenne en kg ha^{-1} dans les parties aériennes de la végétation. Ces valeurs moyennes, sur les 2-4 années d'observations, forment l'échelle horizontale des graphiques de la fig. 6.3.6. L'échelle verticale indique la biomasse formée à une certaine disponibilité de N (a) et de P (b). Pour en faire sortir aussi l'influence de la disponibilité d'eau on a utilisé 3 signes dans les graphiques, pour 3 niveaux différents de l'eau disponible. La figure distingue ensuite entre des sites représentatifs (globalement à gauche de la ligne verticale pointillée) et des sites sur-exploités, avec écoulement fort (globalement à droite de la ligne). Finalement on a indiqué les valeurs du taux de P dans le graphique concernant N et vice versa.

Entre les isohyètes de 150 et 1.100 mm du trajet nord-sud on a observé une quantité moyenne de 3-20 kg ha^{-1} de N dans la biomasse aérienne. Seulement aux endroits enrichis de déchets on trouvait jusqu'à 30 kg ha^{-1}. La biomasse produite à une certaine disponibilité moyenne de N varie énormément. Une productivité basse est liée à un des facteurs suivants:
- disponibilité basse d'eau (pluviosité déficitaire ou ruissellement);
- dominance de légumineuses;
- végétation de dicotylédones (en général tardive et ouverte).

Automatiquement ces facteurs causent au même temps un taux de N relativement élevé (la partie inférieure du nuage de points) et comme montre la figure, en général aussi un taux de P relativement élevé. Ce qui est dit du N est en gros aussi valable pour le P. La comparaison des parties a et b de la fig. 6.3.6 donne cependant un point à signaler: il y a une différence de concentration de points relativement élevée aux extrémités de l'échelle horizontale. La valeur moyenne de P/N pour l'ensemble des observations est 0,10. Cependant les observations ont été faites partiellement après la floraison. Mais vu le fait que l'importance des pertes de P en comparaison avec le taux maximal est moindre que celle de

Fig. 6.3.6. Les rapports entre la biomasse produite et la quantité moyenne de N (a) et de P (b) dans cette biomasse à la fin de la croissance au trajet d'étude pendant la période 1976-1979, avec des indications de la disponibilité d'eau:

• <200 mm d'eau disponible
o 200-400 mm d'eau disponible
× >400 mm d'eau disponible

(La ligne interrompue verticale fait une séparation grossière entre les observations des sites représentatifs - à gauche - et des sites particuliers - à droite -. Les graphiques représentés par les lignes interrompues et tracées dans la partie (a) indiquent qu'on peut mettre de l'ordre dans le nuage de points du rapport biomasse-quantité de N suivant le taux de P. La même chose a été faite en (b) en indiquant la répartition des points suivant le taux de N).

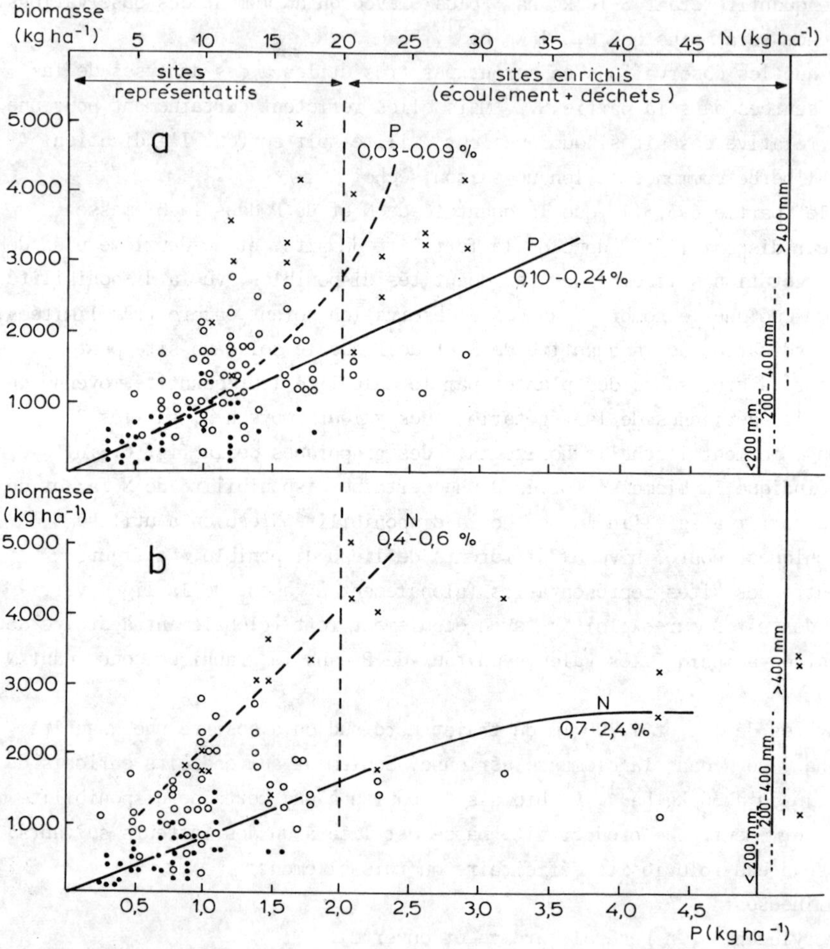

Fig. 6.3.6. The relations between the biomass produced and the mean quantity of N (a) and of P (b) in this biomass at the end of growth on the study traject during the period 1976-1979, with indications of water availability:

• <200 mm of available water
o 200-400 mm of available water
× >400 mm of available water

(The broken vertical line broadly separates the observations from the representative sites - left - and from the particular sites - right -. The graphs represented by the broken lines and drawn in part (a) indicate that one can put in order the cluster of points of the relation biomass-quantity of N according to the concentration of P. The same thing has been done in (b) indicating the distribution of the points according to the N concentration).

N (partie 5.2.4) on peut conclure que en moyenne la valeur P/N est en dessous de 0,10 pour le trajet d'étude. Aux endroits enrichis de déchets la valeur moyenne est cependant plus élevée, la disponibilité de P y augmente plus que celle de N, ce qui n'est pas étonnant vu l'exploitation intense des endroits. En même temps il y a des endroits relativement pauvres en P, vu le nombre de sites à moins de 1 kg ha^{-1} de P en comparaison avec le nombre de sites à moins de 10 kg ha^{-1} de N. En d'autres termes la distribution de la disponibilité de P est plus hétérogène que celle de N.

6.3.4 La production annuelle de biomasse en rapport avec des variations pluvieuses locales

On doit s'attendre à un rapport productivité-pluviosité annuelle, qui est bien différent sur un trajet nord-sud, avec son gradient pluvieux, que sur un endroit donné à une pluviosité annuelle variable.

Au trajet nord-sud la pluviosité moyenne pèse lourdement par son influence (directe et indirecte) sur la disponibilité de N, sur la disponibilité de semence et sur la composition floristique. A un endroit donné il y a cependant une certaine fertilité et une végétation plus uniforme, qui pourraient aplanir l'influence des variations pluvieuses. Cependant, la végétation peut montrer beaucoup de dynamisme (voir partie 6.3.5) ce qui est en soi une source si grande de fluctuations de la biomasse, qu'une année pluvieuse n'est même pas nécessairement une année à une production plus élevée qu'une année moins pluvieuse. Sur le trajet on a observé plusieurs exemples, comme un site sous l'isohyète de 550 mm (dunes non-exploitées à ondulations légères): la pluie efficace était pendant 3 ans de l'ordre de 450 mm, la biomasse totale produite était 1.700 kg ha^{-1}, 900 kg ha^{-1} et 2.000 kg ha^{-1}; l'année où la pluie efficace était 350 mm la biomasse était aussi 2.000 kg ha^{-1}! Les 2x qu'une biomasse de 2.000 kg ha^{-1} a été mesurée, *Diheteropogon hagerupii* dominait, les 1.700 kg ha^{-1} était composés pour plus de 70% de *Blepharis linariifolia* et de *Polycarpaea corymbosa* une dominance presque complète des dicotylédones et des graminées à germination lente donnait 900 kg ha^{-1}. C'est un des nombreux exemples pour montrer que l'influence des variations pluvieuses locales est difficile à étudier par le fait qu'elle est masquée par des variations annuelles de composition floristique et de disponibilité de semence. Elles, à leur tour sont déterminées par le mode d'exploitation (partie 6.6.2), le feu (partie 6.5), par l'antériorité pluvieuse du site et par la distribution des pluies de l'année en question.

En supposant à un endroit donné que la composition floristique et le stock semencier au début de la saison de pluie soient constants, la pluie y pourrait influencer la productivité par son irrégularité du début, ou en général par sa distribution, par sa quantité totale et par la durée de la période pluvieuse. Il est nécessaire de distinguer 3 situations:

- l'extrême Nord (<200 mm) où la pluie est limitative;
- une zone intermédiaire (200 à 500 mm) où la pluie est de plus en plus remplacée par la fertilité comme facteur limitatif;
- le Sud (>500 mm) où la fertilité est limitative.

Au nord de l'isohyète de 200 mm on devrait s'attendre à un rapport direct entre productivité et pluviosité. Cependant, la biomasse, présente pour démarrer la croissance, y est très basse. L'irrégularité des pluies augmente avec la diminution de la pluviosité, et les pertes par des flux de germination qui se dessèchent y sont grandes, tandis que le stock semencier est déjà limité (partie 4.3). En même temps il y a une perte élevée d'eau par l'évaporation, qui n'est à peine freinée par une couverture végétale. La croissance est exponentielle pendant la période brève où l'eau est disponible, et elle reste éloignée de sa phase linéaire. L'augmentation absolue de la biomasse par jour reste donc restreinte et l'influence des variations pluvieuses locales reste pour cela relativement limitée. Dans la zone intermédiaire il y a plus de biomasse pour démarrer la croissance et la période de croissance est plus longue. Au début de la croissance il n'y a pas encore un freinage fort d'une fertilité basse, et la croissance dépasse la phase exponentielle aux bonnes années, contrairement aux années pluvieuses mauvaises. Donc on doit s'attendre à des influences fortes des variations pluvieuses locales surtout par la quantité totale d'eau (voir aussi De Wit, 1958, fig. 43). Au sud de l'isohyètes de 500 mm la situation est bien différente: pendant une grande partie de la croissance c'est la disponibilité de N et de P qui détermine la vitesse de croissance aussi bien que le niveau maximal. La pluviosité ne joue un rôle que par son influence directe sur la disponibilité de N (un apport de N de 6,5 g ha^{-1} mm^{-1}, partie 5.3.3) et indirecte sur la durée de la minéralisation (partie 5.3.2.1). Mais la dernière influence reste modérée par le phénomène du photopériodisme de la végétation (partie 4.3). En d'autre termes, l'influence des variations pluvieuses locales sera relativement limitée dans cette troisième zone.

Il a été essayé de vérifier l'hypothèse ci-dessus. Pour cela on s'est penché seulement sur les sites du trajet qui montraient peu de dynamisme pendant les années d'étude: quelques sites dominés par *Cenchrus biflorus*, par *Schoenefeldia gracilis*, un avec *Diheteropogon hagerupii* et un avec *Andropogon pseudapricus* (du nord au sud). Et en effet pour les sites à une végétation assez stable la productivité d'un endroit donné augmente avec la pluviosité à l'extrême nord du trajet d'une manière moins prononcée que dans la partie sud du Sahel, tandis qu'au sud de l'isohyète de 500 mm le rapport pluviosité-productivité si présent, est entièrement masqué par l'influence d'autres variables. Pour 2 sites dominés par *Cenchrus biflorus*, à l'isohyète de 200 et de 325 mm, à une disponibilité réelle d'eau au cours de 3 ans de respectivement 0-100 mm et de 100-200 mm, on a observé une augmentation de la production annuelle de 400 kg ha^{-1} par 100 mm. Pour 4 sites entre les isohyètes de 400 et 500 mm, dont 3 dominés par *Schoenefeldia gracilis* et un par *Diheteropogon hagerupii*, et à une disponibilité réelle d'eau au cours de 4 ans qui varie de 125-250 mm et de 460-730 mm pour les cas extrêmes, on a observé une augmentation de la production annuelle de 900 kg ha^{-1} par 100 mm. Mais pour les 2 sites au sud de l'isohyète de 500 mm, un dominé par *Schoenefeldia gracilis* et l'autre par *Andropogon pseudapricus*, on n'observe même pas un rapport significatif entre productivité et disponibilité d'eau. Ceci malgré une différence de 175 mm en quantité d'eau infiltrée entre l'année la plus sèche et l'année la plus pluvieuse. Il n'est donc pas étonnant que pour l'ensemble du ranch de Niono (580 mm) l'influence de la pluviosité sur la productivité soit masquée par des facteurs de la végétation et son dynamisme, comme montre la fig. 6.3.7. Ceci malgré le fait que la pluviosité a varié entre 350 et 570 mm an^{-1} pour les 6 années d'observations. (La même figure montre une faible influence des variations pluvieuses sur la productivité des pâturages naturels du C.N.R.Z. à Sotuba près de Bamako à 1.100 mm. Ces pâturages sont

Fig. 6.3.7. Le rapport productivité annuelle et disponibilité d'eau (eau infiltrée) pour l'ensemble des pâturages naturels du ranch de Niono (o) et du C.N.R.Z. à Bamako (×). (A côté des nos propres observations nous avons utilisé celles de Boudet et Leclerq, 1970 et de Diarra, 1976; chaque signe représente une année; pour l'échantillonnage à Niono environ 350x 1 m^2 ont été fauchés annuellement, à Bamako environ 130x 1 m^2.)

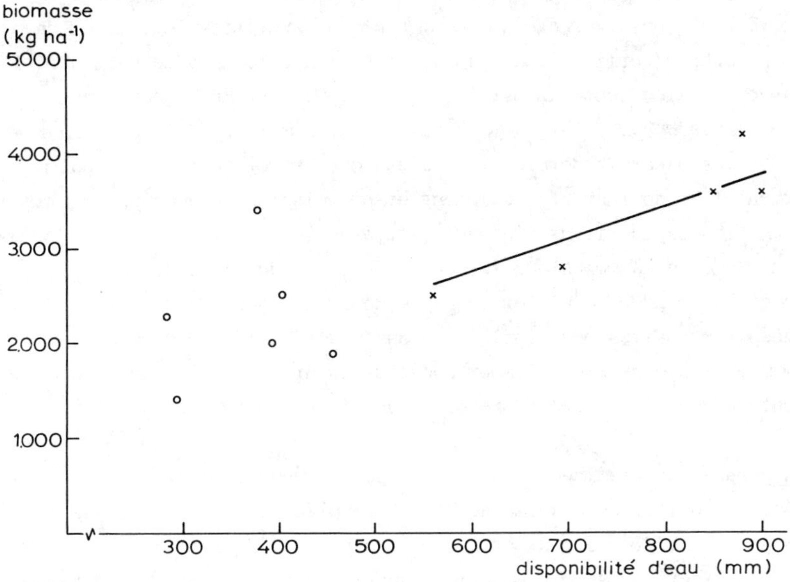

Fig. 6.3.7. The relation annual productivity and water availability (infiltrated water) for all natural pastures of the Niono ranch (o) and of the C.N.R.Z. in Bamako (×). (As well as our own observations, we used those of Boudet and Leclerq, 1970 and of Diarra, 1976; each sign represents a year; for the sampling at Niono about 350x 1 m^2 were mowed yearly, at Bamako about 130x 1 m^2.)

cependant dominés par des graminées pérennes, le dynamisme y était moindre et la biomasse de démarrage y est beaucoup plus stable que pour les pâturages d'annuelles.) Il est encore à signaler que les biomasses trouvées au ranch de Niono varient entre 1.500 et 3.400 kg ha^{-1} (fig. 6.3.7) tandis que la théorie (partie 6.3.2.2) estime une productivité annuelle moyenne de 2.100-2.600 kg ha^{-1}. La conformité entre les observations et la théorie est encore plus grande que ces chiffres suggèrent, car la productivité élevée de 1969 (3.400 kg ha^{-1}) est d'une végétation avec une contribution forte de graminées pérennes, mais pour les estimations théoriques on s'est basé sur la végétation d'annuelles d'aujourd'hui. Et la valeur la plus basse de 1979 est due à l'épuisement très fort du stock semencier de cette année par des pluies irrégulières au début de la saison.

6.3.5 La pluviosité et la composition floristique

La distribution et le dynamisme des espèces végétales sahéliennes ont été décrits en gros dans la partie 4.3. La pluviosité joue son rôle surtout par l'importance des pluies et leur répartition au début de l'hivernage et par la quantité annuelle totale. Pour l'établissement de la végétation d'une certaine année le début de l'hivernage est crucial, avec le succès des espèces des années précédentes de produire de semence. Un début à des petites pluies fréquentes favorise des espèces à germination rapide: surtout des graminées C_4, mais aussi des légumineuses (voir partie 4.3). Un début à une ou quelques grandes pluies résulte à la germination des espèces rapides et lentes ensemble et une végétation mixte s'installe. Cependant, les graminées C_4 qui germent les premières domineront les autres. Un troisième extrême est un hivernage qui commence à des petites pluies avec des délais si longs que les espèces à germination rapide sont éliminées en grande partie et la dominance des espèces à germination lente en est le résultat. Ce sont des espèces à caractère pionnier comme *Borreria spp.*, *Polycarpaea corymbosa*, *Fimbristylis spp.*, *Eragrostis tremula* etc. Dans tous les 3 cas le dernier type d'espèces est présent, mais seulement dans la dernière situation elles domineront réellement et produiseront beaucoup de semence. Pour les espèces à germination rapide il existe seulement dans le troisième cas le risque d'une production basse de semence, à moins que la quantité totale de pluie des 2 autres cas ne soit moins que nécessaire pour compléter le cycle de croissance. Mais il faut plusieurs de telles années successives pour influencer au sens négatif une espèce pour plus d'une année. Ainsi une espèce pert de l'importance ou disparaît du nord de sa zone de répartition. Un mouvement en sens contraire a été observé par une série d'années bien pluvieuses.

A l'intérieur d'un groupe des graminées C_4 à une telle longueur de cycle qu'elles peuvent vivre à une même pluviosité, on observe aussi des remplacements quasi complets d'une année à l'autre: *Cenchrus biflorus* peut être remplacé par *Schoenefeldia gracilis* et vice versa par exemple. Des expériences de simulation dans la chambre climatique ont

Fig. 6.3.8. L'influence des variations climatiques sur le rapport entre la productivité et la disponibilité d'eau au travers du dynamisme de la végétation (voir aussi fig. 6.3.5).

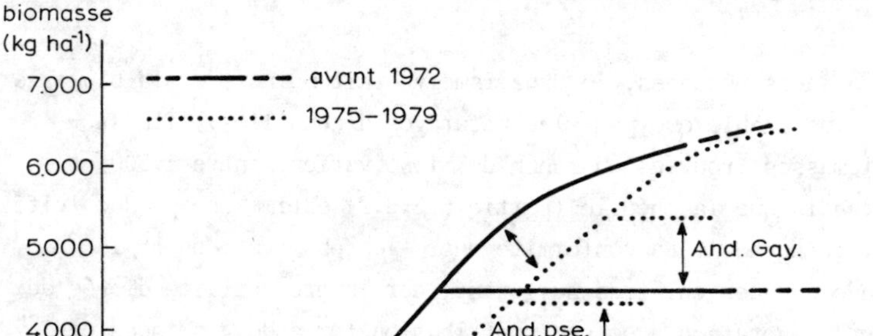

Fig. 6.3.8. The influence of the climatic variations on the relation between the productivity and the water availability through the dynamics of the vegetation (see also fig. 6.3.5).

montré que les différences très limitées de la vitesse de germination peuvent être la cause. *Cenchrus biflorus* germe déjà 1 jour après les premières pluies, mais *Schoenefeldia gracilis* après minimalement $1\frac{1}{2}$ jour. La résistance contre des sécheresses temporaires et l'hétérogénéité de la germination sont aussi des critères de sélection à l'intérieur des groupes (voir partie 4.3).

La dominance des dicotylédones et des graminées à germination lente ne dure jamais plusieurs années, à l'exception des cas particuliers à beaucoup de ruissellement et d'écoulement (brousses tigrées et certaines zones surexploitées). Sur le trajet, les graminées C_4 dominaient 84x, les espèces à germination lente 20x et 25x les 2 groupes étaient à peu près de la même importance (35 sites, décrites pendant 2-4 ans)

Le dynamisme des pérennes a été expliqué déjà dans la partie 6.1, la conséquence pour la productivité est soulignée ci-dessus.

La conséquence pour le rapport productivité-pluviosité de l'ensemble des ces changements de la distribution et de l'importance des espèces est indiquée par la fig. 6.3.8, basée sur la fig. 6.3.5. L'écart vertical présent entre les 2 figures est en grande partie l'influence du dynamisme annuel. Les changements à long terme sont le déplacement des zones de répartition des espèces vers le nord (série de bonnes années pluvieuses) ou vers le sud (série d'années à une pluviosité déficitaire). Leurs conséquences se laissent comprendre par la comparaison des situations avant et après la sécheresse du début des années 70.

6.3.6 La pluviosité et la qualité de fourrage

Dans la littérature, il est suggéré que la qualité du fourrage au Sahel est liée en général aux espèces composantes. C'est une simplification, qui ne tient pas compte de la fertilité du sol et qui donne trop de poids au rôle des espèces. En réalité la qualité est déterminée par:
- la fertilité du sol (N, P etc. partie 5.2.2);
- la biomasse pendant la période de l'excès temporaire de N (partie 5.3.2.1);
- la durée de croissance, la période de la dilution des minéraux absorbés;
- la mesure dans laquelle les espèces peuvent diluer les minéraux: (C_4 - N jusqu'à 0,3-0,5%, C_3 - N jusqu'à 1% environ);
- la propriété de fixer le N légumineuses.

Donc au lieu de regarder toutes les espèces individuellement, il semble souvent suffisant de distinguer seulement les espèces C_4 et C_3 (légumineuses séparées) et de tenir compte de la longueur du cycle de croissance. De cette manière on néglige les différences de la capacité d'absorption des minéraux qui pourraient exister entre des espèces suivant nos propres observations (partie 5.2.3). Mais ces différences se dessinent seulement dans une mesure limitée à l'utilisation d'engrais, donc à des niveaux de fertilité du sol élevés. On néglige aussi l'appétibilité des espèces, ce qui n'est pas acceptable si la superficie d'une zone à évaluer devient très limitée. Cependant, on ne doit pas oublier que l'appétibilité est un facteur relatif qui fonctionne si le bétail se trouve dans la situation d'un choix.

Ce qui reste comme propriété des espèces individuelles qu'il ne faut pas négliger

Tableau 6.3.2. La productivité et le taux de N à la fin de l'hivernage en rapport avec la longueur du cycle de croissance pour 3 graminées principales. La biomasse et le taux de N comme présentés sont des données moyennes du terrain pour des conditions que les espèces dominaient les végétations, aux endroits à une bonne infiltration d'eau.

Espèces	Zone de répartition (isohyètes)	Période de croissance végétative (jours)	Biomasse ($kg\ ha^{-1}$)			Taux de N (%)		
			min.	moy.	max.	max.	moy.	min.
Cenchrus biflorus	100-500	20-30	100	700	3.000	1,7	1,1	0,7
Schoenefeldia gracilis	300-700	30-40	200	1.200	4.000	1,5	0,9	0,7
Diheteropogon hagerupii	400-900	35-55	500	2.500	5.000	0,9	0,5	0,4

Table 6.3.2. The productivity and N content at the end of the rainy season in relation to the length of the growing cycle for 3 principal grasses. The biomass and N content as given are the mean data from the plot for the conditions where the species dominated the vegetations, in places with a good infiltration of water.

c'est le rapport feuilles-tiges et le taux de fibres cellulosiques (voir partie 6.6).

Le tableau 6.3.2 forme une illustration du fait qu'en principe le taux de N (donc des protéines) n'est pas une valeur caractéristique d'une espèce, mais de la durée de sa croissance. A un endroit déterminé le taux de N (et de P) des espèces à cycle long, sera plus bas que celui des espèces à cycle court à la fin de l'hivernage, mais une espèce comme *Diheteropogon hagerupii* peut avoir un taux de N plus élevé que *Cenchrus biflorus* quand la disponibilité d'eau est respectivement basse et élevée. Ainsi l'exploitation peut déterminer aussi la qualité, par l'influence sur l'infiltration d'eau (voir partie 6.6).

On peut donc s'attendre à un taux de N et de P qui est plus élevé au nord qu'au sud à la fin de la croissance. Ceci est en effet trouvé pour le trajet, aussi bien pour les valeurs moyennes de l'ensemble de la strate herbacée (voir fig. 6.3.9), que pour des espèces individuelles, comme déjà montré par le tableau 6.3.2. L'écart entre des sites et des années est le plus grand au nord, car c'est là où les fluctuations de la disponibilité d'eau se traduisent par une dilution différente des minéraux absorbés. Au sud de l'isohyète de 500 mm la disponibilité d'eau aux endroits représentatifs est presque toujours telle que la dilution est complète. On observe quand même des endroits où les taux de N et de P sont élevés, notamment quand des espèces C_3 dominent et aux places où il y a un apport de fumier. Tels endroits ont attiré notre attention spéciale, de sorte qu'ils sont surreprésentés dans la fig. 6.3.9 du point de vue de leur superficie relative.

Le rapport entre le taux de N et de P et la disponibilité d'eau (eau infiltrée) n'est pas plus net que celui avec la pluviosité moyenne (fig. 6.3.9), car le rôle du site et de la végétation est aussi important que l'influence de la pluviosité. Les nuages de points de la fig. 6.3.9 peuvent être mis en ordre cependant en remplaçant l'échelle des isohyètes par celle de la biomasse produite réellement, si on distingue les graminées C_4, les dicotylédones C_3 et les légumineuses. La fig. 6.3.10 est une représentation schématique des observations du trajet. Au trajet il n'y avait pas des sites à une domination des pérennes, mais des observations ailleurs indiquent qu'elles ont un taux de N et de P minimale à une pluviosité moins élevée que les graminées annuelles par leur cycle plus longue. On a tenu compte de ce fait dans la dernière figure qui présente un schéma de la situation fourragère à la fin de l'hivernage: la biomasse et son taux de N sont donnés en rapport avec les

Fig. 6.3.9. Le taux de N (a) et de P (b) de la strate herbacée à la fin de la saison de croissance en rapport avec les isohyètes, avec la distinction de 3 classes de disponibilité d'eau.
• <200 mm d'eau disponible
o 200-400 mm d'eau disponible
× >400 mm d'eau disponible

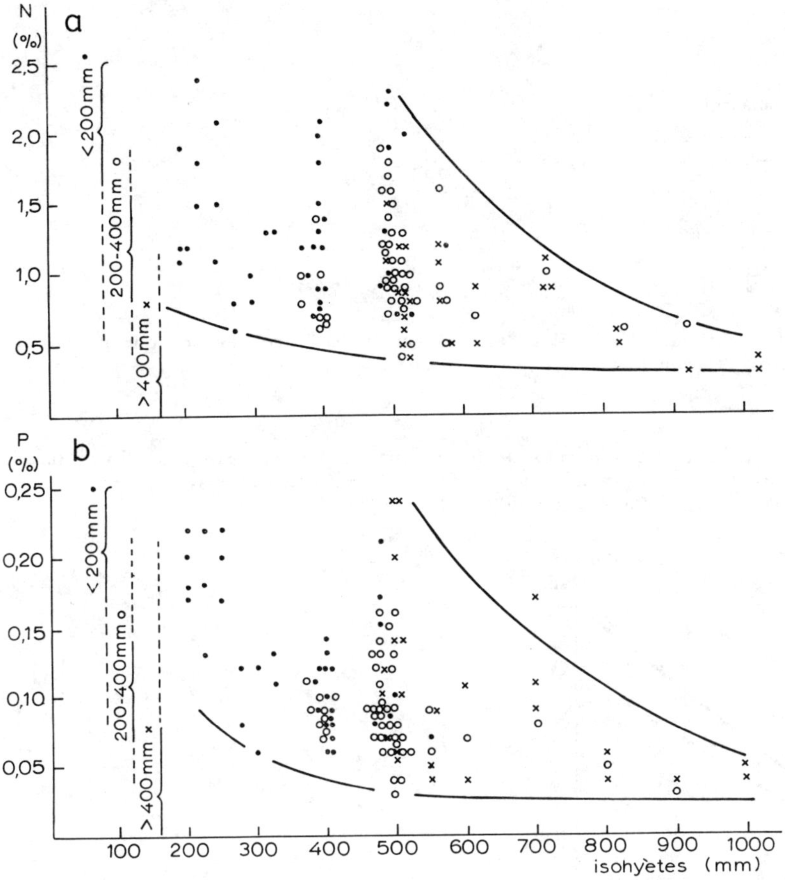

Fig. 6.3.9. The N (a) and P (b) concentration in the herbaceous stratum at the end of the growing season in relation to the isohyets, with 3 classes of water availability distinguished.
• <200 mm of available water
o 200-400 mm of available water
× >400 mm of available water

isohyètes (fig. 6.3.11); pour N on peut lire aussi P, en divisant les valeurs par 10. La conclusion générale est que la qualité diminue si la biomasse produite augmente par une pluviosité plus élevée.

Fig. 6.3.10. Le rapport entre la biomasse à la fin de la saison de croissance et son taux de N, pour 3 groupes d'espèces.

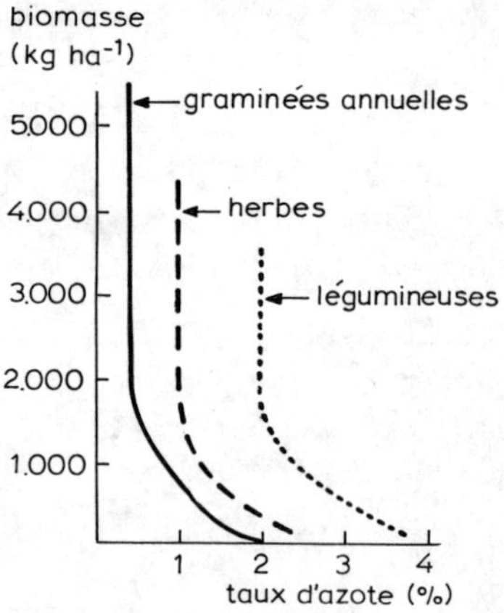

Fig. 6.3.10. The relation between the biomass at the end of the growing season and its N concentration, for 3 species groups.

Fig. 6.3.11. La biomasse moyenne et son taux de N en rapport avec la pluviosité moyenne, pour 3 groupes d'espèces: (·····) graminées pérennes, (———) annuelles C_4 et (-----) annuelles C_3; lignes épaisses: biomasse, ligne fine: taux de N.

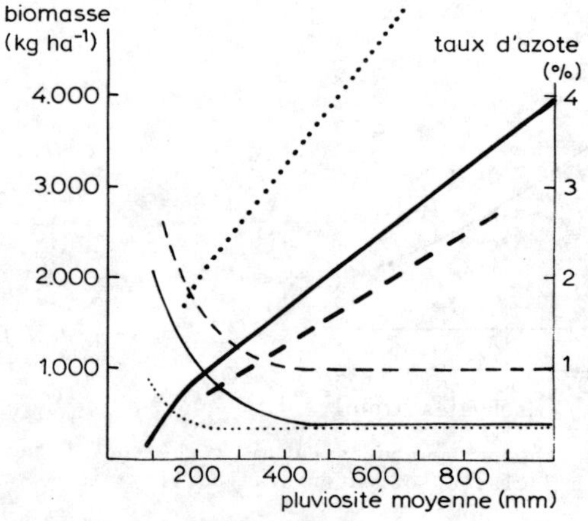

Fig. 6.3.11. The mean biomass and its N concentration in relation to the mean rainfall, for 3 species groups: (·····) perennial grasses, (———) C_4 annuals and (-----) C_3 annuals; fat lines: biomass, thin line: N concentration.

6.4 LA RELATION ENTRE LE SUBSTRAT ET LA VEGETATION

6.4.1 Introduction

Boudet (1975) présente dans sa définition des pâturages sahéliens un tableau synoptique de la répartition des principales espèces végétales du Sénégal au Tchad. Il signale que les espèces retenues présentent une aire de distribution très vaste, mais leur amplitude écologique est variable et particulièrement sensible à la situation topographique et à la nature du substrat. Des espèces avec une grande extension peuvent coloniser des substrats différents pour compenser les différences de pluviosité.

Pour comprendre la répartition des espèces en relation avec le substrat, les sites d'étude (au ranch et sur le trajet) ont été analysés en ce qui concerne l'importance des espèces au cours des années 1976 à 1978 en rapport avec le substrat et la pluviosité. Il est apparu clair qu'il existe rarement un rapport fixe entre espèce et substrat, mais une différence de chance entre les espèces de se trouver sur un certain substrat. Et cette chance change encore avec la pluviosité. Il y a beaucoup d'exemples d'espèces qu'on rencontre dans la partie nord de leur zone de répartition seulement sur argile, tandis qu'ailleurs on les trouvent sur plusieurs substrats. C'est le cas pour des herbacées comme *Schoenefeldia gracilis* et pour des ligneux tels que *Acacia Seyal*.

Dans la partie 6.3 nous avons montré que la distribution des espèces annuelles qui dominent la biomasse au Sahel, se fait décrire en grandes lignes par la disponibilité d'eau, qui est fonction de la pluviosité annuelle. Néanmoins, on observe plusieurs groupements végétaux dans une zone donnée, à cause des différences de la disponibilité d'eau, malgré une même pluviosité. Le substrat joue un rôle important dans cette disponibilité d'eau.

Avec les données des parties 4.3 (potentiel botanique), 3.2, 3.3 et 4.4 (météorologie, pédologie et bilan d'eau) on comprend déjà au moins partiellement ce rôle que joue le substrat dans la répartition des différentes espèces végétales. Dans ce livre le terme substrat englobe des facteurs morphologiques tels que le relief et des facteurs pédologiques tels que les propriétés physiques (par exemple la texture) et les propriétés chimiques du sol (tableaux 3.3.1 et 3.3.2). Dans cette partie nous ne traitons les ligneux que globalement, mais pour la strate herbacée, nous nous intéressons aussi aux espèces individuelles. Nous commençons d'abord par une discussion des propriétés des substrats (partie 6.4.2) et des propriétés des plantes (partie 6.4.3) qui sont les plus importantes et qui permettent d'expliquer pourquoi un certain substrat favorise certaines espèces plus que d'autres. A la lumière de cette étude nous traitons le rapport entre le substrat et la végétation (partie 6.4.4). Mais cette relation substrat-végétation n'est pas statique. Comme nous l'avons déjà expliqué à fond dans ce livre, la végétation des annuelles est rarement la même d'une année à l'autre. Aussi nous mentionnerons brièvement les différences de dynamisme sur les substrats distingués (partie 6.4.5). A la fin de cette partie nous faisons des remarques sur la production végétale en fonction du substrat.

6.4.2 Propriétés des substrats

Plusieurs caractères du substrat jouent un rôle important dans l'interaction avec les plantes, mais ici nous nous intéressons surtout à 2 caractères dominants, la texture du sol et le relief (aspect du paysage).

6.4.2.1 La texture

La texture ou granulométrie du sol est déterminée par l'importance relative des particules fines, moyennes et grossières du sol. C'est en fonction de cette répartition qu'on a un sol sablonneux, limoneux ou argileux, étant entendu que toutes les formes intermédiaires existent. Pour la suite de cette présentation nous distinguons seulement 3 types de sol suivant la texture à savoir, sable (S), limon (L) et argile (D). Cette simplification masque parfois le rapport texture/végétation là où il s'agit de sols complexes. Nous prêtons surtout attention à la couche supérieure car son influence sur la strate herbacée est la plus importante. Mais il faut noter que des sols sablonneux par exemple peuvent avoir localement des taux élevés de limon (dépressions) et l'argile peut être localement ensablée en surface. La texture détermine les propriétés suivantes du sol qui sont en interaction avec les propriétés des plantes (voir partie 6.4.3):
- colmatage de la surface du sol;
- présence d'algues à la surface;
- capacité d'infiltration;
- disponibilité d'eau;
- évaporation;
- fertilité;
- présence des termites.

Colmatage de la surface du sol Si la surface d'un sol contient un certain taux de limon et d'argile la surface se colmate sous l'action de la pluie. Une croûte se forme à la surface par collage des particules fines entre les particules grossières (voir partie 3.3). Cette croûte est molle quand elle est humide et dure quand elle devient sèche. Du reste en séchant, il se forme des fissures dues à la rétraction. Si le taux de limon plus argile est très faible on a du sable meuble. Si le taux de limon plus argile est très élevé, la couche superficielle se gonfle quand elle est humide et se rétracte en séchant, et il n'y aura pas de croûte ('self mulching'). La conséquence d'une croûte est une diminution dramatique de la capacité d'infiltration du sol. Elle freine la pénétration de la plantule dans le sol quand elle se dessèche au cours de la germination. Mais toute sèche, cette croûte protège le sol contre l'érosion éolienne. Elle protège aussi les semences qui ont pu pénétrer dans le sol. Même sèche, certaines petites graines peuvent pénétrer par les petites fissures. Par contre les grosses graines ou les petites graines avec de grandes enveloppes restent à la surface et sont ainsi exposées à l'action du feu, du vent et des animaux.

Une croûte se forme sous l'action des pluies surtout sur des sols nus au début de la croissance. Si le sol reste protégé par de la paille, la formation d'une croûte est faible.

Présence d'algues à la surface La présence d'algues à la surface diminue la capacité d'infiltration du sol au début d'une pluie à cause de l'hydrophobie. En plus ces algues stimulent la formation de la croûte physique mentionnée ci-dessus. On trouve plus d'algues sur les surfaces limoneuses et encroûtées que sur les surfaces meubles.

Capacité d'infiltration En principe la capacité d'infiltration du sol augmente à mesure que les particules deviennent plus grossières. Elle est plus grande sur le sable et plus limitée sur l'argile (sable > limon > argile). Pourtant quand l'argile est sèche et quand elle contient des fissures (fissures dues à la rétraction) sa capacité d'infiltration au début d'une pluie est grande jusqu'au moment où les fissures disparaissent avec le gonflement des particules argileuses. La capacité d'infiltration des sols limoneux est souvent très réduite à cause de la présence d'une croûte à la surface.

Disponibilité d'eau La texture détermine la relation entre l'humidité du sol et le potentiel de l'eau dans le sol. Le résultat de cette relation est qu'un sol argileux a besoin de plus d'eau qu'un sol sablonneux avant que le potentiel dans le sol soit tel que les plantes peuvent l'utiliser (voir partie 4.4). Donc avec une même quantité d'eau infiltrée dans le sol, la disponibilité pour la plante est plus élevée sur le sable que sur le limon, et plus élevée sur le limon que sur l'argile.

Evaporation L'évaporation d'un sol dépend surtout de la capacité de transporter l'eau du sous-sol à la surface. Lorsque le sol n'est pas saturé, cette capacité est plus élevée pour le limon et plus basse pour le sable. Donc la surface du sable sèche vite par manque de remontée de l'eau du sous-sol. En même temps l'eau du sous-sol est protégée contre l'évaporation à cause de la surface sèche. La surface du limon sèche moins vite que celle du sable, mais l'évaporation totale du sol est plus élevée par une remontée continue de l'eau du sous-sol. Une surface argileuse a un comportement intermédiaire.

Une couche importante de paille sur le sable peut provoquer une évaporation de l'eau du sous-sol comme sur le limon, à cause de l'humidité qui se maintient plus longtemps sous la paille et qui fait que l'eau du sous-sol continue à remonter (voir partie 6.4.4.2).

Fertilité En général les différences de fertilité entre les différents sols au Sahel ne sont pas grandes, à l'exception des sols très âgés des buttes latéritiques et les sols récents du delta vif du Niger (tableau 3.3.1). Si les dépôts de sable et d'argile sont récents, le stock des éléments nutritifs est toujours épuisé plus rapidement sur sable que sur argile. D'autre part si les sols sont enrichis (par la fumure organique par exemple) la disponibilité des éléments nutritifs pour les plantes est plus grande sur le sable que sur l'argile.

Présence des termites La présence des termites est liée à la texture du sol. Dans du vrai sable leur activité est réduite. Ces animaux ont en effet besoin d'un certain taux de limon pour la construction des structures à la surface ainsi que dans le sol.

6.4.2.2 Le relief

Par le relief d'un substrat on comprend ici la pente de la surface du sol, la répartition des pentes et leur orientation. L'importance du relief est surtout liée au fait qu'il détermine en combinaison avec la capacité d'infiltration du sol, le ruissellement d'un terrain. Ce dernier facteur est primordial car il détermine le bilan d'eau du sol donc détermine le type de végétation. On distingue 3 formes de terrain en fonction du relief:

- terrains plats avec un relief négligeable;
- terrains avec une pente régulière en valeur et en orientation;
- terrains avec un relief irrégulier où la valeur des pentes ainsi que leur orientation changent sur de petites distances.

Dans le premier cas (relief plat) toute l'eau de pluie ou l'eau d'écoulement pourrait s'infilter dans le sol indépendamment de la capacité d'infiltration. Cependant si la capacité d'infiltration est basse, l'eau stagne à la surface, le sol est submergé et les pertes par évaporation sont grandes. Si le relief est en pente et la capacité d'infiltration du sol est faible, il y aura un ruissellement sur ce substrat vers des dépressions, des mares ou des marigots. Si le relief est irrégulier et la capacité d'infiltration faible, on aura sur ce genre de terrain un ruissellement, de l'écoulement et de l'eau stagnante sur de petites distances. C'est donc le relief en combinaison avec la capacité d'infiltration qui sont à la base de la disponibilité de l'eau dans le sol pour une pluviosité donnée.

Ainsi nous distinguons 3 unités principales de substrat: celles où

- I = Pl l'infiltration est égale à la pluviosité
- I < Pl le ruissellement domine
- I > Pl le bassin d'écoulement

(I = eau infiltrée; Pl = pluviosité)

Pour illustrer notre idée, une estimation de la conséquence du ruissellement et de l'écoulement est présentée sous forme d'un tableau (tableau 6.4.1). Ce tableau montre toutes les combinaisons possibles de la texture et du ruissellement/écoulement. Cependant les observations au terrain ont montré que certaines combinaisons dominent beaucoup plus

Tableau 6.4.1. Estimation de la durée (en jours) de la période pendant laquelle le sol est suffisamment humide pour la croissance; l'estimation est basée sur le bilan d'eau d'une année normale. (S: sable, L: limon, A: argile, I: infiltration, Pl: pluviosité).

Substrat		Zone		
		Nord du Sahel	Centre du Sahel	Sud du Sahel
	Pluviosité moyenne au milieu de la zone	200 mm	400 mm	600 mm
		durée	durée	durée
S:	I = Pl	30	60	90
	I < Pl	15	30	45
	I > Pl	>30	>60	>90
L:	I < Pl	≤20	≤30	≤40
	I > Pl	≥30	≥40	≥70
A:	I > Pl	≤20	≤40	≥60
	I < Pl	10	20	30
	I = Pl	20	40	60

Table 6.4.1. Estimation of the duration (in days) of the period during which the soil is sufficiently moist for growth; the estimation was based on the water balance of a normal year. (S: sand, L: loam, A: clay, I: infiltration, Pl: rainfall).

que d'autres. Par exemple sur la plupart des sols sablonneux l'infiltration est telle que $I = Pl$ indépendant du relief et la plupart des sols argileux se trouvent dans des dépressions où $I > Pl$. Les sols limoneux se trouvent souvent sur un tel relief que des endroits avec ruissellement, $I < Pl$, sont à côté des endroits avec écoulement, $I > Pl$. Naturellement il y a toujours des exceptions à cette généralité.

Cette forte dominance d'un certain type de ruissellement/écoulement avec une certaine texture permet une discussion sur la relation substrat-végétation, où l'on utilise pour plus de commodité des expressions de la texture comme sable, limon et argile pour le substrat (voir partie 6.4.4). Cependant il faut que le lecteur continue à se rappeler qu'en général l'utilisation des mots sable, limon ou argile s'en dégage du fait que chaque texture est liée avec un état ruissellement/écoulement spécifique.

6.4.3 Propriétés des plantes

De toutes les propriétés des plantes qui pourraient déterminer théoriquement le rapport substrat-végétation, il n'y a que quelques unes pour lesquelles le rôle est assez clair à cause de leur influence dominante sur la distribution des espèces. Il s'agit de:
- la vitesse de germination et son homogénéité;
- la résistance à la sécheresse;
- la productivité (sans et avec fertilisation);
- le bilan semencier.

Le rôle de ces facteurs a été traité dans la partie 4.3; ici on ne présente qu'un résumé spécifique. Les propriétés des espèces individuelles sont déjà résumées au tableau 4.3.1 de la partie 4.3.

Vitesse de germination La vitesse de germination est à la fois déterminée par des capacités intrinsèques des espèces et par des facteurs qui déterminent le temps pendant lequel les graines dans le sol seront humides quand il y a de l'humidité. Une petite taille ou des structures qui enfoncent les graines dans le substrat garantissent un bon contact avec le substrat, mais sur des sols meubles le risque existe que les graines s'enfoncent trop; et au-dessus de 0,5 cm de profondeur déjà, la germination est freinée. Les grosses graines et les graines avec des enveloppes développées, avec des arêtes etc., restent à la surface. Cela crée surtout des problèmes pour des espèces à germination rapide sur des sols compacts. L'homogénéité de la germination est un avantage des espèces à germination rapide dans la compétition pour des facteurs limitatifs, mais les espèces à germination hétérogène étalent mieux le risque, ce qui est un avantage dans les conditions d'une humidité intermittente.

Résistance à la sécheresse Pour les plantules aussi bien que pour les plantes plus âgées il existe des différences de résistance face à un manque d'eau. Cette résistance est cependant un caractère bien complexe et il n'est pas facile de dire quelles propriétés le déterminent pour les diverses espèces.

Productivité (sans et avec fertilisation) La biomasse totale et celle des semences qu'une espèce sait produire au cours d'une saison dépendent pour une bonne part de la vitesse de la germination, de l'efficacité de l'utilisation d'eau ($C_4 > C_3$) et du temps pendant lequel elle profite de la période où il y a de l'eau disponible dans le sol. Cette durée est déterminée d'une part par le photopériodisme, d'autre part par le degré de la faculté que les espèces ont à diluer l'azote. Il faut de plus grandes différences de fertilité du substrat que celles observées pour les sols naturels, pour que des différences en productivité entre des espèces, liées à la fertilité, se manifestent nettement. A l'exception des endroits où beaucoup de déchets sont concentrés. Mais à partir des observations sur le terrain il est difficile de dire quelles espèces profitent mieux de la fertilité plus élevée, à cause des changements parallèles de la végétation dûs à l'exploitation par le bétail et dûs au piétinement.

Bilan semencier Dans la mesure où le substrat favorise des espèces pendant leur installation et leur croissance, leur production de semences sera stimulée. La chance d'être encore disponible sur place au début de l'hivernage suivant est indirectement déterminée par le substrat. Les risques de disparaître sous l'action des animaux sont grands là où il y a de l'eau d'abreuvement disponible plus longtemps. Les espèces ayant des semences avec des protections particulières contre l'exploitation (au sens large) seront relativement favorisées aux endroits avec ruissellement et écoulement et aux puits, mares et fleuves. A cause des transports par le vent les pertes seront relativement élevées aux endroits ouverts ou élevés; les endroits touffus ou situés en contrebas seront enrichis par l'action du vent. Le poids, les dimensions et les structures particulières des graines interviennent dans ces processus. Des pertes du stock semencier se produisent également par une humidité précoce ou tardive de la surface du substrat pour des espèces dont les graines ne sont pas dures et ne connaissent pas ou peu de dormance. Des observations après des pluies à la fin d'octobre (1976) indiquent que des germinations de telles espèces ont surtout lieu sur du sable dont la surface était déjà bien sèche depuis un certain temps. De petites pluies isolées au début de l'hivernage ont le même effet néfaste pour les mêmes espèces. L'effet de telles pluies augmente par la présence de la paille (partie 6.5) et la paille devient seulement un facteur important là où l'action des termites reste limitée sur le sable. Les arbres et les arbustes pourraient fonctionner comme la paille, en supprimant souvent les espèces sans dormance à germination rapide. Les feux les favorisent en supprimant le stock de la paille. La résistance des semences aux feux favorise des espèces plus loin vers le Nord sur le sable que sur les autres substrats car les feux pénètrent beaucoup plus sur le sable à cause de l'homogénéité de sa végétation (partie 6.5).

6.4.4 Le substrat et la végétation

La distribution des espèces qui dominent la biomasse au Sahel en général se laisse bien décrire avec la disponibilité d'eau (partie 6.3), et il n'y a donc pas de raison de s'attendre à un rapport direct entre le substrat et ces espèces. En effet, des espèces comme *Borreria stachydea, Diheteropogon hagerupii* et *Schoenefeldia gracilis* peuvent être

Tableau 6.4.2. Importance relative (%) des espèces dans la biomasse à la fin de l'hivernage par rapport au substrat, au cours de la période 1976-1978, sur les sites au ranch et au trajet nord-sud.

Espèces	Ranch			Trajet		
	sable	limon	argile	sable	limon	argile
Aristida mutabilis	1	-	-	6	3	2*
Blepharis linariifolia	5	11	-	4	-	1
Borreria chaetocephala	2	8	4	-	-	1
Borreria radiata	7	7	-	7	2	-
Borreria stachydea	3	10	17	3	3	3
Cenchrus biflorus	3	-	-	24	10	3*
Diheteropogon hagerupii	4	7	12	12	16	7
Elionurus elegans	6	8	2	3	2	-
Eragrostis tremula	-	1	1	7	6	-
Loudetia togoensis	-	4	26	-	-	6
Panicum laetum	-	1	-	-	1	7
Pennisetum pedicellatum	-	4	23	-	1	19
Schoenefeldia gracilis	39	13	1*	9	2	24
Zornia glochidiata	17	6	-	-	23	7*

Table 6.4.2. Relative importance (%) of species in the biomass at the end of the rainy period with regard to the substrate, during the period 1976-1978, on the sites on the ranch and on the north-south traject.

*argile ensablée à la surface; clay covered with sand on the surface.

importantes sur le sable, le limon et l'argile, comme le montre le tableau 6.4.2. Ce tableau, qui compare la composition floristique de la végétation sur les 3 types de sols au ranch et sur le trajet, montre clairement qu'un rapport absolu entre substrat et espèce n'existe pas. D'autre part au moins pendant la période 1976-1978 *Aristida mutabilis*, *Borreria radiata* et *Cenchrus biflorus* montrent une préférence pour des sols à texture grossière; *Loudetia togoensis*, *Panicum laetum* et *Pennisetum pedicellatum* pour des sols à texture fine. Une variation nette dans les préférences sur les sites du ranch et du trajet se présente pour *Diheteropogon hagerupii*, *Schoenefeldia gracilis* et *Zornia glochidiata*. Le rapport entre le substrat et les espèces est encore beaucoup plus flou si l'on ne regarde pas l'importance moyenne des espèces sur plusieurs années (voir tableau 6.4.2), mais si l'on compare la situation des années individuelles (voir partie 6.4.5, tableau 6.4.5). Et pourtant, ceci ne signifie pas du tout que le substrat ne laisserait pas une forte empreinte sur la composition floristique et la physionomie de la végétation.

6.4.4.1 La distribution des espèces en rapport avec le substrat

Après les données des parties 6.4.2 et 6.4.3 il devient clair que le rapport substrat-végétation sera surtout déterminé par le degré d'humidité de la surface et du sous-sol lorsqu'il y a des pluies, et le temps pendant lequel ils restent humides. Et ceci en rapport avec la vitesse et l'homogénéité de la germination, la résistance à la sécheresse et la durée et l'intensité de la croissance. C'est pour cela qu'il existe des différences caractéristiques entre la végétation des substrats différents à une certaine pluviosité (voir partie 6.3 pour les facteurs de la pluviosité qui sont en jeu). Les différences dans la composition des végétations des 3 types de substrat sont présentées dans le tableau 6.4.3. En groupant les espèces suivant leurs caractères écophysiologiques, au lieu de regarder les espèces individuelles, on diminue fortement les différences entre les substrats au ranch et sur le trajet (comparer tableau 6.4.3 et 6.4.2). Sur le sable et sur l'argile dominent les graminées du type C_4 à germination rapide. Mais la longueur du cycle des espèces en question est plus élevée sur un substrat argileux que sur un substrat sablonneux. Les espèces à germination lente, du type C_3, mais aussi C_4, dominent sur le limon; il y a une grande hétérogénéité sur ce substrat en ce qui concerne la longueur du cycle.

Cette conclusion générale sera commentée par une discussion détaillée du tableau 6.4.3. Sur les sites étudiés ce n'est que sur le limon que les pérennes jouent encore un rôle limité. Les graminées annuelles avec une germination rapide ont la plus grande chance de s'établir sur l'argile, et la moins grande sur le limon. Sur le sable il y a une domination nette des espèces ayant une certaine longueur de cycle (au ranch, dans la partie sud du Sahel, le cycle est 'moyen'; sur le trajet où 80% des sites ont une pluviosité inférieure à celle du ranch, le cycle est 'court'). La longueur du cycle fluctue avec la pluviosité totale, mais elle dépend aussi de la végétation des années précédentes (partie 6.3). Sur l'argile dominent des espèces avec un cycle relativement long; l'écoulement est certainement un facteur qui contribue à ce phénomène. Mais sur le trajet les espèces avec un cycle relativement court sont mieux représentées qu'au ranch, à cause d'une pluviosité plus basse pour la plus grande partie des sites. Sur le limon il y a la plus grande hétérogénéité en ce qui concerne la longueur du cycle, c'est le degré du ruissellement et de l'écoulement qui détermine quel groupe dominera la végétation.

Les graminées avec une germination lente (et hétérogène!, voir partie 4.3) ont en gros un cycle relativement court et elles finissent leur croissance au même moment que le groupe précédent. Sur le trajet il y a par opposition au ranch, une certaine importance des espèces à cycle court. C'est de nouveau par le fait que la plupart des sites du trajet se trouve au nord du ranch. Les plaines argileuses y deviennent de plus en plus ouvertes et elles sont telles que, malgré une pluviosité plus basse, l'hydromorphie peut se produire temporairement sur de grandes surfaces. L'espèce *Panicum laetum*, avec son cycle très court, profite de ces conditions.

Entre les dicotylédones annuelles il y a un groupe avec une germination rapide. Ce groupe ne contient que *Blepharis linariifolia*, si l'on se limite aux espèces qui peuvent dominer la biomasse. Au ranch cette espèce est plus abondante que sur le trajet: c'est au cours de la sécheresse que son aire de répartition s'est déplacée au sud. Son importance sur le limon semble contradictoire avec l'importance limitée des graminées avec une germination rapide sur ce sol. Aussi elle est loin de général (voir Boudet, 1975); un manque de compétition après la disparition brusque d'*Andropogon Gayanus* par la sécheresse est la situation typique dans laquelle la domination de *Blepharis linariifolia* s'est produite pendant une seule année (tableau 6.4.5). La bonne résistance des plantules contre la sécheresse les aide certainement aussi à survivre même sur des sols avec une croûte.

L'hétérogénéité de la germination est un avantage net pour dominer sur le limon, avec sa croûte qui se dessèche trop facilement et qui demande donc des espèces qui étalent

Tableau 6.4.3. Importance relative (%) des types d'espèces dans la biomasse à la fin de l' hivernage par rapport au substrat, pendant la période 1976-1978, sur les sites au ranch et au trajet nord-sud.

Types d'espèces	Ranch			Trajet		
	sable	limon	argile	sable	limon	argile
pérennes* total	-	2	-	-	4	-
graminées annuelles						
à germination rapide						
cycle** court	7	4	-	32	13	9
moyen	40	18	29	10	2	31
long	4	12	35	12	19	27
sous-total	51	34	64	54	34	67
à germination lente						
cycle** court	4	4	-	2	2	8
moyen	8	11	7	17	16	6
sous-total	12	15	7	19	18	14
graminées annuelles total	63	49	71	73	52	81
herbes annuelles						
à germination rapide	5	11	-	4	-	1
à germination lente	14	29	28	17	13	7
légumineuses	17	8	1	5	29	11
herbes annuelles total	36	48	29	26	42	19

Table 6.4.3. Relative importance (%) of the species types in the biomass at the end of the rainy season with regard to the substrate, during the period 1976-1978, on the sites on the ranch and on the north-south traject.

*seulement les grandes espèces *Andropogon Gayanus* et *Cochlospermum tinctorium*. Des petites espèces comme *Sporobolus festivus* et *Leptothrium senegalense* sont comptées sous les graminées annuelles à germination rapide; only the large species *Andropogon Gayanus* and *Cochlospermum tinctorium*. Small species such as *Sporobolus festivus* and *Leptothrium senegalense* are included with the rapidly germinating annual grasses.

**longueur du cycle définie après germination en fin de juillet à Niono: court <30 jours, moyen 30-40 jours, long >40 jours; length of the cycle defined after germination at the end of July at Niono: short <30 days, medium 30-40 days, long >40 days.

leur germination, pouvant ainsi subsister malgré les pertes des périodes sèches, qui surviennent après la germination.

C'est l'exploitation qui stimule parmi les 3 groupes qui sont candidats, celui des graminées à germination lente, celui des autres herbacées à germination lente et celui des légumineuses, le dernier, ceci non seulement sur le limon, mais aussi sur le sable et l'argile. Ceci explique pourquoi les légumineuses (surtout *Zornia glochidiata*, mais aussi *Cassia Tora*) sont relativement bien représentées sur le sable du ranch, et sur le limon et l'argile du trajet, car des sites à exploitation forte sont relativement bien représentés dans ces 3 cas. C'est une des raisons pour utiliser le tableau 6.4.3 seulement à titre indicatif.

Il aurait été souhaitable de séparer des sites à exploitation forte et ceux non- ou peu exploités, mais le nombre total d'observations est trop limité. C'est aussi la raison pour laquelle nous avons été obligé de présenter les sites sablonneux comme un seul groupe. Il aurait mieux valu différencier le sable grossier, avec une bonne infiltration d'eau, et le sable fin, sensible à la formation des croûtes. Ce dernier substrat se comporte souvent comme le limon, surtout avec l'exploitation.

Une autre raison d'utiliser les chiffres du tableau 6.4.3 avec prudence, est que la période, sur laquelle il est basé, est si courte qu'on peut s'attendre à une influence marquée de l'histoire récente des sites, notamment la dernière sécheresse. La dernière raison est le fait que les chiffres présentés sont des moyennes arithmétiques de la biomasse, ce qui surestime les espèces des sites dans la partie sud du trajet et les espèces à cycle long. Les chiffres ne sont donc pas du tout une indication des surfaces occupées par les groupes distingués. Sur le limon par exemple des surfaces qui sont loin d'être négligeables peuvent être occupées par des graminées avec une germination très lente et un cycle très court (*Microchloa indica, Tripogon minimus*), mais elles n'ont pas contribué au tableau à cause de leur biomasse faible.

La séparation en 2 groupes suivant la vitesse de germination comme cela a été fait au tableau 6.4.3 masque toute une diversité, entre autres le fait que *Cenchrus biflorus* germe très rapidement. Ceci le rend peu apte à germer sur le limon et l'argile où les graines avec leurs grandes enveloppes restent à la surface. Même les petites pluies les humidifient donc elles germent, mais la surface se desséchant rapidement, les plantules meurent. Sur le sable meuble avec une bonne infiltration les graines ne se trouvent pas toutes à la surface et l'eau est distribuée sur une couche de sable, donc il faut de plus grandes pluies pour faire germer *Cenchrus biflorus*; le risque de perdre le stock de semences avant le vrai hivernage est moins grand. Chez *Cenchrus biflorus*, une fois sèches, les graines ne connaissent plus de dormance. Ceci ajouté à tout ce qu'on vient de dire, montre pourquoi l'espèce se limite presque exclusivement au sable. Mais *Schoenefeldia gracilis* peut bien dominer les 3 sols: les graines sont petites et aussi sur le limon et l'argile elles auront une distribution qui ne se limite pas à la surface. La vitesse de germination est un peu moins rapide et les graines connaissent une dormance: il leur faut 10 mm de pluie pour qu'elles puissent commencer à germer.

6.4.4.2 Le substrat et la physionomie de la végétation

Le paysage au Sahel est fortement déterminé par le rapport végétation-substrat, dont l'élément principal - espèce en relation avec substrat - a été traité. Comme expliqué à la partie 6.4.2, les facteurs texture et relief sont les facteurs clefs du substrat quant à la disponibilité d'eau en surface et dans le sous-sol pour la végétation. Le relief et la texture sont d'ailleurs liés: c'est le sable qui peut être bien accidenté, quoique des zones plates sablonneuses existent également; le limon est souvent plat ou présente des pentes légères; l'argile se présente comme des plaines ou sous forme de dépressions. La végétation même (et donc l'exploitation) est aussi un facteur qui détermine la disponibilité d'eau, par son rôle dans le ruissellement, la transpiration et l'évaporation. Son rôle de protecteur contre le ruissellement (direct par freinage du courant, indirect en évitant la formation des croûtes) montre clairement l'influence néfaste de l'exploitation et des déficits pluviométriques pour des sols sensibles au ruissellement.

La végétation joue aussi un rôle dans la disponibilité d'eau pendant l'établissement des annuelles au début de l'hivernage. La présence de la paille ou des arbres et des arbustres diminue l'évaporation, la surface du sol reste donc plus humide que sans protection, et même de petites pluies font germer les espèces avec une germination rapide. Mais par le même fait que la surface est protégée contre un dessèchement rapide, il y a le risque d'une perte plus complète de l'eau du sous-sol, donc de la mortalité des plantules qui viennent de germer si les délais entre les pluies sont encore trop longs. L'importance du recouvrement, la force ascensionnelle capillaire du sol et la durée de la période sans pluie, et tout ceci en liaison avec l'importance de la pluie, détermineront lequel des 2 phénomènes dominera. Les feux interviennent dans ce processus s'il s'agit d'une protection par la paille (voir partie 6.5). Au cas où il s'agit des espèces ligneuses ce processus fait comprendre pourquoi pendant certaines années la végétation démarre plus vite sous les arbres qu'aux alentours, tandis qu'ailleurs ou pendant une autre année il n'y a qu'une végétation pauvre avec des espèces à germination lente sous les arbres. Cette dernière situation se présente fréquemment pour des arbres isolés des zones ouvertes, sous l'action combinée de l'ombre et du vent.

L'importance du ruissellement détermine le degré d'homogénéité de la végétation, le visage du paysage. Il s'agit de la strate herbacée aussi bien que de la strate ligneuse. Pour le Sahel la présence des espèces ligneuses est limitée ou négligeable aux endroits avec une infiltration homogène et totale de la pluie, et elle augmente parallèlement à l'augmentation de l'hétérogénéité. Ceci est illustré par la fig. 6.4.1, qui présente le recouvrement des ligneux aux sites d'étude. L'hétérogénéité de la strate herbacée concerne le nombre et la répartition des espèces ainsi que leur biomasse. Pour le nombre d'espèces ceci est montré par la fig. 6.4.2, qui présente le rapport entre le nombre d'espèces et la surface inventoriée sur les 3 substrats au ranch de Niono.

Vu le rôle primordial du ruissellement dans la disponibilité d'eau, 3 unités principales de paysage seront traitées.

Paysage où l'infiltration est égale à la pluviosité Là où il n'y a pas de ruissellement, et où la disponibilité d'eau est donc la même sur une grande superficie, la végétation

Fig. 6.4.1. Le degré du recouvrement des espèces ligneuses sur le trajet nord-sud, par rapport à la capacité d'infiltration du sol.
x bonne infiltration
o ruissellement fort

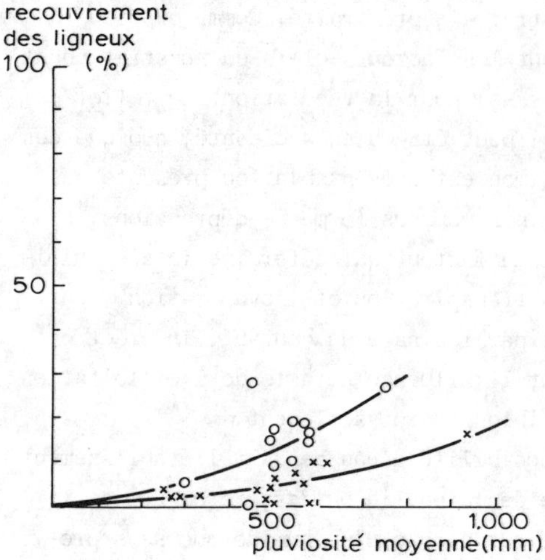

Fig. 6.4.1. The degree of soil cover of the woody species on the north-south traject with regard to the infiltration capacity of the soil.
x good infiltration
o severe run-off

Fig. 6.4.2. Le nombre d'espèces par rapport à la surface inventoriée sur le sable (×), le limon (o) et l'argile (□). (ranch Niono, 1977).

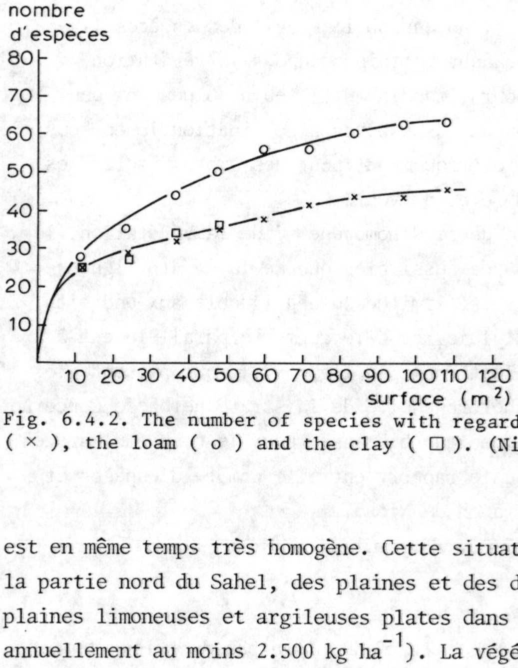

Fig. 6.4.2. The number of species with regard to the inventorized surface on the sand (×), the loam (o) and the clay (□). (Niono ranch, 1977).

est en même temps très homogène. Cette situation se présente sur des sables meubles dans la partie nord du Sahel, des plaines et des dunes sablonneuses au milieu du Sahel et les plaines limoneuses et argileuses plates dans la partie sud du Sahel (quand elles produisent annuellement au moins 2.500 kg ha^{-1}). La végétation y est relativement pauvre en espèces mais la composition peut changer fortement d'une année à l'autre. Les graminées C_4 à germination rapide ont une bonne chance de dominer quand l'hivernage démarre sans trop de longues interruptions.

On n'y rencontre pas de différences prononcées entre des endroits élevés et bas, et les zones sont relativement pauvres en espèces pérennes, ligneuses aussi bien que herbacées. Sur le sable il y a peu d'activité des termites et la dynamique causée par la paille se présente sans feu (voir partie 6.5). Les feux sont cependant fréquents et pénètrent le plus au nord sur de tels sols.

De grandes étendues de telles zones seront peu exploitées par manque d'eau d'abreuvement. Avec l'exploitation on observera des changements de la végétation sur des surfaces limitées, près des points d'eau (voir partie 6.3). La superficie d'une telle zone influencée augmente en allant vers le Nord (voir partie 6.6).

Paysage où le ruissellement domine sur l'écoulement C'est sur les substrats en pente et ayant une faible capacité d'infiltration que le ruissellement domine. A part des dunes prononcées ce sont des sols sablo-limoneux ou limoneux qui sont des milieux très favorables à la formation d'une croûte. Il faut distinguer 2 types de ce substrat: ceux avec une pente régulière sur une grande superficie où $I < Pl$ et des régions avec des pentes irrégulières. Sur ces derniers on trouve des endroits à ruissellement à côté des endroits à écoulement, ce qui donne de grandes différences en quantité d'eau disponible, et par conséquent des grandes différences en végétations. Ce dernier type, avec pente irrégulière est le plus typique pour le Sahel avec ses dépots éoliens récents. Son paysage se présente comme une mosaïque d'ermes et de fourrés.

Pour les paysages où le ruissellement domine, il y a un certain rapport entre les surfaces avec du ruissellement et celles avec de l'écoulement, qui dépendra de la biomasse produite (pluviosité annuelle moyenne), du degré des pentes et de la sensibilité à la formation des croûtes. Par l'exploitation ce rapport change en faveur des surfaces avec ruissellement, par une diminution de la biomasse et l'augmentation de l'importance des croûtes.

A cause des variations en eau disponible dans le sol, les végétations aussi sont très hétérogènes et riches en espèces:
- les espèces à germination rapide vont mourir pour une bonne part dans les zones à ruissellement et si une végétation s'y établit elle sera dominée par des espèces à germination lente et hétérogène; les dicotylédones dominent dans ce groupe mais il y a des graminées particulières comme *Elionurus elegans* et *Microchloa indica;*
- les espèces à germination rapide seront quand même présentes sur des microdunes, mais elles auront une longueur de cycle plus limitée que normalement à la pluviosité de la région. Des espèces ayant un cycle relativement long se trouveront cependant sur des endroits avec écoulement. Les espèces à germination rapide y domineront;
- à cause d'un surplus d'eau les pérennes peuvent être abondantes aux endroits avec écoulement, ce qui amène la présence des espèces sciaphiles;
- là où l'hétérogénéité a été causée par l'exploitation il y a un enrichissement des zones d'écoulement par des déchets et leur richesse en phosphore stimule les legumineuses (*Indigofera astragalina,* etc.);
- là où l'eau stagne il se crée des conditions hydromorphes avec des espèces particu-

Tableau 6.4.4. L'évolution d'un paysage dit 'brousse tigrée' en ce qui concerne la production annuelle de sa strate herbacée et le recouvrement de la végétation comme ensemble, sur un sol limoneux latéritique en allant du sud au nord, comparée avec la production d'une zone à bonne infiltration.

Isohyète	Production (kg ha^{-1})		Recouvrement (%)	Production dans le cas d'une infiltration homogène (kg ha^{-1})
	moyenne	écart		
700	3.000	2.000-4.000	100	2.800
500	1.500	0-3.000	50	2.000
400	500	0-1.500	35	1.600
250	200	0- 800	10	700

Table 6.4.4. The evolution of a 'brousse tigree' (tiger bush) landscape as far as concerns the annual production of its herbaceous stratum and the degree of soil cover (%) of the vegetation as a whole, on a loamy lateritic soil going from south to north, compared with the production of a zone with good infiltration.

lières (*Panicum laetum, Echinochloa colona*).
La richesse en espèces est accompagnée par une stabilité plus grande face aux variations pluviométriques annuelles pour certains éléments de la végétation, grâce à des adaptations particulières à des situations spécifiques. Les espèces à germination lente, surtout des dicotylédones, y sont un élément permanent. Le dynamisme se présente quand l'intensité d'exploitation augmente.

Le tableau 6.4.4, qui présente la biomasse et l'hétérogénéité de la strate herbacée des brousses tigrées à différentes pluviosités, montre comment la diminution d'une biomasse protectrice aggrave la situation. La diminution du recouvrement n'est pas proportionnelle à la diminution de la pluviosité moyenne, mais elle est progressive. En allant au nord la biomasse moyenne des surfaces nues et couvertes est de plus en plus petite que celle des zones avec une bonne infiltration.

L'activité des termites empêche la formation d'un stock de paille, ce qui diminue le risque des feux en comparaison avec les sols de la partie 6.4.4.2. Plus importantes encore sont l'hétérogénéité, l'importance des dicotylédones et la période relativement longue pendant laquelle les endroits avec beaucoup de végétations restent humides.

Paysage des bassins d'écoulement Il existe des plaines argileuses entourées de zones élevées avec beaucoup de ruissellement. Ces plaines reçoivent de telles quantités d'eau que les sols sont engorgés pendant une partie de l'année. Les bas-fonds y ont en général des conditions hydromorphes ce qui donne une végétation particulière: des espèces vraiment aquatiques aux endroits longtemps inondés, mais dans les zones à inondation faibles on trouve plus généralement des espèces comme *Echinochloa colona, Panicum laetum, Panicum anabaptistum*. Les espèces ligneuses aussi y sont adaptées aux conditions hydromorphes et à une inondation d'une certaine durée. L'exploitation est presque toujours intense à cause de la présence d'eau, ce qui cause une compaction du sol. Aussi les endroits noninondés se présentent comme une zone avec un ruissellement intense. Il y a seulement certaines espèces qui y germent bien à partir des fissures, par exemple *Schoenefeldia gracilis*.

6.4.5 Le dynamisme de la végétation

6.4.5.1 Généralités

Ayant assez bien compris la répartition moyenne des espèces suivant leur propriétés en rapport avec le substrat (tableau 6.4.3), il nous reste la question de savoir comment généraliser les observations d'une seule saison.

Le tableau 6.4.2 pourrait donner la fausse impression qu'au ranch de Niono par exemple le sable a une bonne chance d'être dominé par *Schoenefeldia gracilis* et *Zornia glochidiata*, l'argile par *Loudetia togoensis* et *Pennisetum pedicellatum*, etc. Le tableau présente cependant des valeurs moyennes de 3 ans, et au cours de ces 3 années il y a eu des changements profonds dans la composition floristique de la biomasse produite. Sur le limon par exemple l'importance de *Blepharis linariifolia* a beaucoup diminué. Cette espèce qui constituait 27% de la biomasse en 1976, ne constitue en 1978 que 3% de la biomasse sur le même sol. En même temps plusieurs graminées sont devenues importantes (37% de la biomasse était composé des graminées en 1976, 58% en 1978). Ces changements et d'autres sont présentés dans le tableau 6.4.5, qui montre la végétation herbacée du ranch de Niono avant la sécheresse en 1969 (suivant Boudet et Leclerq, 1970) et après la sécheresse des années 1971-1974, pendant 4 ans successifs. Le danger de se baser sur une seule année d'observations pour l'évaluation des pâturages devient bien clair par ce tableau. En prenant l'exemple des sols sablonneux du ranch, Boudet et Leclerq (1970) devaient conclure qu'ils étaient dominés en 1969 par *Diheteropogon hagerupii* et *Elionurus elegans*. En 1975 on a conclu que *Blepharis linariifolia* y dominait, avec *Borreria chaetocephala*, *Borreria radiata* et *Schoenefeldia gracilis* (Breman et Cissé, 1977). En 1978 c'était *Schoenefeldia gracilis* qui dominait fortement (42% de la biomasse), accompagnée de *Zornia glochidiata* (17%), *Diheteropogon hagerupii* (6%), etc. On a signalé encore que *Andropogon Gayanus*, presque éliminée par la sécheresse, commence bien à s'installer de nouveau au ranch (aux endroits sans exploitation forte). Sur le sable l'espèce est encore négligeable, mais sur les sols limoneux son importance augmente continuellement. Encore négligeable en 1975, sa biomasse à la fin de l'hivernage est montée de 0,5% en 1976 à 2,5% en 1977 et à 5% en 1978.

L'exemple du ranch montre le danger de donner trop de poids absolu aux observations d'une seule saison de la composition floristique en rapport avec le substrat, à cause du dynamisme fort. Mais la valeur de telles données est loin d'être négligeable, après une interprétation en tenant compte des processus du dynamisme. Ces processus ont été décrits dans la partie 4.3 (tableau 4.3.14 et fig. 4.3.8) et spécifiés dans les parties 6.3, 6.5 et 6.6. Ils n'ont pas tous la même chance de se produire aux divers substrats et les espèces favorisées par ces processus auront une chance parallèle pour se manifester. Le dynamisme causé par des variations pluvieuses est fréquent sur des sols avec une bonne infiltration, la même chose est valable pour le dynamisme lié aux feux. Sur de tels sols il y a en même temps un plus grand risque d'éliminer vraiment des espèces et dans ces cas la régénération demande relativement beaucoup de temps. Sur des sols avec ruissellement la variation de la disponibilité d'eau est moins forte que sur des sols à bonne infiltration, car la fraction de la pluie qui s'infiltre diminue avec l'augmentation de la pluvio-

Tableau 6.4.5. Importance relative des espèces dans la biomasse à la fin de l'hivernage par rapport au substrat au cours de 5 années au ranch de Niono (- négligeable ou pas présente; + assez nombreuse sans influence importante sur la biomasse; ++ biomasse assez importante; +++ biomasse dominante).

Espèces	Sable					Limon					Argile				
	'69	'75	'76	'77	'78	'69	'75	'76	'77	'78	'69	'75	'76	'77	'78
Andropogon Gayanus	+	-	-	-	-	+++	-	-	+	++	-		-	-	-
Andropogon pseudapricus	+	-	-	-	-	+	-	+	+	+	+		-	++	+
Blepharis linariifolia	-	+++	++	++	+	-	++	+++	++	+	-		-	-	-
Borreria chaetocephala	-	++	+	+	+	-	++	+	++	++			++	+	+
Borreria radiata	+	++	++	++	+	-	++	++	++	++	-		-	-	-
Borreria stachydea	+	-	+	+	+	+	+++	++	++	++	-		+++	++	++
Cassia mimosoides	+	+	-	-	-	+	-	-	-	-	+		-	-	-
Cenchrus biflorus	-	-	+	+	+	-	-	-	-	-	-		-	-	-
Dactyloctenium aegyptium	+	+	+	++	+	-	-	+	+	+	-		-	-	-
Diheteropogon hagerupii	+++	+	+	+	++	++	+	+	++	++	-		++	++	++
Elionurus elegans	++	+	++	++	+	+	+	+	++	++	-		+	+	+
Indigofera prieuriana	+	-	-	-	-	+	-	-	-	-	-		-	-	-
Loudetia togoensis	+	+	+	-	-	++	+	+	+	+	++		+++	+++	+++
Monechma ciliatum	-	-	-	-	-	+	-	+	+	-	-		-	++	+
Pennisetum pedicellatum	+	-	-	-	-	+	-	+	+	+	+++		++	+++	+++
Polycarpaea corymbosa	+	-	+	+	-	+	-	+	+	+	-		-	-	-
Schoenefeldia gracilis	+	++	+++	+++	+++	+	+	++	++	++	-		+	+	+
Zornia glochidiata	-	+	++	++	++	-	-	+	++	++	-		-	-	-

Table 6.4.5. Relative importance of species in the biomass at the end of the rainy period with regard to the substrate during 5 years at the Niono ranch (- negligible or absent; + fairly numerous without important influence on the biomass; ++ fairly important biomass; +++ dominant biomass).

sité. A côté il existe toujours des refuges (endroits à écoulement) où des espèces menacées persistent. Une récolonisation à partir de ces endroits se fait relativement rapidement. Un bon exemple est la récolonisation signalée des sols limoneux au ranch de Niono par *Andropogon Gayanus*, décimée par la sécheresse.

Le dynamisme lié à l'exploitation se produit surtout sur les sols sensibles à la formation des croûtes. Le moment d'exploitation importe peu, ce sont l'intensité du piétinement et la diminution de la biomasse qui comptent. Quand l'exploitation devient intense sur le sable (aux alentours d'un puits par exemple) le dynamisme a tout à fait un autre caractère. L'intensité et le moment d'exploitation déterminent ensemble dans ces endroits si une espèce peut s'installer et si elle arrive à se multiplier. C'est pour cela que surtout sur le sable on observe une répartition en anneaux de certaines espèces aux alentours des points d'eau.

6.4.5.2 Extrapolation d'une saison de relevés botaniques

Pour juger de la valeur des relevés botaniques, il faut absolument leur description dans le cadre des 3 unités principales de paysage distinguées. Les espèces observées peuvent servir comme indicateurs pour savoir par quelles espèces elles pourraient être remplacées dans chaque paysage, vu leurs caractères. Malheureusement nous n'avons décrit que quelques espèces pour les propriétés importantes (partie 4.3). Cependant, ces espèces étudiées sont souvent dominantes et on pourrait donc les utiliser comme guides. Le tableau de Boudet (1975) concernant la répartition des principales espèces caractéristiques au Sahel (tableau 13, page 110) peut aider à savoir quelles espèces se comportent d'une manière comparable. Et on peut se servir des tableaux 6.4.6 et 6.4.7.

Le tableau 6.4.6 est une classification hiérarchique des communautés qu'on a pu distinguer sur les 70 sites fixes, au cours de 3 années d'étude (au ranch et sur le trajet nord-sud, voir partie 4.3.7.2). La classification se base sur l'importance des espèces vu leur biomasse. Elle a été réalisée par l'analyse des composants nodaux de Noy-Meir (1971). L'analyse a été exécutée sur 4 niveaux de précision, donnant 5, 10, 15 ou 20, noda ou communautés. Elles ont été représentées au tableau par les espèces dominantes et co-dominantes. La présentation a été faite d'une telle manière, que le degré de relation, le chevauchement dans le temps et dans l'espace, est indiqué par la distance entre les groupes dans le tableau (comparer les tableaux 6.4.6 et 4.3.13). Des 5 communautés principales le numéro 1 est trouvée le plus au nord, le numéro 5 le plus au sud et le numéro 3 se trouve au milieu. Leurs composants sont surtout des graminées annuelles à germination rapide, le groupe des espèces qui se trouve au centre du schéma de dynamisme de la végétation (voir fig. 4.3.8). Les espèces annuelles à germination lente (C_3 ou C_4), le groupe de droite du schéma de dynamisme, se présentent surtout comme co-dominantes pour ces 3 communautés. *Eragrostis tremula* fait exception à partir du niveau de 15 noda (voir tableau 6.4.6). Les communautés principales 2 et 4 couvrent partiellement les zones de répartition des 3 communautés précédentes. Elles réunissent surtout les espèces à germination lente (C_3 ou C_4), les espèces au caractère pionnier.

Au niveau de 10 noda il y a une subdivision de 3 des 5 communautés principales, de nouveau en rapport avec la distribution spatiale. Les communautés numérotées 1.1 et 1.2

Tableau 6.4.6. La classification hiérarchique des communautés d'espèces qui dominent la biomasse de la strate herbacée, aux 4 niveaux de précision (5, 10, 15 et 20 noda) suivant la méthode de Noy-Meir, 1971; les communautés ont été représentées au tableau par leurs espèces dominantes et co-dominantes. (voir légende du tableau 4.3.13 pour les noms complets des espèces.)

5 noda		10 noda		15 noda		20 noda	
no.	dom. + co-dom.	no.	dom. + co-dom.	no.	dom. + co-dom.	no.	dom. + co-dom.
		1.1	Tra ber	1.1.0	Tra ber	1.1.0.0	Tra ber
					+ Tri ter		+ Tri ter
		1.2	Lep sen	1.2.0	Lep sen	1.2.0.0	Lep sen
					+ Por ole	1.2.0.1	Chl pri
							+ Gyn gyn
				1.0.1	Ari mut	1.0.1.0	Ari mut
1	Cen bif	1.0	Cen bif	1.0.0	Cen bif	1.0.0.0	Cen bif
	+ Aly ova		+ Aly ova		+ Aly ova		+ Aly ova
				1.0.2	Era tre	1.0.2.0	Era tre
					+ Eli ele		
2	Zor glo	2.0	Zor glo	2.0.0	Zor glo	2.0.0.0	Zor glo
				2.0.1	Dac aeg	2.0.1.0	Dac aeg
						3.0.0.1	Ari fun
							+ Sch exi
3	Sch gra	3.0	Sch gra	3.0.0	Sch gra	3.0.0.0	Sch gra
				3.0.1	Pan lae	3.0.1.0	Pan lae
	+ Bor rad		+ Bor rad		+ Bor rad	4.0.0.1	Bor rad
4	Ble lin	4.0	Ble lin	4.0.0	Ble lin	4.0.0.0	Ble lin
	+ Bor sta	4.1	Bor sta	4.1.0	Bor sta	4.1.0.0	Bor sta
	+ Bor cha		+ Eli ele		+ Eli ele	4.1.0.1	Ele ele
			+ Bor cha		+ Bor cha	4.1.0.2	Bor cha
	+ Lou tog		+ Lou tog	5.1.1	Lou tog	5.1.1.0	Lou tog
	+ Pen ped	5.1	Pen ped	5.1.0	Pen ped	5.1.0.0	Pen ped
5	Dih hag	5.0	Dih hag	5.0.0	Dih hag	5.0.0.0	Dih hag
	+ And pse	5.2	And pse	5.2.0	And pse	5.2.0.0	And pse

Table 6.4.6. The hierarchical classification of the communities of species that dominate the biomass of the herbaceous stratum, at 4 levels of precision (5, 10, 15 and 20 noda) according to the Noy-Meir method, 1971; in the table the communities have been represented by their dominant and co-dominant species. (See key to table 4.3.13 for the full species names.)

sont trouvées à la bordure nord du Sahel; la communauté numéro 4.0 a sa distribution principale dans 2/3 de la partie nord du Sahel, le numéro 4.1 dans la moitié sud; la communauté numéro 5.1 a été trouvée dans l'ensemble de la zone d'étude, mais a une fréquence diminuante en allant du sud au nord, et de plus en plus limitée à des endroits avec écoulement, dans l'ombre des espèces ligneuses; la communauté 5.0 est trouvée dans la partie sud du Sahel et dans la zone de transition avec la savane, tandis que le numéro 5.2 est une vraie communauté de la savane même.

A partir du niveau de 15 noda il y a de plus en plus de communautés qui sont plus ou moins liées à certains habitats particuliers: la communauté 1.0.2 peut souvent être trouvée sur des jachères, la communauté 3.0.1 aux endroits avec temporairement de l'eau stagnante et la communauté 5.1.1 sur cuirasse; avec une exploitation intense et un apport d'excréments la communauté 1.2.0.1 peut apparaître; par une analyse plus détaillée et basée sur plus de sites, on obtiendrait certainement encore 2 autres communautés pour un habitat semblable, notamment celle dominée par *Tribulus terrestris* dans la partie nord du Sahel et celle dominée par *Cassia Tora* dans la partie sud.

Ayant déterminé les caractéristiques des paysages du point de vue du substrat (degré

Tableau 6.4.7. La chance que des espèces des 5 communautés principales domineront la biomasse de la strate herbacée pendant une année quelconque, en rapport avec la pluviosité annuelle moyenne et avec le substrat, sans surexploitation (- chance négligeable; +, ++ et +++ peu, assez et beaucoup de chance respectivement; S, L et A: sable, limon et argile). (Les communautés sont représentées par leurs espèces dominantes, voir tableau 6.4.6.)

Espèces	Pluviosité moyenne (mm)								
	>600			600-300			<300		
Substrat	S	L	A	S	L	A	S	L	A
Cenchrus biflorus + *Alysicarpus ovalifolius*	-	-	-	++	-	-	+++	+	-
Zornia glochidiata	-	++	-	-	++	-	-	++	-
Schoenefeldia gracilis	+	+	-	++	++	++	-	+	++
Blepharis linariifolia + *Borreria spp.*	-	++	-	+	++	+	-	+	-
Diheteropogon hagerupii + co-dominantes	+++	+	+++	+	+	++	-	-	-

Table 6.4.7. The chance that the species of the 5 principal communities will dominate the biomass of the herbaceous stratum during any year, with regard to the mean annual rainfall and to the substratum, without over-exploitation. (- negligible chance; +, ++ and +++ respectively little, moderate and much chance; S, L and A: sand, loam and clay). (The communities are represented by their dominant species, see table 6.4.6.)

d'infiltration) et du point de vue de la composition floristique (espèces qui dominent la biomasse) on doit se poser la question si les combinaisons trouvées sont vraisemblables ou non. Le tableau 6.4.7 peut servir comme outils dans ce cadre. Il se base sur des considérations argumentées dans les parties 4.3 et 6.3 à 6.6. Une indication de la réalité est donnée par le tableau 6.4.8, qui présente la situation des 70 sites d'étude au cours des années '76-'78. Le nombre total de 208 relevés est trop limité pour une répartition en 3 groupes de pluviosité moyenne, comme le montre le tableau 6.4.7. On a pris ensemble les sites du ranch et ceux ayant une pluviosité inférieure. Le tableau 6.4.8 est en effet une illustration du tableau 6.4.7. La similitude est la moins prononcée pour les communautés de *Zornia glochidiata* et de *Blepharis linariifolia* plus *Borreria spp*. Mais ceci est inhérent à leur caractère pionnier, combiné au fait qu'il y a des sites d'étude qui ont été bien perturbés. La communauté de *Zornia glochidiata* a été trouvée hors du substrat limoneux aux endroits exploités intensément (pluviosité >550 mm, voir tableau 6.4.8), la communauté de *Blepharis linariifolia c.s.* a profité de la disparition d'*Andropogon Gayanus*.

Donc, en utilisant le tableau 6.4.7 pour l'interprétation des relevés d'une seule saison, on est obligé de se poser la question s'il y a des indications supplémentaires pour expliquer des différences prononcées entre ce qu'on a observé sur le terrain et ce que la théorie suggère. Pour cela il faut des observations sur la physionomie de la végétation, sur l'intensité et le moment de l'exploitation et sur la pluviosité (intensité et répartition) de la saison d'étude et des années précédentes en comparaison avec la normale. Ceci permettra de décider si les différences entre la réalité des relevés et la

Tableau 6.4.8. L'importance des 5 communautés principales au cours des années 1976-1978 sur les sites d'étude par rapport au substrat et la pluviosité annuelle moyenne (importance exprimée en pourcentage des site-années où les communautés dominent; communautés présentées par leurs espèces dominantes, voir tableau 6.4.6).

Espèces	Pluviosité					
	>550 mm			<550 mm		
Substrat	S	L	A	S	L	A
Nombre de relevées	52	53	22	24	29	29
Cenchrus biflorus + *Alysicarpus ovalifolius*	10	0	0	28	20*	0
Zornia glochidiata	13	9	7	0	30	0
Schoenefeldia gracilis	28	8	11*	12	12	41
Blepharis linariifolia + *Borreria spp*	15	20	38	1	1	0
*Diheteropogon hagerupii*** + co-dominantes	3	2	25	3	0	11

Table 6.4.8. The importance of the 5 principal communities during the years 1976-1978 on the study sites, with regard to the substrate and the mean annual rainfall (importance expressed in percentage of site-years in which the communities dominate; communities represented by their dominant species, see table 6.4.6).

* ensablé en surface; sand-covered surface.
** communauté sous-représentée par le nombre limité de sites dans sa zone de distribution; community under-represented because of the limited number of sites in its zone of distribution.
S, L et A: sable, limon et argile; S, L and A: sand, loam and clay.

théorie du tableau 6.4.7 ont été causées par des perturbations accidentelles (souvent liées à la pluviosité) ou plutôt permanentes (souvent liées à l'exploitation). C'est surtout dans le premier cas qu'il sera sage d'indiquer quelle sera la communauté qui dominera en général. La fig. 4.3.8 en est une aide nécessaire. Spécialement pour des zones comparables à celles où se trouve la plupart des sites d'étude (fig. 3.3.2), le tableau 6.4.9 est aussi utile. Ce tableau présente le chevauchement entre les communautés des 70 sites d'étude de 1976 à 1978. Quand une communauté remplace une autre pour dominer la strate herbacée, la chance est la plus grande qu'il s'agit de communautés avec un chevauchement important. Le tableau 6.4.9 est un résultat de la même analyse des composants nodaux de Noy-Meir (1971), qui est à la base du tableau 6.4.6. Il présente le degré de chevauchement entre les communautés dans l'espace et dans le temps, par l'utilisation des relevés des mêmes sites au cours de 3 années d'observation.

Exemple d'une généralisation Pour mieux faire comprendre la méthode suggérée pour l'utilisation des relevées d'une seule saison, un exemple sera traité de notre propre expérience.

En 1979 des zones dunaires étendues entre les isohyètes de 300 et 400 mm étaient occupées par une végétation fortement dominée par *Borreria radiata*, accompagnée de plu-

Tableau 6.4.9. La matrice de conjunctivité, quantifiant le chevauchement en pourcentages entre les communautés. (Au niveau de 15 noda - voir le tableau 6.4.6; les communautés sont représentées par leur espèce dominante, les numéros sont les mêmes que ceux utilisés dans le tableau 6.4.6.)

Communautés	Numéro	5.2.0	5.1.1	5.1.0	4.1.0	5.0.0	4.0.0	3.0.1	3.0.0	2.0.0	2.0.1	1.0.2	1.0.0	1.0.1	1.2.0	1.1.0
Tragus berteronianus	1.1.0													10		100
Leptothrium senegalense	1.2.0										10		20		100	
Aristida mutabilis	1.0.1					20			10			10	10	100		10
Cenchrus biflorus	1.0.0					10					10	30	100	10	20	
Eragrostis tremula	1.0.2				20	20	10	10	30	50	30	100	30	10		
Dactyloctenium aegyptium	2.0.1			10	10	10		10		30	100	30	10		10	
Zornia glochidiata	2.0.0			10	30	20	20	20	30	100	30	50				
Schoenefeldia glochidiata	3.0.0			10	20	20	40	20	100	30		30		10		
Panicum laetum	3.0.1			20	10		10	100	20	20	10	10				
Blepharis linariifolia	4.0.0		10	10	40	20	100	10	40	20		10				
Diheteropogon hagerupii	5.0.0	10	40	10	30	100	20		20	20	10	20	10	20		
Borreria stachydea	4.1.0	10	40	30	100	30	40	10	20	30	10	20				
Pennisetum pedicellatum	5.1.0	20	30	100	30	10	10	20	10	10	10					
Loudetia togoensis	5.1.1	20	100	30	40	40	10									
Andropogon pseudapricus	5.2.0	100	20	20	10	10										

Table 6.4.9. The conjunctivity matrix, quantifying the overlap between the communities in percentages. (At the level of 15 noda - see table 6.4.6; the communities are represented by their dominant species, the numbers are the same as those used in table 6.4.6.)

sieurs autres dicotylédones (*Alysicarpus ovalifolius, Polycarpea corymbosa,* etc.). Des graminées comme *Cenchrus biflorus* étaient de moindre importance. Donc il y avait une domination forte du groupe de droite de la fig. 4.3.8 (communauté 4 du tableau 6.4.6, avec certains éléments de la communauté 1).

Cependant ceci était même le cas dans les zones sans signes d'exploitation intense (végétation avec une physionomie d'une zone à bonne infiltration d'eau). Donc il faut conclure (fig. 4.3.8 et tableau 6.4.7) que des graminées annuelles à germination rapide dominent en général. *Cenchrus biflorus* en est le meilleur candidat vu sa présence et vu la pluviosité (voir tableaux 4.3.13 et 6.4.7). Vraisemblablement le processus 2b de la fig. 4.3.8 a eu lieu en 1979, ce qui pourrait être supposé de l'extrême irrégularité des pluies au début de la saison.

En effet, *Cenchrus biflorus* dominait fortement la zone pendant les années précédentes. Cependant, pendant les années 70 la pluviosité a été déficitaire. Il est vraisemblable que le processus 4c de la fig. 4.3.8 a eu lieu. Donc on peut s'attendre, après une série d'années avec une bonne pluviosité, à une domination des graminées à cycle végétatif plus long (processus 4a de la fig. 4.3.8). *Schoenefeldia gracilis,* et même *Diheteropogon hagerupii* sont les candidats probables (voir fig. 6.3.8). En réalité, c'est *Schoenefeldia gracilis* qui était l'espèce dominante de la zone à l'isohyète de 400 mm en 1969. *Diheteropogon hagerupii* y était très commune, et même *Andropogon Gayanus* n'était pas rare (groupe du côté gauche de la fig. 4.3.8). *Cenchrus biflorus* était seulement d'une importance locale (Boudet et Leclercq, 1970).

6.4.6 Le substrat et la productivité

Les différences possibles de fertilité des différents substrats devraient se traduire par des productivités différentes. En réalité les différences sont limitées pour la majorité des cas.

Breman (1975) a montré, en exploitant des études agrostologiques recouvrant 140.000 km^2 du Mali, que seulement les sols sur socle et cuirasse et les sols inondables font exception. Ils avaient respectivement une productivité moyenne de 600 et 5.200 kg ha^{-1},

Tableau 6.4.10. L'influence d'exploitation forte sur la productivité (kg ha^{-1}), par rapport au substrat et la période d'exploitation (pâturage aux annuelles sous 500 mm de pluie annuelle).

Sol	Non-exploité	Période de l'exploitation	
		fin hivernage et saison sèche	toute l'année
sable	2.000	3.000-6.000*	1.000-1.500
sols avec croûte	2.000	0- 500	0- 500

Table 6.4.10. The influence of intensive exploitation on the productivity (kg ha^{-1}), with regard to the substrate and the period of exploitation (pasture of annuals with 500 mm of rain annually).

*augmentation provoquée par l'apport des déchets; increase caused by the contribution of animal wastes.

contre 1.400-1.700 kg ha^{-1} pour les autres sols. Il n'est donc pas étonnant que la biomasse annuelle moyenne au ranch de Niono sur 5 ans (1975-1979) sur le sable, le limon et l'argile soient 1.900 kg, 1.900 kg et 2.100 kg ha^{-1}.

Les différences naturelles de fertilité qui existent sont petites et en plus masquées par le fait que la disponibilité d'azote et de phosphore est déterminée pour une bonne part par l'humidité et par l'exploitation et par les feux. Ces facteurs montrent tous un gradient nord-sud et ces gradients masquent les différences entre les substrats.

Localement on peut s'attendre cependant à de grandes différences entre les substrats, à cause des diversités dans la végétation (C_4 ou C_3 dominant, espèces à cycle long ou court), du feu (plus au nord sur le sable) et de l'exploitation (intense sur sols à ruissellement). En ce qui concerne ce dernier point il convient de réaliser que la production d'une zone à ruissellement plus écoulement n'est pas égale à celle d'une zone à infiltration homogène à une même pluviosité. Dans le premier cas il y aura une évaporation plus élevée, une infiltration profonde locale, une disponibilité d'azote et de minéraux inférieure et une utilisation d'une partie de l'eau par les espèces ligneuses. La conséquence pour la production sur des paysages avec un ruissellement naturel ('brousses tigrées') est déjà montrée par le tableau 6.4.4. Sous l'influence d'une augmentation de l'exploitation on peut s'attendre à une diminution parallèle de la productivité sur des sols sensibles. Le moment de l'exploitation intense n'importe pas dans ce cas. Sur le sable c'est cependant très important: une haute pression animale en fin de la saison de croissance favorise les espèces non-appétibles comme *Cassia Tora*. Elles peuvent s'installer tôt et avec une longue période de croissance leur productivité est très élevée, à cause de l'enrichissement de la zone par la fumure. Mais si à l'installation l'exploitation est forte, il n'y aura que des espèces à cycle court et la productivité reste basse malgré la fertilité (tableau 6.4.10).

Il reste la question de savoir pourquoi, par exemple au ranch, les différences de productivité sur le sable, le limon et l'argile ne sont pas plus grandes que celles trouvées, malgré de grandes différences de disponibilité d'eau. On peut penser d'abord à une différence dans la composition floristique (partie 6.3); ensuite il y a l'influence

Tableau 6.4.11. Le rapport entre le substrat et l'infiltration avec le recouvrement des ligneux et la production moyenne de feuilles des espèces ligneuses.

		Substrat*					
		S	DS	SL	LA	AA	AV
Infiltration**		65	125	80	70	100	125
recouvrement	(%)	12	35	24	22	31	56
feuilles	(kg ha^{-1})	300	800	500	500	600	1.100

Table 6.4.11. The relation between the substrate and the infiltration with the degree of soil cover of the woody plants and the mean production of leaves of woody species.

*code: voir partie 3.3; key: see part 3.3.
**pourcentage d'eau de pluie qui s'infiltre; percentage of rainwater that infiltrates.

Fig. 6.4.3. La production annuelle de la strate herbacée plus les feuilles des ligneux au ranch de Niono par rapport au substrat et la quantité d'eau infiltrée annuellement (1976-1979). (code: voir partie 3.3).

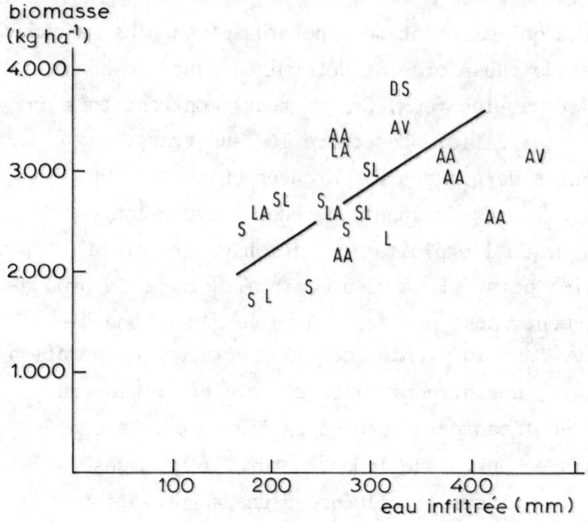

Fig. 6.4.3. The annual production of the herbaceous stratum plus the leaves of the woody species on the Niono ranch, with regard to the substrate and the amount of water infiltrated annually (1976-1979). (key: see part 3.3).

des espèces ligneuses, qui ont un recouvrement proportionnel à l'infiltration au ranch (tableau 6.4.11). Si l'on ajoute leur production moyenne des feuilles à la production herbacée annuelle on voit bien qu'il existe quand même des différences de productivité sur des substrats différents des zones non-exploitées (voir fig. 6.4.3).

6.5 L'INFLUENCE DU FEU

6.5.1 Fréquence des feux

De grandes parties des steppes arborées du Sahel, des savanes soudanaises et guinéennes, sont tous les ans soumises aux feux qui sont pour la plupart provoqués par l'homme. L'inflammabilité de ces zones dépend, hormis le taux d'humidité des herbes, surtout de la biomasse et de sa répartition sur le terrain. Quand les herbes sont réparties de façon homogène, la biomasse doit être au minimum de 1.000 kg ha^{-1} pour qu'elle puisse être brûlée. Lorsque la végétation est répartie de façon hétérogène, il y a une diminution des risques que les feux s'étalent sur de grandes étendues. Ce qui veut dire que dans le cas du Sahel, ce sont surtout les terrains sablonneux avec une végétation relativement homogène qui sont très vite dévastés par les feux (dans le cas où ils portent une biomasse suffisante). Des végétations hétérogènes se rencontrent surtout sur les terrains limoneux ou sur les terrains surexploités et dans ces cas les surfaces qui brûlent, sont souvent limitées. Quant aux sols argileux, la plupart sont situés dans des dépressions et ils portent des plantes relativement vertes au début de la saison sèche et les feux de cette époque n'ont pas d'effet sur ces zones. Nous comprenons donc aisément

Tableau 6.5.1. La fréquence des feux en rapport avec la biomasse de la strate herbacée, le substrat, l'intensité d'exploitation et les isohyètes.

Site numéro	Isohyète (mm)	Substrat[1)]	Exploitation[2)]	1976 (kg ha^{-1})	feu	1977 (kg ha^{-1})	feu	1978 (kg ha^{-1})	feu
	<325[3)]								
3	375	S	-	1.800		1.000	x	2.000	
4	375	L		1.000		300		500	
1a	400	A	+	1.600		800		1.000	
1c	400	S	+	900		300		1.700	
2	400	L	++	1.200		200		1.500	
5	470	S	-	1.900	x	900		1.900	x
6	470	L	+	1.200	x	300		1.200	
7	475	A	+	400		200		500	
16	475	S	-	2.000		600		2.500	x
15	480	L	+	1.800		500		1.800	
14	480	L	++	1.500		600		1.300	
8	480	A	++	3.200		1.700		4.200	
9	480	A	++	1.000		300		1.400	
10	500	A	++	1.300		700		1.600	
11e[4)]	500	A	-	2.100	x	800		2.100	x
11f[4)]	500	A	-	3.000		1.400		3.600	
13e[4)]	500	A	++	1.100		100		500	
13f[4)]	500	L	++	2.500		1.100		3.100	
18	500	S	-	1.700		800		-	
17	550	S	-	1.700		2.000	x	1.700	x
19	550	L	+	1.100		300		1.400	
20	600	S	-	1.300		1.400		3.300	x
21	700	S	+	1.600		1.400	x	4.000	x
22	800	S	+	2.300	x	2.700	x	3.000	x
24	900	L	-	2.700		2.300	x	2.800	x
25	1.000	A	-	3.100	x	5.000	x	4.200	x

Table 6.5.1. The frequency of fires in relation to the biomass of the herbaceous stratum, the substratum, the intensity of exploitation and the isohyets.

1) S = sable, L = limon, A = argile; S = sand, L = loam, A = clay
2) - = négligeable à faible, + = modérée, ++ = forte; - = negligible to little, + = moderate, ++ = strong
3) sur les différents sols, avec des biomasse $\leq$700 kg ha^{-1} aucune observation de feu pendant l'étude; on the different soils, with biomasses of $\leq$700 kg ha^{-1} no fire observed during the study
4) endroits à écoulement; places with run off

les effets des feux de novembre 1978 au ranch de Niono: la moitié des sites d'observation sur le sable a été touchée, alors que seulement un quart des sites sur le limon et l'argile était touché. Et pourtant les biomasses moyennes étaient respectivement 1.600, 2.000 et 2.200 kg ha^{-1}.

La fréquence des feux de brousse diminue du sud au nord avec la diminution de la biomasse dans la même direction. Une impression de la fréquence des feux en rapport avec le substrat et l'intensité d'exploitation est donnée au tableau 6.5.1 avec un résumé des observations sur des sites du trajet nord-sud mentionné dans la partie 3.3 (fig. 3.3.2). Il apparaît nettement que les feux sont surtout localisés dans la savane et dans le sud du Sahel. Ils sont très rares dans le nord du Sahel, certainement à cause de l'insuffisance de la biomasse dans ces régions.

Les feux ont des effets très différents suivant qu'il s'agit de l'écosystème sahélien, qui est composé essentiellement d'herbes annuelles, ou de la savane et des plaines d'inondation avec surtout des herbes pérennes.

6.5.2 Les savanes

Les effets des feux sur l'écologie des savanes ont été décrits et résumés par plusieurs auteurs parmi lesquels West (1965), Daubenmire (1968), Kozlowski et Ahlgren (1974) et Raison (1979).

Les feux ont des effets positifs sur la productivité et la composition floristique des pâturages du point de vue de l'élevage:
- ils empêchent la formation de buissons dans les pâturages en tuant les arbres et les arbustes;
- ils empêchent la grande accumulation des herbes mortes qui, en cas de feu, risquent de détruire tous les arbres et arbustes; par ailleurs une grande accumulation de paille sur le sol, diminue fortement les possibilités de germination;
- ils augmentent la disponibilité des repousses des herbes pérennes et dans certains cas accélèrent leur vitesse de croissance;
- ils améliorent la disponibilité des minéraux comme le phosphore, le potassium, le magnésium et le calcium qui retournent dans le sol avec les cendres;
- ils combattent les insectes et micro-organismes qui provoquent souvent des maladies chez les animaux et les plantes.

D'autre part ces feux ont aussi des effets négatifs, à savoir:
- une grande perte de matière organique et quelques éléments notamment l'azote et le soufre;
- parfois une destruction non-voulue des arbres et un endommagement des repousses des herbes pérennes;
- une augmentation de la perte d'eau par l'évaporation causée par l'élimination du couvert des herbes mortes.

Pour la pratique de l'élevage traditionnel dans les savanes, les effets positifs dominent les effets négatifs. En général les pâturages sont brûlés chaque année, de préférence juste à la fin de la saison des pluies, donc à un moment où les tiges des graminées pérennes ne sont pas encore sèches et par conséquent ces feux sont relativement peu destructifs.

Dans le cadre du projet P.P.S. quelques observations ont été faites sur l'effet du feu sur la repousse d'*Andropogon Gayanus* au parc national de la boucle du Baoulé (situé entre les isohyètes 800 et 1.000 mm) et à Bamako, Sotuba (1.100 mm). Les données sont résumées dans le tableau 6.5.2. On n'a pas constaté un effet spécifique du feu sur la repousse d'*Andropogon Gayanus* hormis la suppression de l'ombre. Seulement dans une végétation dense (plus de 4.000 kg ha^{-1} de matière sèche) la vitesse de la repousse en présence de paille est inférieure à la vitesse de repousse dans des végétations plus ouvertes.

Le fauchage a le même effet sur la vitesse de repousse que le feu. L'intensité de la lumière mesurée au sol dans une telle végétation dense est réduite à quelques pourcents seulement de celle mesurée en plein soleil.

Tableau 6.5.2. Repousse d'*Andropogon Gayanus*.

Localisation et traitement	Biomasse (kg ha^{-1})	N (%)	N (kg ha^{-1})
parc national de la boucle du Baoulé			
récolte du 27-2-1979			
partie brûlée (15-11-1978)	100-400	1,1	11-4,4
partie non-brûlée avec une végétation clairsemée	100-400	1,0	10-4,0
partie non-brûlée avec une végétation dense	0-100	1,0	0-1,0
Sotuba			
récolte du 14-3-1979			
partie brûlée (24-1-1979)	60	1,4	0,8
partie brûlée et arrosée[1)]	150	1,3	1,7
partie fauchée (24-1-1979)	60	1,1	0,7
partie non-traitée avec une végétation dense	30	1,1	0,3
récolte du 15-6-1979			
partie brûlée (24-1-1979)	100	1,3	1,3
partie brûlée et arrosée[1)]	320	1,3	4,2
partie fauchée (24-1-1979)	100	1,1	1,1
partie non-traitée avec une végétation dense	40	1,2	0,5

Table 6.5.2. Regrowth of *Andropogon Gayanus*.

1) à partir du moment du feu (24-1-1979) jusqu'à juin arrosée tous les 2 jours (20 mm environ); from the moment of the fire (24-1-1979) until June irrigated every second day (circa 20 mm).

Tableau 6.5.3. L'influence du feu sur la disponibilité de fourrage de qualité d'une zone du Delta central, dominée par *Vetiveria nigritana*, en juin 1977.

Traitement	Parties analysées	Biomasse (kg ha^{-1})	N (%)	P (%)	Fibres cellulosiques (%)	Digestibilité 'in vitro' (%)
non-brûlée	paille + repousse	1.600	0,51	0,07	38	25
non-brûlée	partie utilisable par le bétail	100	1,06	0,09	33	35
brûlée	repousse	300	1,15	0,14	35	42

Table 6.5.3. The influence of the fire on the availability of quality forage of a zone of the central Delta, dominated by *Vetiveria nigritana*, in June 1977.

Bien que le feu ne stimule pas la repousse dans une végétation ouverte, la disponibilité des repousses pour le bétail est énormément améliorée par la disparition des tiges et des feuilles âgées qui sont d'une qualité et d'une digestibilité très mauvaises (tableau 6.5.3). Les risques d'endommagement des touffes par le bétail deviennent aussi plus grands; mais étant donné que les plantes repoussent pendant la saison sèche avec une vitesse assez lente, elles peuvent absorber suffisamment d'éléments nutritifs et un épuisement de ces plantes en éléments nutritifs n'est pas attendu même si elles subissent une exploitation intensive.

6.5.3 Le Sahel

Au Sahel avec ses espèces annuelles, les feux influencent la composition floristique et la productivité de 2 manières:

- directement par la destruction des semences;
- indirectement par l'élimination de la paille.

Le premier effet est surtout net lorsque les feux se présentent tôt en saison sèche dans des régions où ils ne sont pas fréquents.

Dans la partie sud du Sahel, qui est régulièrement brûlée, on rencontre surtout des espèces annuelles dont les graines sont protégées contre le feu. Des espèces comme *Diheteropogon hagerupii*, *Loudetia togoensis*, ont des semences qui, par leurs caractéristiques, entrent vite dans le sol aussitôt qu'elles tombent. De même des espèces comme *Schoenefeldia gracilis*, avec de petites semences dont une partie n'est pas accessible au feu à cause des petites irrégularités de la surface, ne peuvent pas être éliminées de la végétation par les feux. *Blepharis linariifolia* est un exemple d'une espèce dont la semence est protégée contre le feu par l'inflorescence. Les semences d'*Elionurus elegans* sont attachées à la surface du sol par une enveloppe qui forme un 'bouclier' protecteur en surface, ainsi les graines ont une certaine protection contre le feu. Cependant une espèce qui peut être supprimée par des feux précoces est *Cenchrus biflorus*. La semence de cette espèce a en effet une grande enveloppe inflammable et par leur taille, ces semences sont facilement accessibles au feu. Ainsi *Cenchrus biflorus* ne se trouve dans le sud qu'aux endroits qui sont à l'abri du feu comme par exemple les jachères. Par contre, dans le nord où la biomasse ne permet pas des feux sur de grandes étendues, *Cenchrus biflorus* est souvent dominant.

Le feu n'a pas seulement un effet sur la disponibilité des semences, il a aussi un effet sur la végétation par l'élimination de la paille.

Aux endroits non-touchés par le feu et bien couverts de paille encore au début de l'hivernage, on observe une élimination des espèces avec une germination rapide. La raison est vraisembablement qu'avec de petites pluies, les espèces à germination rapide ont plus de chance de germer sous la paille (à cause de l'humidité sous la paille) que sans la paille. Par contre, le dessèchement sous la paille est plus lent mais plus complet que sans la paille. Les jeunes plantules vont donc mourir s'il n'y a pas de pluies, par manque d'eau dans le sol. Et sans parler de ce phénomène, les premières plantules ont une grande chance de mourir à cause de la résistance physique de la paille et par la diminution forte de la luminosité. Après, quand l'hivernage a bien commencé ce sont alors les espèces à germination lente qui vont s'installer et qui donnent donc la végétation: c'est le cas des graminées telles que: *Elionurus elegans*, *Eragrostis tremula* et la majorité des dicotylédones, *Polycarpaea corymbosa*, *Borreria radiata*, *Merremia pinnata*. Un exemple de ce phénomène est indiqué dans le tableau 6.5.4.

Les dicotylédones mentionnées ne produisent à peine de la paille après la saison de croissance et avec le pourrissement du stock de l'ancienne paille des graminées, les graminées domineront de nouveau après une période de 1-2 années d'absence. Le phénomène de ces changements cycliques de la composition floristique, résultant de l'entassement de la paille, peut se passer surtout sur les dunes et plaines sablonneuses de la partie

Tableau 6.5.4. Evolution d'une végétation annuelle sans et avec feu, sur une zone dunaire dans la partie sud du Sahel sous l'isohyète de 500 mm (1976: sans feu).

Temps de relevé Traitement:	oct. '77 -	oct. '78 -	oct. '78 feu mai '78
Plantes qui germent vite, pourcentage de la biomasse totale			
Diheteropogon hagerupii	42	4	67
Cenchrus biflorus	29	0	15
divers	8	1	2
total	79	5	84
Graminées qui germent lentement, pourcentage de la biomasse totale			
divers, total	4	6	6
Dicotylédones qui germent lentement, pourcentage de la biomasse totale			
Merremia pinnata	0	13	-
Ceratotheca sesamoides	4	25	0
Polycarpaea corymbosa	1	10	0
divers	12	41	10
total	17	89	10
biomasse totale (kg ha^{-1})	2.000	800	1.000
N (%)	0,54	1,16	0,88
P (%)	0,05	0,13	0,09
paille de l'année précédente	?	1.600	0
densité (plantes m^{-2})	?	97	245

Table 6.5.4. Evolution of an annual vegetation with and without fire, on a zone of dunes in the south part of the Sahel below the 500 mm isohyet (1976: without fire).

sud et du milieu du Sahel où la biomasse n'a pas eté éliminée par le feu, la pâture ou par les termites.

L'effet le plus important du feu pour l'exploitation des pâturages à annuelles, est une diminution de la disponibilité de la paille de mauvaise qualité pendant la saison sèche et une augmentation de la disponibilité et de l'accessibilité de l'herbe verte de bonne qualité au début de l'hivernage.

6.5.4 L'effet des feux sur la fertilité du sol

Comme déjà indiqué dans la partie 5.3.4.2, presque tout l'azote dans la paille est perdu pour le système plante/sol quand cette paille est brûlée. Ce qui veut dire qu'il y a plus de perte d'azote par le feu quand une certaine quantité de paille est détruite par le feu que dans le cas que cette même quantité est utilisée par le bétail. Car 50% de l'azote exploité par le bétail retourne dans le système par les urines et les matières fécales (partie 5.3.4.1). Donc du point de vue du bilan de l'azote il est préférable de faire brouter toute la paille que de la brûler.

Avec les formules de la partie 5.6 il est possible d'estimer la production annuelle des pâturages quand l'écosystème est en équilibre, avec une fraction fixe d'azote de la biomasse aérienne perdue annuellement par l'écosystème. Ces estimations seront faites au chapitre 9, à la comparaison de l'efficacité des diverses interventions dans l'élevage traditionnel. On y montrera que théoriquement le système s'appauvrira jusqu'au moment où il y a encore 5 kg ha^{-1} d'azote disponible pour la biomasse aérienne, quand on brûle la biomasse entièrement chaque année. La biomasse produite annuellement sera de l'ordre de 800 kg ha^{-1} dans un tel cas à l'isohyète de 500 mm, contre 1.250 kg ha^{-1} si l'on arrive à faire brouter l'herbe à 100%, d'année en année.

Cependant, le tableau 6.5.1 ne suggère qu'une perte moyenne de 15% de la biomasse par le feu à l'isohyète de 500 mm. En évitant cette perte complètement, la biomasse produite annuellement augmenterait de 1.800 à 2.500 kg ha^{-1} à long terme, à un coefficient d'utilisation des pâturages par le bétail de 35%. Ceci serait sans doute une amélioration pour la stabilité de l'environnement. Mais comment réaliser un coefficient d'utilisation des pâturages de 35% avec l'interdiction du feu au Sahel?

Une complication se présente encore si l'on considère non seulement l'azote et l'autre élément qui se perd par le feu, le soufre, mais aussi les minéraux comme le phosphore. Pour de tels minéraux qui ne disparaîtront pas de l'écosystème par le feu, on ne peut pas se servir du raisonnement qu'il vaut mieux brouter tout que brûler tout. Car le transport du phosphore par des animaux avec une exploitation intense entraînera une perte considérable de ces minéraux (voir partie 5.4). Et quoique la perte d'azote par le feu semble être plus grande que la perte de phosphore par le bétail, la dernière pourrait être plus néfaste à long terme. Les pertes d'azote amènent à une situation où la teneur du sol en azote ne diminue plus: la perte annuelle devient égale à l'enrichissement annuel de l'écosystème en azote (voir parties 5.3 et 5.6). Mais les pertes de phosphore ne sont jamais équilibrées par des enrichissements naturels et les sols s'appauvrissent théoriquement jusqu'au moment où il n'y aura plus de croissance végétale.

6.6 EXPLOITATION, DEGRADATION ET DESERTIFICATION

6.6.1 Introduction

Les parties précédentes donnent une impression de la production des végétations sahéliennes dans les conditions 'naturelles'. Dans chaque partie le bétail est mentionné déjà comme un des facteurs qui déterminent ces conditions. Ici le rôle du bétail sera spécifié. Dans quelle mesure détermine-t-il lui-même la disponibilité et la qualité de fourrage et donc la capacité de charge des pâturages? Qu'est-ce qui se passe quand cette capacité est dépassée? Pour répondre à de telles questions il est indispensable cependant de traiter d'abord l'influence des espèces individuelles sur la productivité et la qualité des végétations.

6.6.2 La composition floristique et le potentiel fourragère

6.6.2.1 Propriétés des espèces

Quoiqu'il soit possible de traiter la productivité des végétations sans trop d'attention pour les composants, les espèces individuelles (chapitre 5), pour les utilisateurs c'est autre chose. Des propriétés de plantes déterminent directement ou indirectement si la biomasse produite sera du bon fourrage (voir aussi partie 4.3).

Influence directe L'utilité de plusieurs espèces reste limitée, même à une bonne valeur fourragère. La présence des structures piquantes dans le stade végétatif (par exemple *Centaurea spp., Acacia spp., Balanites aegyptiaca* etc.) ou dans la phase générative (*Cenchrus biflorus, Tribulis terrestris, Acanthospermum hispidum, Aristida spp.* etc.) protège des plantes contre les dents d'une partie du bétail. Des produits chimiques qui déterminent le goût agissent de la même façon. Il y a d'autres produits, comme le tannin, qui n'influencent pas seulement l'appétibilité, mais aussi la digestion (Diagayété, 1980). Et il y en a qui rendent certaines espèces réellement toxiques (par exemple *Cienfuegosia digitata*).

D'autres propriétés influencent la valeur fourragère. Une telle influence est négative s'il s'agit de la lignification des arbres et arbustes et du taux élevé des fibres cellulosiques des herbacées pérennes ou des annuelles au niveau de beaucoup de tiges. La digestibilité sera basse pour une grande partie de la biomasse de telles espèces. Une valeur fourragère relativement élevée auront cependant les espèces légumineuses (riches en protéines grâce à leur fixation d'azote) et des espèces comme *Echinochloa stagnina* (riche en énergie par le taux de sucre).

Influence indirecte Hormis les cas ci-dessus, la valeur fourragère est en général déterminée indirectement par des propriétés des espèces et ceci toujours en rapport avec la fertilité du sol et la pluviosité. Au moins en ce qui concerne le taux d'éléments comme azote (N) et phosphore (P) on peut dire que la qualité de fourrage est inversement proportionnelle à la quantité produite (parties 6.3.6 et 6.4.6). La disponibilité de ces éléments détermine la production qui pourrait être obtenue au maximum. Mais la disponibilité d'eau, la vitesse de germination et la longueur du cycle végétal déterminent si les éléments disponibles seront réellement absorbés et dilués au maximum. Et maximum veut dire pour l'azote jusqu'à 0,5% chez les espèces C_4 et jusqu'à 1% chez les espèces C_3 (partie 5.2.2).

6.6.2.2 Stades de la croissance

Dans chaque stade du développement des plantes il existe encore des propriétés qui influencent la valeur des espèces pour le bétail.

Démarrage de la croissance Des espèces pérennes, herbacées aussi bien que ligneuses, et les annuelles à germination rapide sont importantes comme ressource fourragère du début de l'hivernage. 'Tout' est de bonne qualité pendant cette époque.

Croissance végétative Tant que l'eau limite la croissance les taux de protéines des espèces ne diffèrent pas notablement. Mais la capacité de compétition des espèces détermine déjà à ce moment quelle fraction de l'espace et des éléments limitatifs sera réservée pour chacune d'entre elles. En vieillissant il se produit des différences entre les espèces par la mesure de la dilution de N et de P, si la disponibilité d'eau permet les espèces de finir complètement leurs cycles de différente longueur. Et en même temps leur taux de fibres cellulosiques augmente. Van der Meer et Breman (1982) ont montré que la digestibilité de plusieurs espèces sahéliennes est inversement proportionnelle à ce taux; pour certaines espèces la corrélation de la régression est meilleure en tenant compte du taux de protéines.

Fin de la croissance Le rapport entre la biomasse à la fin de la saison de croissance et son taux de N et de P a été traité déjà dans la partie 6.3.6. Mais à la fin de la croissance et plus tard pendant la saison sèche la qualité de l'ensemble de la biomasse est en générale déjà si basse que l'on ne peut plus la considérer comme fourrage (taux de protéines ≤ 35 g kg^{-1}; digestibilité ≤ 400 g kg^{-1}, voir aussi partie 5.2.5). Ce qui compte donc est l'hétérogénéité de la biomasse: quelles parties à une qualité suffisante peuvent être sélectionnées par le bétail? Traoré (1978) et Diallo (1978) se sont penchés sur ce problème: chez les annuelles c'est l'inflorescense qui est souvent d'importance, chez les graminées pérennes aussi les feuilles basales et les repousses. Ce sont les graines qui, avec un taux de N de 2-4%, déterminent la qualité des inflorescences. Chez les annuelles elles peuvent former 5-15% de la biomasse totale (partie 4.3.5). Mais dès qu'elles tombent - dans la majorité de cas au début de la saison sèche - le bétail sait mieux se maintenir sur des pérennes que sur des annuelles, malgré une moindre qualité moyenne des premières. Ceci grâce à leurs feuilles basales (Diallo, 1978, fig. III-1). Une exception intéressante d'une annuelle qui ne perd pas les graines pendant la saison sèche est *Blepharis linariifolia*: de là l'adage maure: 'Là où pousse Blepharis, les moutons ne maigrissent jamais'.

Après les graines ce sont les feuilles qui forment la meilleure partie des plantes. Surtout chez les dicolylédones la chute de celles-ci cause des pertes importantes. Ceci concerne les meilleures d'entre elles, comme les légumineuses *Alysicarpus ovalifolius* et *Zornia glochidiata*.

6.6.3 La disponibilité fourragère

Dans les chapitres précédents on trouve les éléments pour pouvoir estimer la production annuelle des pâturages et l'évolution de la fraction utilisable au cours des saisons. Une telle estimation a été faite ici pour une année à une pluviosité basse, d'un niveau qu'elle se produisera en moyenne 1x les 10 ans. Pour simplifier on ne distingue que 2 types de sols, notamment ceux avec bonne infiltration, qui ne sont pas facilement pertur-

Tableau 6.6.1. La situation moyenne des pâturages pour 4 zones écologiques.

Zones écologiques*	Pluviosité moyenne année sèche (mm)	Importance des sols à infiltration (%)		Contribution à la biomasse finale (%)				Recouvrement ligneux (%)
		bonne	mauvaise	graminées annuelles	herbacées annuelles	légumineuses	graminées pérennes	
50-250 mm	90	90		80	15	5	0	2
			10	45	45	10	0	5
250-600 mm	300	50		80	15	5	0	4
			50	40	30	30	0	10
600-1.000 mm	600	10		60	10	5	25	20
			90	20	15	15	50	30
Delta**	-	10		0	0	0	100	0
			90	7	4	4	85	5

Table 6.6.1. The average condition of the pastures for 4 ecological zones.

*3 zones climatiques, caractérisées par les isohyètes, et une zone où le facteur inondation domine, le Delta central du Niger au Mali; 3 climatic zones, characterized by the isohyets, and one zone, the central Delta of the Niger in Mali, where the factor flooding dominates.

**pour le Delta on ne distingue pas des sols à bonne ou mauvaise infiltration, mais les bourgoutières (10%) et les autres groupements végétaux (90%). Ce n'est pas la pluviosité qui compte ici mais le degré d'inondation pour les 2 types de sol distingués; for the Delta the soils are not distinguished according to good or bad infiltration, but by 'bourgoutières' (10%, wet depressions covered with 'bourgou': *Echinochloa stagnina*) and other groupings of vegetation (90%). It is not the rainfall that counts here but the degree of flooding for the 2 types of soil distinguished.

bés par l'exploitation (sujet de la partie suivante) et des sols sensibles au piétinement et à la diminution de la biomasse par la formation des croûtes et l'augmentation inhérente du ruissellement (partie 4.4.2.2). Les autres conditions sont celles de la situation hypothétique du tableau 6.3.1.

Les espèces herbacées et ligneuses ont été traitées à part. On a tenu compte de l'importance des graminées pérennes dans la strate herbacée et on a différencié les parties végétatives et génératives. De cette façon il est possible d'estimer l'influence de la chute de graines, par laquelle elles seront perdues pour les bovins mais encore partiellement disponibles pour les moutons.

Quatre zones ont été traitées séparément. Leurs caractéristiques supposées sont présentées dans le tableau 6.6.1. Les résultats des calculs estimatifs sont donnés par le tableau 6.6.2. Il indique la disponibilité fourragère maximale et minimale au cours de l'année, et le taux de N des 2 cas.

Pour la semence on a présenté la quantité moyenne produite par zone dans le cas du

Tableau 6.6.2. La disponibilité (matière sèche) et la qualité (taux de N) de fourrage d'une année sèche de 4 zones écologiques: les valeurs maximales et minimales au cours de l'année pour les semences, la biomasse végétative totale et celle à un taux de N supérieur à 1%, et les feuilles accessibles des espèces ligneuses. Voir aussi tableau 6.6.1.

Zone		Strate herbacée			Feuilles accessibles des ligneux
		semence	biomasse végétative		
			totale	haute qualité	
50-250 mm	(kg ha^{-1})	35 → 5	330 → 100	330 → 20	10 → 5
	(% N)	2,5	1,5 → 0,7	1,5 → 1,2	2,5 → 2,0
250-600 mm	(kg ha^{-1})	125 → 25	1.120 → 730	560 → 50	105 → 15
	(% N)	2,5	0,8 → 0,5	1,1 → 1,7	2,5 → 2,0
600-1.000 mm	(kg ha^{-1})	240 → 50	1.970 → 1.040	540 → 60	440 → 40
sans feu	(% N)	2,5	0,5 → 0,3	1,5 → 1,1	2,5 → 2,0
avec feu	(kg ha^{-1})	240 → 0	1.970 → 340	540 → 150	440 → 40
	(% N)	2,5	0,5 → 0,6	1,5 → 1,0	2,5 → 2,0
Delta*	(kg ha^{-1})	400 → 80	3.900 → 3.550	100 → 500	20 → 20
sans feu	(% N)	2,5	0,3 → 0,2	1,5 → 2,0	2,5 → 2,0
avec feu	(kg ha^{-1})	400 → 0	3.900 → 1.100	100 → 900	20 → 20
	(% N)	2,5	0,3 → 0,2	1,5 → 2,0	2,5 → 2,0

Table 6.6.2. The availability (dry matter) and the quality (N concentration) of forage from 4 ecological zones in a dry year: the maximum and minimum values during the year for the seeds, the total vegetative biomass and that with a N concentration greater than 1%, and the accessible leaves of the woody species. See also table 6.6.1.

*au Delta la fraction de haute qualité est encore accompagnée d'une quantité importante - 2.000 kg ha^{-1} - de bourgou, à haute digestibilité malgré un taux de N bas; in the Delta the fraction of good quality is still accompanied by an important amount - 2000 kg ha^{-1} - of 'bourgou', which is very digestible in spite of a low N concentration.

maximum. On suppose que même sans exploitation 75% de la semence se perd pendant la saison sèche (voir partie 4.3.6.1), tandis qu'au moins 5% est même inaccessible aux moutons. Donc seulement 20% de la production annuelle pourrait être trouvé encore par le bétail le plus apte, les moutons, à la fin de la saison sèche (valeur minimale).

La diminution de paille varie certainement beaucoup d'une année à l'autre et d'un endroit à l'autre (partie 5.2.5), mais les variations concerneront surtout le matériel de qualité inférieure; la verdure ne pourrit pas et elle n'est pas attaquée par des termites.

Le tableau 6.6.2 montre bien que la quantité de fourrage de qualité n'augmente pas d'un même degré que la biomasse totale avec la pluviosité. La fraction de nourriture qui a suffisamment de qualité diminue même fortement à cause du fait que le facteur déterminant le N, ne devient pas beaucoup plus disponible (fig. 6.3.3). Cette ressource est de plus en plus diluée par une croissance plus longue au Sud (fig. 6.3.11).

Les valeurs maximales et minimales ne se présentent pas aux mêmes moments de l'année pour les zones différentes. Le maximum est atteint en septembre au Nord, mais au fur et à mesure qu'on se déplace vers le Sud cela a lieu plus tard. Le mois le plus difficile est mai au Sud, le Nord est en problèmes jusqu'au début d'août. Le cas des plaines d'inondation est particulier, leur accès est déterminé par le niveau d'inondation. L'exemple présenté est celle de l'entrée du Delta intérieur du Niger au Mali, accessible à partir de décembre. La situation la plus mauvaise se présente en janvier-février, quand la verdure devient rare et les bourgoutières ne sont que peu accessibles encore. C'est après les premières pluies que la disponibilité de la fraction de haute qualité est la plus élevée, notamment en juillet pour l'entrée du Delta. La quantité totale augmente encore mais les plaines commencent à s'inonder de nouveau.

6.6.4 Influence de l'exploitation

L'exploitation influence le pâturage et sa productivité par plusieurs processus à la fois. Ils seront traités séparément cependant, mais il faut se réaliser que l'influence de leur ensemble est plus grande que la somme des processus individuels. Trois groupes de processus peuvent être distingués, notamment ceux de caractère physique, chimique et biologique.

6.6.4.1 Dégradation physique du sol

L'action physique de l'exploitation sur le substrat est directe par le piétinement - ce qui crée une différence entre fauchage et broutage - elle est indirecte par la diminution de la biomasse qui protège le sol contre les pluies, le vent et le soleil. La dégradation physique du sol en est la conséquence. Deux formes doivent être distinguées, le déclin de la structure ou le compactage du sol et la mobilisation du sol. La première forme de dégradation est de loin la plus importante au Sahel.

Déclin de la structure La structure de la couche superficielle du sol se dégrade facilement sous exploitation pour des sols sablo-limoneux et limono-sablonneux à cause de leur texture hétérogène. Ceci surtout pour des sols peu couverts ayant une structure faible par un taux bas de matière organique et une action biogène limitée. La raison en est que l'exploitation influence l'équilibre labile entre déclin et régénération de la structure en faveur du premier, par le compactage sous le piétinement et la diminution du couvert par le broutage.

Même sans élevage il y a un déclin naturel et inévitable de la structure: surtout au début, mais aussi pendant la saison des pluies l'énergie cinétique élevée des pluies cause une croûte à la surface et un compactage de la couche superficielle du sol. Cette action est plus forte au fur et à mesure que les propriétés mentionnées ci-dessus sont plus prononcées. Il a été constaté déjà que la surface de tels sols est favorable pour le développement des algues, dont la 'natte de filaments' contribue à la permanence de la croûte (partie 3.3.3). En plus les filaments morts font que la surface devient hydrophobe, donc difficile à mouiller. Ceci explique le ruissellement de petites pluies.

A côté du déclin naturel de la structure il y a en même temps une régénération naturelle par plusieurs processus. Pendant la saison de croissance il y a un développement de racines, qui est surtout fort dans la couche supérieure du sol. Ces racines utilisent et créent des macropores, qui importent pour l'infiltration d'eau, pour l'échange de gaz, etc. Pendant la saison sèche la croûte à la surface du sol se fendille en se séchant. Dans le sol il y a des termites, des fourmis, etc., qui contribuent beaucoup à la régénération de la porosité, par le transport de paille etc. de la surface en profondeur et par le transport du sol dans l'autre sens. A cause du dernier la rugosité de la surface augmente, ce qu'implique que la capacité de stockage d'eau de la surface augmente. La présence de paille a un même effet, c'est-à-dire la quantité d'eau, qui peut rester comme flaques sur la surface avant que cette eau commence à couler (ruissellement!), augmente.

Mais la rugosité de la surface et la présence de paille jouent encore un deuxième rôle dans la régénération: du matériel de sol transporté par le vent est déposé sur la croûte. Et là où la croûte est couverte de matériel meuble, déposé par le vent ou des termites, la croûte va disparaître: les algues vont mourir et la croûte est détruite par l'action biogène dans le sol.

La structure du sol d'un moment donné et le degré inhérent du ruissellement sont donc déterminés par le bilan des processus naturels du déclin et de la régénération de la structure. Il sera clair que la diminution de la biomasse végétale et le piétinement par l'exploitation favorisent les processus du déclin de la structure, car il y aura moins de protection contre l'action des pluies battantes, plus de compactage et moins d'action biogène. Le résultat est facilement une spirale descendante de dégradation, car, et par la diminution du couvert protecteur du sol, et par des croûtes plus dures et plus étendues, il y aura une diminution de la capacité d'infiltration et donc une augmentation du ruissellement. Gifford et Hawkins (1978) estiment à l'aide de leur modèle pour le rapport exploitation/infiltration, que la capacité d'infiltration des pâturages intensivement exploités n'est que la moitié de celle sans exploitation. Mais une telle diminution de la capacité d'infiltration peut avoir lieu déjà après 3 mois, donc une seule saison au Sahel. Les auteurs cités signalent qu'il faut après une période de repos de 2 à plus de 13 ans pour le rétablissement de la capacité d'infiltration initiale. Sans un tel repos il y aura une diminution de la disponibilité d'eau, donc moins de biomasse entre autres par le remplacement des espèces de la zone par des espèces à un cycle plus court. Ainsi la balance entre les processus de dégradation et de régénération risque d'être perturbée encore plus l'année suivante. Ceci peut continuer jusqu'il y a des sols colmatés qui restent nus toute l'année. Même si de tels sols contiennent assez d'eau en pleine saison des pluies ils restent nus par un manque de semences; les graines ne s'attachent plus à la croûte de plus en plus dûre pendant la saison sèche. Il existe une controverse concernant la raison du durcissement, mais Leprun (1978) par exemple constate une aggrégation entre l'argile et le fer à la suite des températures élevées à la surface du sol.

La dégradation suivant la spirale descendante décrite est initiée par une exploitation qui fait diminuer la biomasse protectrice en dessous d'un seuil minimal, dont l'hauteur dépendra de la sensibilité du sol et de la pluviosité. Ce seuil est de l'ordre de 2.500 kg ha^{-1} à la limite sud du Sahel pour les sols les plus sensibles. Ce sont surtout les sols de l'ensemble détrique sur grès ou latérite et certains éléments de l'ensemble fluviatile ou lacustre (partie 3.3.2). Des exemples du dernier sont au ranch de Niono les sols S1 et L (sable limoneux et limon sablonneux, partie 3.3.3). Sur S1 par exemple, on observe un ruissellement minimal de 20% aux endroits touffus à 400 g m^{-2} de matière sèche ou plus. A la biomasse moyenne de 150 g m^{-2} c'est déjà 40%, et aux endroits nus le ruissellement est de 60%. Des observations indiquent qu'une biomasse de 2.000 kg ha^{-1} est nécessaire sur de tels sols à une pluviosité moyenne de 500 mm an^{-1} pour protéger la surface suffisamment contre les processus de dégradation pour maintenir un équilibre. Le tableau 6.4.4 pourrait indiquer que la biomasse protectrice sera au moins 1.600 kg ha^{-1} à l'isohyète de 400 mm et 700 kg ha^{-1} à l'isohyète de 250 mm. La biomasse moyenne sans exploitation a été inférieure déjà pendant les années du projet. Donc les pâturages sur de tels sols ne peuvent pas être exploités sans aggraver la situation. Même sans exploitation apparaissent des taches nues, d'une telle étendue que des endroits couverts peuvent maintenir la biomasse protectrice minimale de 200 g m^{-2} de matière sèche, grâce à l'eau de ruissellement des taches nues. La partie sur le substrat et la physionomie de la végétation avertisse que pour le gradient de pluviosité du sud au nord la diminution de la zone couverte et sa biomasse ne sont pas proportionnelles à la diminution de la pluviosité moyenne, mais progressives (tableau 6.4.4). Une même progression de la diminution semble se présenter avec la durée et/ou l'intensité d'exploitation, par l'influence cynérgétique des processus en cause.

Les seuils mentionnés de la biomasse protectrice sont tels que la croissance moyenne annuelle sait à peine réaliser le couvert nécessaire. Ce qui veut dire qu'aucune exploitation des sols les plus sensibles n'est possible, sans initier la spirale descendante de la dégradation. La vitesse de la dégradation dépend d'une part de l'intensité d'exploitation, de d'autre part surtout de la pente du terrain. Elle sera relativement lente pour des terrains plats, où de nombreuses microdépressions profitent de l'augmentation du ruissellement: leur écoulement cause une stimulation de la croissance sur place qui limite temporairement la diminution globale de la production annuelle.

Mobilisation du sol Insensible à la forme de dégradation décrite ci-dessus est le sable grossier. Sa capacité d'infiltration reste bonne malgré broutage et piétinement. Pourtant l'exploitation cause aussi sur ces substrats des zones nues et quasi désertiques. Mais le sol y reste meuble et des semences apportées par le vent peuvent en principe bien germer. Mais l'exploitation continue y laisse peu de possibilités pour la végétation de s'installer et de se développer, et le vent fait le reste.

Cette forme de dégradation est beaucoup moins générale au Sahel que la première. Hormis l'environnement direct des villages et des points d'eau ce n'est qu'au nord de l'isohyète de 300 mm que l'on rencontre parfois une dune à crête nue. Mais elles restent rares jusqu'à l'isohyète de 150 mm. Une strate herbacée à une biomasse aérienne ayant une moyenne maximale de 300-400 kg ha^{-1} de matière sèche suffit donc pour protéger le sable suffisamment contre l'action du vent. On indique 'maximale', car cette quantité n'est présente qu'en septembre et par des pertes et de l'exploitation pendant la saison sèche la biomasse peut diminuer jusqu'à un niveau de 10-15%! On indique 'moyenne', car il y aura des années dans cette région sans aucune pluie efficace. Malgré de telles années et malgré le dénuement pendant la saison sèche la situation pour la végétation ne dégrade pas, et des crêtes nues rares ne s'étendent pas dans la zone. L'environnement des habitations permanentes fait exception. Pour eux le problème devient général au nord de l'isohyète de 300 mm, où la biomasse à la germination est inférieure au besoin journalier des troupeaux concentrés aux alentours du puits à la fin de la saison sèche. Un puits fournira en moyenne l'eau pour 500 UBT (Unité de Bétail Tropical, qui auront besoin de 3.000 kg de matière sèche $jour^{-1}$. C'est le stock semencier maximal de 30 ha à peu près sous l'isohyète de 300 mm, 45 ha à 200 mm et 150 ha à 100 mm. C'est-à-dire que le troupeau d'un seul puits peut empêcher le développement d'une végétation d'un halo à un rayon de 300 au minimum, 400 et 700 m sous l'isohyète de 300, 200 et 100 mm.

Erosion Les 2 formes de dégradation des pâturages, par lesquelles l'élevage mine sa ressource d'existence directement, mènent aussi à une stimulation d'érosion.

Le déclin de la structure risque de faire augmenter l'érosion hydrique, par l'augmentation du ruissellement. L'importance du phénomène est liée à la géomorphologie du terrain. Trois types de terrain ont été différenciés dans la partie 6.4.2.2, des terrains plats avec un relief négligeable, des terrains avec un relief irrégulier et ceux avec une pente régulière en valeur et en orientation. Le risque d'érosion hydrique augmente avec la pente. C'est dans le dernier cas qu'elle cause une véritable perte de sol de la région, là où il y a question d'un réseau de drainage étendu. L'eau de ruissellement se concentre dans des oueds qui mènent à des fleuves. Pour le vrai Sahel ce type de ruissellement est relativement peu important, c'est le ruissellement des 2 premières formes de terrain, qui domine. L'eau se déplace localement vers des dépressions, où il y a oui ou non des mares temporaires. Il s'agit des zones fermées dans le sens hydrologique. Les oueds n'y sont pas nombreux et l'érosion hydrique reste limitée. Le déclin de la structure n'augmente pas facilement l'érosion hydrique, car la croûte qui cause une augmentation du ruissellement, protège en même temps le sol contre l'érosion. Plus sérieux est vraisemblablement le problème pour la stimulation du ruissellement des zones à un réseau de drainage, car il s'agit des régions avec des sols peu profonds sur du grès ou du latérite, ou des régions très accidentées.

L'érosion par le vent est surtout d'importance pour l'autre forme de la dégradation, celle de la mobilisation sur le sable grossier. Elle est entremêlée avec l'exploitation pour cette dégradation et en tant que tel déjà traitée. Mais aussi en dehors des zones quasi désertiques on observe surtout au début de la saison de pluie que l'air peut contenir beaucoup de poussière. Pour une bonne part il s'agit du matériel assez grossier qui en réalité n'est déplacé que localement: le vent le dépose aux endroits touffus, aux alentours de bois mort, etc. Jusqu'à un certain degré les particules fines sont protégées contre l'action du vent par (l'incorporation dans) la croûte. Ce qui fait que la conclusion que l'érosion ne cause qu'un remaniement local du sol des pâturages, peut être différente pour l'agriculture et pour le Sahara (Morales, 1977).

6.6.4.2 Epuisement chimique du sol

Rôle théorique de l'exploitation Le chapitre précédent souligne à plusieurs occasions la limitation de la production primaire par la disponibilité restreinte de N et de P et le rôle de l'exploitation dans cette disponibilité a été signalé. Il s'agit surtout d'un déplacement de ces éléments, absorbés par l'herbe broûtée par le bétail. C'est un déplacement des pâturages où les animaux pâturent, aux endroits de repos (des campements, des parcs) et aux trajets fréquentés (pistes aux puits et villages, pistes de migrations). La conséquence est un épuisement lent mais continu des zones étendues, où le manque des éléments cités limite déjà souvent la croissance de l'herbe, et un enrichissement des endroits restreints. L'exploitation cause donc une répartition hétérogène des éléments nutritifs. En exploitant les pâturages par fauchage, sans tout l'effort de redistribuer la fumure, la même situation se présente encore plus rapidement.

L'exploitation comme cause de la répartition hétérogène des éléments nutritifs est d'une plus grande importance pour le moment que l'exportation de ces éléments hors de l'écosystème par la vente des animaux et des produits d'élevage ailleurs. Un troupeau de par exemple 100 UBT avale avec sa nourriture de l'orde de 2.750 kg an^{-1} de N. De cette quantité seulement 5% est transformé en protéines animales, la moitié de ce qui reste se volatilise, presque 30% retombe là où les animaux broutent et presque 20% est déplacé comme décrit. Pour le P la quantité déplacée est 0,20 de celle de N, donc 100 kg an^{-1} (sa concentration dans l'herbe est 0,10 de celle de N, mais il n'y a pas de volatilisation). A une vente probable de 10 UBT an^{-1} du troupeau de 100 UBT en dehors de la zone, l'écosystème perd seulement 65 kg an^{-1} de N et moins de 10 kg an^{-1} de P vu le taux de N et de P du bétail. Pour le N, le déplacement est donc environ 8x plus important que l'exportation, pour le P même plus de 10x.

Pour bien comprendre ce qui se passe il importe de distinguer encore les éléments. On se limite aux 2 éléments les plus importants, N et P. La fig. 5.3.1 montre que le bilan de N de l'écosystème pâturage est ouvert: il y a un apport de N de l'extérieur et des pertes. L'exploitation influence les 2 groupes de processus à côté du déplacement mentionné. La fixation par la stimulation de certaines légumineuses n'est d'importance qu'aux endroits surpâturés (partie 6.2), la volatilisation à partir des déchets est générale. On a estimé qu'en moyenne 50% du N excrété par les animaux retourne dans le sol, et 50% se perd comme NH_3 à l'air. En réalité le rapport N-récirculé/N-perdu peut varier de 3:1 jusqu'à 1:2 selon la condition de la surface du sol (partie 5.3.4.1). Sans tenir compte de l'influence locale du bétail sur l'apport de N, on a argumenté dans la partie 5.6 qu'il est raisonnable d'admettre un bilan de N en équilibre à chaque intensité d'exploitation. C'est-à-dire qu'en moyenne la minéralisation et l'immobilisation de l'azote sont pareilles et le total des pertes de N est égal au total du N qui entre dans le système.

Toute différente est la situation pour le P: A une exploitation il n'est pas question d'un bilan en équilibre (partie 5.4.3), mais il y a seulement un quasi-équilibre qui s'installe à un niveau d'exploitation constante. Ceci par le fait que l'apport de P est négligeable, tandis que l'exploitation cause toujours le déplacement de l'élément signalé. Aux endroits à un appauvrissement continu l'épuisement de P conduit finalement à une situation dans laquelle le pourcentage de P dans la végétation garde sa valeur minimale pendant toute la croissance (partie 5.6.4).

Situation au terrain Il est difficile de juger le degré d'épuisement du sol par la détermination du taux de N et de P du sol. Il est vrai qu'on constate l'enrichissement du sol par le bétail en s'approchant des villages (tableau 5.4.2), mais il est rare de trouver un rapport direct entre la disponibilité de N et de P pour la végétation et leurs quantités dans le sol. Ceci par le fait qu'une grande fraction de ces éléments est presque inerte. C'est pour cela qu'il a été suggéré de déduire la disponibilité de la quantité absorbée par les plantes (parties 5.3.1 et 5.4.4).

On estime que l'exploitation annuelle de 20% de la biomasse totale au ranch de Niono au cours de 30 ans a causé une diminution du P-total de la couche supérieure du sol de 6-7 kg ha^{-1} (partie 5.4.3). La conséquence est une différence nette entre la richesse de la végétation en N et en P tout près des points d'abreuvement et celle plus éloignée. Le tableau 6.6.3 est un exemple: la quantité de N et de P dans la strate herbacée a plus que doublé dans une zone à un rayon d'un kilomètre d'un point d'abreuvement. La végétation ne profite pas de cette augmentation de la disponibilité des éléments limitatifs, car la biomasse est relativement basse. La raison est la composition floristique (domination des espèces C_3, partie 6.6.4.3) et la diminution du recouvrement (partie 6.6.4.1).

Même si la végétation disparaît complètement à la suite d'une surexploitation, le P apporté par les déchets du bétail reste disponible dans le sol. Une végétation installée sur un sol nu par labour et semis pouvait absorber 2 kg ha^{-1} pendant 2 années successives,

Tableau 6.6.3. La productivité et la quantité de N et de P de la biomasse aérienne des pâturages tout près et loin d'un point d'abreuvement au ranch de Niono (à Saberi Haedi, in 1977).

Distance du point d'abreuvement		0-1 km	1-3 km
biomasse	(kg ha^{-1})	1.700	2.000
N	(kg ha^{-1})	40	18
P	(kg ha^{-1})	2,0	0,9

Table 6.6.3. Productivity and the amount of N and P in the aerial biomass of pastures very near and far from a watering place on the Niono ranch (at Saberi Haedi in 1977).

la même quantité que dans l'exemple du tableau 6.6.3 (voir partie 8.6).

Pour montrer que de telles observations ne sont pas accidentelles un des autres cas étudiés est encore présenté par le tableau 6.6.4. Il s'agit d'un paysage d'ermes et de fourrés vers Sokolo (au Mali pluviosité moyenne 500 mm an^{-1}). Les 2 sites ont été suivis pendant 4 années. Un se trouve sur le bourtol de Diafarabé, une route principale de la migration transhumante, utilisée par dizaines de milliers d'animaux. L'autre se trouve à une distance de 5 km du bourtol et l'exploitation y est négligeable. Le sol des 2 sites est limoneux à argileux, les fourrés occupent des dépressions faibles.

En comparant les fourrés on constate à nouveau que la quantité de N et de P dans la biomasse a doublé par l'exploitation. Cela n'a pas causé une biomasse plus élevée et en conséquence il y a une augmentation considérable de la qualité. Sur l'erme la situation est différente: il est possible que le sol y soit enrichi, mais le recouvrement de la végétation est si bas qu'elle ne sait pas profiter de cet enrichissement. Le ruissellement de l'erme vers le fourré est le plus fort pour la zone exploitée, ce qui fait que la disponibilité d'eau en rapport avec la disponibilité de N et de P est telle que le taux de N et de P dans l'herbe est bien supérieur à celui de l'erme non-exploitée.

Le trajet nord-sud peut donner une impression d'une coupe transversale du Sahel. La quantité de N et de P dans le sol ne change pas de façon significative entre les isohyètes de 150 à 1.000 mm (fig. 3.3.7 et 3.3.8). Mais la biomasse augmente sur le même trajet de 500 à 5.000 kg ha^{-1}, la quantité de P absorbée annuellement de 0,2 à 2,0 kg ha^{-1} et la quantité de N de 2 à 20 kg ha^{-1} (partie 6.3). Ce n'est qu'aux endroits fréquentés par le bétail que l'on observe des quantités absorbées bien plus élevées. Ceci a été présenté par la fig. 6.3.6, qui montre aussi que la distribution de la disponibilité de P est bien plus hétérogène que celle de N. En d'autres termes, l'influence de l'exploitation se fait sentir le plus pour le P. Il a été estimé que la fraction totale de N de la strate herbacée qui est perdue annuellement est de 50-60% (biomasse aérienne), la fraction perdue par l'élevage serait 3-10% (tableau 6.3.1). L'utilisation de la formule 5.6.4, en supposant une situation d'équilibre, donne une production annuelle théorique au trajet qui n'a

Tableau 6.6.4. Influence de l'exploitation sur la disponibilité moyenne de N et de P pour la strate herbacée d'un paysage à ermes et fourrés sous l'isohyète de 500 mm (la situation au début d'octobre de 1976 à 1978; pluviosité annuelle respectivement 480, 350 et 530 mm).

		Exploitation négligeable		Exploitation très intensive	
		erme	fourré	erme	fourré
biomasse	(kg ha^{-1})	1.600	2.700	600	2.200
N	(kg ha^{-1})	10	12	5	23
	(%)	0,7	0,5	1,3	0,9
P	(kg ha^{-1})	1,0	1,5	0,3	4,3
	(%)	0,06	0,06	0,08	0,18

Table 6.6.4. Influence of exploitation on the mean availability of N and of P for the herbaceous stratum of a landscape of open rangeland and thickets under the 500 mm isohyet (the situation at the beginning of October 1976 to 1978: annual rainfall respectively 480 mm, 350 mm and 530 mm).

pas été contredite par les observations de 6 années (fig. 6.3.1).

Il est à signaler que la disponibilité de N et de P est en général si basse que leur taux moyen dans l'herbe ne suffit pas pour le bétail. Une valeur de 0,2-0,3% de P est considérée comme le minimum. Pour N c'est 1%. Pour les 35 sites, observés pendant 3 ans en fin de septembre, début d'octobre, on n'a trouvé que dans 5% de cas un taux de P au-dessus de 0,2% et dans 50% de cas un taux de N supérieur à 1%.

On pourrait se poser la question si le déficit des éléments des zones appauvries n'est pas équilibré par l'enrichissement des endroits près des points d'eau et des villages. Ce n'est pas le cas, car

- une bonne partie de tels endroits est dénudée, ou
- ils portent une végétation à un haut pourcentage d'espèces pas ou peu appétibles, et
- c'est souvent la nourriture humaine qui profite de l'enrichissement local si le sol permet l'agriculture.

6.6.4.3 Changement de la végétation

Influence indirecte d'exploitation Le changement de la végétation est celui lié à la dégradation de la structure du sol et l'augmentation inhérente du ruissellement. La conséquence a été traitée déjà dans la partie 'le substrat et la végétation' (partie 6.4.4). Sur des sols sensibles à l'exploitation la répartition d'eau est de plus en plus hétérogène. La disponibilité pour les plantes est plus basse pour la majorité de la surface, mais plus élevée à des endroits limités en comparaison avec des zones à infiltration homogène à la même pluviosité. En conséquence les annuelles remplacent les pérennes, et les espèces à germination hétérogène ou lente domineront sur les graminées à germination rapide (processus 1a et 1b de la fig. 4.3.8). Et à côté la végétation devient plus hétérogène en ce qui concerne la longueur du cycle de croissance (partie 6.4.4). Le ruissellement induit des espèces à cycle plus court qu'à une infiltration complète sur des zones étudiées (*Zornia glochidiata, Microchloa indica,* etc.). Mais localement il y a une stimulation des espèces à cycle relativement long par l'écoulement (*Andropogon pseudapricus, Diheteropogon hagerupii,* etc.). Donc les processus 4c et 4a de la fig. 4.3.8 sont stimulés respectivement par le ruissellement et par l'écoulement. A des endroits à écoulement il y aura une percolation d'eau et des espèces ligneuses et les herbacées ne sont plus en compétition pour la même eau. Pour cette raison il y a une augmentation des premières (partie 6.1.3.1). Sous leur ombre il y a de la place pour les espèces sciaphyles (*Pennisetum pedicellatum, Chloris pilosa,* etc.) et là où l'eau stagne sur des sols des bas-fonds dont la surface est dégradée, des espèces hydrophiles s'installent (*Panicum spp., Echinochloa colona, Borreria filifolia,* etc.). Les pérennes herbacées, aussi bien que les arbres et arbustes sont favorisées par la richesse relative en eau des bas-fonds. Mais elles en profitent seulement quand l'exploitation n'est intensive qu'en dehors de la saison de croissance.

Zornia glochidiata occupe une place spéciale aux pâturages exploités au Sahel. C'est l'exemple typique d'une espèce qui profite du ruissellement par sa germination hétérogène et son cycle court. Elle se comporte comme une espèce à germination rapide, lente ou très lente par l'hétérogénéité de son stock semencier. En simulant au ranch des petites pluies peu fréquentes on pouvait éliminer complètement l'espèce à germination rapide *Schoenefeldia gracilis*. Les plantules de *Zornia* mouraient aussi mais il restait suffisamment de semence pour germer quand une pluie plus importante était simulée; *Borreria radiata*, une dicotylédone à germination intermédiaire germait aussi en nombre à ce moment. Cette deuxième génération aussi a été tuée par la sécheresse. Et quand la saison des pluies commençait réellement il n'y avait que *Zornia glochidiata* qui germait encore et cette espèce occupait le terrain (partie 4.3.3.3).

La répartition hétérogène de N et de P à cause de l'exploitation est une autre source de changements de la végétation. On n'a pas pu identifier des espèces typiques des zones en voie d'épuisement, mais il existe plusieurs exemples d'espèces particulières des endroits à un apport de fumure. On les appellent 'nitrophiles'. On a suggéré (partie 4.3.4.1) que ces espèces ne sont pas adaptées à la pauvreté du sol. La présence parmi elles de *Chloris Prieurii* est un avertissement qu'il ne faut pas seulement penser à une 'nitrophilie'. Il pourrait être question aussi de 'phosphophilie', car *Chloris Prieurii* apparaît abondamment sur certains pâturages après l'utilisation de phosphate. Un même parallèle existe pour les légumineuses (partie 6.2): la biomasse du fourré du site exploité intensément du tableau 6.6.3 par exemple contient 12% de légumineuses en moyenne contre 0% pour le site non-exploité.

Le moment d'exploitation n'est pas d'une importance capitale aux processus de l'influence indirecte de l'exploitation sur la végétation: les types d'espèces favorisées sont comme indiqués par une exploitation d'hivernage aussi bien que pour celle de la saison sèche. Mais quelles espèces on trouve à un endroit donné dépendra du mode et du moment d'exploitation. Ce sont des espèces non- ou peu appétibles qui vont dominer à une exploitation intense de la saison de croissance (mais l'appétibilité n'est pas identique pour tous les types de bétail). Quand la pression du bétail est haute dès les premières pluies, des espèces à germination hétérogène ou lente sont favorisées.

Influence directe de l'exploitation Le moment d'exploitation est de la plus haute importance pour l'influence directe du broutage. On ne peut empêcher les espèces de se réproduire que par une exploitation intense au cours de la croissance; hormis des espèces comme *Blepharis linariifolia* il y a suffisamment de graines qui échappent à la pâture de la saison sèche. C'est seulement aux alentours des habitations permanentes et aux puits de l'hivernage que la végétation change sous les dents du bétail. Et ceci sur des sols à une bonne capacité d'infiltration, car ailleurs la stimulation du ruissellement est un facteur beaucoup plus important. L'exploitation opprime d'abord les espèces à germination rapide, car le besoin du bétail aux premières pluies est élevé en comparaison avec la quantité de plantules. Donc les espèces à germination lente formeront la biomasse de la végétation qui s'installe. Mais elles sont encore menacées quand elles sont appétées ou quand leur cycle végétatif est long. Une réponse aux 2 risques donne une espèce comme *Tribulis terrestris*, qui germe toute l'année, qui a un cycle très court et qui ne peut plus être broutée dès la fructification. *Cenchrus biflorus* a des propriétés comparables, mais son cycle est plus long. Aussi voit-on au nord des villages et des puits entourés de *Tribulis terrestris*, avec à l'extérieur un anneau de *Cenchrus biflorus*.

Donc finalement l'exploitation stimule indirectement (augmentation du ruissellement)

Tableau 6.6.5. Influence de l'exploitation sur la végétation en rapport avec le substrat et le moment de l'exploitation.

Intensité d'exploitation	Substrat	Moment d'exploitation	Importance des espèces et leurs caractéristiques				
			ligneux	herbacées annuelles			
				germination	longueur de cycle	photosynthèse dominante	appétibilité
non- ou peu exploité	-	-	espèces et importance liées à la pluviosité	rapide et homogène	aussi longue que possible vu la pluviosité moyenne	C_4	bonne
exploitation intensive	sable à bonne infiltration	hivernage	importance augmente; épineux dominent	lente et hétérogène	courte	C_3	moindre
		saison sèche	importance des espèces appétissantes diminue	rapide et homogène	aussi longue que possible vu la pluviosité moyenne	C_4	bonne
	sols à formation de croûtes	hivernage	importance augmente beaucoup; les épineux et espèces non-appétissantes dominent	lente et hétérogène	courte	C_3	moindre
		saison sèche		rapide et lente, homogène et hétérogène	en moyenne plus courte, mais fraction plus longue	C_3	bonne

Table 6.6.5. Influence of exploitation on the vegetation with regard to the substrate and the time of the exploitation.

et directement des espèces à germination lente ou hétérogène et à cycle court. Mais l'influence indirecte est répandue sur l'ensemble des pâturages ayant des sols avec une faible capacité d'infiltration, tandis que le risque qu'une espèce ne produit pas de semence à cause du broutage se limite à des endroits restreints des sols à bonne infiltration. Ce dernier par la liberté relative du bétail et l'abondance relative de fourrage à la fructification.

Une exploitation intensive d'un terrain clôturé est beaucoup plus risquée et la même chose est valable pour le fauchage. Aux annuelles on peut s'attendre à des changements importants dans ces cas. L'appétibilité dirigera les premiers changements, la possibilité de régénération et l'hétérogénéité de la germination détermineront quelles espèces résistent à un fauchage fréquent.

Il y a un deuxième phénomène produit par l'influence directe et indirecte de l'exploitation, notamment la stimulation d'arbres et d'arbustes. Mais aussi pour cela le processus est différent dans les 2 cas. On a traité ci-dessus l'augmentation de la disponibilité d'eau pour les ligneux aux endroits d'écoulement, l'eau s'y infiltre à des profondeurs où elle est inaccessible aux herbacées. Ceci est impossible sur les sols à une bonne infiltration homogène. Mais l'exploitation de la strate herbacée pendant la saison des pluies peut être si intense qu'elle utilise si peu d'eau que la fraction disponible pour les ligneux augmente considérablement. C'est ainsi que l'on observe dans la partie nord du Sahel des concentrations d'épineux aux alentours des villages des zones dunaires.

Pour terminer on résume les changements de la végétation par le tableau 6.6.5. Le résultat global est un renforcement de la conséquence de la dégradation et de l'épuisement du sol, une diminution de la production, à cause de la stimulation des espèces à germination lente et hétérogène, à cycle court et souvent avec une photosynthèse du type C_3. Cette diminution de la productivité est accompagnée d'une augmentation du taux de N et de P, dont le bénéfice est limité par l'appétibilité des espèces en question. Le bilan total sera donc négatif pour le bétail à long terme car la qualité de l'herbe diminue par l'épuisement du sol.

6.6.5 Capacité de charge

6.6.5.1 Aperçu de la complexité de la notion

Beaucoup des personnes et organismes qui s'occupent de l'évaluation de la valeur des pâturages sahéliens font recours aux expériences des chercheurs de l'Institut d'Elevage et de Médecine Vétérinaire des Pays Tropicaux. Ils se basent sur la définition dans le manuel de l'Institut: 'la capacité de charge d'un pâturage est la quantité de bétail que peut supporter le pâturage sans se détériorer, le bétail devant rester en bon état d'entretien, voire prendre du poids ou produire du lait' (Boudet, 1975). Après avoir déterminé la biomasse herbacée en fin de période active on suppose 1/3 de cette biomasse consommable à l'exemple de Boudet, trop souvent sans les objections du dernier. Boudet lui-même signale sous 'lacunes et besoins immédiats' que 'des essais de charge devraient être systématiquement conduits pour estimer les possibilités exactes de charge et mesurer les réactions des pâturages à diverses intensités de pacage' (Boudet, 1976).

L'avis de faire épargner 2/3 de la biomasse n'est pas fondé théoriquement. C'est plutôt un constat de la pratique: à une exploitation intense le bétail n'arrive pas à consommer plus que 1/3 (Toutain et Lhoste, 1978). Il n'a pas été éprouvé qu'en respectant ce facteur le pâturage ne se détériore pas et le bétail reste en bon état. Et le guide-âne en question ne tient pas compte du fait que la biomasse produite sans exploitation n'égale pas celle avec exploitation.

Vu les chapitres précédents il faut se demander s'il est réellement possible d'exploiter des pâturages sans qu'ils se détériorent. Ceci suggérerait que les facteurs à la base de leur productivité ne seraient pas influencés par l'exploitation, où qu'ils changent jusqu'à ce qu'un certain équilibre s'installe, c'est-à-dire jusqu'à ce que le(s) facteur(s) limitatif(s) ne change(nt) plus. L'existence réelle d'un tel équilibre ne semble possible pour le facteur N (et pour la végétation?) vu la partie 6.6.4. Cela veut dire qu'une exploitation en équilibre avec les possibilités d'un pâturage n'est possible que là où le N domine comme facteur limitatif, et ceci tant que sa position n'est pas prise par un autre facteur. Ce n'est pas seulement la théorie sur la production primaire de ce livre qui s'oppose à l'existence d'un équilibre. Le mythe est aussi miné par la diminution de la production des pâturages à une exploitation extensive partout au monde (Jasiorowski, 1973).

6.6.5.2 La capacité de charge et les facteurs limitatifs

Pour savoir les possibilités d'aujourd'hui des pâturages sahéliens et les changements à prévoir en cas d'exploitation il faut connaître où et dans quelle mesure les facteurs divers déterminent la production de l'herbe. Le schéma de la fig. 6.6.1 en présente un aperçu, se limitant aux facteurs dominants: c'est la disponibilité d'eau en rapport avec celle de N et de P qui détermine la capacité de charge du moment, s'il y a au moins suffisamment de végétation.

Comme indique la fig. 6.6.1, c'est la disponibilité de végétation qui détermine la capacité de charge directement au Sahara (extrême haut de la figure) et localement au Sahel, aux endroits surpâturés (cercles marqués de 'v.' de 'végétation'). Ensuite il y a vers le sud une zone où la disponibilité d'eau est le facteur prépondérant. Cette zone, marquée avec 'eau' dans la figure est séparée d'une ligne fortement courbée de la zone où N et/ou P déterminent la production de la biomasse et donc la capacité de charge. C'est la ligne qui indique une disponibilité annuelle d'eau de 250 mm, une disponibilité déterminée par la pluviosité (axe vertical) et le ruissellement ou l'écoulement (axe horizontal). La zone où la disponibilité d'eau détermine la capacité de charge a comme limite nord la ligne qui indique une disponibilité d'eau de 50 mm. Au sud de la ligne de la disponibilité d'eau de 250 mm se trouve, comme déjà dit, la zone où N et/ou P déterminent la capacité de charge. Il n'existe pas partout dans cette zone un même déficit des 2 éléments nutritifs, d'où l'ordre des symboles N et P et les dimensions: la première place et un grand symbole indique le plus grand déficit.

La superficie des zones distinguées, comme présentée par la fig. 6.6.1, ne dit rien de la superficie dans la réalité du Sahel. Elle dépendra de la distance entre les iso-

Fig. 6.6.1. La disponibilité d'eau, déterminée par la pluviosité annuelle moyenne et le degré d'infiltration, comme critère pour le facteur dominant de la capacité de charge d'aujourd'hui des pâturages, notamment N, P, l'eau ou la végétation (v.), avec une indication des changements à prévoir (⇐ dégradation physique du sol; ⟹ épuisement chimique du sol; ⟶ destruction de la végétation). Voir aussi le texte pour l'explication.

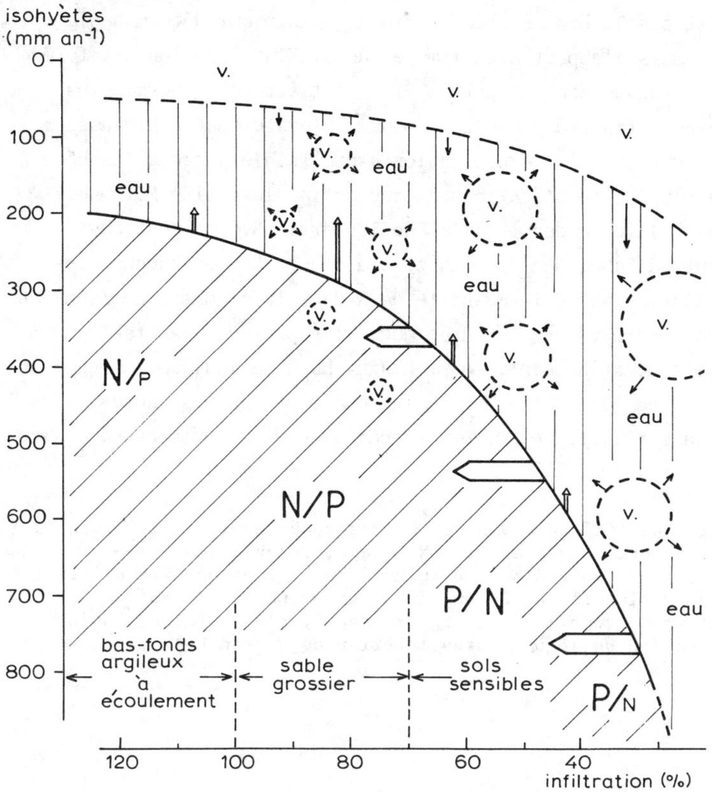

Table 6.6.1. The availability of water, determined by the mean annual rainfall and the degree of infiltration as a criterium for the factor dominating the present-day carrying capacity of the pastures, notably N, P, water or the vegetation (v.), with an indication of the changes forecasted (⇐ physical degradation of the soil; ⟹ chemical exhaustion of the soil; ⟶ destruction of the vegetation). See also the text for explanation.

hyètes, du rapport entre les superficies occupées par les substrats indiqués et du degré de la dégradation des sols. Et ceci signifie donc en même temps que la superficie de chaque zone ne forme pas une donnée fixe, les limites bougent sous l'influence de l'exploitation. Cela a été indiqué par les flèches dans la figure. Ces flèches sont plus larges et plus longues au fur et à mesure que le risque des processus déterminants est plus élevé. Chacun des facteurs qui peuvent être à la base de la capacité de charge sera traité dans la suite, en précisant où et comment il faut tenir compte d'eux pour la détermination de la capacité de charge.

Azote La disponibilité de N du sol détermine souvent la quantité de biomasse produite, s'il y a au moins 250 mm d'eau qui infiltre pendant la saison des pluies (voir partie

4.1.2). A chaque intensité d'exploitation s'installe théoriquement un équilibre à une production d'herbe moyenne constante. La théorie de la partie 5.6 permet de calculer la quantité de N à extraire au maximum annuellement de l'écosystème dans ce cas. Il dépendra de l'efficacité de l'élevage quelle quantité de protéines animales peut être produite avec ce N (chapitre 9). Ce n'est pas la biomasse de la fin de saison qui détermine la capacité de charge dans ce cas, mais l'apport annuel moyen du N. L'utilisation des formules de la partie 5.6, qui sera précisée dans la partie 9.2, doit être en général plus exacte pour l'évaluation de la potentialité d'une zone pour l'élevage que la biomasse d'une année quelconque. Et ceci surtout si l'exploitation a été faible jusqu'à l'année d'évaluation et aussi quand la pluviosité s'écarte beaucoup de la pluviosité moyenne.

Les valeurs des paramètres à la base des formules de la partie 5.6 ne sont pas nécessairement les mêmes partout au Sahel que dans la zone d'étude. La conséquence des différences serait une autre relation entre la quantité de N dans la biomasse aérienne et la fraction de cette quantité qui se perd chaque année que celle présentée au tableau 5.6.1. La fig. 6.6.2 l'illustre schématiquement. Le prochain chapitre indique comment prospecter des différences entre une zone à évaluer et la zone d'étude. Des causes principales de différences seront la fertilité de sol et l'importance de légumineuses.

Fig. 6.6.2. La relation entre la quantité de N dans la biomasse aérienne en floraison (N_b) et la fraction (f) de ce N qui se perd chaque année. (N_i = apport annuel de N; —— = ranch de Niono, N_i = 4,8 kg ha^{-1} an^{-1}; --- = zone à N_i = 8 kg ha^{-1} an^{-1}, c'est-à-dire pluviosité >500 mm, ou une disponibilité de P plus élevée qu'au ranch, et/ou une contribution de légumineuses à la biomasse >5%; ····= zone à N_i = 3 kg ha^{-1} an^{-1}, c'est-à-dire pluviosité, disponibilité de P et/ou contribution de légumineuses inférieures au ranch.)

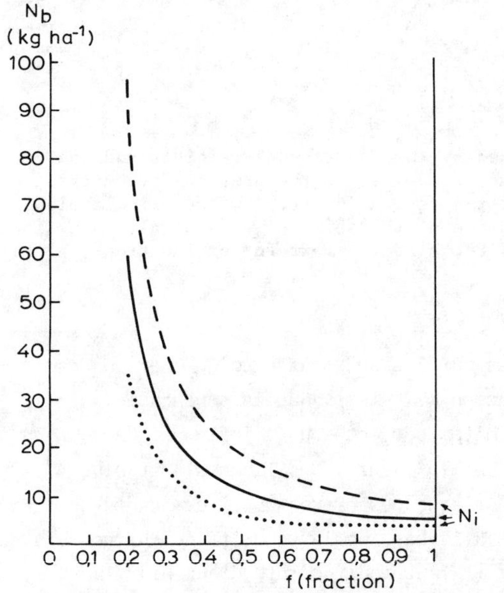

Fig. 6.6.2. The relation between the quantity of N in the aerial biomasse at flowering (N_b) and the fraction (f) of this N that is lost every year. (N_i = annual supply of N; —— = Niono ranch, N_i = 4.8 kg ha^{-1} yr^{-1}; --- = zone at N_i = 8 kg ha^{-1} yr^{-1}, i.e. rainfall >500 mm or a greater availability of P than at the ranch, and/or a contribution of >5% of legumes to the biomass; ····= zone at N_i = 3 kg ha^{-1} yr^{-1}, i.e rainfall, availability of P and/or contribution of legumes are inferior to those on the ranch.)

Il ne suffit pas de connaître la quantité de N à extraire au maximum par hectare et par an, il faut aussi savoir quelle fraction le bétail peut s'approprier réellement. Cette fraction dépendra des pertes de N (20-50% sans exploitation, voir tableau 6.3.1), du moment de l'exploitation, de la qualité moyenne de la biomasse, et surtout de la répartition de qualité et sa baisse au cours de l'année. Ceci par le fait que le N limite la croissance, le taux de N sera donc $\leq 1\%$ à partir de la floraison (partie 5.2.2). La quantité d'herbe ingérée diminue proportionnellement au taux de N en dessous d'une valeur de 1%, la valeur qui suffit justement pour un menu d'entretien (Boudet, 1975). Le bétail fera beaucoup d'effort pour sélectionner une fraction de la biomasse qui a au moins 1% de N et en dehors de la saison de croissance seulement une partie de la biomasse peut être utilisée.

Si l'exploitation se limite à la saison de pluie le bétail n'arrivera pas à obtenir plus que la moitié d'herbe. Le C.I.P.E.A. à Niono signale une perte de 50% de la biomasse à cause de l'exploitation même (Hiernaux, comm. pers.), et par la diminution de la biomasse il y aura une diminution de la vitesse de croissance. En conséquence N_b n'atteindra pas sa valeur théorique vraisemblablement, mais pour une estimation de la limite supérieure de la charge possible on néglige cette complication. En supposant que le bétail obtiendra 50% du N au maximum, il y a une perte de 25% du N à cause d'exploitation car la moitié retourne au sol par les déchets (partie 5.3.4.1). On doit s'attendre à des pertes diverses de 25% du N de la moitié de biomasse qui reste, f_{totale} sera donc 0,25 + 0,125 = 0,37 au minimum. Cela voudrait dire pour une zone à 500 mm de pluie an^{-1}, dans une situation d'équilibre, une quantité de 17 kg ha^{-1} de N dans la biomasse aérienne, dont la moitié sera ingérée au maximum. Cette quantité ingérée dépasse encore l'apport annuel de N, comme montre la fig. 6.6.3.

Pour une exploitation pendant toute l'année, la quantité de N ingérée est théoriquement à peu près égale à l'apport annuel de N, si le bétail arrive à ingérer tout le N non-perdu par d'autres causes (tableau 9.2.2, cas 2). En réalité ceci sera impossible en pratique par un troupeau sédentaire sans nourriture supplémentaire, car son importance ne dépassera pas celle liée au niveau de nutrition le plus bas de l'année, celui de la fin de la saison sèche. Le rapport entre le niveau de nutrition minimal et maximal d'une année a été estimé de diminuer de 0,15 dans le nord de la zone où le N détermine la production primaire à 0,05 dans la savane (fig. 8.1.2 et tableau 8.1.4). Une pareille fraction de la biomasse pourra être ingérée au cours de l'année, dont le taux de N sera cependant de l'ordre de 2x plus grand que la valeur moyenne (Diallo, 1978). Donc la fraction de la quantité de N dans la biomasse aérienne ingérée au maximum par le bétail est de l'ordre de 0,2, la perte réelle de N de l'écosystème par l'élevage 0,1. Les autres pertes estimées à 0,35, on arrive à une situation de f_{totale} égale à 0,45. Ceci veut dire à peu près 13 kg ha^{-1} de N dans la biomasse aérienne, donc $0,2 \times 13 = 2,6$ kg ha^{-1} ingéré par le bétail pour une pluviosité de 500 mm an^{-1} (fig. 6.6.3).

Pour trouver la capacité de charge à partir de ces données on suppose que le menu du bétail a un taux moyen de N de 1,2% (Diallo, 1978). Ceci implique pour l'exploitation pendant la saison des pluies seulement qu'une biomasse de $100/1,2 \times 8,5 = 708$ kg ha^{-1} an^{-1} sera disponible; pour une exploitation de toute l'année $100/1,2 \times 2,6 = 217$ kg ha^{-1} an^{-1}. Cela veut dire à un besoin de matière sèche de 6,25 kg $jour^{-1}$ UBT^{-1} une charge de res-

Fig. 6.6.3. La relation entre la quantité de N dans la biomasse aérienne en floraison (N_b) et la fraction (f) de ce N qui se perd chaque année d'un pâturage à 500 mm an^{-1} et avec 5% de légumineuses, avec l'indication du niveau de N_b sans exploitation, à une exploitation pendant la saison des pluies et durant toute l'année, à une perte de N sans exploitation de 35%. (N_i = apport de N; N_{prot} = N_b de la biomasse protectrice des sols les plus sensibles à l'exploitation; N_{ing} = quantité de N ingérée;
1 - destruction du rapport N_b/f par une diminution de N_b à cause d'une augmentation du ruissellement;
2 - destruction du rapport N_b/f par une augmentation de N_i à cause d'une stimulation des légumineuses et un apport de déchets.)

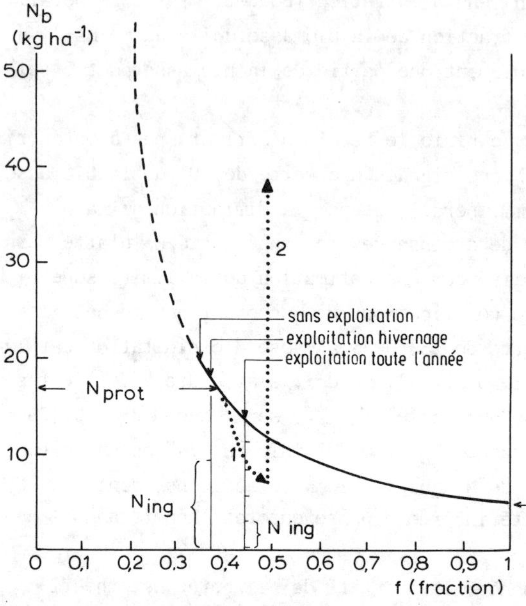

Fig. 6.6.3. The relation between the amount of N in the biomass at flowering (N_b) and the fraction (f) of this N that is lost every year of a pasture at 500 mm yr^{-1} and with 5% of legumes, with the indication of the level of N_b without exploitation, at an exploitation during the rainy season and during the whole year, at a N loss of 35% without exploitation. (N_i = supply of N; N_{prot} = N_b of the protective biomass of the soils most sensitive to exploitation; N_{ing} = amount of ingested N;
1 - destruction of the relation N_b/f by a decrease in N_b resulting from an increase in run off;
2 - destruction of the relation N_b/f by an increase in N_i resulting from the legumes being stimulated and a supply of manure.)

pectivement 0,3 et 0,1 UBT ha^{-1} sous l'isohyète de 500 mm.

Par une combinaison des 2 modes d'exploitation (transhumance plus élevage sédentaire) on pourrait réaliser une intensité d'exploitation qui sera au maximum la somme des intensités séparées. C'est-à-dire le bétail pourrait ingérer à peu près 925 kg ha^{-1}, donc environ 1/3 de la biomasse disponible. C'est ce chiffre qu'on trouvera dans les zones où l'élevage est à la limite de sa possibilité (Toutain et Lhoste, 1978).

Une charge suivant la capacité ainsi estimée permettra une production primaire stable autant que l'exploitation n'influence pas la disponibilité d'eau ni celle de P. La première condition ne peut être réalisée que dans les zones où les sols qui ne sont pas sensibles au piétinement et au broutage. La quantité minimale de biomasse qu'il faut pour protéger les sols les plus sensibles contre une dégradation physique est de 2.000 kg ha^{-1}

(partie 6.6.4.1), donc aucune exploitation n'y est possible si l'on ne veut pas rompre l'équilibre entre exploitation et production. Pour des sols moins sensibles la biomasse protectrice peut être plus faible, mais il n'est pas question d'une fraction de biomasse à protéger contre le bétail, mais d'une quantité absolue. Pour une exploitation pendant la saison des pluies il faut des sols qui sont suffisamment protégés par minimalement 1.000 kg ha^{-1}, pour une exploitation pendant toute l'année des sols suffisamment protégés par 1.250 kg ha^{-1}, pourqu'une exploitation en équilibre puisse exister (vu les valeurs de N_b et de la biomasse ingérée; fig. 6.6.3). Sur des sols plus sensibles l'exploitation provoquera une diminution de la disponibilité d'eau, et bientôt le N n'y sera plus le facteur qui détermine la production primaire. Les valeurs des paramètres de la formule utilisée pour le rapport N_b et f changent et la ligne tracée de la fig. 6.6.3 n'est plus valable. N_i peut diminuer considérablement par une diminution de la biomasse (cas 1) et N_b sera plus bas qu'on s'attendrait à l'intensité d'exploitation. Mais près des points d'eau surtout le contraire se présente, N_i augmente et N_b peut atteindre 40 kg ha^{-1} au lieu de 15-20 kg ha^{-1} comme prévu (cas 2 de la fig. 6.6.3; tableau 6.6.3).

Sur des sols peu sensibles l'équilibre entre la production d'herbe et son exploitation existera jusqu'au moment où P devient le facteur limitatif. Il y a des indications que ceci ne se passe pas facilement dans des bas-fonds argileux à cause de leur richesse relative en P (fig. 3.3.8 et partie 5.4.3). Il y aurait les plus fortes chances pour une carence absolue en P aux sols à beaucoup de ruissellement, par leur richesse relative en N par la présence de la légumineuse *Zornia glochidiata* (partie 6.6.4.3), mais il est question de nouveau des sols sensibles, pour lesquels la dégradation physique est un facteur encore plus important (fig. 6.6.1, flèches larges horizontales).

Phosphore A la disponibilité d'eau déjà signalée pour le N c'est la disponibilité de P qui détermine la croissance si pendant toute la croissance le pourcentage de P dans la végétation garde sa valeur minimale (partie 5.2.4). A partir du moment où ceci est le cas il n'est plus question d'une compensation du manque de P par une augmentation du stock intermédiaire de N (partie 5.6.4).

La biomasse produite dans cette situation est directement liée à la disponibilité de P, ou, plus précisément, de P-organique du sol (partie 5.4.3). En d'autres termes, la capacité de charge peut être déterminée à partir de la biomasse à la fin de saison. Il est cependant bien douteux s'il vaut la peine de calculer une capacité de charge si même au début de la croissance le taux de P ne dépasse pas la valeur minimale exigée pour un bon entretien du bétail. Car la fig. 5.2.5 donne comme taux de P au niveau le plus bas 0,15-0,20% à la germination et ce taux baisse rapidement à 0,05-0,1%, tandis qu'il faut au moins 0,2% pour le bétail.

Au ranch on est proche d'une croissance dictée par P sur certains sols. La quantité la plus basse de P-organique trouvée y est 35 kg ha^{-1}, la biomasse aérienne à produire est 35/0,06 = 600 kg ha^{-1} au maximum (partie 5.4.3). En supposant que l'on exploite le pâturage, malgré le taux bas de P, en pleine croissance, on n'obtiendra pas plus de 300 kg ha^{-1} (charge 0,5 UBT ha^{-1} pendant 3 mois). Avec ces 300 kg le bétail ingère 0,3 kg de P, dont la moitié sera transportée aux endroits de repos, donc 0,15 kg ha^{-1}. Sur les 35 kg ha^{-1} de P-organique on peut s'attendre à 2 kg ha^{-1} des formes labiles (partie 5.4.3) et cette quantité diminuera donc avec $0,15/2 \times 100 = 7,5\%$ en exploitant annuellement la moitié de la biomasse. Et la valeur absolue de cette moitié est chaque année plus basse.

Par l'épuisement de P décrit (et par une exploitation à un niveau bas de N si cet élément détermine la production) il y a un déplacement au nord de la ligne qui sépare les zones où N ou P détermine la capacité de charge et celles où l'eau est le facteur clef (fig. 6.6.1). A une même intensité ce phénomène se procure le plus tôt sur des sables grossiers, car aux bas-fonds il y aura un certain apport de minéraux avec l'eau d'écoulement et aux sols sensibles la diminution de la disponibilité d'eau ira plus vite encore que l'épuisement.

Eau L'eau domine comme facteur de croissance quand il y a moins que 250 mm qui s'infiltre pendant la saison des pluies (fig. 6.6.1). C'est le cas au nord de l'isohyète de 300 mm, s'il n'est pas question d'écoulement, et vers le sud aux sols où le ruissellement est d'une certaine importance. La production de l'herbe y est directement liée à la disponibilité d'eau. La biomasse de la fin de saison de croissance est une mesure de la capacité de charge. L'utilisation de l'herbe par le bétail n'est pas limitée, comme dans les cas précédents, par une qualité médiocre (partie 6.3.6). Il y a quand même une différence entre l'intensité avec laquelle on peut exploiter les pâturages pendant les saisons, car la qualité diminue au cours de la croissance et de la saison sèche et il y a des pertes aussi sans exploitation.

Prenons l'exemple d'une biomasse de 750 kg ha^{-1} à la fin de la croissance (environ 200 mm d'eau infiltrée, fig. 6.3.4a). A une consommation apparente qui est la double de la consommation réelle (Hiernaux, comm. pers.), une charge de 0,5 UBT ha^{-1} au maximum est possible si l'exploitation se limite à 2 mois (= août, septembre). Mais à une exploitation de toute l'année c'est la quantité et la qualité de fourrage de juin-juillet qui détermine la charge maximale, et il a été estimé que c'est 20-25% de la biomasse maximale qui peut encore servir comme fourrage à la fin de la saison sèche (fig. 8.1.2, tableau 8.1.4). Donc la capacité de charge de toute l'année se base sur 150-200 kg ha^{-1} de matière sèche (= 0,08 UBT ha^{-1}).

La comparaison de cet exemple avec celui d'une production primaire limitée par le N sous l'isohyète de 500 mm montre que la capacité de charge baisse à peine par la diminution de biomasse de 2.000 kg ha^{-1} à 750 kg ha^{-1}, par l'augmentation notable de la fraction exploitable.

L'intensité d'exploitation calculée ne garantit pas un pâturage en équilibre à une production stable. Si 150-350 kg ha^{-1} an^{-1} est réellement brouté il y a un déplacement de quelques centaines de grammes de P an^{-1}, ce qui cause finalement que cet élément devient le facteur limitatif sur du sable grossier (fig. 6.6.1). Beaucoup plus néfaste sera l'influence sur la structure du sol aux autres substrats: 700 kg ha^{-1} semblent juste suffisants pour protéger les sols sensibles sous l'isohyète de 250 mm, la quantité nécessaire à une pluviosité supérieure monte progressivement (partie 6.6.4.1). Donc la situation se dégrade sans cesse à chaque exploitation: la superficie de la zone où l'eau détermine la production s'agrandit au détriment de celle où N ou P le font (fig. 6.6.1, à droite en bas de la figure), mais elle perd à la superficie de la zone où le recouvrement de la végétation est déterminant. A une exploitation donnée fixe, la spirale descendante de dégradation peut être freinée quand des espèces non-exploitables (ligneuses, épineuses, peu appétissantes, etc.) remplacent progressivement les espèces fourragères. La conséquence en est cependant que la capacité de charge continue à diminuer. Un freinage sans cette diminution est possible, si, à cause de l'irrégularité du terrain, le rapport entre les superficies à écoulement et à ruissellement n'est pas négligeable. La diminution de la disponibilité de fourrage là où il y a du ruissellement y est partiellement compensée par une augmentation là où il y a de l'écoulement (voir exemple du tableau 6.6.4). Des espèces ligneuses jouent un rôle important dans la production des sols des pareils sites, une protection menacée par le besoin en bois de chauffage, par des chèvres et par l'autre bétail s'il s'agit des espèces comme *Pterocarpus lucens*.

Végétation Le recouvrement végétal détermine la production annuelle de plus en plus dans la partie nord du Sahel, en s'approchant du Sahara. La transition à la zone où l'eau est déterminante est floue d'où la ligne interrompue comme limite (fig. 6.6.1). La raison est la variation de l'importance du stock semencier pour la production annuelle (partie 6.3.4). L'irrégularité d'une pluviosité basse est la cause de cette situation. Pour des halos à l'intérieur des autres zones traitées (fig. 6.6.1) c'est l'exploitation qui a causé le manque relatif de végétation (partie 6.6.4.3).

La biomasse à la fin de la saison de croissance est une mesure directe pour la charge maximale possible, comme dans le cas précédent. Cette charge est estimée comme expliqué pour ce cas. La fraction des espèces immangeables peut être encore plus élevée cependant. Plusieures formes d'équilibre entre exploitation et production sont théoriquement possibles (Noy-Meïr, 1975), mais à chaque intensification de l'exploitation il y a une augmentation de la superficie des zones où le recouvrement végétal détermine la capacité de charge (partie 6.6.4.3).

6.6.5.3 Comparaison avec la méthode traditionnelle

La partie précédente décrit une capacité de charge et son estimation qui diffèrent profondément de l'approche traditionnelle avec laquelle le sujet a été introduit au début de la partie 6.6.5.1. Il a été argumenté qu'une intensité d'exploitation notable qui garantit un équilibre avec la production primaire est une fiction. La méthode développée indique comment on peut estimer l'intensité maximale réalisable, et elle indique la diminution de ce maximum à cause de l'exploitation. Cette diminution a lieu aussi à des intensités d'exploitation en dessous du maximum, mais évidemment moins vite. La décision à quelle vitesse on veut épuiser la ressource naturelle des pâturages est une question politique, qui ne diffère pas en principe d'une telle question concernant le pétrol (sauf que, en pratique, les pays sahéliens ont peu de choix). Il faut encore différencier 2 vitesses de diminution. Une qui est très rapide et qui se produit à une augmentation de l'intensité d'exploitation, et l'autre, celle du quasi-équilibre d'une intensité d'exploitation constante. Il est à noter qu'une amélioration de la situation par une période de repos absolu ou relatif, a une vitesse bien plus lente que la première dégradation rapide. Pour une capacité de charge déterminée par le N par exemple c'est 20 ans qu'il faut pour la régénération alors que 2-4 ans suffisent pour la dégradation (partie 5.6.3).

La détermination de la charge maximale décrite est une tentative pour préciser la méthode suggérée par Boudet (1975) pour les cas où des essais de charge ne sont pas réalisables. Elle se base également sur la biomasse en fin de période active, cependant en tenant compte de la disponibilité d'eau, de N et de P. L'avantage qui en résulte est que l'on peut utiliser les observations d'une année à une pluviosité et à une intensité d'exploitation quelconque pour tirer des conclusions concernant une année sèche (meilleure base pour les estimations d'une charge maximale acceptable) et d'autres intensités d'exploitation (chapitre 7).

La méthode a été utilisée pour un transect hypothétique nord-sud réflètant la situation moyenne au Sahel (tableau 6.3.1 et fig. 6.3.1), pour estimer la capacité de charge comme définie pour les systèmes principaux d'élevage. Les résultats, présentés dans la partie 8.1, ne diffèrent pas beaucoup des estimations globales de Boudet (1975) pour une année à une pluviosité normale: 14 ha UBT^{-1} pour le nomadisme dans la partie nord du Sahel, 10 pour l'élevage sédentaire au sud et 6 pour la savane, contre Boudet 15 ha UBT^{-1} pour le Sahel subdésertique, 5-9 ha pour le Sahel type et 2-9 ha pour la bordure sahélo-soudanienne. Cette ressemblance n'est pas étonnante pour une exploitation qui s'approche du maximum théorique, comme est le cas au Sahel, car dans ce cas la biomasse est une mesure directe de la capacité de charge, même si le N détermine la croissance (quasi-équilibre).

Si la capacité de charge d'une année sèche doit guider la politique d'élevage nos estimations sont cependant beaucoup plus basses: 42, 20 et 15 ha UBT^{-1} pour les 3 cas distingués (tableau 8.1.5). Une indication de la précision de nos estimations est donnée par le tableau 6.6.6, qui compare nos chiffres pour une année normale et sèche avec l'occupation réelle des zones climatiques avant et après la sécheresse. Le tableau présente les chiffres estimés par système d'élevage, anticipant sur la partie 8.1, qui diffèrent des chiffres ci-dessus pour la capacité de charge théorique par zone climatique, avec une exploitation pendant toute l'année (= exploitation sédentaire).

La méthode traditionnelle surestime la charge possible surtout pour des zones non-exploitées. Prenons comme exemple une situation à l'isohyète de 400 mm. S'il y a 2 substrats, des dunes sableuses et des pénéplaines limoneuses, on pourrait s'attendre à une

Tableau 6.6.6. La superficie (ha) pour nourrir un UBT pendant une année à pluviosité normale et une année sèche, à une utilisation de l'ensemble de la surface suivant la théorie développée, et l'occupation moyenne des zones climatiques en 1970 et en 1975 suivant F.A.O. (1977).

Système	Superficie nécessaire		Zone climatique	Superficie disponible	
	normale	sèche		1970	1975
nomadisme	14	42	bordure Sahara	33	50
transhumance	3,5	8	Sahel	3,7	6
élevage sédentaire	10	20	savane	16	20

Table 6.6.6. The area (ha) to feed one UBT during one year of normal rainfall and one dry year, at an utilization of the whole of the area according to the theory developed, and a mean occupation of the climatic zones in 1970 and in 1975 according to F.A.O. (1977).

production de respectivement 2.000 et 3.000 kg ha^{-1}. La méthode traditionnelle indiquerait dans ce cas une capacité de charge de 0,29 et 0,44 UBT ha^{-1} à une surestimation de la qualité et en négligeant l'influence de l'exploitation. Une telle charge ne serait pas réalisable pour une utilisation de toute l'année vu la qualité de l'herbe pendant la saison sèche, mais en appliquant une charge 4x plus élevée pour les 3 mois d'hivernage seulement, on provoquerait en quelques années une situation à 1.700 kg ha^{-1} sur le sable et 1.300 sur le limon (fig. 6.3.1a) à une charge maximale de 0,07 UBT ha^{-1} sur le sable et sur le limon dans une année normale (suivant nos estimations). Dans une année sèche (chance de 10%) la biomasse serait respectivement 800 et 600 kg ha^{-1} sur le sable et le limon, mais la charge maximale serait encore 0,07 UBT ha^{-1} sur le sable et à peu près 0,06 pour le limon. Nous ne nous faisons pas d'illusion que ces estimations se vantent de précision, tout au contraire. Mais nous voulons souligner avec ces chiffres les conséquences profondes de l'analyse de la production primaire de ce livre pour la gestion des pâturages:

- une biomasse plus basse ne signifie pas nécessairement une capacité de charge plus basse si le manque de N et de P a limité la production élevée alors que l'eau a dominé la production inférieure, à cause de la qualité supérieure de la dernière;
- une année sèche peut signifier que N et P sont remplacés par de l'eau comme facteur qui domine la production de l'année, et la capacité de charge égale celle d'une année normale;
- malgré ce fait une année sèche est néfaste pour des troupeaux qui exploitent les pâturages à une intensité qui s'approche du maximum. Car l'importance du gros des troupeaux dépend de l'offre de fourrage en fin de la saison sèche à la bordure de la savane ou dans les plaines d'inondation (Breman, 1975). La disponibilité d'eau, même d'une année sèche, y est telle que N et P déterminent toujours la production. Ce qui n'empêche pas que la production totale et la fraction utilisable fluctuent avec la pluviosité, car elle détermine si le N et le P présents deviennent réellement disponibles pour les plantes. Donc la quantité de fourrage d'entretien de la saison sèche (repousses!) est proportionnelle à la pluviosité. La même chose est valable pour les troupeaux nomade du Nord. Leur importance est déterminée par le nombre de points d'eau à la fin de la saison sèche et la disponibilité de fourrage aux alentours. Les 2 diminuent par la sécheresse.

La fig. 6.6.4 schématise ce qui précède pour un trajet nord-sud, pour un sol à infiltration de 100% et un autre à 60% d'infiltration. La capacité de charge y présentée est celle d'une utilisation des pâturages de toute l'année. Les estimations suggèrent une capacité de charge constante qui ne change pas de façon signicative pour une biomasse de 750 à 1.750 kg ha^{-1}, à la fertilité moyenne des sols de la zone d'étude (14 ha UBT^{-1}). La capacité de charge sera plus basse encore que celle estimée si une fraction de la biomasse est non-appétissante ou non-accessible et que du P ou de la végétation déterminent la production annuelle. Elle sera 2-3x plus élevée dans le Sud si l'on accepte de grandes pertes de poids pendant la saison sèche, car les calculs se basent sur une ration de 6,25 kg de matière sèche à 1% de N au moins.

La méthode d'évaluation suggérée ici essaie d'éviter de se faire tromper par des biomasses sans qualité, ce qui donne régulièrement une surestimation des potentialités des zones dunaires et du Sud pluvieux. Pour souligner qu'il ne s'agit pas d'une théorie qui doit être éprouvée d'abord partout par des essais de charge, on termine en ajoutant

Fig. 6.6.4. La production herbacée annuelle (I) et la capacité de charge (II) d'une année à pluviosité normale (——) et d'une année sèche (---) pour des sols à une infiltration complète (cas a) et pour une infiltration de 60% (cas b), si du N ou de l'eau détermine la production annuelle.

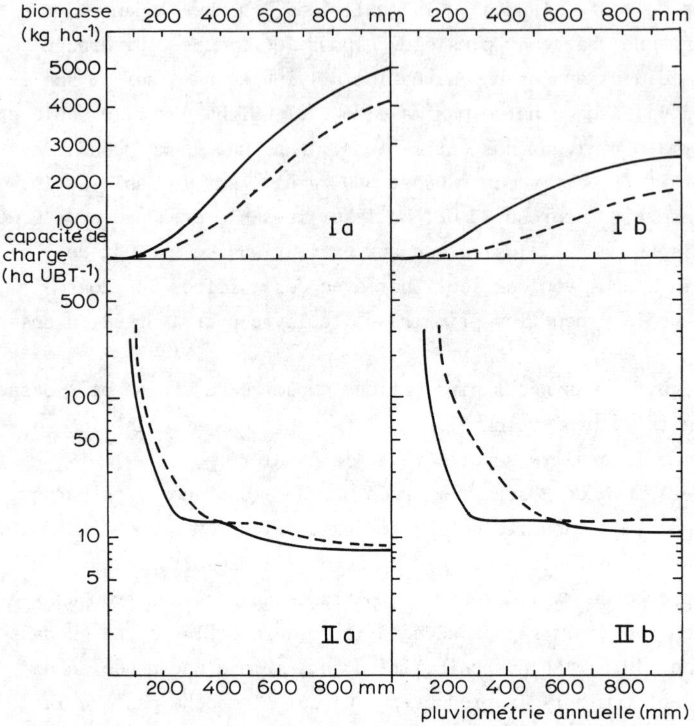

Fig. 6.6.4. Annual herbaceous production (I) and the carrying capacity (II) of a year with normal rainfall (——) and of a dry year (---) for soils with total infiltration (case a) and for an infiltration of 60% (case b), if the N or the water determines the annual production.

quelques arguments de la pratique d'élevage au Sahel aux analyses de la production primaire de ce livre:

- l'état du bétail dans le Sud à la fin de la saison sèche est inférieur à celui du Nord malgré une biomasse supérieure;
- la productivité animale par UBT dans le Nord est supérieure à celle du Sud (De Leeuw et Hiernaux, 1981), une productivité directement liée à la qualité d'herbe (Dicko, comm. pers.);
- la transhumance est une recherche de fourrage de qualité au Nord, pour faire produire le bétail (Boudet et Rivière, 1968; Diallo, 1978).

6.6.6 Dégradation

La capacité de charge comme définie dans la partie 6.6.5 a une conséquence pour la notion 'dégradation'. Ce n'est plus un phénomène qui a lieu à cause d'une surcharge des pâturages, c'est un processus qui se présente partout où il est question d'exploitation, quoiqu'il existe des périodes de quasi-équilibre. Ce qu'on entend en général par dégradation ce n'est que le dernier stade d'une spirale descendante, quand la végétation est devenue le facteur limitatif de la production.

Sur le terrain on observe 2 cas extrêmes, notamment la dégradation sur du sable grossier sous l'influence directe de l'exploitation, et sur des sols limoneux par la dégradation de la structure de la superficie du sol. Les 2 situations provoquées finalement s'expliquent par ce qui a été dit de la relation entre le substrat et la végétation (partie 6.4) et du changement de la végétation à l'exploitation (partie 6.6.4.3). On se limite donc à donner l'image général, pour des précisions il vaut mieux se référer à des publications qui traitent de certaines zones déterminées (Boudet, 1977a; Toutain, 1978, etc.).

Sur le sable Les phases dans la dégradation sont toutes présentes aux alentours des villages de l'extrêmes nord du Sahel. Ce sont, en commençant par le stade final, du sable nu et des dunes vives, entourés d'une bande de *Tribulis terrestris* (cycle très court, germination pendant toute la saison des pluies, fruits piquants), suivie de dicotylédones (germination lente, peu appétibles), ensuite *Cenchrus biflorus* (germination rapide mais en vagues, cycle court, fruits piquants), et après des pâturages pas visiblement influencés.

Sur le limon Apparition de plages nues avec quelques microdunes de sable accumulé. Les plages nues sont de véritables carapaces colmatées, comparables à une table rase. Seulement au niveau des microdunes certaines espèces végétales se savent maintenir (*Zornia glochidiata, Cenchrus biflorus, Tribulis terrestris,* etc.). Tandis que sur le sable ce n'est que dans les dernières phases qu'on constate une influence sur le recouvrement et la biomasse, sur le limon il y a une diminution graduelle de la biomasse et du recouvrement vers des phases plus dégradées, accompagnée d'une augmentation de l'hétérogénéité (fig. 6.6.5).

Plusieurs chiffres circulent concernant la vitesse de la dégradation au Sahel, surtout annoncés par la radio, la télévision et des magazines, sans définition du phénomène et sans référence à la recherche qui a donné ces indications. Cependant des publications paraissent de plus en plus dans lesquelles des comparaisons locales ou régionales ont été faites de la situation sur des périodes de dizaines d'années. Krings (1979) par exemple a fait une analyse détaillée de l'extrême nord-est d'Haute-Volta en comparant des photos aériennes de 1956 et 1974. Pour lui la dégradation constatée est surtout l'érosion du vent et l'agrandissement des dunes vives, il s'agit donc du premier type. Sous l'influence d'une augmentation de la superficie cultivée à 50-80% et d'une charge de 1 UBT sur 5-10 ha il observe localement un doublement de la surface de dunes vives. Leur superficie totale comme pourcentage de l'ensemble reste cependant encore bien restreinte. Vu la régénération des pâturages commencée après la mort de 40% du troupeau, par la sécheresse, il conclue que 1 UBT sur 8 ha semble la capacité de charge maximale de la partie sud du Sahel (500 mm).

Gaston et Dulieu (1975) ont comparé les pâturages du Kanem-Lac (Rép. du Tchad) dans la partie nord du Sahel de 1964-1966 et en 1973, une superficie en dessus de 100.000 km^2. Ils ont observé une augmentation de la zone à sables éolisés jusqu'à un tel degré qu'ils

Fig. 6.6.5. La répartition spatiale de la biomasse herbacée à la fin de la croissance, au bord du point d'eau du ranch de Niono (▨), 1 km de l'eau (▨) et 5 km de l'eau (▨). (fraction de 25 relevés de 1 m^2 à une biomasse de matière sèche arrondie à 0, 1.000, 2.000, etc. kg ha^{-1}; biomasse moyenne des 3 zones respectivement 800, 1.800 et 2.000 kg ha^{-1})

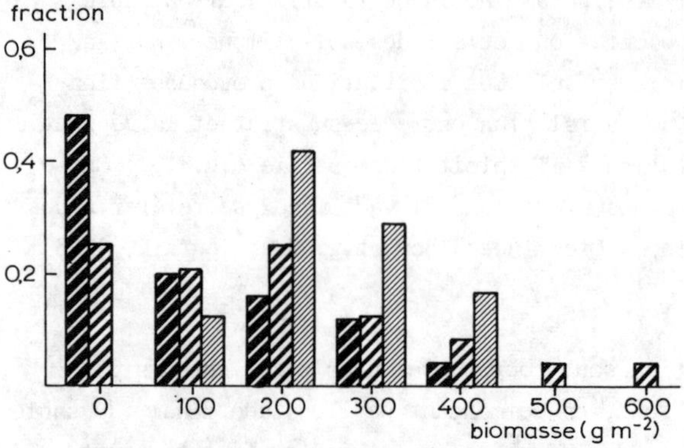

Fig. 6.6.5. The spatial distribution of the herbaceous biomass at the end of growth, at the edge of the water source of the Niono ranch (▨), 1 km from the water (▨) and 5 km from the water (▨). (fraction of 25 observations of 1 m^2 with a biomass of dry matter rounded off to 0, 1000, 2000 etc. kg ha^{-1}; mean biomass of the 3 zones respectively 800, 1800 and 2000 kg ha^{-1}.)

regardent 22% de la région comme perdu pour l'élevage depuis les années 60. Pour eux c'est la sécheresse qui est la cause principale et ils signalent un phénomène identique qui s'est produit durant l'époque contemporaine. L'éolisation intense rend peu probable une occupation rapide du sol par les annuelles. Ils envisagent un délai de 10 ans avant de pouvoir se prononcer sur la vocation pastorale de la région à la réapparition du tapis herbacé.

Une autre étude d'une région étendue est celle du C.I.P.E.A. (I.L.C.A., 1980) concernant leur zone d'intervention du Mali (60.000 km^2 entre 300 et 700 mm an^{-1}). De 1952 à 1975 les cultures de pluies y ont augmenté de 3,1 à 5,6% de la surface, les cultures irriguées de 3,5 à 5,5% suivant l'interprétation des photos aériennes. L'intensité d'exploitation a atteint un niveau de 6-9 ha UBT^{-1} juste avant la sécheresse, après une augmentation annuelle moyenne de 3-4% sur une période de 25 années, et 5 ans après la sécheresse la charge est de l'ordre de 10 ha UBT^{-1}. La superficie dégradée s'est agrandie de 4% en 1952 à 26% en 1975. Hélas ces chiffres ont été donnés sans définition de la dégradation. L'étude citée ne donne pas les critères pour appeler un pâturage dégradé, mais il s'agit vraisemblablement surtout de celle des sols limoneux (Delta mort du Niger) et les jachères y sont inclus vraisemblablement. Pour cette forme de dégradation il existe le risque d'une surestimation de leur importance quand l'évaluation se fait au cours d'une année sèche. Il est dommage que les études citées ne semblent pas tenir compte de la pluviosité des années de la réalisation des photos et de celle des observations au terrain.

6.6.7 Ce qu'on appelle désertification

6.6.7.1 Introduction

Ces dernières années de bons livres et publications sont parus concernant l'agrandissement des déserts et leurs causes semblables. Le mot 'désertification' est universellement connu après la réunion des Nations Unies à Nairobi 1977 sur ce problème. Cependant, l'utilisation de ce mot masque de plus en plus l'ignorance de ceux qui l'utilisent pour indiquer presque chaque menace de l'environnement, qui directement ou indirectement, tout près ou très loin des déserts actuels, à court terme ou à long terme, pourrait mener à une telle détérioration de l'environnement que des conditions désertiques ou quasi désertiques pourraient se produire. Une telle utilisation du mot n'est plus utile et même dangéreuse, car il s'agit facilement d'une grande simplification du problème. On n'est plus obligé d'indiquer les rapports avec d'autres facteurs en cause, des mécanismes de 'feed-back', physiques, biologiques, sociologiques aussi bien qu'économiques. En conséquence, on suggère des contre-actions isolées qu'on ne défend et n'explique que par la constatation: le phénomène x est une forme de désertification donc en supprimant x on arrête la désertification.

Il en résulte que les moyens limités disponibles sont dispersés au lieu d'être concentrés là où l'on en a le plus besoin, il en résulte qu'on attaque des symptômes sans toucher aux causes et, le pire, c'est, qu'on intensifie la dégradation de l'environnement par des phénomènes secondaires imprévus. Pour éviter ceci là où est encore possible la lutte contre la sécheresse au Sahel, on terminera ce chapitre de la production actuelle par une analyse intégrée de la dégradation de cette zone en tenant compte de la présence du Sahara à sa bordure nord.

6.6.7.2 Désertification

Ici une zone désertique n'est regardée comme désert que si le climat, par le déficit et l'irrégularité pluvieuse, est à la base d'une vie végétale active presque inexistante pour des périodes plus longues qu'une année. Il est important de distinguer une telle situation des autres, à vue d'oeil comparable en ce qui concerne le manque de végétation, mais à des causes qu'il faut chercher au niveau du substrat ou de la végétation même. Car le climat ne se laisse pas manipuler facilement, mais l'homme a développé des habiletés pour gérer les 2 autres facteurs.

Ce qui complique l'affaire, c'est la théorie qu'au Sahel (et ailleurs) la réduction du couvert végétal et l'augmentation inhérente de l'albédo provoquera une perpétuation de l'aridité. Charney (1975) indique que suivant ses simulations avec un modèle météorologique du Sahel, une augmentation de l'albédo de 14% (représentant la valeur moyenne d'une bonne végétation) à 35% (albédo du Sahara estimé par satellite) causerait un déplacement de la Zone de Convergence Intertropicale vers le Sud et une diminution de la pluviosité avec 40%.

Charney lui-même regarde les résultats comme très suggestifs, et il n'est pas le seul. Mais Hidore (1977) par exemple remarque qu'il n'existe nulle part une preuve qu'une diminution du recouvrement végétal a réellement causé une diminution de la précipitation. Il y a plûtot des arguments pour nier un tel rapport en pratique: on sait que des changements climatiques importants n'ont pas eu lieu au Moyen-Orient depuis au moins 3.000 ans, malgré une exploitation intense (Evenari et al., 1971). Ripley (1976) a comme objection principale que le modèle de Charney semble seulement réaliste si l'albédo bas de 14% serait provoqué artificiellement sans végétation, qui influence par sa transpiration le bilan de radiation. Et il avertit que l'albédo d'une végétation varie considérablement avec le recouvrement, l'état de l'humidité du sol et de la végétation du type de végétation, etc. Charney (1975) ne donne pas des observations de l'albédo pour des zones différentes de Sahel au cours de l'année, mais des photos prises par des satellites du territoir sénégalais indiquent des valeurs de 15-25% (England, pers. comm.). Otterman et al. (1975), qui est du même avis que Charney, estime que l'albédo du Sinai (recouvrement <25%) est 37% contre 25% pour le Negev (recouvrement 25-35%). Mais comment change l'albédo au Sahel sous l'influence d'une diminution de la production annuelle d'un certain pourcentage? Et ceci pour des sols sablonneux d'une couleur pâle dominante du Nord en comparaison avec les sols latéritiques rouges du Sud. Cette question importe car l'extrême nord du Sahel peut être assez bien protégé contre la dégradation par un manque de points d'eau, le changement est souvent beaucoup plus fort dans la partie sud du Sahel et dans la savane, à une densité de population élevée. Et la relation albédo-couvert végétal n'influencera le climat certainement pas d'une même manière dans les zones différentes d'une unité climatique.

Quoi qu'il en soit, il y a des arguments solides de bien différencier les causes d'une diminution du couvert végétal et sa productivité et de se rendre compte de l'endroit où un pareil processus a lieu. Aussi plaidons-nous de limiter l'utilisation du mot 'désertification' pour l'agrandissement éprouvé de la surface des déserts des zones arides et pour la diminution de la pluviosité moyenne des zones semi-arides ('dégradation climatique'). Dans tous les autres cas il faut appeler les choses par leur nom, par exemple, dégradation de la structure du sol, épuisement du sol, épuisement du stock semencier etc. Ceci pour que l'on sache la (les) cause(s) de la diminution du recouvrement et de la production végétale qui crée une situation quasi désertique.

6.6.7.3 Diminution du recouvrement et de la production végétale

Variations naturelles Une diminution de la biomasse végétale en soi ne mène pas automatiquement à une dégradation de l'environnement sahélien, car dans ce cas sa végétation serait disparue il y a longtemps déjà, suite à des années à une pluviométrie basse.

En ce qui concerne la strate herbacée, il faut tenir compte des différences locales de l'ordre de 1.000-2.000 kg ha^{-1} en rapport avec le type de végétation qui s'installe, même à la même pluviosité totale (fig. 6.3.8). Et en plus il y a une variation générale entre de bonnes et mauvaises années: une différence de 400 kg ha^{-1} pour chaque 100 mm dans le Nord contre 900 kg ha^{-1} dans la partie Sud du Sahel (partie 6.3.4). Une série de mauvaises années peut provoquer une diminution qui dure aussi quand la pluviosité redevient normale. Ceci a été le cas pendant la sécheresse du début des années 70, quand les graminées pérennes ont été décimées au Sahel, ce qui causait par exemple au ranch de

Niono une diminution de la production herbacée annuelle d'à peu près 1.500 kg ha^{-1}. Un schéma général de ce phénomène est présenté par la fig. 6.3.8.

Le recouvrement des ligneux a certainement une fonction tamponne, mais il n'a qu'une certaine importance à partir de l'isohyète de 300 mm (voir partie 6.1) et ce n'est qu'à la savane que sa biomasse peut être comparée avec celle des herbacées et la dépasse même. Mais les ligneux aussi peuvent mourir en de tel nombre qu'ils deviennent temporairement 'insignifiants' (voir partie 6.1).

Il en ressort que l'environnement sahélien résiste à des variations très importantes du recouvrement végétal sans dégats persistents. La stabilité de l'écosystème augmentera certainement à l'augmentation de la pluviosité annuelle moyenne, donc en s'éloignant du Sahara, par une biomasse de pérennes de plus en plus grande.

Influences humaines Il y a 3 actions principales de l'homme qui diminuent le recouvrement végétal et, autrement que les diminutions à cause des années à une pluviosité déficitaire, l'effet est permanent ou même de plus en plus intense.

Par la *coupe de bois* (défrichement des terrains de culture et pour la cuisine) la biomasse tamponne des pérennes diminue et l'écosystème deviendra plus sensible aux variations climatiques. L'influence directe de l'homme sur la strate ligneuse est pire que celle du bétail. Les villages surtout habités par des éleveurs ne connaissent qu'une zone limitée sans arbres et arbustres, ce n'est qu'aux alentours des villages à une population diversifiée et nombreuse où le bois manque sur des surfaces importantes. La diminution de la strate ligneuse signifie une perte du couvert végétal par la disparition du bois. Pour la production annuelle cependant ce n'est pas nécessairement un facteur négatif, car la production des espèces herbacées augmente à la diminution de la production ligneuse (partie 6.1).

L'érosion par l'eau et par le vent, déjà intensifiée par l'abattage des ligneux, augmente par *l'agriculture* (voir par exemple Delwaulle, 1973; Barth 1978). La biomasse produite annuellement peut être égale à celle du terrain non-cultivé, ou même bien plus élevée. Car le labour cause une meilleure infiltration qui permet le développement du mil et du sorgho à un cycle qui est 1,5-2x plus long que celui des plantes naturelles à la même pluviosité. La récolte et la structure des cultures font cependant que la protection du sol pour la saison sèche peut être moindre, ce qui est aggravé par le labour. Plus sérieux est vraisemblablement l'épuisement du sol déjà pauvre, car on n'utilise que peu d'engrais au Sahel. La conséquence est une biomasse annuelle moyenne diminuant à long terme.

Un tel appauvrissement est provoqué par *l'élevage* s'il est question d'une exportation du bétail ou des produits animaux hors de l'écosystème. Mais l'influence indirecte des animaux est plus prononcée par la dégradation de la structure du sol (parties 6.6.4 et 6.6.5). L'élevage est une cause d'une diminution 'définitive' du couvert végétal par la stimulation du ruissellement surtout là où l'homme utilise la strate ligneuse stimulée. Trop facilement on indique le bétail même comme responsable de la destruction de la strate ligneuse. Même si tous les chèvres du Mali ne mangeaient que des feuilles des ligneuses, ils n'utilisaient que 1-2% de l'ensemble des feuilles produites annuellement. Cette quantité sera moindre que celle de la stimulation des ligneux grâce à l'exploitation de la strate herbacée en hivernage qui provoque un surplus relatif d'eau pour la croissance des ligneuses.

Le feu est un compagnon d'élevage difficile à remplacer, qui cause aussi un couvert végétal plus bas que possible (partie 6.5).

6.6.7.4 La modification de l'environnement de la zone d'étude

Le flanc nord du Sahel Au nord de Léré (fig. 3.3.2), dans la zone à une pluviosité annuelle moyenne en dessous de 300 mm, l'agriculture est négligeable. La zone est peu peuplée et l'abattage du bois est en conséquence bas. Ce qui fait que, malgré la mortalité des espèces ligneuses par la sécheresse du début des années 70, les 2 villages les plus grands de la zone sont encore entourés par des ceintures boisées.

Il a été estimé qu'au Mali, au nord de l'isohyète de 300 mm, pas plus que 5-10% de la production annuelle des pâturages ne peut être utilisée par l'élevage (Breman, 1975). Il n'est donc pas étonnant que la plus grande partie de cette zone semble bien intacte et stable: sur l'ensemble du trajet il n'existe qu'une seule dune importante dont le sommet est nu. Même dans ce cas on ne peut pas parler d'une dune vivante car elle ne se déplace pas et ne s'agrandit pas. Ceci est conclu du fait qu'elle est présentée avec indication précise de la crête sur la carte topographique, basée sur une couverture photographique aérienne de 1956.

Partout au Sahel l'intensité d'exploitation du Nord sera plus élevée que les 5-10% signalés avec endroits où la présence d'eau permet un séjour en saison sèche. Un maximum d'animaux restera pour profiter toute l'année du fourrage de qualité au nord. C'est par exemple le cas aux alentours des sources d'eau au pied des montagnes de grès en Mauritanie et au bord du Niger à sa boucle, aux rives du Lac Tchad, etc. C'est aussi le cas pour le trajet même car une présence permanente de bétail y est possible grâce aux puits et à la proximité des lacs (Faquibine à Râs el Mâ, Tanda à Léré; voir fig. 3.3.2). Il y a en moyenne 1 puits sur 50 km^2. Quoiqu'il y en ait qui ne donne plus d'eau, la zone peut être exploitée presque entièrement pendant toute l'année car on n'abreuve les animaux qu'une fois par 2-3 jours et un déplacement de 15 km par jour est bien possible (Diallo, 1976). Cependant la distribution des points d'eau n'est pas homogène et il y a des zones à des pâturages rarement touchés. Mais pour les 175 km du partie nord du trajet il restait, en mai 1979 par exemple, en moyenne seulement 50-100 kg ha^{-1}, c'est-à-dire 10-20% de la production de la saison 1978. Malgré une telle exploitation les pâturages semblent stables, sauf à la proximité des puits et des mares à une population sédentaire importante: Léré et Râs el Mâ ont une zone d'environ 1 km qui est nue pour la plus grande partie de l'année. Seulement *Tribulis terrestris* y donne 1-2 flux de croissance. A cette latitude le sable meuble domine, ce qui explique que le bétail ne cause pas trop de dommage. Aux endroits, relativement limités, à une exploitation des pâturages sur sol latéritique, l'influence du bétail est cependant prononcée, comme aux alentours du puits de Garn Tjiti.

La sécheresse a bien touché les pérennes de la zone: la graminée *Cymbopogon Schoenanthus var. proximus* a été décimée, et localement aussi le petit arbustre *Chrozophora brocchiana*. Les arbres *Acacia raddiana* et *Pterocarpus lucens* ont bien souffert. Leur mortalité était de l'ordre de 30 et 50% respectivement. Pour *Euphorbia balsamifera* et *Commiphora africana* c'était 10 et 20%. Les pieds les plus agés mouraient, ce qui a donné une diminution de leur recouvrement moyen de 5% à peu près, jusqu'au recouvrement moyen actuel de 3%. De jeunes pieds sont partout présents pour garantir une régénération.

La moitié sud du Sahel Entre les isohyètes de 300 et 600 mm l'agriculture joue un rôle et les sols sensibles au piétinement occupent en moyenne la moitié de la surface. La densité de la population est inférieure à 5 km^{-2} comme dans la zone précédente, mais où l'agriculture est pratiquée une densité de 5-20 km^{-2} est possible. La distribution hétérogène de la population est déterminée pour une bonne part par la présence d'eau combinée aux possibilités de l'agriculture: les villages se trouvent sur la transition des sols argileux ou latéritique, où l'on obtient d'une façon relativement facile de l'eau, et des sols sablonneux où l'agriculture est bien possible. Pour cela sont relativement bien peuplé la bordure nord-ouest de la plaine argileuse du Delta mort entre Léré et Nampala, l'ancien cours du Niger (la 'vallée du serpent'), le bassin d'écoulement aux pieds des collines latéritiques du fossé de Nara, et naturellement la zone d'irrigation entre Ségou et Sokolo et le Delta vif (fig. 3.3.2). Hors ces dernières zones les villages et leur agriculture n'occupent pas plus que 5% de la zone en question. La biomasse totale produite annuellement aux champs et aux jachères est en générale plus élevée (1-3x) que celle des terrains non-cultivés par un cycle de croissance plus longue (mil $\geq$90 jours) et un apport de déchets. Le recouvrement des champs y est bas pendant la saison sèche, car les chaumes de mil sont broutés après la récolte et les espèces ligneuses y sont abattues. Celles-ci ont un recouvrement moyen de 3% dans le nord de la zone et 10-20% dans le sud.

Dans la zone l'élevage exerce une influence notable sur les sols sensibles à l'exploitation. Aux derniers ce n'était que 30% de la biomasse qui échappait au bétail et aux termites entre octobre et juin, tandis qu'aux sols sablonneux c'était le double. Ceci malgré le fait que le feu passait seulement sur les derniers sols, dans 50% des cas. Sans feux 90% de la biomasse des sols sablonneux serait sauvé (observations pendant 2 saisons sur 23 sites).

Au ranch de Niono, où par suite de l'exploitation seulement 15-20% de la biomasse est brouté annuellement, il existe encore peu de différence entre la production annuelle des sols sablonneux et les autres. Mais ailleurs au Delta mort la production annuelle des sols lourds a déjà souvent diminué de 2.000 kg ha^{-1} environ à 0-1.000 kg ha^{-1}. La même observation est faite dans la région de Nara et localement ailleurs. Le recouvrement ligneux des zones dégradées peut être bien élevé (15-25% en moyenne, tandis que pour les dépressions même 50% n'est pas rare). Les alentours des villes de Niono et de Nara (10.000 habitants environ) où l'utilisation du bois est élevée, font cependant exception.

La graminée pérenne n'a plus d'importance dans la zone du point de vue biomasse, depuis les dernières années de sécheresse. Un certain nombre des ligneux ont décliné aussi par une forte mortalité à partir de 1973. Sur le sable c'est surtout la diminution de l'importance de *Combretum glutinosum* et localement de *Terminalia avicennoides* (respectivement 35 et 85% moins de pieds par ha) ce qui a causé une diminution du recouvrement. Sur le limon et localement sur l'argile la mortalité de *Pterocarpus lucens* dominait (50% en moyenne). Pour une espèce, *Bombax costatum*, il a été montré que la mortalité diffère fortement d'un endroit à l'autre mais il y a quand même une augmentation régulière du sud au nord (de 5% l'isohyète de 1.000 mm à $\geq$50% au nord de l'isohyète de 600 mm; Togola et al., 1975). Ce n'est que pour *Terminalia* que la régénération pourrait prendre du temps vu le nombre limité des rejets et des jeunes pieds. Mais en 1980 il y avait déjà une réconstitution notable de *Combretum glutinosum* entre Mourdia et Nara.

Nord de la savane Malgré une population plus dense (5-20 habitants km^{-2} et localement même plus) la surface cultivée n'est pas beaucoup plus que 5%. Les ligneux sont rarement absentes sur les champs car on y protège des espèces comme *Vitellaria paradoxa, Acacia albida, Parkia bioglobosa*, etc., et leur recouvrement est souvent 15% environ. En dehors des champs le recouvrement des ligneux varie de 10-40%. A une protection (partielle) contre l'abattage et les feux il est en général 25% ou plus.

La fraction de la biomasse utilisée par le bétail est relativement limitée mais pour rendre cette utilisation possible on applique le feu. Au cours de 3 années, seulement 1x un des 3 sites localisés dans la zone n'a pas brûlé, dans 2 autres cas la moitié était sauvée par la présence de la piste. A cause de l'exploitation et du feu il y a moins de biomasse qui reste dans cette zone à la fin de la saison sèche que dans la zone précédente. Presque tous les sols y sont sensibles à l'exploitation et l'érosion hydrique est localement forte.

7 La reconnaissance des possibilités d'une zone

7.1 INTRODUCTION

Vu le thème de ce livre il est clair que le titre du chapitre concerne la valeur des pâturages sahéliens en vue de leur utilisation. Ce chapitre sert à ceux qui veulent estimer cette valeur pour une zone déterminée. On ne prétend pas de remplacer des méthodes et des manuels existants, (par exemple 'Manuel sur les pâturages tropicaux, et les cultures fourragères', Boudet 1975), mais plutôt de les approfondir. En effet, le manuel de Boudet traite les pâturages d'une manière descriptive, tandis qu'ici on se base sur les processus qui déterminent la productivité et le dynamisme des pâturages. On a bon espoir d'obtenir par la dernière approche une évaluation d'une année quelconque qui sera mieux utilisable ultérieurement. Aussi nos remarques n'ont pas le caractère d'un manuel, ce chapitre donne plutôt quelques grandes lignes. Un vrai manuel, selon ces lignes, est en cours de préparation (Breman et al., 1983).

Le but de ce chapitre dans le rapport final du projet P.P.S. est d'indiquer de quelle manière une étude d'évaluation peut profiter de la connaissance entassée dans ce livre. Nous espérons que le travail du P.P.S. a contribué à une amélioration de la compréhension de la production primaire et que cette connaissance peut servir à une meilleure évaluation des pâturages à l'avenir.

La discussion concernant l'évaluation se concentre sur 6 aspects:
- la production de biomasse;
- la qualité de la biomasse;
- la fraction totale exploitable de la biomasse;
- la quantité de biomasse exploitable au moment de l'année où elle est minimale;
- la disponibilité de l'eau pour abreuver le bétail au cours de l'année;
- l'influence des changements de l'exploitation sur la production et la qualité de fourrage.

Les valeurs de ces points à l'exception du dernier, sont à estimer pour une année normale et une année sèche (90% de probabilité), pour le mode d'exploitation actuelle.

L'intérêt de la méthode d'évaluation proposée est la possibilité qu'elle donne d'utiliser les observations d'une année et d'une situation quelconque pour une extrapolation aux années à une pluviosité normale ou déficitaire et pour des autres modes et intensités d'exploitation. En dehors de l'approfondissement de la compréhension de la production actuelle, le P.P.S. a essayé d'indiquer des possibilités d'améliorer la productivité des pâturages et leur utilisation. Ces possibilités seront traitées au chapitre 8 (Options techniques) qui trouvera une suite dans le chapitre 9 où l'aménagement des pâturages sera discuté.

Il y a au moins types de 2 zones à distinguer, à des échelles bien différentes:

- zone étendue, par exemple de 100.000 km^2, qui s'étend sur plusieurs zones climatiques;
- zone limitée, par exemple un ranch de 20.000 ha, qui se trouve dans une seule zone climatique.

En dehors de ces 2 échelles il y a aussi 2 niveaux de précision à distinguer. Ces niveaux sont liés à l'échelle de la zone mais encore plus aux moyens disponibles (du temps, de l'argent et du personnel):
- pour le premier niveau on n'utilise que des données de la littérature, sans des observations ou mesures sur le terrain;
- pour le deuxième niveau il faut des moyens disponibles pour pouvoir effectuer un certain nombre d'observations et de mesures pendant une ou plusieurs saisons de croissance.

Une combinaison de l'aspect échelle et de l'aspect précision donne 4 types d'évaluation qui seront discutés:
- L'évaluation globale d'une zone étendue. Cette évaluation peut se faire entièrement au bureau. Elle est basée sur des données de la littérature, ce livre inclus. Elle est décrite dans la partie 7.2.
- L'évaluation détaillée d'une zone étendue. Elle diffère du cas précédent par le fait que l'on devra être présent dans la zone pendant une saison, notamment plusieurs mois dans le pays pour se renseigner et environ 2 mois dans la zone avec un équipement mobil pour des observations personnelles. Elle est décrite dans la partie 7.3.
- L'évaluation d'une zone limitée. Les particularités d'un endroit déterminé risquent de dévaluer fortement l'utilité des valeurs moyennes. Pour une précision minimale il faut être présent au terrain pendant une saison au moins. Cette forme d'évaluation est décrite dans la partie 7.4.
- L'évaluation d'une zone limitée au cours de plusieurs années. Il donne seulement les grandes lignes, l'ordre d'importance des mesures à prendre, avec le raisonnement. Il y a aussi des cas où l'on remarque spécialement quelles choses ne seront pas utiles d'être déterminées et pourquoi! Cette forme d'évaluation est décrite dans la partie 7.5, où on répète qu'elle est trop brève pour servir comme un vrai manuel.

7.2 L'EVALUATION GLOBALE D'UNE ZONE ETENDUE

Pour la reconnaissance globale d'une zone sahélienne il existe suffisamment de littérature aujourd'hui, même si la zone en question n'a pas encore été décrite. Il s'agit des études agrostologiques, des livres concernant le climat, le sol, etc., des analyses de l'écosystème comme celle présentée dans ce rapport final, etc. L'évaluation d'une zone à partir des données existantes (Boudet, 1975) est utile pour se rendre compte des possibilités de développement de la zone. Elle est aussi indispensable comme préparation d'un inventaire précis du terrain (partie 7.3), car ainsi un tel inventaire sera mieux orienté.

7.2.1 Données à rassembler

Il est important de rassembler aussi précisément que possible les données mentionnées dans le tableau 7.2.1. Pour obtenir des renseignements sur la pluviosité il y a plusieurs

Tableau 7.2.1. Données à rassembler pour l'évaluation d'une zone à partir de la littérature.

Pluviosité	- moyenne - année sèche (90%)
Substrat	- degré d'infiltration
Exploitation	- estimation globale, en UBT ha^{-1}
Feu	- fréquence

Table 7.2.1. The data to be collected from the literature for evaluating a zone.

livres comme par exemple Cochemé et Franquin (1967). Sur la base de ces données on divise la zone en sous-zones. Une division du Sahel est par exemple: <200 mm an^{-1}, 200-400 mm an^{-1} et >400 mm an^{-1}. En ce qui concerne le substrat il faut distinguer 2 ou 3 unités principales de paysage (voir partie 6.4.4.2), notamment celles pour lesquelles

infiltration = pluviosité
infiltration < pluviosité
infiltration > pluviosité

La dernière unité est en générale peu étendue et dans ce cas on ne fait pas trop d'erreurs en tenant compte des 2 premières seulement. A côté, ou même au lieu de la littérature, des cartes topographiques (par exemple échelle 1:200.000) et des images satellites peuvent aider à déterminer le caractère des substrats de la zone. Un exemple forme la fig. 3.3.2. Sur l'image satellite en question les 3 unités sont faciles à reconnaître: l'infiltration est égale à la pluviosité aux zones de sable grossier, à distinguer par une couverture végétale homogène, l'absence de villages et l'absence de systèmes de drainage prononcés et de mares. Les plaines, d'origine fluviatile ou lacustre, où l'infiltration est souvent inférieure à la pluviosité, se reconnaissent bien à leur végétation hétérogène à la présence des mares temporaires ou permanentes due au ruissellement. La présence des villages en bordure est un autre caractère utile. Le ruissellement est aussi fort pour les zones latéritiques, à reconnaître par leur végétation, leur relief, des escarpements, les systèmes de drainage, présence d'un village à la bordure etc. En dehors d'une impression du substrat les cartes et les images donnent aussi une impression de l'intensité d'exploitation de la zone, par la densité des villages, et la présence des champs de mil et des mares, les axes de transhumance, etc.

7.2.2 Evaluation

Les données rassemblées peuvent être interprétées à l'aide des chapitres précédents. Mais il va sans dire que des analyses faites déjà dans le passé pour la même région ne doivent pas être négligées. Un rapport établi entre la pluviosité et la productivité, sur la base de nombreuses observations est, par exemple, une donnée précieuse de comparaison et de vérification.

Disponibilité d'eau La disponibilité d'eau d'une année normale et d'une année sèche est estimée à partir de la pluviosité en tenant compte de sa variabilité (partie 3.2.4) et du ruissellement. L'importance du dernier aux unités de paysage distinguées résulte de la partie 4.4.2.2.

Production annuelle La production annuelle peut être estimée en utilisant la formule 5.6.4 comme on le fera aussi dans la partie 9.2.2. Elle donne la quantité d'azote qu'on peut supposer trouver dans les parties aériennes de la strate herbacée à la fin de la croissance en fonction de la pluviosité moyenne, de l'intensité d'exploitation et des pertes d'azote. Si l'on n'arrive pas à trouver des données sur l'importance de l'élevage de la zone et sur la fréquence des feux, on se contente des valeurs moyennes du tableau 6.3.1. Les parties 5.2 et 6.3 aident à estimer la biomasse produite vu la quantité d'azote dans cette biomasse. Mais en général il suffira d'utiliser directement la fig. 6.3.1. La bordure supérieure des bandes présentées est liée à un ruissellement négligeable, la bordure inférieure à un ruissellement fort.

Les estimations obtenues sont celles d'une année à la pluviosité moyenne. La production d'une année sèche est donnée ensuite par la fig. 6.3.4a, en tenant compte des remarques sur l'influence des variations pluvieuses locales sur la production (partie 6.3.4).

Qualité du fourrage La qualité du fourrage dépendra de la production totale et de la composition floristique. L'importance des groupes des plantes à distinguer est donnée par le tableau 6.4.3 en relation avec les substrats. On ne peut tenir compte que de la distinction entre les espèces C_3 et C_4 (tableau 4.2.1) mais les tableaux 6.4.7 et 6.4.8 donnent plus de renseignements sur la composition floristique. Le taux moyen d'azote s'estime finalement en fonction de la biomasse et de l'importance des 2 groupes d'espèces, à l'aide de la fig. 6.3.10, aussi bien pour l'année normale que pour l'année sèche. La fig. 5.2.5 aidera ensuite de se former une idée de l'évaluation de la qualité au cours de la croissance, la partie 5.2.5 indique la perte de qualité pendant la saison sèche.

Disponibilité de fourrage Si on ne dispose pas de plus de données que celles rassemblées suivant la partie 7.2.1, il sera difficile de préciser davantage la fraction de la biomasse utilisable au cours de l'année que déjà fait dans la partie 8.1 pour le Sahel en général. Les fig. 8.1.2 et 8.1.3 peuvent être utilisées pour une extrapolation à partir des données de la production totale de la zone. Les tableaux de la même partie servent à estimer ensuite la capacité de charge globale de la zone. Une correction peut être faite si la littérature, ou les cartes, indiquent la présence des points d'eau avec une telle distribution, qu'on peut s'attendre à un manque d'eau pendant la saison sèche pour une bonne partie de la zone.

Intensité d'exploitation Les estimations faites ci-dessus ne sont valables que pour l'intensité d'exploitation utilisée. Pour un changement notable de l'importance de l'élevage de la zone on ne peut plus utiliser la disponibilité de fourrage qu'on vient de trouver. On sera obligé de faire des calculs de l'effet d'une exploitation plus intensive sur la production annuelle en supposant d'autres valeurs des pertes d'azote par l'élevage (voir parties 6.6.5 et 9.2.2). Si l'unité de paysage à ruissellement fort est importante dans la zone, on doit s'attendre à une diminution encore plus grande de la production annuelle à une augmentation de l'intensité d'élevage, que celle prévue par l'estimation suggérée (voir partie 6.6).

7.3 L'EVALUATION DETAILLEE D'UNE ZONE ETENDUE

L'évaluation détaillée, c'est-à-dire une évaluation supportée par des observations sur le terrain, ne doit être faite qu'à la suite d'une évaluation globale (partie 7.2). Elle sert à préciser les données sur lesquelles la dernière est basée, notamment les unités de paysage à distinguer, leur disponibilité d'eau, leur végétation et leur utilisation. En même temps elle permettra de savoir si la situation de la zone diffère beaucoup de la situation moyenne, qu'on a essayé de décrire dans la partie 7.2.

7.3.1 Rassemblement des données

Un aperçu des données nécessaires est présenté par le tableau 7.3.1, avec l'indication s'il faut une impression globale ou une plus grande précision. 'Globale' veut dire dans ce cas 'sans observations nombreuses dans la zone', 'précise' indique qu'on est obligé de décrire un nombre important de sites.

Couverture par photos aériennes Le choix des sites doit être fait à l'aide d'une carte des unités de paysage, à réaliser à partir d'une couverture de photos aériennes (1:50.000; le proche infrarouge = 'false color'). Si une telle couverture n'existe pas encore il est préférable de la faire faire en septembre de l'année précédant à la visite du terrain. L'analyse des cartes topographiques décrite dans la partie 7.2 peut être réalisée avec beaucoup de précision avec des photos aériennes. C'est aussi vrai pour l'estimation de la superficie des unités de paysage à distinguer, pour la détermination de la disponibilité d'eau pour abreuver le bétail, le recouvrement des ligneux, l'intensité d'exploitation, etc. Mais une visite du terrain est indispensable pour une vérification de la description des photos et pour la quantification des 'données précises' (voir tableau 7.3.1).

Substrat Des sites à visiter doivent être décrits vu leur relief et vu la texture du substrat. La distinction sable, limon ou argile est suffissante, distinction qui peut être faite à l'oeil nu et avec les doigts, pour 2 couches du sol (0-20 et 20-60 cm). Pour une caractérisation pédologique globale en termes internationaux il suffira de prendre quelques échantillons de sites représentatifs pour une analyse standard (voir tableau 3.3.3). La disponibilité d'azote et de phosphore est déterminée à partir de la quantité de ces éléments absorbée par la végétation.

Végétation L'observation clé sur tous les sites est celle de la physionomie de la végétation: c'est l'hétérogénéité en espèces et dans l'espace qui aident à caractériser les unités de paysage suivant le rapport infiltration/pluviosité (voir partie 7.2). Le re-

Tableau 7.3.1. Les données à rassembler ou à mesurer pour l'évaluation d'une zone étendue.

Données	Nombre d'observations	
	limité	notable
pluviosité		
- moyenne	+	
- année en question	+	
points d'abreuvement		
- densité	+	
- répartition	+	
substrat		
- relief		+
- texture		+
- caractère pédologique	+	
- disponibilité d'azote et de phosphore	+	
végétation		
- physionomie		+
- recouvrement de ligneux		+
- groupes d'espèces		+
biomasse		
- fin de croissance	+	
- taux d'azote et de phosphore	+	
exploitation		
- intensité		+
- calendrier	+	

Table 7.3.1. The data to be collected or measured for evaluating an extended zone.

couvrement des espèces ligneuses est un des aspects qui importe. Il n'est pas très utile dans ce stade de faire des relevés botaniques détaillés des sites, mais il faut indiquer l'importance relative des herbacées pérennes, et pour les espèces annuelles le rapport dicotylédones (C_3 et C_4) et graminées (C_4, voir tableau 4.2.1). En notant les espèces dominantes, les tableaux 4.3.1 et 4.3.8 aident à connaître leur vitesse de germination et la longueur de leur cycle.

Biomasse Il vaut mieux utiliser le temps disponible pour décrire un nombre de sites aussi grand que possible vu leur substrat et leur végétation, que de perdre du temps par la détermination de biomasse, produite dans une année quelconque. Mais sur un nombre limité de sites représentatifs et si possible pas trop éloignés des postes pluviométriques, on détermine la biomasse produite. Cette détermination est combinée avec l'analyse de la quantité d'azote et de phosphore absorbée par la strate herbacée. Donc ce sont des mesures à faire dès que le terrain est accessible, bien avant que la végétation se dessèche. Il est important d'estimer l'importance relative des espèces C_4 et C_3 et des légumineuses à part. Le taux d'azote et de phosphore est déterminé pour l'ensemble de la biomasse et pour une ou deux graminées dominantes (les mêmes espèces sur tous les sites).

Elevage Le calendrier et l'intensité d'exploitation des unités de paysage suit partiellement des observations de la présence des animaux dans la zone et de l'état des sites, mais des enquêtes parmi les habitants de la zone seront au moins aussi fructueuses. De telles enquêtes aideront aussi à connaître la durée d'utilisation des points d'abreuvement et la fréquence des feux de brousse.

Pluviosité En plus des renseignements signalés dans la partie 7.2, il faut aussi des postes pluviométriques à l'intérieur de la zone.

7.3.2 Evaluation

L'évaluation à partir des données obtenues ne diffère pas principalement de celle décrite dans la partie 7.2.2. La différence n'est qu'une question de précision sur la superficie des unités de paysage, sur leur bilan hydrique, sur le caractère de leur végétation, etc. La plus grande précision de ces informations donne une meilleure estimation de la biomasse produite et sa qualité dans une année normale et une année sèche. Cette estimation devient encore plus valable si l'on a une indication sur la fertilité des sols en comparaison avec celle de la zone d'étude du P.P.S. Pour obtenir une telle indication on fait des déterminations précises de la biomasse, de ses composants et leur taux d'azote et de phosphore de quelques sites représentatifs. L'interprétation des résultats est traitée dans la partie suivante. Les données concernant les espèces pérennes, herbacées aussi bien que ligneuses, aident à préciser l'offre de fourrage de qualité pendant la saison sèche. Voir à ce sujet les parties 6.1 et 6.6. Avec l'utilisation des données de la composition de la végétation il faut bien réaliser qu'on n'ait obtenu qu'une impression d'une année quelconque (partie 6.4.5.1). L'extrapolation d'une saison de relevés botaniques est traitée dans la partie 6.4.5.2.

7.4 L'EVALUATION D'UNE ZONE LIMITEE

Des observations au cours d'au moins une saison de croissance importe pour une zone limitée, car les conditions du sol, de la végétation et de l'exploitation y risquent de différer de la moyenne par des particularités de la zone. Et c'est souvent sur la moyenne que se basent beaucoup de facteurs utilisés dans ce livre.

Une zone limitée peut être l'emplacement futur d'un ranch d'embouche par exemple, pour lequel il est important de connaître assez précisément l'offre de fourrage et ses variations. Dans un tel cas il faut essayer de définir les facteurs déterminants de la production des pâturages et il faut estimer leurs rôles. Il ne suffit pas de mesurer la biomasse à la fin de la croissance mais des observations au cours de la croissance sont indispensables. La compréhension ainsi obtenue est telle, qu'elle permettra une meilleure extrapolation pour des années à une autre pluviosité, à une autre intensité d'exploitation, etc., qu'avec les méthodes existantes.

7.4.1 Choix des sites et données à rassembler

On suppose que la zone d'étude a été choisie après une reconnaissance comme décrite dans les parties 7.2 et 7.3. Donc il est nécessaire qu'on dispose d'une carte des paysages (par exemple échelle 1:200.000) basée sur des photos aériennes (1:50.000) et d'une connaissance globale du terrain. A l'aide de la carte on distingue les unités de paysage (substrat-végétation) suivant l'estimation du degré d'infiltration de l'eau de la pluie en hivernage (parties 6.4.2 et 6.4.4.2). On détermine aussi le nombre et la localisation des places d'échantillonnage, en tenant compte de l'étendue et de l'homogénéité des unités distinguées et de l'accessibilité du terrain pendant la saison des pluies (parties 2.4 et 2.5). L'hétérogénéité sera surtout grande pour les paysages où le ruissellement domine sur l'écoulement (partie 6.4.4.2).

Il faut qu'on choisit des sites répartis sur l'ensemble de la zone pour caractériser d'une manière quantitative les unités de paysage par 2 visites, un nombre très limité de sites typiques pour certaines observations régulières. Ces derniers sites ne représentent que les unités de paysage importantes (superficie étendue et/ou fréquentées par le bétail); la proximité et l'accessibilité des sites en hivernage sont des critères de choix supplémentaires.

Le tableau 7.4.1 montre les données à rassembler, en indiquant s'il s'agit des observations sur l'ensemble des sites ou sur les 'sites types'.

Substrat et physionomie de la végétation Il est bien possible de caractériser les unités de paysage en dehors de l'hivernage en utilisant les critères de la partie 6.4.4.2. A cet effet on décrit les sites choisis suivant ses propriétés de substrat (texture et relief, voir partie 6.4.2) et sa physionomie de végétation. L'importance et la répartition des espèces ligneuses et des autres pérennes suffit éventuellement pour cette description de la végétation, lorsque la strate herbacée a disparu par l'exploitation ou par le feu. Mais à la présence de cette strate on note son homogénéité (partie 6.4.4.2). Il faut profiter des sorties à la fin de la saison sèche pour faire un inventaire de la zone en ce qui concerne l'importance de l'exploitation des unités de paysage au cours de la saison précédente. Il est utile de noter l'intensité d'exploitation pendant la période même; est-ce qu'il y a encore des plantes vertes, combien, quoi; qu'est-ce qui est cherché par les animaux? Quantifier l'importance des espèces ligneuses et des autres pérennes (recouvrement). Noter la présence et l'importance des termites pour se former une idée des pertes de biomasse (partie 5.2.5).

Pluviosité et disponibilité d'eau La disponibilité d'eau pour les plantes peut être déterminée par la mesure de la pluviosité et du degré de ruissellement au cours de l'hivernage. Ces données permettent le calcul de l'infiltration.

Un ou deux sites types des unités distinguées doivent être choisis avant le début des pluies. La proximité et l'accessibilité des sites en hivernage sont des critères de choix supplémentaires.

Un ou quelques pluviomètres (vu la distance entre les sites) doivent être installés. La quantité de pluie et son intensité sont importantes à enregistrer, ce qui fait qu'un

Tableau 7.4.1. Les données à rassembler ou à mesurer d'une zone limitée au cours d'une année.

Données	Ensemble de sites	Sites typiques
substrat		
- texture	+	+
- relief	+	+
- ruissellement		+
- bilan d'eau		+
végétation		
- physionomie	+	+
- importance des pérennes	+	+
- verdure à la fin de la saison sèche	+	+
- importance des termites		+
pluviosité		
- répartition dans le temps		+
- intensité des pluies		+
- totale		+
production primaire		
- développement dans le temps		+
- biomasse finale	+	+
- longueur des cycles		+
- taux d'azote		+
- taux de phosphore		+
exploitation		
- importance et calendrier	+	+

Table 7.4.1. The data to be collected or measured in a restricted zone over a year.

pluviomètre enregistreur est à conseiller. La méthode la plus simple de la détermination du ruissellement est la mesure de la quantité d'eau dans le sol juste avant et après des pluies des intensités différentes (à déterminer à partir des échantillons du sol, pris avec une tarrière, pesées avant et après séchage). L'information obtenue par cette mesure de ruissellement de quelques pluies peut être utilisée pour un calcul du ruissellement pendant tout l'hivernage. Il est cependant plus précis de faire des mesures de la capacité d'absorption du sol (S), avec laquelle le ruissellement annuel peut être calculé (parties 4.4.2.1 et 4.4.2.2). A partir de la pluviosité et à l'aide du facteur S et les parties citées, il est possible de connaître globalement les périodes où la croissance est limitée par un manque d'eau. Après une comparaison des sites typiques dont on a mesuré la disponibilité d'eau, avec l'ensemble des sites dont on a décrit le substrat et la physionomie de la végétation il devient possible d'estimer la disponibilité d'eau des unités de paysage. Ceci en rapport avec une pluviosité quelconque, en exprimant le ruissellement comme fraction de la pluviosité.

Biomasse produite Il est toujours utile de noter des événements du développement de la végétation au cours de l'hivernage pendant les expériences décrites dans la partie 7.4.2. Des observations telles que les dates et l'importance des premières vagues de germination, la perte des plantules par des périodes de sécheresse, l'importance relative des composants, le début de la 'grande croissance', etc., permettront de mieux comprendre la biomasse finale. Mais dans la pratique on sera obligé de se limiter aux observations suivantes pour l'ensemble des sites. La biomasse finale doit y être mesurée et qualifiée pendant une période aussi brève que possible à partir de l'arrêt de la croissance. La qualification concerne la distinction des groupes suivants et l'estimation de leur importance respective: des espèces C_3 et C_4, les légumineuses, des espèces à germination lente et rapide, les herbacées pérennes (parties 6.3.3.2 et 6.4.3). Il est important d'essayer d'estimer la longueur du cycle de croissance des espèces dominantes. Le tableau 4.3.8 peut servir à cet effet. Des observations fréquentes, comme suggérées ci-dessus, peuvent se limiter aux sites typiques. Ici on doit mesurer aussi, dès l'arrêt de la croissance, la quantité d'eau qui reste dans le sol.

Qualité de fourrage La qualité de fourrage fluctue tellement (partie 6.3.6) qu'il est raisonnable de se limiter, certainement pour une première orientation, à un nombre limité d'analyses aux sites typiques. Nous suggérons la détermination du taux d'azote et de phosphore au moment où la majorité des espèces est en pleine floraison, et ceci séparément pour les espèces C_3, C_4 et les légumineuses. L'échantillonnage pour l'analyse doit être accompagné d'une détermination de la biomasse des 3 groupes (parties 6.3.3.3 et 6.3.6).

7.4.2 Analyse des données

La suite du rassemblement des données est une comparaison avec des valeurs théoriques et empiriques du livre. Ceci comme première quantification du rôle des divers facteurs à la détermination de la production des végétations des unités de paysage. La biomasse produite (à la fin de la croissance) et sa quantité maximale d'azote (mesurée à la floraison) doivent être confrontées avec la partie 5.6, ou avec la simplification de la fig. 6.3.1. La place de ces données en face des rapports présentés par cette figure informe sur plusieurs facteurs. Une place dans le haut des bandes ou même au-dessus des bandes peut signifier une pluviosité bien plus élevée que la moyenne. Si ceci est exclu par les observations de la pluviosité on peut s'attendre à une intensité d'exploitation ou à une importance d'autres pertes d'azote moins élevées que supposé dans le tableau 6.3.1. Mais à l'absence de telles indications on a une bonne chance que la fertilité des sols est plus élevée que celle de la zone d'étude du P.P.S. Une place basse de ces données donne de la même manière des indications d'une pluviosité déficitaire, d'un ruissellement fort et/ou d'une surexploitation ou d'un sol pauvre.

Plus d'information sur la fertilité des sols de la zone est obtenue par une confrontation des données des taux d'azote et de phosphore avec la théorie de la partie 5.2 et avec les observations de la partie 6.3.3.3 (fig. 6.3.6). Le rôle de la végétation des unités de paysage devient plus clair par une comparaison avec les fig. 6.3.5 et 6.3.8. Si l'on a observé à une certaine disponibilité d'eau une biomasse bien plus élevée que celle indiquée par la fig. 6.3.5 (à une dominance des dicotylédones et des espèces à germination lente dans le domaine des graminées à germination rapide ou à une dominance du dernier groupe en dessus de la bande du graphique) on obtient de nouveau une indication d'une fertilité relativement élevée. Mais si l'analyse précédente ne l'affirme pas, on a eu vraisemblablement une germination précoce sans trop de pertes de plantules. Des indications contraires viennent des données des biomasses basses. Des observations conformes à la fig. 6.3.5 à une réserve importante d'eau dans le sol à la fin de la croissance de la végétation font penser à un déplacement récent des espèces à cycle court au Sud (partie 6.3.5, fig. 6.3.8). Pour savoir si la composition des végétations décrites peut être attendue aussi en général on confronte les relations substrat-végétation avec la partie 6.4.4 (tableau 6.4.3) et, cela va sans dire, avec l'information dans la littérature. L'extrapolation d'une saison de relevés botaniques est donnée dans la partie 6.4.5.2.

Disponibilité de fourrage Pour connaître la disponibilité de fourrage à une pluviosité moyenne ou d'une année sèche, il faut d'abord l'estimation de la production de biomasse de telles années et de son taux d'azote. A cette fin on calcule la disponibilité d'eau des années en question, en tenant compte des mesures du ruissellement et du rapport entre la pluviosité de l'année d'étude et d'une année normale et d'une année sèche. La fig. 6.3.4a permettra à estimer la production moyenne des années en question. Mais des corrections, qui demandent une réflexion personnelle, sont nécessaires si l'analyse de la partie précédente a fait apparaître de grands écarts entre la zone d'étude et les rapports présentés dans le livre. Et on ne doit pas oublier qu'il existe une différence entre l'influence d'un gradient de pluviosité et celle des variations pluvieuses locales (partie 6.3.4). La biomasse produite une fois estimée, la fig. 6.3.10 aide à l'estimation du taux d'azote. La partie 6.6 doit être suivie ensuite pour trouver la disponibilité de fourrage. La formule 5.6.4 est utile pour une extrapolation s'il y a un changement très sensible de l'intensité d'exploitation de la zone. La partie 9.3.1 en donne un exemple.

7.5 L'EVALUATION D'UNE ZONE LIMITEE AU COURS DE PLUSIEURS ANNEES

A partir des observations d'une seule saison il est possible de déterminer la productivité d'une zone. Mais le rôle des divers facteurs à la base de cette productivité sera surtout qualitativement connu (partie 7.4). Si l'on veut quantifier la contribution de chacun des facteurs à la réalisation de la production il faut encore des observations et des expériences spéciales de 1-2 ans. Nous sommes convaincus que la répétition simple des observations de la partie 7.4 n'est pas à conseiller, vu le rapport mauvais entre l'effort nécessaire et le profit d'une précision plus grande (parties 2.4 et 2.5). Il faut vraiment un autre type d'observation. Les résultats de ces observations en plus doivent permettre une meilleure estimation de l'efficacité des interventions prévues, donc l'analyse des frais et des bénéfices sera améliorée sans essais de grande échelle. De cette manière la précision de l'évaluation sert aussi la correction éventuelle des programmes de développement établis. Seulement de telles observations seront suggérées dans ce qui suit, qui contribueront beaucoup à une meilleure compréhension. Dans ce cadre il peut être bon de se familialiser avec les modèles simples de la production potentielle et actuelle des parties 4.6 et 5.5.

7.5.1 Le manque d'azote, de phosphore, etc.

Surtout dans le cas où on a prévu de faire des cultures fourragères il est nécessaire de préciser le manque de minéraux. Ceci pour choisir ou pour caractériser des terrains d'interventions, et pour quantifier les besoins en engrais. Pour savoir si l'azote ou le phosphore limite la croissance et dans quelle mesure, il faut déterminer la production sous un apport maximal de l'azote, du phosphore et de l'azote plus phosphore. La détermination de l'évolution de la biomasse et du rapport azote/phosphore de cette biomasse et d'un témoin est le but de l'expérience. L'interprétation des données a été expliquée dans les parties 2.3 et 5.2. Il va sans dire que l'expérience doit être accompagnée pour l'endroit en question des observations traitées dans la partie 7.4.

Pour la recherche d'un manque d'autres minéraux (par exemple de molybdène quand on a prévu la culture des légumineuses) on procède d'une même manière: croissance avec et sans l'apport du minéral en question à une donne maximale d'azote et de phosphore. La détermination d'une courbe de la dose et son effet (partie 5.2.1) ne devient utile qu'après la décision de l'application d'un certain engrais, pour déterminer le rapport entre l'apport d'engrais et le profit qu'on en tire.

7.5.2 Les pertes d'azote et de phosphore

Les parties précédentes utilisent des valeurs moyennes des pertes d'azote et de phosphore, telles qu'elles sont présentées dans les parties 5.2.5 et 6.3.2. Une précision pour une zone d'intervention déterminée est utile pour une meilleure estimation de la capacité de charge et pour des calculs du profit des luttes contre les pertes (voir parties 9.2 et 9.3). La quantification de l'importance des incendies sera la plus utile (voir partie 6.5).

7.5.3 Le fourrage

Pour pouvoir juger des possibilités d'une zone en détail, il ne suffit pas de connaître précisément la productivité de ses pâturages dans des conditions différentes. Il importe de savoir la fraction utilisable par le bétail et la qualité de cette fraction, et ceci au cours de l'année et au cours des années. Les travaux de Traoré (1978) et de Diallo (1978) forment un exemple d'une analyse bien utile. Leur étude permet déjà une certaine extrapolation (partie 8.1), mais il faut sans doute des observations semblables supplémentaires pour des zones et des systèmes d'élevage différents.

8 Des options techniques pour améliorer la production primaire des pâturages

8.1 LES SYSTEMES D'ELEVAGE AU SAHEL

8.1.1 Introduction

Il est impossible de traiter à fond dans un seul paragraphe le sujet en question. Ce n'est d'ailleurs pas nécessaire car il existe déjà de bonnes entrées dans la problématique par les ouvrages comme 'Pastoralism in Tropical Africa' (Monod, 1975) et 'Les systèmes pastoraux sahéliens' (F.A.O., 1977). Ici ne seront brièvement présentées que les données nécessaires pour pouvoir bien placer les résultats de la recherche des chapitres précédents, face aux problèmes de l'élevage au Sahel. L'accent sera donc mis sur le facteur pâturage et son utilisation dans les divers systèmes d'élevage. En dehors de ce domaine limité, d'autres renseignements, plus généraux, seront résumés, ceci afin de pouvoir évaluer les options techniques expliquées dans les autres parties qui suivront dans ce chapitre. Donc ici les problèmes actuels de l'élevage déjà mentionnés dans la partie 1.1, seront spécifiés en ce qui concerne les besoins et la disponibilité de l'eau et du fourrage et ensuite des solutions techniques qui pourraient éventuellement résoudre ces problèmes seront données. Les difficultés d'application de telles solutions dans la pratique de l'élevage constituent le sujet du chapitre 9, où référence sera faite à cette partie.

8.1.2 Les systèmes d'élevage, leurs pâturages et leur utilisation

La distinction de 3 systèmes d'élevage à la partie 1.1, nomadisme, transhumance et élevage sédentaire, est à la fois basée sur le mode d'utilisation des pâturages, leur localisation et le mode de vie. Au Mali ce sont surtout les Touaregh qui pratiquent le nomadisme, les Maures pratiquent le nomadisme aussi bien que la transhumance, mais les Peuhl y sont les transhumants par excellence. L'élevage sédentaire est beaucoup moins lié à un certain groupe ethnique.

De loin les plus importants en nombre pour les 3 types d'élevage sont les bovins, les ovins et les caprins. Dans l'élevage sédentaire au Mali le nombre de bovins est environ égal à celui des petits ruminants, donc exprimé en UTB il y a 10x plus de bovins. Dans l'élevage transhumant et nomade les petits ruminants sont 2-4x plus nombreux que les bovins, mais exprimés en UTB il y a encore environ 3x plus de bovins (ces chiffres ne sont que des indications globales; par la sécheresse du début des années 70 le rapport a été changé en faveur des petits ruminants, dont la mortalité était de 15-25% contre 35-50% pour les bovins (fig. 1.1.1 et 1.1.2; Bremaud, 1977)). Dans le système nomade les chameaux sont loin d'être négligeables, quoique leur nombre pour l'ensemble de la zone sahélienne ne soit que 1/5 de celui de bovins.

Les produits principaux du bétail mentionné sont le lait, la viande et la laine, avec les peaux comme sous-produit. Certains animaux sont réservés pour le transport, la mobilité étant la condition de vie des nomades. Des chameaux, des boeufs porteurs et des ânes sont utilisés pour le déplacement de la famille avec tout leur matériel. Les transhumants qui voyagent sans famille, n'ont souvent qu'un seul boeuf porteur pour porter le peu de matériel de camps (cordes, gourdes, etc.). Des chameaux et des ânes servent aussi le transport commercial, là où ils ne sont pas encore remplacés par des voitures (transport des céréales du sud au nord!). L'élevage serait impossible sans leur force qui permet de puiser l'eau d'abreuvement en saison sèche.

Dans la zone de l'agriculture, celle aussi de l'élevage sédentaire, des boeufs sont de plus en plus utilisés pour la culture attelée sur des sols lourds. L'âne et le cheval y sont utilisés comme animaux de traction de la charrette, les 2 sont aussi importants comme monture. Leur nombre en zone sahélienne est respectivement 2/3 et 1/3 des chameaux.

Une autre distinction possible pour les systèmes d'élevage est celle entre l'élevage traditionnel et l'élevage moderne. Le premier est dans sa forme extrême un élevage de l'auto-suffisance sans investissements pour les pâturages; le deuxième produit pour le marché et essaie autant que possible de contrôler les 2 bases de production, bétail et pâturage. Il est utile de distinguer 2 types d'élevage moderne, notamment le ranching et l'embouche. La base du ranching est encore pour une bonne part le pâturage naturel, éventuellement amélioré, mais a une utilisation privée et réservée. On y produit ses propres animaux. Dans le cas de l'embouche on ne fait que finir des animaux produits ailleurs. Des sous-produits agricoles et du fourrage artificiel jouent un rôle central dans l'embouche. Pour pouvoir contrôler aussi bien que possible le facteur nourriture, le droit de propriété des pâturages entre en cause: celui ou ceux qui investissent (main-d'oeuvre; argent) veulent aussi un profit exclusif de leur investissement. Il est clair que le nomadisme par son mode de vie et d'utilisation des pâturages est difficile à combiner avec un élevage moderne. Le plus facile est certainement l'intervention en faveur de l'élevage sédentaire. Le contrôle des pâturages y est moins difficile, le droit de propriété ou d'utilisation des pâturages peut être réglé, des sous-produits agricoles y sont disponibles et sont même déjà utilisés pour une sorte d'embouche, celle des moutons de case. Déjà aujourd'hui l'élevage sédentaire est rarement une activité principale, il est très souvent pratiqué par des cultivateurs.

La localisation des différents systèmes d'élevage dans l'environnement sahélien est indiquée dans le schéma de la fig. 8.1.1. L'environnement y a été décrit sur la base de la pluviosité, et l'agriculture. Pour une bonne compréhension des systèmes d'élevage il faut une description plus détaillée de leur localisation. Pour le nomadisme et la transhumance il faut surtout savoir là où les troupeaux séjournent en saison sèche. Pour les nomades cela peut être aux alentours des puits ou des sources d'eau des zones montagneuses où il y a du fourrage dans des oueds, et aux alentours des puits de la zone de transition entre Sahara et Sahel en exploitant ce que les transhumants ont laissé sur les pâturages. Ils peuvent aussi utiliser les mêmes ressources que l'élevage transhumant, spécialement dans la partie nord du Sahel.

Pour la transhumance il y a un certain nombre d'animaux qui restent aux alentours

Fig. 8.1.1. La place des différents systèmes d'élevage dans l'environnement sahélien, définie par la pluviosité et l'agriculture (quantifié pour le Mali).

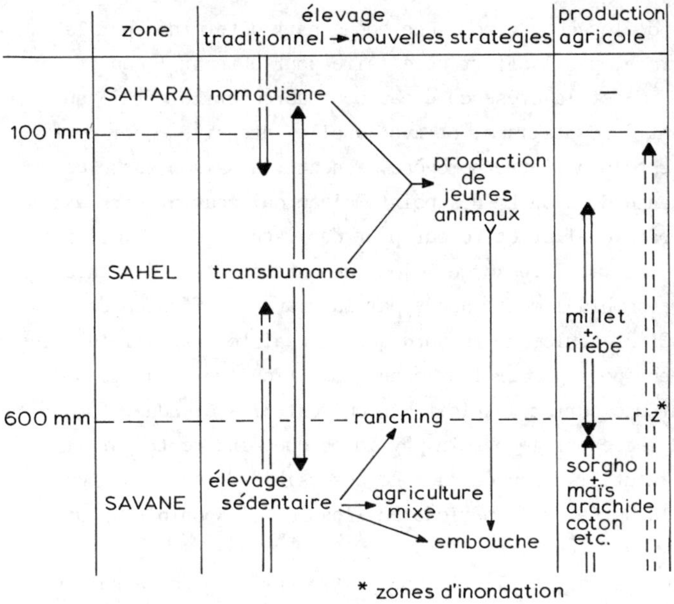

Fig. 8.1.1. The place of the different stock-farming systems in the Sahel environment, defined by the rainfall and agriculture (quantified for Mali).

des puits villageois, le gros du troupeau se déplace cependant en saison sèche soit vers des zones inondées en hivernage (le Delta central du Niger au Mali, le Delta du Sénégal, le lac Tchad, etc.), soit vers des cours d'eau, les lacs et les mares. Dans ce dernier cas il faut distinguer les zones où les pâturages sont dominés par des annuelles et celles où les pâturages sont dominés par des pérennes.

Pour l'élevage sédentaire aussi, c'est tout différent s'il est pratiqué dans une zone avec la culture irriguée du riz, ou au Sahel où il n'y a que des pâturages à annuelles à côté des cultures de mil, ou à la savane avec un spectre plus large des produits agricoles et des pâturages à pérennes.

Dans la suite on se limite à préciser la situation des divers systèmes. Il y a cependant bien d'autres facteurs encore qui influencent différemment les systèmes. Pour l'élevage du Nord l'érosion par le vent risque de dégrader les pâturages, au Sud l'érosion physique de la structure de la surface du sol domine. Ce n'est que dans la partie sud où la maladie du sommeil peut freiner l'élevage; presque partout où il y a du bétail pendant toute l'année les tiques peuvent constituer aussi un problème. Il est clair finalement que des soins vétérinaires sont les plus faciles à organiser pour l'élevage sédentaire, traditionnel aussi bien que moderne. La présence d'infrastructure favorise le Sud sur le Nord.

8.1.3 L'abreuvement

La productivité des systèmes d'élevage est pour une bonne part déterminée par la disponibilité de l'eau et du fourrage, par l'effort nécessaire pour obtenir l'eau et par la qualité du fourrage disponible. C'est la présence d'eau pour abreuver le bétail qui détermine les pâturages qui peuvent être utilisés, et avec quelle intensité. Ceci fait que l'exploitation des pâturages est loin d'être homogène. Pendant la saison sèche ce ne sont que les pâturages à une distance de 5-20 km des points d'eau qui peuvent être utilisés; 20 km, 3 jours de marche et pâture aller et retour pour des vaches, est la distance maximale au nord de l'isohyète de 300 mm, 5-10 km ou 1 jour de marche est la distance ailleurs. Cette différence est vraisemblablement causée par la grande différence en qualité du fourrage des 2 zones. C'est seulement au nord que la qualité est telle que les animaux peuvent ingérer suffisamment pour garder leur bonne condition (voir partie 6.3). Dans la même zone les chameaux ont une surface exploitable qui est plus étendue. (D'autres différences entre les espèces - directe par le besoin physiologique, indirecte par le menu - ne sont pas traitées ici.) L'utilisation de la zone accessible dépendra du nombre d'animaux qu'on peut abreuver et la durée de la période où l'eau est disponible. Pour cela il faut distinguer:

- les mares et les cours d'eau temporaires, exploités une partie variable de la saison sèche;
- les puits, dont le débit journalier détermine le nombre d'animaux à abreuver (voir partie 8.4);
- les mares, lacs et fleuves permanents.

L'importance de ces types de points d'eau varie suivant les zones et les systèmes d'élevage présentés dans la fig. 8.1.1. A l'exception des 3 grands systèmes fluviaux du Sénégal, du Niger et du lac Tchad, le troisième type d'abreuvement est limité à la savane. C'est ce type qui prédomine en grande partie pour les troupeaux transhumants, et pour le bétail de la population sédentaire, installée aux bords. Les puits sont d'une importance capitale pour les sédentaires ailleurs et pour les nomades. Mais au Sahel, et spécialement au nord où le sable est le substrat principal (voir partie 3.3), ce n'est que localement qu'on trouve de l'eau en profondeur (voir partie 8.4). Des mares et des cours d'eau temporaires servent spécialement la transhumance pendant les grands déplacements du début d'hivernage et au début de la saison sèche.

En hivernage ce dernier type d'abreuvement, lié au sol avec ruissellement, est utilisé dans tous les systèmes d'élevage, et la zone exploitable augmente énormément pendant cette période. Au nord, même des zones sans ruissellement et sans puits peuvent être utilisées à ce moment grâce à des végétations riches en eau. Le tableau 8.1.1 résume ce qui a été dit. Il est clair que c'est surtout au nord sur du substrat sablonneux sans une nappe phréatique que de grandes étendues restent peu ou pas exploitables par un manque d'eau pour abreuver les animaux.

Tableau 8.1.1. Les principaux points d'abreuvement des systèmes d'élevage et les périodes de leur utilisation.

Systèmes d'élevage	Sources temporaires	Sources permanentes	
		débit limité	débit sans limite
nomadisme	août-septembre	octobre-juillet	*
transhumance	juillet-octobre	*	novembre-juin
sédentaire	juillet-octobre	novembre-juin	*

Table 8.1.1. The principle watering places of the stock-farming systems and their utilization periods.

* important pour une partie des troupeaux, dont l'importance dépend de la région; important for a part of the herds, the importance depends on the region.

8.1.4 Le fourrage

La disponibilité de fourrage aux endroits exploitables, déterminés par la présence d'eau, dépendra de la biomasse produite annuellement, de sa qualité au cours des saisons et de la longueur de la période où la croissance est possible. La croissance principale est limitée à la période des pluies, et elle diminue du sud au nord (voir partie 6.3). Mais sa période est plus longue pour les espèces pérennes que pour les annuelles (voir partie 6.1). Là où il y a suffisamment d'eau en profondeur, à la savane et sur les plaines d'inondation, la croissance des pérennes continue, même en pleine saison sèche, mais avec une productivité faible (voir partie 6.1).

La qualité de la biomasse produite dépend de son âge et de la quantité. La qualité diminue déjà au cours de la croissance et la diminution continue pendant la saison sèche. Ce n'est qu'à une pluviosité en dessous de 300 mm que la quantité produite est si basse que la qualité reste moyenne pendant toute l'année (voir partie 6.3).

La signification de cette information pour les systèmes d'élevage est montrée par ce qui suit. Le tableau 8.1.2 spécifie le caractère du fourrage principal des divers systèmes, y compris les nouvelles stratégies. Pour l'élevage actuel les pâturages naturels jouent un rôle primordial, les sous-produits agricoles - s'ils sont disponibles - sont d'une qualité médiocre. Il s'agit de paille de mil ou de riz des cultures pas ou peu fertilisées. Les cultivateurs profitent plus du bétail qui vient paître sur les champs après les récoltes, que le bétail ne profite des tiges fibreuses, pauvres en azote. La présence des mauvaises herbes encore vertes sur les champs en octobre-novembre pourrait être le plus intéressant pour les animaux. Mais le bétail provoque un transport de fertilité des pâturages naturels vers les champs. Ce sont seulement des animaux de case (moutons, chevaux) à qui on peut donner une ration de bonne qualité (fanes de niébé, d'arachide, la légumineuse *Alysicarpus ovalifolius*, etc.). Pour une augmentation notable de la productivité d'élevage il sera indispensable d'augmenter la disponibilité de fourrage de qualité par l'utilisation des produits cultivés dans des conditions contrôlées. Le tableau 8.1.2 le montre pour les nouvelles stratégies, dont les premiers pas ont été faits par-ci et par-là.

La fluctuation de la disponibilité de fourrage et sa qualité au cours des saisons

Tableau 8.1.2. La nutrition du bétail dans les différents systèmes d'élevage (+++ nourriture principale; ++ partie de la nourriture principale; + importance secondaire).

Systèmes d'élevage	Pâturages naturels			Produits cultivées		
	espèces herbacées		feuilles et fruits des espèces ligneuses	sous-produits agricoles d'une qualité		cultures fourragères
	annuelles	pérennes		basse	élevée	
nomadisme	+++	+	+			
transhumance*						
s.s. 'Delta'	++	++		+		
s.s. savane	++	++	+	+		
sédentaire						
sud Sahel	+++		+	+		
Delta	+	+++		+		
savane	++	++		+		
ranching						
sud Sahel	++		+		++	+
savane	++	++	+		+	++
embouche	+	+	+	++	++	

Table 8.1.2. The nutrition of the animals in the different stock-farming systems (+++ principal food; ++ part of the principle food; + secondary importance).

*distinction de 2 types, suivant la localisation des troupeaux pendant la saison sèche (= s.s.); 2 types distinguished according to the localisation of the herds during the dry season (= s.s.).

est présentée dans la fig. 8.1.2 pour 4 zones typiques. Les situations présentées sont celles estimées pour une pluviosité moyenne dans le cas d'une année où il n'y a ni feu ni exploitation (voir pour leurs influences les parties 6.5 et 6.6). Les figures se basent sur un grand nombre d'observations qui sont ou qui seront publiées ailleurs (Diallo, 1978; Traoré, 1978; Breman et al., 1982). Il est clair qu'il ne suffit pas de connaître la biomasse totale produite pour connaître la quantité de fourrage disponible, sauf dans la partie nord du Sahel. Dans les 3 autres zones une grande partie de la biomasse a une qualité telle (digestibilité <40%; taux de protéines <40 g kg^{-1}) qu'elle ne mérite même pas le nom de fourrage (qualité médiocre dans la figure). Le matériel en question ne pourrait être utilisé que s'il y a une source extérieure de protéines, car ce qui a un taux élevé de protéines dans la strate herbacée (bonne qualité dans la figure) ne compense pas partiellement la mauvaise qualité. C'est déjà à l'établissement de la classe d'une qualité moyenne qu'on a tenu compte d'une telle compensation partielle. Cette dernière classe a une qualité qui suffit juste pour le maintien du bétail. La figure montre bien qu'il existe peu de différence entre les 4 zones en ce qui concerne la quantité totale du fourrage de l'entretien pendant les 8 mois de la saison sèche. Des différences notables existent cependant en hivernage, aussi pour la fraction de bonne qualité. Ce que la figure ne montre pas c'est que, quoique sa quantité soit la plus élevée dans la savane et au Delta pendant cette époque, sa qualité est cependant supérieure au nord. Ceci fait que pendant toute l'année la production du bétail peut être plus élevée au nord qu'ailleurs vu la qualité du fourrage.

Une dernière remarque sur le Delta central du Niger au Mali, certainement valable aussi pour les autres plaines d'inondation. Les différences avec la situation de la

Fig. 8.1.2. L'évolution de la biomasse au cours de l'année à une pluviosité moyenne, spécifiée par classe de qualité de fourrage, pour 4 types de pâturages.

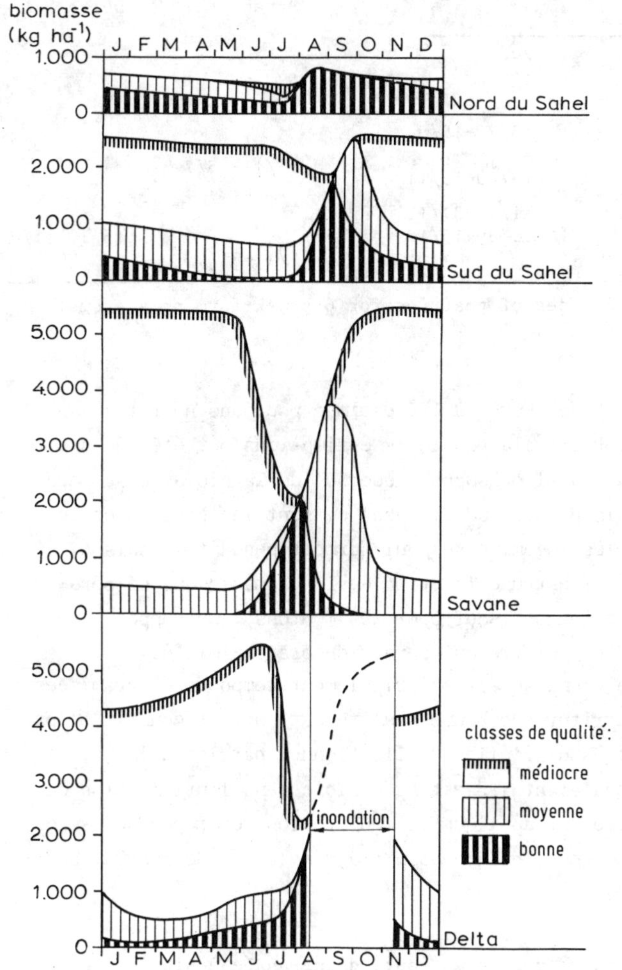

Fig. 8.1.2. The evolution of the biomass, specified according to fodder quality, for 4 types of pastures, during a year with average rainfall.

savane sont une repousse plus élevée des pérennes et la libération des bourgoutières au fur et à mesure que l'eau se rétire ou s'évapore. Pendant la période d'inondation les animaux qui ne sont pas en migration se trouvent à la bordure du Delta ou dans les togguérés où les conditions fourragères sont à peu près comme celles décrites pour le sud du Sahel.

Les données qui sont à la base de la fig. 8.1.2 permettent aussi des estimations de la capacité de charge des pâturages avec ce qu'on a expliqué dans la partie 6.6.5. Pour cela il faut définir le mode et la durée d'exploitation des zones décrites. Les divers cas à examiner sont présentés dans le tableau 8.1.3. Pour les estimations on traite chaque cas en soi, c'est-à-dire qu'on fait utiliser un certain pâturage par un seul

Tableau 8.1.3. La période de séjour sur 4 types de pâturages pour 6 systèmes d'élevage.

Systèmes d'élevage	Sahel nord	Sahel sud	Savane	Delta
nomadisme	1/1-31/12			
transhumance				
s.s. Delta	15/8-15/10	15/7 -15/8 et 15/10-15/11		15/11-15/7
s.s. savane	15/8-15/10	15/7 -15/8 et 15/10-15/11	15/11-15/7	
sédentaire				
sud du Sahel		1/1 -31/12		
Delta		15/8 -15/10		15/10-15/8
savane			1/1 -31/12	

Table 8.1.3. The period of sojourn on 4 types of pastures for 6 stock-farming systems.

système d'élevage à la fois. La capacité de charge a été estimée pour une nutrition au niveau de l'entretien (tableau 8.1.4). Pour cela plusieurs estimations ont été nécessaires. Pour les pâturages de la partie nord du Sahel on suppose que 50% de la biomasse se perd par le vent (voir partie 5.2.5). Dans la partie sud du Sahel ce sont les graines et les fruits, avec les feuilles d'arbres et les légumineuses qui forment pendant la saison sèche la nourriture de qualité. Mais ceci est une fraction de la biomasse qui se perd facilement et qui est difficile à sélectionner (sauf pour les moutons). On suppose que seulement 20% sera réellement utilisé, un chiffre qui serait encore optimiste.

Au Delta et dans la savane, où la biomasse est principalement composée de graminées pérennes sous forme de touffes, la nourriture de bonne qualité est surtout constituée par les repousses. Elles sont en général très difficiles à sélectionner par les animaux, et dans ce cas aussi nous supposons que seulement 1/3 est accessible sans l'utilisation du feu (Breman et al., 1978). Mais si l'éleveur applique le feu, toutes les repousses seront accessibles au bétail. Au Delta, le bourgou (*Echinocholoa stagnina*), qui devient disponi-

Tableau 8.1.4. La capacité de charge des pâturages au cours d'une année à pluviosité normale, pour 6 systèmes d'élevage en UBT ha^{-1}. Le cadre indique pour chaque système la période de la capacité de charge minimale. Chiffres à utiliser avec prudence (voir texte).

Systèmes d'élevage	J	F	M	A	M	J	J	A	S	O	N	D
nomadisme	0,1	0,1	0,09	0,08	0,07	0,07	0,07	0,3	0,3	0,3	0,2	0,2
transhumance												
s.s. Delta	0,2	0,1	0,1	0,2	0,2	0,2	0,5	1,9	1,9	1,6	0,7	0,4
s.s. savane	0,09	0,08	0,08	0,08	0,08	0,2	0,7	1,9	1,9	1,6	0,5	0,1
sédentaire												
sud Sahel	0,1	0,1	0,1	0,1	0,1	0,1	0,2	1,1	0,5	0,3	0,2	0,1
Delta	0,1	0,08	0,08	0,1	0,2	0,2	0,3	1,2	3,0	1,6	0,7	0,3
savane	0,09	0,06	0,06	0,06	0,06	0,1	0,4	1,1	1,5	0,6	0,2	0,1

Table 8.1.4. The carrying capacity of the pastures during a year with normal rainfall, for 6 stock-farming systems in UBT ha^{-1}. The boxes enclose the periods of the minimum carrying capacity for each system. Figures to be used carefully (see text).

ble au fur et à mesure que l'eau se rétire, s'ajoute encore aux repousses.

Le tableau 8.1.4 indique en effet que la capacité de charge minimale, qui détermine la capacité de toute l'année, ne diffère pas trop pour les systèmes d'élevage: il faut 10-15 ha par UBT. Le minimum est cependant déjà atteint en décembre pour l'élevage dans la partie sud du Sahel et pas avant mai pour le nomadisme. En réalité les différences seront plus grandes car le tableau 8.1.4 ne tient pas compte du fait que les animaux sont très sélectifs (voir par exemple Diallo, 1978). Ils utilisent aussitôt que possible la fraction d'une qualité relativement élevée. Ceci est plus grave au fur et à mesure que la période sans production notable de verdure est plus longue. Donc son influence est la plus forte pour l'élevage dans la partie sud du Sahel et pour la savane. Elle est la moins forte pour le Delta où la présence d'eau protège longtemps une partie du fourrage contre l'exploitation. Si on tient compte du fait que le feu est presque partout un instrument de l'élevage traditionnel là où on a des pérennes, il vaut mieux multiplier la capacité de charge présentée par 3. Ceci fait que la capacité minimale, donc réelle, devient 0,3 pour la transhumance sur le Delta et 0,2 pour la transhumance sur la savane et pour l'élevage sédentaire au Delta ou dans la savane. Pour réaliser le tableau, on n'a pas tenu compte des pertes de biomasse dues à l'exploitation. Hiernaux (comm. pers.) a observé cependant que la consommation apparente est 2x plus élevée que la consommation réelle et Toutain et Lhoste (1978) estiment que le coefficient d'utilisation de la biomasse herbacée est 1/3. Ceci voudrait dire qu'il faut diviser les chiffres du tableau 8.1.4 par 2-3, spécialement pour l'hivernage, quand toute la biomasse peut être considérée comme fourrage vu sa qualité.

Le tableau 8.1.5 montre ce qu'il faut au moins comme superficie (ha UTB^{-1}) pour les différents systèmes d'élevage. Le tableau ne tient pas compte des interactions entre les systèmes. Pour chaque système 2 chiffres sont présentés, un pour des années avec une pluviosité moyenne et un pour des années à pluviosité fortement déficitaire. Une indication de la précision des estimations donne la densité réelle du bétail dans la zone, avant et après la sécheresse des années 70 (partie 1.1.1; F.A.O., 1976). Avant la séche-

Tableau 8.1.5. Superficie (ha) nécessaire par UBT pour 6 systèmes d'élevage pendant une année à pluviosité normale et pendant une année à pluviosité très mauvaise.

Systèmes d'élevage	Pluviosité	
	normale	10% probabilité
nomadisme	14	42
transhumance		
s.s. Delta	3	7
s.s. savane	4	10
sédentaire		
sud Sahel	10	20
Delta	4	10
savane	6	15

Table 8.1.5. The necessary area (ha) per UBT for 6 stock-farming systems during a year with normal rainfall and during a year with very low rainfall.

resse, quand il était déjà question de surpâturage suivant plusieurs auteurs, la disponibilité moyenne par UBT était 33 ha à la bordure du Sahara, 3,7 ha au Sahel et 16 ha dans la savane. Après la sécheresse ces chiffres sont devenus respectivement 50, 6 et 20 ha à cause de la mortalité des animaux.

Pour comparer les systèmes il ne suffit pas de connaître la capacité de charge, mais il faut surtout savoir la production possible des animaux. Pour cela la qualité moyenne de la biomasse a été définie par le taux de la matière azotée digestible (M.A.d.) et celui des unités fourragères (UF) (Boudet, 1975). Leur évolution au cours de l'année pour les 4 types de pâturages traités a été présentée graphiquement par les fig. 8.1.3a et 8.1.3b. Ce qui sort de la figure pour les différents systèmes d'élevage c'est le bas taux d'unités fourragères (UF) des pâturages à annuelles au début de la saison sèche. Ceci est

Fig. 8.1.3. L'évolution de la qualité moyenne de la biomasse (taux des unités fourragères et taux de la matière azotée digestible) au cours de l'année pour 4 types de pâturages.

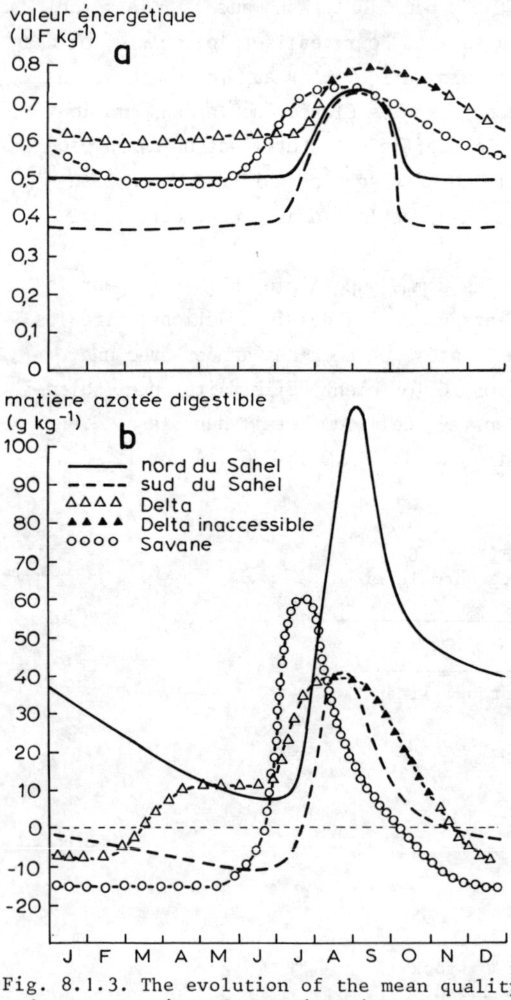

Fig. 8.1.3. The evolution of the mean quality of the biomass (concentration of fodder units and concentration of the digestible crude protein) during the year for 4 types of pastures.

causé par le taux élevé de fibres cellulosiques et de cendre. Quant à la partie sud du Sahel, un taux très bas de protéines s'y ajoute encore, ce qui fait que déjà en octobre-novembre la digestibilité y est vraiment mauvaise. En regardant le taux de M.A.d. on doit s'attendre à une diminution de poids des animaux pendant la saison sèche sur tous les pâturages à l'exception de la partie nord du Sahel; pour la digestion le bétail perd plus de protéines qu'ingérées (M.A.d. négatif) Les valeurs maximales sont atteints en août, sauf à la savane où la croissance commence plus tôt. Mais dans la partie nord du Sahel le pic est considérablement plus élevé qu'ailleurs, une raison importante pour la pratique de la transhumance.

La fig. 8.1.3 présente la situation sans l'utilisation du feu, et il est clair que ce n'est que grâce à une grande sélection que les animaux peuvent survivre pendant la saison sèche. Avec des feux il y a une augmentation de la qualité: les repousses contiennent 0,65-0,80 UF kg^{-1} et elles ont un taux de matière azotée digestible de 40-75 g kg^{-1} de biomasse.

Bien que les fluctuations interannuelles de la qualité soient presque négligeables, vu l'écart entre les valeurs minimales et maximales, en comparaison avec celles de la biomasse, le moment où la qualité commence à augmenter est très variable. Ceci, en signifiant la fin de la période de soudure, détermine avec la quantité minimale du fourrage de qualité la survie des animaux: une mauvaise année pluvieuse est grave, mais une mauvaise année pluvieuse suivie d'un hivernage retardé est une catastrophe.

8.1.5 Possibilités et moments d'intervention

Pour préciser de quelle manière l'élevage traditionnel pourrait être aidé en ce qui concerne la nutrition, un résumé des parties 8.1.1 à 8.1.4 sera donné. De ce résumé sortiront les difficultés d'une amélioration dans les différents cas vu l'importance et la durée de la période de soudure. C'est le tableau 8.1.6 qui présente les données à discuter. Les catégories de fourrages définies sont spécifiées selon Boudet (1975): un fourrage médiocre n'assure pas l'entretien, mais un fourrage moyen le fait; du fourrage bon ou excellent peut assurer une production journalière par UBT de 1-3 l de lait ou 100-300 g de gain de poids vif (bon) ou plus de 3 l de lait ou plus de 300 g de gain de poids (excellent). Les estimations ont été faites pour une année normale, et on a tenu compte d'une application du feu (savane à partir de décembre, Delta à partir de mars). La qualité moyenne de la biomasse totale est à la base de la caractérisation des périodes de l'année, ce qui donne une subdivision du tableau 8.1.6 en 4 compartiments. En cas de nécessité on a spécifié quelle fraction de la biomasse pourrait être sélectionnée par le bétail pour entretenir leur état et quelle fraction pour produire. Le nombre de colonnes diffère ainsi par compartiment en tableau 8.1.6. Pour une qualité moyenne qui est 'Médiocre' les 2 fractions sont données. Dans le cas d'une qualité moyenne définie comme 'Moyenne' c'est la fraction qui peut assurer une production qui a été quantifiée séparément. Dans le cas d'une qualité moyenne définie comme 'Bonne' la fraction qui ne peut assurer que l'entretien. Dans ces 2 derniers cas la sélectivité est donc encore très importante, ce qui n'est plus le cas pour une qualité moyenne excellente. Pour cela une spécification détaillée de cette classe manque.

Tableau 8.1.6. La spécification des problèmes de nutrition pour l'élevage traditionnel: les périodes dont les numéros des mois sont indiqués que la biomasse moyenne est d'une qualité 'Médiocre', 'Moyenne', 'Bonne' ou 'Excellente' (Boudet, 1975); la superficie moyenne qu'il faut par UBT pendant les périodes en question et la fraction de la biomasse qui est telle qu'elle suffit pour l'entretien (entr. %) et celle qui suffit pour une production des animaux (prod. %). Pour ces fractions il s'agit du fourrage accessible aux animaux.

Systèmes d'élevage	Médiocre				Moyenne			Bonne			Excellente	
	mois	ha UBT^{-1}	entr. %	prod. %	mois	ha UBT^{-1}	prod. %	mois	ha UBT^{-1}	entr. %	mois	ha UBT^{-1}
nomadisme	3-7	14	70	15	1-2	10	40	10-12	4	40	8-9	3
transhumance												
s.s. Delta	11-6	3	20	5	7	2	20	10	1	50	8-9	0,5
s.s. savane	11-6	4	20	2	7	1	30	10	1	50	8-9	0,5
sédentaire												
sud du Sahel	10-7	10	15	4	9	2	40	8	1	50		-
Delta	10-6	4	20	6	7 et 9	0,5	40	8	1	50		-
savane	9-6	6	20	3		-		7-8	1	50		-

Table 8.1.6. The specification of the nutritional problems for traditional stock-farming: the periods of which the numbers of the months are indicated, in which the quality of the mean biomass is 'Médiocre' (moderate), 'Moyenne' (mean), 'Bonne' (good) or 'Excellente' (excellent) (Boudet, 1975); the mean area necessary per UBT during the periods in question and the fraction of the biomass (entr. %) that suffices to support the animals, and that which is sufficient for animal production (prod. %). These fractions concern fodder that is accessible to the animals.

Nomadisme Seulement pendant 5 mois de l'année (mars-juillet) la qualité du fourrage est médiocre, et ceci à cause d'une valeur azotée digestible basse. Même dans cette période il existe encore une fraction notable (15%) d'une qualité suffisamment élevée pour la production. D'août à décembre la qualité moyenne du fourrage assure une production du bétail, de janvier à février une fraction de 40% le fait encore.

La qualité du fourrage ne constitue donc pas un grand problème, mais plutôt la disponibilité absolue. Des déplacements importants sont nécessaires pour couvrir les besoins, ce qui fait que même le fourrage excellent de l'hivernage ne suffit pas souvent pour réaliser la production potentielle des animaux. Déjà en pleine saison de croissance il faut 3 ha UTB^{-1}, en fin de la saison sèche c'est même 14 ha UBT^{-1} qu'il faut. L'effort exigé pour obtenir l'eau d'abreuvement presque toute l'année s'y ajoute encore (voir partie 8.1.3).

Transhumance Pendant 8 mois (novembre à juin) la qualité moyenne du fourrage ne suffit même plus pour l'entretien. Une fraction de 20% environ le fait cependant quand on applique le feu. C'est à nouveau la valeur azotée basse qui est à la base de la qualité médiocre. Le manque de protéines est plus prononcé pour les animaux qui séjournent à la savane pendant la saison sèche (M.A.d. -15 kg ha^{-1} contre 0 kg ha^{-1} environ pour le Delta). La fraction qui peut assurer une certaine production est basse au Delta et dans la savane, mais la savane est le moins privilégiée. Ce qui est pire cependant, c'est que par la sélectivité du bétail pour une utilisation homogène des pâturages, la bonne fraction sera rapidement utilisée dans la savane tandis que l'eau protège toujours une grande fraction au Delta. Aussi la superficie de 3 ha UTB^{-1} semble réaliste mais les 4 ha UBT^{-1} donnés par le tableau 8.1.6 sont une surestimation quand les éleveurs brûlent et exploitent l'ensemble des pâturages dès que c'est possible.

Pendant 2-3 mois par an une bonne production du troupeau est possible (août à octobre). Cette période serait plus longue si l'abreuvement n'était pas un problème pendant les migrations principales (voir partie 8.1.3). Au Delta beaucoup plus que dans la savane la nourriture de bonne qualité est distribuée de façon hétérogène, surtout pendant la saison sèche, par la présence des bourgoutières. Ceci fait que dans la savane des déplacements plus importants sont indispensables pendant la saison sèche pour couvrir les besoins. Une dernière différence à signaler entre les 2 systèmes de transhumance est que le problème d'eau se pose beaucoup plus dans la savane qu'au Delta (voir partie 8.1.3).

Elevage sédentaire Vu la disponibilité de fourrage de qualité, l'élevage sédentaire est le moins privilégié des 3 formes discutées. Parmi les sous-types distingués, c'est l'élevage sédentaire dans la partie sud du Sahel, où les pérennes sont d'une importance négligeable. La période avec du fourrage médiocre occupe 10 mois (octobre à juillet) dans le dernier cas, et aussi 10 mois pour l'élevage dans la savane, mais de septembre à juin. Pour le Delta cette période est de 9 mois (octobre à juin). Contrairement au Delta et à la savane, la qualité médiocre dans la partie sud du Sahara est causée par une valeur azotée digestible basse ainsi que par une valeur énergétique basse (<0,45 UF kg^{-1}). L'influence néfaste d'une exploitation sélective de l'ensemble des pâturages, déjà signalée pour la transhumance sur la savane, fait qu'en réalité il faut une superficie beaucoup plus grande que celle donnée par le tableau, vers la fin de la saison sèche. Aussi on peut s'attendre à des pertes de poids notables dans tous ces cas.

La période de production ne dure que 1-2 mois pour l'élevage sédentaire et cette production sera plus basse que pour le nomadisme et la transhumance par manque d'un fourrage de qualité excellente. La situation de l'élevage sédentaire pourrait être souvent un peu moins négative que le tableau le suggère, par l'influence de l'exploitation sur la qualité des pâturages naturels (voir partie 6.6), par la présence des mauvaises herbes vertes en octobre-novembre sur les champs cultivés et par la présence des terrains irrigués.

Le problème d'eau se posera surtout pour l'élevage sédentaire au vrai Sahel pendant 9 mois par an. Mais dans la savane aussi il faut souvent un effort journalier pour abreuver les troupeaux.

Les nouvelles stratégies pour améliorer la productivité de l'élevage dans les pays sahéliens doivent tenir compte des différences signalées entre les systèmes d'élevage et leur localisation. La quantité limitée de fourrage est le problème de la partie nord du Sahel, l'absence d'herbacées pérennes et les valeurs azotées et énergétiques basses constituent les problèmes de la partie sud du Sahel, tandis qu'au Delta et dans la savane la valeur azotée basse est le problème le plus grand pendant une grande partie de l'année.

8.2 L'APPRECIATION DES OPTIONS TECHNIQUES

Pendant l'examen ci-dessus des processus et facteurs gouvernant la production primaire et le bilan d'eau, des suggestions sont faites concernant la manière dont l'approvisionnement de fourrage pour le bétail pourrait être amélioré. La signification pratique de ces options dépend surtout des conditions économiques et de leur degré d'applicabilité dans les systèmes d'élevage existants déjà ou dans de nouveaux systèmes à créer.

Au cours des analyses du projet P.P.S. on a mis l'accent surtout sur l'étude des systèmes d'élevage tandis que les problèmes socio-économiques ne comptaient pas du tout parmi les sujets étudiés. Quant à la planification des applications de ces résultats, il est néanmoins nécessaire de donner déjà dans une phase prématurée une idée de l'utilité des options techniques. Cela se fait ici en 2 phases. De prime abord une analyse approximative des frais et bénéfices est faite: quand les bénéfices sont supérieurs ou égaux aux frais, l'option est marquée comme étant 'discutable'. Ensuite on a étudié en gros dans quelle mesure ces options seraient utiles dans les différents systèmes d'élevage distingués dans la partie 8.1. Il va de soi que des conclusions définitives sur l'utilité d'une option dans une situation concrète n'ont pas pu être tirées ici. Cela demande une meilleure connaissance des systèmes d'élevage et des conditions socio-économiques.

En premier lieu une analyse des frais et bénéfices d'une intervention doit être faite au niveau de la gestion d'exploitation. Quand l'intervention concerne un grand projet de développement, il faut également une analyse au niveau de l'économie nationale. Il faut faire l'escompte aussi de la réalisation de l'infrastructure ainsi que des pertes d'intérêt des investissements, qui ne fructifient qu'au bout de 10-20 ans. Quoique de grande importance, de pareilles analyses de l'économie nationale ne sont pas faites ici parce que nous ne disposons pas de la connaissance et des données nécessaires. L'introduction d'une ou de plusieurs options changera sûrement beaucoup plus dans une zone pastorale que seulement la productivité du secteur d'élevage. Nous ne prêtons ici que peu d'attention à de tels changements, qui se trouvent surtout au niveau des rapports socio-économiques et de l'infrastructure.

Dans les analyses suivantes des frais et bénéfices pour éleveurs et paysans, on part du niveau des prix en 1978 au Mali, indiqués en Francs Maliens (FM; 100 FM = 1 Franc Français = 50 Francs CFA). Il est clair que les prix et les frais peuvent varier beaucoup d'un endroit à l'autre et d'une année à l'autre. Presque toutes les options techniques pour l'augmentation de la production ou l'amélioration des conditions d'exploitation demandent des 'inputs' extérieurs au système, tels que semences, engrais, matières plastiques ou des traitements qui ne peuvent être faits qu'avec du matériel lourd. En général les frais de tout cela sont connus ou faciles à calculer de façon approximative. Les pertes d'intérêts éventuelles sont négligées. Les frais de l'emploi par le paysan de ses moyens à lui, tels que la traction par l'animal, sont estimés et ajoutés aux autres postes. Les frais de travail sont calculés approximativement en comptant les frais des employés formés, engagés provisoirement (tels que chauffeurs et meneurs) ainsi que le prix du travail de l'entrepreneur lui-même et ses ouvriers. D'ailleurs il se peut que ce soit à tort que ce dernier poste est ajouté si le travail pour une option est fait pendant une période où il n'y a pas d'autres travaux. De cette façon, nous obtenons par approximation le prix marginal du produit, c'est-à-dire les dépenses nécessaires pour augmenter la production encore d'une unité. Ce prix, donc, n'inclut pas les investissements faits pour l'infrastructure et pour l'achat des moyens de production.

Les bénéfices sont uniquement indiqués en produit principal négociable: du boeuf. Le prix de viande est fixé à 600 FM kg^{-1}. A titre de comparaison: en 1978, les boeufs zébus, destinés à l'abattoir coûtaient 220-260 FM kg^{-1} de poids vif au marché de Niono, et 270-380 FM kg^{-1} à Kati près de la grande ville de Bamako; en 1979, ces prix étaient respectivement 220-380 et 330-460 FM kg^{-1} (Graafland, comm. pers). Environ la moitié du poids vif est pour la nourriture humaine.

Pour le calcul du rendement de la production, il faut qu'on reconnaisse la grande différence qui existe dans le rapport nourriture/viande produite de l'élevage moderne et intensif, et de l'élevage traditionnel et extensif. Dans des systèmes très intensifs, où la nutrition animale est bien équilibrée et avec une transformation rapide en viande, les boeufs peuvent bien donner 1 kilo de viande par 20 kg de fourrage sec ingéré. Pourtant un tel rapport de transformation élevé n'est réalisé que rarement dans des zones tempérées, et encore moins dans les zones des tropiques (Williamson et Payne, 1977), de sorte que l'on a utilisé un facteur plus bas pour les estimations concernant l'élevage intensif. Dans le cas de l'élevage transhumant extensif, on ne peut pas procéder de cette façon de calculer. Dans ce cas le facteur limitatif le plus important pour la production secondaire est la quantité et la qualité du fourrage pendant la période sèche. En supposant qu'avec les améliorations des systèmes d'élevage, les cheptels s'agrandissent mais les animaux individuels ne deviennent pas encore plus productifs, la production est estimée en calculant combien de têtes de plus peuvent être nourries pendant la période sèche et en multipliant celles-ci par une productivité 'normale' (de 12% an^{-1}, soit 13 kg de viande $tête^{-1}$ an^{-1}, voir partie 1.1.1). Ce calcul suppose qu'il y a suffisamment de fourrage dans les pâturages de saison des pluies, aussi pour les plus gros cheptels. La productivité des cheptels dans les systèmes d'élevage extensifs est maintenant de l'ordre de 1 kg de viande par 200 kg de fourrage sec. Cette productivité peut s'accroître dans le cas d'un développement progressif, mais pour le moment on n'en a pas tenu compte. Quand de nouveaux endroits sont ouverts pour l'élevage extensif sédentaire, la production est calculée en égalant la production de viande à la quantité de fourrage supplémentaire disponible divisée par 200.

Ces calculs des bénéfices peuvent donner des résultats pessimistes: le rapport nourriture ingérée/viande produite des petits ruminants, par exemple, est plus élevé que celui du gros bétail. D'autre part la production de lait par le bétail est plus efficace que celle de la viande. Par conséquent, des mesures pour augmenter la productivité des moutons, des chèvres et la production de lait sont rentables dans des conditions où ces mesures ne sont pas encore rentables pour la production de la viande des boeufs, pourvu qu'un marché suffisamment grand existe pour ces produits. Dans cette étude, nous avons préféré ne pas entrer dans ces domaines de la productivité animale et de la socio-économie, ce qui peut être souhaitable pour établir les possibilités de développement d'une zone.

8.3 L'INSTALLATION DES POINTS D'ABREUVEMENT

8.3.1 Introduction

Chacun des 3 principaux systèmes d'élevage distingués dans la partie 8.1 a ses problèmes spécifiques avec l'eau pour abreuver le bétail.
- Nomadisme: (partie nord du Sahel). Un problème permanent de trouver de l'eau.
- Transhumance: le problème d'eau se pose pendant les migrations en juillet-août et en octobre-novembre, et pendant toute la saison sèche sauf à proximité des grands fleuves.
- Elevage sédentaire: (partie sud du Sahel). Le problème d'eau se pose en général d'octobre à juin.

Comme indiqué dans la partie 8.1 le plus grand problème dans le sud du Sahel est la mauvaise qualité des pâturages pendant la saison sèche. Mais dans le nord du Sahel ce n'est pas cette qualité qui empêche l'utilisation du pâturage mais le manque d'eau. Donc dans ces régions on pense tout de suite à l'installation des points d'abreuvement.

Il y a 2 systèmes principaux de points d'eau à distinguer:
- les puits (ø 1-2 m) et les forages (ø 0,1-0,2 m);
- les points de collection d'eau de ruissellement ('mares').

Ces 2 types ont leurs avantages et leurs inconvénients. Le premier n'est pas toujours possible à cause du manque de la nappe d'eau. En plus il y a un risque de surpâturage (s'il n'y a pas un contrôle strict) car la disponibilité d'eau n'est pas en relation avec la disponibilité du fourrage. Donc avec un grand débit d'eau dans une année avec peu de biomasse, la dégradation des parcours (même quasi irréversible), par surpâturage est possible. Un avantage est cependant la bonne protection contre la contamination par urines et fèces animales.

Le deuxième type a comme avantage que depuis qu'il y a une relation entre pluviosité et production on peut s'attendre à ce que la biomasse et l'eau pour abreuver soient toujours dans un rapport constant. Ceci diminue le risque de surpâturage mais ne résoud pas le besoin d'une alternative pour l'éleveur pendant les années sèches. C'est pourquoi il faut que la dimension des points d'eau se base sur une année sèche et que le point d'eau ne contienne jamais plus que la quantité d'une année sèche pour éviter un agrandissement des troupeaux dans une période avec beaucoup d'années normales ou humides. Ceci implique que pendant les années normales ou humides il y a plus de biomasse qu'il n'y a d'eau disponible pour le bétail. Dans ce cas les animaux peuvent pâturer en sélectionnant les espèces et peuvent donc brouter des herbes d'une bonne qualité.

L'utilisation de l'eau d'écoulement dans les régions semi-arides est connue depuis très longtemps. Au Sahel on connaît le système de mares qui sont souvent temporaires. Depuis longtemps ces mares sont approfondies par l'homme pour obtenir un meilleur stockage d'eau. Dans les régions semi-arides en Indes on appelle les mares 'tanks' mais le système est exactement comme au Sahel. Dans les régions semi-arides de l'Australie et des Etats-Unis presque toute l'eau pour abreuver le bétail et le gibier provient du stockage de l'eau de surface. Ici la technologie appliquée pour le recueillement et le stockage de l'eau est bien développée et les investissements dans ces points d'eau sont souvent élevés.

Le but de cette partie n'est pas d'indiquer une ou plusieurs solutions exactes pour des problèmes concernant l'eau pour abreuver les bêtes, mais veut montrer une manière de considérer le problème et veut surtout illustrer qu'un très grand nombre de facteurs jouent un rôle. Pour pouvoir résoudre un cas spécifique il faut qu'on précise d'abord ces facteurs comme le système d'élevage pour lequel le point d'eau doit servir, l'endroit, le nombre des animaux, le prix du travail, le prix de la viande, des matériaux etc. Les prix sont mentionnés ici approximativement pour donner un ordre de grandeur des investissements et pour présenter le rapport entre revenus et investissements. Les prix du matériel sont valables pour le Sahel, qui sont en moyenne le double des prix en Europe. Nous recommandons que pour chaque cas spécifique une étude approfondie soit encore exécutée.

8.3.2 Besoins des animaux, production de la biomasse

Les besoins des animaux ont été estimés à 25 litres d'eau UTB^{-1} jour^{-1} et à 6,25 kg de matière sèche UTB^{-1} jour^{-1}. La surface des pâturages utilisables par les troupeaux aux alentours d'un point d'eau varie avec la manière d'abreuver. Si l'on compte que le bétail doit boire chaque jour et la distance de marche maximale est de 12 km jour^{-1}, la superficie de la zone est environ 100 km^2 (un rayon de 6 km). Si les troupeaux ne boivent qu'une fois tous les 3 jours le rayon augmente jusqu'à 18 km et la superficie jusqu'à 1.000 km^2. Ce n'est possible que là où la qualité reste suffisamment élevée pendant la saison sèche.

La production dans 3 zones du Sahel a été estimée dans le tableau 8.3.1 pour une année normale et une année sèche (voir partie 3.2). Avec l'estimation des pourcentages du pâturage utilisable par le bétail nous avons calculé la biomasse utilisable par ha et pour 2 zones aux alentours d'un point d'eau. (Il faut qu'on se réalise que l'installation des points d'abreuvement, sans une gestion stricte des pâturages, reste toujours dangereuse. Donc on suppose ici qu'au moment de l'installation des points d'eau la gestion des pâtu-

Tableau 8.3.1. La production primaire utilisable dans une année moyenne et une année sèche (p50% et p90%, voir partie 3.2). Notez que pour le Sahel moyen et sud la fraction de la production qui est utilisable est plus élevée dans une année sèche que dans une année normale (due à meilleure qualité de la production primaire). R représente le rayon de la superficie exploitée autour le point d'eau.

		Sahel nord	Sahel moyen	Sahel sud
Année normale (p50%)				
pluviosité	(mm an^{-1})	200	400	600
production	(kg ha^{-1})	600	1.600	2.400
fraction production utilisable		0,20	0,10	0,07
production utilisable	(kg ha^{-1})	120	160	170
production pâturage R = 6 km	(kg)	1,4 10^6	1,8 10^6	1,9 10^6
production pâturage R = 18 km	(kg)	12,2 10^6	-	-
Année sèche (p90%)				
pluviosité	(mm an^{-1})	125	270	430
production	(kg ha^{-1})	200	800	1.200
fraction production utilisable		0,30	0,15	0,10
production utilisable	(kg ha^{-1})	60	120	120
production pâturage R = 6 km	(kg)	0,7 10^6	1,8 10^6	1,4 10^6
production pâturage R = 18 km	(kg)	6,1 10^6	12,2 10^6	

Table 8.3.1. The utilizable primary production in an average year and a dry year (p50% and p90%, see part 3.2). Note that for central and south Sahel the fraction of the production which is utilizable, is higher in a dry year than in a normal year (because of a better quality of the primary production). R represents the radius of the exploited area around the watering point.

rages est telle que le surpâturage n'existe plus et que la qualité des pâturages reste acceptable.) Dans ce cas, en se limitant aux boeufs dans un élevage traditionnel, les revenus se basent sur une production de 13 kg de viande par tête par an. Donc au prix de viande de 600 FM kg^{-1} (voir partie 8.2) les bergers pourraient gagner environ 3,4 FM kg^{-1} de biomasse consommée, et les revenus d'un m^3 d'eau consommée pourraient être 850 FM.

8.3.3 Puits et forages

L'avantage d'un puits est que l'exhaure de l'eau est possible avec l'énergie humaine ou animale à l'aide de moyens très simples (sac et corde). L'avantage d'un forage est que les frais de construction sont souvent plus bas que pour un puits, que la profondeur peut être plus que la profondeur maximale d'un puits (qui est environ 100 m) et par conséquent que le débit peut être plus grand (par l'utilisation d'un grand rabattement) qu'avec un puits. Cependant, le désavantage d'un forage est qu'on a besoin de la technologie en forme d'une pompe pour l'exhaure de l'eau. Toutes les formes de pompes sont en usage, pompes à main ou à pied, pompes avec traction animale, pompes solaires et pompes électriques à moteur d'energie fossile.

Les frais des puits et des forages sont difficiles à indiquer. Tout dépend fortement de la manière de calcul, si les frais d'amortissement et d'entretien sont inclus ou non, de la profondeur, de l'état du sol et de la roche etc. La construction d'un puits (tous les frais inclus) coûte entre 5 10^4 et 2 10^5 FM m^{-1} en fonction de la profondeur et de l'état du sol/roche. Le prix total d'un puits varie beaucoup: de 1,5 10^6 FM (Sinyanga

Wells Projet, comm. pers.) 2,5 10^6 FM (Bruyns, comm. pers.), 4 10^6 FM (Vorin, 1979) jusqu'à 5 10^6 FM (projet au Seno Mango, selon l'Essor, un journal malien, du 17 mars 1979). Le prix d'un forage, exprimé par mètre est en général un peu moins cher, et varie entre 5 10^4 et 1 10^5 FM m^{-1}. Etant donné qu'un forage est souvent plus profonde qu'un puits le prix total d'un forage varie entre 2 10^6 (Mali Aqua Viva, 1978) et 6 10^6 FM (Vorin, 1979).

Une étude géohydrologique du Comité Interafricain d'Etudes Hydrauliques (C.I.E.H., 1976) a montré qu'au-dessous de 50% de la surface du Mali il se trouve une nappe aquifère continue (unités 0-3 de la fig. 8.3.1) à 20-60 m de profondeur, et un puits y a un débit de 10-1.000 m^3 $jour^{-1}$. L'autre 50% du territoire malien n'a qu'une nappe discontinue (unités 4-8 de la fig. 8.3.1) avec une profondeur et un débit très variable. En général la profondeur des puits augmente du sud au nord. Dans la zone entre les parallèles 14-15° N la profondeur moyenne est de 10 m avec un débit moyen de 75 m^3 $jour^{-1}$ (variation 12-290). Entre les parallèles 15-16° N la profondeur moyenne est de 30 m et le débit moyen 100 m^3 $jour^{-1}$ (variation 0,7-600!) et dans la zone plus au nord du seizième parallèle la profondeur moyenne est de 61 m avec un débit moyen de 50 m^3 $jour^{-1}$ (variation 0,7-190), (C.I.E.H., 1976).

La plupart des chiffres ci-dessus concernent des puits des villages de la partie sud du Sahel qui sont souvent localisés sur des endroits plus favorables que les endroits où il y a un manque d'eau à ce moment. En plus la plupart des zones avec une biomasse non-exploitée par suite d'un manque d'eau sont situées dans la partie nord du Sahel. Donc pour des nouveaux puits et forages à construire on suppose une profondeur moyenne de 50 m avec une estimation pessimiste pour les frais, 2 10^5 FM m^{-1}. Le prix total d'un puits ou forage est estimé à 1 10^7 FM.

Fig. 8.3.1. Carte des grands ensembles hydrogéologiques du Sahel malien (C.I.E.H., 1976). Toutes les zones hachurées (no. 0 à 3) ont une nappe aquifère continue, d'autres (4 à 8) ne l'ont pas.

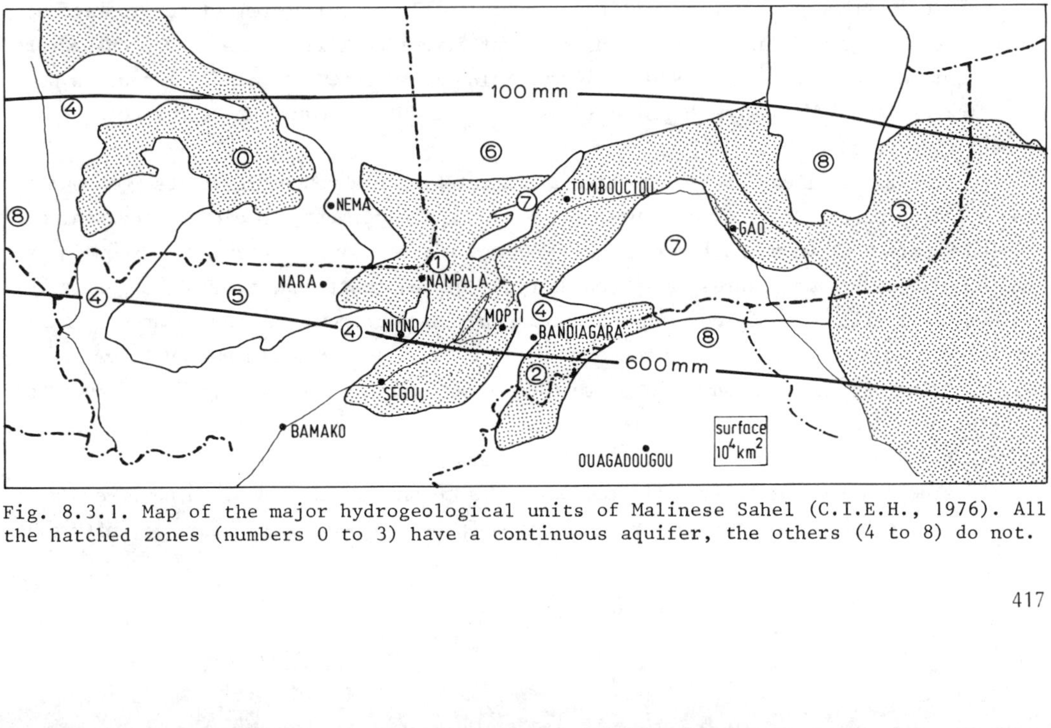

Fig. 8.3.1. Map of the major hydrogeological units of Malinese Sahel (C.I.E.H., 1976). All the hatched zones (numbers 0 to 3) have a continuous aquifer, the others (4 to 8) do not.

Le débit moyen d'un puits, déterminé par la perméabilité du sous-sol, est estimé (aussi d'une manière pessimiste) à 12 m^3 $jour^{-1}$. Le débit d'un puits ne varie que légèrement avec la pluie de l'année en cours. A long terme, pendant une séquence des années sèches par exemple, le débit est affecté. De tout temps cette quantité est utilisable par les bergers à l'aide de la force animale. Plus un puits est profond plus du travail est nécessaire pour soulever ces 12 m^3. Un tel puits peut entretenir environ 500 UBT. La consommation d'herbes est environ 1,1 10^6 kg an^{-1} de fourrage sec. Si cette consommation est prise d'une superficie de 100 km^2, (rayon de 6 km aux alentours d'un point d'eau) les fractions d'utilisation de la biomasse seront suivant le tableau 8.3.1 17%, 6% et 4% dans une année normale et 50%, 13% et 8% dans une année sèche et pour les isohyètes de 200, 400 et 600 mm an^{-1} respectivement. Ces valeurs sont dans presque tous les cas au-dessous des fractions de la biomasse qui sont utilisables pour les animaux. Seulement dans le nord du Sahel les troupeaux seront obligés d'exploiter dans une année sèche une zone de plus de 100 km^2. Une optimalisation du nombre des animaux par puits ou de la distance entre les puits n'est pas opportune ici. D'autre part dans un tel calcul un grand facteur de sécurité est obligatoire parce que la pluviosité d'une année sèche est une moyenne d'une grande surface et il est bien possible de trouver à l'intérieur d'une telle région dans une année sèche des endroits sans aucune précipitation à côté des endroits avec une précipitation normale. Cela fait qu'il est dangereux du point de vue du surpâturage et de la dégradation, de développer des points d'abreuvement pour plus de 500-1.000 animaux donc avec un débit de plus de 12-24 m^3 $jour^{-1}$.

Si une région ne peut pas être exploitée du tout sans puits, l'installation d'un puits peut permettre l'augmentation du cheptel d'environ 500 UTB (au maximum). Les revenus sont environ 3,9 10^6 FM par an. Suivant ce calcul, un puits de 1 10^7 FM est amorti en 4 ans (avec 10% d'intérêt).

8.3.4 Utilisation de l'eau de la pluie

Dans ce système nous devons distinguer nettement le recueillement et le stockage de l'eau. L'eau qui coule sur la surface du sol peut être recueillie. Dans ce cas on préfère que la surface soit très imperméable à l'eau. Moins la surface est perméable plus on peut collecter de l'eau. Une autre possibilité est d'intercepter l'eau à une certaine profondeur dans le sol.

Le stockage de l'eau peut être utile à 2 stratégies d'abreuver les bêtes. On peut stocker l'eau pour toute l'année pour que le point d'eau permette un élevage sédentaire, ou bien le stock d'eau ne peut servir que pour une période limitée qui varie de quelques semaines à quelques mois après la saison de pluie et qui fonctionne pour prolonger la durée d'utilisation des régions sans eau, comme par exemple pour la transhumance à la partie nord du Sahel. Le sédentarisme est possible là où les gens peuvent cultiver le mil, dans les régions avec une pluviosité $\geq$400 mm an^{-1}. Donc pour la moitié nord du Sahel l'installation des systèmes d'élevage sédentaire à côté des systèmes d'élevage nomade et de transhumance ne semble pas réalisable et ne sera pas discutée ici.

Le stockage même peut être effectué selon des techniques diverses. On peut recueillir l'eau dans une dépression sur le terrain. Cette dépression peut être naturelle, naturelle mais améliorée, ou complètement artificielle et éventuellement revêtie d'un matériel qui rend le fond et les flancs de la dépression imperméables à l'eau. Le désavantage sérieux est que beaucoup d'eau se perd par l'évaporation. Une autre possibilité est de stocker l'eau sans que l'évaporation puisse s'effectuer, c'est-à-dire dans un réservoir fermé en béton ou dans une cuvette remplie de sable.

Comme expliqué ci-dessus, le stockage ouvert ne semble pas être une vraie solution pour l'élevage sédentaire à cause des pertes dramatiques par infiltration profonde et par évaporation et aussi pour des raisons sanitaires. Donc ici un stockage fermé est préférable mais il est coûteux. Pour le stockage pendant quelques mois les possibilités sont plus nombreuses. Nous expliquerons d'abord les besoins en eau pour les 2 cas d'utilisation, permanente ou temporaire (novembre-décembre-janvier).

Contrairement aux puits et forages le nombre d'animaux n'est pas limité par la capacité du point d'eau mais il faut prévoir la capacité en se basant sur la production des pâturages. Avec les données de la partie 8.3.2 et du tableau 8.3.1 nous calculons le nombre maximal des animaux aux alentours d'un point d'eau pendant une année sèche (p90%):

200 mm → 435 (R = 6 km) ; 4.350 (R = 18 km)
400 mm → 1.750 (R = 6 km)
600 mm → 1.750 (R = 6 km)

Dans le cas où les animaux ne restent pas toute l'année aux alentours des points d'eau mais seulement quelques mois il faut multiplier les nombres encore par un facteur 3. Dans certains cas il y a des raisons pour limiter le nombre d'animaux aux alentours d'un point d'eau. Si l'eau doit être puisée par les bergers il y a une limite physique à cause de l'espace autour des puits. Le nombre de bergers qui peuvent puiser en même temps et le nombre d'animaux qui peuvent boire en même temps sont limités. En plus les animaux ont besoin d'un certain temps pour boire et pour aller et venir. Si le point d'eau est à l'usage des animaux sédentaires il faut se réaliser qu'il existe toujours une superficie aux alentours qui reste nue tout le temps à cause du piétinement et à cause d'une exploitation précoce des jeunes plantes aussitôt après une germination. Cette superficie est estimée à 10 ha 100 UTB^{-1}. Si l'on veut limiter cette superficie dans un rayon de 600 m il faut se limiter à un nombre de 1.000 UTB par point d'eau.

Les discussions et les calculs sont tous faits pour ce nombre de 1.000 UTB, donc pour un besoin en eau de 6.750 m^3 9 $mois^{-1}$ et de 2.350 m^3 3 $mois^{-1}$. Si les conditions permettent un nombre plus élevé (par exemple avec stockage ouvert de l'eau ou avec utilisation pendant le passage des animaux de la transhumance seulement) on peut refaire les calculs en se basant sur les données de base incluses dans les parties qui suivent.

8.3.4.1 Stockage ouvert

L'option pour une dépression naturelle assez imperméable n'existe pas partout. Dans la partie sud du Sahel il y a des sols avec une couche de sable limoneux ou limono-sablonneux en surface et du limon ou de l'argile en profondeur. Il y a des mares temporaires existantes mais la plupart ne suffisent que pour 1-2 mois après la fin des pluies. Une grande partie du Sahel est couverte de sable assez perméable et le recueillement de l'eau par le ruissellement et le stockage ne sont possibles qu'avec des investissements considérables.

Si la région permet la construction ou l'amélioration des mares, il faut considérer les pertes d'eau par l'infiltration profonde par le fond de la mare à 4 mm $jour^{-1}$ donc 1.500 mm an^{-1} ou 360 mm 3 $mois^{-1}$. Ce chiffre peut diminuer pour les mares permanentes au cours du temps parce que le fond peut devenir de plus et plus imperméable à cause du dépôt des sédiments (argile et limon) transportés par l'eau. Pour les mares temporaires ce chiffre peut augmenter à cause de la formation des fentes dues à la rétraction de l'argile pendant la période sèche. Après l'agrandissement d'une mare par l'excavation aussi, le fond devient perméable, mais les années suivantes, ce fond tend à être de plus en plus imperméable par le dépôt des sédiments.

L'évaporation journalière de la surface d'eau libre au Sahel se fait comme suit:

janvier	6,6 mm	juillet	6,5 mm
février	8,6 mm	août	5,0 mm
mars	11,8 mm	septembre	5,2 mm
avril	12,2 mm	octobre	4,9 mm
mai	11,2 mm	novembre	6,2 mm
juin	8,7 mm	décembre	6,4 mm

L'évaporation totale pour les 9 mois secs (octobre-juin) est donc 2.300 mm! C'est surtout la saison chaude (mars-mai) qui compte pour ce chiffre dramatique. Ce total ne varie légèrement qu'entre le nord et le sud du Sahel (voir partie 3.2). L'évaporation totale des mois de novembre, de décembre et de janvier est de 580 mm.

La profondeur d'un réservoir ouvert qui doit débiter de l'eau toute l'année (9 mois) doit donc être au minimum 3,5 m pour pallier l'infiltration profonde et l'évaporation. Vu les possibilités de construction cette demande n'est presque pas réalisable. En plus il faut qu'on ajoute encore la couche d'eau disponible pour les animaux. Une couche de 1,5 m semble le maximum. Dans ce cas le réservoir a une profondeur de 3,5 + 1,5 = 5,0 m! Le rapport entre utilisation pour abreuver-infiltration profonde-évaporation est environ 2:2:3 donc l'efficacité d'utilisation est de 30%. Pour servir les 1.000 UBT avec les 6.750 m^3 il faut avoir un réservoir de 24.000 m^3 avec une profondeur de 5,0 m et aux dimensions de 67 × 67 m.

Un réservoir qui sert pour 3 mois doit avoir une profondeur minimale de 0,36 + 0,58 = 1 m pour l'infiltration profonde et l'évaporation. Avec une profondeur totale optimale de 3 m il reste une couche d'eau utilisable de 2 m. Pour abreuver encore 1.000 UBT avec 2.250 m^3 il faut un réservoir de 3.400 m^3, d'une profondeur de 3 m et aux dimensions de 33 × 33 m.

Ces chiffres sont basés sur des mares profondes qui sont difficiles à entretenir. En réalité la plupart des mares au Sahel sont temporaires parce qu'elles ne sont pas suffisamment profondes. Seules les mares à côté d'un village, qui sont creusées par l'utilisation de la terre pour la construction des maisons, sont assez profondes. Des mares avec une très grande superficie qui sont assez profondes au milieu, sont une autre possibilité (Mare de Gossi, par exemple). Dans ce dernier cas l'efficacité d'utilisation de l'eau est très inférieure à 30%.

Les frais pour excaver un réservoir sont estimés à 3 10^3 FM m^{-3} (Vink, comm. pers.). Donc les frais d'installation varient entre 1 10^4 FM m^{-3} d'eau utilisable (9 mois) et

$4{,}5\ 10^3$ FM m^3 (3 mois). Vu les revenus par m^3 d'eau consommée, cet investissement ne s'amortit jamais pour le réservoir pour 9 mois et en 8 ans pour le réservoir pour 3 mois (avec 10% d'intérêt).

On peut réduire l'infiltration profonde d'une mare par traitement avec une couche de ciment (à $7\ 10^3$ FM m^{-2}) ou par l'utilisation d'une membrane en plastic. Ce dernier coûte entre 80 FM m^{-2} (polyéthylène à une épaisseur de 0,05 mm) et $2{,}5\ 10^3$ FM m^{-2} (chlorure de polyvinyle (PVC) à une épaisseur de 0,5 mm). Souvent du PVC (0,25 mm) à $1{,}2\ 10^3$ FM m^{-2} est conseillé, mais nous avons utilisé ce dernier à 20 cm de profondeur dans le sol et constaté que des termites sont capables de perforer ce PVC.

Ces traitements diminuent les dimensions d'une mare et donc aussi les frais d'excavation (et aussi la surface de recueillement). Le prix d'eau utilisable devient donc $8{,}5\ 10^3$ FM m^{-3} (9 mois et 5 m de profondeur) et $6{,}5\ 10^3$ FM m^{-3} (3 mois et 3 m de profondeur) pour le béton et $6{,}5\ 10^3$ FM m^{-3} (9 mois) et $4{,}5\ 10^3$ FM m^{-3} (3 mois) pour le PVC.

8.3.4.2 Stockage fermé

L'avantage des systèmes où l'eau est protégée contre l'évaporation est aussi que l'eau reste propre. Elle n'est pas touchée par les animaux et donc pas contaminée avec les urines et les fèces. Cet aspect peut être d'une importance primordiale pour la santé des animaux.

La première possibilité est de construire une citerne de 6.750 m^3 (par exemple 4 m de profondeur et 40 × 40 m) ou de 2.250 m^3 (4 m de profondeur et 24 × 24 m). Les bergers doivent tirer l'eau comme ils le font avec un puits. Le prix des citernes de cette dimension en béton armé est estimé à $2\ 10^5$ FM m^{-3}. Donc l'investissement par m^3 de l'eau utilisable semble excessif.

Une autre manière d'obtenir un système fermé est de creuser un réservoir et couvrir le fond et les flancs avec du PVC et après remplir le réservoir avec du sable. Au milieu on construit un puits où les bergers peuvent prendre l'eau dont ils ont besoin. Le recueillement d'eau dépend du caractère de rétention d'eau du sol. En pratique, seul du sable assez grossier relâche assez d'eau vers le puits. L'argile et le limon retiennent trop d'eau et ne sont pas à utiliser comme réservoir pour l'eau. La présence du sable aux environs du réservoir à construire est donc une condition nécessaire.

La fig. 8.3.2 présente la situation d'un tel système. Si la cuvette a une profondeur de 3 m et le puits un niveau de drainage de 5 m, le premier mètre de la cuvette ne doit pas contenir de l'eau parce que cette couche est sensible à l'évaporation. Donc le niveau de remplissage maximal (sable saturé) est à 1 metre au dessous de la surface. Suivant le caractère de rétention d'eau du sable S2 au ranch de Niono (fig. 3.3.8) la récolte maximale du système comme dans la fig. 8.3.2 est de 60 cm d'eau. Pour un stockage total de 6.750 m^3 il faut qu'on crée une cuvette de 100 × 100 m avec 3 m de profondeur. Les frais d'un tel système sont estimés à:

Fig. 8.3.2. Schéma d'une cuvette remplie de sable qui fonctionne comme réservoir d'eau pour abreuver les bêtes. Le rendement en eau de la cuvette dépend de la hauteur au-dessus du niveau de drainage. Ces rendements ont été calculés en se basant sur la caractéristique de rétention d'eau du sable S2 comme suit: le premier mètre donne 17 cm d'eau, le deuxième mètre donne 24 cm d'eau, le troisième mètre donne 28 cm d'eau, le quatrième mètre donne 30 cm d'eau.

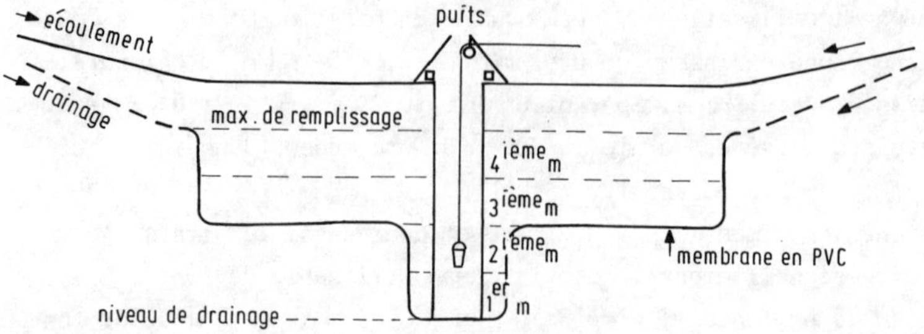

Fig. 8.3.2. Scheme of a sand-filled basin which acts as a water reservoir to water the animals. The water yield of the basin depends on the height above the drainage level. The calculations of these yields are based on the water retention characteristic of sand S2, as follows: first metre gives 17 cm water, second metre gives 24 cm water, third metre gives 28 cm water, fourth metre gives 30 cm water.

1) excavation 30.000 m^3 à 3 10^3 FM m^3	=	9 10^7 FM
2) remplissage 30.000 m^3 à 4 10^3 FM m^3	=	1,2 10^8 FM
3) PVC 10.000 m^2 2,5 10^3 FM	=	2,5 10^7 FM
4) puits à construire	=	p.m.
Total		2,35 10^8 FM

Donc le prix du volume de stockage utilisable est 3,3 10^4 FM m^{-3}. Vu les revenus actuels ce prix aussi est trop élevé.

8.3.4.3 Recueillement d'eau

La morphologie du paysage au Sahel est telle qu'il n'est pas difficile de trouver un bassin hydrographique (= impluvium) avec des pentes qui causent des ruissellements. Dans la partie sud du Sahel où les sols à la surface sont souvent limoneux, un impluvium naturel peut avoir un rendement de 30%. Un tel impluvium amélioré, c'est-à-dire nettoyé et débarrassé d'arbres et d'herbes et tassé peut avoir un rendement allant jusqu'à 50%. Les frais d'amélioration sont estimés à 2 10^5 FM ha^{-1} (Frasier, 1975). Dans la partie nord du Sahel la plupart des sols sont sablonneux et l'infiltration est trop grande pour qu'il se réalise un ruissellement naturel. Ici on peut stimuler le ruissellement en rendant la surface imperméable à l'eau. Il y a déjà beaucoup de méthodes et de produits disponibles pour un tel traitement de la surface. On peut distinguer 3 groupes:

(1) Membrane à la surface. La membrane est une barrière totale pour l'eau. Les membranes peuvent être:

- feuille de polyéthylène;
- feuille d'aluminium;
- couche d'asphalt;
- couche de béton.

(2) Produit chimique à la surface. Ce produit rend la surface hydrophobe, donc la pénétration de l'eau est très difficile;

- cire de paraffine;
- silicone hydrophobe;
- du sel (seulement pour les surfaces argileuses).

Le rendement (en eau) du premier type est environ 90-100% et celui du deuxième type 80% (Frasier et al., 1979).

Aux Etats-Unis (Frasier, 1975) et en Israël (Hillel, 1967) on a réalisé beaucoup d'expériences avec les produits et les techniques mentionnées ci-dessus. Au Sahel les expériences réalisées sont limitées (Martin, 1975; Bichet et Martin, 1976).

Il y a des problèmes divers avec ces traitements de la surface. Les membranes sont souvent trop faibles pour résister au piétinement du bétail. Donc une clôture chère est nécessaire. De même la température et la radiation solaire élevées diminuent la durée de vie des membranes. Les membranes très dures (béton, asphalt) sont en même temps très chères. Les traitements avec des produits chimiques ont une efficacité plus faible sur les sols sablonneux. Ici aussi le piétinement, la température élevée, etc. provoquent une durée de vie limitée des surfaces traitées.

(3) Pour des sols sablonneux qui sont très perméables, comme on en trouve dans la partie nord du Sahel il y a une troisième possibilité de recueillir l'eau captage en plaçant dans le sol une membrane imperméable. Le rendement (en eau) d'un tel système est difficile à prévoir. La pluie doit d'abord humidifier le sol et après l'eau doit s'écouler latéralement dans le sol au-dessus de la membrane. Le rendement est élevé si la couche au-dessus de la membrane est mince (cas extrême où la couche = 0; rendement = 90-100%) et le rendement diminue si la profondeur augmente (autre cas extrême est une couche $\rightarrow \infty$, rendement $\rightarrow 0$). Si la couche au-dessus de la membrane devient saturée il y a un risque d'érosion par le fait que les grains de sable ont tendance à flotter. La concentration des lignes d'écoulement dans le sol par écoulement latérale vers un point donne également un risque d'érosion considérable. Pour cette raison on installe un drain au-dessus de la membrane comme à la fig. 8.3.3 (par Shanan et al., 1980). Le rendement d'un tel système est estimé à 30-50%. La membrane même est sous une pente de 10%. Au milieu de la voie de capture il y a un drain dans lequel l'eau coule suivant la pente naturelle (1-3%) vers le point de stockage. Pour obtenir une grande superficie de recueillement il faut qu'on assemble plusieurs voies de captage (comme par exemple la fig. 8.3.4).

Les frais de ce système peuvent être calculés sur la base des frais d'excavation

Fig. 8.3.3. Voie de captage d'eau souterraine (selon Shanan et al., 1980).

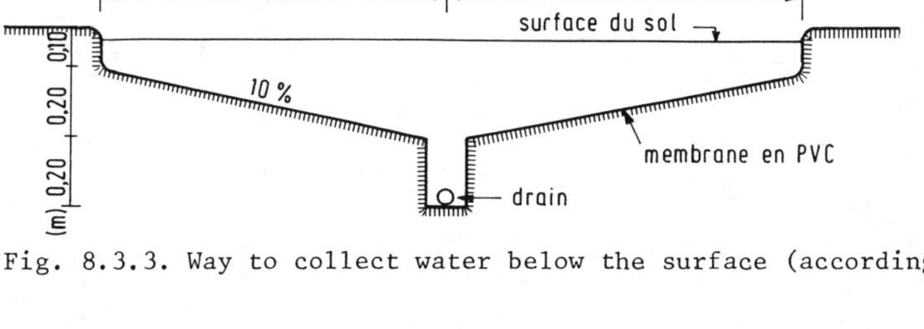

Fig. 8.3.3. Way to collect water below the surface (according to Shanan et al., 1980).

Fig. 8.3.4. Assemblage de plusieurs voies de captage d'eau souterraine.

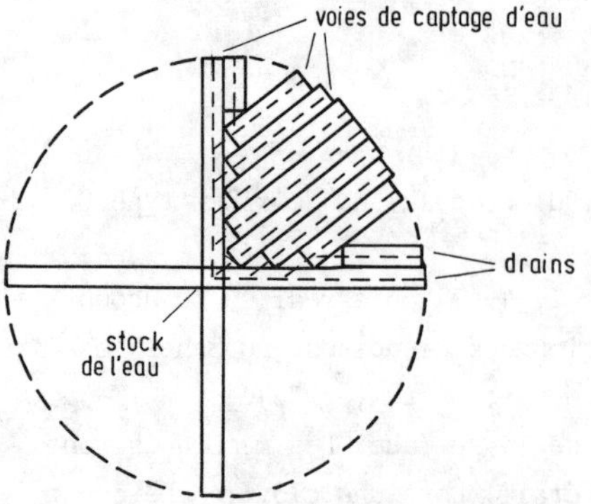

Fig. 8.3.4. Assemblage of several ways of collecting water below the surface.

Tableau 8.3.2. Superficies (en ha) des impluviums nécessaires dans différentes conditions et pluviosités pour 2 systèmes d'utilisation.

Rendement de ruissellement			30%		50%		90%	
Probabilité de la pluie			90%	95%	90%	95%	90%	95%
A: Présence 1.000 UBT, pendant 9 mois (besoin animal 6.750 m^3)								
Stockage (m^3)								
1. fermé	6.750	le nord	18	23	11	14	6	8
2. ensablé	10.000	du Sahel	27	33	16	20	9	11
3. ouvert	24.000	200 mm an^{-1}	64	80	38	48	21	27
1. fermé	6.750	le milieu	8	10	5	6	3	3
2. ensablé	10.000	du Sahel	12	14	7	9	4	5
3. ouvert	24.000	400 mm an^{-1}	30	35	18	21	10	12
1. fermé	6.750	le sud	5	6	3	4	1,7	2
2. ensablé	10.000	du Sahel	8	9	5	5	3	3
3. ouvert	24.000	600 mm an^{-1}	19	21	11	13	6	7
B: Présence 1.000 UBT, pendant 3 mois (besoin animal 2.250 m^3)								
Stockage (m^3)								
1. fermé	2.250	le nord	6	8	4	5	2	3
2. ensablé	2.800	du Sahel	7	9	4	6	2	3
3. ouvert	3.400	200 mm an^{-1}	9	11	5	7	3	4
1. fermé	2.250	le milieu	3	3	2	2	0,9	1,1
2. ensablé	2.800	du Sahel	3	4	2	2	1,2	1,4
3. ouvert	3.400	400 mm an^{-1}	4	5	3	3	1,4	1,6
1. fermé	2.250	le sud	2	2	1,0	1,2	0,6	0,7
2. ensablé	2.800	du Sahel	2	2	1,3	1,5	0,7	0,8
3. ouvert	3.400	600 mm an^{-1}	3	3	1,6	1,8	0,9	1,0

Table 8.3.2. Areas (in ha) of the impluviums necessary under different conditions and rainfall for 2 utilization systems.

($3\ 10^3$ FM m^{-3}), de remblayage ($4\ 10^3$ FM m^{-3}), des feuilles PVC (0,50 mm) à $2,5\ 10^3\ m^{-2}$ et du tuyau de drainage à $1\ 10^3$ FM m^{-1}. Le total s'élève à $4\ 10^3$ FM m^{-2} pour ce système. Avec un rendement (en eau) de 50% dans une année sèche dans la partie nord du Sahel, pour 1.000 UBT pendant 9 mois par an il faut une superficie de recueillement de 11-38 ha (en fonction de la manière de stockage, voir tableau 8.3.2). Donc l'investissement pour le recueillement de 1 m^3 d'eau varie entre $6,5\ 10^4$ et $2,2\ 10^5$ FM. Vu les revenus qui peuvent être estimés à $8\ 10^6$ FM pour 1.000 UBT toute l'année ou environ $3\ 10^6$ FM pour 1.000 UBT pendant 3 mois seulement, ces prix sont très élevés.

En utilisant les données météorologiques et les besoins en eau on peut calculer les besoins en surface d'écoulement avec des rendements divers. Les résultats sont donnés au tableau 8.3.2. On voit que la surface nécessaire varie beaucoup selon l'utilisation de l'eau (9 mois ou 3 mois), selon l'efficacité de stockage (ouvert ou fermé) et selon l'efficacité d'impluvium (non-traité ou traité).

Il est évident que l'efficacité de l'aménagement est aussi fonction des investissements qu'on peut faire. Mais l'investissement n'est pas le seul facteur, même pas le facteur le plus important parce que la présence dans la nature des impluviums d'une certaine superficie joue dans cette option un rôle primordial. Cette présence varie d'un endroit à l'autre. Au ranch de Niono il y a des impluviums interdunaires excellents de 10-20 ha, mais dans d'autres régions les impluviums sont à déterminer de façon plus précise si l'on veut les utiliser comme indiqué dans cette option.

8.4 LA FERTILISATION ET L'IRRIGATION

8.4.1 Introduction

Le projet P.P.S. n'a pas étudié à fond les possibilités des cultures des plantes pour la production d'aliments pour les animaux. On peut se prononcer là-dessus cependant, car certains aspects de la croissance sont presque les mêmes pour toutes les espèces de plantes, ou une caractéristique d'un groupe, comme les espèces des types C_4 ou C_3 et les légumineuses (parties 4.2, 4.5 et 5.2). Il s'agit surtout de la photosynthèse, de l'efficacité de la croissance, de l'efficacité de l'utilisation de l'eau de la transpiration, et du comportement vis-à-vis de la disponibilité de l'azote (N), du phosphore (P) et des autres minéraux. Pour le but de cette partie, qui est de donner une première impression (voir partie 8.2) de ce qu'on pourra faire avec l'irrigation et la fertilisation pour les cultures fourragères, les différences dans les caractéristiques physiologiques entre les espèces sont assez limitées ce qui permet de négliger la plupart de ces différences. Quatre cas sont analysés: la production sans fertilisation ni irrigation, la production avec fertilisation, la production avec irrigation, et la production avec fertilisation et irrigation. Les légumineuses, qui n'ont pas besoin d'engrais azoté, sont considérées séparément.

Pour le calcul de la valeur économique du fourrage obtenu, il ne suffit pas de connaître la quantité du produit, mais la qualité joue un rôle aussi. Il est important de se rappeler ici que les graminées tropicales ont presque toujours un taux élevé de fibres cellulosiques, ce qui limite la digestibilité de ses protéines (partie 6.6.2.2). L'efficacité maximale de l'utilisation de cette biomasse est atteinte à un taux de N de 1,5% (environ 9% de protéine), et on emploie ce taux dans les calculs ci-dessous. Pour les légumineuses, le taux de fibres cellulosiques est toujours plus bas, et le N est toujours absorbé efficacement par le bétail à condition que la nourriture soit complétée avec de l'énergie (carbohydrates) d'autres sources. Dans le dernier cas, et si la composition de la nourriture est bien équilibrée, l'efficacité de transformation du fourrage peut atteindre 1 kg de viande par 20 kg de fourrage (voir partie 8.2). Pour les graminées naturelles, on emploie, un peu arbitrairement, la valeur de 40 kg de fourrage pour 1 kg de viande pour estimer la valeur économique du produit.

Les résultats de tous les calculs sont résumés dans le tableau 8.4.1. Les prix et les frais employés dans les calculs sont des chiffres réels autour de Niono en 1978, mais arrondis pour plus de simplification:

- le prix de tous les engrais artificiels était environ 100 FM kg^{-1} d'engrais; il est majoré de 50% pour tenir compte de l'éventualité que d'autres types d'engrais complémentaires (P, K) seront nécessaires pour obtenir l'effet maximal, ce qui est le cas en général;
- le prix de l'eau d'irrigation, qui coule par gravité, est estimé à 6 FM m^{-3} (Vink, comm. pers.; si l'eau est pompée sur 10 m de hauteur, les frais sont environ le double);

Tableau 8.4.1. Un résumé des frais de production de fourrage exprimés en FM kg^{-1} de matière sèche du produit obtenu par les actions entreprises. Les frais sont basés sur les prix des engrais, de l'eau et du labour. Le maximum du bénéfice de cette action au-dessus du niveau obtenu sans amélioration et le taux de N de la matière sèche produite, comme mesure de sa qualité, sont indiqués.

Amélioration	Productivité supplémentaire (kg ha^{-1} an^{-1})	Qualité du fourrage (taux en N, %)	Prix du fourrage (FM kg^{-1})	Note
récolte:				
foin de brousse	750	0,5	10	
herbes récoltées précocement	≤500	1,5	15	
fertilisation:				
avec N et P	5.000	1,5	17 (14)	graminée C_4
avec P	3.000	3	22	légumineuse
irrigation:				
pendant la saison pluvieuse	750	0,5	22	
pendant la saison sèche	2.500	0,5	66	
irrigation et fertilisation:				
avec N et P	75.000	1,5	24 (22)	graminée C_4
avec N et P	75.000	2,5	31 (29)	graminée C_4 améliorée
avec P	25.000	4	51 (44)	légumineuse

Table 8.4.1. A summary of the costs of fodder production expressed in FM kg^{-1} of dry matter of the product obtained by the procedures followed. The costs are based on prices of fertilizer, water, and labour. The maximum of the gain from this procedure above the level reached without amelioration, and the N concentration of the dry matter produced, as a measure of its quality, are indicated.

- les temps de travaux sur les champs utilisés sont basés sur une étude de Van Heemst et al. (1981), qui spécifie des temps nécessaires pour compléter des tâches individuelles du labour, semis ou repiquage, désherbage et récolte. Pour les champs de mil, on estime que les paysans utilisent 300 h ha^{-1} quand il n'y a presque pas de désherbage; les cultures de niébé et d'autres légumineuses demandent 500 h ha^{-1} à cause du désherbage qui y est pratiqué, et environ 800 h ha^{-1} sont nécessaires pour les champs de riz sur lesquels le labour est très intensif. Van Heemst et al. (1981) estiment aussi que les paysans sahéliens moyens travaillent environ 5 h $jour^{-1}$ pendant la saison des cultures sur leurs champs. Les manoeuvres reçoivent 500 FM $jour^{-1}$ pour leurs travaux.

8.4.2 Cultures sans fertilisation, sans irrigation

Ce cas ne concerne pas une vraie 'culture'. Il est présenté cependant pour obtenir certaines données et prix de base.

La productivité basse des graminées annuelles des pâturages naturels est la cause du fait qu'elles ne sont pas fauchées et récoltées dans la partie nord du Sahel, malgré leur taux satisfaisant de N. Dans la partie sud du Sahel, les quantités sont parfois considérables à la fin de l'hivernage, mais leur qualité est très faible (voir parties 5.2 et 6.6). Cette situation ne pourra pas beaucoup changer avec une introduction de nouvelles espèces d'herbes à cause du fait que c'est le sol même qui est le facteur dominant pour la qualité des herbes à un endroit.

Pourtant, il y a des endroits où on ramasse, pendant la période dure, de la paille ('foin de brousse'), d'*Alysicarpus ovalifolius*, d'*Echinochloa stagnina* (au Mali surtout au Delta) et d'autres espèces pour nourrir les animaux. Ces produits ne sont donnés qu'aux petits animaux domestiques, aux boeufs de labour et à d'autres petits groupes d'animaux ayant une certaine priorité. Pour ces cas, le fauchage, la récolte et le transport sont estimés ensemble à environ 15 jours de travail d'homme ha^{-1}, ce qui correspond à 7.500 FM ha^{-1}. Si environ 750 kg ha^{-1} sont récoltés (la moitié de ce qui était présent) les frais sont 10 FM kg^{-1}. Cette estimation est soutenue par des observations autour de Dilly au Sahel malien, où pendant la saison sèche du foin de brousse était vendu à 15-20 FM kg^{-1}.

Nous avons constaté que dans des zones dominées par *Zornia glochidiata*, la récolte de cette légumineuse juste avant la floraison peut donner 500-800 kg ha^{-1} d'un foin excellent. Sur des pâturages aux graminées dans la partie sud du Sahel, on pourrait avoir du foin d'une bonne qualité si l'on récolte les herbes bien avant le stade de floraison. Mais la biomasse des pâturages naturels ne dépassera pas 500-1.000 kg ha^{-1} à ce stade, et la quantité récoltée est encore plus faible. La récolte précoce exige aussi qu'on fauche les herbes. Ces facteurs font que ce fourrage d'une bonne qualité doit être plus cher que 'le foin de brousse'. La récolte doit aussi être faite dans une période brève, parce que les plantes poussent vite de sorte qu'un certain degré de mécanisation de l'opération serais utile. Dans cette période les manoeuvres sont souvent rares parce que la plupart d'eux cultivent leurs champs. En plus le foin demande un stockage soigné pour le reste de l'hivernage et pendant la saison sèche jusqu'au moment où son utilisation est le plus rentable. Pourtant, on ne comprend pas pourquoi cette possibilité d'obtenir des aliments pour le petit bétail n'est pas exploitée davantage, surtout pour les terrains avec *Zornia glochidiata*. Un aspect avantageux est qu'il n'y a presque pas d'investissements à faire.

8.4.3 Cultures avec fertilisation

Dans des zones avec une pluviométrie inférieure à 200 mm an^{-1} et sans écoulement important, la productivité des plantes est limitée exclusivement par cette pluviométrie, et non pas par la fertilité du sol (partie 4.1). Dans de telles zones donc, la fertilisation n'a pas de sens. Jusqu'à une pluviométrie de 300 ou même 400 mm an^{-1}, l'effet est faible.

Dans des zones avec une pluviométrie supérieure à 500 mm an^{-1}, il y a en principe 2 possibilités de fertilisation: avec N et P sur les graminées, et avec P seul sur une culture de légumineuses. Les calculs pour l'application de N, présentés ci-dessous, sont faits sur la base d'une dose de N de 150 kg ha^{-1}: environ la moitié de la quantité maximale.

Fertilisation avec N et P La productivité des pâturages naturels avec des graminées annuelles à cycle long est bien stimulée par l'application d'engrais sur des sols de plus de 1 m de profondeur et sans écoulement. (Mais les endroits qui sont inondés pendant quelques jours font exception, parce que la dénitrification pourrait réduire fortement l'efficacité de l'engrais (partie 5.3.4.4)). La fig. 5.2.1 montre qu'une dose de N de 150 kg ha^{-1} stimule la production jusqu'à 8.500 kg de matière sèche ha^{-1} à la fin de la saison. Mais avec une dose moyenne, le taux de N diminue considérablement après la floraison par dilution et aussi par des pertes (partie 5.2.5). C'est pourquoi il est nécessaire que les herbes soient récoltées bien avant la fin de la saison, pour éviter que la qualité du foin (le taux de N et la digestibilité) ne devienne trop basse. Si l'on fauche déjà à 5.000 kg ha^{-1} on aura une biomasse avec un taux de 1,5% N. Après le fauchage, il y aura encore des repousses qui produisent environ 3.000 kg ha^{-1} de matière sèche avec 0,8% N et une digestibilité faible. La production de ce deuxième fauchage est seulement un peu plus élevée que celle des pâturages non-fertilisés: c'est pourquoi seul le premier fauchage est considéré comme le résultat de la fertilisation. Les espèces naturelles, comme *Diheteropogon hagerupii* et *Schoenefeldia gracilis* ont donné de bonnes récoltes à Niono, et il n'y a pas d'indications que d'autres espèces introduites seront meilleures. La durée du projet P.P.S. était trop brève pour pouvoir constater si la végétation naturelle changera après quelques années de fertilisation et de fauchage, et pour constater si le semis de ces espèces est toujours superflu à ce mode d'exploitation.

La production de foin d'une bonne qualité dans le milieu sahélien est bien possible (Memento de l'agronome, 1974, F.A.O., 1977). En état frais, une biomasse de 5.000 kg ha^{-1} (matière sèche) est accompagnée de 25.000-50.000 kg ha^{-1} d'eau, ou bien environ 5 mm d'eau, dont 4,5 mm doivent s'évaporer avant qu'on ait du foin. Pendant des jours ensoleillés, l'évapotranspiration potentielle est environ 5 mm (partie 3.2), et 1-2 de ces jours suffisent pour le séchage du foin. Une période sans soleil est dangereuse, surtout si elle suit immédiatement le fauchage. Le séchage sur trépieds diminue le risque des dégâts par les pluies, mais le séchage se fait plus lentement. Si les herbes restent mouillées pendant 3-5 jours, des champignons se développent et le foin se gâte rapidement. Des expériences menées à Niono et à Dilly en 1978 ont confirmé ces chiffres. La vitesse de travail nécessaire pour l'opération exige l'utilisation de faucheuses motorisées.

Les frais d'une dose moyenne d'engrais soit 300 kg d'urée (taux de N de l'urée est 460 g kg^{-1}) sont 30.000 FM; ces frais doivent être majorés de 50% pour des engrais complémentaires (P, K, etc.). Les frais de labour, de transport et d'épandage des engrais, de confection du foin de transport et de stockage du foin sont estimés très approximativement à la moitié du montant nécessaire pour un champs de mil, c'est-à-dire à 15.000 FM ha^{-1}. Sur la base de nos expériences, l'utilisation d'une faucheuse motorisée est estimée à 25.000 FM ha^{-1}. Le total des frais s'élève donc à 85.000 FM ha^{-1} an^{-1}. Si l'on arrive à utiliser les mêmes parcelles pendant plusieurs années, l'efficacité des engrais azotés augmentera d'environ 50% jusqu'à 70-80% parce que le N immobilisé la première année après son application se dégage au cours des années qui suivent (parties 5.2.3, 5.6.2), réduisant ainsi les frais d'engrais de 15.000 FM ha^{-1}. Le total devient alors 70.000 FM ha^{-1} an^{-1}. Autrement dit, les frais de production seront environ de 14-17 FM kg^{-1} (tableau 8.4.1).

Un calcul plus simple peut être fait pour la fertilisation des cultures du mil. Si l'on estime qu'on retrouvera 15% de N de l'engrais dans les graines, que leur taux de N est 1,5%, et que la quantité de travail (labour, semis, désherbage, épandage l'engrais, récolte) ne change guère par la fertilisation comparée avec des champs non-fertilisés, on peut calculer que chaque kg de graines supplémentaire demande seulement l'application d'engrais pour 30 FM; au moment où l'engrais a été utilisé depuis plusieurs années et le sol est arrivé au stade d'équilibre (partie 5.6), la fertilisation avec du N devient encore environ 1,5x plus efficace. A titre de comparaison: le paysan à Niono recevait en 1978 35 FM kg^{-1}.

Fertilisation avec P La situation des légumineuses des pâturages est le sujet de la partie 8.5. Bien que nous n'ayons pas investigé l'augmentation de la productivité des légumineuses agricoles par la fertilisation avec du P, nous nous attendons sur la base de la faible disponibilité de P dans la plupart des sols au Sahel à ce qu'elle soit bien efficace, et qu'elle stimule la productivité considérablement sans grande extension de l'ampleur du travail. Voir aussi les parties 5.3, 5.4 et 6.2 pour les raisons de base.

Si l'on arrive à installer une monoculture d'une légumineuse productive qui est appétissante et bien digestible, on pourra s'attendre dans la partie sud du Sahel à une biomasse d'environ 3.000 kg ha^{-1}. Cette biomasse contiendra une quantité de N de 80 kg ha^{-1}, dont 75% sera fixé. Il est nécessaire d'appliquer quelques engrais complémentaires, dont les frais sont estimés à 50% du prix de 60 kg de N seulement: 12.000 FM ha^{-1}. Les travaux exigent une ampleur du travail qui équivaut 50.000 FM ha^{-1}. En précisant ce calcul, on doit noter que sans culture de légumineuses, on y avait le pâturage naturel qui produisait environ 2.000 kg ha^{-1}. Cette productivité vaut environ 3.000 FM ha^{-1} par l'élevage extensif le bétail transforme la moitié en 5 kg de viande (partie 8.2). Par la cultivation donc, on perd 3.000 FM ha^{-1}, ce qui doit être ajouté au frais total. Le produit coûtera donc environ 22 FM kg^{-1}.

La production de graines de légumineuses pour la consommation humaine et de leurs feuilles pour l'alimentation du bétail peut être stimulée par l'application d'engrais phosphatés. A Niono en 1979 avec 400 mm de pluie et application de 50 kg de P (sous forme de Triple Super Phosphate: TSP) on a obtenu une production de plus de 1.000 kg ha^{-1} de graines de niébé (*Vigna unguiculata*) avec un taux de 3,5% N, et plus de 2.000 kg de feuilles plus des gousses vides à 2% N ou plus (Cutler, comm. pers.). Ces chiffres varient beaucoup selon les variétés et avec les dates de semis et de récolte. En plus, les plantes sont sensibles aux périodes de sécheresse et aux attaques des insectes. Le prix du niébé à Niono était environ de 60 FM kg^{-1}; ainsi, la récolte de graines peut être de 60.000 FM ha^{-1} an^{-1}. La quantité des feuilles de telles cultures n'est jamais suffisante pour des troupeaux du gros bétail, mais sera (et est déjà) utilisée pour des animaux traités avec une certaine priorité. Sa valeur sur le marché pour la vente en détail était de 10-40 FM kg^{-1} selon la saison, soit 10.000-40.000 FM ha^{-1}, en supposant que la moitié des feuilles et des gousses sera perdue avant la vente. Les recettes totales sont quand même de 70.000-100.000 FM ha^{-1} an^{-1}, mais avec un risque considérable, vu les fluctuations de la production du niébé. Au moins la moitié de la production est due à la fertilisation. Les frais de la production supplémentaire sont très minimes pour le labour et donc négligés. La dose de P employée (50 kg ha^{-1}) était probablement excessive (voir partie 5.4.6) et la moitié semble déjà suffissante. 130 kg du TSP (à 19% du P, plus encore 50% de sa valeur en engrais supplémentaires) coûte environ 20.000 FM. En conclusion, l'option pourra être intéressante pour les paysans proches des villages avec de petits animaux domestiques, et mérite plus d'attention.

8.4.4 Cultures avec irrigation

La productivité des cultures fourragères pendant la saison pluvieuse avec irrigation mais sans fertilisation au sud du Sahel est estimée à 500-1.000 kg ha^{-1} de plus que la productivité de pareils terrains sans irrigation. L'augmentation est due à la période plus longue pendant laquelle le sol est humide, ce qui permet la continuation de la minéralisation et la dilution du N dans les plantes. Evidemment, l'augmentation est égale à la production totale de 2.500 kg ha^{-1} si la culture est faite pendant la saison sèche. La consommation d'eau par transpiration et évaporation de telles cultures est de l'ordre de 4 mm $jour^{-1}$ pendant la saison pluvieuse (s.p.) et presque le double au cours de la saison sèche (s.s.), en supposant qu'il s'agit exclusivement de plantes avec des stomates avec régulation (voir partie 5.2.6). Pendant la saison pluvieuse dans la partie sud du Sahel, environ les 2/3 de cette quantité proviennent des pluies et 1/3 est apporté par irrigation; dans la saison sèche toute l'eau provient de l'irrigation. En prenant 100 jours pour la durée de la période de croissance, on trouve qu'environ 1,8 (s.p.) à 3,5 m^3 (s.s.) d'eau appliquée est utilisé pendant la production de 1 kg de biomasse. En tenant compte des pertes d'eau par l'évaporation de la surface des canaux et par l'infiltration profonde des systèmes d'irrigation, estimées à 50% de la quantité transportée (Vink, comm. pers.), on trouve que 2.700 (s.p.) et 14.000 (s.s.) m^3 ha^{-1} $saison^{-1}$ doivent être ajoutés avec une valeur de 16.200 (s.p.) et 84.000 (s.s.) FM ha^{-1} $saison^{-1}$. Les frais de labour et de récolte sont approximativement 160 jours d'homme ha^{-1}, donc 80.000 FM ha^{-1}.

Si la culture irriguée se fait dans une zone où il n'y avait pas du tout de culture, la récolte obtenue de 2.500 kg ha^{-1} coûtera environ 38 (s.p.) à 66 (s.s.) FM kg^{-1}. Il est évident qu'une culture fourragère pendant la saison pluvieuse est plus rentable qu'une culture dans la saison sèche.

Si la culture avec irrigation est faite au lieu d'une culture sans irrigation pendant la saison pluvieuse, l'effet de l'irrigation n'est que 500-1.000 kg ha^{-1} $saison^{-1}$. Environ la même quantité de travail pour le labour est nécessaire dans une culture avec et sans irrigation, donc les frais supplémentaires sont ceux de l'eau seulement, et le surplus coûte environ 22 FM kg^{-1}.

Il faut noter qu'on néglige ici le fait que le sol est épuisé progressivement des éléments nutritifs par ces cultures (voir parties 5.5 et 6.6.5).

8.4.5 Cultures avec irrigation et fertilisation

Pour évaluer les potentialités des cultures fourragères irriguées et fertilisées, la situation est analysée pour des cultures très intensives à une utilisation continue pendant la saison pluvieuse et la saison sèche. Les cultures qu'on envisage sont des cultures qui, une fois installées, sont fauchées environ 10x an^{-1} et qui repoussent des racines et des parties basales des tiges. Le fourrage même sera stocké comme foin ou ensilage. Une autre possibilité est celle des cultures annuelles ensemencées et récoltées 2-3x an^{-1}.

De ce qui a été dit de la vitesse de croissance des espèces C_3 et C_4 dans la partie 4.2, il est évident qu'on doit choisir au Sahel une espèce C_4: elles produisent plus et tolèrent généralement mieux les températures élevées. L'herbe de Rhode, le sorgho et le maïs sont de telles espèces. Aussi les graminées naturelles du Sahel sont du type C_4; pourtant il est très improbable que des espèces naturelles soient les meilleures types de plantes dans de telles situations, et il est presque sûr qu'on cherchera des espèces et des races sélectionnées ou améliorées pour la production du fourrage au Sahel.

Une telle culture des espèces C_4 produit environ 300 kg de matière sèche ha^{-1} $jour^{-1}$ pendant 250 jours an^{-1}, donc 75.000 kg ha^{-1} an^{-1}. Ce chiffre peut sembler extrêmement élevé, mais il est atteint ailleurs dans des conditions optimales (Cooper, 1970). La durée de la période de croissance rapide est estimée à 250 jours an^{-1} au lieu de 365 pour tenir compte des périodes de récupération après les récoltes.

A une telle vitesse de croissance, la culture fourragère utilise en moyenne 6 ou 12 mm d'eau $jour^{-1}$: 6 mm si les plantes règlent leurs stomates d'une façon efficace, mais 12 mm si cette régulation est absente (voir partie 4.2). Etant donné que nous trouvions la dernière situation dans nos expériences à Niono (fig. 4.2.1), le calcul est basé sur la valeur maximale de la transpiration. L'évaporation du sol est minimale, sauf après les récoltes quand le sol n'est pas encore recouvert. De l'ordre de 6 mm $jour^{-1}$ (voir partie 8.3.4) pendant 115 jours, donc 690 mm, sera perdu de cette façon. Les pluies diminuent la demande d'eau; à Niono, par exemple, on pourrait compter à 580 mm an^{-1}. A une efficacité de transport de l'eau de 50% (partie 8.4.4), environ 62.000 m^3 ha^{-1} an^{-1} doit donc être prévu, ce qui correspond à une valeur de 370.000 FM ha^{-1} an^{-1}.

Pour maintenir de telles vitesses de croissance, on estime que la biomasse récoltée doit avoir au minimum un taux de N de 1,5%. Les plantes absorbent donc au moins une quantité de N de 1.125 kg ha^{-1} an^{-1}. En comptant sur une efficacité du N appliqué de 50%, les frais d'engrais azotés sont environ 500.000 FM; majoré de 50% pour les engrais supplémentaires, le montant total des engrais est donc environ 750.000 FM ha^{-1} an^{-1}. (Pour obtenir une telle efficacité sur des terrains irrigués, une bonne maîtrise de l'irrigation est indispensable: dans le cas contraire, l'efficacité tombe facilement à 25 ou même 10% (Van Keulen, 1977) par la dénitrification et le lessivage ce qui aboutit à une réduction de la productivité ou à une augmentation désastreuse des frais de fertilisation. Voir partie 5.2.3.)

L'entretien de la culture, les récoltes et les fertilisations multiples, le travail de l'irrigation et de stockage de la biomasse récoltée exigent ensemble une certaine ampleur du travail dont les frais sont difficiles à spécifier, parce qu'un certain degré de mécanisation de ces opérations est presque inévitable. Avec une mécanisation intensive, on peut compter par récolte et par hectare sur 8 heures de travail pour la récolte, sur 2 heures pour la fertilisation, sur 5 heures pour plusieurs irrigations, sur 2 heures pour le transport de la récolte et sur 10 heures pour la préparation de la biomasse et pour le stockage: au total donc presque 300 h ha^{-1} an^{-1}; le même travail fait sans mécanisation exige de l'ordre de 15.000 h d'homme ha^{-1} an^{-1} (Van Heemst, comm. pers.) parce que la productivité par personne augmente énormément par la mécanisation. Les frais de ces opérations mécanisées, y inclus ceux de l'opération et des salaires plus élevés de tels ouvriers, sont quand même plus bas que ceux sans mécanisation. On les estime à environ 500.000 FM ha^{-1} an^{-1}. Bien qu'on puisse s'attendre à une diminution de ces frais pour une culture des annuelles, on emploie ce chiffre pour tous les cas pour plus de simplification. Finalement, on doit prévoir aussi des mesures phytosanitaires pour la protection de cultures. En général, les cultures fourragères dans des milieux semi-arides ne sont pas sensibles aux attaques des insectes, des maladies et des mauvaises herbes. On estime donc, que les frais de ces mesures ne dépassent pas 200.000 FM ha^{-1} an^{-1} (Rabbinge, comm. pers.).

En conclusion, pour produire 75.000 kg, les frais sont de 370.000 FM pour l'eau, 750.000 FM pour l'engrais, 200.000 FM pour la protection et 500.000 FM pour le travail, ou bien 24 FM kg^{-1}. A noter que ce calcul néglige la productivité faible qu'on aurait eu sans irrigation et sans application d'engrais. Si l'on a des plantes qui utilisent l'eau plus efficacement par régulation de leur stomates, la réduction de la consommation en eau diminuera le prix de 2,4 FM kg^{-1} (prix entre parenthèses dans le tableau 8.4.1).

Produite de telle façon, on aura une bonne productivité, mais encore d'une qualité moyenne de 1,5% N. La digestibilité basse des graminées tropicales fait qu'il est inutile d'augmenter ce taux de N, comme il est expliqué dans la partie 8.4.1. Si l'on a une graminée C_4 avec une meilleure digestibilité, il pourra être intéressant d'augmenter le taux de N jusqu'à 2,5%. Ceci ne changera pour le calcul que la quantité d'engrais à prévoir, et ce produit coûtera donc 6,7 FM kg^{-1} de plus. D'autre part, l'opération pourrait devenir plus rentable si l'efficacité d'engrais azoté dépasse 50% après quelques années de cultivation. En plus, il y a un enrichissement du sol.

Pour obtenir des produits riches en protéine, on pourrait aussi penser aux légumineuses, dont quelques unes donnent de bonnes cultures fourragères dans des conditions tropicales. On ne parle que d'un exemple frappant: la recherche des collègues (Versteeg,

Zipori et Van Keulen, comm. pers.) dans le désert de Pérou a montré qu'une culture irriguée de luzerne (*Medicago sativa*) continue à produire environ 25.000 kg de matière sèche ha^{-1} an^{-1} pendant plusieurs années, et, chose plus importante encore, fixe du N de l'ordre de 1.000 kg ha^{-1} an^{-1} (et même plus si l'on comptait ce qui se trouve dans les racines). Il n'est pas certain que la luzerne ou une autre légumineuse puisse être aussi productive au Sahel, où les températures en saison chaude sont encore plus élevées qu'au Pérou et peut-être trop élevées pour cette espèce C_3 (partie 4.2). Une estimation des frais de production est faite au cas où son utilisation serait couronnée de succès. La consommation d'eau par jour des plantes du type C_3 est généralement pareille ou un peu en dessous de celle des plantes C_4 (fig. 4.2.4c), mais celle de la luzerne fait exception: avec une vitesse de croissance plus basse que celle d'une graminée, elle transpire souvent beaucoup plus. Au Pérou, par exemple, on a observé un coefficient de transpiration de 800-1.200 kg d'eau par kg de matière sèche. Du point de vue physique, il est presque impossible de dépasser la transpiration de 12 mm $jour^{-1}$ d'une culture C_4, et on emploie donc cette consommation d'eau d'une espèce C_4 pour la luzerne: l'équivalent de 370.000 FM ha^{-1} an^{-1}. Et pendant qu'on n'applique pas d'engrais azoté, des engrais supplémentaires (surtout du P) restent probablement nécessaires. Leurs frais sont estimés à 50% du prix de N s'il venait d'engrais, c'est-à-dire 200.000 FM ha^{-1} an^{-1}. Le travail sera au total du même ordre que pour une culture C_4 probablement, donc l'équivalent de 500.000 FM ha^{-1} an^{-1}, et aussi les frais de la protection des cultures sont plus ou moins pareils. Le prix par kg de produit riche en protéine sera donc environ 51 FM. Si éventuellement, on a une espèce légumineuse aussi productive que la luzerne mais qui utilise l'eau efficacement comme des espèces C_3 'normales', le prix du produit diminuera de 7,2 FM kg^{-1} (chiffre entre parenthèses dans le tableau 8.4.1).

Une autre suggestion pourrait être l'utilisation d'un arbuste légumineux, comme *Leucaena leucocephala*, qui produit des quantités intéressantes de feuilles avec un taux de N de 3-4% et d'une bonne digestibilité (Van der Meer, comm. pers.). De tels arbustes peuvent être intéressants dans des coins perdus où des animaux paissent ou aux bords des routes et des champs.

Il est évident que, si cette option technique devient réaliste, plusieurs systèmes de production se développeront qui combinent les cultures fourragères avec l'agriculture. Le développement d'idées pour de tels systèmes de production est bien intéressant, mais n'est pas un sujet de ce livre.

8.4.6 Conclusions

Le tableau 8.4.1 résume les frais calculés dans les parties précédentes pour obtenir une augmentation de la productivité des pâturages naturels et des terrains transformés en cultures fourragères. La façon de calcul montre clairement que les résultats dépendent beaucoup des prix, dont celui d'engrais a tendance à monter.

Les frais de production doivent être comparés avec la valeur du fourrage pour l'élevage. Pour l'élevage extensif, on avait estimé (partie 8.2) que 200 kg de fourrage est transformé par les boeufs en 1 kg de viande, ce qui correspond à 3 FM kg^{-1} de fourrage au maximum. Pour l'élevage très intensif, employant une composition de la nourriture excellente, environ 20 kg de fourrage est transformé en 1 kg de viande, donc sa valeur ne doit pas dépasser 30 FM kg^{-1}. Pour l'élevage intensif qui utilise les graminées naturelles avec 1,5% N, on avait estimé une efficacité 2x plus basse, donc un maximum du prix de fourrage de 15 FM kg^{-1}. Evidemment, le prix actuel de viande influence très directement ces valeurs.

En comparant les résultats du tableau 8.4.1 avec ces valeurs, il est décourageant de noter que les prix de production sont trop élevés pour l'élevage extensif dans tous les cas. Voir aussi chapitre 9. Mais quelques améliorations méritent une attention particulière pour l'embouche, en vue de la production du lait (partie 8.2) ou d'autres formes de l'élevage intensif. Parmi ces possibilités, la fertilisation des pâturages naturels est la meilleure, aussi parce qu'elle n'exige pas l'existence d'une infrastructure bien développée. L'option d'utilisation de la cultivation d'une légumineuse avec de l'engrais phosphaté mais sans irrigation à la partie sud du Sahel est intéressante aussi. Notez qu'il faut encore de la recherche pour identifier l'espèce ou la variété de légumineuse avec les caractéristiques physiologiques propres à la production continue sur des terrains irrigués au Sahel.

La combinaison de la fertilisation avec l'irrigation a un effet énorme sur la productivité par ha et par an, mais relativement peu sur les prix par kg. L'irrigation sans fertilisation semble toujours inefficace.

Il est aussi possible d'obtenir une idée des prix de production des aliments humains du tableau 8.4.1: en comptant que 30-50% de la biomasse totale est, en général, dans les graines ou les gousses de ces plantes, les prix exprimés en kg du produit principal sont 2-3x plus élevés que ceux du tableau 8.4.1. En appliquant le tableau pour le riz et le blé, il est à noter que leur productivité maximale est plus basse que celle des espèces C_4 à cause du fait qu'ils sont des espèces C_3.

8.5 LA STIMULATION DE LEGUMINEUSES

8.5.1 Généralités

Beaucoup d'espèces de légumineuses sont utilisées aujourd'hui partout dans le monde pour l'amélioration directe et indirecte des pâturages. Un aperçu récent du sujet a été donné par 't Mannetje et al. (1978). Dirven (1977) et Stobbs (1974) ont montré l'influence positive de l'enrichissement des pâturages en légumineuses sur la productivité du bétail. Des expériences ailleurs ne donnent pas l'espoir que cette pratique sera économique pour des zones avec une pluviosité inférieure à 750 mm (Stobbs, 1974). Le rapport entre l'effort et les frais d'une part et leur rendement d'autre part en est la cause. L'effort et les frais restent égaux à une diminution de la pluviosité, le rendement diminue parallèlement à la pluviosité et à la longueur de la saison pluvieuse. En plus, des espèces sélectionnées et largement testées dans la pratique comme les *Stylosanthes spp.*, ont un cycle de croissance qui est déjà trop long pour le flanc sud du Sahel. Malgré le manque de perspectives il y a déjà eu des essais à différentes échelles au Sahel. En Haute-Volta quelques centaines d'hectares ont été ensemés par avion avec *Stylosanthes humilis* sous les auspices de la F.A.O., mais les résultats étaient décourageants. Dans son rapport (Gunn Rural Management, 1974) la firme en question souligne que l'introduction de *Stylosanthes humi-*

lis ne sera éventuellement intéressante que pour la zone dans la partie sud du Sahel, étant donné les conditions dans lesquelles l'introduction a eu du succès en Australie. Et elle indique la nécessité d'un apport de phosphore (P) en combinaison avec le semis et d'un contrôle strict de l'intensité de l'exploitation des pâturages enrichis. Pour toutes ces raisons il est permis d'hésiter en ce qui concerne l'introduction ou la stimulation des légumineuses dans les pâturages sahéliens.

8.5.2 Stimulation des légumineuses spontanées

Le nombre d'espèces de légumineuses est élevé au Sahel, quoique leur biomasse reste en général limitée (partie 6.2). Au lieu de penser à l'introduction des espèces étrangères, qui ailleurs ne sont pas utilisées dans des conditions aussi sévères qu'au Sahel, il est plus logique de voir d'abord s'il n'est pas possible d'agrandir l'importance des espèces spontanées. Ceci d'autant plus vu la valeur fourragère des espèces comme *Alysicarpus ovalifolius* et *Zornia glochidiata* (Naegele, 1977), une valeur bien reconnue par la population de la zone.

Pour stimuler les légumineuses des pâturages naturels il faut éliminer les facteurs qui font que leur importance est restreinte. C'est en premier lieu la pauvreté du sol en P qui fait que les légumineuses savent à peine profiter de leur capacité de fixer l'azote (N) (partie 6.2). L'analyse de la végétation naturelle indique déjà qu'on doit s'attendre au Sahel plus qu'ailleurs à une stimulation des légumineuses par enrichissement du substrat en P. Pour l'ensemble des sites du trajet nord-sud au cours de 3 années on observe la tendance d'une corrélation positive entre la quantité de P dans la strate herbacée et la contribution des légumineuses à cette strate. Avec une quantité d'eau infiltrée inférieure à 400 mm, des végétations sans légumineuses contenaient une quantité de P de 0,8 kg ha^{-1} en moyenne; des végétations composées pour 50% de légumineuses contenenaient 1,2 kg ha^{-1}. Avec une disponibilité d'eau supérieure à 400 mm on a trouvé des valeurs moyennes d'une quantité de P de 2 kg ha^{-1} lorsqu'il y a 0% de légumineuses et 4 kg ha^{-1} avec 50% de légumineuses. Dans un bon nombre de cas il y a certainement plus de P dans la végétation grâce à l'importance des légumineuses: à cause du fait que la croissance des légumineuses n'est presque pas limitée par la carence en N du sol, elles arrivent mieux à absorber le P que les espèces non-fixatrices. Mais il y a des endroits où la disponibilité élevée du P pourrait avoir causé une contribution notable des légumineuses à la biomasse. Il s'agit des endroits où l'eau d'écoulement apporte des déchets du bétail qui exploite intensivement la zone (voir parties 5.4.2 et 6.6.4.2). Les espèces non-légumineuses de tels endroits sont 2x plus riches en P que des végétations comparables ailleurs sans apport de déchets. La strate herbacée dans son ensemble y arrive à absorber même presque 3x plus de P (tableau 6.6.4, fourré).

Des expériences en vases, en plein air et en chambre climatique ont été exécutées pour estimer comment et dans quelle mesure on peut influencer par fertilisation la compétition entre *Alysicarpus ovalifolius* et *Cenchrus biflorus* et entre *Zornia glochidiata* et *Schoenefeldia gracilis*. Une illustration des résultats est la fig. 8.5.1, prise chez Gillard et Elberse (1982). Ceux-ci ont utilisé des séries de remplacement pour répondre à la question. Pour chaque niveau de fertilisation ils avaient une série (plusieurs répéti-

Fig. 8.5.1. L'influence du N et du P sur la productivité et la capacité de compétition d' *Alysicarpus ovalifolius* (A) et *Cenchrus biflorus* (C). (P_0 et N_0: substrat pauvre en P ou en N; P_1 et N_1: substrat riche en P ou en N; biomasse à la fin de la croissance en vases avec des monocultures de chaque espèce avec 10 plantes par vase, et des cultures mélangées des 2 espèces avec 10 plantes totales par vase;——— *Alysicarpus ovalifolius* (A); ----- *Cenchrus biflorus* (C); -·-·- biomasse totale.)

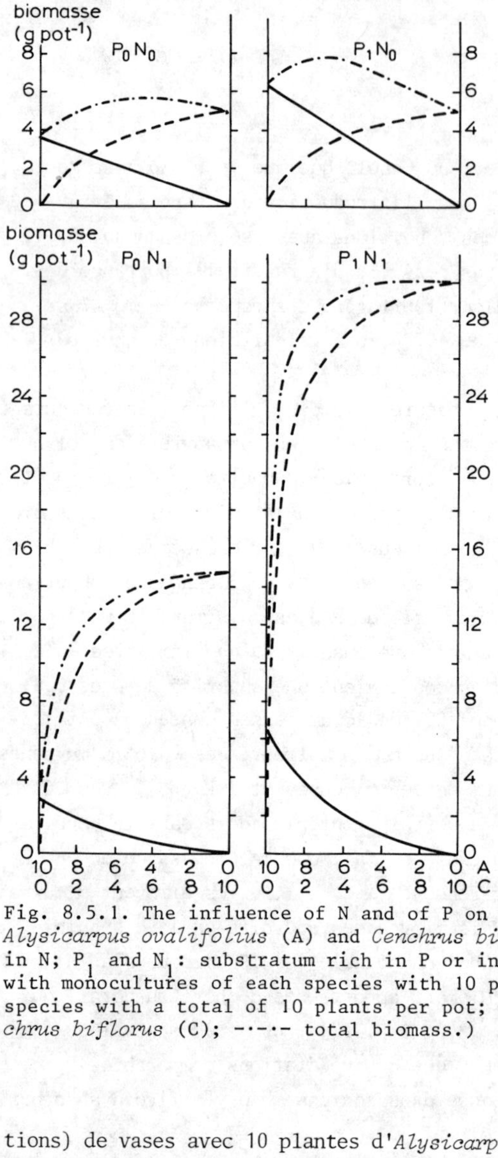

Fig. 8.5.1. The influence of N and of P on the productivity and the capacity to compete of *Alysicarpus ovalifolius* (A) and *Cenchrus biflorus* (C). (P_0 and N_0: substratum poor in P or in N; P_1 and N_1: substratum rich in P or in N; biomass at the end of the growth in pots with monocultures of each species with 10 plants per pot and with mixed cultures of both 2 species with a total of 10 plants per pot; ——— *Alysicarpus ovalifolius* (A); ----- *Cenchrus biflorus* (C); -·-·- total biomass.)

tions) de vases avec 10 plantes d'*Alysicarpus* seul, avec 8 plantes d'*Alysicarpus* et 2 plantes de *Cenchrus* avec 6 et 4, avec 4 et 6, avec 2 et 8 et avec 10 plantes de *Cenchrus* seul. La biomasse à la fin de la croissance de chaque espèce dans les cultures mélangées en comparaison avec celle de sa monoculture informe sur la capacité compétitive de chaque espèce en face de l'autre (De Wit, 1960). Avec une présentation graphique des résultats comme c'est fait dans la fig. 8.5.1 on doit s'attendre à 2 lignes droites quand les espèces ont la même force de concurrence pour le facteur limitatif. Une ligne convexe indique une espèce avec une capacité compétitive élevée en face de l'autre. Elle arrive à s'approprier dans les cultures mélangées une fraction du facteur limitatif qui est plus élevée que la fraction des 10 plantes qu'elle constitue. Ce qui fait que les plantes de l'autre espèce ont moins du facteur limitatif à leur disposition dans les cultures mélangées, et une ligne concave, ou - dans le cas le plus favorable - une ligne droite, en est le résultat. Une telle analyse de la fig. 8.5.1 donne les conclusions suivantes. Sur des sols pauvres en N et en P *Cenchrus* a une capacité de compétition plus élevée qu' *Alysicarpus*, il est vrai, mais la graminée n'élimine pas nécessairement la légumineuse car la graminée est limitée par N tandis que la légumineuse est limitée par P. Un apport de P seulement ne change rien à la croissance de *Cenchrus*, mais la productivité d'*Alysicarpus* devient 1,75x plus élevée. Avec un apport de N c'est plutôt le contraire, la croissance de *Cenchrus* est plus que la double. La production de la monoculture d'*Alysicarpus* ne change pas, mais dans les cultures mélangées il a une production plus basse, *Cenchrus* absorbe une plus grande partie du P. Avec une disponibilité comparable de P sans manque de N la graminée arrive à produire 4x plus que la legumineuse. Un apport de N et de P ensemble stimule surtout *Cenchrus*. La capacité de fixer le N ne sert plus comme avantage pour *Alysicarpus* et en plus *Cenchrus* l'ombrage fortement. La courbe d'*Alysicarpus* devient donc bien creuse. Pour finir il est à noter qu'un mélange de *Cenchrus* et *Alysicarpus* a une biomasse totale plus élevée que celle des monocultures dans le cas où la légumineuse sait profiter de sa fixation de N (cas P_0 N_0 et P_1 N_0 de la fig. 8.5.1).

Les expériences citées ci-dessus ne peuvent pas être extrapolées au terrain, où le démarrage de la croissance des graminées se fait en général plus tôt que celle des légumineuses par une germination rapide et homogène (partie 4.3). Et il reste encore à savoir si les légumineuses savent transformer la stimulation éventuelle d'une année en un maintien d'une contribution plus élevée à la biomasse à long terme. Il est vrai qu' *Alysicarpus ovalifolius* a une production semencière qui ne diffère pas trop de celle de *Cenchrus biflorus*, tandis que *Zornia glochidiata* produit 2,5x plus du point de vue biomasse que *Schoenefeldia gracilis*, mais cette dernière dépasse fortement *Zornia* en ce qui concerne le nombre de graines produites. Par ailleurs les graines des légumineuses sont beaucoup attaquées par des insectes (partie 4.3.5). Donc des essais doivent répondre à la question de la stimulation pratique des légumineuses spontanées au Sahel. A cet effet 8 sites au ranch et 10 sur le trajet nord-sud ont été fertilisés avec une dose élevée de P (100 kg ha^{-1} sous forme de triple super phosphate (TSP), mais 30 kg ha^{-1} à l'isohyète de 200 mm; ranch: 1976, trajet: 1977 et 1978). L'influence sur la biomasse totale et sur la contribution des légumineuses a été présentée déjà par le tableau 5.4.1. En 1978 on observe une biomasse totale qui est en moyenne 1,6x plus élevée avec le traitement, la biomasse des légumineuses est même 2,9x plus élevée que celle des témoins. Mais en 1977 l'influence du P sur les mêmes parcelles était peu prononcée, aussi bien qu'en 1979, où on a trouvé seulement 1,16x plus de légumineuses avec P et une stimulation de la biomasse totale de 1,4x. Donc en 1978, quand les pâturages non- ou peu-perturbés ont en moyenne 7% de légumineuses dans leur biomasse (partie 6.2), le P a bien pu les stimuler, mais en 1977 et en 1979, quand les légumineuses n'ont pas eu une bonne chance de s'installer la stimulation a été négligeable (végétation naturelle avec 3% de légumineuses). En d'autres termes il n'y a que certaines années, pendant lesquelles les légumineuses sont bien représentées dans les végétations, et que l'apport de P est d'une efficacité générale. Il s'agit d'années exceptionnelles qui sont caractérisées vraisemblablement par une saison de pluies qui démarre bien avec de bonnes pluies sans grands délais. Des cas comme 1978 ne se produisent peut-être qu'une fois tous les 10 ans ou moins (c'était une année avec de très bonnes récoltes de mil, que les paysans n'avaient plus connues depuis 10-20 ans sur le trajet, à ce qu'ils disent). Cela indique qu'une stimulation à un facteur 3 sera rare et qu'un facteur de 1,1-1,2 sera normal. La moyenne à long terme ne peut pas être plus que 1,5, ce qui veut dire 7,5% maximalement comme contribution moyenne des légumineuses à la biomasse avec P, contre 5% sans P, et ceci seulement au sud de l'isohyète de 300 mm. A des pluviosités inférieures nous n'avons pas constaté une stimulation, ce qui est logique car les disponibilités de N et de P ne déterminent pas la croissance.

La valeur de 7,5% de légumineuses avec utilisation de P peut sembler faible pour ceux qui connaissent l'utilisation des légumineuses ailleurs. Il est possible de maintenir leur contribution de 15% dans un aménagement précis et avec des apports réguliers de P. Mais il s'agit de légumineuses pérennes, installées dans des pâturages de pérennes! Au Sahel la végétation doit s'installer chaque année à nouveau. Les conséquences sévères sont bien illustrées par l'exemple d'un site avec P à Nampala (400 mm an^{-1}). En 1978 les légumineuses y composaient 33% de la biomasse contre 10% au témoin. Mais en 1979 on n'y trouvait aucun pied de légumineuse (parcelle de 100 m^2)! Même s'il a bien plu en 1980 il y a peu de chance que la contribution des légumineuses soit bonne: il faut du temps pour la régénération de leur population. Il sera clair qu'on peut donc s'attendre à de grandes différences d'un endroit à l'autre. La dynamique n'est pas la seule cause, les différences du rapport disponibilité P/disponibilité N sont aussi une cause. Comme l'indique déjà la fig. 8.5.1, aux endroits relativement riches en N on doit s'attendre à une stimulation plus forte des graminées que des légumineuses. C'est par exemple le cas des terrains à *Zornia glochidiata* (partie 6.2). Sur des sites analysés le P a fait augmenter la biomasse totale 1,8 et 1,7x en 1978 et en 1979, et la biomasse des légumineuses seulement 1,1 et 1,5x. Les graminées stimulées surtout étaient *Schoenefeldia gracilis* et *Cenchrus biflorus*, des espèces d'une certaine importance dans les témoins aussi, et *Chloris Prieurii* qui s'est installé après l'apport de P. Avec l'apport de P les graminées arrivent à utiliser une fraction du N qu'elles ne peuvent pas toucher autrement. La quantité totale de N dans la biomasse augmente aussi, mais plus qu'on ne peut l'expliquer par la plus grande quantité fixée par les légumineuses stimulées. Ceci est montré par le tableau 8.5.1, qui résume ce qui précède.

Des espèces prostrées comme *Zornia glochidiata* et *Alysicarpus ovalifolius* sont beaucoup plus gênées par la stimulation des graminées par le P à une richesse relative de N que l'espèce dressée *Cassia mimosoides*. C'est la légumineuse des zones dunaires à une pluviosité de 400 mm an^{-1} ou plus. Après sa stimulation par P en 1977, elle a bien pu se maintenir pendant 3 ans dans une végétation de 2.000-3.000 kg ha^{-1}. Mais il s'agit ici du comportement des 3 espèces de légumineuses sur des terrains expérimentaux peu exploités. L'exploitation est vraisemblablement relativement favorable pour les 2 premières. Cependant, sous le mode d'exploitation d'aujourd'hui il sera difficile de faire brouter intensivement des superficies importantes en hivernage. Et même si l'on arrivait à le faire, l'importance de cette action restait très restreinte, car un des buts de la stimulation

Tableau 8.5.1. L'influence relative d'une fertilisation avec du P sur la biomasse totale, la biomasse des légumineuses et la quantité totale de N et de P de la végétation (sites traités en comparaison avec témoins, valeurs des témoins égales à 100%; n = nombre de relevés).

	1978			1979				
	n	matière sèche		n	matière sèche		N	P
		totale	légumineuses		totale	légumineuses		
ensemble de sites	12	160	290	16	140	110	130	310
site à *Zornia*	4	180	110	5	170	150	170	390

Table 8.5.1. The relative influence of a fertilization with P on the total biomass, on the biomass of the legumes and the total amount of N and of P in the vegetation (treated sites in comparison with controls, values of controls equal to 100%; n = number of measurements).

des légumineuses devrait être l'amélioration de l'offre de nourriture de qualité de la période la plus difficile de l'année: à la fin de la saison sèche. Mais broutées en hivernage les annuelles ne donnent pas de repousses pendant la saison sèche.

8.5.3 Le profit pour le bétail et l'environnement

Grâce à la stimulation des légumineuses il y a une augmentation de la disponibilité de N dans le sol après un certain temps. Ceci fait que sa quantité dans la strate herbacée augmenterait 1,2-2,0x dans les conditions d'aujourd'hui (parties 6.2.2 et 6.2.3). Pour savoir le profit que le bétail peut tirer d'une telle augmentation, nous avons utilisé la formule 5.6.4. N_b, l'azote de la biomasse aérienne à la floraison, a été calculé en rapport avec la fraction f de ce N perdue annuellement. Trois cas ont été distingués: 5% de légumineuses dans la biomasse, 7,5% et 15% (donc la situation naturelle, celle d'une stimulation moyenne maximale et celle d'une stimulation utopique). Les résultats sont présentés par le tableau 8.5.2, qui indique aussi comment la quantité de N ingérée par le bétail augmente si l'intensité d'exploitation augmente de 0-60%.

Le tableau montre que dans le cas optimal (7,5% de légumineuses dans une biomasse que le bétail arrive à exploiter pour 1/3 (partie 6.6.5.2)), la quantité de N ingérée augmente de 2,1 à 2,6 kg ha^{-1} (à une pluviosité de 500 mm an^{-1}). Cela signifierait 20-40 g ha^{-1} de N de plus transformé en protéines animales maximalement (voir partie 9.2.2). Ce qui équivaut à 0,75 kg de viande, et le profit maximal par ha sera 450 FM au prix de 600 FM kg^{-1} (partie 8.2). La fertilisation avec P a été réalisée avec 100 kg ha^{-1} de P. Mais supposons qu'en pratique la moitié de la dose pratiquée en Australie suffirait au Sahel, vu la récupération élevée de P constatée (partie 5.4.6). Cela impliquerait 15 kg ha^{-1} de P (TSP) par 3 ans. Les frais au Mali seraient 2.500 FM ha^{-1} an^{-1} (niveau des prix de 1978) pour l'engrais seulement, sans tenir compte des frais de l'épandage, donc plus de 5x l'augmentation maximale du rendement. Ce rapport devient encore plus mauvais en allant au nord, pour devenir infini à une pluviosité inférieure à 300 mm an^{-1}. Car les frais restent les mêmes, mais la stimulation y est nulle.

Avec tels prix d'engrais et de viande il n'y a donc aucune chance que l'augmentation de l'importance des légumineuses dans les pâturages naturels soit rentable. N'importe s'il

Tableau 8.5.2. La quantité totale de N (kg ha^{-1}) de la strate herbacée à la floraison (N_b) et la quantité ingérée par le bétail (N_{ing}) à des intensités croissantes d'exploitation à 3 niveaux d'importance de légumineuses à une pluviosité annuelle moyenne de 500 mm. L'intensité d'exploitation est exprimé en pourcentage de N_b. Les chiffres du tableau ont été calculés en supposant que les pertes de N sans exploitation sont égales à 35% de N_b, et que la stimulation des légumineuses ne provoque pas la dégradation de la surface du sol (voir partie 6.2).

Intensité d'exploitation (%)	Importance des légumineuses					
	situation normale 5%		stimulation maximale 7,5%		stimulation utopique 15%	
	N_b	N_{ing}	N_b	N_{ing}	N_b	N_{ing}
10	16	0,8	21	1,0	37	1,8
20	14	1,4	19	1,9	30	3,0
30	13	2,1	16	2,6	22	3,5
60	9	2,8	10	3,1	15	4,6

Table 8.5.2. The total amount of N (kg ha^{-1}) of the herbaceous stratum at flowering time (N_b) and the amount ingested by the live-stock (N_{ing}) at increasing exploitation intensities at 3 levels of importance of legumes with a mean annual rainfall of 500 mm. The exploitation intensity is expressed in percentage of N_b. The figures of the table are calculated, supposing that the N losses without exploitation equal 35% of N_b, and that the stimulation of legumes does not provoke the degradation of the soil surface (see part 6.2).

s'agit des espèces spontanées ou introduites. Dans le dernier cas, il faut ajouter aux frais le prix de 1-3 kg ha^{-1} de semence et de son ensemencement par an.

Ce qui n'a pas été chiffré c'est l'amélioration du recouvrement. Car le tableau 8.5.2 montre que N_b augmentera de 3-5 kg ha^{-1} et il y aura donc une augmentation de la biomasse produite annuellement de 500-800 kg ha^{-1} sous l'isohyète de 500 mm. L'application du P semble donc un outil efficace pour la lutte contre la dégradation de l'environnement sahélien (parties 6.6.6 et 6.6.7). Et il a été montré déjà que l'utilisation de P pour la culture des légumineuses dans la partie sud du Sahel pourrait être intéressante (partie 8.4.6).

8.6 LA REGENERATION DES TERRAINS DEGRADES

8.6.1 Introduction

La plupart des sols nus de la partie sud du Sahel sont des sols limoneux et des sols latériques (partie 3.3). Les derniers sont généralement trop peu profonds qu'on pourrait les améliorer pour l'élevage ou l'agriculture. Les sols limoneux nus sont nus à cause de surpâturage. Dans cette partie, il s'agit exclusivement de telles situations. Leur développement est expliqué dans la partie 6.6.4.1. Le comportement des sols sablonneux surpâturés est différent (voir partie 6.6.6), et n'est pas discuté ici.

Ces terrains limoneux surpâturés se trouvent généralement près des villages et des points d'eau, et sur les axes de transhumance, mais ils ont des superficies limitées. Une fois que le sol est nu, il y a un cercle vicieux (fig. 8.6.1), qui empêche le développement d'une nouvelle végétation: le sol porte une croûte qui favorise énormément le

Fig. 8.6.1. Les caractéristiques et processus clefs sont indiqués du cercle vicieux des sols limoneux qui sont nus à cause de surpâturage. Pour explication, voir texte. Chacune de ces lignes représente une relation forte entre des aspects, mais n'exclue pas que, des fois, d'autres facteurs sont importants aussi.

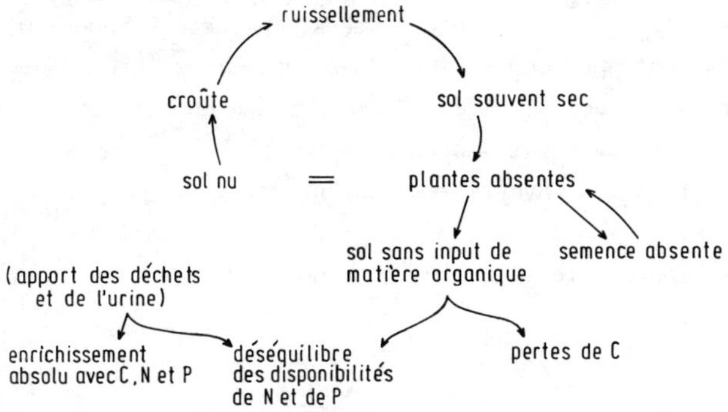

Fig. 8.6.1. The characteristics and the key processes of the vicious circle of the loamy soils that are bare because of overgrazing, are indicated. See text for explanation. Each of these lines represents a strong relation between the aspects, but does not preclude other factors sometimes being important too.

ruissellement (partie 4.4.2.2) ainsi peu d'eau s'infiltre dans le sol, et les conditions d'installation des plantes sont donc mauvaises. En plus, sans plantes il n'y a pas de production de semence, et ce que le vent apporte ne s'attache pas à la surface. Le but de la régénération est de rompre ce cercle vicieux. Les recherches des méthodes de régénération des terrains totalement dénudés se concentre donc sur l'amélioration du bilan hydrique et sur l'approvisionnement de semence.

Les processus microbiens dans le sol, décrits dans les parties 5.3 et 5.4, qui continuent quand le sol est humide pour des périodes brèves, sont la cause d'une perte de carbone de la matière organique du sol, et des transformations de l'azote organique dans une forme inorganique (ce qui le rend plus disponible pour les plantes) et du phosphore organique dans une forme inorganique minérale (qui est très peu disponible pour les plantes): leurs disponibilités deviennent donc de plus en plus déséquilibrées. Plus le sol reste sans végétation et sans apport de matière organique, plus ces transformations avancent. Dans quelques cas, les sols sont enrichis avec de la matière organique par apport de matières fécales et de l'urine des animaux (voir partie 6.6.4.2), dans d'autres cas ils ne le sont pas. Aussi avec l'enrichissement du sol, la direction des processus reste comme décrite. Pour la régénération, il n'est donc pas nécessaire d'augmenter la disponibilité du N de ces sols. L'importance d'un apport de P doit être évaluée sur place: bien que la disponibilité relative du P du sol diminue, la disponibilité absolue peut augmenter en cas d'un grand apport de fumure.

Des essais de régénération sont menés depuis novembre 1976 au ranch de Niono, à Ténenkou dans la zone dite d'attente du Delta mort et dans le Sahel moyen à Dilly. Il s'agit de zones dégradées par suite de surpâturage. A Niono et à Ténenkou, ces zones se caractérisent par des aires totalement dénudées ou parsemées de microdunes de sable accumulé entre des plages nues. Sur ces plages compactes, la présence d'une fine couche alguale hydrophobe est notable. Dans la plupart des cas, les terrains sont limono-sablonneux. Dans le Sahel moyen par contre dominent des terrains sablonneux sur lesquels la couche d'algues est absente, mais nos essais ont eu lieu sur des terrains où le sable remobilisé faisait apparaître une carapace dénudée.

Pour la régénération, de différentes techniques ont été testées. Ce que ces techniques ont de commun c'est que partout où elles sont appliquées, les zones sont mises en défense. Ensuite et dans tous les cas on s'efforce de créer au niveau de la surface du sol des aspérités par épandage de bois mort, par grattage, par labour ou par sous-solage. Hormis les salaires des manoeuvres saisonniers, tous les investissements ont été faits dès la première année de mise en place des parcelles. Un rapport extensif de la dégradation et des processus et méthodes de la régénération des terrains qui sont nus à cause de la surexploitation est en préparation (Cissé, 1982).

8.6.2 Mise en défense simple

C'est la protection de plus ou moins longue durée d'une parcelle ou d'une zone en vue de la soustraire à toute exploitation. Le terrain est alors à l'abri des incursions des hommes et des troupeaux. Ceci a été fait au début de l'hivernage de l'année 1977 à l'aide de fil de fer barbelé sur une parcelle de 20 × 20 m et quelques mois plus tard sur une parcelle de plus de 3 hectares. Encore en 1979, après l'hivernage, l'effet améliorateur de la mise en défense se faisait attendre. Le cortège floristique n'avait que très peu évolué. La végétation se limitait toujours aux quelques microdunes de sable accumulé qui se trouvaient sur les parcelles. Les plages nues le demeuraient pratiquement. En effet, en 1979, on y décelait seulement quelques pieds épars de *Schoenefeldia gracilis* et de *Maerua sp*. En troisième année donc de cette mise en défense, seulement une petite modification se faisait percevoir, mais la productivité moyenne de 300 kg ha^{-1} était identique à celles des zones adjacentes qui n'étaient pas mises en défense. La biomasse comprenait des espèces comme *Schoenefeldia gracilis, Zornia glochidiata, Cenchrus biflorus* et *Tribulis terrestris*. L'infiltration des eaux de pluie ne s'est aucunement améliorée et plus de la moitié des eaux était perdue par ruissellement.

Cette mise en défense, pour être effectif nécessite une longue période qui ne devrait pas être inférieure à une dizaine d'années. Elle n'est donc pas une méthode efficace.

8.6.3 Epandage de bois mort

C'est un procédé simple, connu de certains paysans maliens. Les paysans du plateau Dogon de Bandiagara par exemple l'utilisent, surtout comme moyen de lutte contre l'érosion. La technique consiste à épandre des branches mortes sur les surfaces dénudées. Il est essentiel qu'il y ait assez de points de contact entre le sol et le bois. Sur ce terrain ainsi traité, nous avons pu compter environ 27 points de contact m^{-2} pour 0,3-0,5 kg de bois m^{-2}. L'accumulation de sable éolien commence très tôt à partir de ces points. Ainsi, dès le lendemain de la mise en place du bois, on a pu assister à un début de formation des microdunes. En effet, le bois piège du sable et des semences que les vents et les eaux de ruissellement transportent. Dès les premières pluies, il y a des germinations, essentiellement au niveau des points de contact où l'accumulation est plus marquée. Les plantes se sont développées normalement et la productivité a été estimée à 200-400 kg ha^{-1} sur le sol qui était nu auparavant. Au cours de la saison sèche suivante, le bois, (s'il n'est pas détruit par les termites) et la paille de la végétation de l'hivernage précédent, piègent de nouveau du sable et des semences. Les microdunes s'agrandissent. Celles-ci évolueront comme les microdunes déjà en place. Sur une parcelle en deuxième année, nous avons obtenu une productivité de 1.500 kg ha^{-1}. En troisième année, cette production passe à 3.000 kg ha^{-1} en fin de saison. La végétation naturelle se composait essentiellement de *Cenchrus biflorus*, *Zornia glochidiata*, *Borreria sp.* et *Panicum subalbidum*. Cette dernière espèce faisait son apparition dans la zone depuis 1978 et a beaucoup contribué à l'augmentation de la productivité. La biomasse récoltée accusait des teneurs respectives en azote (N) et en phosphore (P) de 1,03 et 0,04% avec un rapport P/N égal à 0,04, confirmant que la disponibilité de P est encore un facteur limitatif de la productivité (voir partie 5.2.4).

L'accumulation de sable sur les parcelles a permis d'améliorer l'infiltration. Le ruissellement avait entièrement lieu dans les parcelles, ce qui limitait les pertes à l'extérieur de celles-ci.

L'épandage du bois mort ne prend que 24 h ha^{-1} pour un manoeuvre adulte, ce qui équivaut à 2.400 FM. Le ramassage du bois et son transport demandent 1-5x plus de temps. Mais une fois ramassé, le bois pourrait aussi avoir une destination alternative comme bois de cuisine. De la donnée que l'utilisation moyenne de bois au Sahel est de 0,5-1 m^3 $personne^{-1}$ an^{-1} et que le revenue moyen au Mali était d'environ 40.000 FM $personne^{-1}$ an^{-1}, dont 25% est dépensé pour le bois (Lahmeyer et al., 1978), on peut calculer que le prix de bois est d'environ 10-25 FM kg^{-1}. Si le prix de bois aux villages n'est que la moitié, la valeur du bois nécessaire pour la régénération d'un hectare est quand même de 15.000-62.500 FM. Les frais totals de régénération par cette méthode varient donc de 5.000 FM ha^{-1} (avec du bois libre et proche) à 65.000 FM ha^{-1}.

Cette méthode de régénération est rapide, très efficace mais plus coûteuse que la précédente. Sa réalisation n'est recommandable qu'en zone boisée ou aux endroits où le paillage est facilement réalisable comme dans le Delta central du Niger.

8.6.4 Grattage superficiel

Les résultats obtenus par cette méthode peuvent varier selon le lieu et la période d'exécution du travail. Effectuée en fin d'hivernage la sacrification donne des résultats satisfaisants (Toutain, 1977). Au ranch, au contraire, la régénération par simple grattage superficiel du sol dans les mois qui précèdent l'hivernage ne semble pas efficace. Elle paraît même dangereuse. En effet, cette technique accentue et aggrave l'érosion pluviale et surtout éolienne. La couche de sol rendue meuble est vite emportée par les vents et les eaux de ruissellement. Une mince couche alguale hydrophobe s'installe sur les parcelles, augmentant ainsi le ruissellement. En fin d'hivernage de la troisième année, le terrain ainsi traité demeure encore nu là où il l'était auparavant. L'essentiel de la végétation se situe sur les quelques microdunes de sable accumulé. Ces endroits font apparaître après érosion, un horizon inférieur plus compact.

Probablement l'efficacité de la méthode dépend fortement du degré où le sol est sensible à la dégradation (voir partie 6.6.4.1).

8.6.5 Le labour manuel

Nous avons fait un labour ordinaire à bras, c'est-à-dire à l'aide de pics jusqu'à une profondeur de 10 cm environ. C'est un travail pénible, surtout lorsque le sol est sec, nécessitant du temps et de l'énergie. En effet, pour travailler ainsi un hectare de terrain dénudé et damé, il nous a fallu 145 heures de travail effectif avec un manoeuvre adulte lorsque le sol était humide. Sur un terrain totalement sec, ce manoeuvre faisait même 450 heures de travail. Une partie des terrains labourés a été semée, et d'autres parties ont été en plus fertilisées avec N et/ou P. Le semis s'est effectué à raison de 20 kg ha^{-1} de *Schoenefeldia gracilis*. Les quantités d'engrais de N et P étaient respectivement de 50 kg ha^{-1}, appliqué sous forme de l'urée, et 30 kg ha^{-1}, appliqué sous forme de triple super phosphate. Les éléments fertilisants ont été donnés en une fois dès le labour, seulement la première année.

Le labour à bras avec semis est très efficace en première année. Avec semis de *Schoenefeldia gracilis*, nous avons récolté une biomasse avec une teneur de N de 30 kg ha^{-1} sur la parcelle labourée et semée, et avec un rapport P/N de 0,07. L'apport de N seul a augmenté 1,5x la productivité alors que celui du P seul l'augmente 2,7x, apportant à la végétation un surplus de N de 60 kg ha^{-1} avec un rapport P/N égal à 0,09. Avec fertilisation phosphatée, l'augmentation de la quantité de N dans la biomasse est déjà si élevée qu'une addition de cet élément n'apporte qu'une réponse faible. Ces résultats s'expliquent par le fait que dans l'état dégradé du terrain, la disponibilité du N est devenue plus grande pour les plantes et celle du P relativement très basse (partie 8.6.1). A l'exception de quelques échantillons, les terrains labourés n'ont pas été récoltés à la fin des hivernages successifs.

En deuxième année, les productivités ainsi que les quantités de N et de P absorbées par la végétation baissent considérablement (fig. 8.6.2, 8.6.3 et 8.6.4). La quantité de N récoltée diminue peu sur la parcelle labourée et semée de l'année précédente, mais elle diminue de 70 kg ha^{-1} sur les parcelles phosphatées, le rapport P/N étant favorable dans tous les cas. Aussi la quantité de P récoltée reste constante sur la parcelle labourée et semée l'année précédente, mais il est de 5,5 kg ha^{-1} sur la parcelle phosphatée.

En troisième année, la quantité de N récoltée diminue encore peu sur la parcelle labourée et semée et aussi sur les parcelles phosphatées. En troisième année la diminution du taux de P dans le fourrage se poursuit, plus forte sur la parcelle phosphatée alors que les végétations des parcelles ayant reçu du P et du NP absorbent la même quantité de P. Le rapport P/N reste favorable dans tous les cas.

Ces résultats indiquent qu'il y avait un stock de N disponible dans le sol de l'ordre de 100 kg ha^{-1} au moment du labour. Ce stock est épuisé dans 1 ou 2 années si suffisamment du P est disponible, comme dans les cas de fertilisation avec P. Avec une carence forte en P, comme dans les parcelles témoins et celles fertilisées avec N, la disponibilité du P restreint l'absorption de N (voir partie 5.2.4) et par conséquent le stock n'est pas épuisé et reste probablement dans le sol.

Fig. 8.6.2. Evolution de la biomasse sur 3 parcelles labourées, semées et fertilisées en comparaison avec une parcelle simplement labourée au cours des hivernages 1977, 1978 et 1979.

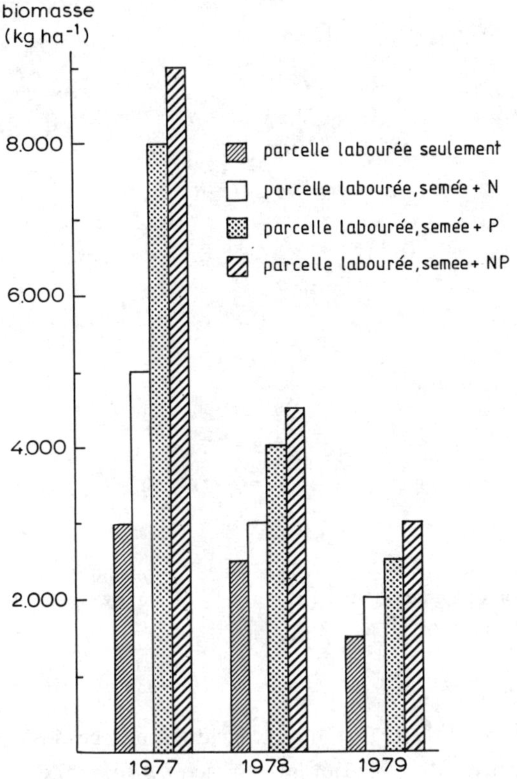

Fig 8.6.2. Evolution of the biomass on 3 cultivated, sown and fertilized plots in comparison with a plot that was only cultivated, during the rainy seasons of 1977, 1978 and 1979.

En conclusion, une fertilisation phosphatée est avantageuse en première année et ouvre de larges possibilités pour une régénération complète. Mais l'expérience fait aussi apparaître le danger que si la végétation restaurée est surpâturée peu de temps après la régénération, le sol perd une partie considérable de son stock de N et sera ainsi dans des conditions pires qu'avant la régénération.

Dans la fig. 8.6.2, la productivité du terrain témoin diminue chaque année, presque comme celle des parcelles fertilisées. On se demande donc si la régénération a eu un effet pour quelques années seulement. En comparant ces chiffres avec les productivités moyennes du ranch dans ces années (tableau 3.2.5) de 2.300, 2.000 et 1.400 kg ha^{-1}, on constate que la productivité des parcelles témoins était toujours 10-20% supérieure à la productivité moyenne du ranch, et on conclut que la diminution de la productivité des parcelles témoins est la conséquence de la pluviosité de ces années, au lieu d'une diminution de l'effet de la régénération. Il est donc probable (mais pas encore prouvé) qu'un terrain une fois régénéré reste dans cette situation longtemps ou même en permanence si l'on ne le touche plus et ne l'exploite pas. Les terrains fertilisés arrivent proba-

Fig. 8.6.3. Evolution de la quantité de N dans la biomasse sur 3 parcelles labourées, semées et fertilisées en comparaison avec une parcelle simplement labourée au cours des hivernages 1977, 1978 et 1979.

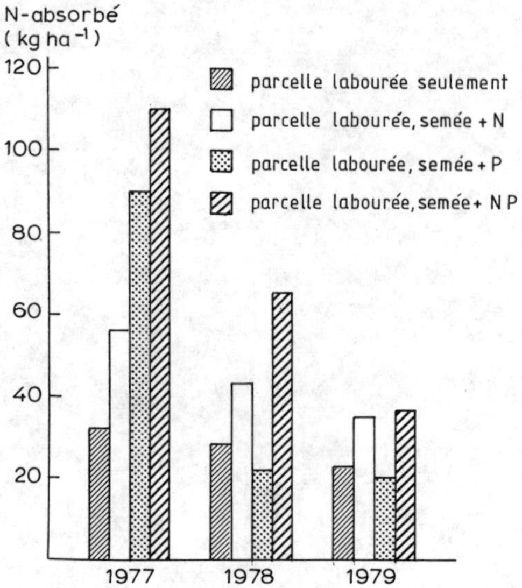

Fig. 8.6.3. Evolution of the quantity of N in the biomass on 3 cultivated, sown and fertilized plots in comparison with a plot that was only cultivated, during the rainy seasons of 1977, 1978 and 1979.

blement dans un pareil stade après que le stock de N du sol et de l'engrais sont épuisés.

Les résultats font nettement apparaître aussi qu'en régénérant par semis, le choix d'espèces à port dressé et se ressemant naturellement s'impose. A cet effet, *Schoenefeldia gracilis* est mieux indiqué que *Digitaria exilis* (fonio), que nous avons utilisé pour rendre l'activité de la régénération plus économique: sa semence est disponible sur le marché local, tandis que la semence de *Schoenefeldia* doit être ramassée dans les pâturages. Le *Digitaria* pousse bien seulement pour la première année car elle se couche à maturité à un moment où l'activité des termites est intense et toute la paille est ainsi détruite. D'autre part le *Digitaria* est une espèce dont on ne retrouve pas les graines dans le sol après. Il faut donc ressemer chaque année à nouveau ce qui est loin d'être pratique. Si la régénération est un but en soi, il sera à conseiller de semer des espèces non-appétibles.

Le moment du labour joue également sur le résultat de la régénération. C'est ainsi qu'un labour précoce (3 mois au moins avant les pluies) donnera une forte production, 4.000 kg ha^{-1} en fin de saison lorsqu'il y a labour et semis et 2.500 kg ha^{-1} sur parcelle simplement labourée au début de l'hivernage. Si le labour est tardif, (après le début des pluies) les productivités baissent, mais le sol est complètement recouvert par les plantes. Là où il n'y a pas eu de semis, les parcelles labourées tardivement seront envahies par des espèces peu intéressantes pour le bétail comme *Fimbristylis* et *Cyperus sp*.

Les frais de cette méthode de régénération sont de 14.500 FM ha^{-1} pour le labour

Fig. 8.6.4. Evolution de la quantité de P dans la biomasse sur 3 parcelles labourées, semées et fertilisées en comparaison avec une parcelle simplement labourée au cours des hivernages 1977, 1978 et 1979.

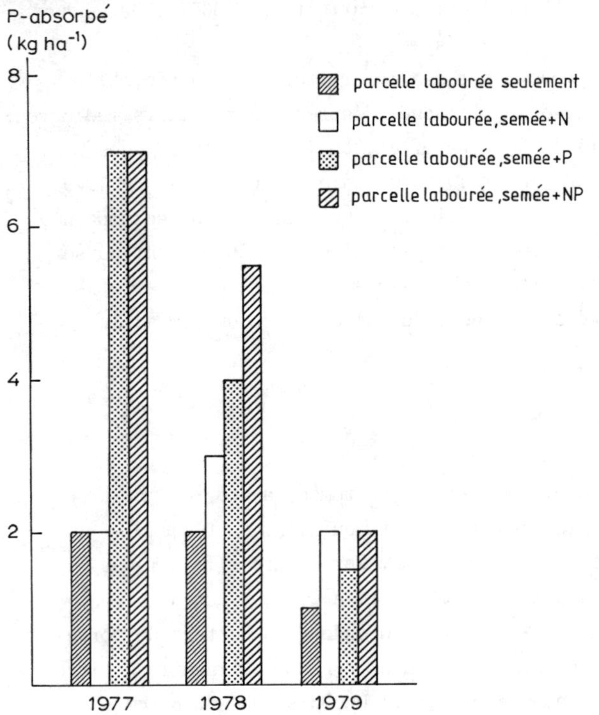

Fig. 8.6.4. Evolution of the quantity of P in the biomass on 3 cultivated, sown and fertilized plots in comparison with a plot that was only cultivated, during the rainy seasons of 1977, 1978 and 1979.

(fait au début de l'hivernage); pour la semence on paie de l'ordre de 5.000 FM ha^{-1} (mais 3-5x plus si l'on récolte de petits grains dans les pâturages naturels). Si l'on applique du P à 30 kg ha^{-1} (ce qui équivaut à 15.000 FM ha^{-1}) sur un sol dégradé comme au ranch, la végétation profite du stock du N inorganique disponible dans le sol et pousse comme elle a reçu un apport important de N. Les frais totals sont donc de 20.000-50.000 FM ha^{-1}. Le résultat de la régénération est un terrain capable d'une productivité végétale normale.

8.6.6 Les poquets

La régénération par la technique des poquets est possible et a l'avantage d'être moins onéreuse que le labour complet du terrain. La mise en place des poquets nécessite, au maximum, la moitié du temps requis pour labourer un terrain dénudé. La méthode consiste à ouvrir superficiellement (3 cm) un trou à l'aide d'une daba, le houe local. Le sol provenant de ce trou est tassé devant celui-ci, perpendiculairement à la pente du terrain. On obtient ainsi 100.000 poquets ha^{-1} et ces poquets sont distants l'un de l'autre de 30 cm en tous sens. En semant on introduit quelques graines dans le poquet et on les recouvre d'une fine couche de sol en tassant légèrement.

Dans les poquets, les plantes se développent normalement. Elles y exploitent la même couche de sol que sur un terrain labouré. La productivité variait de 1.000-2.500 kg ha^{-1} pour le fonio, le petit mil et *Schoenefeldia gracilis*.

L'inconvénient de la technique des poquets est son incertitude. Une année, elle peut donner des résultats excellents, pour donner l'année d'après des résultats médiocres. Ceci est étroitement lié aux pluies capricieuses. En effet, en 1978 où l'arrêt des pluies n'était pas long en début de saison, les résultats étaient excellents. En 1979 par contre dès la levée des plantules, il y a eu une période sèche assez longue accompagnée de vents violents. Ceci a conduit au dessèchement des plantules et très peu ont pu survivre d'où la production faible observée. Cette sécheresse a également eu un effet sur les parcelles labourées et semées, mais étant donné la densité élevée du semis, la production a été moins influencée.

8.6.7 Le labour mécanique du sol

Nous avons opéré avec une sous-soleuse. Tout autre instrument aratoire aurait pu être utilisé, même la charrue attelée si les terrains sont mouillés.

C'est une méthode rapide et efficace de régénération. Par contre elle demande beaucoup plus de moyens et par conséquent elle est coûteuse. Avec un tracteur et une sous-soleuse à 3 dents travaillant jusqu'à 20-25 cm de profondeur un hectare de terrain totalement dénudé et damé est travaillé en environ 2 heures. (Le même travail, à titre de comparaison, s'effecturait en 1½ heure dans une rizière.) Une distance de 80 cm entre les raies de la sous-soleuse est satisfaisante.

Le sous-solage a été effectué aussi bien sur terrain en pente que sur terrain plat. Sur pente la productivité a été 800 kg ha^{-1} en période de floraison, c'est-à-dire à la mi-août. La végétation naturelle se composait de *Zornia glochidiata, Cenchrus biflorus, Schoenefeldia gracilis, Dactyloctenium aegyptium* et *Aristida mutabilis*. Les plantes sont riches en N, mais très pauvres en P. Par contre, sur terrain plat, la productivité quoique estimée seulement, semble nettement supérieure. On obtiendrait 3.000 et 5.000 kg ha^{-1} respectivement sur parcelle sous-solée et sur parcelle sous-solée et semée.

Tout comme le labour, le moment du sous-solage est très important pour la production finale. Sur des raies mises en place tôt en mars 1978, la productivité de la végétation naturelle a été estimée à 5.000 kg ha^{-1} en fin de saison. Cette productivité élevée s'explique par le fait que le sol ouvert tôt a pu, sous l'action du vent, retenir pendant une longue période des semences de toutes sortes; le sol ouvert tard n'avait que très peu de plantes par m^2. Le moment du sous-solage est également important pour la force de traction nécessaire: un terrain humide n'exige pas la même force qu'un terrain sec.

Tous ces résultats sont obtenus sur des superficies réduites en 1978. Pour savoir donc si cet effet positif du sous-solage se maintiendra sur des superficies plus grandes, nous avons sous-solé au début de l'hivernage 1979 2 parcelles d'un hectare chacune. Sur l'une, il y a eu une semis d'un mélange de *Cenchrus biflorus* (10 kg ha^{-1}), *Alysicarpus ovalifolius* (20 kg ha^{-1}) et *Cassia Tora* (20 kg ha^{-1}), l'autre servant de témoin. Sur la parcelle ensemencée, la germination a été rapide pour *Cassia Tora*, semi-tardive pour *Cenchrus biflorus* et tardive pour *Alysicarpus ovalifolius*. La végétation avait une biomasse de 1.500 kg ha^{-1} et était dominée par *Cassia Tora* et *Cenchrus biflorus* alors que la levée de *Alysicarpus ovalifolius* a été très mauvaise. L'effet de bordure a été très clair sur les grandes parcelles labourées mais sans semis: toute la semence apportée par le vent est retenue par les mottes du sol dans un bande de 10-20 m de largeur à la circonférence de la parcelle, et le centre est resté nu. L'ensemencement des grandes parcelles est donc indispensable, et ceci non seulement pour la méthode de la régénération par sous-solage.

Les frais de cette méthode ne dépasseront probablement pas ceux de la méthode de labour manuel. Mais à cause du fait qu'on emploie des moyens lourds, cette méthode demande une autre forme d'organisation du travail.

8.6.8 Conclusion

Du point de vue technique, il n'est pas difficile de régénérer des sols limoneux nus. En créant des aspérités (labour, sous-solage, bois mort ou poquets) sur les terrains dégradés on arrive à augmenter leur productivité. Avec le labour et l'ensemencement on parvient à accroître à la fois la productivité et la qualité floristique. La combinaison de la fumure, particulièrement la fumure phosphatée, avec un travail de sol accentue les effets. Tout cela concorde avec des résultats obtenus sur jachère au Sénégal durant 5 années sous une pluviométrie de 582-1.076 mm an^{-1} (Mbodj, 1978).

Mais il faut bien qu'on réalise qu'une régénération n'a aucun sens si la cause de la dégradation n'est pas éliminée. Si on n'arrivera pas à son élimination, il vaut mieux laisser les terrain comme ils sont, parce que de tels sols ne se détériorent plus quand on les laisse. Par contre si l'on les régénère sans une gestion prudente et enlève la biomasse produite, ils sont épuisés au bout de quelques années, surtout en appliquant du P, et ils retournent dans l'état dégradé mais plus pauvre qu'auparavant.

Le bilan économique de la régénération d'une zone dégradée n'est pas fait ici. Les frais de telles opérations sont estimés ci-dessus (à l'exception des frais eventuels pour la clôture du terrain régénéré), mais le bénéfice de la régénération est trop difficile à chiffrer. Le résultat de la régénération est un terrain capable d'une productivité normale. Si l'on pourrait obtenir un pareil terrain en s'éloignant tout simplement davantage du village et en dehors de la zone dégradée, le bénéfice de la régénération n'est qu'une réduction du temps et des frais de transport. Mais s'il y a un manque de terrains, le bénéfice est toute sa productivité. Evidemment, les frais de l'exploitation du terrain, comme discutés dans la partie 8.4, continueront.

A cause du fait que le sol des terrains dégradés (sur le limon, pas sur le sable) est bien protégé par une croûte dure, la condition du sol ne détériore presque pas si l'on décide de ne pas (encore) le régénérer.

9 L'aménagement des pâturages

9.1 INTRODUCTION

Le problème de l'élevage sahélien, décrit dans l'introduction (partie 1.1), se résume par l'incompatibilité entre les besoins croissants des populations croissantes d'éleveurs et la demande croissante des pays pour les produits de l'agriculture et de l'élevage en face d'une production étant à la limite de ses possibilités. Dans le contexte de la situation socio-économique d'aujourd'hui, cette limite est pour l'élevage traditionnel dictée par les ressources naturelles, le sol et le climat. La surexploitation est la fin inévitable d'une spirale d'un développement dans lequel chaque augmentation de la demande est suivie d'une production plus élevée. La surexploitation signifie la ruine d'un tel développement, car elle cause la destruction des ressources naturelles, donc une baisse de la production.

La résolution de ce problème exige une réponse à la question de savoir si l'on pourra réaliser une forme d'élevage qui a une production encore plus élevée sans une influence néfaste sur l'environnement. Des essais de réponses sont donnés dans les plans de développement des pays en question, dans les projets d'assistance technique, dans des livres, etc., encore que les réponses ne soient pas toujours explicites. Elles touchent aussi bien le domaine de la technique d'élevage (gestion des pâturages et des troupeaux) que celui de la communauté dans laquelle l'élevage est pratiqué. Dans le cadre de ce chapitre ce sont des réponses au niveau technique qui seront traitées, en se limitant autant que possible à celles concernant les pâturages. Elles seront confrontées avec l'analyse de la productivité des pâturages, comme c'est présenté dans les chapitres précédents. Par cette confrontation on essaie d'indiquer l'efficacité des interventions possibles: jusqu'où on pourra pousser la limite de l'élevage traditionnel? Ceux qui se penchent sur la levée des contraintes au niveau de la production secondaire et au niveau socio-économique peuvent juger ensuite si la marge éventuelle qui s'offre à l'environnement sahélien suffira pour supporter les interventions nécessaires à tous les niveaux.

Les solutions préconisées pour améliorer la production des pâturages se distinguent par leur degré d'intervention aussi bien au niveau des pâturages qu'au niveau de la gestion des troupeaux. Certaines se limitent à une meilleure utilisation des ressources disponibles, c'est-à-dire une utilisation plus efficace et/ou plus complète (voir partie 9.3). D'autres propositions vont plus loin: elles concernent aussi l'amélioration de la ressource pâturage, soit par la stimulation de certains composants naturels (voir partie 9.4), soit par l'introduction d'éléments étrangers et d'autres interventions avec une demande énergétique élevée (voir partie 9.5). D'un côté de l'échelle se trouve l'élevage qui reste encore extensif et de l'autre un élevage intensif qui contrôle complètement l'alimentation du bétail.

9.2 COMMENT JUGER DES INTERVENTIONS

9.2.1 Critères de jugement

Pour juger la valeur des différentes options on peut utiliser des critères techniques:
- quelle augmentation de la production primaire peut être réalisée?
- dans quelle mesure l'élevage pourrait profiter de cette augmentation: est-ce qu'on peut s'attendre à une augmentation de la production du bétail, ou seulement à un arrêt de la diminution de la productivité du troupeau par l'arrêt de la dégradation des pâturages?
- l'augmentation de la production, est-elle obtenue par une amélioration de l'utilisation des ressources ou par un épuisement plus efficace de ces ressources?
- quelle sera la durée de l'effet de l'intervention?

Ces critères techniques ne sont pas complets sans une analyse du bilan des dépenses et des bénéfices (voir partie 8.2). Ce bilan à son tour dépendra cependant de l'utilisateur et de son but: est-ce que c'est l'éleveur qui essaie de subvenir aux besoins de sa famille, ou l'état qui fait face à la demande croissante de la population comme ensemble. Mais ce qui favorise l'élevage transhumant peut avoir une action négative pour les nomades, et ce qui favorise les sédentaires peut rendre impossible une transhumance viable. Et un profit à court terme peut apparaître destructif par la dégradation de l'environnement à long terme.

Ici, ce n'est pas la bonne place pour se prononcer sur ces questions, hors du contexte des plans de développement concrets, locaux, régionaux ou nationaux. Mais on essaie d'indiquer au moins les caractères des interventions qui importent le plus dans tous les cas signalés:
- s'agit-il de la lutte contre les symptômes du déclin de l'élevage, les différentes formes de la dégradation de l'environnement, ou d'un effort pour combattre les causes?
- quelle sera l'influence à court terme, qu'est ce qu'on peut prévoir à long terme?
- est-ce que la population concernée pourra reconnaître son intérêt direct?

9.2.2 Limites théoriques de l'aménagement

9.2.2.1 Introduction

Pour connaître la quantité maximale théorique de fourrage qu'on peut obtenir dans les pâturages sans emploi de l'engrais, on se base sur les formules 5.6.1, 5.6.2 et 5.6.3, concernant la quantité d'azote (N) qui peut être soustraite de l'écosystème dans la situation d'équilibre. Les formules sont résumées par:

$$f\ N_b = 0{,}0085\ Pl + (0{,}02\ L + 0{,}013 + 0{,}025\ (1 - f))N_b \qquad \text{(formule 9.2.1)}$$

La quantité de N ($f\ N_b$) qui peut être soustraite annuellement (c'est-à-dire la fraction (f) de la quantité totale de N dans la biomasse (N_b)) est égale à la quantité de N qui entre dans l'écosystème par la pluie et les cyanophycées (0,0085 Pl, où Pl est la pluie en mm an^{-1}) plus le N fixé. Comme il a été montré dans la partie 5.6.2, la quantité de N fixée est proportionnelle à la biomasse, donc aussi à N_b. Dans le reste de la formule, le facteur 0,02 L représente le N fixé par les légumineuses (L est l'importance des légumineuses en pourcentage de la biomasse totale), 0,013 celui des micro-organismes associés et 0,025 celui des micro-organismes libres.

Plus loin dans ce chapitre des cas seront traités dans ce chapitre où il y a un enrichissement de l'écosystème par un apport de N d'ailleurs (par des sous-produits agricoles, de la fumure, de l'engrais, etc.). Dans ces cas il y a un troisième terme à droite du signe d'égalité pour 'l'azote externe' (+ N_{ex}).

La fraction (f) n'est pas un facteur simple, mais composé. Il faut distinguer au moins 4 formes par lesquelles le N peut disparaître de l'écosystème, notamment:
- la volatilisation à partir de la végétation ou des débris (f_v);
- la combustion par les feux de brousse (f_c);
- le ravage des insectes, des herbivores sauvages (f_r);
- l'élevage (f_e).

(La multiplication des valeurs f avec N_b donne la quantité de N perdue (kg ha^{-1}) par les processus respectifs.) Dans les 2 derniers cas il y a encore 2 sous-fractions, notamment le N qui se volatilise des fèces et de l'urine et le N transformé en produits animaux. C'est la dernière sous-fraction qui intéresse l'éleveur et pour cela on distingue f_{ev} (la fraction du N exploitée, qui est perdu par volatilisation à partir des déchets) et f_{et} (la fraction du N exploitée, qui est transformée en protéines animales, et exportée de la région). Cette répartition est résumée par:

$$f\ N_b = f_{totale}\ N_b = (f_v + f_c + f_r + (f_{ev} + f_{et}))N_b \qquad \text{(formule 9.2.2)}$$

Il est très important de noter que les valeurs des diverses sous-fractions ne sont pas indépendantes: le N perdu d'une manière n'est plus accessible aux autres processus de perte, et le N épargné par un des processus augmente la chance que les autres auront lieu. C'est pour cela qu'une augmentation ou une diminution d'une manière de perte ne se traduit pas dans un changement égal de la perte totale, ce dernier changement sera moindre.

Pour transformer une fraction de N aussi grande que possible en protéines animales ($f_{et}\ N_b$) il y a donc la voie d'agir sur l'efficacité du processus de la transformation et la voie d'augmenter la disponibilité de N à transformer. En se limitant à la gestion des pâturages et des troupeaux, il y a 4 types de méthodes:
- (a) augmenter l'efficacité de la transformation de N en protéines animales;
- (b) minimiser les pertes de N ($f_v\ N_b$, $f_c\ N_b$, $f_r\ N_b$ et $f_{ev}\ N_b$);
- (c) faire augmenter la quantité de N qui entre dans l'écosystème, c'est-à-dire le terme à droite du signe d'égalité de la formule 9.2.1;
- (d) agrandir la superficie exploitable.

Ces 4 types de possibilités d'aménagement seront traités ici dans les parties 9.2.2.2 à 9.2.2.5 respectivement. La majorité des termes des formules 9.2.1 et 9.2.2 ont été discutés dans les parties 5.2 et 5.3, où on a surtout essayé de présenter une impression de leurs valeurs moyennes (voir par exemple fig. 5.3.1). Dans ce qui suit on essaie cependant d'estimer leurs valeurs extrêmes, souvent seulement théoriques, pour indiquer les limites théoriques de l'aménagement. Il est à noter que les formules s'appliquent seulement dans une situation d'équilibre, l'aménagement n'aura donc l'effet à estimer par les formules qu'après plusieurs années (voir partie 5.6). On discutera d'abord le terme qui n'a été à peine touché avant, notamment f_{et}.

9.2.2.2 (a) Améliorer la rétention d'azote

A notre connaissance, il n'y a pas de littérature sur la rétention de N par le bétail au Sahel. Mais il est bien possible d'estimer le degré de rétention à partir des données de la productivité des troupeaux. Ceci a été fait en se basant sur les chiffres du S.E.D.E.S. (F.A.O., 1977): la productivité actuelle moyenne dans la zone sahélienne (taux d'exploitation plus taux de croissance) est retenue d'être 15, 32 et 40% an^{-1} pour respectivement les bovins, les moutons et les chèvres. Avec un menu à un taux moyen de 1,3% N (Diallo, 1978), en utilisant le manuel de l'I.E.M.V.T. (Boudet, 1975) pour la définition de la valeur fourragère et les besoins du bétail, on trouve une rétention moyenne de N de 3,3% pour les bovins et 7,0 et 8,8% pour les moutons et chèvres. Aussi le chiffre à retenir pour la suite est 4% (plus proche de la valeur des bovins que celle des petits ruminants par la domination des premiers au Sahel du point de vue de leur biomasse totale).

Pour savoir combien la rétention de N (de protéines) peut être agrandie, on pourrait utiliser comme indicateur la valeur maximale de 20-25% de l'embouche intensive. Pour l'élevage sahélien il semble cependant plus réaliste de se baser sur les paramètres retenus par le S.E.D.E.S. (F.A.O., 1977) pour la productivité future de différents cheptels exploités dans la zone sahélienne (l'élevage 'naisseur', voir partie 8.1). Le S.E.D.E.S. préconise une productivité potentielle dans ce cas de 28, 47 et 49,5% an^{-1} pour respectivement les bovins, les moutons et les chèvres. Supposons que cette potentialité peut être réalisée seulement par les structures modifiées avec de stockage précoce des troupeaux, sans amélioration de la nutrition (ce qui est improbable). Dans ce cas extrême les bovins, les moutons et les chèvres auraient une rétention de N de 6,2, 10,3 et 10,8%. Aussi la valeur moyenne pondérée à retenir pour la suite sera 7%.

Le précédent cas ne tient compte que de la production comme augmentation du poids vif. A côté il y a cependant la production laitière. La production de lait, ramenée par tête d'animal élevé dans le troupeau à l'heure actuelle, est en moyenne 154, 48 et 60 kg an^{-1} pour les bovins, les moutons et les chèvres. Théoriquement on peut s'attendre à une augmentation à respectivement 244, 72 et 81 kg an^{-1}, suite aux programmes de mise en valeur préconisés (F.A.O., 1977). A un taux de N de 0,5% cela signifie qu'il faudrait ajouter aux 4 et 7%, retenus pour la rétention de N actuelle et future, respectivement 2,5 et 4%. Mais presque tout le lait est exploité sur place, par les petits des animaux et par l'homme. Dans ce cas aussi il y aura une rétention de 5 à 10%. Le reste retournera au sol par les fèces et l'urine, mais 50% du N se volatilisera. Donc à peu près la moitié du N retenu dans le lait est réellement perdue pour l'écosystème. Pour cela on estime que la rétention totale de N de l'élevage sahélien est 5%. Théoriquement il semble possible de doubler cette valeur. Donc, on retient pour la suite 5% ou 10% de rétention suivant les cas.

9.2.2.3 (b) Minimiser les pertes

(b_1) Récolter et conserver toute l'herbe en fin d'août, quand la quantité maximale de N se trouve au-dessus du sol (partie 5.2.3). C'est un cas peu réaliste, mais la théorie donne pour ce cas extrême la valeur maximale du N exploitable par le bétail (f_e N_b). En août les pertes de N sont encore négligeables, donc la quantité totale de N pourrait être soustraite. Si l'on arrivait à réaliser récolte et stockage sans aucune perte (foin; ensilage), si tout le fumier des animaux retournait aux pâturages, si la rétention de N par le bétail était de 10% et la récupération de N du fourrage par la fumure 50%, la valeur de f_e serait de 0,55. Dans ce cas f_{et} = 0,10 (10% de rétention) et f_{ev} = 0,45 (50% de 90%, le N volatilisé des déchets). Avec la formule 9.2.1 (sous 500 mm an^{-1} et avec 5% de légumineuses) on peut calculer que N_b = 10,2 kg ha^{-1}, donc f_{et} N_b = 1,0 kg ha^{-1}.

Si cependant on ne touchait jamais l'herbe tandis qu'il n'y avait ni des pertes par des feux, ni par des insectes etc., f_v (volatilisation) serait maximale et de l'ordre de 0,25 (voir partie 5.2.5). Formule 9.2.1 donne dans ce cas une valeur de N_b de 36,3 kg ha^{-1}!

(b_2) Lutte contre les pertes diverses (f_c et f_r) La volatilisation de N pendant la saison sèche ne peut être évitée autrement que par la méthode décrite en (b_1). La perte de biomasse, causée par l'érosion du vent et les grains de sable (à la partie nord du Sahel, voir partie 5.2.5), est aussi inévitable. Mais une lutte efficace contre les insectes et les feux est théoriquement possible et pourrait être utile. Si toute l'herbe est brûlée chaque année pour 100%, il y a une perte totale du N de la biomasse aérienne (N_b), donc la fraction qui se perd (f_{totale}) est égale à 1. N_b sera dans un tel cas 4,9 kg ha^{-1} à une pluviosité moyenne de 500 mm an^{-1}, et cette quantité disparaît annuellement dans l'air. Mais par une protection complète de la végétation, on évite entièrement les pertes de N par les feux et les insectes, etc. (f_c N_b et f_r N_b seront égales à zéro). Donc la quantité totale de N qui peut être soustraite se compose de la fraction qui se volatilise et la fraction perdue par le broutage (f_{totale} N_b = (f_v + (f_{ev} + f_{et}))N_b). La valeur maximale de f_v peut être calculée avec la formule 5.2.5: si la perte concerne la biomasse totale pendant toute la saison sèche, à peu près 25% du N se volatilisera en moyenne, donc f_v = 0,25. Cependant, s'il y a une diminution constante de la biomasse au cours de la saison par l'exploitation, la perte sera maximalement 10% (f_v = 0,1), car ce qui est brouté ne peut plus se volatiliser. Dans le cas de l'utilisation de toute la biomasse sur pied, la fraction de N disponible pour le bétail sera donc 90%. La quantité transformée en protéines animales (f_{et} N_b), à une rétention de N de 5%, est alors 0,05 × 0,9 × N_b = 0,045 N_b, et la quantité volatilisée des déchets (f_{ev} N_b) est égale à (0,9 - 0,045) × 0,5 × N_b = 0,43 N_b. Avec la formule 9.2.1 on obtient une valeur de 9,7 kg ha^{-1} pour N_b et 0,4 kg ha^{-1} pour f_{et} N_b.

(b_3) Minimiser la perte par des déchets (f_{ev}) Cette option a été discutée dans la partie 9.2.2.2 car la seule manière pratique de minimiser la perte de N par la volatilisation à partir des déchets est l'amélioration de la rétention de N. C'est l'augmentation de l'efficacité de l'utilisation du fourrage. Sous (b_1) et (b_2) 2 valeurs différentes ont été utilisées pour la rétention de N par le bétail. Une rétention de 10% a été choisie

pour (b_1), car les animaux auront du fourrage de bonne qualité pendant la saison sèche, mais dans le cas (b_2) 5% est utilisé, un chiffre optimiste pour la production basse de l'élevage traditionnel (voir partie 8.2). Il s'agit dans les 2 cas de la valeur moyenne pour l'ensemble du troupeau pendant toute l'année. En hivernage la rétention sera plus élevée par une abondance relative de fourrage de bonne qualité (fig. 8.1.3), mais elle devient nulle ou même négative pendant la saison sèche. Cette chute peut être limitée cependant dans le cas b_1.

9.2.2.4 (c) Augmenter l'apport d'azote

(c_1) Stimulation des légumineuses Il a été signalé déjà dans les parties 5.3 et 6.2 que la quantité de N qui entre dans l'écosystème annuellement est fortement liée à la contribution des légumineuses dans la biomasse totale. Si l'on arrivera à augmenter cette contribution de 5 à 15% à une pluviosité moyenne de 500 mm an^{-1}, N_b sera 11,8 kg ha^{-1} au lieu de 9,7 kg ha^{-1} à une exploitation comme décrite sous (b_2). Quoiqu'il s'agisse d'une amélioration de la qualité du fourrage comme dans le cas b_1, on ne peut pas s'attendre à une augmentation notable de la rétention de N, car cette amélioration touche à peine la disponibilité de fourrage de qualité pendant la saison sèche (voir partie 6.2). Donc la fraction de N transformée en protéines animales (f_{et}) sera 0,045 comme en (b_2), et la quantité maximale (f_{et} N_b) sera 0,045 × 11,8 = 0,5 kg ha^{-1}. Ce chiffre ne serait que 0,17 kg ha^{-1} dans la partie nord du Sahel, à une pluviosité de 150 mm an^{-1}. L'augmentation de cette stimulation des légumineuses donne un profit de 0,1 kg ha^{-1} à 500 mm an^{-1} (comparer avec (b_2)). Mais à 150 mm an^{-1} ce n'est que 0,04 kg ha^{-1} qu'on gagne au maximum.

(c_2) Stimulation des graminées pérennes En stimulant les graminées pérennes on peut s'attendre à une activité plus élevée des bactéries fixatrices associées. Nous avons des indications qui pourraient suggérer que les graminées pérennes provoquent une fixation de N par saison par 1.000 kg de biomasse produite de 0,034 kg, contre 0,013 pour les graminées annuelles (partie 5.3.3). Cette différence semble exagérée, mais on le maintient quand même ici pour connaître le profit théorique maximal des graminées pérennes. En supposant ensuite qu'on pourrait réaliser une végétation herbacée avec 100% de pérennes comme *Andropogon Gayanus*, à une pluviosité de 500 mm an^{-1} on obtiendrait une valeur de N_b de 10,7 et une quantité de N transformée en protéines animales (f_{et} N_b) de 0,5 kg ha^{-1} avec les conditions définies en (b_2). Ceci signifie donc une augmentation de 0,1 kg ha^{-1} pour f_{et} N_b en comparaison avec une strate herbacée d'annuelles.

On peut s'étonner que la stimulation des pérennes ait le même résultat que celle des légumineuses, malgré la fixation limitée des bactéries associées aux pérennes. Cela s'explique du fait qu'on a supposé une stimulation des graminées pérennes à 100% de la biomasse totale, tandis que pour les légumineuses 15% est déjà un pourcentage idéal et difficile à réaliser. Et à côté on a tenu compte d'une perte plus basse d'azote par la volatilisation, par le transport de 1/4 de N_b aux racines avant que les plantes ne se dessèchent (partie 6.1).

Sans exploitation et à une protection complète on peut s'attendre à une valeur de

N_b de 92,4 kg ha^{-1} pour une végétation de 100% de pérennes, contre 36,3 kg ha^{-1} pour les annuelles (b_1).

(c_3) Fumure et engrais La quantité de N à utiliser peut être augmentée aussi à l'utilisation des ressources externes, ce qui veut dire dans beaucoup de cas un appauvrissement d'un écosystème ailleurs (la valeur de f_{totale} - formule 9.2.2 - y augmente avec un terme d'azote exporté). C'est le cas si l'on utilise des sous-produits agricoles comme les graines de coton, les fanes de niébé ou d'arachide. C'est une manière d'obtenir la quantité maximale théorique de N transformée en protéines animales (f_{et} N_b), par une augmentation de la concentration de N du menu. La même chose peut se faire aussi en ajoutant de l'urée à la ration. Dans ces cas il y a en même temps un enrichissement indirect de l'écosystème élevage-pâturage par un apport de N. Ceci se passe directement à l'utilisation de la fumure et de l'engrais. Pour la fumure cela serait cependant seulement une vraie augmentation si elle n'était pas produite à la base du fourrage du pâturage en question, ce qui ne sera jamais le cas. Donc l'utilisation de la fumure n'a pour effet que d'empêcher que la perte de N par des déchets (f_{ev} N_b) ne devienne plus élevée. On suppose que toute la fumure est distribuée de façon homogène. Seulement dans ce cas la moitié du N est récupérée. Dans la réalité pratique de l'élevage il y a un transport de la fumure vers les parcs et les points d'eau (voir partie 6.6). Ceci cause un appauvrissement lent sur de grandes superficies et un enrichissement sur des surfaces limitées. Diallo (1978) estime que les troupeaux de boeufs se reposent pendant 40% du temps. Si cela se passe sur des endroits fixes il y aura un transport de 40% du N récupéré par la fumure vers ces endroits. C'est la cause d'une récupération apparente de 60% de la moitié, c'est-à-dire 30% seulement, pour les pâturages où les animaux n'ont pas l'habitude de se reposer. En même temps il y aura un enrichissement notable des endroits de repos. En se basant à nouveau sur le cas (b_2) (à une pluviosité de 500 mm an^{-1}) on aura donc une situation où la perte à partir des déchets f_{ev} est de 0,60 N_b au lieu de 0,43 N_b. Dans un tel cas N_b = 6,9 kg ha^{-1}, donc f_{et} N_b = 0,3 kg ha^{-1}.

Quant à l'endroit, s'il s'agit d'un village et ses abords directs, avec un puits où l'on peut abreuver 750 UTB pendant les 9 mois de la saison sèche, on doit s'attendre à un apport annuel de l'ordre de 3.000 kg de N, donc sur une zone à un rayon de 0,5 km, à peu près 40 kg ha^{-1} (compte tenu déjà d'une perte de 50% par volatilisation de N des déchets). Cette quantité s'ajoute comme terme N_{ex} (= + 40 kg ha^{-1}) à la formule 9.2.1 à droite du signe d'égalité. A nouveau pour une situation comme celle décrite en (b_2), mais à une rétention des protéines de 10%, grâce à une valeur fourragère élevée, on trouve une valeur maximale de 8,7 kg ha^{-1} pour la quantité de N transformée en protéines animales (f_{et} N_b) à une valeur de 96,8 kg ha^{-1} pour N_b. Les chiffres utilisés se basent, comme indiqué, sur une contribution des légumineuses de 5% de la biomasse. Dans la pratique il y aura cependant souvent une augmentation de leur importance près des villages (voir partie 6.6) ce qui causerait une valeur de N_b plus élevée si leur fixation de N ne serait pas freinée par la richesse relative du sol (partie 6.2). L'appauvrissement en P des pâturages éloignés pourrait causer à long terme une diminution de l'importance des légumineuses, avec les conséquences inhérentes.

Il faut signaler qu'un apport annuel de 40 kg ha^{-1} an^{-1} de N a comme résultat une biomasse annuelle avec 97 kg ha^{-1} de N. Donc il y a un effet de multiplication, grâce à la récirculation d'une partie de ce 97 kg.

Par l'utilisation de la fumure à dessein ou par l'emploi de l'engrais on peut augmenter N_{ex} jusqu'au niveau où l'on obtient une production potentielle (voir chapitre 4). Elle est de l'ordre de 7.500 kg ha^{-1} de matière sèche avec un taux de N de 2% (croissance non-perturbée), donc N_b = 150 kg ha^{-1}. Si l'on fauche et conserve le fourrage en question d'une façon optimale (perte N_b = 20%) on peut s'attendre à une fraction de N transformée en protéines animales (f_{et}) égale à 10% et f_{et} N_b sera donc 12 kg ha^{-1}. Pour une telle quantité de N transformée en produits animaux il faut théoriquement seulement 71 kg ha^{-1} an^{-1} comme apport de N, par l'effet de multiplication mentionnée pour la fumure (à condition que les déchets soient entièrement utilisés sur les pâturages où l'on applique annuellement la dose d'engrais). Mais la pratique de l'élevage intensif montre qu'il est impossible de réaliser une telle efficacité.

(c_4) Annexe Les estimations faites ci-dessus ne sont valables que dans le cas d'une croissance 'normale' de la végétation dans des conditions définies. Dans la réalité sahélienne la croissance est souvent perturbée, et la valeur théorique de N_b ne sera pas trouvée dans la pratique, donc aussi la fraction f_{et} N_b sera moindre. Ici on ne parle pas des variations du temps d'une année à l'autre, car ce sont des valeurs moyennes qu'on a essayé d'estimer. Mais c'est de l'influence même de l'exploitation dont on parle. Par des causes diverses (manque de semences au début de la saison, augmentation du ruissellement, épuisement de la ressource de P, etc.), la biomasse peut être réduite en comparaison de la normale à une pluviosité donnée. Et bien que ceci ne cause pas une diminution proportionnelle du N dans cette biomasse (N_b), sa quantité diminue quand même et la fixation proportionnelle à N_b diminuera donc aussi. Toutes les interventions contre la dégradation de l'environnement servent à prévenir une telle diminution. Une quantification est très difficile car la diminution de la production est souvent accompagnée d'une augmentation des légumineuses (voir partie 6.2) et les cyanophycées pourraient fort bien devenir plus actives à des endroits dénudés. Dans les cas où il y aurait réellement une diminution de N_b on pourrait s'attendre à des valeurs étant quand même plus élevées que celles d'une zone avec une pluviosité plus basse mais avec la même production de biomasse, car le facteur 0,0085 Pl (le N qui entre dans l'écosystème avec la pluie; voir la formule 9.2.1) ne change pas ou peu.

Dans le cas d'une surexploitation extrême à une pluviosité de 500 mm an^{-1} on observe des endroits avec seulement 500 kg ha^{-1} au lieu de 2.000 kg ha^{-1} environ comme production annuelle. En supposant que la fixation liée à la biomasse est aussi 25% de la valeur normale, tandis que les légumineuses ne constituent toujours pas plus de 5% de la biomasse, on trouve une valeur de N_b égale à 7,9 kg ha^{-1} et la quantité de N transformée en protéines animales sera 0,35 kg ha^{-1}. Ce qui est à peine inférieur à la valeur des zones non ou peu exploitées. Dans la zone surexploitée N_b se trouve cependant dans une biomasse moins élevée, donc sa concentration sera plus élevée. Ceci est le cas en réalité comme montré dans les parties 6.3 et 6.6.

9.2.2.5 (d) Agrandir de la superficie exploitable

Eventuellement sans la nécessité de réaliser une exploitation optimale, il est possible d'augmenter la production par l'agrandissement du territoire exploité. Il y a 2 méthodes principales qui permettent cette augmentation dans les pays sahéliens, la lutte contre la mouche tsé tsé dans la savane au sud, et la création de puits et de forages au nord, au vrai Sahel. Le même profit est possible pour l'éleveur qui élève des chameaux, au lieu de ruminants qui peuvent s'éloigner beaucoup moins des puits. Mais les valeurs maximales de N_b et f_{et} N_b ne diffèrent théoriquement pas de celles discutées en (b) et (c).

Le tableau 9.2.1 présente un résumé des estimations faites au précédent. Là où la nécessité se manifestait, la biomasse produite annuellement a été estimée à partir de la quantité totale de N dans la biomasse (N_b), en utilisant la fig. 5.2.1. Si cependant les légumineuses contribuent pour plus de 5% à la biomasse on a tenu compte du fait qu'une fraction de la biomasse a un taux de N élevé. Le tableau indique que, en dehors des cas d'une importation de N, la production annuelle des pâturages à une pluviosité de 500 mm an^{-1} peut varier de 500 à 3.500 kg ha^{-1} de matière sèche, en rapport avec le niveau de gestion, et ceci pour une situation théorique d'équilibre. Le N dans la biomasse fluctue entre 5 et 35 kg ha^{-1} environ, mais la dernière valeur n'est atteinte que si l'intensité de l'exploitation est toujours négligeable. Le N exploitable (N_{disp}) ne varie qu'entre 6 et 10 kg ha^{-1}, et la quantité maximalement retenue par le bétail entre 0,3 et 1,0 kg ha^{-1}. Bien que les valeurs soient théoriques, elles indiquent bien le maximum extrême auquel on doit s'attendre comme influence des différentes interventions. Les difficultés de l'exécution des interventions (voir parties 9.3, 9.4 et 9.5) font qu'en réalité on obtiendra des valeurs plus basses. Mais si ceci est le cas et que la quantité de N maximalement disponible ne soit pas exploitée totalement, il y aura des 'pertes' inférieures de N par l'élevage, donc les pertes par la volatilisation, par les feux et par les insectes, etc. pourront être plus élevées. Heureusement les pertes par les feux et par les insectes, etc. ne sont jamais 100%, sauf localement, et la perte par la volatilisation ne dépassera pas 0,25. Dans la réalité du Sahel on trouve de l'ordre de 2.000 kg ha^{-1} comme production annuelle moyenne sous l'isohyète de 500 mm, avec 10 kg ha^{-1} de N (donc N_b = 10). C'est-à-dire, que la perte totale de N y est en moyenne un peu plus de 0,50 de N_b par an (f_{totale} = 0,56 suivant la formule 9.2.1).

La fig. 9.2.1a illustre le rapport entre N_b et l'importance de la fraction qui disparaît annuellement de l'écosystème. C'est la description pour l'isohyète de 500 mm avec 5% de légumineuses dans un pâturage d'annuelles. La valeur N_b baisse rapidement à l'augmentation de sa fraction exploitée annuellement, à cause de la récupération inférieure et à cause de la diminution de la fixation qui est liée à la biomasse. La valeur N_b a un maximum (35 kg ha^{-1} environ) par le fait que les pertes ne sont jamais négligeables: la récupération est 75% au maximum. C'est dans le cas où il n'y a ni feu, ni insectes, ni bétail, c'est-à-dire la fraction totale perdue (f_{totale}) est la perte de la volatilisation directe, donc f_v N_b est 25% de N_b.

Les courbes numérotées 1, 2 et 3 dans la fig. 9.2.1b représentent chacun la perte de N par la voie d'élevage pour une exploitation de 0 à 100% de la biomasse. La quantité de N qui disparaît par la voie de l'élevage ($(f_{ev} + f_{et})N_b$) augmente avec l'intensification

Tableau 9.2.1. Quelques situations extrêmes pour des pâturages à une pluviosité moyenne de 500 mm an^{-1} dans le cas d'équilibre pour le N dans l'écosystème, indiquant les limites théoriques de l'aménagement. La biomasse produite annuellement a été estimée sur la base de N_b - calculé avec la formule 9.2.1 - en tenant compte de la fig. 5.2.1 et du caractère de la végétation dans les cas divers. N_b = N-total des parties aériennes de strate herbacée; N_{disp} = N-disponible pour être ingéré par le bétail, c'est-à-dire $N_b - (f_v + f_c + f_r)N_b$; $f_{et} N_b$ = N transformé en protéines animales; f_v = fraction volatilisation directe; f_c = fraction combustion; f_r = fraction ravage des insectes, etc.; f_{ev} = fraction volatilisation à partir des déchets; f_{et} = fraction transformée en protéines animales.

	Biomasse (kg ha^{-1})	N_b (kg ha^{-1})	Pertes de N					N_{disp} (kg ha^{-1})	$f_{et} N_b$ (kg ha^{-1})
			f_v	f_c	f_r	f_{ev}	f_{et}		
b_1 - sans exploitation, sans feu et sans insectes	3.500	36,3	0,25	-	-	-	-	-	-
- exploitation après récolte et conservation	1.000	10,2	-	-	-	0,45	0,10	10,2	1,0
b_2 - toute l'herbe brûle annuellement	800	4,9	-	1,0	-	-	-	-	-
- exploitation sur pied, sans feu, sans insectes	1.250	9,7	0,10	-	-	0,43	0,04	8,7	0,4
c_1 - stimulation des légumineuses à 15% de la matière sèche	1.300	11,8	0,10	-	-	0,40	0,04	10,6	0,5
c_2 - stimulation des graminées pérennes à 100%	2.150	10,7	0,10	-	-	0,43	0,04	9,6	0,5
c_3 - pâturages éloignés des points d'eau	1.000	6,9	0,10	-	-	0,60	0,04	6,2	0,3
- aux alentours des puits, des villages	6.000	96,8	0,10	-	-	0,40	0,09	87,1	8,7
- emploi d'engrais: production potentielle	7.500	150,0	-	-	-	0,37	0,10	120,0	15,0
c_4 - surexploitation sans stimulation des légumineuses	500	7,9	0,10	-	-	0,40	0,04	7,1	0,3

Table 9.2.1. Some extreme situations for pastures with a mean rainfall of 500 mm yr^{-1} in the case of a N balance in equilibrium in the ecosystem, indicating the theoretical limits of cattle production improvement. The yearly produced biomass has been estimated based on N_b - calculated with formula 9.2.1 - taking into account fig. 5.2.1 and the character of the vegetation in the different cases. N_b = total N of the aerial parts of the herbaceous stratum; N_{disp} = N available to be ingested by the cattle, i.e. $N_b - (f_v + f_c + f_r)N_b$; $f_{et} N_b$ = N converted in animal proteins; f_v = fraction direct volatilization; f_c = fraction combustion; f_r = fraction insect etc. ravage; f_{ev} = fraction volatilization from the wastes; f_{et} = fraction transformed in animal proteins.

Fig. 9.2.1. La quantité de N maximale dans l'herbe (N_b) et la quantité totale disparue annuellement de l'écosystème (f_t N_b) en rapport avec la fraction (f_t), qui disparaît (fig. a), et la quantité totale de N disparue annuellement de l'écosystème avec une quantification du N disparu par le bétail ((f_{ev} + f_{et})N_b) à une augmentation de l'exploitation de 0 à 100% de la biomasse, en rapport avec la fraction (f_t) qui disparaît, dans les conditions que les pertes de N sans exploitation sont 25%, 50% ou 75% an^{-1} (1, 2 et 3; voir fig. b).

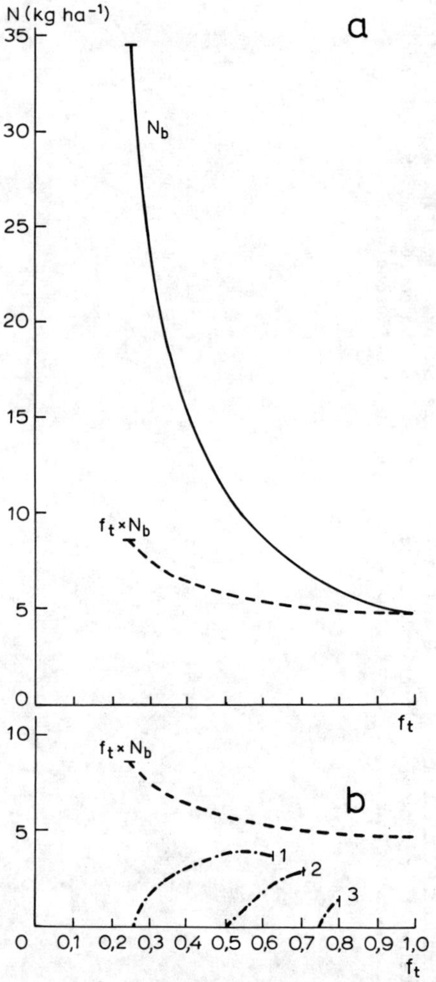

Fig. 9.2.1. The maximum amount of N in the grass (N_b) and the total amount that disappears annually from the ecosystem (f_b N_b), in relation to the fraction (f_t), which has disappeared (fig. a), and the total amount of N which has disappeared annually from the ecosystem with a quantification of the N lost by the cattle ((f_{ev} + f_{et})N_b) at an increase in the exploitation of the biomass of 0 to 100%, in relation to the fraction (f_t), that disappeared under conditions where the N losses without exploitation are 25%, 50% or 75% yr^{-1} (1, 2 and 3: see fig. b).

de l'exploitation, et l'importance des pertes diverses diminue en même temps. La courbe 1 représente le cas où l'importance des pertes diverses est 25% de N_b an^{-1} si l'intensité de l'exploitation est négligeable, la courbe 2 représente le cas où les pertes diverses sans aucune exploitation sont 50% de N_b an^{-1}, et la courbe 3 représente le cas où leur importance sans exploitation est déjà 75% de N_b an^{-1}. Donc à l'hauteur de l'origine des courbes 1, 2 et 3, f_t N_b est égale de 1/4, de 1/2 et de 2/3 de N_b dans la fig. 9.2.1a. La diminution de la distance entre les courbes 1, 2 et 3 et f_t N_b dans la fig. 9.2.1b à l'augmentation de l'exploitation est la mesure pour la diminution de toutes les pertes hors l'élevage des 3 cas. A une exploitation de 100% de la biomasse (les fins des courbes 1, 2 et 3) la fraction totale de N perdue n'est pas 100% (f_t = 1), car la fraction de N retenue comme protéines animales (f_{et}) n'est que 5% et du N des déchets seulement 50% se volatilise (f_{ev}). A cause du fait que f_{et} a une valeur basse en comparaison avec f_{ev} il est clair que la quantité de N ingérée par le bétail est presque la double de f_e N_b (N perdu totalement pour l'écosystème par la voie de bétail). Le maximum de N perdu par la voie d'élevage (donc aussi la fraction transformée en protéines animales) diminue fortement quand les pertes en dehors de celles d'élevage augmentent (le maximum de la courbe 3 est plus bas que celui de la courbe 2, et celui de 2 plus bas que celui de 1; voir la fig. 9.1.2b).

Pour ne pas compliquer davantage la figure ceci est quantifié aussi dans le tableau 9.2.2. Les valeurs de N_b du tableau ont été calculées en supposant que la perte totale de N sur une année complète est la résultante des processus qui ont tous une vitesse constante au cours de l'année. La perte totale de toute l'année est donc trouvée en diminuant N_b total pendant 12 mois successifs avec une quantité fixe égale au pourcentage de N_b brouté divisé par 12 et avec une fraction fixe égale à la fraction perdue sans exploitation divisée par 12. En exprimant la perte totale trouvée ainsi comme fraction de N_b, on peut calculer N_b avec la formule 9.2.1. La quantité ingérée est trouvée ensuite comme

Tableau 9.2.2. La quantité maximale de N (N_b) dans l'herbe et les quantités ingérées par le bétail (N_{ing}) et transformées en produits animales (f_{et} N_b) à de différentes intensitées d'exploitation à 3 niveaux de pertes de N en dehors de la perte par l'élevage (les colonnes 1, 2 et 3 correspondent avec les cas 1, 2 et 3 de la fig. 9.2.1b).

% de N_b utilisé par le bétail	Fraction de N perdue sans l'exploitation								
	0,25 (1)			0,50 (2)			0,75 (3)		
	N_b	N_{ing}	f_{et} N_b	N_b	N_{ing}	f_{et} N_b	N_b	N_{ing}	f_{et} N_b
0	34	-	-	11	-	-	7	-	-
10	27	2,7	0,135	10	1,0	0,050	7	0,7	0,035
20	21	4,2	0,210	9	1,8	0,090	7	1,4	0,070
40	15	6,0	0,300	8	3,2	0,160	6	2,4	0,120
60	12	7,2	0,360	8	4,8	0,240			
80	9	7,2	0,360						

Table 9.2.2. The maximum amount of N (N_b) in the grass and the amounts ingested by the cattle (N_{ing}) and transformed into animal products (f_{et} N_b) at different exploitation intensities with 3 levels of N losses excluding the loss by stock-farming (columns 1, 2 and 3 correspond to cases 1, 2 and 3 in fig. 9.2.1b).

un pourcentage brouté de N_b. La quantité de N transformée en protéines animales (f_{et} N_b) est finalement obtenue en multipliant la quantité de N ingérée avec 0,05, car la rétention de N a été estimée à 5%. Il est clair que la quantité de N ingérée (et celle transformée en protéines animales) par le bétail augmente presque proportionnellement avec l'intensité d'exploitation si les pertes autres que celles d'exploitation sont élevées (0,50 et 0,75), mais ce qu'on gagne par une exploitation plus intense diminue si ces pertes sont relativement basses (minimum 0,25 environ). Dans le dernier cas on peut même s'attendre à une diminution légère de la quantité de N à transformer en protéines animales si l'intensité dépasse un certain optimum. Ceci à cause du fait que les pertes de volatilisation à partir des déchets sont plus élevées qu'à partir de l'herbe pendant la transformation en humus. Ce qu'on gagne par l'utilisation complète de l'herbe et son N, on le perd par une récupération trop basse de N et une valeur inhérente de N_b. Pour remarquer ces différences entre de grandes pertes et des pertes faibles en dehors de celle d'élevage, la fig. 9.2.1b est plus illustrative que le tableau 9.2.2. Pour cela il faut regarder les pentes des courbes qui représentent des pertes d'élevage dans les cas 1, 2 et 3, car ces pertes sont proportionnelles au N ingéré. Pour le cas 1 (protection complète de l'herbe contre feu, insectes, etc.) il est question d'une légère diminution du N ingéré dans une situation d'équilibre à une exploitation de N_b de plus que 70%; f_t est égale à 0,55 à l'ingestion maximale de N. L'intensité d'exploitation la plus élevée est 85% de N_b dans la situation du cas 1, à une utilisation de 100% de la biomasse. Les situations des cas 2 et 3 permettront une exploitation maximale d'environ 70 et 40% de N_b respectivement (car les autres pertes exigent leur tribut). Dans la situation du cas 1, il est peu intéressant pour l'éleveur d'exploiter plus que 30-40% de N_b, car pour une augmentation très limitée du N ingéré il faut un effort notable. Doubler l'intensité d'exploitation de 30 à 60% ne donne qu'une augmentation de N ingéré de 5,1 à 7,2 kg ha^{-1}. C'est tout à fait différent dans les 2 autres cas présentés. Si les pertes autres que celles d'élevage deviennent au moins 50% (cas 2), chaque augmentation d'effort de l'éleveur (exploitation plus intense) se paie par une augmentation proportionnelle de N ingéré et transformé par les animaux.

9.3 L'AMENAGEMENT DES PATURAGES

Beaucoup de plans et de projets pour le Sahel se basent sur la philosophie, oui ou non prononcée, qu'il doit être possible de mieux utiliser la biomasse produite annuellement: de réaliser une production secondaire plus élevée, ou d'arrêter au moins la dégradation au niveau de la productivité d'élevage d'aujourd'hui. Cette philosophie semble presque exclusivement fondée sur l'impression qui donnent des zones non ou peu touchées par l'homme et son bétail.

> 'It may therefore be difficult to judge rangeland potential by examination of existing conditions, which may only reflect the shortcomings of recent management practices. Sites which have been isolated or protected from use by domestic animals need to be identified, so that a better idea can be obtained of the vegetation that could be expected elsewhere under proper management' (Dasmann et al., 1973).

Il est étonnant que cette philosophie ne se fasse pas corrigée par le savoir que:

'..... most grasslands have evolved under the impact of grazing animals and the vegetation is as much in balance with their presence as it is with the climate, soils and other factors of the environment. In the absence of grazing a different vegetation would prevail, in the same way that, in the presence of excessive grazing, the vegetation alters its general state and composition in a less desirable direction' (Dasmann et al., 1973).

La fig. 9.2.1 quantifie ce que la dernière citation indique: la production primaire a un niveau spécifique à chaque intensité d'utilisation. Ce niveau diminue à l'augmentation de l'intensité d'utilisation. Cela veut dire que pour un écosystème déterminé un bon recouvrement végétal, une haute biomasse de plantes ('standing crop') n'est pas compatible avec une intensité élevée d'exploitation, avec une haute production secondaire. Les conséquences pour les possibilités pratiques de l'aménagement des pâturages forment le sujet de ce qui suit.

9.3.1 Diminution de l'intensité d'exploitation

Une diminution de la charge des pâturages, très difficile à réaliser pour toute ressource naturelle avec une exploitation commune, causera certainement une augmentation du recouvrement végétal et de sa production annuelle (voir tableaux 9.2.1 et 9.2.2). Prenons comme exemple la proposition de Toutain et Lhoste (1978) pour la région de Gorom-Gorom et Oursi en Haute-Volta (isohyète de 400 mm). Le coefficient d'utilisation des ressources fourragères y est 41%, tandis qu'ils estiment que l'exploitation raisonnable du pâturage correspond approximativement à la consommation de 35% de la biomasse herbacée produite. Supposons, pour simplifier, que les pourcentages donnés soient aussi valables pour la fraction de l'azote (N) dans la biomasse utilisée en pratique et pour celle d'une exploitation raisonnable. La théorie de la partie 9.2 indique une augmentation du N dans la biomasse aérienne à la floraison (N_b) de 8,2 à 8,8 kg ha^{-1} (la perte maximale de volatilisation directe à été estimée 0,25 N_b, celle des feux, des insectes, etc. 0,1 N_b) si le N ingéré diminue de 41 à 35% de N_b. La biomasse doit augmenter de 1.300 à 1.500 kg ha^{-1} par conséquent (il faut signaler que la biomasse de 1.300 kg ha^{-1}, estimée par la théorie présentée, est égale à celle trouvée par Toutain et Lhoste (1978) sur le terrain).

Il est cependant douteux si les éleveurs profitent de l'augmentation de la biomasse car la théorie donne une diminution de N transformé en protéines animales (f_{et} N_b) de 0,17 à 0,15 kg ha^{-1} (à une rétention de protéines de 5%). Théoriquement il est possible que la charge plus faible cause une meilleure condition moyenne du troupeau, par une meilleure nutrition des animaux qui restent. Cependant, le contraire est vraisemblable aussi, vu l'influence positive d'une exploitation intense sur la fraction de fourrage de haute qualité (voir partie 6.6.3). Et dans ce cas il n'y a qu'un seul profit qui reste pour l'éleveur: un environnement plus stable à long terme, pour lequel il paie aujourd'hui.

9.3.2 Mode et calendrier d'exploitation

Les efforts de remplacer le nomadisme et la transhumance par un élevage sédentaire sont néfastes pour la productivité de l'élevage. La productivité est surtout déterminée par l'offre de fourrage de qualité pendant l'époque annuelle de soudure, et cette offre est le plus mal assurée dans l'élevage sédentaire (voir partie 8.1). Là où l'élevage sédentaire est pratiqué il y a certainement des possibilités d'améliorer la gestion du terroir d'une telle manière que la destruction aux environs des points d'eau et des villages sera supprimée. Le schéma le plus connu est celui de Boudet (1976), qui suggère une distinction nette entre les pâturages de saison des pluies aux alentours des points d'eau temporaires éloignés du village, et les pâturages de saison sèche desservis par un point d'eau permanent. Le pacage de saison sèche s'effectuerait selon une progression centripète. Dans la partie nord du Sahel, aux endroits sans agriculture, c'est certainement une méthode qui évite la surexploitation qui cause partout des dégats locaux. Mais elle exige des bergers, et signifie ainsi une augmentation notable de l'effort humain.

Aussitôt que l'agriculture est pratiqué le schéma signifie cependant en même temps que l'apport de fertilité vers les champs est arrêté et que l'agriculture permanente deviendra impossible. Et tandis qu'au nord une meilleure répartition au cours de l'année du fourrage disponible sera effectuée, il faut craindre qu'au sud la disponibilité de la fraction à bonne qualité diminuera, par l'absence de la pression continue du bétail (partie 6.6.3).

Eviter la diminution de la qualité à partir de la floraison, par la faux et la conservation, est une mesure très efficace pour assurer pendant la saison sèche la nutrition des animaux villageois. Théoriquement c'est la méthode qui offre la disponibilité de N la plus élevée sans apport d'ailleurs (N_{disp}= 10,2 kg ha^{-1}, voir tableau 9.2.1). En pratique on obtiendra certainement une valeur plus basse pour N_b et N_{disp} que le tableau suggère, car on y a traité le cas extrême sans pertes. En supposant une perte de 20% du N au cours du transport et du stockage de la récolte, N_b devient déjà 8,3 kg ha^{-1} (= N_{disp}), ce qui donne encore une f_{et} qui est la double de celle d'exploitation sur pied. Pour assurer la pérennité des pâturages à faucher, ce mode d'exploitation exige cependant qu'on rapporte tous les déchets produits aux pâturages, urines et fèces (les chiffres présentés se basent sur cette condition). Ceci est utopique, si les villageois vont utiliser le fumier, cela sera pour les champs. Et on provoque un épuisement des pâturages à faucher au cours de quelques années, comme au cas d'agriculture sans engrais.

9.3.3 Interdiction des feux

L'effet des feux sur la fertilité du sol à été traité déjà dans la partie 6.5.4 et la partie 9.2. Le tableau 9.2.1 montre l'influence forte des feux sur N_b, car si toute la biomasse brûle complètement chaque année la valeur de N_b est seulement 4,9 kg ha^{-1} à une biomasse de 800 kg ha^{-1}. Ces chiffres seraient 36,3 et 3.500 kg ha^{-1} respectivement à une protection complète contre toute utilisation d'herbe. Ce qu'on gagne en réalité par la lutte contre des feux de brousse est beaucoup moindre, car la fréquence des feux est loin de 100% dans le domaine des annuelles au vrai Sahel. Le tableau 6.5.1 suggère une perte moyenne de 15% de la biomasse annuellement. En évitant cette perte complètement on peut estimer que N_b augmentera à long terme de 11 à 15 kg ha^{-1} à un coefficient d'utilisation des pâturages par le bétail de 35% de N_b (à 500 mm an^{-1}). Ceci causera une augmentation de la biomasse produite annuellement de 1.800 à 2.500 kg ha^{-1}. Une bonne chose certainement pour l'environnement, mais l'autre côté de la balance porte une accessibilité difficile de l'herbe verte de bonne qualité au début de l'hivernage (voir partie 6.5.3) et - selon des paysans - le risque de calamités de criquets. Supprimer les feux sur les pâturages des pérennes sans d'autres mesures pour rendre des repousses disponibles pour le bétail et pour éviter l'embroussaillement du savane signifie la fin de l'élevage (partie 6.5). La solution peut être l'intensification du système d'élevage (rotation, fauchage, etc.) si cela se paie par une production plus élevée.

En tous cas, c'est une erreur de penser que la paille qu'on protège contre les feux est du fourrage, car la qualité est en général telle, que les animaux ne la peuvent utiliser qu'avec une ressource externe, riche en protéines. C'est un jeu du destin que la seule et vraie méthode d'éviter les grandes pertes de N par les feux est l'investissement dans l'achat de N d'ailleurs (graines de coton, urée, etc.)

9.3.4 Augmentation de la superficie exploitée

L'action la plus controversée au Sahel est certainement l'augmentation du nombre des points d'eau aux zones non ou peu exploitées par un manque d'eau. C'est la forme d'aide qui parle le plus à l'imagination des éleveurs, ils en ont un profit immédiat et clair. Mais les images bien connus de l'environnement direct des puits inquiètent énormément ceux qui pensent au future de la zone. Quelques remarques seront ajoutées à tout ce qui a été dit à ce sujet (voir aussi partie 8.3).

Trop souvent on rencontre des surestimations de la capacité de charge des régions à ouvrir par la réalisation des puits, des forages etc. On se base simplement sur la biomasse remarquable d'une zone non-touchée, sans tenir compte de la qualité de cette biomasse, de la diminution de la biomasse à partir du moment où l'on commence à exploiter la zone, et sans tenir compte du débit des sources à créer. Prenons comme exemple des pâturages non-exploités sous l'isohyète de 500 mm avec un risque d'incendie de 15% an^{-1}. Les pertes par la volatilisation directe et par le feu seront 0,25 N_b et 0,15 N_b respectivement et on peut donc s'attendre à une valeur de N_b de 15 kg ha^{-1}, donc une biomasse maximale de 2.500 kg ha^{-1}. Trop de planificateurs partent de la supposition que la charge possible sera donc 2.500 × 0,35/(6,25 × 365) = 0,37 UBT ha^{-1} (coefficient d'utilisation de fourrage de 35% de la biomasse; besoin d'une Unité de Bétail Tropical est 6,25 kg $jour^{-1}$). Mais après le creusement d'un puits on y aura la possibilité d'élevage d'environ 500 UBT seulement (voir partie 8.3.3), qui y exploitent 20% de la surface disponible et donc 20% de la biomasse produite annuellement. On peut calculer que la biomasse moyenne produite diminuera jusqu'à un nouveau équilibre lié à une valeur de N_b de 12 kg ha^{-1}, notamment 2.000 kg ha^{-1}. Et la charge réelle ne sera pas 0,37 UBT ha^{-1}, mais seulement 500 UBT sur 10.000 ha, donc 0,05 UBT ha^{-1} pour 1 seul puits.

Le dégât le plus remarquable des puits est certainement le halo dégradé aux alentours. Sa propre influence est presque toujours exagérée, car il ne s'agit que d'une superficie de 0,5-1 km^2 sur une zone de 100 km^2 ou plus. Pire pour l'ensemble de l'environnement sahélien est certainement qu'on porte atteinte à sa protection naturelle: le manque d'eau d'abreuvement qui fait qu'il existe une frange dans la partie nord du Sahel qui ne peut pas être exploitée intensivement. L'hivernage court fait que la période pendant laquelle cette zone est accessible, est très limitée, et l'importance des troupeaux reste restreinte par les difficultés dans la saison sèche ailleurs (Breman, 1975). L'argument qu'on protège l'environnement sahélien avec l'aide des puits par un étalement des troupeaux semble difficile à éprouver; pourquoi une diminution homogène et relativement faible aurait-elle moins d'influence sur le rapport végétation-climat qu'une diminution locale et relativement forte? Le contraire est plus facile à argumenter. Et en réalité on se trompe soi-même, car il ne s'agit pas d'une même charge mais mieux étalée si l'on ouvre des zones non-exploitées en y creusant des puits, mais on provoque une augmentation de la charge totale.

9.3.5 Aspect animal

Ce n'est dans ce livre qu'on va se pencher sur l'élevage même, avec toute sa complexité. Quelques points méritent cependant qu'on y attire l'attention par leur liaison avec la productivité des pâturages.

La gestion des troupeaux est régardée comme outil efficace à côté de la gestion des pâturages pour une meilleure productivité de l'élevage. Mais pour estimer les possibilités réelles d'une augmentation de la production animale il faut une appréciation juste de la production d'aujourd'hui en rapport avec les conditions de l'environnement. C'est-à-dire qu'il faut une appréciation qui tient compte de la disponibilité de protéine, et du rapport profit-investissement (énergétique aussi bien que humain). Krummel et Dritschilo (1977) donnent des chiffres concernant les coûts des ressources pour la production des protéines animales. Un résumé a été présenté par le tableau 9.3.1, où l'élevage extensif en Australie et en Amérique est comparé avec l'élevage au Mali. L'élevage au Mali ne fait pas piètre figure du tout, ce qui est en contradiction avec la suggestion qu'on entend régulièrement: à une intensité d'exploitation égale à la capacité de charge (basée sur le bilan d'azote) on y produit par hectare une quantité de protéines égale ou même plus élevée qu'aux zones (semi-)arides d'Australie ou des Etats-Unis. Ceci cependant avec un rapport produit/unité de labour beaucoup plus limité, autrement dit, avec un apport élevée de labour. Les systèmes d'élevage modernes ne sont pas plus efficaces en ce qui concerne la production par unité de surface; leur production de protéines par unité de surface est seulement bien plus élevée à une pluviosité qui est au moins la double de celle du Sahel. La production par heure de travail d'homme est beaucoup plus élevée en Amérique et en Australie, grâce à un apport notable d'énergie fossile. Le tableau montre qu'il faut en gros plus d'énergie par heure de travail d'homme si la productivité par ha est plus basse pour réaliser une même productivité par heure de travail d'homme. Les chiffres de Krummel et Dritschilo (1977) au tableau 9.3.1 suggèrent qu'un apport notable d'énergie par heure de travail d'homme est plus profitable en Australie qu'en Amérique. Les prix bas des terres pourraient en être la raison. La transhumance au Delta pour l'année 1976-1977 est un système particulièrement productif, un chiffre comparable est donné par Krummel et Dritschilo (1977) pour l'élevage nomade des Karamojongs. C'est vrai, les données de Diallo (1978) ne concernent qu'une seule année, tandis que les chiffres de Krummel et Dritschilo (1977) sont des valeurs moyennes sur plusieurs années. Mais, comme signalé dans la partie 9.2, la S.E.D.E.S. (F.A.O., 1977) estime que la production annuelle moyenne des bovins en poids vif est 15% au Sahel, c'est-à-dire 37,5 kg UBT^{-1} an^{-1},

Tableau 9.3.1. La production des protéines par l'élevage extensif, en rapport avec le climat et l'apport d'énergie et de labour.

Région	Pluviosité (mm an^{-1})	Elevage	Protéines*** animales (kg ha^{-1} an^{-1}) f_{et} N_b 6,25	Protéines animales (kg hh^{-1})	Apport d'énergie fossile (10^6 J hh^{-1})
USA					
Utah	≤200	agneau	0,3	0,9	105
New Mexico	200-500	élevage	0,5	1,4	142
Texas	500-900	naisseur de boeufs	4,5	4,3	172
Australie					
zone pastorale	200-500	mouton	0,4	1,9	628
zone blé/mouton	500-1.000	mouton	5,5	1,0	218
pluviosité élevée	1.000-3.000	mouton	16,3	1,2	71
Mali					
transhumance*	300↔Delta	vache	3,2	0,07	0
nomadisme**	<300 mm	divers	0,4	0,01	0
transhumance sur la savane**	300↔800	divers	0,6	0,01	0
sédentaire dans la partie sud du Sahel	500	divers	0,3	0,04	0
sédentaire dans la savane**	500-1.500	divers	0,5	0,03	0

Table 9.3.1. The production of proteins by extensive stock-farming, in relation to the climate and the input of energy and labour.

*estimation basée sur Diallo (1978), production de 8,1 kg de protéines UBT^{-1} an^{-1}, 0,4 UBT ha^{-1}, 120 heures de travail d'homme (hh) UBT^{-1} an^{-1}; estimate based on Diallo (1978), production of 8.1 kg of proteins UBT^{-1} yr^{-1}, 0.4 UBT ha^{-1}, 120 man-hours (hh) UBT^{-1} yr^{-1}.

**estimation grossière basée sur les données et suppositions des parties 8.1 et 9.2, à une intensité d'exploitation égale à la capacité de charge définie dans la partie 8.1, vu la différence y signalée entre les systèmes en question et la transhumance sur le Delta; a rough estimate based on the data and suppositions from parts 8.1 and 9.2, at an exploitation intensity equal to the carrying capacity, defined in part 8.1, considering the difference pointed out there between the systems in question and the transhumance on the Delta.

***données de Krummel et Dritschilo (1977) multipliées par 2, car elles ne présentent que les protéines de la viande, à peu près la moitié des protéines totales, 6,25 kg de protéine contient 1 kg de N; data from Krummel and Dritschilo (1977) multiplied by 2, because they only represent the meatprotein, about half of the total proteins, 6.25 kg of proteins contains 1 kg of N.

ce qui est encore 75% de la productivité estimée par Diallo. Cette productivité élevée du système nomade et de la transhumance au Sahel n'est souvent pas reconnue par le fait que le Sahel attire l'attention depuis le moment où le Sahel payait le tribut à la nature par le surstockage des pâturages. Ce surstockage est devenu possible justement par la haute productivité du système, pendant de bonnes années avant la sécheresse. Au cours d'une période de 20 ans précédant à la sécheresse on observait une augmentation moyenne du cheptel bovin de 3,5% an^{-1} (S.E.D.E.S., 1975, fig. 1.1.1). La croissance des cheptels marchait de paire avec la croissance démographique, ce qui était nécessaire par le fait que la productivité par tête ne changeait pas dans le bon sens pendant cette époque; la productivité par heure de travail d'homme restait très limitée. Comme signalé par Krummel et Dritschilo (1977), dans des systèmes d'élevage traditionnel presque toutes les protéines produites doivent être consommées par les propriétaires et leurs familles. Le 'ranching' moderne, remplace le labour humain par l'énergie, ce qui provoque le surplus de protéines à vendre. En plus la surface utilisée par propriétaire est beaucoup plus étendue et il n'est pas nécessaire d'épuiser les ressources naturelles au maximum.

Théoriquement, il semble possible d'augmenter encore la productivité de l'élevage au Sahel en combinant les frais bas de son labour et sa connaissance profonde de l'environnement avec la connaissance et la technique moderne concernant la gestion du troupeau, le changement de sa composition, des soins vétérinaires, des minéraux, etc. Si l'on aurait pu éviter par exemple les pertes des animaux du troupeau transhumant étudié par Diallo (1978), le chiffre de 3,2 kg ha^{-1} de protéines produites aurait été 4,4 kg ha^{-1} environ! La rétention des protéines de ce système d'élevage peut être estimée à 6-7% dans l'année de l'étude de Diallo, un chiffre déjà élevé si l'on le compare avec la valeur moyenne de 12% pour la production de viande aux Etats-Unis aux 'feedlots' (Krummel et Dritschilo, 1977; chiffre qu'ils donnent multiplié par 2 pour obtenir le total des protéines animales, à partir des protéines de viande). Mais chaque augmentation de la rétention de N indique une production à un niveau plus bas de N_b et de la biomasse (fig. 9.2.1), et une plus grande instabilité de l'écosystème (partie 6.6.4).

Ceci s'applique aussi à la suggestion d'utiliser d'autres espèces pour produire, par exemple des moutons, des chèvres ou des animaux sauvages. Il y en a vraisemblablement, qui savent mieux utiliser le fourrage médiocre de la saison sèche que la vache: un faible besoin en eau d'abreuvement permet l'exploitation d'une superficie plus étendue; un grand pouvoir de sélectionner assure un menu de qualité; la résistance au tannin permet de profiter des feuilles d'arbres, une source riche en protéines au moment où l'herbe en est pauvre; et une digestibilité efficace à un taux bas de protéines ouvre de grandes possibilités. La somme de tous ces avantages fait que N_b théoriquement disponible, c'est-à-dire N_b moins les pertes de la volatilisation directe, des feux, des insectes, etc., peut être ingéré réellement pour une plus grande part. Le niveau de production le plus élevé sera réalisé ainsi, mais à la valeur de N_b et de biomasse la plus basse (tableau 9.2.2). C'est pour cela que la combinaison boeuf, chameau, mouton et chèvre sait épuiser si efficacement l'environnement sahélien. Dans l'ensemble de l'aspect animal discuté ici, il reste valable ce que disent Williamson et Payne (1977):

> 'Dans les régions où les épizooties majeures sont contrôlées, c'est à l'amélioration de la nutrition et de la gestion que l'on doit donner la priorité. C'est un axiome qu'il est inutile d'améliorer le mérite génétique du bétail si les facteurs de l'environnement restent sans améliorations, et que l'amélioration du bétail doit être accompagnée d'une intensification de la gestion et des améliorations de l'ensemble de l'environnement.'

9.4 L'AMELIORATION DES PATURAGES

Un niveau d'intervention plus intensif quant aux pâturages forme l'introduction ou la réintroduction des éléments clefs pour une bonne utilisation des ressources, qui se sont appauvries à ce sujet.

9.4.1 La régénération des terrains dégradés

C'est dans la partie 8.6 qu'on a montré qu'il est bien possible de faire augmenter N_b (et la biomasse) notablement sur des zones limoneuses tellement dégradées que la production annuelle n'est que 300 kg ha^{-1} et N_b est 5 kg ha^{-1} environ, malgré l'apport important des déchets. Les investissements sont considérables et énormes (tableau 8.6.2) et le profit estimé est seulement théorique. Car il faut savoir effectuer à côté, les mesures de gestion discutées dans la partie 9.3. La conséquence est que l'exploitation possible sera beaucoup moins intense que celle qui a provoqué la dégénération. Et d'ailleurs, l'action même de régénération, demande une protection qui cause une augmentation de la pression animale ailleurs, c'est-à-dire que pour l'ensemble de l'écosystème N_{ing} ne changera pas (voir aussi partie 9.2.2.4 c_4).

9.4.2 La réconstitution des peuplements de graminées pérennes

Les graminées pérennes jouent, grâce à leur pérennité, un rôle clef pour l'élevage sahélien en déterminant la capacité de charge de la saison sèche (voir partie 8.1). La disparition par la sécheresse (Granier, 1975; Breman et Cissé, 1977) signifie un des problèmes majeurs d'élevage et une réconstitution active de leurs peuplements est à préconiser. Un argument de plus est le besoin relativement bas en phosphore (voir partie 5.4.3), l'élément trop négligé dans ce chapitre. Chaque nouvelle sécheresse annule cependant le résultat d'un tel effort.

Le tableau 9.2.1 montre le résultat théorique d'un succès de 100%, sous l'isohyète de 500 mm à une intensité d'exploitation maximale: N_b sera 10,7 kg ha^{-1} contre 9,7 pour un pâturage d'annuelles, et une quantité de N transformée en protéines animales (f_{et} N_b) qui est 0,1 kg ha^{-1} plus élevée. La réalité sera différente: des pâturages qui sont pour 40% de leur surface dominés par des graminées pérennes semblent déjà presque utopique (la situation de *Andropogon Gayanus* au ranch de Niono avant la sécheresse et après une longue protection, Boudet et Leclerq, 1970). Et si l'on exploitait un tel pâturage réellement avec l'intensité employée pour le calcul de f_{et} N_b maximale (N_{ing} = 0,9 N_b) les pérennes disparaîtraient encore la même année (voir partie 6.1). Compte tenu d'une exploitation seulement pendant la saison sèche sur des repousses, on peut calculer que le coefficient d'utilisation de N_b sera presque 20% à la présence de pérennes, ce qui est 10-15% s'il n'y a que des annuelles (1 UBT sur 10 ha, voir les tableaux 8.1.4 et 8.1.5). Avec la théorie de la partie 9.2 on trouve une valeur de 9,9 kg ha^{-1} pour N_b et 0,09 pour la quantité d'azote par ha transformée en protéines animales à la présence de pérennes, mais 13,4 et 0,08 kg ha^{-1} respectivement s'il n'y a que des annuelles. La biomasse serait un peu plus que 2.000 kg ha^{-1}, parce que la dilution de N sera plus grande en cas de pérennes. Dans les calculs on a estimé que la fréquence des feux augmente de 5 à 50%, à cause de la réintroduction des pérennes.

Donc finalement on n'aura pas une augmentation significative de la production secondaire maximale par cette réintroduction mais un pâturage et un environnement plus stables.

9.4.3 La réconstitution du recouvrement ligneux

Ce qui vient d'être dit pour les graminées pérennes est aussi valable pour les ligneux. Pour la stabilité de l'environnement il sera une bonne chose si on sait effectuer la réconstitution de leurs populations. Cependant, on ne doit pas s'attendre à une augmentation de la disponibilité de feuilles comme fourrage, de gomme, du bois de chauffage, etc. en comparaison avec la situation avant la sécheresse: un bon recouvrement ligneux ne peut être maintenu qu'à une exploitation moins intense!

9.4.4 Introduction des légumineuses

Dans la partie 8.5 il a été expliqué qu'on ne doit pas s'attendre à une introduction rentable et efficace de légumineuses sur les pâturages annuels du Sahel. Hélas, car le tableau 9.2.1 montre que cela signifiera une bonne augmentation de la production secondaire. En Australie aussi cette activité n'est pas rentable que jusqu'à la limite inférieure de 700 mm an^{-1} à peu près. (Notez que la même quantité de pluie en Australie sera encore un peu plus efficace qu'au Sahel par des températures moins extrêmes.) C'est le prix de viande en comparaison avec celui d'engrais phosphaté qui dicte la conclusion négative pour le Sahel pour ce moment. Et là où l'utilisation de phosphore n'est pas rentable l'emploi de l'azote ne se paie certainement pas non plus (voir partie 8.4).

9.5 DES INNOVATIONS

Par 'innovations' on entend ici des efforts ayant comme but de changer l'élevage de caractère. La philosophie développée ci-dessous est que le seul remède pour l'élevage sahélien est un changement de l'élevage de subsistance vers un élevage de marché. Les éleveurs aussi bien que l'économie des pays en question pourraient profiter d'un tel développement. Dans le cadre de l'élevage moderne des investissements notables sont nécessaires pour assurer le contrôle sur le facteur nourriture. Au lieu de faire ramasser simplement par le bétail ce que la nature offre, on produit du fourrage. Ceci peut se faire sous une partie limitée d'un ranch, ou pour l'embouche dans le cadre d'une intégration élevage-agriculture. L'option même a été discutée dans la partie 8.4: il est bien possible de produire du fourrage de bonne qualité, sans épuisement du sol par l'apport des engrais et de l'eau, mais le fourrage sera bien cher. La production des fanes de légumineuses a la plus grande chance d'être rentable dans certaines conditions, vu le rapport investissement/recettes possible et vu la pratique d'élevage des moutons de cases. Il faut en tout cas un rapport de transformation fourrage/viande qui s'approche du chiffre théorique de 20 de l'élevage intensif des jeunes animaux en pleine croissance. La question se pose donc d'où faire produire ces jeunes bêtes. La solution de l'élevage moderne est l'utilisation des zones pastorales pour l'élevage naisseur: on y produit des agneaux ou des veaux par le système de ranching. Ceci est une forme d'élevage extensif, pour lequel le fourrage est encore un don de la nature. Pour le Sahel on propose souvent pour une bonne part un tel modèle de développement d'élevage: le vrai Sahel devrait être le domain de l'élevage naisseur (bien qu'il serait pour le moment peut-être pas nécessaire de faire un 'cow-boy' de l'éleveur traditionnel). Le réélevage des jeunes et l'embouche comme finition devraient se faire sous une forme semi-intensive et intensive dans les zones d'agriculture. C'est la stratégie de la stratification et de l'intégration (F.A.O., 1977, voir aussi partie 9.6.2). Mais la zone naisseuse produit seulement 0,01-0,07 kg de protéines animales environ par heure de travail d'homme (tableau 9.3.1). Un kilogramme de protéines animales devrait coûter 1.500-10.000 FM au niveau de salaire d'aujourd'hui de 100 FM par heure de travail d'homme (voir partie 8.2). Donc les veaux devraient coûter 250-1.700 FM par kg de poids vif, donc 25.000-170.000 FM à la fin de leur première année. Pour une réussite de la stratégie il semble être 2 possibilités:

- essayer de remplacer les bergers par des clôtures, avec le risque d'une diminution de la productivité par unité de surface;
- payer l'éleveur le moins cher possible pour ses animaux.

Quoiqu'il en soit c'est l'éleveur qui en est la dupe. Si l'on obligera à l'avenir l'éleveur de vendre ses veaux c'est lui et l'environnement qui vont souffrir: il sera obligé de faire agrandir encore son troupeau pour survivre, et il peut le faire parce que pendant la saison sèche il n'a pas le même nombre d'animaux à nourrir que dans la saison des pluies au nord. Donc le nord, jusqu'ici protégé contre la surexploitation est condamné à se dégrader aussi à long terme par le manque de nourriture au sud pendant la saison sèche.

9.6 LES OPTIONS TECHNIQUES ET L'ELEVAGE TRADITIONNEL

9.6.1 *'Vouloir contenter l'Acacia et le chèvre'*

La conclusion des considérations sur les possibilités réelles d'améliorer la productivité primaire en faveur de l'éleveur sahélien n'est pas rose: sans investissement pour l'augmentation de l'apport d'azote (direct ou indirect) il est bien possible d'agrandir le recouvrement végétal, mais ceci seulement par des interventions combinées avec une diminution de l'intensité d'exploitation. Une telle diminution ne mène cependant pas à une productivité secondaire plus élevée, vu la proportionnalité entre le coefficient d'utilisation de l'herbe et la production secondaire (voir fig. 9.2.1). L'élevage de subsistance d'une population pastorale croissante n'a qu'une seule réponse sur la demande croissante: l'agrandissement de son unité de production (le troupeau), chaque fois que cela est possible. Il a été signalé dans la partie 9.3.1 que la production maximale théorique est en même temps celle qui renferme le grand risque d'une destruction de l'écosystème (érosion physique). Même sans une telle diminution brusque de la potentialité de la zone il y a une diminution lente (l'épuisement chimique) qui est la plus rapide si la productivité s'approche du maximum. Si l'on n'accepte pas que la nature règle le problème par des catastrophes, comme celles connues au Sahel pendant les sécheresses, il sera indispensable que l'intensité d'exploitation diminue. Les parties 6.6 et 8.1 présentent des indications globales concernant la capacité de charge, mais il faut des précisions pour une région spéciale. Respecter la capacité de charge signifiera en beaucoup de cas une diminution des ressources de subsistance des éleveurs, et on ne peut donc pas s'attendre à leur collaboration volontaire sauf si l'on assurera leurs revenus. Il n'y a pas des chances que l'opération soit rentable: la régénération d'un écosystème détruit prendra beaucoup plus de temps que la destruction et après une régénération eventuelle il faut une productivité plus basse que celle qui a causé la destruction.

Quoiqu'il soit théoriquement possible d'avoir une productivité égale ou même plus élevée à une intensité d'exploitation plus basse, il n'y a pas d'indications que ceci est réalisable sans des investissements pour améliorer l'offre de protéines au cours de l'année; la production de protéines par unité de surface est déjà très élevée vu le climat et la pauvreté des sols (tableau 9.3.1).

Une diminution de la production, nécessaire pour éviter le déclin de l'écosystème, entraîne donc la nécessité d'un congédiement graduel pour une partie de la population pastorale, certainement à la continuation de la croissance démographique. Une autre possibilité sont cependant des investissements pour assurer l'équilibre du bilan d'azote (et des autres éléments nutritifs) sur un tel niveau que la production peut être maintenue ou peut s'accroître même. Il a été montré que les options techniques nécessaires sont disponibles. Au chapitre 8 il est devenu clair que leur réalisation ne se payera pas facilement, par le rapport des prix de viande et d'engrais. La chance que des investissements se paient eux-mêmes augmente avec la pluviosité moyenne. Boudet (1976) suppose cependant qu'il faut au moins une capacité de charge de 1 UBT ha^{-1} pour des investissements rentables en élevage au Sahel, une situation qu'on rencontrera seulement à certains endroits des plaines d'inondation et aux savanes sud-soudaniennes. Mais des investissements en agriculture semblent plus rentables du point de vue économique, ils sont même possibles à une pluviosité moyenne moins élevée. L'amélioration de la fertilité des champs n'amène pas seulement une augmentation de la production agricole, mais aussi l'augmentation de la production des sous-produits d'une telle qualité qu'on peut les utiliser pour élever des animaux. C'est-à-dire qu'à l'introduction d'azote ou de la combinaison phosphate-légumineuses, l'agriculture peut soutenir l'élevage, tandis qu'en général l'élevage soutient encore l'agriculture. Le mouton de case nourri avec des fanes d'arachides est un premier pas sur le chemin.

9.6.2 Stratification et intégration

Basée sur le principe indiqué ci-dessus, une stratégie pour le développement du Sahel a été projetée. On pense faire ainsi d'une pierre 3 coups:
- éviter la dégradation de l'environnement;
- aider la population pastorale;
- augmenter la production de viande, de lait, etc.

C'est la stratégie de la stratification et de l'intégration, décrite par exemple par l'O.A.A. (F.A.O., 1977, partie 9.5). Boudet (1977b) a raison quand il craint que cette schématisation de l'avenir de l'élevage risque de se heurter à de nombreuses difficultés insolubles pour l'instant. Il signale surtout les problèmes à résoudre avant que 'la complémentarité de la zone soudanienne, qui pourrait être une panacée pour résoudre tous les problèmes sahéliens' ne soit une réalité, notamment:
- la zone soudanienne est à vocation agricole, les habitants sont des agriculteurs stricts pour la plupart;

- l'élevage extensif de type cueillette de la région est incapable d'absorber les surplus d'animaux sahéliens;
- l'expérience pour améliorer les parcours manque;
- il faut lever des obstacles comme la pauvreté du sol, la pénurie de points d'eau, la présence d'endémies etc.

Le risque existe, que sous la pression de la demande nationale et mondiale pour la viande et par le besoin de devises étrangères, l'assistance financière et technique de ces jours est utilisée pour résoudre les problèmes de l'ordre technique. Les options nécessaires existent et il est difficile d'attendre jusqu'à ce que les problèmes sociologiques soient résolus. Le résultat pour l'avenir qu'on peut prévoir est alarmant:
- continuer la modernisation de l'élevage sans la coopération volontaire d'une population pastorale convaincue ne peut se faire qu'en remplaçant ce chaînon dans la chaîne de production autant que possible par des infrastructures avec un nombre limité de techniciens à former. L'avantage secondaire est le contrôle sur les frais du facteur labour;
- les investissements nécessaires seront le plus facilement financiés si l'on dirige le ré-élevage et l'embouche au sud vers l'exportation. Pour cela les frais marginaux doivent rester restreints. Le fourrage, obligatoirement d'une telle qualité qu'il faut de l'engrais pour sa production, sera d'un prix élevé. Il faut des prix bas pour l'achat des jeunes animaux, ce qui est un argument pour laisser faire exécuter la population pastorale son élevage traditionnel où des investissements ne seront pas rentables. Ce qui veut dire au vrai Sahel et dans les zones soudaniennes les moins privilégiées en ce qui concerne la fertilité du sol. L'élevage traditionnel y est plus productif que le ranching par son intensité, et les frais de labour sont encore très limités;
- si le Sahel devra être la zone naisseuse, où l'élevage doit produire de jeunes animaux, la composition du troupeau et l'âge de vente des animaux doivent changer. (Plusieurs arguments se trouvent à la portée de la main pour discipliner les pastoralistes. 'Il faut les protéger contre eux-mêmes en évitant la destruction irréversible de l'environnement. Donc, qu'ils se débarrassent des animaux pas ou peu productifs, ce qui a l'avantage supplémentaire d'une production plus élevée du lait. Les troupeaux, composés de vaches et leurs veaux et des génisses seulement, seront plus productifs qu'aujourd'hui par une production plus élevée par tête'.) Un boulversement comme écrit, forcé par des circonstances d'une position de dépendance (de l'environnement naturel et humain), sera néfaste pour les pâturages. Il n'y a qu'une réponse des pastoralistes pour survivre, augmenter l'unité de production, son troupeau. Avant ce n'était possible que pendant des séries de bonnes années à cause de la situation alimentaire pendant la saison sèche. Mais dans l'obligation de vendre les veaux au retour des pâturages d'hivernage, ils auront moins à nourrir pendant la saison sèche. La S.E.D.E.S. (F.A.O., 1977) suppose que le taux d'exploitation des troupeaux pourrait augmenter de 12,5 à 25% an^{-1} au Sahel, mais il sera impossible dans un tel cas d'éviter un pareil accroissement des troupeaux. Donc au moins 10% d'animaux de plus qui vont brouter les pâturages de l'hivernage à la bordure du Sahara. Ceci signifiera à la fin la destruction irréversible du territoir nord-sahélien, avec les conséquences inhérentes pour les pastoralistes, mais aussi pour l'environnement soudanien et sa population. Le profit d'une augmentation de l'exportation ne sera qu'un profit temporaire. L'assistance technique et le financement qui l'ont initiée feront tomber les

pays sahéliens de fièvre en mal chaud. Et on ne parle même pas de tout l'effort perdu à côté, pour arrêter la dégradation du Sahel par l'attaque des symptômes.

9.6.3 Subsistance des pastoralistes

Il sera clair que ces idées sur le futur se base sur l'opinion de l'auteur que la stratégie de stratification et d'intégration pourra bien fonctionner à l'avenir. Mais il conteste qu'elle soit la solution pour la lutte contre la dégradation, pour l'assistance des pastoralistes et pour agrandir l'exportation de la viande. La dernière n'est pas réalisable qu'aux dépens de l'environnement et des éleveurs traditionnels. Et la stimulation de l'exportation créera au sein des pays sahéliens un rapport entre la zone sahélienne et la zone soudanienne, comme celui qui existe entre le tiers monde et les pays riches.

La philosophie de la stratégie qu'on discute contient des éléments qui sont bien soutenus par l'étude présentée dans ce livre, notamment:
- elle reconnaît la supériorité du nomadisme et de la transhumance au vrai Sahel, en comparaison avec un élevage sédentaire;
- elle montre que la zone sahélienne ne supporte pas une augmentation de la production secondaire, sans des investissements dans la production primaire;
- elle sait que de tels investissements seront plus efficaces au fur et à mesure que la pluviosité devient plus élevée.

Aussi, il vaut la peine d'essayer d'appliquer la stratégie de stratification et intégration, mais sur un autre angle d'incidence:

Les efforts pour augmenter la production de viande seront effectués dans la zone soudanienne, par la stimulation d'une agriculture mixte, là où des investissements auront les plus fortes chances d'être rentables, c'est-à-dire dans les régions les plus pluvieuses. L'utilisation d'engrais (du phosphate plus des légumineuses ou de l'azote) devra concerner les cultures, d'abord des produits animals doivent être des sous-produits agricoles. Les 10-20 ha de pâturages naturels qu'on trouve dans la zone pour chaque hectare de culture perdront lentement leur fonction de livrer la fertilité des champs de culture, mais ils gardent le rôle de pâturages d'hivernage et ils doivent produire les fourrages grossiers de la saison sèche. Mais avec l'augmentation de la ration de protéines, à cause de l'utilisation d'engrais, le feu perdra sa fonction, une diminution significative du risque de dégradation. L'augmentation de la productivité de la région pluvieuse devrait être usée pour recevoir ceux qui ne peuvent plus se maintenir dans le nord, par l'effort de stabiliser le niveau des troupeaux d'une population croissante.

La seule chance de réussir dans la lutte contre la dégradation du Sahel est de combiner des actions de régénération de l'environnement (partie 9.3) avec l'effort d'assurer les revenus des familles d'éleveur. C'est la stratégie de stratification et d'intégration qui pourrait jouer un rôle central, mais au sein des systèmes d'élevage. Le but de la stratégie ne doit être que (l'auto-)subsistance des pastoralistes dans un environnement stabilisé. L'élevage du type transhumant surtout se prête à ce but, car la majorité de la population se trouve dans des villages dans la partie sud du Sahel, dans la partie nord de la savane et aux bords des fleuves. L'emploi d'engrais y est efficace (voir partie

8.4). Ci-dessus 'auto' de auto-subsistance a été mis entre parenthèses. Ce n'est pas sûr qu'il sera possible de produire le surplus nécessaire pour réaliser la production de fourrage de haute qualité au niveau des villages (éventuellement sous forme de sous-produits agricoles). La quantité nécessaire est déterminée par le nombre d'animaux à maintenir en bon état, les boeufs d'embouche et de labour, les vaches laitières villageoises, et les vaches dans un stade sensible de la gestation. Cependant, l'intensification du système de production ne se fait plus au détriment de l'environnement, quand on améliore aussi, si la nécessité se présente, le taux de phosphore des pâturages naturels. Donc, même si c'est la subsistance des pastoralistes qu'on sait assurer pour l'avenir de cette manière, des financements extérieurs sont bien à défendre. Car en même temps on attaque la dégradation du Sahel à la racine, l'épuisement des ressources déjà trop pauvres. C'est le seul essai valable qui soit en mesure de maintenir la bordure verte du Sahara si l'on néglige les propositons d'une migration forcée de l'ensemble de sa population vers le sud et la construction d'un mur en fil de fer barbelé.

Summary

THE PRODUCTIVITY OF SAHELIAN RANGELANDS, A STUDY OF SOILS, VEGETATIONS, AND EXPLOITATION OF THIS NATURAL RESOURCE.

Introduction to the summary

What is the actual productivity of rangelands in the Sahel: in terms of quantity and quality? What is its variability from place to place and from year to year? Can productivity be increased? Does the vegetation suffer from exploitation and adverse weather conditions? Is a further increase in the intensity of rangeland exploitation possible? Without overgrazing? What effect will that have on the soil? What kind of solutions to problems of exploitation and overgrazing are feasible, and what kind are not?

Such questions are discussed on the basis of our interpretation of data gathered by others and ourselves. We arrive at the conclusion that while it is possible to increase animal productivity by more intensive grazing, a tendency already present, it will cause further damage to the ecosystem. By investments, various options can be realized to increase the productivity of rangeland and to protect the environment. However, in general they do not seem to be economically profitable. A possible exception is the further integration of animal husbandry with agriculture in the South, providing there is simultaneous intensification agriculture there.

Much emphasis is placed on the finding that soil fertility, more than precipitation, is a key factor in rangeland productivity, because it is the principal cause of the meagre production of forage, and its generally low quality. Moreover, the rate of decline of soil fertility due to exploitation often exceeds the low rate of its natural recovery, leading to exhaustion of the plant nutrients. Like stocks of fossil water deep below the surface, rangelands are natural resources of a limited size.

Chapter 1 describes in general terms the problems of animal husbandry in the Sahel, one of them being low productivity of the natural rangelands. The systems approach, essential in our research of rangeland productivity, is presented in Chapter 2. Chapter 3 introduces the physical and plant ecological environment.

In Chapter 4 the potential of grassland production is discussed on the basis of the water balance of the soil, the botanical composition of the vegetation and physiological characteristics of plants. This potential level is not attained in the southern Sahel because of a shortage of plant nutrients, in particular nitrogen and phosphorus. This is explained in Chapter 5. Chapter 6 compares many of the findings of the preceding chapters with field observations, and derives generalizations from them.

This information is used in Chapter 7 to formulate a methodology for surveying rangelands: to indicate quickly their potentialities, their actual conditions and how these may change after modification of the level of exploitation. Suggestions for improvement of the production and utilization of the forage are presented in Chapter 8. These options are discussed in the framework of improvement of the animal productivity in Chapter 9.

The structure of this summary is the same as that of the original, French report, as outlined in the Table of Contents. Reference is often made to its tables and illustrations, the captions of which are given in English. Figures, tables and equations are numbered according to the report structure: the first 2 digits refer to the corresponding section, the third digit is a sequence number within this section.

CHAPTER 1 ANIMAL PRODUCTION AND EXPLOITATION OF SAHELIAN RANGELANDS

Section 1.1 Current problems of animal production in the Sahel

The Sahel is one of the very large semi-arid zones of the world. About a quarter of the territory of the countries Chad, Mali, Mauretania, Niger, Senegal and Upper Volta can be characterized as Sahel. About a third of their total population lives in this zone. In these 6 countries there are about 22 million head of cattle, 36 million sheep and goats and 1.7 million camels. Almost all camels and 60-70% of the cattle are kept in the Sahel.

There are 3 principal forms of animal husbandry in the Sahel:

- Nomadism: the herds and the nomads stay in the Sahara or the northern Sahel all year, continually moving in search of forage and drinking-water.
- Transhumance: herds of cattle, sheep and goats are guided to fresh pastures in the northern Sahel in the rainy season, and return to the South in the dry season to avoid shortage of drinking-water. The annual productivity of cattle herds is about 12%, which corresponds to only 13 kg of meat per animal. Small ruminants produce annually 3-4 kg of meat per animal; annual herd productivity is about 25%. The transhumance system of husbandry is highly important for the Sahel countries.
- Sedentary animal husbandry: most cultivators in the southern Sahel and in the savannah keep a few animals for milk, draught power and as an investment.

For decades herds in the Sahel countries have expanded at an annual rate of 2-4%. But during the the drought of 1969-1973, 30% of the cattle, 12% of the small ruminants and 8% of the camels died, most of them in the driest parts. Losses have been made up by now or soon will be (Figs. 1.1.1 and 1.1.2).

At least 4 types of problems for production of animals, cattle in particular, can be distinguished:

- the degree of exploitation of herds is low;
- the productivity per animal is low;
- overgrazing occurs on many pastures;
- little infrastructure is present to support animal production.

Our research has not been concentrated towards any one of these problems directly, but to a problem underlying at least 2 of them: the low production of forage on the rangelands, in terms of quantity and quality.

The competition of farmers for land is slowly increasing, particularly in the southern Sahel. This will become even worse as grain production increases, which is in itself highly desirable, given the unfavourable development of productivity of cereals per unit surface (Fig. 1.1.3) and the rising food imports of Sahel countries.

Section 1.2 Productivity of rangelands

Livestock production in the Sahel occurs almost exclusively on natural grasslands. The forage grows wild, almost without any human influence. The character of the forage changes from one place to another and during the season (Fig. 1.2.1).

It is generally thought that precipitation, more than any other factor, determines plant growth in semi-arid regions. There are many indications of an almost linear relation between annual rainfall and annual productivity of rangelands: Boudet (1975), for example, found in the northern Sahel (annual precipitation less than 200 mm) an average productivity of above-ground dry matter of 400-500 kg ha^{-1}, in the central part (200-400 mm per year) of about 1000 kg ha^{-1}, and 1500 kg ha^{-1} in the South (400-600 mm per year). But the latter value, in particular, is much lower than expected on the basis of water balance research. The observed relation between rainfall and annual production is apparently an indirect one: soil humidity determines the availability of the factor that really limits rangeland productivity.

Section 1.3 Goals of the P.P.S. research

Elaborate descriptive studies of species composition and productivity of Sahelian rangelands have been published. However, the variability of the annual precipitation and vegetation from year to year and from place to place seriously limits the predictive value of these studies. With the research carried out in the P.P.S. project (projet Production Primaire au Sahel), we aimed at understanding and predicting the average actual production and its fluctuations on basis of knowledge about plant ecology, plant physiology, soil physics and soil chemistry. The principal result of our research is a scientific tool with which one can establish the actual production and the productivity potential easier and more accurately than was possible before. It may be helpful for planning of development projects and for preparing programmes of rangeland research.

CHAPTER 2 RESEARCH METHODS

Section 2.1 Introduction

This chapter explains:

- The systems approach that has been used to formulate our research questions, and simulation models to integrate our results. Both are still uncommon and need explanation.
- Why and how experimental methods and statistical techniques had to be adapted to ensure maximum results for a minimum effort and time spent working under difficult conditions.

Section 2.2 Analysis of primary production systems

In applied agronomic research attempts are often made to determine static and descriptive production functions. But with exception of very simplified cases, no useful functions based on statistical data and practical research have been produced. This is not amazing: growth of plants results from an intricate and dynamic complex of processes. Moreover, in such production functions, one does not recognize the processes that cause growth, so that it is difficult to relate them to relevant fundamental knowledge.

In principle, these problems do not occur if one uses dynamic simulation models. But our knowledge of basic processes is not yet far enough advanced to tackle questions about productivity of vegetations exclusively with models. That is why the modelling approach and the descriptive approach still have to support and reinforce each other.

Section 2.3 Synthesis and simulation of primary production systems

Models are simple representations of systems, where we define a system as a coherent part of the real world. Models can never contain all details of a system: they are necessarily simplifications of reality. There are many kinds of models. With dynamic models, one imitates aspects of the behaviour in time of the real world. If formulations of processes in the model are more or less analogous to those of the real world, one speaks of simulation models. In dynamic models, one distinguishes quantities (state variables), such as biomass, number of plants, soil water content; rate variables represent processes, or in other words: the changes in time of the state variables. Their value at any moment depends on external conditions and on the value of the state variables at that moment. External variables characterize the influence of the environment of the system studied, e.g. radiation, rainfall and fertilization. After calculation of the values of all rates, all state variables are updated with an amount equal to rate times time interval (1 day, usually), according to Eqn. 2.3.1. The calculation of rate and state variables is then repeated for the next day, and so on until the end of the simulation period, for example the growing season.

We have simplified plant production systems by distinguishing 4 levels of production:

- Production level A: radiation limits plant production. This situation is found in well-managed, irrigated crop systems with ample use of fertilizer.
- Production level B: as for Level A, but the amount of soil water limits production. The water balance of the soil is an important part of any model at this production level.
- Production level C: as for Level B, but the availability of nitrogen from the soil also limits productivity. Crucial state variables are the amount of inorganic and organic nitrogen in the soil, and important processes are those affecting the nitrogen balance: transformations in the soil, uptake by plants and fixation. Production of a vegetation can be related to the amount of nitrogen absorbed, as depicted in Fig. 2.3.1, second quandrant.
- Production level D: as for Level B, but the low availability of other elements, particularly phosphorus, reduces growth at some stage.

In practice, it is most important to distinguish whether production occurs at Level C or D. This can be established from the phosphorus to nitrogen ratio in leaves (Section 5.2.4). Once the principal growth limiting factor has been established, further study can focus on this factor and its dynamics, leaving aside the processes that are irrelevant for that particular situation.

Section 2.4 Analytical and experimental problems

Repeated observations are needed to establish the time course of processes. But since most measurements of plant growth are destructive, this poses the problem of field heterogeneity. Adding more samples or observations can help. However, we have hardly done so. Our research was particularly explorative in nature, and because we had a limited amount of time and research capacity available, we preferred to widen the range of observations at the expense of the accuracy of individual observations.

The standard deviation (CV) of individual observations of biomass in fertilization trials (harvest of plots of 10 m^2) was about 17% (Fig. 2.4.1); the CV of individual measurements of the concentration of nitrogen in biomass was 15%. The relative difference between 2 measured values necessary to conclude with a given certainty that these values differ significantly is shown in Table 2.4.1 for different levels of the CV and for 1-4 replications. This table supports the notion that given a limited number of observations these can be used more effectively on different sites with only 1 or 2 replications than by increasing the number of replications on a reduced number of sites.

Section 2.5 Botanical observations

The botanical composition of the vegetation and the biomass per species have been determined on 75 sites for 2 to 4 years just before and just after the rainy season. On each site, observations were made on 12 surfaces of 1 m^2 each, distributed regularly over an area of 2 ha. Important species were always observed by this method, and often also the majority of less important species (Fig. 2.5.1). The CV of the total biomass on these sites was about 25% for an average biomass of less than 500 kg ha^{-1}, and about 15% for values above 1500 kg ha^{-1} (Fig. 2.5.2). The CV of the biomass per species increases with decreasing biomass and increasing heterogeneity of its distribution (Fig. 2.5.3).

CHAPTER 3 GEOGRAPHY OF THE SAHEL AND OF THE EXPERIMENTAL FIELDS

Section 3.1 Introduction

This chapter presents information about the environment required for understanding other parts of this report. The term 'Sahel' is employed for the zone receiving between 100 and 600 mm of rainfall annually. It is a band about 400-800 km wide and more than 5000 km long.

Most of the research of the P.P.S. project was executed at a ranch 20-35 km east of Niono (14° 30' N, 5° 45' E), close to the dead Delta of the river Niger. Its median annual rainfall is 580 mm. The ranch is protected partially against exploitation by grazing since 1960.

Many of the ecological observations were made on a fixed North-South transect, extending from the 100 mm yr^{-1} to the 1100 mm yr^{-1} isohyet. The specific sites of research are marked in Fig. 3.3.2.

Section 3.2 Meteorology of the Sahel and of the experimental fields

Fig. 3.2.1 shows the approximate position and extent of the Sahel. Of the meteorological variables, precipitation shows by far the widest variation from place to place and from year to year. The rainy period is limited to 2 months in the North and 4 months in the South, the rest of the year being completely dry (Fig. 3.2.2). The potential evapotranspiration varies from 4 mm d^{-1} in the rainy season in the South to 6 mm d^{-1} in the dry season in North and South (Fig. 3.2.3). Average daily temperatures range from about 25 ^{o}C to 30 ^{o}C (Table 3.2.1).

Averaged values of daily maximum and minimum temperature, relative humidity, wind speed and daily total short-wave radiation, as observed in Niono, are presented in Fig. 3.2.7. Rainfall on the ranch was measured on a few stations; its distribution appears to be highly variable (Figs. 3.2.4 and 3.2.5; Table 3.2.2). A considerable proportion of the annual precipitation falls at very high intensities: 20-40% in showers exceeding 30 mm (Table 3.2.3), during which the intensity often exceeds 50 mm h^{-1} (Fig. 3.2.6). The mean annual rainfall in Niono is 581 mm; its standard deviation is 160 mm yr^{-1} (Fig. 3.2.8). This large variability is typical for the Sahel region (Fig. 3.2.9).

Wet and dry years can be characterized as those extreme years that occur only once per 10 years, or, alternatively, as the years in which rainfall exceeds 1.2 times the mean value or did not reach 0.8 times that value. Our 4 project years in Niono were normal to dry (Table 3.2.4). However, plant growth studies, the characterization of 'wet' and 'dry' years makes little sense, because the composition and final biomass of the vegetation depends only indirectly on the total amount of rain (Table 3.2.5). A similar analysis of dry and wet periods was done for individual months using a rainfall probability distribution curve (Fig. 3.2.10). This turned out to be still too coarse for plant growth studies: a decade is the largest unit of time to be considered in rainfall for growth studies. Detailed studies require daily precipitation data.

Section 3.3 The soils of the Sahel and the experimental fields

Most of the Sahel is situated just north of the Precambrium socle of Central Africa and consists of a series of large depressions (synclynals). These are now filled with erosion products, so that the Sahel is basically flat.

Only the upper layer of the soil is important for the vegetation. However, given the importance of geomorphological processes for the relief and therefore for the hydrology, the geological results from the Quartair are not to be ignored. Processes and situations that are typical for major geological periods are presented in Fig. 3.3.1.

Three major groups of soils are distinguished: sandy soils, shallow detritic soils and fluviatile soils. These types occupy about 50, 30 and 20%, respectively, of the total area of the Sahel; in Mali these values are 40, 30 and 30%, respectively (Fig. 3.3.2). Sandy soils are deep, homogeneous and of eolic origin (Fig. 3.3.3). Detritic soils have developped on laterite or sandstone. Most of them are loams, heterogeneous and have considerable runoff. Fluviatile soils are deep, clayey soils, or loamy-clayey subsoils covered with a sandy-loamy topsoil.

The only form of soil erosion is sheet erosion caused by runoff. It is considered to be of little importance. All soils in the Sahel are poor in carbon (organic matter), nitrogen and phosphorus. Their respective concentrations show no clear mutual correlation, neither a correlation with precipitation nor with the soil clay fraction (Figs. 3.3.4 and 3.3.5). The concentrations of other elements are also low (Table 3.3.1). The soils are generally slightly acid to neutral.

Subdivision of the soils on the ranch yielded 8 soil types, again belonging to the 3 major groups (Fig. 3.3.7):

- Sandy soils, consisting of recent and pronounced dunes, depressions between them and old, eroded dunes. The average slope of the soil surface is 3%.
- Clayey soils, consisting of depressions, partially covered with loam and sandy loam. Some spots have a very high clay fraction or have vertic properties.
- Loamy soils, forming the transition of sandy dunes to clayey depressions.

All soils are more than 2 m deep, homogeneous, and can contain a fairly large amount of water. Results of chemical and physical analyses of these soils at various depths are presented in the Tables 3.3.3 and 3.3.4 and in the Figs. 3.3.7 and 3.3.8. Some of the loamy soils are sensitive to compaction because of the specific size distribution of the soil particles.

Most sandy and loamy soils are covered with a crust, which causes 20-40% of the annual precipitation to runoff. Crust formation has a biological component (algae that aggregate soil particles), and a physical one (heavy rains separate small and large soil particles and flush the small ones into a compact subsurface layer, while large grains are blown away as the surface dries).

Section 3.4 Plant ecology of the Sahel and of the study area

Fig. 3.4.1 is a map of West Africa that shows the major vegetation and climatic zones. Fig. 3.4.2 presents the same zones for Mali in more detail. The amount of annual rainfall has a major influence on the vegetation, but soil type and local topography also play a role. The environment has been modified substantially by exploitation of rangelands and arable cropping.

An open grassland vegetation - steppe - is typical for the northern Sahel. Annual grasses dominate, but some annual dicotyledons may be important. Perennial grasses are rare. Trees generally do not cover more than 5% of the area. Fire occurs infrequently. Fig. 3.4.3b gives an impression of such a steppe. The spatial distribution of the vegetation can be quite heterogeneous, particularly on a loamy substrate. Relatively humid spots provide a longer growing season and consequently have a more southern vegetation than drier soils that carry a more northern vegetation type.

The Sahelian zone is traversed by large rivers, such as the Niger and the Senegal. They flood annually huge surfaces. The central Delta of the Niger is a good example (Fig. 3.4.2). There the annual production can exceed the production of the rainfed rangelands considerably. Its vegetation consists primarily of perennial grasses, adapted annual grasses and some tree species.

In the southern Sahel the savannah replaces the steppe: a vegetation with high perennial grasses, generally burnt very year, and with a considerable tree cover (Fig. 3.4.4). Agriculture is common.

The vegetation and soil types on the transect across the Sahel are described in the Sections 3.4.3.1 and 3.4.3.2: sandy soils dominate in the northern part, and clayey and loamy soils in the southern part. The ranch at Niono is located in the transition zone of steppe to savannah. On the sandy dunes, the grass species *Schoenefeldia gracilis, Diheteropogon hagerupii* and *Cenchrus biflorus* dominate. The annual biomass production is 2000-3000 kg ha^{-1}. The tree cover is about 10%. On the loamy soils tree cover is about 25% on average, but irregularly distributed. The herbaceous vegetation consists of the dicotyledons *Borreria spp., Blepharis linariifolia* and the grasses *Elionurus elegans, Schoenefeldia gracilis* and *Diheteropogon hagerupii*, with small spots with the perennial *Andropogon Gayanus*. Its productivity varies from 1000 to 2500 kg ha^{-1}. On the clayey soils, the tree cover is regularly distributed and is about 30%. The herbaceous layer is dominated by the grasses *Loudetia togoensis, Diheteropogon hagerupii, Pennisetum pedicellatum*, although *Borreria stachydea* is commonly found. Its productivity is 2000-3000 kg ha^{-1}.

One should not get the impression that the vegetation composition is stable. Under increasing exploitation pressure, species with a shorter growing cycle usually replace the original ones. But also at a constant intensity of exploitation, very considerable changes occur in the composition of the vegetation from year to year.

CHAPTER 4 THE POTENTIAL PRODUCTION OF SAHELIAN RANGELANDS

Section 4.1 Introduction

The productivity of the grasslands north of the 200 mm yr^{-1} isohyet is always limited by the availability of water, and hence by precipitation. This chapter gives all information required to characterize the productivity of these rangelands. South of the 500 mm yr^{-1} isohyet on soils with good infiltration, productivity of the vegetation is restricted by the low fertility of the soils, but this limit occurs at higher precipitation levels whenever runoff is important. Fertilization will stimulate biomass production up to the level commensurate with water availability; this maximum level is the one considered in this chapter.

Section 4.2 The physiological potential of grasslands and crops

The production potential is considered of a vegetation in optimal conditions of supply of water and nutrients (Production level A, Section 2.3). The growth rate of a closed canopy in the vegetative phase in such conditions is quite high: from 200 up to 350 kg ha^{-1} d^{-1} (Fig. 4.2.1). Once a full soil cover is established, the weather is the only variable that determines the growth rate. The yield of the vegetation or the crop is then linked directly to the duration of the growth period. Such rates of growth are 3-5 times higher than those under 'normal', sub-optimal Sahel conditions, where also the period of rapid growth lasts only briefly.

Eqn. 4.2.1 represents a simple model to calculate the rate of growth of a vegetation. It states that canopy 'net' rate of photosynthesis multiplied with a conversion efficiency equals the growth rate. 'Net' photosynthesis equals gross photosynthesis minus the energy required for maintenance of the tissues. The biomass formed is distributed over plant organs in a proportion that changes with the stage of phenological development of the plants (Fig. 4.2.2).

Canopy photosynthesis is the sum of the contributions of the individual leaves. Leaf photosynthesis depends on the intensity of incident irradiation and on leaf characteristics. Under similar conditions, the rates of leaf photosynthesis of native species are not inferior to those of species cultivated for long periods: Fig. 4.2.3 shows that maximum photosynthetic rates of Sahel grasses are comparable to those reported for cultivated species.

One important distinction between groups of species is based on the mechanism of photosynthesis: so-called C_3 species have about 50% lower maximum rates of photosynthesis than so called C_4 species. The rate of CO_2 assimilation of a closed canopy of C_4 species is therefore higher than that of C_3 species. Fig. 4.2.4b shows that these rates are about 850 and 600 kg ha^{-1} d^{-1}, respectively, for weather conditions prevailing in the Sahel (Fig. 4.2.4a). Some important C_3 and C_4 species of the Sahel are listed in Table 4.2.1.

Some of the glucose formed in the photosynthesis process is used for maintenance of the biomass present. The remainder is converted into 'structural biomass', consisting of protein, cellulose, etc. On average about 0.7 kg of vegetative tissue is formed from 1 kg of glucose.

Water leaves and CO_2 enters the plant through stomata in the leaves. The rate at which water is lost depends in particular on the degree of opening of the stomata and on the temperature and relative humidity of the ambient air. Fig. 4.2.4c shows that the rate of transpiration of a closed canopy of a C_3 and a C_4 crop in the Sahel varies between 4-16 mm d^{-1}. There are 2 modes of operation of stomata without water stress: constant optimalization of stomatal aperture, or no regulation at all. Optimalization reduces photosynthesis (about 20%) less than transpiration (about 50%, Figs. 4.2.4b, c), and the resulting increase in water use efficiency is considerable (Fig. 4.2.4d). There are indications that stomatal opening is being optimized constantly in most rangeland grown plants, but not in those in the 'optimal growth experiments' of Fig. 4.2.1.

Much knowledge of the processes of canopy photosynthesis, respiration, conversion processes and partitioning of assimilates, as well of transpiration, is integrated in the simulation model BACROS. The performance of this model, which was developed before the P.P.S. project began, was evaluated in the Sahel for 2 crops: a maize (C_4) crop and a rice (C_3) crop. Results of simulation experiments with the standard model and of the field experiment are presented in Fig. 4.2.1. The degree of agreement between both confirms that the model simulates these basic processes well, and that it can be a reference point for the models used in following sections. The weather and crop data required to use BACROS are indicated in Table 4.2.2.

Section 4.3 The botanical potential of rangelands

4.3.1-2 Introduction and Botanical composition

To determine the availability of forage of rangelands, the species composition has to be considered, as it co-determines forage quantity and quality. Characteristics of species that are important in these respects are described below; the reaction of individual species to various environmental factors that influence the vegetation composition is also presented.

4.3.3 The beginning of the growing season

Speed and homogeneity of germination determine the relative abundance of a species. The duration of the germination process depends on specific characteristics of the seeds (Table 4.3.1) and on the humidity of the upper soil layers. The precipitation distribution in time has a large influence on the degree and duration of humidity of the top layer, and is therefore an important determinant of the germination pattern in a particular year. In the southern Sahel, up to 100 kg ha^{-1} of seed germinates annually; the amount is 10 or more times smaller in the northern part.

Many seedlings die shortly after germination because of too long dry periods between rains (Table 4.3.2). About 1500-15 000 seedlings per square metre is a normal result of germination; in average, about 10% survive. Number of seedlings and species composition in any specific case is the result of the combined effect of seed characteristics, soil properties, rainfall distribution and seed stock (Table 4.3.3). Table 4.3.4 presents an analysis of these processes in an experiment under natural conditions and with supplemental irrigation. On average 25-50 kg ha^{-1} of young plants are above ground at the start of the period of rapid growth in the southern Sahel (Tables 4.3.5 and 4.3.6) but only about 5 kg ha^{-1} in the northern Sahel.

Rapid and homogeneous germination may seem too risky to be a good strategy for survival in the Sahel. However, one often finds that species with such properties dominate the vegetation: *Cenchrus biflorus*, *Diheteropogon hagerupii* and *Schoenefeldia gracilis*. If establishment succeeds, there is a large advantage in competition with other species; the heterogeneity of soil surface, seed depth and seed hardiness ensures that always sufficient viable seeds remain for new waves of germination, if necessary. Slowly germinating species are quite sure to succeed by avoiding drought periods, but they only dominate the biomass when the vegetation has been disturbed considerably. The seeds of the legume *Zornia glochidiata* are extremely heterogeneous so that some can germinate in almost any situation, which compensates for its low competitive power.

4.3.4-5 Vegetative growth and Reproductive growth

The rate of growth of individual plants is the basis of competition among species. The relative rate at which a single plant can occupy the space around it is a morphological characteristic of the species. When measured in optimal conditions all species investigated were similar in this respect; there are presumably differences in stress situations. For the growth factor water, there are considerable differences between C_3 and C_4 species in water-use efficiency. Exactly how individual species react to shortage of nitrogen and other nutrients in this respect is not sufficiently clear. In general, rapidly germinating C_4 species are the most productive ones.

The end of the growth period of annuals is often not determined by water and nutrients, but is strongly influenced by day length. Photoperiodism provides some assurance for completion of the reproductive phase. Two types of responses to day length were found (Fig. 4.3.5): day length sensitivity of some species and the type of their photoperiodism is given in Table 4.3.8. Its values apply to species collected around Niono: plants from other latitudes show the same type of response, but to a different degree (Fig. 4.3.6).

The uncertainty of the availability of water during the reproductive phase causes the annual production of seed to be highly variable. The seeds make up 5-15% of the total weight of the biomass at maturity (Table 4.3.9). Because the weight of individual seeds is relatively constant, the bigger the plant, the larger the number of grains it produces (Fig. 4.3.7).

4.3.6 The dormant phase

The fate of seeds during the dry season is difficult to analyse. In the order of 10% of the seeds produced in a certain year survive and germinate in the next, but this fraction is highly variable (Table 4.3.10). Factors that contribute to loss of viable seed are: grazing before seedfall, predation by ants, termites and birds, fungi, erosion and fire (Table 4.3.11). In spite of such losses, the number of seedlings at the beginning of the growing season is usually not a limiting factor for biomass production. This conclusion, however, is not absolute: it is presumably not correct in a year with an unfavorable distribution of early rains, and even more so in the North than in the South.

4.3.7 The balance of many years

The sum of advantages and disadvantages of the physiological and morphological characteristics of individual species in their natural environment is provided by a comparison of the average weight of a single plant of a certain species at the end of the growing season. The species of a vegetation may then be ranked according to this average weight. Table 4.3.12 gives such a ranking: at the left are the 'strongest' species, at the right the 'weakest'; the columns 1-9 represent specific sites. The strong species do not eliminate the weaker ones, probably as a result of the heterogeneity of the environment and vegetation dynamics.

A 'nodal component analysis' of all our observations of vegetation compositions provides a characterization of the extent to which species appear in combinations in the field (Table 4.3.13). Fig. 4.3.8 is derived with this table from our ecological observations and provides a generalized scheme of changes in the vegetation composition that may be expected from changes in precipitation, exploitation intensity, fire, etc.

Section 4.4 The soil water balance

4.4.1 Introduction

The water balance of a soil describes the sum of the processes that contribute to its humidification and its drying: precipitation, runoff, evaporation from the surface and transpiration by plants. Deep drainage is only locally important, and it will not be discussed. Proper knowledge of the soil water balance is required to understand the development of the specific species composition of the natural vegetation and its growth rate during the rainy season.

4.4.2 The processes

Infiltration of water into the soil is a key process. The rate of infiltration into fairly homogeneous soils can be approximated by Eqn. 4.4.1, and the amount of water infiltrated into the soil after a certain time equals that found by Eqn. 4.4.3 (Figs. 4.4.1 and 4.4.2): the initial rate is high and tapers off soon (Fig. 4.4.4). For most soils these descriptive equations are valid for at least 30 minutes, which exceeds the duration of most showers.

Many soils are covered by a thin crust. The permeability of the dry crust is low, but increases after a few minutes of humidification (Fig. 4.4.4). This phenomenon makes infiltration difficult to quantify from basic soil properties. Therefore measurements were made in the field with a large rain simulator; single and double infiltration rings gave unsatisfactory results. Rainfall simulator results are summarized in Eqn. 4.4.6.

When the rate of precipitation exceeds the rate of infiltration, water ponds or runs off. The larger the shower is, the larger the fraction of it that does not infiltrate (Figs. 4.4.5 and 4.4.6). Runoff is negligible on dunes of coarse sand, which consequently lack surface drinking-water for animals. On sandy loams and loamy sands, little runoff occurs on surfaces with a slope of less then 0.5%, but it is very considerable when the slope exceeds 1%. On loamy plains runoff is locally important, as demonstrated by the presence of patches of perennials that need a long growing season. The small lakes, originating from runoff, provide a basis for exploitation of the zone. On lateritic formations, runoff is often very large and is a direct source for temporary lakes and local watertables near villages. Clayey or loamy plains that are completely flat often receive water from their surroundings.

Table 4.4.1 gives values of the infiltration capacity of soils on the ranch with and without vegetation. The latter soils are less permeable. This implies that degraded areas carrying a sparse vegetation have more runoff than others, which can lead in turn to further degradation, reinforcing a negative spiral. Table 4.4.2 provides some data about runoff and infiltration capacity of different soils on the ranch and for different treatments of the surface.

Evapotranspiration is the sum of evaporation from the soil surface and transpiration by the vegetation. Fig. 4.4.7 shows its cumulative value in some field experiments; the Tables 4.4.3 and 4.4.4 show how it can be calculated. The rate of evapotranspiration ranges from about 2.8 mm d^{-1} for natural rangeland, to about 5.1 mm d^{-1} for a rapidly growing vegetation on a fertilized soil (Fig. 4.4.15).

Evaporation during a complete rainy season amounts to 80-90% of the evapotranspiration. Evaporation can occur very fast early in the rainy season (Fig. 4.4.9): the air is dry, its temperature is high and the irradiation is intens: soil surface temperatures up to 60 °C (dry soils) were observed (Fig. 4.4.8). A simulation model was used to predict evaporation and soil humidity (Fig. 4.4.10). Combination of model and measurements lead to a formula to quantify the rate of evaporation (Eqn. 4.4.7), which is valid for most soils (Figs. 4.4.11 and 4.4.12). Presence of vegetation reduces evaporation considerably (Fig. 4.4.13): experimental data agree with theoretically derived values for low values of ground cover, but not for high values. Values of the rate of evaporation are summarized in Table 4.4.5 for various conditions; examples of their use are given in the Tables 4.4.6 and 4.4.7 and in Fig. 4.4.14.

Transpiration may be computed as the difference between the observed value of evapotranspiration and the computed value of evaporation. Results of such calculations are presented in Table 4.4.8, where biomass production and water use by the vegetation are compared. The rate of transpiration ranges from 1 mm d^{-1} (natural rangeland) to 4 mm d^{-1} (fertilized vegetation). The transpiration coefficient determined in this way is about 200 kg of water transpired per kilogram of dry matter formed.

4.4.3 The soil water balance

The rainy season can be divided into 4 parts:

- Before frequent showers: until June or July. One or more waves of germination, high rates of evaporation.
- Beginning of frequent showers: July. The earlier this period falls, the longer the period of vegetative growth, and hence the growth period, can be. Exactly when it occurred on the ranch in the years 1976-1979 is shown in Fig. 4.4.17; the precipitation data are given in Fig. 4.4.16.
- Period of rapid growth: August and possibly a part of September. The growth rate of the unfertilized, natural vegetation is in the order of 35-50 kg ha^{-1} d^{-1}.
- End of the growing season: The onset of the brief reproductive phase is generally determined by photoperiod. The more water falls in this period, the more will remain in the soil, to be used only by trees or lost slowly by evaporation. This explains why trees are particularly susceptible to short rainy seasons and, consequently, to drought.

Section 4.5 The potential production of rangelands

4.5.1 Introduction

The term potential production is used in the sense of 'growth without nutrient shortage' (Production level B, Section 2.3). It concerns therefore natural rangelands in the northern Sahel, and fertilized rangelands in the South. Perennial grasses and trees store carbohydrates (and nutrients) in root systems and trunks. As soon as the soil is sufficiently humid, growth can start very rapidly indeed. The extent of their growing season probably depends particularly on the exhaustion of soil water. The growth of perennials received little attention in the P.P.S. project.

4.5.2-4 The exponential, Linear and Maturation phase of growth

The exponential phase of growth of vegetations lasts till an aeric mass of about 1000 kg ha^{-1} is reached, when mutual shading of plants becomes important. Under optimal conditions, annuals may grow at a relative rate of 0.5 g g^{-1} d^{-1}. When water limits growth temporarily, the average relative growth rate during the exponential phase was about 0.2 g g^{-1} d^{-1} (on natural pastures with nutrient shortage, the relative growth rate is about 0.1 g g^{-1} d^{-1}). Fig. 4.5.1 shows how long it takes to grow from a certain initial aeric mass of biomass to the level of 1000 kg ha^{-1} at a given relative growth rate. In the northern Sahel the aeric mass of the biomass never exceeds 1000 kg ha^{-1}.

During the period of linear growth, the daily dry weight increment is more or less constant: 200-250 kg ha^{-1} d^{-1}. Depending upon the amount of water that has infiltrated into the soil, this leads to an aeric mass of biomass of 6000-12 000 kg ha^{-1} in the southern Sahel (Fig. 4.5.7).

Of particular interest is the corresponding rate of transpiration. Most rangeland grown plants have probably stomata that optimize their aperture, so that the lower set of lines from Figs. 4.2.4c and d applies (*Borreria* may form an exception). With Eqn. 4.2.1, the transpiration coefficient during the rainy season can then be derived to be about 210 kg of water transpired per kilogram of above ground dry matter formed in C_4 plants (as observed: Section 4.4.2), and about 330 kg kg^{-1} in C_3 plants.

Especially for grasses, flowering often marks the beginning of the final growth phase, which lasts for annual grasses 10-20 days. Some species tiller prolifically till late in the growing season if conditions remain favourable.

4.5.5 Root systems

Figs. 4.5.2 and 4.5.3 show a typical example of the root distribution of a natural vegetation on a clayey and a sandy soil on the ranch. Fig. 4.5.4 shows how the weight of the root system increases by growth and declines due to decomposition late in the season and early in the next rainy season. Rooting patterns of annual grasses in experiments with and without fertilization are surprisingly similar: most of the roots are in the upper 20 cm, though some extend down to 1 m or more.

The rooting density in the upper layers is about 2.5 cm cm^{-3}. Roots can absorb water efficiently at densities exceeding 0.2 cm cm^{-3}. Some roots go as deep as the soil is humid, so that roots can exhaust the total stock of soil water. The minimum rooting density required for efficient absorption of nitrate is roughly the same as that for water, so that nitrate can also be absorbed efficiently. For phosphorus, however, the normal rooting density in the upper layers is insufficient to exploit more than about 50% of the soil volume.

The data from Figs. 4.5.2 and 4.5.3 can be converted into root diameters (Fig. 4.5.5). Although the number of observations is limited, the data indicate differences in diameter between species. Species with thin roots will exploit the soil better than thick rooted species for the same amount of biomass invested in the root system. Some observations confirm this idea (Fig. 5.2.12). Fig. 4.5.6 shows the rooting density required for efficient exploration of the soil at different amounts of root biomass and for different root diameters.

4.5.6 Evaluation and utilization of a dynamic simulation model

The simulation model ARID CROP, which was developed before the P.P.S. project, was adapted for simulation of vegetation growth in the Sahel. To evaluate its performance, the model was used to simulate different experiments on the ranch where growth was observed. Agreement between simulation and observation is good (Fig. 4.5.7) if the situation in the beginning of the period of rapid growth is used for initialization of the model. The type of data to be specified for this model are given in Table 4.5.1.

Section 4.6 A simple model of potential production

The simple model presented integrates a good deal of the information presented in Chapter 4. It is much simpler than the ARID CROP model. Only a hand calculator is needed to use it. The calculations are explained in the original text, in which equations and dimensions of the variables are given. Results of applications of the simple model for a sandy and a clayey soil on the ranch are shown in the Tables 4.6.1 and 4.6.2. The Figs. 4.6.1 and 4.6.2 help to simplify some of the calculations.

As a result of unavoidable simplifications, the simulated results are less accurate than those of ARID CROP, but the model does provide realistic values of growth, evaporation, transpiration and runoff. Fig. 4.6.3 shows that this model predicted the potential growth in 2 situations on the ranch quite closely. However, it is emphasized that this simple model should be applied with caution in other conditions.

CHAPTER 5 THE PROCESSES DETERMINING THE ACTUAL PRODUCTIVITY OF SAHELIAN RANGELANDS

Section 5.1 Introduction

The actual productivity of rangelands is generally well below their potential level. It is therefore necessary to study the way in which shortage of plant nutrients reduces the productivity, the degree of shortage of the nutrients in the field and the reasons why there are shortages. One may then ask whether shortages can be relieved, and by what means.

Application of potassium, calcium, magnesium and sulphur on rangelands did not show any response. Limited experimentation with application of trace-elements, such as molybdenum, copper, cobalt and manganese, to leguminous plants did not show any response either. But application of nitrogen and/or phosphorus stimulated growth considerably. The principal questions were therefore about the relations between soil water, soil nitrogen and soil phosphorus and their effect on growth of the vegetation.

Section 5.2 The actual productivity and the role of nitrogen and phosphorus

5.2.1 Introduction

We investigated the biomass at flowering and at maturity, and the total amount of nitrogen (N) and of phosphorus (P) absorbed at flowering. The response curve of the productivity of a natural vegetation to fertilization with N (in presence of sufficient P) is shown in Fig. 5.2.1. The response curve of productivity to N absorbed (Ne), rather than to N applied goes through the origin and has an upper limit that equals the potential productivity in that situation, as explained in Chapter 4. The initial slope of the curve is generally equivalent to 1000 kg of dry matter per 5 kg of N absorbed. Quadrant 3 of this figure shows the linear relationship between the amount of N absorbed and the amount of N applied (Eqn. 5.2.1). A similar set of response curves can be drawn for productivity in case of application of P (in presence of sufficient N, Fig. 5.2.2). The upper asymptote is identical to that of the former graph, the initial slope is about equivalent to 1000 kg biomass per 0.5 kg of P absorbed. The aspects 'soil' and 'vegetation' of these crucial relationships are analyzed below.

5.2.2-3 The N and P content of plants and The actual productivity

Plant species are not characterized by specific concentrations of N or of P. Such concentrations depend almost completely on the fertility of the soil and plant age. The Figs. 5.2.3 and 5.2.4 show how much the average concentrations of N and of P in the above ground dry matter of plants can change in time. Those curves reflect the combined effect of aging and the changing availability of nutrients in the soil. By selection of cases where availability was known to be continuously high or low, both effects could be separated. The minimum concentrations observed fall into 3 classes: those of annual C_4 grasses, those of dicotyledons and those of leguminous species. Both the minimum and the maximum values of N and of P concentrations decrease with age (Fig. 5.2.5).

Absorption of N after flowering is negligible: the biomass may increase by about 60% between flowering and maturation, but the amount of N absorbed remains constant. Two relations of biomass to N absorbed are therefore distinguished: one at flowering and one at maturity (Figs. 5.2.6 and 5.2.7).

If a relatively large dose of fertilizer is given and the growing season is short, some N remains unabsorbed in the soil, left over for the vegetation of the following year (Fig. 5.2.8). Results of experiments on different locations showed that the recovery of fertilizer N over 2 years is 60-80% on all soil types (Fig. 5.2.9), which is quite good indeed. This figure also shows a relationship between the richness of the natural soil (Ne_n) and the recovery (r) of fertilizer N: the poorer the unfertilized soil, the better fertilizer recovery the first year.

The earlier a vegetation has a considerable biomass and can absorb much N and P, the better it is, because the N not absorbed early in the season is not absorbed efficiently later on (Figs. 5.2.19 and 5.2.11). This results probably from immobilization of N by micro-organisms during the later part of the rainy season (Section 5.3).

An experiment in the northern Sahel (150 mm yr^{-1} isohyet) showed no response of biomass or its N and P concentration to fertilization. In fact, those concentrations of the unfertilized pasture were already as high as those of fertilized pastures in the South (Figs. 5.2.13 and 5.2.14). This confirms that plant productivity in the North is not limited by soil fertility.

5.2.4 Interactions of absorption of N and P

The ratio of the weight of P to that of N in the same plants is not below 0.04 g g^{-1}, and it does not exceed 0.15 g g^{-1}, because their concentrations are coupled to a certain degree. Fig. 5.2.15 presents results of a field experiment that shows this: if too little P is available, N absorption is reduced, and hence biomass production. This P/N ratio is therefore an important physiological characteristic.

The P/N ratio has the strong and general tendency to increase during the growing season (Figs. 5.2.16 and 5.2.18). This leads to 2 conclusions: productivity of biomass in the final stage is almost always limited by the soil N supply, and the P/N ratio of grasses is an indicator of the relative importance of shortage of P to N.

5.2.5 Losses of biomass and N of dead vegetations

Rangeland biomass disappears after its maturation (apart from seedfall), even without exploitation or fire (Fig. 5.2.19). Its N concentration, and hence its quality, diminishes also. The degree of diminution of both is highly variable. Losses of biomass and N at the end of the rainy season in which the biomass grew may be related to rainfall in this period, which causes leaching and rotting. This process is quantified very approximately by Eqns. 5.2.1 and 5.2.2. In the dry season biomass changes very little with exception of the northern Sahel, where 'wind erosion' of biomass can be severe. But the concentration of N in the biomass falls continuously at a rate in the order of 1 mg g^{-1} d^{-1}. The beginning of the next rainy season reactivates rotting and leaching processes. In addition, termites become more active, and they can harvest a very large fraction of the remaining biomass, particularly on loamy and clayey soils.

5.2.6 Utilization of water on rangelands

The stomatal conductance is below its maximum value when the rate of growth of the vegetation is reduced by nutrient shortage (Fig. 5.2.20). This indicates that the regulation mechanism of stomata remains functional under nutrient stress. This confirms (Section 4.4.2) that pastures with low growth rates (i.e. unfertilized pastures) utilize water at a lower rate than fertilized pastures (cf. Fig. 5.2.21, Table 5.2.1).

Section 5.3 The processes of the nitrogen balance

5.3.1-2 Introduction and Transformations in the soil

Fig. 5.3.1 presents a scheme of the processes of the N balance of natural pastures. Of all N in the soil, only the N in an inorganic form (nitrate, ammonium) is available to plants. Nitrate (NO_3^-) is much more mobile than ammonium (NH_4^+), and is highly available to plants, but it is also more susceptible for deplacement by water movements (Fig. 5.3.6).

The organic matter in the soil is substrate for growth of micro-organisms. Their growth can lead to a net production of NH_4^+, a process called mineralization. NH_4^+ can be oxidized by other micro-organisms to NO_3^- (nitrification). Under other conditions NH_4^+ and NO_3^- are absorbed by micro-organisms (immobilization). Whether mineralization or immobilization predominates depends in particular on the proportions of carbon (C) and N in the substrate. The potential importance of immobilization is shown in Fig. 5.3.5: the large initial rate illustrates the rate at which microbial processes can occur for a short period, and demonstrates the difficulty of measuring them. Nitrification is remarkably slow in the Sahel (cf. Fig. 5.3.6); it is not understood why. Mineralization seems to be more important than immobilization in the beginning of the rainy season, but this reverses later on (Fig. 5.3.2). This order leads to a flush of inorganic N in the soil - a temporary excess. Plants may not be ready to utilize all of this excess immediately, because of a P shortage or because they are still too small (cf. Fig. 5.2.10). The actual amount of N in vegetation plus inorganic N in the soil during the growing season reflects the sum of all processes, including uptake (Figs. 5.3.3 and 5.3.4).

The intensity of micro-organism activity is generally limited by shortage of C. This may be the cause of the temporary excess of N early in the season, as the C stress will be largest then. This is relieved to a certain extent by decomposition of roots and root exudation later on. About 1000 kg ha^{-1} of C enters the soil each year as organic debris, and the same amount leaves the soil as CO_2, resulting from respiration processes. This is a considerable amount compared to the mass of C in the soil, which ranges between 3000 and 15 000 kg ha^{-1}. An imbalance of the C balance processes that lasts for several years will therefore lead to a considerable loss of soil organic matter.

5.3.3-4 Additions and Losses of N

In the order of 0.65 kg ha^{-1} of N, as NO_3^- or NH_4^+, is added to the soil with each 100 mm of rain. Leguminous species fix about 75% of the N they contain. The remainder comes from absorption; this percentage is lower if there is plenty of N available. However, legumes make up only about 5% of the biomass, so that their contribution of N remains modest: in the order of 0.2-3 kg ha^{-1} per year. Algae on the soil surface (incorporated in the crust) fix aerial N. Their contribution is small and difficult to estimate. We suppose it to be about 0.2 kg per 100 mm of rain. Other micro-organisms in the soil, decomposing organic material and dead plant parts or using plant exudates, can also fix N. Their combined rate of fixation is small: it is estimated to be about 0.2 kg per 1000 kg of biomass produced. Fertilization with N is quite efficient in general (cf. Fig. 5.2.9). Urea, applied on the surface, loses about 20% of its N by volatilization before it enters the soil, which NO_3^- does not, but NO_3^- can be subject to denitrification. Fertilization with manure is probably also effective, although 2-year trials on the ranch failed to show this: the release of N from manure is certainly slower than that from artificial fertilizer.

All N incorporated in biomass that burns is lost. This can be as much as 5-30 kg ha^{-1} in a single fire. Exploitation also causes considerable losses of N: the animal retains some N. Moreover it may deposit its faeces and urine outside the grazing area, resulting in the loss of all N involved. Losses also occur when faeces and urine are dropped on the rangeland: the loss of N from manure is probably small, but in the order of 50% of the N in urine volatilizes. Volatilization is also supposed to occur directly from plants. Its order of magnitude has not been really determined, but it is estimated to be a few kg ha^{-1} per year; if the biomass rots even more. Denitrification of NO_3^-, i.e. its reduction to volatile N_2 in the soil, can occur in anaerobic conditions and in the presence of sufficient organic matter. This process is probably unimportant on natural rangelands as anaerobic conditions occur only in isolated spots, and because the NO_3^- concentration and the soil organic-matter content are always very low. In humid spots of fertilized pastures, denitrification can cause the loss of more than 80% of the fertilizer N (Fig. 5.2.9).

Section 5.4 Phosphorus in the soil and its accessibility to plants

5.4.1-2 Introduction and Quantification of forms of P and of their transformations

Application of P to natural rangelands was found to have a positive effect on productivity in many cases and on legumes in particular (Table 5.4.1). We expect that this is a common phenomenon on most of the Sahelian rangelands.

Soils have generally a low concentration of P: a few hundred kilogram per hectare in the upper 20 cm of the soil. It is partly in an inorganic form and partly incorporated in organic material. All of this P is unaccessible to roots. Only the dissolved P, a tiny fraction of the total, can be absorbed. Its concentration is so low that the soil volume from which the roots actually absorb P is replenished many times a day.

The balance of P in soils is less complex than that of N: there are no processes analogous to N_2 fixation, denitrification, loss by fire or supply by precipitation. On the other hand, the dynamics of the cycling of P in inorganic and organic forms is much less understood.

The amounts of P in different forms in the soil and the rates of transformation were quantified for the ranch (Fig. 5.2.2). The ratio of organic P to inorganic P changes little with depth (Table 5.4.3). Relatively high concentrations of P in the soil are often found near villages: considerable amounts of P are deposited there in animal droppings (Table 5.4.2).

5.4.3 The equilibrium situation of the P balance

In an equilibrium situation, the same series of processes with the same intensity repeat themselves each year. In such a situation, 4-20% of the total P is in an inorganic form, a fraction which is directly proportional to the productivity. Perennial plants are expected to grow better on soils with a low P status than annual plants (Table 5.4.4), because of the presence of a root system early in the growing season.

A real equilibrium does not exist at any level of exploitation: there is always some export of P, leading to a very slow decrease of the soil P content. This reduction is estimated to be about 0.1 kg ha^{-1} yr^{-1} on the Niono ranch. This may seem slow, but it will exhaust the pool of most available P within a few decades.

5.4.4-5 The capacity of the soil to provide P to roots, and Absorption by plants and micro-organisms

Depending upon conditions, vegetations generally absorb P at an annual rate of 0.3-2 kg ha^{-1}. Various methods exist to estimate the capacity of the soil to dissolve P and make it available to roots. None of them is generally applicable, particularly not for natural soils where organic matter is an important source of P. We have experimented with a method in which resin plates absorb P from the soil during an incubation period of 30 days in the laboratory or installed for a season in the field. Some results are shown in Fig. 5.4.2. However, the most accurate and direct method to measure availability of P from the soil remains the harvesting of the vegetation and the determination of the absorbed P.

For absorption by roots, their total length and the absorption per cm are important. The latter depends directly on the rate at which P dissolves and diffuses over a very small distance (fraction of a mm) to the root surface. The supply of P to roots by water uptake is negligible. The degree of exploitation of the soil volume by the root system is probably about 50%. The degree to which mycorhiza increase the volume searched by roots could be considerable.

Micro-organisms are always so close to dissolved P that they are never short of it.

5.4.6 Fertilization

The fertilizer triple super phosphate (TSP) and the Malian natural rock phosphate from Tilemsi (PNT) have been applied at different rates (Fig. 5.4.3). Recovery of TSP-P in the first season after application by the rangeland vegetation was up to 0.5 g g^{-1} at low doses, and decreasing at high doses. The maximum efficiency of PNT-P was only about 0.03 g g^{-1} in the first year after application. Its low recovery can be compensated for by high doses, which will remain present for many years.

Section 5.5 A simple model of actual production

A simple simulation model shows how information about growth of vegetations under conditions of a low availability of N, P and water can be integrated. Its basis is qualitatively correct, but quantitatively weaker than that of Section 4.6.

Fig. 5.5.3 provides a flow chart of the computations that are to be repeated each decade. The calculations are explained in the original text, where equations and dimensions of variables are given. The numerical data apply to the ranch in Niono; the model should be used very carefully in other situations. Examples of applications for a sandy and a clayey soil are shown in the Tables 5.5.1 and 5.5.2; Figs. 5.5.1 and 5.5.2 show the degree of comparison of computed values with observed values.

Section 5.6 The actual productivity in an equilibrium situation

The growth of vegetations is usually limited at the end of the growing season by the availability of N. A first discussion of productivity in the equilibrium situation should therefore concentrate on the equilibrium of the N balance. Much of this discussion is also valid for cases where N does not limit productivity, but it is then less relevant.

In an equilibrium, the amount of N that enters the system equals the amount that leaves it (Eqn. 5.6.1). This situation may be hypothetical for any individual year, but it merits attentions as it leads to particular insights. Section 5.3 showed that the annual influx of N equals the amount related to rainfall (Eqn. 5.6.2) plus an amount fixed by legumes and micro-organisms. The latter fractions are proportional to the legume biomass and the total biomass, respectively (Eqn. 5.6.3). Even without any exploitation, there is loss of N, particularly due to volatilization. With exploitation, the fraction of the N in the biomass lost annually is much larger. The fraction of the N contained in the biomass at flowering (N_b) that is lost annually by all processes combined is called f; f N_b (in kg ha^{-1} yr^{-1}) equals the amount lost. N_b appears in both the equation for input of N and for loss of N, so that they can be combined and N_b made explicit (Eqn. 5.6.4, which becomes Eqn. 5.6.5 if the legumes are assumed always to form 5% of the biomass). Table 5.6.1 gives sets of values of N_b, f and their product at the 500 mm yr^{-1} isohyet. It is interesting to note that the smaller the fraction f is of the biomass N that is removed, the larger the amount f N_b is. (For further discussion see Section 6.6 and Chapter 9.)

If all N in the soil were in the same form, it would take centuries to reach an equilibrium after any disturbance, but because a fraction of the soil organic matter decomposes relatively rapidly and soil humus is much more stable it takes much less time. We estimate that attaining a new equilibrium of the small, easily decomposible fraction may take a few years after the intensity of exploitation is increased; its restoration by natural means, a fallow or rest period, may take one or more decennia.

Shortage of P will lead to a slow start of plant growth and therefore to a larger temporary excess of N early in the season. Applying P in such a situation will cause a higher productivity and hence the consumption of this excess. As a consequence, the productivity returns after a few years to the same level where annual influx equals outflux.

CHAPTER 6 ACTUAL PRODUCTION OF RANGELANDS IN RELATION TO ENVIRONMENTAL FACTORS AND HUMAN INFLUENCES

Section 6.1 Productivity of perennial grasses and trees

Productivity of perennial grasses usually exceeds that of annual species considerably (Fig. 6.1.1). This is partly due to their perenniality, and partly because they generally grow on more humid spots. But this difference in productivity is not nearly as important as it seems, because cattle makes most use of the small amount of regrowth of perennials during the dry season. The large biomass at the end of the growing season is too low in quality: only about 1000 kg ha^{-1} of it can be exploited without overgrazing, and the quality of this amount is just sufficient for maintenance of the animals. Figs. 1.2.1, 6.1.3 and 6.1.5 show how much the total biomass and the fraction of it that makes good forage change in time. Fire provides the double advantage that more new sprouts develop that are more accessible to the animals (Tables 6.1.1, 6.5.3).

Another reason for overestimating the importance of perennials is that their annual uptake of N seems to exceed that of annuals (Fig. 6.1.1). However, one should realize that a fraction of the N in the biomass during the growing season stems from a stock of N in the root system, which is transferred to the leaves early in the season and transferred back at the end (Fig. 6.1.2, cf. Fig. 6.1.4). Perennial grasses are sensitive to overexploitation because of exhaustion of this stock of N and because of elimination of growing points.

Trees and perennial grasses survive the dry season with the little water in the soil that the annual plants have left. This makes perennials particularly sensitive to relatively dry years, when annuals leave little or no water. No water remains in the soil in the northern Sahel after the rainy season, so that trees are rare (Figs. 6.1.6 and 6.4.1). Like perennial grasses, trees can use water from a large depth on the few places where this occurs. In general, however, trees compete with grasses for most of their water and nutrients. This is the basis of the inverse relation of tree leaf production (as a measure of tree growth) to grass production (Fig. 6.1.7).

The weight of individual trees of common species can be estimated from their circumference (Table 6.1.2), which can be used to estimate wood production or for making an inventory.

Section 6.2 Leguminous species

Leguminous species deserve special attention because of their capacity to fix aerial N. Table 6.2.1 is a list of common species. Legumes make up about 5% of the biomass over the whole Sahel, but they tend to be more common on places with much runoff (Fig. 6.2.1). Legumes are probably not much more important, because of the very low availability of P and because they are weak competitors with grasses.

We estimate that normally 75% of the N contained in legumes is fixed by the plants, and 25% comes from the soil. North of the 300 mm yr^{-1} isohyet and on soils where legumes always make up a considerable fraction of the vegetation, the soil provides a larger share (about 35 and 50%, respectively).

Vegetations consisting almost exclusively of the legume *Zornia glochidiata* are common on soils with a high runoff. Such soils are enriched with N. As a result, their vegetation does not respond to fertilization with N, but strongly to fertilization with P (Tables 6.2.2 and 6.2.3).

Table 6.2.4 and Fig. 6.2.2 quantify the amount of N fixed by legumes when they make up 5-35% of the vegetation, and the relation of the equilibrium value of annual production with this percentage at different levels of precipitation.

Section 6.3 Precipitation and forage production of rangelands

The amount of N in the biomass in an equilibrium situation can be calculated (Eqn. 5.6.4) when the fraction legumes, the annual precipitation and the fraction of N lost are specified. Table 6.3.1 presents some of such basic data for the North-South transect. Results of the calculations are presented in Fig. 6.3.1: the agreement between the calculated and the schematized, observed values is good (Fig. 6.3.2). Fig. 6.3.3 shows the individual values of biomass and their N and P content at this transect; to rank them, they are distinguished in 3 groups according to the importance of the actual rainfall. The same observations plotted against infiltration (Fig. 6.3.4) show that the relation of biomass production and availability of water is much more distinct than those of absorption of N and P to water availability. The latter relations are apparently determined to a larger degree by soil properties. Considering all sites together, the vegetations contain 2-20 kg ha^{-1} of N and 0.2-2 kg ha^{-1} of P, with exception of area enriched by faeces (Fig. 6.3.6). The concentration of N and of P in the biomass remain within the limit values indicated in Fig. 5.2.5.

The way in which the composition of the vegetation is related to the availability of water is depicted in Fig. 6.3.5 by key species; the direction of change of the composition as a result of the 1969-1973 drought is indicated in Fig. 6.3.8. Fig. 6.3.5 shows also the effect of the vegetation composition, through the length of its growing season, on biomass production.

In theory it is expected that the effect of yearly variations in rainfall is fairly small in the northern Sahel (when expressed in kg ha^{-1}), that it is considerable between the 200 and 500 mm yr^{-1} isohyets, and that it is relatively small again at higher levels of precipitation. Fig. 6.3.7 tends to support this idea.

The concentration of N in plants is higher the lower the level of precipitation is (Table 6.3.2): the concentration of N at the end of the growing season is higher in the northern part of the Sahel and low in the South, although local variations are large (Fig. 6.3.9). Fig. 6.3.11 is a schema of the relation of productivity and biomass N concentration to rainfall; Fig. 6.3.10 is a schema of the inverse relation of productivity and N concentration. Both figures can be used for estimation of values for certain situations if observations are lacking.

Section 6.4 The relation between substrate and vegetation

6.4.1-3 Introduction and Substrate and Plant properties

The term 'substrate' will be used as the sum of geomorphological aspects and physical and chemical soil characteristics. The most important of these are:
- compaction of the surface layer, which leads to formation of a crust, affecting the soil water balance and the seed balance;
- presence of algae on the surface, which contributes to crust formation;
- the infiltration capacity of the soil: sand > loam > clay;
- the availability of water to roots at a given soil water content;
- evaporation from the surface, which is reduced strongly when (dead) biomass covers the surface;
- soil fertility, which is fairly similar in all rangelands, with exception of very poor lateritic soils and the rich soils of Delta's and river flood plains.

For the landscape is of prime importance whether there is runoff, influx of water or neither of them. This is often linked with some of the above characteristics. The result of the combined features on the soil water balance is quantified in Table 6.4.1: the period of full growth varies from about 10 days in the northern Sahel, with runoff, to more than 90 days in the South, with water influx.

Plant characteristics to be especially considered are the relative rate and homogeneity of germination, the resistance to drought of seedlings and the productivity of the species in terms of biomass and seeds are the predominant features to be considered.

6.4.4-6 Substrate and Composition and Productivity of the vegetation

The relation between substrate and vegetation composition in any year is not very strong. However, the average frequences of species on particular substrates differ clearly (Table 6.4.2). A better picture evolves when species are grouped on the basis of physiological characteristics (Table 6.4.3).

In the landscape it is important to distinguish:
- Regions where infiltration equals precipitation: the vegetation is quite homogeneous throughout hill tops and valleys, and is often dominated by rapidly germinating grasses. These zones are little exploited because of lack of surface drinking-water.
- Regions with runoff: runoff leads to considerable difference in the soil water balance

over short distance. As a result, the vegetation is heterogeneous in productivity and consists of a relatively high number of species (Fig. 6.4.2), including many more trees (Fig. 6.4.1). The stability in species composition in case of drought is fairly large, but species are replaced by others if exploitation pressure increases. This sensitivity for exploitation increases at lower levels of annual precipitation (Table 6.4.4).

The vegetation of a region should not be characterized only on basis of observations of a single year (Table 6.4.5). From the large amount of observations made, it was determined to what degree the presence of one species corresponded with the presence of other species. Results of this analysis are presented in Table 6.4.6 at 4 levels of detail. At the level of 15 nodes, groups of species that are more or less characteristic for certain environments can be distinguished. The chances of finding certain plant communities on certain substrates for certain isohyets may thus be specified (cf. Table 6.4.7). The agreement between such expected compositions and the ones actually observed in a single year (Table 6.4.8) is not yet very good, because different disturbances interfered. An example of such an analysis is given in the original text. The degree to which different communities can occur at one site in different years is shown in Table 6.4.9.

Many of the natural differences in fertility of soils are masked by the gradient of precipitation, fire and exploitation, all of which have a North-South gradient. On the ranch, for example, at one level of precipitation the soils with a high degree of exploitation and a high runoff show a lower annual productivity than soils with good infiltration (Tables 6.4.10 and 6.4.11, Fig. 6.4.3).

Section 6.5 The influence of fire

Large parts of the Sahel and the savannah are exposed annually to fire, generally created by man. The occurrence of fire depends on the humidity of the vegetation, the quantity of biomass and its distribution in the field (Table 6.5.1). For a dry, homogeneous biomass, the minimum aeric mass of vegetation needed to support a fire is about 1000 kg ha^{-1}. Consequently, the frequency of fire is particularly high in homogeneous vegetations on sandy soils, and less on loamy soils. Fire is uncommon on relatively small, clayey depressions because their vegetation has not yet dried up when the surrounding area is dry and burns.

For cattle, fire has a positive effect on the productivity and on the botanical composition of savannahs. By volatilizing N and sulphur (S), fire has a negative effect on the fertility of the soil, though it can be positive for the availability of P. The positive effects outweight the negative effects in the actual animal production system.

The positive effect of fire on early regrowth of perennial grasses seems to be that of elimination of shade only (Table 6.5.2). Very important is also that fire makes the new sprouts more accessible to the animals (Table 6.5.3).

Fire affects the composition of an annual vegetation directly by destruction of seeds and indirectly by the elimination of straw. The presence of straw modifies the environment for germination such that most rapidly germinating species are suppressed. This leads to a vegetation with more dicotyledons and with a smaller biomass (Table

6.5.4). Fire leads to less or no straw cover in the following year, so that rapidly germinating grasses can return and the cycle can repeat itself.

In a fire all N in straw is lost from the rangeland, whereas only about 50% of the N grazed is lost. Complete grazing is therefore less destructive than complete burning. With specification of the average fraction of N lost to fire in a certain situation, it is possible to quantify with Eqn. 5.6.3 the effects of fire suppression on the equilibrium value of rangeland productivity.

Section 6.6 Exploitation, degradation and desertification

6.6.1-2 Introduction and Botanical composition and the potential forage production

While it is possible to relate total biomass production to the soil and environmental factors without much emphasis on the species that make up the vegetation, this is not so for the use that animals make of it. Morphological features (spines), chemical features (taste, digestibility) and the stage of development of the plants influence what is available to cattle. Soil fertility, through its effect on the N content of plants, affects biomass digestibility because protein content and digestibility are closely correlated. The average quality of the biomass is often too low for animals at the end of the growing season. Field heterogeneity, which results in a fraction of the biomass having a much higher N concentration and exceeds the minimum quality level, is therefore very important.

6.6.3 The availability of forage

These ideas have been translated into a set of simplified cases for different zones in the Sahel. Table 6.6.1 specifies their conditions and Table 6.6.2 the results: the amount of forage of a fair quality and available to cattle does not increase as much as precipitation when going from North to South. Forage availability reaches its maximum in September in the northern Sahel, and later more to the South. The most difficult month in the South is May, while it is July and August in the North. The forage situation on the flood plains is quite different: the worst is around January-February, the best in July.

6.6.4 Influence of exploitation

Exploitation influences the rangelands through biological, physical and chemical processes. The structure of the soil deteriorates, particularly under intensive exploitation, by trampling and exhaustion of nutrients. Crust formation due to impact of rain drops, algal growth and high surface temperatures is enhanced by elimination of vegetation. These have a negative effect on the water balance. It is estimated that a biomass of about 700, 1600 and 2000 kg ha^{-1} at the end of the growing season is the minimum required to protect the most sensitive soils against further degradation at the 250, 400 and 500 mm yr^{-1} isohyets, respectively. Protection of the soil against wind erosion is provided by about 400 kg ha^{-1}. For examples of the effects of such processes, see Tables 6.6.3, 6.6.4 and 5.4.2.

The botanical composition of the biomass also changes under exploitation (Table 6.6.5). This is related particularly to the increase in runoff, and hence a deterioration of the soil water balance. As a consequence, annuals replace perennials, species with a low and heterogeneous germination pattern dominate and the vegetation becomes heterogeneous. The legume *Zornia glochidiata*, with a heterogeneous germination pattern and a short growing cycle, particularly profits from exploitation.

The timing of exploitation has little influence on the magnitude of such effects. Elimination of seeds on productivity is only important around permanent water points, particularly for early germinating species.

Trees and shrubs are often much stimulated by intensive exploitation because the grass vegetation is then insufficient to exploit fully the soil water.

6.6.5 The carrying capacity

It has been supposed that one third of the biomass present at the end of the growing season can be exploited, and that the productivity of the pastures can be maintained at this rate. We propose another view: any increase in the intensity of exploitation results in a lowering of the productivity of the rangelands. In addition, one should take into consideration that a minimum amount of biomass should be left on the soils to protect them against degradation rather than a fraction of the biomass.

To indicate the current carrying capacity of the rangelands and to what extent it changes due to exploitation, it is necessary to determine to what degree the factors water, N and P are limiting productivity in that particular case. It has been illustrated that in the North the predominant limiting factor is water, though lack of seeds may intervene sometimes. In the South, lack of P is important on areas with much runoff, while shortage of N plays a role there and in the mid-Sahel. Water may also be the limiting factor in the South wherever runoff is very important. Fig. 6.6.1 summarizes these facts.

For cases where N limits productivity, the notion of an equilibrium situation provides the key to the carrying capacity: the annual input of N into the rangelands equals the amount lost by grazing, fire, volatilization, etc. With Eqn. 5.6.3, the amount of biomass that corresponds with this level of influx of N (Figs. 6.6.2 and 6.6.3) can be calculated. The carrying capacity can then be found by dividing the amount of biomass with a suitable concentration of N by a standardized daily intake of animals (6.25 kg TLU^{-1} d^{-1} at a maintenance level of the cattle, or a higher level if one aims at growth, TLU = Tropical Livestock Unit). The fraction of the biomass available as forage is that with a concentration of N equal to or exceeding 1.2%.

For the cases where P limits productivity, calculating the carrying capacity from the fraction of biomass with a concentration of N exceeding 1.2% overestimates its value because animals require about 0.2% of P in forage, while plants often contain lower values. The biomass at the end of the growing season should be used to calculate the carrying capacity. Its value will diminish from year to year as a result of exploitation.

When water is the limiting factor, the quality of the biomass is high and all can be used. The carrying capacity is then also calculated from the biomass at the end of the growing season. The amount of biomass required to protect the soil is relatively large, and should receive particular attention.

The method developed has been used to calculate the carrying capacity of pastures in the Sahel for typical situations, to draw conclusions for normal and dry years. Fig. 6.6.4 shows its results: the carrying capacity is 10-20 ha TLU^{-1} and does not depend on the average annual rainfall up to a certain amount of annual rainfall and increases rapidly at higher precipitation levels. The dependence upon actual precipitation starts at the 400 mm yr^{-1} isohyet in normal years, and at the 250 mm yr^{-1} isohyet in dry years. Such conclusions agree with other reports (cf. Table 6.6.6).

A pronounced difference of this method with the traditional methods for estimating the carrying capacity is that the traditional methods do not take into account the reduction in biomass due to exploitation. Therefore, they overestimate the carrying capacity considerably if the calculations are based on data of little-exploited areas. In addition, they do not recognize that the carrying capacity may remain more-or-less constant in relatively dry years, because the fraction of good quality forage is then larger. In contrast to the traditional view, we conclude that the process of degradation of the rangelands is continuous at almost any degree of exploitation. As a consequence, there is an increase in the area for which water limits productivity at the expense of the area for which N and P limit productivity, and the area of soils without any vegetation increases.

6.6.6-7 Degradation and So-called 'desertification'

The continuous decline of the productivity of pastures may be called degradation. On sandy soils, particularly in the North, local degradation leads to barren sand enclosed in a ring of species with a very short growth cycle. On loamy soils, degradation in its final stages leads to basically barren plains with a hard crust, carrying only few microdunes with vegetation (Fig. 6.6.5).

A zone should not be labelled 'desert' if shortage of precipitation is not the cause of absence of vegetation. As there is no indication that the annual precipitation diminishes, degradation in the Sahel should not be called 'desertification'. To do so would be to misrepresent the situation, which leads to inadequate countermeasures.

CHAPTER 7 A SURVEY OF THE POSSIBILITIES OF A ZONE

Section 7.1 Introduction

This chapter gives an indication of how to determine the actual average productivity of rangelands with a minimum of field observations, and how to calculate changes in average productivity that will result from a change in the intensity of exploitation; a manual that explains in detail how to go about doing this is being prepared. Several aspects of productivity are considered: productivity, quality, the fraction of biomass available to animals, the minimum value of this fraction during the year and the availability of drinking-water. These aspects will be considered for evaluation of a small (ranch) or a large zone (region) and for 2 levels of accuracy.

Section 7.2 A rough evaluation of a large zone

The annual rainfall in a normal and in a dry year, the substrate, the intensity of exploitation and fire frequence have to be known (Table 7.2.1). The availability of water can be approximated with the information of the Sections 3.2 and 4.4. The annual productivity in equilibrium can be found using Fig. 6.3.1 and Eqn. 5.6.3 for any intensity of exploitation. Forage quality can be estimated by distinguishing the fractions of legumes, other dicotyledons and grasses in the total biomass. Changes in quality during the growing season and the dry season can be obtained from Section 5.2. The fraction of the forage with a good quality is difficult to estimate, but Figs. 8.1.2 and 8.1.3 can provide an approximation.

Section 7.3 A detailed evaluation of a large zone

The same type of data as for the rough evaluation are to be gathered, but in more detail (Table 7.3.1). Aerial photographs are particularly helpful, while the area has to be visited to describe relief and texture of the upper soil layers. Similarly, an impression of the vegetation has to be obtained (heterogeneity, presence of trees, importance of perennial grasses and ratio grasses-annual herbs). Determinations of the standing biomass are not yet very useful. Observations of the concentrations of N and P in the biomass indicate the fertility of the soil. As for animal production, the calendar of use of rangelands should be determined.

The interpretation of these data is basically identical to that of the rough analysis, but it yields more detail.

Section 7.4 A rough evaluation of a limited zone

It is supposed that the small zone has been identified after a survey as described in the preceding Sections. The same kind of observations are to be made, but with more attention to the biomass and its N and P content, on more locations, also during the growing season (Table 7.4.1).

The data collected are to be exposed to average data presented in this report, to see to what extent the zone deviates from an average situation. The analysis should be repeated for a dry year.

Section 7.5 A detailed evaluation of a limited zone

Rather than repeat the observations suggested in Table 7.4.1, it seems more useful to make additional observations, in particular about the frequency of fire, or do some experiments, such as fertilization trials, to establish the availability of N and P from the soil(s). Further accuracy can only be obtained through more research about intake of animals in relation to forage quality.

CHAPTER 8 TECHNICAL OPTIONS TO IMPROVE THE PRIMARY PRODUCTION OF RANGELANDS

Section 8.1 The systems of animal production in the Sahel

Three systems of animal production have been distinguished in Section 1.1: nomadism, transhumance and sedentarism. Another distinction separates traditional and modern animal production and the latter can be subdivided into ranching and feedlot finishing. The locality of these systems in the Sahel is shown in Fig. 8.1.1.

The productivity of systems of animal production is determined to a large extent by the availability of drinking-water and forage of good quality. Temporary lakes or rivers, wells and permanent lakes and rivers provide the animals with drinking-water. Table 8.1.1 shows the periods in which these sources are generally available to animals of each of these systems.

The quantity and quality of forage changes in time and in different ways on different locations (Table 8.1.2; Figs. 8.1.2, 8.1.3 and 1.2.1).

The periods of exploitation of rangelands by the different animal production systems are given in Table 8.1.3; approximations of the carrying capacity of the rangelands of these systems are given in Table 8.1.4: the minimal values during a year range from 0.07 TLU ha^{-1} for nomadism to 0.08 and 0.1 TLU ha^{-1} for the Niger Delta and savannah transhumance systems, respectively, and are 0.06 to 0.1 TLU ha^{-1} for sedentary systems. The inverse gives the area per animal required in the different systems. This area is 2-3 times larger in dry years than in average years (Tables 8.1.5 and 8.1.6 give details).

For nomadism, this implies that the quality of the forage never poses a problem, but there is just little of it. Drinking-water is always scarce. For the transhumance system, the quality of the forage is too low for 8 months of the year, and growth of the animals is only possible for 2-3 months. This period could be longer if drinking-water shortages on the migration routes are solved. For sedentary cattle, the forage is for 10 out of 12 months of a very poor quality, and even in the remaining period the quality is lower than that in both other systems (Table 8.1.6).

Section 8.2 How to appreciate the technical options

Suggestions evolved during this study on how to improve productivity, quality and utilization of rangelands. In the following sections of this chapter we consider the most obvious economic aspects of the most promising technical options for improvement, excluding sociological and political points of view. The direct cost of inputs and labour for the options is calculated on basis of 1978 prices in Mali, expressed in Franc Malien (FM; 500 FM = 1 US $). The economic result is calculated only in terms of meat, valued at 600 FM kg^{-1}. The conversion of plant biomass into meat is typically in the order of 200 kg dry biomass per kg fresh meat in traditional animal husbandry systems, but this ratio can be up to 5-10 times more favorable in intensive, modern systems.

Section 8.3 Installation of watering points

Two methods need to be distinguished: wells and surface-water storage. The first have the disadvantage that output is not related to the biomass production of rangelands, so that overgrazing is easily induced. Moreover, wells can only be installed where the water-table is not too deep. The amount of water stored in temporary lakes or reservoirs is related to the amount of biomass produced in that year, because both are dependent upon rainfall. This diminishes the risk of overgrazing.

Cattle drink about 25 l TLU^{-1} d^{-1}, and eat about 6.25 kg of dry biomass TLU^{-1} d^{-1}. Cattle usually drink once every 1-3 days, so that the area exploited around a single watering point is 100-1000 km^2. The availability of forage around a single point can thus be quantified (e.g. Table 8.3.1). The price of water should not exceed 800 FM m^{-3}.

About 50% of the territory of Mali has a water-table that can be tapped by wells (Fig. 8.3.1). Wells cost in the order of 10 million FM and have an average output of 12 m^3 d^{-1}, which is enough for a herd of about 500 TLU for 9 months per year. Overgrazing can be avoided, unless wells are installed too close. Opening a virgin area with wells to exploitation with cattle is quite profitable.

As an alternative, rain-water can be stored in open or closed reservoirs. Open reservoirs need to be of a considerable depth because the potential evaporation during the dry season is about 2300 mm and some water may drain out of the reservoir. The investment required for labour and materials is in the order of 4500 to 8500 FM m^{-3} of water stored. Closed reservoirs have the advantage that they always yield clean water. Their construction in concrete is far too expensive. A system where a reservoir is dug, sealed by a plastic cover and filled with sand, to keep the space between the sand grains as space for storage, is possible (Fig. 8.3.2), but the construction cost is estimated to be as high as 33 000 FM m^{-3} of storage capacity. Reservoirs that provide water for 3 months only are much cheaper, though still more expensive than wells.

Collection of water for reservoirs should be done in areas with a natural slope. If necessary, the degree of runoff can be enhanced with a plastic membrane or chemical products. The surface area required depends on climate and amount of water to be collected, as shown in Table 8.3.2. The Figs. 8.3.3 and 8.3.4 show how water collectors could be devised. However, the cost of intervention is too high to be economic for animal production. Improved maintenance and management of natural water catchments is feasible.

Section 8.4 Fertilization and irrigation

In zones with an annual rainfall of more than 450 mm, fertilization with N and P on rangelands, and also P fertilization on legume monocultures, can be considered. To make good use of the forage, it should be made into hay. In the order of 5000 kg ha^{-1} of a good quality hay can be obtained. However, hay making requires labour at a time that it may also be needed for growing crops on agricultural fields. A grain legume, stimulated with P, may produce about 1000 kg ha^{-1} of grain, plus 2000 kg ha^{-1} of vegetative material, all or part of which can be used as animal nutrition.

Irrigation of rangeland in the rainy season is hardly productive. Irrigation in the dry season leads to low yields because the soils are poor, and the biomass produced is of a very low quality.

Irrigation and fertilization can produce intensive cultures that allow some 10 mowings or 2-3 harvests of an annual crop per year. Such crops can grow at a rate of about 300 kg ha^{-1} d^{-1}. The cost of water is about 25% of the total production cost, the cost of fertilizer 50%, and that of labour 25%. Legumes provide the same biomass for less fertilizer and are thus cheaper, but they grow at a lower rate. This system of production of forage as a main product or as a by-product might be worthwhile to pursue in an agricultural context.

Estimated yields and cost per kilogram of forage for production with irrigation and/or fertilization are summarized in Table 8.4.1. It appears that the cost of all improvements seem to be too high to be economical for extensive animal husbandry systems. Some might be more economical in intensive forms of animal production. Fertilization of rangelands is still one of the best alternatives, also because relatively little infrastructure is needed. The use P fertilizer for good legume crops also seems promising, particularly for farmers close to a market. Irrigation without fertilization is always very expensive.

Section 8.5 Stimulation of leguminous species

The number of leguminous species in the Sahel is high, but their contribution to the biomass in natural rangelands remains generally low. To stimulate their growth, the P shortage of the soil must be eliminated (Tables 5.4.1 and 8.5.1). Although in principle a stimulation from 5% to 15% can be achieved, in practice it will be difficult to raise the fraction legumes from even 5% to 7.5%. The reason for this is the weak competitive power of legumes versus grasses when both N and P are available; if only the latter is available, legumes dominate (Fig. 8.5.1).

Table 8.5.2 presents the expected profit in terms of additional animal intake, assuming that stimulation of legumes can increase its fraction to 7.5%, or even up to 15%. It shows an increase in animal production of 10-30% at 7.5% and about 100% at the very high level of 15% legumes. However, both levels do not compensate for the financial investments to be made.

Section 8.6 Regeneration of degraded soils

Most of the barren soils in the southern part of the Sahel are loamy soils or lateritic soils. Loamy soils can be regenerated to carry a normal vegetation; lateritic soils are generally too shallow and are therefore not considered here.

Without plants there is a hard crust that causes much runoff and an unfavorable water balance, so that no vegetation can install itself. Moreover, seeds are often lacking. Regeneration should break this vicious circle (Fig. 8.6.1).

Complete protection of the zone leads to regeneration, but only after 5-10 or more years. By laying dead wood on the surface, sand accumulates at the points of contact with the soil and termites penetrate the surface, so that new environments for germination and installation develop. This method works well, but in our trials much wood was used.

Scratching the surface superficially does not yield good results, just as making many small holes in which seeds are sown: the water balance remains too unfavorable for the plants to assure seedling installation.

Complete tillage of the soil gives good results if seeds are present. If the area is small, sufficient seeds are available from natural propogation to permit a full vegetation to develop, but sowing is indispensable when large areas are regenerated. The tillage can be done by hand or machine. To ensure that the regenerated area does not degrade again soon, all of the surface should be tilled and a biomass should be obtained that equals at least the amount needed for protection of the degradation-sensitive soil. The degraded soils are rich in available N, but relatively poor in available P. Application of P has a large, positive effect on the production, but this stock of available N is exhausted in a few years (Figs. 8.6.2, 8.6.3 and 8.6.4).

In conclusion, technically it is not difficult to regenerate barren, loamy soils. However, they remain as sensitive to degradation as before, so that the operation will only be successful when the cause of overgrazing is eliminated as well. If this precaution is not taken, the soil will be barren again soon, and, chemically, in a poorer state than before.

CHAPTER 9 RANGELAND IMPROVEMENT

Section 9.1-2 Introduction and How to judge improvement measures

A basic problem for animal production in the Sahel is how to find food for the increasing number of animals, without further degradation of the environment. Where and to what extent technical options to improve rangeland productivity can be of practical use is considered here.

For judgement of the usefulness of options, we will use the criteria:
- what production increase can be expected realistically;
- to what extent does animal production benefit from this;
- is it a sustained improvement or will the soil become further exhausted;
- what is the duration of the effect of the intervention.

A survey of the theoretical limits of improvement is made first, based on Eqn. 5.6.4. It is necessary to distinguish here that the fraction, f, of the amount of N in the biomass lost annually is composed of various subfractions: losses due to volatilization of N from the plants, due to fire, due to grazing insects and due to grazing by cattle. The latter component can be subdivided further into the fraction lost (volatilization from urine in any case, export of all excreted N if it is not deposited on the area of grazing) and the fraction incorporated in the animal. This distinction leads to the identification of 4 possible strategies:
- To increase the efficiency of transformation of ingested N into N in meat and milk. The actual efficiency of transformation, averaged for cattle and small ruminants, is estimated to be 5%. The absolute maximum efficiency in intensive production systems is about 20%. This is extremely high, and a maximum attainable level of 10% is more likely.

- To minimize the losses of N through volatilization, fire and insects. Volatilization can be avoided by making hay; this yields the highest equilibrium biomass. An alternative way to avoid losses by these processes is to increase grazing by cattle to a high intensity (Table 9.2.2 and Fig. 9.2.1). Reduction of losses of N from the biomass grazed seems only possible by increasing the degree of retention of N by the animals.
- To increase the annual input of N into the system. The fraction legumes in the biomass cannot be stimulated above a level of 15%. This makes the potential gain of that option too small. In principle, stimulation of perennial grasses may also increase the annual influx of N, and possibly to the same level as that of legumes if the perennials dominate the vegetation completely. The input of N can also be increased by means of manure and fertilizer. It is worthwhile to emphasize here that an input increase per year of 40 kg ha^{-1} increases the equilibrium value of the N in the biomass by almost 100 kg ha^{-1} (Eqn. 5.6.6) because the annual loss of N due to grazing is at most only 50% of the N contained in the biomass.
- To increase the grazed area by installation of wells in the North or elimination of tse tse from infested areas in the South.

The maximum results that can be achieved by such measures are summarized in Table 9.2.1. They range from 0.3 to 15 kg ha^{-1} yr^{-1} of meat N, but most are less than 1.0 kg ha^{-1} yr^{-1}. Another way of considering the equilibrium value of the amount of N in the biomass is shown in Table 9.2.2 and Fig. 9.2.1, where the result of an increasing intensity of exploitation is given at low, medium and high levels of all other losses. Obviously, the larger the losses through other processes than utilization by herds, the lower the harvest of N in the form of meat.

Section 9.3-4 Rangeland improvement

The following comments may be made about those 4 strategies.

Lowering the overall intensity of exploitation will be difficult to achieve in practice: although the productivity of the pastures will increase and possibly also that of individual animals, the total animal productivity will probably decrease slightly. The major advantage will thus be a more stable environment.

Replacing nomadism and transhumance by sedentarism will have a very negative effect on animal productivity. The most promising measure seems to be harvesting of the vegetation at the time of flowering, feeding it and returning the manure to the rangeland. However, this does not seem to be feasible in practice.

Fire prevention is profitable for the environment, but must be accompanied by other measures to make good quality forage available to animals early.

To expand the area of grazing is the most direct way to improve availability of forage. But it should be remembered that in doing so the annual production of biomass of unexploited areas will always decrease under exploitation and that a concomitant increase in forage should occur for that part of the year that the herds are away from the new pastures.

Regeneration of degraded rangelands does not seem profitable. Reconstitution of perennial grasses and a tree population will increase secondary productivity only little, although the environment will be more resistant to degradation. However, such reconstitutions are only effective at relatively low levels of exploitation, and hence of animal production.

Introduction of legumes does not seem profitable at the current prices.

To investigate how much improvement of management of herds can increase productivity, a comparison of animal productivity per hectare, per hour of work and per amount of fossile energy was made (Table 9.3.1). By comparison with livestock production systems in other parts of the world, a transhumance system in Mali was found to have the highest productivity per unit landsurface, but a low productivity per labourer. Energy from external sources is not used in the transhumance system. The productivity of this system as such cannot be increased by further intensification, because it is the low and decreasing fertility of the rangeland soils that forms the ultimate limit to the animal production. When fewer persons are involved, the transhumance system could produce its output cheaper, but at the expense of increased unemployment.

Replacing cattle by other species might increase productivity temporarily. However, goats, sheep, cattle and camels combined exploit the Sahelian environment already very efficiently.

Section 9.5-6 Innovations and Technical options and traditional animal husbandry

Innovations (i.e. changing the nature of the animal production system) have been proposed to intensify the system and to raise its secondary productivity. An example is the 'integration and stratification strategy', which implies that young animals are produced in the transhumance system and finished in intensive systems in the southern Sahel or savannah. This strategy seems feasible in the long run, but it will lead to minimalization of prices of young cattle, sheep and goats, and to replacing pastoralists by fences, lowering the amount of work available. Furthermore, it will lead to further degradation of the environment, but it will not really increase meat production.

As an alternative, it is proposed to stimulate agriculture in the southern Sahel and savannah, among others by using fertilizers. By-products that are relatively rich in protein will then become available for supplementary feeding of animals. The only way to combat further degradation is regeneration of rangelands and simultaneously assuring pastoralists of a living. Fertilizer is required for those purposes. Only in this way does intensification of animal husbandry lead to a sustantial increase in production and avoid further degradation of the environment.

Références[1)]

Ahn, P.M., 1970. West African soils. Dans: West African agriculture. London, Oxford Univ. Press. 322 p. ISBN 19 859 453 4.
Amer, F., 1955. Characterization of soil phosphorus by anion exchange resin adsorption and P^{32} equilibration. Plant Soil 6: 391-408.
Anguilar Santelises, A., 1981. Rock-phosphate mobilization induced by the alkaline uptake pattern of legumes utilizing symbiotically fixed nitrogen. Thèse. Institut National Agronomique, Wageningen.
Arya, L.M., D.A. Farrel et G.R. Blake, 1975. A field study of soil water depletion patterns in presence of growing soybean roots: I. Determination of hydraulic properties of the soil. Soil Sci. Soc. Am. Proc. (39): 424-430.
Aubert, G. et Ph. Duchaufour, 1965. Projet de classification des sols. Dans: Rapports, VIe Congrès International de la science du sol (Paris, France). Aussi: Edition 1967, Classification des sols par la Commission de Pédologie et de carthographie des sols. p. 597-604.
Aubreville, A., 1936. Dans: Diarra, N., 1971. Plantes utiles et techniques culturales traditionnelles dans l'arrondissement de Kignan. Thèse, 3ième cycle, Centre Pédagogique Supérieur, Bamako.
Audry, P. et Ch. Rossetti, 1962. Prospection écologique. Etudes en Afrique occidentale. Observations sur les sols et la végétation en Mauritanie du sud-est et sur la bordure adjacente du Mali (1959 et 1961). F.A.O., Rome.
Barlow, E.W.R., 1974. Nitrogen transformation and volatilization in sheep urine patches. J. Austr. Inst. agric. Sci. 40 (1): 51-52.
Barth, H.K., 1978. Ausmasz und Auswirkungen des Bodenabtrags als Folge kulturtechnischer Masznahmen in Niger - Binnendelta Malis. Z. Geomorph., Suppl. Bd. 30: 39-54.
Beek, J., 1979. Phosphate retention by soil in relation to waste disposal. Thèse. Institut National Agronomique, Wageningen.
Bergh, J.P. van den, 1968. An analysis of yields of grasses in mixed and pure stands. Thèse, Institut National Agronomique, Wageningen. Pudoc, Wageningen.
Bewley, J.D. et M. Black, 1978. Physiology and biochemistry of seeds in relation to germination. Vol. I. Development, germination and growth. Springer-Verlag, Berlin.
Bichet, E. et P. Martin, 1976. Collecte, stockage, utilisation des eaux pluviales dans les pays du Sahel. Bibliographie sélective et analytique. IRFED, Paris.
Bille, J.C., 1977. Etude de la production primaire nette d'un écosystème sahélien. Travaux et documents de l'O.R.S.T.O.M. no. 65, O.R.S.T.O.M., Paris. ISBN 2-7099-0445-4.
Birch, H.F., 1958. The effect of soil drying on humus decomposition and nitrogen availability. Plant Soil 10: 9-31.
Birch, H.F., 1959. Further observations on humus decomposition and nitrification. Plant Soil 11: 262-286.
Birch, H.F., 1960. Nitrification in soils after different periods of dryness. Plant Soil 12: 81-96.
Björkman, O., M. Badger et P.A. Armond, 1977. Thermal acclimation of photosynthesis: effect of growth temperature on photosynthetic characteristics and components of the photosynthetic apparatus in Nerium oleander. Carnegie Inst. Wash. Year Book 1977: 262-276.
Björkman, O., H.A. Mooney et J. Ehleringer, 1975. Photosynthetic responses of plants from habitats with contrasting thermal environments. Carnegie Inst. Wash. Year Book 1975: 743-759.
Blondel, D., 1971a. Contribution à la connaissance de la dynamique de l'azote minéral en sol sableux (Dior) au Sénégal. Agron. trop. 26: 1303-1333.
Blondel, D., 1971b. Contribution à la connaissance de la dynamique de l'azote en sol ferrugineux tropical à Séfa (Sénégal). Agron. trop. 26: 1334-1353.

1) publications relatives à la recherche du projet P.P.S. sont indiquées par *.

Blondel, D., 1971c. Contribution à la connaissance de la dynamique de l'azote minéral en sol ferrugineux tropical à Nioro-du-Rip (Sénégal). Agron. trop. 26: 1354-1361.
Boudet, G., 1975. Manuel sur les pâturages tropicaux et les cultures fourragères. Série Manuels et précis d'élevage no. 4. I.E.M.V.T., Ministère de la Coopération, Paris.
Boudet, G., 1976. Regional studies and proposals for development: Mali. Dans: Rapp, A. et al. (eds). Can desert encroachment be stopped? Ecological bulletins no. 24. UNEP/ SIES, Liber Tryck, Stockholm. p. 137-154. ISBN 91-546-0212-2.
Boudet, G., 1977a. Contribution au contrôle continu des pâturages tropicaux en Afrique occidentale. Rev. Elev. Méd. vét. Pays trop. 30 (4): 387-406.
Boudet, G., 1977b. Les pâturages sahéliens. Les dangers de dégradation et les possibilités de régénération. Principes de gestion améliorée des parcours sahéliens. Dans: Production végétale et protection des plantes 5: Les systèmes pastoraux sahéliens. F.A.O., Rome. p. 159-222. ISBN 92-5-200210-3.
Boudet, G. et P. Leclerq, 1970. Etude agrostologique pour la création d'une station d'embouche dans la région de Niono. Etude agrostologique no. 29. I.E.M.V.T. Maisons-Alfort (Val-de-Marne).
Boudet, G. et R. Rivière, 1968. Emploi pratique des analyses fourragères pour l'appréciation des pâturages tropicaux. Rev. Elev. Méd. vét. Pays trop. 21: 227-266.
Braakhekke, W.G., 1980. On coexistence: a causal approach to diversity and stability in grassland vegetation. Publication 160 du CABO, Agric. Res. Rep. 902, Pudoc, Wageningen. 164 p.
Bray, R.H., 1948. Dans: Kitchen, H.B. (ed.). Diagnostic techniques for soils and crops. Washington, D.C. Am. Potash Inst. p. 53-86.
Breman, H., 1975. La capacité de charge maximale des pâturages maliens. Dans: Inventaire et cartographie des pâturages tropicaux Africains. Actes du colloque. Bamako-Mali, 3-8 mars 1975. I.L.C.A., Addis Abeba. p. 249-256.
* Breman, H. et A.M. Cissé, 1977. Dynamics of sahelien pastures in relation to drought and grazing. Oecologia (Berl.) (28): 301-315.
* Breman, H., A. Diallo et G. Traoré, 1982. L'élevage au Sahel. (en préparation).
* Breman, H., A. Diallo, G. Traoré et M.A. Djitèye, 1978. The ecology of the annual migrations of cattle in the Sahel. Proc. First International Rangeland Congress. Society of Range management. 2760 West Fifth Avenue, Denver, Colorado, U.S.A. p. 592-595. ISSN 0163-173 x.
* Breman, H. et al., 1983. Manuel des pâturages. (en préparation).
* Breman, H. et F.W.T. Penning de Vries, 1981. Des espèces ligneuses au Sahel. (en préparation).
Bremaud, O., 1977. Contribution à l'analyse de système appliquée à la définition d'une stratégie de lutte contre la sécheresse dans le Sahel de l'Afrique de l'Ouest. Données fragmentaires sur la situation actuelle de l'élevage. Dans: Production végétale et protection des plantes: 5. Les systèmes pastoraux sahéliens. F.A.O., Rome. p. 89-157. ISBN 92-5-200210-3.
Brouwers, M. et B. Keita, 1976. Etude morphopédologique du plateau Mandingue. I.R.A.T., Bamako.
Brown, G.D. et J.C.D. Hutchinson, 1973. Climate and animal production. Dans: Alexander, G. et O.B. Williams (eds.). The pastoral industries of Australia. Sydney Univ. Press, Australia. p. 336-370. ISBN 0 424 06540 1 / 0 424 06550 9.
Cassman, K.G., A.S. Whitney et R.L. Fox, 1981. Phosphorus requirements of soybean and cowpea as affected by mode of N nutrition. Agron. J. 73: 17-22.
Charney, J.G., 1975. Dynamics of deserts and drought in the Sahel. Q. J. R. Meteorol. Soc. 101: 193-202.
C.I.E.H., 1976. Carte de planification des ressources en eau souterraine de l'Afrique soudano-sahélienne. Comité Interafricain d'Etudes Hydrauliques.
C.I.P.E.A., 1979. Base paper for programme committee meeting. Arid Zones: Mali. Internal publication.
* Cissé, I.B., 1982. Sur la dégradation et la régénération de parcours pastoraux en milieu sahélien. (en préparation).
* Cissé, M.I. et H. Breman, 1980. Influence de l'exploitation sur un pâturage à Andropogon gayanus Kunth var. tridentatus. Rev. Elev. Méd. vét. Pays trop. 33 (4): 407-416.
Clark, F.E. et E.A. Paul, 1970. The microflora of grassland. Adv. Agron. 22: 375-435.
Cochemé, J. et P. Franquin, 1967. Une étude d'agroclimatologie de l'Afrique sèche au sud du Sahara en Afrique occidentale. World Meteorological Organisation. Technical Report no. 86, 136 p.
Cole, C.V., G.S. Innis et J.W.B. Steward, 1977. Simulation of phosphorus cycling in semi arid grassland. Ecology 58: 1-15.
Cooper, J.P. , 1970. Potential production and energy conversion in temperate and tropical grasses. Herb. Abstr. 40: 1-15.

Dalal, R.C., 1977. Soil organic phosphorus. Adv. Agron. 29: 85-115. Academic Press. ISBN 0-12-000729-4.
Dansoko, D., H. Breman et J. Daget, 1976. Influence de la sécheresse sur les populations d'Hydrocynus dans le Delta Central du Niger. Cah. O.R.S.T.O.M., Sér. Hydrobiol., vol. X, no. 2: 71-76.
Dasmann, R.F., J.P. Milton et P.H. Freeman, 1973. Ecological principles for economic development. John Wiley and Sons, London. ISBN 0 471 19601 1.
Date, R.A., 1973. Nitrogen, a major limitation in the productivity of natural communities, crops and pastures in the Pacific Area. Soil Biol. Biochem. 5: 5-18.
Daubenmire, R., 1968. Ecology of fire in grasslands. Adv. ecol. Res., 5: 209-266.
Davey, J.T., 1957. The African migratory locust in the central Niger delta. Part one: Climate and vegetation. Locusta no. 5: Organisation internationale contre le criquet migrateur africain.
Davey, E.G., F. Mattei et S.I. Solomon, 1976. An evaluation of climate and water resources for development of agriculture in the Sudano-Sahelian zone of West-Africa. World Meteorological Organisation. Special Environmental Report no 9, 289 p. ISBN 92-63-10459-X.
Dayan, E., H. van Keulen et A. Dovrat, 1981. Experimental evaluation of a crop growth simulation model. A case study with Rhodes grass. Agro-Ecosystems 7 (2): 113-126.
Delwaulle, J.C., 1973. Résultats de six ans d'observations sur l'érosion au Niger. Bois For. Trop. 150: 15-36.
Denmead, O.T., J.R. Freney et J.R. Simpson, 1976. A closed ammonia cycle within a plant canopy. Soil Biol. Biochem. 8 (2): 161-164.
Diagayété, M., 1981. Untersuchungen zur Erweiterung der Kenntnisse über den Futterwert Westafrikanischer Futterpflanzen. Dissertation zur Erlangung des Grades eines Doktors der Agrarwissenschaft. Institut für Tierernährung. Universität Hohenheim.
Diallo, A., 1976. Vérification de l'utilisation de l'azote par Andropogon Gayanus var. bisquamulatus. Mémoire du D.E.A. au C.P.S./E.N.Sup., Bamako.
* Diallo, A., 1978. Transhumance: comportement, nutrition et production d'un troupeau zébus de Diafarabé. Thèse. Centre Pédagogique Supérieure, Bamako.
Diallo, A.K., 1975. Considérations sur les études de cartographie des pâturages naturels en république de Sénégal. Dans: Inventaire et cartographie des pâturages tropicaux Africains. Actes du colloque. Bamako-Mali, 3-8 mars 1975. I.L.C.A., Addis Abeda. p. 79-81.
Diarra, L., 1976. Composition floristique et productivité des pâturages soudano-sahéliens sous une pluviosité annuelle moyenne de 1.100 à 400 mm. Thèse. Centre Pédagogique Supérieur, Bamako.
Diarra, N., 1971. Plantes utiles et techniques culturales traditionnelles dans l'arrondissement de Kignan. Thèse, 3ième cycle, Centre Pédagogique Supérieure, Bamako.
Dirven, J.G.P., 1977. Beef and milk production from cultivated tropical pastures, a comparison with temperate pastures. Stikstof, Dutch Nitrogenous Fertilizer Review 20: 2-15.
Döbereiner, J. et al. (eds.), 1978. Limitations and potentials for biological nitrogen fixation in the tropics. Proceedings of a Conference on limitations and potentials for biological nitrogen fixation in the tropics held at the University of Brazilia, Brazil, July 18-22, 1977. Plenum Publishing Corporation. New York/Londres. 412 p. ISBN 0-306-36510-3.
Downton, W.J.S., 1975. The occurrence of C_4 photosynthetis among plants. A review. Photosynthetica 9 (1): 96-105.
Downton, W.J.S. et E.B. Tregunna, 1968. Carbon dioxide compensation, its relation to photosynthetic carboxylation reactions, systematics of the Gramineae, and leaf anatomy. Can. J. Bot. 46: 207-215.
Dulieu, D., A. Gaston et J. Darley, 1977. La dégradation des pâturages de la région de N'Djamena (République du Tchad) en relation avec la présence de Cyanophycées psammophiles. Etude préliminaire. Rev. Elev. Méd. vét. Pays trop. 30 (2): 181-190.
Egnér, H., H. Riehm et W.R. Domingo, 1960. Untersuchungen über die chemische Bodenanalysen als Grundlage für die Beurteilung des Nährstoffzustandes der Böden. II. Chemische Extraktions Methoden zur Phosphor- and Kaliumbestimmung. Kungl. Lantbrukshögsk. Ann. 26: 199-215.
Elberse, W. Th. et H.N. de Kruyf, 1979. Competition between Hordeum vulgare L. and Chenopodium album L. with different dates of emergence of Chenopodium album. J. agric. Sci. 27: 13-26.
Eriksson, E., 1952. Composition of atmospheric precipitation. 1. Nitrogen compounds. Tellus 4: 215-232.
Evenari, M., L. Shanan et N. Tadmor, 1971. The Negev, the challenge of a desert. Harvard Univ. Press, Cambridge, Massachusetts. ISBN 674-60670-1.

F.A.O., 1976. Perspective study on agricultural development in the Sahelian countries 1975-1990. Vol. 1: Main report. Vol. 2: Statistical annex. Vol. 3: Summary and conclusions. F.A.O., Rome.
F.A.O., 1977. Les systèmes pastoraux sahéliens. Données socio-démographiques de base en vue de la conservation et de la mise en valeur des parcours arides et semi-arides. Etude F.A.O.: Production végétale et protection des plantes: 5. Les systèmes pastoraux sahéliens. F.A.O., Rome. ISBN 92-5-200210-3.
F.A.O., 1980. Annuaire F.A.O. de la production. Vol. 33: 1979. Collection F.A.O.: Statistiques No. 28. F.A.O., Rome. ISBN 92-5-000936-4.
F.A.O.-Unesco, 1977. Soil map of the world 1:5.000.000. Volume VI Africa. Unesco, Paris. ISBN 92-3-101362-9.
Feau, C., 1976. Unité écologique expérimentale de Maradi. Etude morphopédologique. GERDAT, Paris.
Ferrari, Th. J., 1978. Elements of system-dynamics simulation. A textbook with exercises. Pudoc, Wageningen, ISBN 90-220-0668-9. 93 p.
Frasier, G.W., 1975. Water harvesting for livestock, wildlife, and domestic use. Proc. Water Harvesting Symposium. Phoenix, Arizona, U.S.A. (1974). p. 27-40.
Frasier, G.W., K.R. Cooley et J.R. Griggs, 1979. Performance evaluation of water harvesting catchments. J. Range Manage. 32 (6): 453-456.
Gallais, J., 1975. Pasteurs et paysans du Gourma. La condition sahélienne. Editions du Centre National de la Recherche Scientifique, Paris. ISBN 2-222-01640-1.
Gaston, A., 1976. Travaux phytoécologiques en relation avec la lutte contre Quelea quelea. Etude agrostologique no. 25. I.E.M.V.T. Maisons-Alfort (Val-de-Marne).
Gaston, A. et D. Dulieu, 1975. Pâturages du Kanem. Effets de la sécheresse de 1973 sur les pâturages du Kanem-Lac (Rép. du Tchad). Comparaison avec les études de 1964 et 1966. Réactualisation de la carte. I.E.M.V.T. Maisons-Alfort (Val-de-Marne).
Gifford, G.F. et R.H. Hawkins, 1978. Hydrologic impact of grazing on infiltration: a critical review. Water Resour. Res. 14: 305-313.
Gillard, P. et W.Th. Elberse, 1982. The effect of nitrogen and phosphorus supply on the competition between Cenchrus biflorus and Alysicarpus ovalifolius. Neth. J. agric. Sci. (sous presse).
Gillet, H., 1967. Essai d'évaluation de la biomasse végétale en zone sahélienne (végétation annuelle). J. Agric. trop. Bot. appl. XIV 4,5: 123-159.
Goudriaan, J. et H. van Keulen, 1979. The direct and indirect effects of nitrogen shortage on photosynthesis and transpiration in maize and sunflower. Neth. J. agric. Sci. 27: 227-234.
Goudriaan, J. et H.H. van Laar, 1978a. Calculation of daily totals of the gross CO_2 assimilation of leaf canopies. Neth. J. agric. Sci. 26: 373-382.
Goudriaan, J. et H.H. van Laar, 1978b. Relations between leaf resistance, CO_2-concentration and CO_2-assimilation in maize, beans, lalang grass and sunflower. Photosynthetica 12 (3): 241-249.
Granier, P., 1975. Note sur les interactions plante/animal en zone sahélienne. Dans: Inventaire et cartographie des pâturages tropicaux Africains. Actes du colloque. Bamako-Mali, 3-8 mars 1975. I.L.C.A., Addis Abeda. p. 225-228.
Gunn Rural Management, 1974. The introduction of Townsvill stylo in Haute-Volta, West Africa. Report to the F.A.O. Brisbane.
Haggar, R.J., 1970. Seasonal production of Andropogon gayanus. I. Seasonal changes in yield components and chemical composition. J. agric. Sci., Camb. 74: 487-494.
Hall, A.E. et C. Dancette, 1978. Analysis of fallow-farming systems in semi-arid Africa using a model to simulate the hydrological budget. Agron. J. 70 (5): 816-823.
Harpaz, Y., 1975. Simulation of the nitrogen balance in semi-arid regions. Thèse. Hebrew Univ., Jerusalem.
Haywood, M., 1977. Some remarks on evidence revealed by comparative analysis of the 1952-53-56-57 and 1975 photographic aerial coverages concerning the ILCA-Mali perimeter. I.L.C.A., Mali.
Heemst, H.D.J. van, J.J. Merkelijn et H. van Keulen, 1981. Labour requirements in various agricultural systems. Q. J. int. Agric., Frankfurt (Main) 20 (2): 178-201.
Hidore, J.J., 1977. Acceleration of dessication and population trauma in Sub-Saharan Africa. Water Resour. Bull. 13: 783-791.
Hillel, D., 1967. Runoff inducement in arid lands. Volcani Inst. agric. Res. Rehovot, Israël.
* Hoogmoed, W.B. et L. Stroosnijder, 1982. Influence of rainfall and physical soil conditions on infiltration and runoff on crust sensitive sandy soils in the millet area of the Malian Sahel zone, West Africa. II. Experiments. Soil Tillage Res. (en préparation).
I.E.M.V.T., 1978. Liste des études pastoraux. I.E.M.V.T. Maisons-Alfort (Val-de-Marne).
I.L.C.A., 1980. ILCA the first years. I.L.C.A., Addis Abeba.

Imbamba, S.K. et G. Papa, 1979. Distribution of the Kranz type anatomy of some dicotyledonous species Families of Kenya. Photosynthetica 13 (3): 315-322.
I.T.C., 1977. Projet de développement rural intégré de la région du Kaarta République du Mali. Rapport final I.T.C., Enschede.
Jansson, S.L., 1958. Tracer studies on nitrogen transformations in soil with special attention to mineralization - immobilization relationships. Kungl. Lantbrukshögsk. Ann. 24: 101-361.
Jasiorowski, H.A., 1973. Twenty years with no progress. World anim. Rev. 5: 1-5.
Jones, M.J. et A.R. Bromfield, 1970. Nitrogen in the rainfall at Samaru, Nigeria. Nature 227: 86.
Jones, M.J. et A. Wild, 1975. Soils of the West African savanna. Commonw. agric. Bur. no. 55. 246 p. ISBN 85 198 348 0.
* Ketelaars, J., 1978. Problèmes concernant l'élevage au Sahel; implications pour la recherche faite dans le cadre du Projet 'Production Primaire au Sahel'. PPS, Dépt. d'Ecologie théorique, Institut National Agronomique, Wageningen.
Keulen, H. van, 1975. Simulation of water use and herbage growth in arid regions. Thèse. Simulation Monograph Series. Pudoc, Wageningen. ISBN 90 220 0558 5. 184 p.
Keulen, H. van, 1976. A calculation method for potential rice production. Contrib. cent. Res. Inst. Agric. Bogor, no. 21. 26 p.
Keulen, H. van, 1977. Nitrogen requirements of rice with special reference to Java. Contrib. cent. Res. Inst. Agric. Bogor, no. 30. 67 p.
* Keulen, H. van, 1982a. Measurement of stomatal resistance in sahelian plant species in the field. (en préparation).
* Keulen, H. van, 1982b. Simulation of crop production as determined by moisture availability. Dans: Penning de Vries, F.W.T. et H.H. van Laar (eds.). Simulation of plant growth and crop productivity. Simulation Monograph Series. Pudoc, Wageningen. (sous presse).
Keulen, H. van et H.D.J. van Heemst, 1981. Crop response to the supply of macronutrients. Agric. Res. Rep. Pudoc, Wageningen. (sous presse).
Keulen, H. van, N.G. Seligman et R.W. Benjamin, 1981. Simulation of water use and herbage growth in arid regions - a re-evaluation and further development of the model 'ARID CROP'. Agric. Systems 6: 159-193.
Keulen, H. van, N.G. Seligman et J. Goudriaan, 1975. Availability of anions in the growth medium to roots of an actively growing plant. Neth. J. agric. Sci. 23: 131-138.
Keulen, H. van et C.T. de Wit, 1975. Actual and potential herbage production in arid regions. Dept. of theoretical production ecology and Centre for Agrobiological Research (CABO), Wageningen.
Keulen, H. van et C.T. de Wit, 1980. A hierarchical approach to agricultural production modeling. Proc. Task Force meeting on 'Modeling of agricultural - environmental processes related to crop production'. Laxenburg, june 1980, Austria. (sous presse).
Kahn, M.A. et S. Tsunoda, 1970. Evolutionary trends in leaf photosynthesis and related leaf characters among cultivated wheat species and its wild relatives. Jpn. J. Breed. 20 (3): 133-140.
Kohl, D.H., F. Vithayathil, P. Whitlow, G. Shearer et S.H. Chien, 1976. Denitrification kinetics in soil systems: the significance of good fits of data to mathematical forms. Soil Sci. Soc. Am. Proc. 40: 249-253.
Kowal, J.M. et A.H. Kassam, 1976. Energy load and instantaneous intensity of rainstorms at Samaru, Northern Nigeria. Trop. Agric., Trinidad 53 (3): 185-197.
Kowal, J.M. et A.H. Kassam, 1978. Agricultural ecology of savanna. A study of West Africa. Clarendon Press, Oxford. ISBN 0-19-859462-3.
Kozlowski, T.T. et C.E. Ahlgren, 1974. Fire and ecosystems. Academic Press, New York.
Krings, Th., 1979. Der Sahel von Obervolta: Kulturgeographischer Wandel and seine Auswirkungen auf das Naturpotential. Geographischer Rundschau 9: 372-378.
Krummel, J. et W. Dritschilo, 1977. Resource costs of animal production. World anim. Rev. 21: 6-10.
Laar, H.H. van et F.W.T. Penning de Vries, 1972. CO_2-assimilation light response curves of leaves; some experimental data. I.B.S. Versl. no. 62, Wageningen.
Lahmeyer, International GMBH ORGATEC, SEMA et E.T. Ferguson, 1978. Energy in the development strategy of the Sahel. CILSS/Club du Sahel, Ouagadougou, Haute-Volta.
Lang, G.F., 1972. Etude géologique et recherche d'eaux souterraines dans le Sahel. Nations Unies. (Document provisoire).
Larcher, W., 1980. Physiological plant ecology. Second, totally revised edition. Springer Verlag, Berlin-Heidelberg-New York. ISBN 0-387-09795-3.
Lecoq, M., 1978. Le problème sauteriaux en Afrique Soudano-Sahélienne. Agron. trop. 33 (3): 241-258.

Leeuw, P.N. de et P. Hiernaux, 1981. The secondary productivity of upland sahelian rangelands (C.I.P.E.A., sous presse).
Le Grand, Ph., 1979. Biomasse racinaire de la strate herbacée des formations sahéliennes. D.G.R.S.T., O.R.S.T.O.M.
Le Houérou, H.N. et C.H. Hoste, 1977. Rangeland production and annual rainfall relations in the mediterranean basin and in the African sahelo-sudanian zone. J. Range Manage. 30 (3): 181-189.
Lepage, M., 1972. Données préliminaires sur l'écologie des termites. Terre Vie 26: 383-409.
Leprun, J.C., 1978. Compte rendu de fin d'études sur les sols et leur susceptibilité à l'érosion, les terres de cures salées, les formations de 'brousse tigrée' dans le Gourma. A.C.C. lutte contre l'aridité en milieu tropical.
Levang, P. et M. Grouzis, 1980. Méthodes d'étude de la biomasse herbacée des formations sahéliennes: application à la Mare d'Oursi, Haute-Volta. Acta Oecologica, Oecol. Plant. 1 (15): 231-244.
Lof, H., 1976. Water use efficiency and competition between arid zone annuals, especially the grasses Phalaris minor and Hordeum murinum. Agric. Res. Rep. 853. Pudoc, Wageningen. ISBN 90 220 06050. 109 p.
* Loon, L. van et H. Wösten, 1979. A model to simulate evaporation of bare soils in arid regions. Internal report of the dept. of Theoretical Production Ecology. Agric. Univ. Wageningen.
Louwerse, W., 1980. Effects of CO_2-concentration and irradiance on the stomatal behaviour of maize, barley and sunflower plants in the field. Plant, Cell Environ. 3: 391-398.
Maas, S.J. et G.F. Arkin, 1978. Program and model documentation 78-1. Texas Agric. Exp. Station. Texas A + M University System, College Station, Texas, U.S.
Mali Aqua Viva, 1978. Rapport no. 5. Campagne 1977-1978. Mali Aqua Viva, San. Rép. du Mali.
't Mannetje, L., K.F. O'Connor et R.L. Burt, 1978. The use and adaption of pasture and fodder legumes. Dans: Summerfield, R.J. et A.H. Bunting (eds.). Advances in legume science. Royal Botanic Gardens, Kew, U.K. p. 537-551. ISBN 0 85521 233 3.
Martin, P., 1975. Collecte et stockage des eaux pluviales: Méthodologie d'étude de projet et application à la Côte d'Ivoire. IRFED, Paris.
Mbodj, M., 1978. Amélioration et exploitation des prairies naturelles. C.N.R.A. de Bambey (Sénégal).
* Meer, H.G. v.d. et H. Breman, 1982. Prediction of the nutritive value of natural Sahelian rangeland grassspecies from chemical composition. (en préparation).
Metha, N.C., J.O. Legg, C.A.I. Goring et C.A. Black, 1954. Determination of organic phosphorus in soils. 1. Extraction method. Soil Sci. Soc. Am. Proc. 18: 443-449.
Mémento de l'agronome, 1974. Ministère de la coopération. République française.
Merlier, H., 1972. Etudes phénologiques des espèces de jachère du Centre-Sénégal. Agron. trop. 12: 1229-1252.
Meyer, J. et E. Pampfer, 1959. Nitrogen content of rainwater collected in the humid Central Congo Basin. Nature 184: 717-718.
Michel, P., 1973. Les bassins des fleuves Sénégal et Gambie. Etude Géomorphologique. Mémoires ORSTOM no. 63, 3 tomes, Paris.
Monod, Th.M., ed., 1975. Pastoralism in tropical Africa, studies presented and discussed at the XIIIth Intern. African Seminar, Niamey. Intern. African Institute, Oxford Univ. Press. ISBN 0 19 724196 4.
Morales, C., 1977. Saharan dust, mobilization, transport, deposition. SCOPE, Stockholm, Sweden, ISBN 91-546-0222-X.
Morel, G. et M.Y. Morel, 1972. Recherches écologiques sur une savane sahélienne du Ferlo Septentrional, Sénégal: l'avifauna et son cycle annuel. Terre Vie 26: 410-439.
Morin, J. et Y. Benyamini, 1977. Rainfall infiltration into bare soils. Water Res. 13: 813-817.
Mulder, E.G. et S. Brotonegoro, 1974. Free-living heterotrophic nitrogen-fixing bacteria. Dans: Quispel, A. (ed.). The biology of nitrogen fixation. North-Holland Publishing Company. Amsterdam-Oxford. p. 37-85. ISBN 0 7204 7135 4.
Naegele, A.F.G., 1977. EMASAR Phase II. Volume 3. Plantes fourragères spontanées de l'Afrique tropicale sèche. F.A.O., Rome.
Noy-Meir, I., 1971. Multivariate analysis of the semi-arid vegetation in South Eastern Australia: Nodal ordination by component analysis. Quantifying Ecology, Proc. of the Ecological Soc. of Australia, Vol. 6. Ed. H.A. Nix.
Noy-Meir, I., 1975. Stability of grazing systems: an application of predator-prey graphs. J. Ecol. 163: 459-481.
Odu, C.T.I., 1970. Some effects of grasses and pasture legumes of mineralization and nitrification in soils. West Afr. J. Biol. appl. Chem. 13 (2): 3-15.

Ohiagu, C.E., 1979. Nest and soil populations of Trinervitermes spp. with particular reference to T. geminatus (Wasmann), (Isoptera), in Southern Guinea savanna near Mokwa, Nigeria. Oecologia (Berl.) 40: 167-178.

Olsen, S.R., C.V. Cole, F.S. Watanabe et L.A. Dean, 1954. Estimation of available phosphorus in soils by extraction with sodiumbicarbonate. U.S. Dept. Agric. Circ. 939.

Otterman, J., Y. Waisel et E. Rosenberg, 1975. Western Negev and Sinai ecosystems: comparative study of vegetation, albedo and temperature. Agro-ecosystems 2: 47-60.

* Penning de Vries, F.W.T., 1980. Simulation models of growth of crops, particularly under nutrient stress. Dans: Physiological aspects of crop productivity. Proc. 15th. Colloq. Int. Potash Inst., held in Wageningen/The Netherlands 1980. Int. Potash Inst., Bern. p. 213-226.

Penning de Vries, F.W.T., 1982a, Modeling growth and production. New Encyclopedia of plant physiology. Springer Verlag, Berlin - Heidelberg. Chapitre B17. (sous presse).

* Penning de Vries, F.W.T., 1982b. Growth problem in a dry, high temperature environment. (en préparation).

Penning de Vries, F.W.T. et H.D.J. van Heemst, 1975. Production primaire potentielle des terres non irriguées au Sahel: une première approximation. Dans: Inventaire et cartographie des pâturages tropicaux Africains. Actes du colloque. Bamako-Mali, 3-8 mars 1975. I.L.C.A., Addis Abeba. p. 323-327.

* Penning de Vries, F.W.T., J.M. Krul et H. van Keulen, 1980. Productivity of Sahelian rangelands in relation to the availability of nitrogen and phosphorus from the soil. Dans: Rosswal, T. (ed.). Nitrogen cycling in West African Ecosystems. SCOPE/UNEP International Nitrogen Unit, Royal Swedish Academy of Sciences, Stockholm. p. 95-113. ISBN 91-7190-007-1.

Penning de Vries, F.W.T. et H.H. van Laar (eds.), 1982. Simulation of plant growth and crop productivity. Simulation Monograph Series. Pudoc, Wageningen. (sous presse).

Penning de Vries, F.W.T., H.H. van Laar et M.C.M. Chardon, 1981. Bio-energetics of growth of seeds, fruits and storage organs. Proceedings du symposium 'Potential productivity of fields crops under different environments' - sept. 1980. I.R.R.I., Manilla. (sous presse).

Penning de Vries, F.W.T., C.C. Murphy Jr., C.G. Wells and J.R. Jorgensen, 1975. Simulation of nitrogen distribution and its effect on productivity in even-aged loblolly pine plantations. Dans: Howell, F.G., J.B. Gentry et M.H. Smith. (eds.), 1975. Mineral cycling in southeastern ecosystems. E.R.D.A. Symposium Series. CONF 740513. Technical Information Center, Oak Ridge, TN. p. 70-83.

Peterson, R.G., H.L. Lucas et W.W. Woodhouse, 1956. The distribution of excretion by freely grazing cattle and its effect of pasture fertility. 2-effect of returned excreta on the residual concentration of some fertility elements. Agron. J. 48: 444-449.

Poupon, H., 1977. Recherches écologiques sur une savane sahélienne du Ferlo Septentrional, Sénégal. Premières données sur Commiphora africana (Rich.) Engl. Terre Vie 31: 127-162.

Poupon, H. et J.C. Bille, 1974. Recherches écologiques sur une savane sahélienne du Ferlo septentrional, Sénégal. Influence de la sécheresse de l'année 1972-1973 sur la strate ligneuse. Terre Vie 28: 49-75.

Raghavendra, A.S. et V.S.R. Das, 1978. The occurrence of C_4 photosynthesis: a supplementary list of C_4-plants reported during late 1974 - mid 1977; a review. Photosynthetica 12 (2): 200-208.

Raison, R.J., 1979. Modification of the soil environment by vegetation fires, with particular reference to nitrogen transformations: a review. Plant Soil 51: 73-108.

Richard, C., 1964. Rainfall and physicochemical study of rainwater at Addis Abeba in 1963. Agron. trop. 19: 1073-1080.

Ridder, N. de, N.G. Seligman et H. van Keulen, 1981. Analysis of environmental and species effects on the magnitude of biomass investment in the reproductive effort of annual pasture plants. Oecologia (Berl.) 49 (2): 263-271.

* Ridder, N. de, L. Stroosnijder et A.M. Cissé, 1980. Production des pâturages sahéliens. 'Cours P.P.S.', Dépt. d'Ecologie théorique, Institut National Agronomique, Wageningen.

* Rietveld, J.J., 1978. Soil non wettability and its relevance as a contributing factor to surface runoff on sandy dune soils in Mali. Report PPS, Dépt. d'Ecologie théorique, Institut National Agronomique, Wageningen.

* Rietveld, J.J., H. van Keulen et L. Stroosnijder, 1982. The influence of non-wettable algal crusts on infiltration in sandy soils in Mali, West Africa. (en préparation).

Ripley, E.A., 1976. Drought in the Sahara: insufficient biogeophysical feedback? Science 191: 100.

Sanogho, S.T., A. Sasson et J. Renaut, 1978. Contribution à l'étude des Rhizobium de quelques espèces de légumineuses spontanées de la région de Bamako (Mali). Rev. Ecol. Biol. Sol 15: 21-38.

Sauer, R.H., 1978. A simulation model for grassland primary producer phenology and biomass dynamics. Dans: Innes, G.S. (ed.). Grassland Simulation model. Ecological Studies Vol. 26. Springer Verlag. p. 55-87. ISBN 0-387-90269-4 / 3-540-90269-4.

S.E.D.E.S., 1972. Projet de développement de l'élevage dans la région de Mopti. Rapport de synthèse. Société d'Etude pour le Développement Economique et Social, Paris.

S.E.D.E.S., 1975. Approvisionnement en viandes de l'Afrique de l'Ouest. Tome I + II: Analyse de la situation actuelle et projections 1975-1985 pour six pays de la région. Tome III: Etude régionale: Production, consommation, commercialisation. Tome IV: Prévisions régionales et propositions pour l'approvisionnement en viandes de l'Afrique de l'Ouest. Société d'Etudes pour le Développement Economique et Social, Paris.

S.E.D.E.S., 1976. Reflexions sur l'avenir des systèmes pastoraux sahéliens et sahélo-soudaniens. Dans: Production végétale et protection des plantes: 5. Les systèmes pastoraux sahéliens. F.A.O., Rome 1977. p. 223-376. ISBN 92-5-200210-3.

Seligman, N.G., H. van Keulen et J. Goudriaan, 1975. An elementary model of nitrogen uptake and redistribution by annual plant species. Oecologia (Berl.) 21: 243-261.

Shanan, L., Y. Morin, M. Cohen et D. Rosenzweig, 1980. Harvesting rainfall in areas with sandy soils, using a buried plastic membrane. Preliminary Report no. 783. Division of Scientific Publications. The Volcani Center, Bet Dagan, Israël.

Sicot, M., 1979. Déterminisme de la production et des immobilisations minérales de la strate herbacée des parcours naturels sahéliens. A.C.C. lutte contre l'aridité dans l'Oudalan (Haute-Volta). O.R.S.T.O.M.

Sidibé, M., 1976. Contribution à l'étude comparative de quelques modes de traitement appliqués sur les pâturages naturels du C.N.R.Z. de Sotuba. Mémoire de D.E.A., C.P.S./E.N. Sup., Bamako.

* Sidibé, M., 1978. Contribution à l'étude du phosphore dans le cadre de l'amélioration des pâturages naturels sahéliens. Thèse, Centre Pédagogique Supérieur, Bamako.

Sivakumar, M.V.K., S.M. Virmani et S.J. Reddy, 1979. Rainfall climatology of West-Africa: Niger. Information bulletin no. 5. I.C.R.I.S.A.T., India.

Sluijs, P. v.d. et J.M.M.Th. Houben, 1978. Bewortelbaarheid van de grond. (en néerlandais). Landbouwkd. Tijdschr. 90 (9): 340-344.

Snedecor, G.W. et W.G. Cochran, 1973. Dans: Statistical methods. Sixth edition. The Iowa State Univ. Press. Ames, Iowa, U.S.A. p. 327-329. ISBN 0-8138-1560-6.

Söderlund, R. et B.H. Svensson, 1976. The global nitrogen cycle. Dans: Svensson, B.H. et R. Söderlund (eds.), Nitrogen, Phosphorus and Sulphur - Global Cycles. SCOPE report no. 7. Ecological bulletins no. 22. Stockholm, Sweden. p. 23-73. ISBN 91-546-0202-5.

Soil survey staff, 1975. Soil Taxonomy: A basic system of soil classification for making and interpreting soil surveys. Soil Conservation Service, U.S. Dept. of Agriculture, Ag. Handbook 436.

Spitters, C.J.T. et J.P. van den Bergh, 1981. Competition between crops and weeds: A system approach. A publier dans: Holzner, W et M. Numata (eds.). Biology and ecology of weeds. Monographiae Biologicae. Junk Publ., La Haye. (sous presse).

Stewart, B.A., 1970. Volatilization and nitrification of nitrogen from urine under simulated cattle feedlot conditions. Environ. Sci. Technol. 4 (7): 579-582.

Stobbs, T.H., 1974. Beef production from sown and planted pastures in the tropics. Dans: Smith, A.J. (ed.). Beef cattle production in developing countries. Univ. of Edinburgh.

Stroosnijder, L., 1976. Infiltratie en herverdeling van water in grond. (en néerlandais). Thèse. Agric. Res. Rep. 847. Pudoc, Wageningen. ISBN 90 220 0596 8. 212 p.

* Stroosnijder, L., 1977. Aspects of soil and water in the Sahel in Mali. Dans: Proceedings of 'An international symposium on rainfall agricultrue in semi-arid regions', april 17-22, 1977, Riverside, USA. p. 166-199.

* Stroosnijder, L., 1982a. Cartographie semi-détaillée d'un ranch sahélien, Niono, Rép. du Mali. (en préparation).

* Stroosnijder, L., 1982b. The soil water balance. Dans: Penning de Vries, F.W.T. et H.H. van Laar (eds.). Simulation of plant growth and crop productivity. Simulation Monograph Series. Pudoc, Wageningen. (sous presse).

* Stroosnijder, L., S. Diarra et P. Buringh, 1977. Carte pédologique semi-détaillée d'un ranch sahélien: Niono, République du Mali. Projet Production Primaire au Sahel. Dépt. d'Ecologie théorique. Institut National Agronomique, Wageningen.

* Stroosnijder, L. et W.B. Hoogmoed, 1982. Influence of rainfall and physical soil conditions on infiltration and runoff on crust sensitive sandy soils in the Millet

area of the Malian Sahel Zone, West Africa. I. Theory. Soil Tillage Res. (en préparation).
* Stroosnijder, L. et H. van Keulen, 1982. Options for installing cattle drinkwater points in the Sahel. Water Resour. Res. (en préparation).
* Stroosnijder, L. et D. Koné, 1982. Runoff in the Sahel. Geoderma. (en préparation).
* Stroosnijder, L., H. Wösten et F.W.T. Penning de Vries, 1982. Evaporation from non-crusted soils in the Sahel. Soil Sci. Am. Proc. (en préparation).
Terman, G.L., 1980. Volatilization losses of nitrogen as ammonia from surface-applied fertilizers, organic amendments, and crop residues. Adv. Agron. 31: 189-223. Academic Press. ISBN 0-12-000731-2.
Thibout, F., M.F. Traoré, C. Pieri et J. Pichot, 1978. L'utilisation agricole des phosphates naturels de Tilemsi (Mali). Rapport interne S.R.C.V.O., Sotuba, Mali.
Togola, M., M.I. Cissé et H. Breman, 1975. Evolution de la végétation du ranch de Niono depuis 1969. Dans: Inventaire et cartographie des pâturages tropicaux Africains. Actes de colloque. Bamako-Mali, 3-8 mars 1975. I.L.C.A., Addis Adeba. p. 195-201.
Toutain, B., 1977. Essais de régénération mécanique de quelques parcours sahéliens dégradés. Rev. Elev. Méd. vét. Pays trop. 29: 191-198.
Toutain, B., 1978. Etude des effets de la mise en repos temporaire de quelques formations végétales sahéliennes dégradées sur leur évolution. Lutte contre l'aridité dans l'Oudalan (Haute-Volta), Min. du Plan/D.G.R.S.T.
Toutain, B. et P. Lhoste, 1978. Essai d'estimation du coefficient d'utilisation de la biomasse herbacée par le bétail dans un périmètre sahélien. Rev. Elev. Méd. vét. Pays trop. 31 (1): 95-101.
* Traoré, G., 1978. Evolution de la disponibilité et de la qualité de fourrage au cours de la transhumance de Diafarabé. Thèse. Centre Pédagogique Supérieur, Bamako.
Trochain, J.L., 1957. Accord interafricain sur la définition des types de végétation de l'Afrique tropicale. Bull. Inst. Etud. Centrafr., Brazzaville 13, 14: 55-93.
Turner, F.T. et J.W. Gilliam, 1976. Effect of moisture and oxidation status of alkaline rice soils on the adsorption of soil phosphorus by an anion resin. Plant Soil 45: 353-363.
Veen, J.A. van, 1977. The behaviour of nitrogen in soil. A computer simulation model. Thèse. I.T.A.L., Wageningen.
Villecourt, P., 1975. Apports d'azote minéral (nitrique et ammoniacal) par la pluie dans la savane de Lamto. Rev. Ecol. Biol. Sol 12 (4): 667-680.
Vorin, J.H., 1979. Cours d'hydraulique pastorale. Opération Zébu, Korhogo, Côte d'Ivoire.
Watson, E.R. et P. Lapins, 1964. The influence of subterranean clover pastures on soil fertility. 2. The effects of certain management systems. Austr. J. agric. Res. 15: 885-894.
West, O., 1965. Fire in vegetation and its use in pasture management with special reference to tropical and subtropical Africa. Mimeographed publication No. 1/1965. Commonwealth Bureau of Pastures and Field Crops. C.A.B., Huxley, Berkshire.
Wetselaar, R. et G.D. Farquhar, 1980. Nitrogen losses from tops of plants. Adv. Agron. 33: 263-305. Academic Press. ISBN 0-12-000733-9.
Wheeler, J.L. et K.J. Hutchinson, 1973. Production and utilization of food for ruminants. Dans: Alexander, G. et O.B. Williams (eds.). The pastoral industries of Australia. Sydney Univ. Press, Australia. p. 201-232. ISBN 0 424 06540 1 / 0 424 06550 9.
White, L.P., 1970. Brousse tigrée patterns in southern Niger. J. Ecol. 58 (1): 549-553.
Williamson, G. et W.J.A. Payne, 1977. An introduction to animal husbandry in the tropics. Longman London. ISBN 0-582-46813-2.
Wischmeier, W.H. et D.D. Smith, 1958. Rainfall energy and its relationship to soil loss. Trans. Am. Geophys. Union 39 (2): 285-291.
Wit, C.T. de, 1953. A physical theory on placement of fertilizers. Versl. Landbouwkd. Onderz. 59-4. Staatsdrukkerij, 's-Gravenhage.
Wit, C.T. de, 1958. Transpiration and crop yields. Agric. Res. Rep. 64.6, Pudoc, Wageningen.
Wit, C.T. de, 1960. On competition. Agric. Res. Rep. 66.8, Pudoc, Wageningen.
Wit, C.T. de et al., 1978. Simulation of assimilation, respiration and transpiration of crops. Simulation Monograph Series. Pudoc, Wageningen. ISBN 0-470-26494-2, 148 p.
Wit, C.T. de et J. Goudriaan, 1978. Simulation of ecological processes. Simulation Monograph Series. Pudoc, Wageningen. ISBN 90-220-0652-2. 183 p.
Wit, C.T. de, P.G. Tow et G.C. Ennik, 1966. Competition between legumes and grasses. Agric. Res. Rep. 687. Pudoc, Wageningen, 30 p.

Index